나노

중학 **수학** 1-1

아무것도 하지 않고 있을 때에는
아무것도 볼 수 없지만,
몸을 일으켜 한 걸음 내디디면
바로 거기에 꿈이 있습니다.

알기 쉬운 내용 정리와 **다양한** 문제 풀이로 완성하는
나만의 학습 노하우 나노!!

"선생님, 어떻게 하면 수학을 잘할 수 있나요?"

공식을 외우고 문제집을 많이 풀어 봐도 성적이 오르지 않으면 '난, 수학적 재능이 없나봐.'라고 생각해 본 적이 있을 거예요. 하지만 수학은 재능이 아니라 자신 만의 공부 방법을 만들어야 해요.

첫째, 시작이 반이다.
우선, 수학을 잘할 수 있다는 자신감을 가지고 일단 시작해 보세요.
수학은 심리적인 요인이 강하게 작용하는 과목이에요.
자신감 있게 차근차근 시작해 보세요. '겁먹으면 절반의 실패!'

둘째, 단계별 정리를 통해 원리와 개념의 이해를 돕자.
원리와 개념을 다음 순서로 하나하나 익혀 보세요.
– 쉬운 문제부터 풀기
– 개념과 문제를 연관시켜 생각해 보기
– 활용 문제를 풀고 개념과 연관시켜 보기

셋째, 수학을 즐기면서 자신감을 높이자.
수학의 시작은 질문에서 시작 됐어요. '저 나무의 높이는 얼마일까?', '지구의 지름의 길이는 얼마일까?', '게임에서 내가 이길 확률은?' 등 본인이 흥미를 가지고 있는 것들을 수학적인 질문으로 연결해 보세요.
또한, 수학 만화, 수학 게임, 수학의 역사 등을 읽고, 수학에 흥미와 자신감을 올려 보세요.

  아무쪼록 이 책을 통해 수학에 대한 마음의 문을 여는 시작점이 되었으면 합니다.

– 지은이 씀 –

"개념편&유형편
단계별 학습 시스템"

개념 확인

소항목별로 주요 내용을 정리하며 쉽게 이해할 수 있도록 차근차근 설명해 놓았습니다.
또 'STEP UP'에서 구체적인 예를 제시하였으니 꼭 참조하세요.

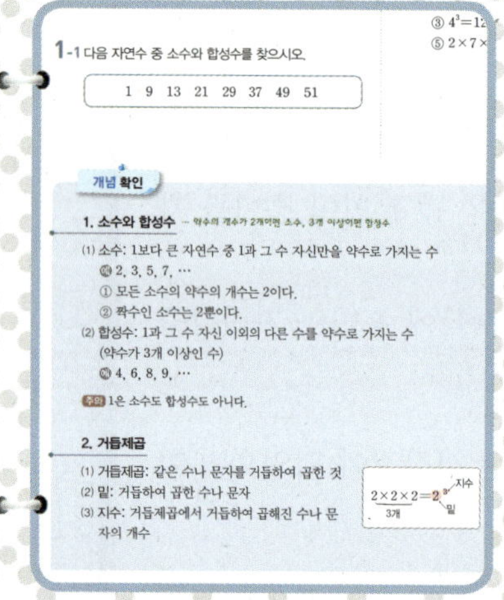

기본 문제

개념을 확인할 수 있는 쉬운 대표 문제를 단계적으로 풀어 볼 수 있도록 하였고 유사 문제를 두어 재확인해 볼 수 있도록 하였습니다. 확인, 또 확인 잊지 마세요.

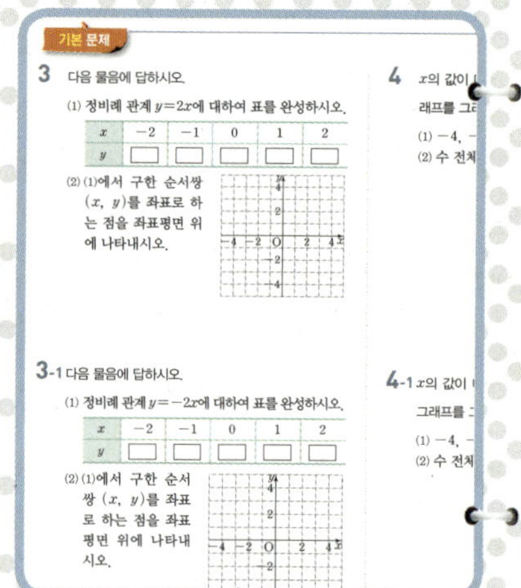

실력 다지기

소단원의 개념을 확실히 나의 실력으로 다질 수 있는 문제들입니다.
시간이 조금 걸려도 내 힘으로 풀어 보세요.

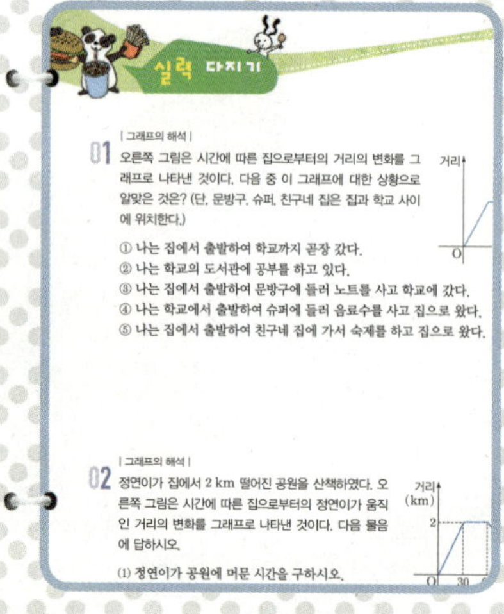

중단원 마무리

시험에 자주 출제되는 문제들을 모아 정리하였습니다.
스스로 풀어 보고 서술형 문제에도 자신감을 가져 보세요.

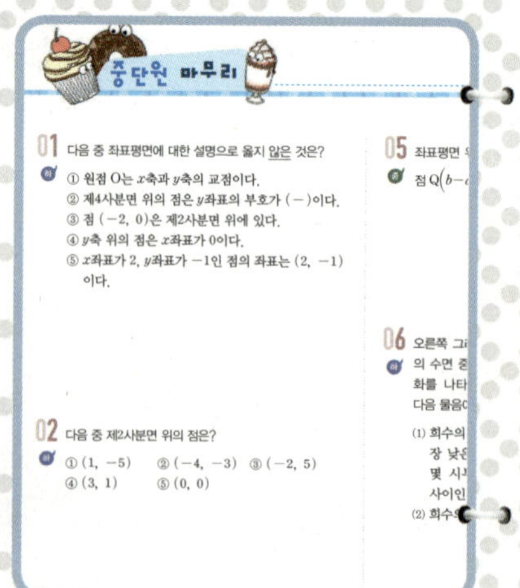

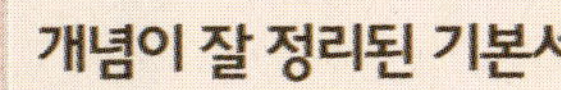

유형별 문제

- 핵심 개념을 간단히
  실었습니다.
- 주제별 유형 문제를
  단계적으로 실었습니
  다.

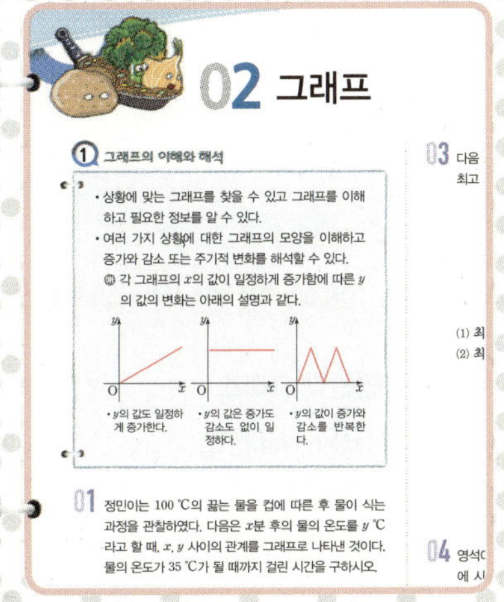

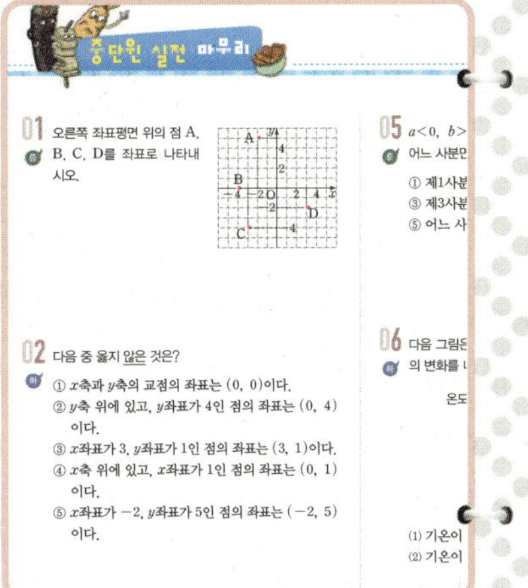

중단원 실전 마무리

- 출제 가능성이 높은
  문제를 모았어요.
- 틀리기 쉬운 문제는
  다시 한번 풀어 보시
  고 다양한 문제에 대
  비하세요.

대단원 모의고사

대단원을 종합 점검하는 실전형 시험 문제로 자신의 실력을 가늠해
보세요.

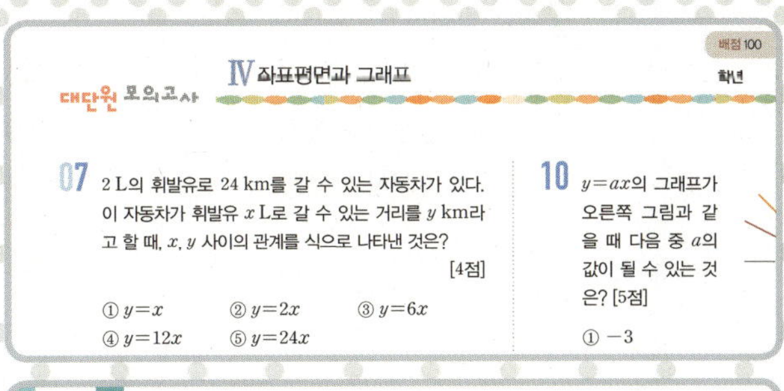

정답 및 해설

- 쉽고 자세한 풀이를 보고 스스로 학습할 수 있도록 해 보세요.
- 잘 풀리지 않는 문제는 두세 번 시도해 본 후 해설을 보는 습관을
  길러 보세요.
- 해설 사이에 틀리기 쉬운 내용을 색글자로 넣었어요. 참조하세요.

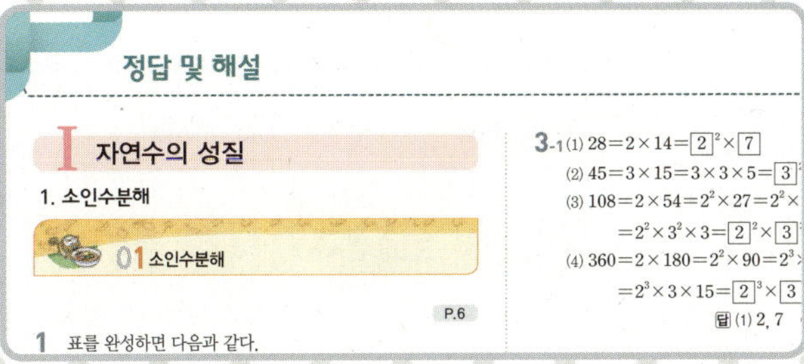

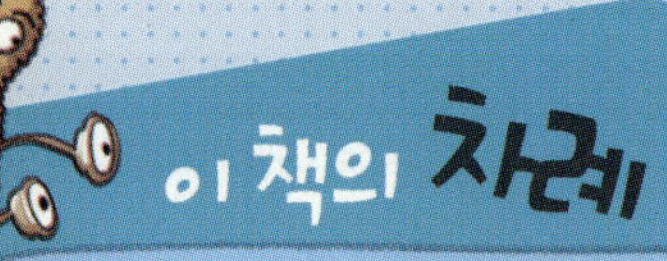

이 책의 차례

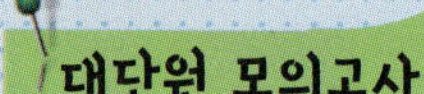

유형편 : 개념편 뒤에 이이서…

대단원 모의고사 : 유형편 말미에…

I 자연수의 성질

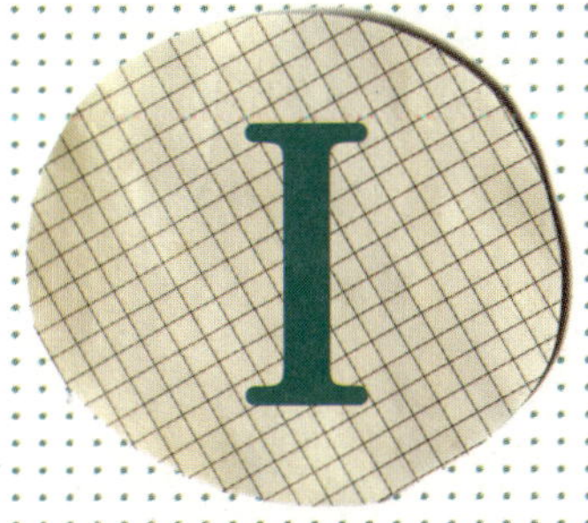

1 소인수분해

01 소인수분해

기본 문제

1 다음 표를 완성하시오.

수	약수	소수 또는 합성수
1	1	소수도 아니고 합성수도 아니다.
2	1, 2	소수
3		
4		
5		
6		
7		
8		
9		
10		

1-1 다음 자연수 중 소수와 합성수를 찾으시오.

$$1 \quad 9 \quad 13 \quad 21 \quad 29 \quad 37 \quad 49 \quad 51$$

2 다음 수를 거듭제곱을 사용하여 나타내시오.

(1) $2 \times 2 \times 3$

(2) $5 \times 5 \times 5 \times 5 \times 5$

(3) $2 \times 2 \times 3 \times 3 \times 3 \times 7 \times 7 \times 7 \times 7$

(4) $\dfrac{1}{2} \times \dfrac{1}{2} \times \dfrac{1}{2} \times \dfrac{1}{5} \times \dfrac{1}{5} \times \dfrac{1}{5} \times \dfrac{1}{5}$

2-1 다음 중 옳은 것은?

① $2+2+2=2^3$ ② $3^3=9$

③ $4^3=12$ ④ $5 \times 5 \times 5 = 3^5$

⑤ $2 \times 7 \times 7 \times 7 = 2 \times 7^3$

개념 확인

1. 소수와 합성수 … 약수의 개수가 2개이면 소수, 3개 이상이면 합성수

(1) 소수: 1보다 큰 자연수 중 1과 그 수 자신만을 약수로 가지는 수

  예 2, 3, 5, 7, …

  ① 모든 소수의 약수의 개수는 2이다.

  ② 짝수인 소수는 2뿐이다.

(2) 합성수: 1과 그 수 자신 이외의 다른 수를 약수로 가지는 수

  (약수가 3개 이상인 수)

  예 4, 6, 8, 9, …

주의 1은 소수도 합성수도 아니다.

2. 거듭제곱

(1) 거듭제곱: 같은 수나 문자를 거듭하여 곱한 것

(2) 밑: 거듭하여 곱한 수나 문자

(3) 지수: 거듭제곱에서 거듭하여 곱해진 수나 문자의 개수

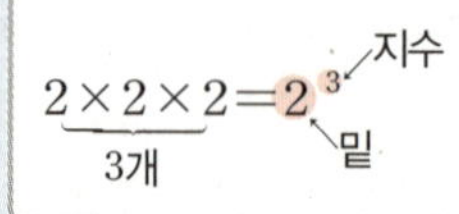

STEP UP

소수를 쉽게 찾는 방법

에라토스테네스의 체

① 1은 소수가 아니므로 지운다.

② 소수 2는 남기고 2의 배수를 모두 지운다.

③ 소수 3은 남기고 3의 배수를 모두 지운다.

④ 소수 5는 남기고 5의 배수를 모두 지운다.

⑤ 소수 7은 남기고 7의 배수를 모두 지운다.

이와 같은 방법을 계속해 나가면 소수 2, 3, 5, 7, 11, …만 남게 된다.

3 다음은 자연수를 소인수분해하는 과정이다. □ 안에 알맞은 수를 쓰시오.

(1)
```
□ ) 36
□ ) 18
 3 ) □
     □
```
$$36 = 2^{\square} \times 3^{\square}$$

(2)
```
40 ┐ □
  20 ┐ □
    10 ┐ 2
       □
```
$$40 = 2^{\square} \times \square$$

3-1 다음은 자연수를 소인수분해한 것이다. □ 안에 알맞은 수를 쓰시오.

(1) $28 = \square^2 \times \square$

(2) $45 = \square^2 \times \square$

(3) $108 = \square^2 \times \square^3$

(4) $360 = \square^3 \times \square^2 \times 5$

4 다음 수를 소인수분해하시오.

(1) 24   (2) 52

(3) 72   (4) 135

4-1 다음 보기 중 소인수가 같은 것끼리 짝 지어진 것은?

보기

ㄱ. 6	ㄴ. 16
ㄷ. 42	ㄹ. 168

① ㄱ, ㄷ   ② ㄱ, ㄹ

③ ㄴ, ㄷ   ④ ㄴ, ㄹ

⑤ ㄷ, ㄹ

3. 소인수분해

(1) **인수**: 세 자연수 a, b, c에 대하여 $a = b \times c$로 나타낼 때, b와 c를 a의 인수라고 한다.

(2) **소인수**: 어떤 자연수의 소수인 인수

(3) **소인수분해**: 자연수를 소수들만의 곱으로 나타내는 것

(4) **소인수분해하는 방법**

① 몫이 소수가 될 때까지 소인수로 나눈다.

② 차례로 두 개의 인수의 곱으로 계속 고쳐 나간다.

③ 나눈 소수와 마지막 몫을 곱셈 기호로 연결한다.

(5) **소인수분해의 성질**

곱으로 나타나는 소인수들의 순서를 생각하지 않으면 1보다 큰 자연수는 오직 한 가지 결과로 소인수분해된다.

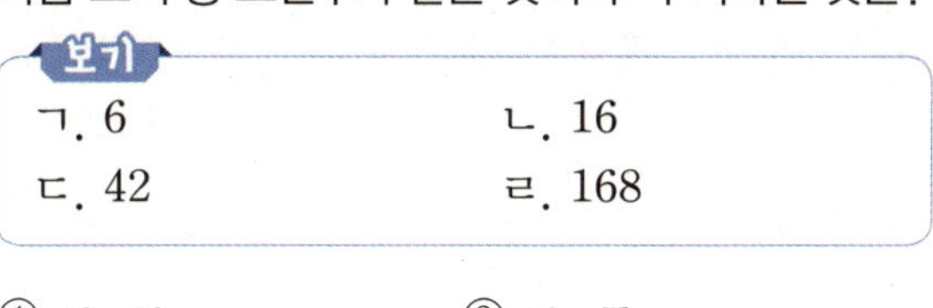

STEP UP

자연수 18에 대하여

(1) 인수: 1, 2, 3, 6, 9, 18

(2) 소인수: 인수 중 소수는 2, 3이다.

소인수분해하는 방법

[방법 1]
```
2 ) 18
3 )  9
     3
```
$$2 \times 3 \times 3 = 2 \times 3^2$$

[방법 2]
```
18 ┐ 2
  9 ┐ 3
    3
```
$$2 \times 3 \times 3 = 2 \times 3^2$$

01 소인수분해

정답 및 해설 P.2

5 다음 표는 15의 약수의 개수를 구하는 과정이다. 물음에 답하시오.

(1) 표의 빈칸을 완성하시오.

×	1	5
1		
3		

(2) 15의 약수의 개수는
$$(\Box+1)\times(\Box+1)=\Box$$
이다. □ 안에 알맞은 수를 쓰시오.

5-1 다음의 수를 소인수분해하여 □ 안에 알맞은 수를 쓰고, 표를 완성한 후에 약수의 개수를 구하시오.

(1) $24=\Box^3\times\Box$

×	1	3
1		
2		
2^2		
2^3		

(2) $36=\Box^2\times\Box^2$

×	1	3	3^2
1			
2			
2^2			

6 소인수분해를 이용하여 다음 수의 약수와 약수의 개수를 구하시오.

(1) 16

(2) 100

7 150을 소인수분해하면 $150=2\times3\times5^2$이다. 150의 약수의 개수를 구하시오.

7-1 다음 중 약수의 개수가 가장 많은 수는?

① 28
② 36
③ 243
④ $5^4\times7$
⑤ $3^3\times5^2$

4. 소인수분해를 이용하여 약수 구하기

자연수 N이 $N=a^m\times b^n$(단, a, b는 서로 다른 소수)으로 소인수분해될 때, N의 약수는 a^m의 약수와 b^n의 약수를 곱하여 구한다. 이때 표를 이용하면 편리하다.

5. 소인수분해를 이용하여 약수의 개수 구하기

자연수 N이 $N=a^m\times b^n$(단, a, b는 서로 다른 소수)으로 소인수분해될 때,
$$(N의\ 약수의\ 개수)=(m+1)\times(n+1)$$

참고 자연수 N이 $N=a^l\times b^m\times c^n$ (단, a, b, c는 서로 다른 소수)으로 소인수분해될 때, $(N의\ 약수의\ 개수)=(l+1)\times(m+1)\times(n+1)$

STEP UP

12의 약수와 약수의 개수 구하기
① 12를 소인수분해하면 $12=2^2\times3$
② 2^2의 인수 1, 2, 4($=2^2$), 3의 인수 1, 3을 가로, 세로에 배치한 표를 만든다.

×	1	2	2^2	
1	$1\times1=1$	$1\times2=2$	$1\times2^2=4$	2개
3	$3\times1=3$	$3\times2=6$	$3\times2^2=12$	

3개

③ ②의 표에서 약수의 개수는
$$(2+1)\times(1+1)=3\times2=6$$
으로 구할 수 있음을 확인한다.

| 소수의 성질 알기 |

01 다음과 같은 방법으로 50 이하의 자연수에서 소수를 모두 구하시오.

❶ 1을 지운다. ⇨ ❷ 남은 수 중 가장 작은 2를 남기고 2의 배수를 모두 지운다.
⇨ ❸ 남은 수 중 가장 작은 3을 남기고 3의 배수를 모두 지운다. ⇨ ❹ 이와 같은 방법을 반복한다.

1	2	3	4	5	6	7	8	9	10
11	12	13	14	15	16	17	18	19	20
21	22	23	24	25	26	27	28	29	30
31	32	33	34	35	36	37	38	39	40
41	42	43	44	45	46	47	48	49	50

자연수 $a(\neq 1)$를 제외한 a의 배수는 합성수이다.

| 소수의 성질 알기 |

02 다음 중 옳은 것은?

① 자연수는 소수와 합성수로 이루어져 있다.
② 소수는 약수가 하나뿐인 수이다.
③ 20보다 작은 두 자리의 소수는 4개이다.
④ 소수는 모두 홀수이다.
⑤ 5의 배수는 모두 합성수이다.

자연수
- 1: 약수가 1개인 수
- 소수: 약수가 2개인 수
  ⇨ 2, 3, 5, 7, …
- 합성수: 약수가 3개 이상인 수
  ⇨ 4, 6, 8, 9, …

| 소수와 합성수 구별하기 |

03 다음 중 소수는 모두 몇 개인가?

1	19	37	49	51	117	121	133

소수는 1보다 큰 자연수 중 1과 그 수 자신만을 약수로 가지는 수이다.

| 거듭제곱으로 표현하기 |

04 다음 중 옳은 것은?

① 2^4에서 밑은 4, 지수는 2이다.   ② $3^2=6$
③ $a \times a \times a = 3a$ ④ $b+b+b=b^3$
⑤ $2 \times 5 \times 5 \times 2 \times 5 = 2^2 \times 5^3$

$2 \times 2 \times 2 = 2^3$ ← 곱한 횟수
$2+2+2 = 2 \times 3$ ← 더한 횟수

| 약수 찾기 |

05 다음 중 $2^3 \times 3^2$의 약수가 <u>아닌</u> 것은?

① 3   ② 4   ③ 3^2
④ $2^2 \times 3$ ⑤ 2×3^3

$2^3 \times 3^2$의 약수

×	1	3	3^2
1			
2			
2^2			
2^3			

정답 및 해설 P.3

| 소인수분해하기 |

06 다음 중 소인수가 나머지 넷과 <u>다른</u> 하나는?

① 6 　　② 12 　　③ 16
④ 36 　　⑤ 72

소인수는 어떤 자연수의 소수인 인수이다.

| 소인수분해하여 소인수의 합 구하기 |

07 다음 중 525의 소인수의 합은?

① 10 　　② 15 　　③ 19
④ 21 　　⑤ 23

525를 소인수로 나눈다.
3) 525
5) 175
$\quad\quad\vdots$

| 소인수분해하여 약수 구하기 |

08 600의 약수 중 어떤 수의 제곱이 되는 수는 몇 개인지 구하시오.

어떤 수의 제곱이 되는 수는 소인수의 지수가 모두 짝수인 수이다.

| 소인수분해하여 약수의 개수 구하기 |

09 다음 수의 약수의 개수를 구하시오.

(1) 18 　　(2) 24
(3) $2 \times 3 \times 7$ 　　(4) 5^4

$A = a^m \times b^n$로 소인수분해될 때
A의 약수의 개수는
$(m+1) \times (n+1)$
(단, a, b는 서로 다른 소수)

| 제곱인 수 만들기 | **서술형**

10 $75 \times x = y^2$을 만족하는 두 자연수 x, y에 대하여 $x+y$의 값 중 가장 작은 값을 구하고, 그 과정을 서술하시오.

자연수 A가 어떤 자연수의 제곱이 되려면
⇨ A를 소인수분해했을 때, 모든 소인수의 지수가 짝수이어야 한다.

02 최대공약수와 최소공배수

1 두 수 16과 28에 대하여 다음 물음에 답하시오.

(1) 16과 28의 공약수를 구하시오.
(2) 16과 28의 최대공약수를 구하시오.
(3) (1), (2)에 의해 공약수는 최대공약수의 □ 임을 알 수 있다. □ 안에 알맞은 말을 쓰시오.

1-1 두 수 A, B의 최대공약수가 18일 때, A, B의 공약수를 모두 구하시오.

2 다음 중 옳은 것에는 ○표, 틀린 것에는 ×표를 하시오.

(1) 두 수 4와 9는 서로소이다. ( )
(2) 모든 자연수와 서로소인 자연수가 있다. ( )
(3) 모든 서로 다른 두 합성수는 서로소가 아니다. ( )

2-1 다음 중 두 수가 서로소가 <u>아닌</u> 것은?

① 2, 3 ② 11, 21 ③ 17, 51
④ 8, 17 ⑤ 19, 23

2-2 다음 중 두 수가 서로소인 것은?

① 5, 10 ② 6, 15 ③ 3, 27
④ 11, 13 ⑤ 9, 21

1. 공약수와 최대공약수

(1) **공약수**: 두 개 이상의 자연수의 공통인 약수
(2) **최대공약수**: 공약수 중 가장 큰 수
(3) **최대공약수의 성질**
두 수의 공약수 중에서 가장 작은 수는 항상 1이다.
두 개 이상의 자연수의 공약수는 그 수들의 최대공약수의 약수이다.
(4) **서로소**: 최대공약수가 1인 두 자연수

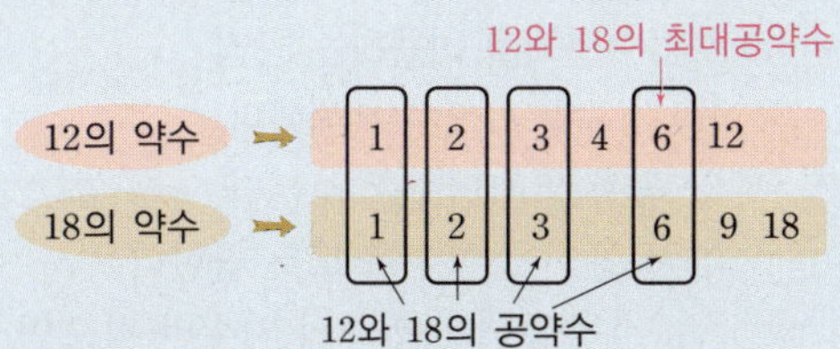

[참고] 서로소인 두 자연수는 공통인 소인수는 없고, 공약수는 1뿐이다.
따라서 서로 다른 두 소수는 반드시 서로소이다.

02 최대공약수와 최소공배수

기본 문제

정답 및 해설 P.4

3 다음 두 수의 최대공약수를 구하시오.
(1) $2 \times 2 \times 3$, $2 \times 3 \times 3$
(2) $2 \times 3 \times 5$, $2 \times 3 \times 5 \times 7$

4 다음 두 수의 최대공약수를 구하시오.
(1) $2^2 \times 3^3$, $3^2 \times 5$
(2) $3 \times 5^2 \times 7$, $2 \times 3^2 \times 7$

4-1 두 수 $A = 2^2 \times 3^2 \times 5$, $B = 2^4 \times 3$의 최대공약수는?
① 5 ② $2^2 \times 3^2$ ③ $2^2 \times 5$
④ $2^2 \times 3$ ⑤ $2^4 \times 3^2 \times 5$

5 다음 두 수의 최대공약수를 구하시오.
(1) 15, 30 (2) 60, 84

5-1 세 수 16, 24, 40의 최대공약수는?
① 4 ② 8 ③ 12
④ 160 ⑤ 240

개념 확인

2. 최대공약수를 구하는 방법

(1) 소인수의 곱을 이용하는 방법
  ① 각 수를 소인수의 곱으로 나타낸다.
  ② 두 수의 나열한 소인수가 겹치는 것을 찾아 곱한다.

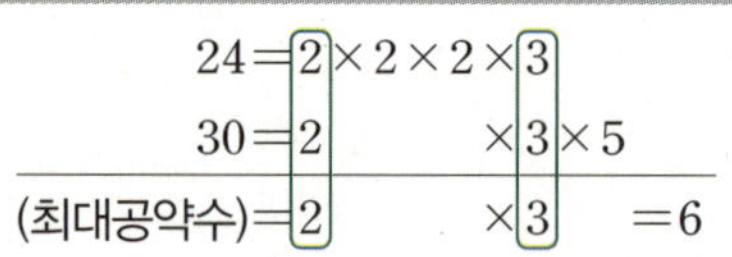

(2) 소인수분해를 이용하는 방법
  ① 각 수를 소인수분해한다.
  ② 공통인 소인수를 찾는다.
  ③ 공통인 소인수를 모두 곱한다.
    (ⅰ) 공통인 소인수의 지수가 같으면 그대로 곱한다.
    (ⅱ) 공통인 소인수의 지수가 다르면 지수가 작은 것을 곱한다.

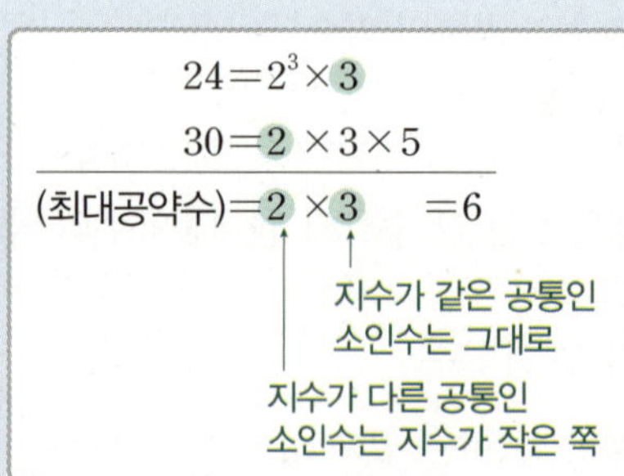

[나눗셈을 이용한 방법]

6 두 수 3과 4에 대하여 다음 물음에 답하시오.

(1) 3과 4의 공배수를 구하시오.

(2) 3과 4의 최소공배수를 구하시오.

(3) (1), (2)에 의해 공배수는 최소공배수의 ☐ 임을 알 수 있다. ☐ 안에 알맞은 말을 쓰시오.

7 두 자연수 a, b의 최소공배수가 12일 때, 100 이하의 자연수 중 a, b의 공배수의 개수는?

① 8   ② 9   ③ 10

④ 11   ⑤ 12

6-1 4와 5의 공배수 중 가장 작은 수는?

① 10   ② 20   ③ 30

④ 40   ⑤ 50

7-1 두 자연수 a, b의 최소공배수가 15일 때, a, b의 공배수 중 100에 가장 가까운 수를 구하시오.

3. 공배수와 최소공배수

(1) **공배수**: 두 개 이상의 자연수의 공통인 배수

(2) **최소공배수**: 공배수 중 가장 작은 수

(3) **최소공배수의 성질** 공배수는 끝없이 계속 구할 수 있으므로 공배수 중에서 가장 큰 것은 알 수가 없다.

① 두 개 이상의 자연수의 공배수는 그 수들의 최소공배수의 배수이다.

② 서로소인 두 자연수 a, b의 최소공배수는 두 자연수 a, b의 곱이다. → 2와 3은 서로소이므로 2와 3의 최소공배수는 $2 \times 3 = 60$이다.

참고

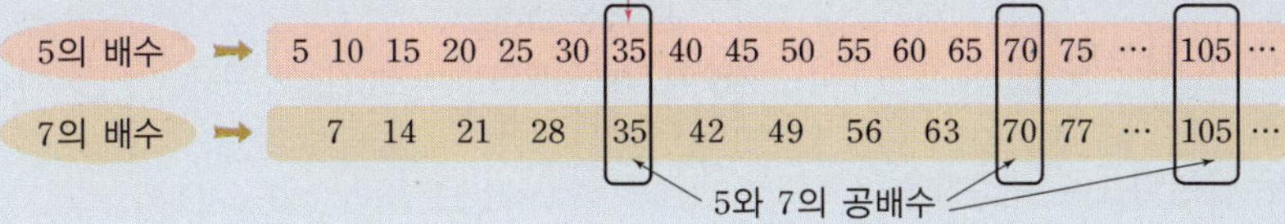

02 최대공약수와 최소공배수

정답 및 해설 P.5

8 다음 두 수의 최소공배수를 구하시오.

(1) $3 \times 3 \times 3$, $3 \times 3 \times 5$
(2) $2 \times 2 \times 3 \times 3$, $2 \times 3 \times 3 \times 3 \times 3$

9 다음 두 수의 최소공배수를 구하시오.

(1) 2×3^3, $2^2 \times 3$ (2) $2 \times 3^2 \times 5$, $2^2 \times 3^2 \times 7$

9-1 두 수 $A = 2^3 \times 5 \times 7$, $B = 2^2 \times 3^2 \times 5$의 최소공배수는?

① $2^2 \times 5$ ② $2^3 \times 3^2$
③ $2^2 \times 3^2 \times 7$ ④ $2 \times 3 \times 5 \times 7$
⑤ $2^3 \times 3^2 \times 5 \times 7$

10 다음 두 수의 최소공배수를 구하시오.

(1) 21, 15   (2) 42, 90

10-1 세 수 10, 12, 18의 최소공배수는?

① 3   ② 6   ③ 90
④ 180   ⑤ 360

4. 최소공배수 구하는 방법

(1) 소인수의 곱을 이용하는 방법
① 각 수를 소인수의 곱으로 나타낸다.
② 두 수의 나열한 소인수가 겹치는 것과 겹치지 않는 것을 모두 곱한다.

$$24 = 2 \times 2 \times 2 \times 3$$
$$30 = 2 \qquad \times 3 \times 5$$
$$\text{(최소공배수)} = 2 \times 2 \times 2 \times 3 \times 5 = 120$$

[나눗셈을 이용한 방법]

$$\begin{array}{r} 2\,)\ \underline{24 \quad 30} \\ 3\,)\ \underline{12 \quad 15} \\ 4 \quad 5 \end{array} \rightarrow \text{서로소임을 확인한다.}$$

$$2 \times 3 \times 4 \times 5 = 120$$

↑ 최소공배수

(2) 소인수분해를 이용하는 방법
① 각 수를 소인수분해한다.
② 공통인 소인수와 공통이 아닌 소인수를 다음과 같이 찾아 곱한다.
  (i) 공통인 소인수의 지수가 같으면 그대로 곱한다.
  (ii) 공통인 소인수의 지수가 다르면 지수가 큰 것을 곱한다.
  (iii) 공통이 아닌 것은 모두 곱한다.

$$24 = 2^3 \times 3$$
$$30 = 2 \times 3 \times 5$$
$$\text{(최소공배수)} = 2^3 \times 3 \times 5 = 120$$

지수가 같은 공통인 소인수는 그대로
지수가 다른 공통인 소인수는 지수가 큰 쪽
공통이 아닌 것은 모두 곱한다.

| 공약수 구하기 |

01 두 자연수 A, B의 최대공약수가 15일 때, 다음 중 A와 B의 공약수가 <u>아닌</u> 것은?

① 1   ② 3   ③ 5
④ 10   ⑤ 15

공약수는 최대공약수의 약수이다.

| 서로소의 뜻과 성질 |

02 다음 보기 중 옳은 것을 모두 고르시오.

> **보기**
> ㄱ. 서로 다른 두 홀수는 서로소이다.
> ㄴ. 최대공약수가 1인 두 자연수는 서로소이다.
> ㄷ. 서로 다른 두 소수는 서로소이다.
> ㄹ. 두 수가 서로소이면 둘 중 하나는 소수이다.

두 수가 소수가 아니더라도 서로소일 수 있다.

| 공약수의 개수 구하기 |

03 36과 60의 공약수의 개수는?

① 3   ② 4   ③ 5
④ 6   ⑤ 7

공약수는 최대공약수의 약수이므로 공약수의 개수는 최대공약수의 약수의 개수와 같다.

| 공배수의 개수 구하기 |

04 두 자연수의 최소공배수가 24일 때, 이 두 자연수의 공배수 중 100 이하의 자연수는 모두 몇 개인가?

① 3개   ② 4개   ③ 5개
④ 6개   ⑤ 7개

공배수는 최소공배수의 배수이다.

| 최대공약수와 최소공배수 구하기 |

05 두 수 $A=2\times3^3$, $B=2^2\times3^2\times5$의 최대공약수와 최소공배수를 차례로 구하면?

① 2×3, $2^2\times3^3$ ② 2×3^2, $2^2\times3^3\times5$
③ $2\times3\times5$, $2^2\times3^3$ ④ $2\times3^2\times5$, $2^2\times3^3\times5$
⑤ 2×3^2, $2\times3\times5$

소인수분해된 두 자연수의
- 최대공약수: 공통인 소인수에서 그 소인수의 지수는 크지 않은 쪽을 택하여 곱한다.
- 최소공배수: 사용된 모든 소인수에서 그 소인수의 지수는 작지 않은 쪽을 택하여 곱한다.

정답 및 해설 P.6

06 | 최소공배수의 성질 |

다음 중 최소공배수가 15인 두 자연수 A와 B의 공배수가 <u>아닌</u> 것은?

① 30 ② 45 ③ 60

④ 100 ⑤ 150

공배수는 최소공배수의 배수이다.

07 | 세 수의 최소공배수 구하기, 최소공배수의 성질 |

다음 중 세 수 10, 18, 45의 공배수가 <u>아닌</u> 것은?

① $2 \times 3^2 \times 5$ ② $2^2 \times 3^2 \times 5$ ③ $2^2 \times 3 \times 5^2$

④ $2^3 \times 3^2 \times 5$ ⑤ $2^3 \times 3^2 \times 5^2$

먼저 세 수를 소인수분해하여 최소공배수를 구한다.

08 | 공배수, 최소공배수 구하기 |

200 이하의 자연수 중 12와 18의 공배수의 개수는?

① 3 ② 4 ③ 5

④ 6 ⑤ 7

공배수는 최소공배수의 배수이므로 공배수의 개수는 최소공배수의 배수의 개수와 같다.

09 | 미지수와 최소공배수가 주어질 때 최대공약수 구하기 |

세 수 $8 \times x$, $10 \times x$, $12 \times x$의 최소공배수가 360일 때, 최대공약수를 구하시오.

최소공배수가 360임을 이용하여 먼저 x의 값을 구한다.

10 추론 | 최대공약수와 최소공배수가 주어질 때, 미지수 구하기 | 서술형

두 수 $2^a \times 3^3 \times 5$, $2^3 \times 5^b \times c$의 최대공약수가 20, 최소공배수가 $2^3 \times 3^3 \times 5^2 \times 7$일 때, $a+b+c$의 값을 구하고, 그 과정을 서술하시오.

최대공약수와 최소공배수를 구하는 방법으로 나열하고 지수를 비교한다.

03 최대공약수와 최소공배수의 활용

기본 문제

1 초콜릿 24개와 사탕 32개를 가능한 한 많은 사람들에게 남김없이 똑같이 나누어 주려고 할 때, 몇 명에게 나누어 줄 수 있는가?

① 4명　　　② 6명　　　③ 8명
④ 10명　　　⑤ 12명

1-1 학급 봉사 활동의 날을 맞이하여 봉사 동아리 남학생 24명과 여학생 20명을 남는 학생이 없도록 몇 개의 모둠으로 나누려고 한다. 각 모둠에 속하는 남학생과 여학생 수를 각각 같게 하려고 할 때, 최대한 몇 개의 모둠을 만들 수 있는지 구하시오.

2 도화지 60장, 연필 56자루, 지우개 48개를 되도록 많은 학생에게 남김없이 똑같이 나누어 주려고 한다. 나누어 줄 수 있는 학생 수가 a명, 한 학생이 받게 되는 도화지가 b장, 연필이 c자루, 지우개가 d개라고 할 때, $a+b+c+d$의 값을 구하시오.

3 두 분수 $\dfrac{54}{n}$, $\dfrac{102}{n}$를 자연수로 만드는 자연수 n의 값 중 가장 큰 수를 구하시오.

개념 확인

1. 최대공약수의 활용

(1) 일정한 양을 남김없이 '가능한 한 많이' 나누어 주는 문제
(2) 직사각형(직육면체)을 '가능한 한 큰' 정사각형(정육면체)으로 붙이는(채우는) 문제
(3) 이외에도 '가장 많은', '되도록 많은', '최대한' 등의 표현이 들어 있는 문제

STEP UP

사과 18개, 귤 30개를 되도록 많은 학생에게 똑같이 나누어 줄 때,

① 사과 18개를 나누어 줄 수 있는 학생 수
　1, 2, 3, 6, 9, 18 ← 18의 약수
② 귤 30개를 나누어 줄 수 있는 학생 수
　1, 2, 3, 5, 6, 10, 15, 30 ← 30의 약수
③ 사과와 귤을 똑같이 나누어 줄 수 있는 가능한 한 많은 학생 수는 18과 30의 최대공약수인 6이다.
④ 한 학생이 받을 수 있는 사과는 $18 \div 6 = 3$(개), 귤은 $30 \div 6 = 5$(개)이다.

03 최대공약수와 최소공배수의 활용

정답 및 해설 P.7

4 오른쪽 그림과 같이 가로의 길이가 12 cm, 세로의 길이가 15 cm인 직사각형 색종이를 겹치지 않게 나란히 붙여서 가능한 한 작은 정사각형 색종이를 만들려고 한다. 다음 물음에 답하시오.

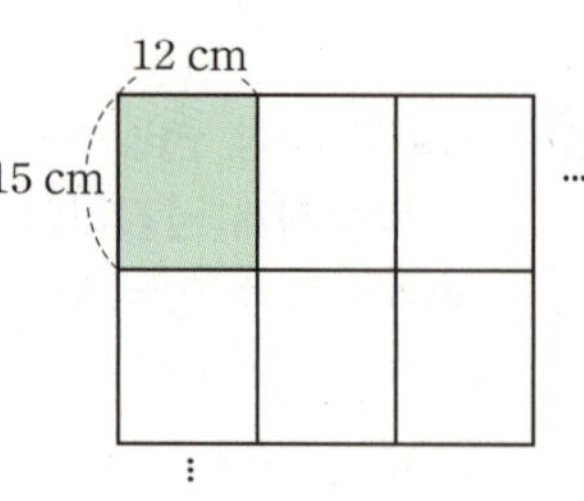

(1) 정사각형 색종이의 한 변의 길이를 구하시오.
(2) (1)의 정사각형을 만들 때 필요한 직사각형 색종이의 장수를 구하시오.

5 서로 맞물려 도는 두 톱니바퀴 A, B가 있다. A의 톱니의 수는 18개, B의 톱니의 수는 24개이다. 이 두 톱니바퀴가 한 번 맞물린 후 같은 톱니에서 처음 다시 맞물릴 때까지 A는 몇 바퀴를 돌아야 하는지 구하시오.

6 어느 역에서 기차는 45분마다 출발하고, 전동차는 12분마다 출발한다고 한다. 오전 7시에 기차와 전동차가 동시에 출발하였다면 바로 다음에 동시에 출발하는 시각은 언제인지 구하시오.

7 가로의 길이가 10 cm, 세로의 길이가 8 cm, 높이가 6 cm인 직육면체 나무토막이 여러 개 있다. 이것을 빈틈없이 쌓아서 가장 작은 정육면체를 만들려고 한다. 다음 물음에 답하시오.

(1) 정육면체의 한 모서리의 길이를 구하시오.
(2) (1)의 정육면체를 만들 때 필요한 나무토막의 개수를 구하시오.

2. 최소공배수의 활용

(1) 동시에 출발한 후 '다시 동시에 출발한다.', '만난다.'는 문제
(2) 톱니바퀴가 '다시 맞물린다.'는 문제
(3) 직사각형(직육면체)을 빈틈없이 붙여서(채워서) 가장 작은 정사각형(정육면체)으로 만드는 문제
(4) 이외에도 '가장 적은', '되도록 적게', '가능한 한 적은', '최소한' 등의 표현이 들어 있는 문제

STEP UP

A 노선 버스는 6분마다, B 노선 버스는 8분마다 출발한다. 오전 6시 정각에 두 노선 버스가 동시에 출발할 때,

① A 노선 버스가 다시 출발하려면
　6분, 12분, 18분, 24분, 30분, … ← 6의 배수
② B 노선 버스가 다시 출발하려면
　8분, 16분, 24분, 32분, 40분, … ← 8의 배수
③ A, B 두 노선 버스가 처음으로 다시 동시에 출발하는 시간은 6과 8의 최소공배수인 24분 후이다.
④ 24의 배수인 24, 48, 72, …분 후에 두 노선 버스는 동시에 출발한다. ← 6과 8의 공배수

8 다음은 두 자연수의 곱이 4800이고 최대공약수가 20일 때, 두 수의 최소공배수를 구하는 과정이다. □ 안에 알맞은 것을 쓰시오.

> (두 자연수의 곱)=(최대공약수)×(최소공배수)
> 이므로 4800= □ × □ 이다.
> 따라서 구하는 최소공배수는 □ 이다.

9 두 자연수 A, B의 최대공약수가 8, 최소공배수가 56일 때, $A+B$의 값은?

① 57   ② 60   ③ 64
④ 67   ⑤ 70

8-1 두 자연수 84, A의 최대공약수가 12이고, 최소공배수가 420일 때, 자연수 A의 값을 구하시오.

9-1 두 자연수 A, B의 최대공약수가 12, 최소공배수가 168일 때, $A-B$의 값은? (단, $A>B>12$)

① 24   ② 60   ③ 84
④ 120   ⑤ 156

8-2 두 자연수의 곱이 600이고, 최대공약수가 5일 때, 두 수의 최소공배수를 구하시오.

3. 최대공약수와 최소공배수의 관계

두 자연수 A, B의 최대공약수를 G, 최소공배수를 L이라고 할 때,

(1) $A=G\times a$, $B=G\times b$ (단, a, b는 서로소)

$$A=G\times a$$
$$B=G\ \ \ \ \times b$$
$$(최대공약수)=G$$
$$(최소공배수)=G\times a\times b$$

(2) $L=G\times a\times b$, $L\div G=a\times b$
                                $(G\times a\times b)\div G$

(3) $A\times B=L\times G$
       $(G\times a)\times(G\times b)=(G\times a\times b)\times G=L\times G$

01 | 최대공약수의 활용 |
가로의 길이가 56 cm, 세로의 길이가 72 cm인 직사각형 모양의 벽이 있다. 이 벽에 남는 부분이 없이 가능한 한 큰 정사각형 모양의 타일을 붙이려고 한다. 붙이려는 타일의 한 변의 길이를 a cm, 필요한 타일의 총 개수를 b라고 할 때, a, b를 구하시오.

가로, 세로의 길이를 동시에 나누는 약수, 즉 공약수 중 가장 큰 수를 구한다.

02 | 최대공약수의 활용 |
가로의 길이가 84 m, 세로의 길이가 60 m인 직사각형 모양의 운동장 둘레에 일정한 간격으로 나무를 심으려고 한다. 나무를 되도록 적게 심으려고 할 때, 나무 사이의 간격을 구하시오. (단, 네 모퉁이에는 반드시 나무를 심는다.)

나무를 적게 심으려면 나무 사이의 간격을 넓게 해야 한다. '나무 사이의 간격'은 84, 60을 나누는 수, 즉 공약수이다.

03 | 최대공약수의 활용 |
가로의 길이가 48 cm, 세로의 길이가 36 cm, 높이가 72 cm인 직육면체 모양의 나무를 잘라서 남는 부분이 없도록 가능한 한 큰 여러 개의 정육면체 모양의 나무토막을 만들려고 한다. 이때 만들어지는 나무토막의 한 모서리의 길이와 개수는?

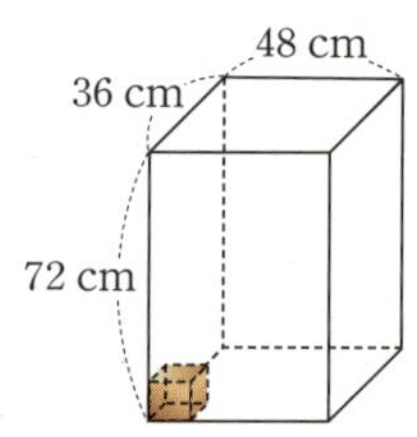

'가능한 한 큰' ⇨ 최대
'정육면체 모양으로 만든다'
　　　　　　⇨ 공약수

① 9 cm, 36　　　　　②12 cm, 36
③ 12 cm, 72　　　　　④18 cm, 24
⑤ 18 cm, 72

04 | 최대공약수의 활용 |
초콜릿 35개와 귤 22개를 될 수 있는 대로 많은 학생에게 똑같이 나누어 주었더니 초콜릿은 5개, 귤은 4개가 남았다고 할 때, 몇 명의 학생에게 나누어 준 것인지 구하시오.

초콜릿과 귤의 남은 개수를 빼고 최대공약수를 구한다.

05 | 최소공배수의 활용 |
두 분수 $\dfrac{1}{6}$, $\dfrac{1}{15}$에 어느 것을 곱해도 자연수가 되는 100 이하의 자연수의 개수는?

① 2　　　　　　② 3　　　　　　③ 4
④ 5　　　　　　⑤ 6

분수에 어떤 자연수를 곱하여 자연수가 되려면 어떤 자연수는 그 분모의 배수이어야 한다.

| 최소공배수의 활용 |

06 공원을 한 바퀴 도는 데 민수는 16분, 다혜는 20분이 걸린다고 한다. 두 사람이 같은 방향으로 걸어서 처음 출발했던 위치에서 처음으로 다시 만났을 때는 출발한 지 몇 분 후인가?

① 80분   ② 100분   ③ 120분
④ 140분   ⑤ 160분

'다시 만날 때' 걸리는 시간은 16분의 배수, 20분의 배수이어야 한다. 즉, 16과 20의 공배수이다.

| 최소공배수의 활용 |

07 서로 맞물려 도는 두 톱니바퀴 A, B가 있다. A의 톱니의 수는 108개, B의 톱니의 수는 84개이다. 이 톱니바퀴가 같은 톱니에서 처음으로 다시 맞물리려면 두 톱니바퀴 A, B가 각각 몇 번을 회전해야 하는지 구하시오.

$108 = 2^2 \times 3^3$
$84 = 2^2 \times 3 \times 7$

| 최대공약수와 최소공배수의 활용 |

08 두 분수 $\dfrac{28}{15}$, $\dfrac{35}{18}$에 가능한 한 작은 분수 $\dfrac{b}{a}$를 곱하여 자연수를 만들려고 할 때, $a+b$의 값은? (단, a, b는 서로소)

① 63   ② 70   ③ 77
④ 85   ⑤ 97

두 분수에 어떤 수를 곱하여 가장 작은 수를 만들려면
$\dfrac{(분모의\ 최소공배수)}{(분자의\ 최대공약수)}$를 곱해야 한다.

| 최소공배수의 활용 | **서술형**

09 4로 나누면 3이 남고, 5로 나누면 4가 남고, 6으로 나누면 5가 남는 세 자리의 자연수 중 가장 작은 수를 구하고 그 과정을 서술하시오.

구하는 수를 x라고 하면
x는 4와 5와 6의 공배수에서 1을 뺀 수이다.

| 최대공약수와 최소공배수의 관계 |

10 두 자리의 자연수 A, B의 곱이 3384이고 최대공약수가 8일 때, 두 수 A, B를 구하시오. (단, $A < B$)

$A = G \times a$, $B = G \times b$일 때
$A \times B = G \times a \times G \times b$이다.

01 다음 중 옳은 것은? (하)

① 소수는 모두 홀수이다.
② 10의 소인수는 2개이다.
③ 12를 소인수분해하면 3×4이다.
④ 서로소인 두 수는 모두 홀수이다.
⑤ 모든 자연수는 약수의 개수가 2개 이상이다.

02 다음 중 315의 소인수가 <u>아닌</u> 것을 모두 고르면? (하)

① 2   ② 3   ③ 5
④ 7   ⑤ 9

03 다음 중 옳은 것은? (하)

① $a^5 = 5 \times a$
② $2^3 = 6$
③ $10000 = 10^5$
④ $3 \times 3 \times 3 \times 3 \times 3 = 3 \times 5$
⑤ $2 \times 2 + 5 \times 5 \times 5 = 2^2 + 5^3$

04 다음 중 소인수분해가 옳지 <u>않은</u> 것은? (중)

① $12 = 2^2 \times 3$ ② $18 = 3 \times 6$
③ $30 = 2 \times 3 \times 5$ ④ $50 = 2 \times 5^2$
⑤ $84 = 2^2 \times 3 \times 7$

05 다음 중 아래 자연수에 대한 설명으로 옳지 <u>않은</u> 것은? (중)

1	2	5	9	13
21	41	49	51	63

① 소수는 4개이다.
② 합성수는 7개이다.
③ 49의 약수는 3개이다.
④ 9와 13은 서로소이다.
⑤ 63에 7을 곱하면 어떤 자연수의 제곱이 된다.

06 다음 보기 중 자연수 $A = 2^3 \times 3^2 \times 5$에 대한 설명으로 옳은 것을 모두 고르시오. (중)

> **보기**
>
> ㄱ. $2 \times 3 \times 5$는 A의 약수이다.
> ㄴ. $2^3 \times 3^3$은 A의 배수이다.
> ㄷ. 5^2과 A는 서로소이다.
> ㄹ. A의 약수의 개수는 24이다.

07 $24 \times x = y^2$을 만족하는 가장 작은 자연수 x와 그때의 y의 값을 구하시오. (중)

08 $1 \times 2 \times 3 \times 4 \times \cdots \times 9 \times 10$을 소인수분해할 때, 2의 지수는? (상)

① 4   ② 6   ③ 8
④ 10   ⑤ 12

09 중 $2^3 \times \square$의 약수의 개수가 12일 때, 다음 중 $\square$ 안에 들어갈 수 있는 수를 모두 고르면?

① 4 　　　② 9 　　　③ 16
④ 25 　　　⑤ 36

10 상 최대공약수가 $2 \times 3 \times 5$인 두 자연수 $2^a \times 3^2 \times 5$, $2^2 \times 3^b \times 5$의 공배수 중 세 자리의 수는 모두 몇 개인가?

① 4개 　　　② 5개 　　　③ 6개
④ 7개 　　　⑤ 8개

11 중 두 수 $2^a \times 3^2 \times 11$, $2^3 \times 3^b \times 5$의 최대공약수는 $2^2 \times 3^c$이고, 최소공배수는 $2^3 \times 3^4 \times 5 \times d$일 때, $a+b+c+d$의 값은?

① 16 　　　② 17 　　　③ 18
④ 19 　　　⑤ 20

12 중 두 수 360, $a \times 3 \times 5^2$의 최대공약수가 60일 때, a의 값을 구하고 두 수의 최소공배수를 구하시오.

13 중 세 자연수의 비가 $3 : 4 : 6$이고 최소공배수가 168일 때, 세 자연수의 최대공약수를 구하시오.

14 중 두 자연수 A, B의 최대공약수는 16, 최소공배수는 96일 때, 두 수 A와 B의 차를 모두 구하시오.

15 중 2로 나누면 1, 3으로 나누면 2, 4로 나누면 3이 남는 두 자리의 자연수 중 가장 큰 수를 구하시오.

16 4, 6, 9의 어떤 수로 나누어도 2가 남는 자연수 중 100에 가장 가까운 수를 구하시오.

17 세 수 $\dfrac{12}{7}$, $\dfrac{36}{5}$, $\dfrac{15}{4}$의 어느 것에 곱해도 그 결과가 자연수가 되는 분수 중 가장 작은 기약분수를 $\dfrac{b}{a}$라고 할 때, a, b의 값을 구하시오.

18 어느 버스 터미널에서 A 노선버스는 12분마다, B 노선버스는 18분마다 출발한다. A, B 두 노선 버스가 오전 6시에 동시에 출발하였다면 오전 12시까지 몇 번 더 동시에 출발하는가?

① 6번　　　② 7번　　　③ 8번
④ 9번　　　⑤ 10번

19 두 자연수 A, B에 대하여 $A \times B = 192$, 최대공약수는 4일 때, 두 수 A, B의 최소공배수는?

① 48　　　② 50　　　③ 52
④ 54　　　⑤ 56

20 (의사 소통) 다음은 지연이네 학교의 회장과 부회장의 대화이다.

> 회장: 이번에 수련회에 참가하는 우리 학교 학생이 여학생 32명, 남학생 40명이야.
>
> 부회장: 여학생과 남학생을 골고루 섞어서 모둠을 짜야 할텐데.
>
> 회장: 되도록 많은 모둠으로 나누어야 게임을 재미있게 할 수 있을 거야.

회장과 부회장의 의견을 모두 반영하여 여학생 a명과 남학생 b명을 한 모둠으로 하여 c개의 모둠으로 나누었을 때, $a+b+c$의 값은?

① 14　　　② 15　　　③ 16
④ 17　　　⑤ 18

21 (문제 해결) 어떤 자원봉사 대회에 100명 미만의 학생이 참여하였다. 모둠별로 활동을 하기 위해 편성을 하는데 모든 모둠에는 같은 수의 학생을 배정하려고 한다. 4명, 5명, 6명의 어느 인원으로 편성하여도 항상 3명이 남는다고 할 때, 이 대회에 참여한 학생 수를 구하시오.

22 두 수 $2^3 \times 5^3 \times 7$, $2^2 \times 3^2 \times 5^3$의 공약수의 개수를 구하려고 한다. 다음 물음에 답하고 그 과정을 서술하시오.

(1) 최대공약수를 구하시오.
(2) 두 수의 공약수의 개수를 구하시오.

23 100 미만의 자연수 A와 21의 최대공약수가 7일 때, 다음 물음에 답하고 그 과정을 서술하시오.

(1) 자연수 A는 모두 몇 개인지 구하시오.
(2) A와 21의 최소공배수가 84일 때, A의 값을 구하시오.

24 가로의 길이, 세로의 길이, 높이가 각각 98 cm, 70 cm, 42 cm인 직육면체 모양의 나무토막이 있다. 이것을 되도록 큰 정육면체 모양으로 똑같이 자르면 나무토막을 몇 개나 만들 수 있는지 구하려고 할 때, 다음 물음에 답하고 그 과정을 서술하시오.

(1) 정육면체 모양으로 자른 나무토막의 한 모서리의 길이를 최대 몇 cm로 할 수 있는지 구하시오.
(2) (1)과 같은 크기의 나무토막은 몇 개나 만들 수 있는지 구하시오.

25 현수는 산책을 하던 중 공원의 분수대에서 음악에 따라 나오는 여러 가지 색의 빛이 나오는 등을 보았다. 시간을 재어 보니 노란 등은 6초 동안 켜져 있다가 6초 동안 꺼졌고 파란 등은 12초 동안 켜져 있다가 8초 동안 꺼졌으며, 빨간 등은 10초 동안 켜져 있다가 5초 동안 꺼졌다. 세 가지 등이 이와 같이 켜졌다가 꺼지기를 반복할 때 세 가지의 등이 동시에 켜지고 나서 다시 동시에 켜질 때까지 걸리는 시간을 구하고 그 과정을 서술하시오.

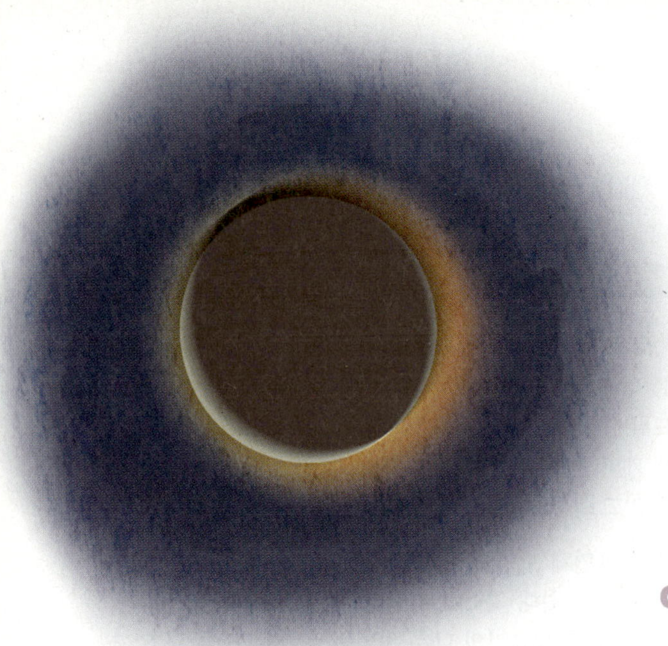

일식과 최소공배수

조선 시대에는 일식이 일어나는 날짜를 계산해 두었다가 석 달 전에 나라 전체에 알렸다. 일식이 일어나면 왕과 신하들은 궁전 뜰에 모여 일식이 무사히 지나가기를 하늘에 빌었다. 그 날만은 백성들도 하루를 경건하게 보내야 했다. 음악을 연주하거나 노래를 부르는 일도 자제했다.

세종 대왕이 즉위한 지 4년째가 되는 1442년 음력 1월 1일, 세종 대왕과 신하들이 제단에 올라 의식을 준비하고 있었다. 세종 대왕의 표정이 점점 일그러졌고, 예고된 일식이 15분가량 늦게 일어났다.
이후 세종 대왕은 천문 기구와 시각을 알려 주는 기구를 새롭게 만들라고 지시했다고 한다.

그런데 오늘날과 같은 정교한 관측 도구나 컴퓨터가 없던 시절에는 천문 현상을 어떻게 예측했을까? 그 비결은 최소공배수이다. 옛날 사람들은 하늘을 관찰하면서 태양이 같은 위치로 돌아오는 시간과, 달이 같은 위치로 돌아오는 시간을 측정하였고, 태양과 달이 규칙적으로 움직인다는 사실을 이용하여 일식이 일어나는 시간을 계산하였다고 한다.

Ⅱ 정수와 유리수

1 정수와 유리수

01 정수와 유리수의 뜻

기본 문제

1 다음 수량을 양의 부호 + 또는 음의 부호 −를 사용하여 나타내시오.

(1) 이익 100만 원을 +100만 원이라고 할 때, 손해 50만 원

(2) 영상 10 ℃를 +10 ℃라고 할 때, 영하 10 ℃

1-1 다음 수량을 양의 부호 + 또는 음의 부호 −를 사용하여 나타내시오.

(1) 해발 100 m를 +100 m라고 할 때, 해저 1500 m

(2) 버스 요금 5 % 인하를 −5 %라고 할 때, 10 % 인상

2 다음 수를 양수와 음수로 분류하시오.

$$-6, \ +\frac{2}{3}, \ 0, \ -3, \ +2.5, \ +5, \ -0.25, \ -1$$

2-1 아래 수에 대하여 다음을 구하시오.

$$-\frac{3}{20}, \ +\frac{8}{2}, \ +3.5, \ 0, \ +4, \ -3, \ -2.1$$

(1) 0보다 큰 수

(2) 0보다 작은 수

개념 확인

1. 부호가 붙은 수 ··· +: 양의 부호, −: 음의 부호

서로 반대되는 성질을 가지는 수량에 대하여 그 기준점을 0으로 정할 때에 한쪽 수량에 양의 부호 +를 사용하여 나타내면, 다른 쪽 수량에 음의 부호 −를 사용하여 나타낼 수 있다. 이때 사용한 부호 +, −를 각각 양의 부호, 음의 부호라고 한다.

+	이익	증가	해발	영상	후	···
−	손해	감소	해저	영하	전	···

2. 양수와 음수

(1) 양수: 양의 부호 +가 붙은 수 예 $+\frac{1}{2}$, +1, +1.5   '플러스 1'이라고 읽는다.

(2) 음수: 음의 부호 −가 붙은 수 예 $-\frac{1}{2}$, −1, −1.5   '마이너스 1'이라고 읽는다.

STEP UP

양의 부호 +는 '플러스', 음의 부호 −는 '마이너스'라고 읽는다.

3 아래 수에 대하여 다음을 구하시오.

$$+1, \ +\frac{2}{3}, \ 0, \ -1, \ +3, \ -\frac{6}{2}, \ -\frac{1}{2}$$

(1) 양의 유리수   (2) 음의 유리수
(3) 정수   (4) 정수가 아닌 유리수

3-1 다음 수 중 음의 정수를 찾으시오.

$$-\frac{8}{4}, \ \frac{3}{2}, \ -\frac{5}{3}, \ +1.2, \ 0, \ -4, \ 5.4$$

4 다음 중 정수가 아닌 유리수를 모두 고르면?

① -2 ② 0 ③ $-\frac{3}{4}$
④ 2 ⑤ -0.12

4-1 다음 수 중 정수가 아닌 유리수는 모두 몇 개인지 구하시오.

$$-1.5, \ 2.5, \ 2, \ \frac{4}{5}, \ 0, \ -\frac{8}{4}$$

---

3. 정수 … 정수는 양의 정수, 0, 음의 정수로 나뉜다.
(0은 양의 정수도 아니고 음의 정수도 아니다.)

(1) 양의 정수: 자연수에 양의 부호를 붙인 수
(2) 음의 정수: 자연수에 음의 부호를 붙인 수

4. 유리수 … 유리수는 $\dfrac{(정수)}{(0이 \ 아닌 \ 정수)}$ 꼴

분자와 분모($\neq 0$)가 모두 정수인 분수로 나타낼 수 있는 수
(1) 양의 유리수(양수): 양의 부호 $+$가 붙은 유리수
(2) 음의 유리수(음수): 음의 부호 $-$가 붙은 유리수

5. 유리수의 분류

$$\text{유리수} \begin{cases} \text{정수} \begin{cases} \text{양의 정수: } 1, 2, 3, \cdots \\ 0 \\ \text{음의 정수: } -1, -2, -3, \cdots \end{cases} \\ \text{정수가 아닌 유리수: } \frac{1}{2}, 3.5, -\frac{5}{3}, -10.1, \cdots \end{cases}$$

STEP UP

• 양수는 '$+$' 부호를 생략하기도 하므로 양의 정수는 자연수와 같다.
• $2=\dfrac{2}{1}$, $3=\dfrac{3}{1}$과 같이 정수는 분수 꼴로 나타낼 수 있으므로 정수는 유리수이다.
또 $0.5=\dfrac{1}{2}$, $-0.01=-\dfrac{1}{100}$로 나타낼 수 있으므로 소수도 유리수이다.

기본 문제

정답 및 해설 P.12

5 다음 수에 대응하는 점을 아래 수직선 위에 나타내시오.

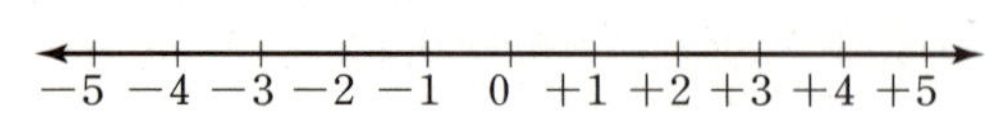

(1) A(-4)　　(2) B(0)　　(3) C$\left(\dfrac{3}{2}\right)$

5-1 다음 수에 대응하는 점을 아래 수직선 위에 나타내시오.

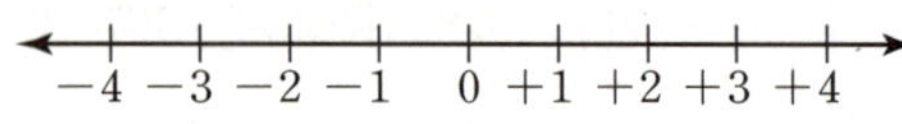

(1) 2.5　　　　　　(2) $-\dfrac{2}{3}$

(3) $\dfrac{7}{4}$　　　　　　(4) -3

6 다음을 구하시오.

(1) $+8$의 절댓값　　(2) -9의 절댓값

(3) $\left|+\dfrac{1}{3}\right|$　　　　　(4) $\left|-\dfrac{1}{2}\right|$

6-1 다음을 만족하는 수를 모두 구하시오.

(1) 절댓값이 3인 수　　(2) 절댓값이 7인 음수

(3) 절댓값이 $\dfrac{3}{4}$인 수　　(4) 절댓값이 0인 수

개념 확인

6. 수직선 ··· 수직선의 왼쪽은 음의 정수, 오른쪽은 양의 정수

한 직선 위에 기준점 O를 정하고, 점 O의 좌우에 같은 간격으로 점을 찍는다. 점 O에 수 0을 대응시키고, 점 O에서 오른쪽 점에 차례로 수 $+1$, $+2$, $+3$, …을 대응시키고, 왼쪽 점에 차례로 수 -1, -2, -3, …을 대응시켜서 만든 직선을 수직선이라고 한다. 이때 기준점 O를 원점이라고 한다.

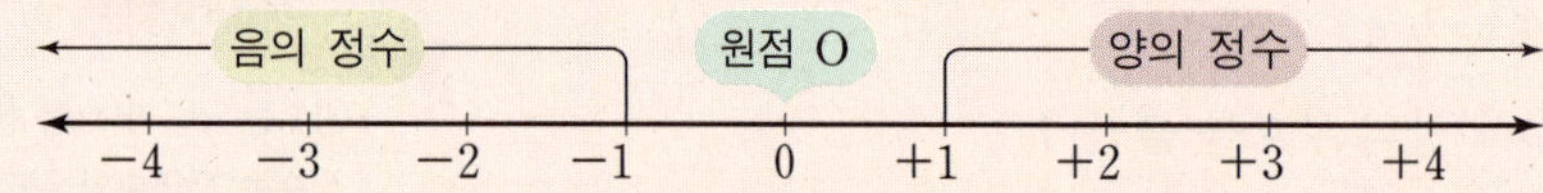

7. 절댓값 ··· 절댓값은 원점으로부터의 거리

(1) **절댓값**: 수직선 위에서 어떤 수를 나타내는 점과 원점 사이의 거리
(2) **절댓값의 기호**: a의 절댓값은 $|a|$와 같이 나타낸다.

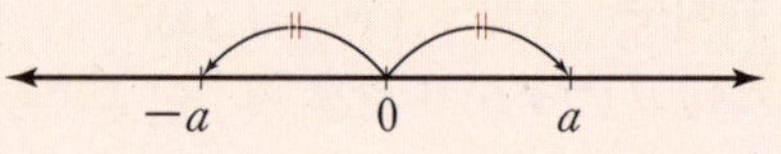

⟐ -2의 절댓값: $|-2|=2$, $+3$의 절댓값: $|+3|=3$
　　　　부호를 떼면　　　　　　부호를 떼면

8. 절댓값의 성질

(1) 원점에서 멀리 떨어질수록 절댓값이 크다.
(2) 0의 절댓값은 0이고, 절댓값이 가장 작은 수는 0이다.
(3) 절댓값은 항상 0 또는 양수이다.
(4) 절댓값이 $a\,(a>0)$인 수는 $+a$, $-a$의 2개이다. → $+a$, $-a$를 나타내는 점의 한가운데 있는 점은 0을 나타내는 점이다.
　　⟐ 절댓값인 2인 수는 $+2$, -2이다.

STEP UP

- a의 절댓값은
  $a>0$이면 $|a|=a$
  $a<0$이면 $|a|=-a$
- 절댓값 쉽게 구하기: 주어진 수의 부호를 떼어낸다.

7 다음 두 수의 대소 관계를 부등호 $>$, $<$ 를 사용하여 나타내시오.

(1) $+6\ \square\ +4$

(2) $+3\ \square\ -5$

(3) $-2\ \square\ 0$

(4) $-\dfrac{1}{4}\ \square\ -\dfrac{3}{4}$

(5) $-\dfrac{5}{4}\ \square\ 2.1$

(6) $\dfrac{1}{5}\ \square\ 0$

8 다음을 부등호를 사용하여 나타내시오.

(1) x는 3보다 작다.

(2) x는 3 이상이다.

(3) x는 -2보다 크고 2보다 작다.

(4) x는 1 이상이고 4 미만이다.

7-1 다음 중 두 수의 대소 관계가 옳지 <u>않은</u> 것은?

① $-1>-5$

② $-3<0$

③ $-3>-\dfrac{1}{5}$

④ $\dfrac{5}{3}>-1$

⑤ $\dfrac{3}{4}>\dfrac{2}{3}$

8-1 다음을 부등호를 사용하여 나타내시오.

(1) x는 2 이상 4 이하이다.

(2) y는 -3보다 작지 않다.

(3) z는 -1 초과 5 미만이다.

9. 유리수의 대소 관계

(1) 양수는 0보다 크고, 음수는 0보다 작다.

(2) 두 양수는 그 절댓값이 큰 수가 크다. 예 $+\dfrac{1}{3}<+\dfrac{2}{3}$ $\left|+\dfrac{1}{3}\right|<\left|+\dfrac{2}{3}\right|$

(3) 두 음수는 그 절댓값이 큰 수가 작다. 예 $-\dfrac{1}{3}>-\dfrac{2}{3}$ $\left|-\dfrac{1}{3}\right|<\left|-\dfrac{2}{3}\right|$

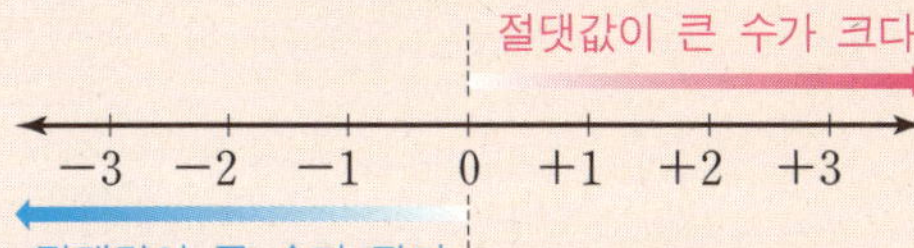

두 유리수를 수직선 위에 나타내었을 때, 오른쪽에 있는 수가 왼쪽에 있는 수보다 크다.

10. 부등호의 사용

(1) $a>b$: a는 b보다 크다. (a는 b 초과)

(2) $a<b$: a는 b보다 작다. (a는 b 미만)

(3) $a\geq b$: a는 b보다 크거나 같다. (a는 b 이상, a는 b보다 작지 않다.)

(4) $a\leq b$: a는 b보다 작거나 같다. (a는 b 이하, a는 b보다 크지 않다.)

STEP UP

- 분모가 다른 분수의 크기를 비교할 때는 통분한 후 비교한다.
- 절댓값은 항상 0보다 크거나 같다.
- 수직선 위에서 오른쪽으로 갈수록 큰 수이고 왼쪽으로 갈수록 작은 수이다.
- 기호 $\geq$는 $>$ 또는 $=$를 뜻한다.
- '작지 않다'의 의미는 '크거나 같다'와 같다. 단순히 '크다'로 생각하지 않도록 주의한다.

01 | 부호의 사용 |

다음 중 양의 부호 또는 음의 부호를 사용하여 나타낸 것으로 옳은 것은?

① 0보다 4만큼 작은 수: $+4$ 　　② 2시간 후: -2시간

③ 해발 100 m: $+100$ m 　　④ 1000원 이익: -1000원

⑤ 원점에서 오른쪽으로 10만큼 이동한 수: -10

> 해발, 증가, 영상, ~후, 큰 등: 양의 부호
> 해저, 감소, 영하, ~전, 작은 등: 음의 부호

02 | 정수, 유리수 |

다음 수에 대한 설명으로 옳은 것은?

$$+3,\ -0.2,\ 0,\ -\frac{8}{2},\ +\frac{12}{5},\ -4.3,\ \frac{24}{6}$$

① 정수는 2개이다. 　　② 음수는 4개이다.

③ 양의 정수는 3개이다. 　　④ 음의 유리수는 3개이다.

⑤ 정수가 아닌 유리수는 2개이다.

> 분수로 표현된 수는 약분하여 본다.

03 | 정수, 유리수 |

다음 중 옳지 <u>않은</u> 것은?

① 모든 정수는 유리수이다.

② 모든 자연수는 유리수이다.

③ 유리수 중에서 정수가 아닌 것도 있다.

④ 모든 유리수는 수직선 위에 나타낼 수 있다.

⑤ 0은 정수가 아니다.

> 정수 $\begin{cases} 양의\ 정수 \\ 0 \\ 음의\ 정수 \end{cases}$

04 | 수직선 |

다음 수를 수직선 위에 나타내었을 때, 가장 왼쪽에 있는 수는?

① $-\dfrac{3}{5}$ 　　② 0 　　③ $\dfrac{17}{5}$

④ $+4.5$ 　　⑤ -1.6

> 수를 수직선에 대응시켰을 때 왼쪽에 있을수록 작은 수이다.

05 | 수직선 |
다음 중 수직선 위의 -4를 나타내는 점에서 거리가 5인 점에 대응하는 두 수로 알맞게 짝 지어진 것은?

① 9, -1 ② 1, -9 ③ 10, -2
④ 2, -10 ⑤ 11, -3

수직선 위에 -4를 나타내는 점에서 거리가 5인 점을 찾는다.

06 | 절댓값 | 서술형
$+8$의 절댓값을 a, $-\dfrac{1}{4}$의 절댓값을 b라고 할 때, ab의 값을 구하고 그 과정을 서술하시오.

어떤 수의 절댓값은 그 수의 부호를 떼어낸 수와 같다.

07 | 두 유리수 사이의 수 찾기 |
$-\dfrac{3}{2}<x<\dfrac{5}{3}$를 만족하는 정수 x의 개수를 구하시오.

08 추론 | 세 정수의 대소 관계 |
다음 세 조건을 만족하는 서로 다른 세 정수 a, b, c의 크기를 부등호를 사용하여 나타내시오.

> (가) a와 b의 절댓값은 같다.
> (나) b에 대응하는 점은 수직선에서 가장 왼쪽에 있다.
> (다) c는 음의 정수이다.

수직선에 a, b, c의 대략의 위치를 찾아본다.

09 | 부등호의 사용 |
다음 중 'a는 -1보다 작지 않고 4 미만이다.'를 부등호를 사용하여 나타낸 것은?

① $-1<a<4$ ② $-1<a\leq4$ ③ $-1\leq a<4$
④ $-1\leq a\leq4$ ⑤ $-4\leq a\leq1$

'작지 않다'는 '크거나 같다'와 같은 뜻이다.

02 정수와 유리수의 덧셈과 뺄셈

정답 및 해설 P.13

1 다음 식에서 ○ 안에 부호 $+$ 또는 $-$를, □ 안에 알맞은 수를 쓰시오.

(1) $(+3)+(+7)=○(□+□)=○□$

(2) $(-3)+(-7)=○(□+□)=○□$

(3) $(-3)+(+7)=○(□-□)=○□$

(4) $(+3)+(-7)=○(□-□)=○□$

(5) $\left(+\dfrac{1}{3}\right)+\left(-\dfrac{4}{3}\right)=○\left(□-□\right)=○□$

(6) $(-0.3)+(-1.2)=○(□+□)=○□$

1-1 다음을 계산하시오.

(1) $(+2)+(+4)$ (2) $(-2)+(-5)$

(3) $(+2)+(-2)$ (4) $(+2)+(-8)$

(5) $(-4)+(+7)$ (6) $0+(-3)$

(7) $\left(+\dfrac{1}{2}\right)+\left(+\dfrac{1}{3}\right)$ (8) $\left(+\dfrac{1}{5}\right)+\left(-\dfrac{2}{3}\right)$

(9) $\left(-\dfrac{1}{2}\right)+\left(+\dfrac{1}{4}\right)$ (10) $\left(-\dfrac{3}{4}\right)+\left(-\dfrac{2}{3}\right)$

개념 확인

1. 두 수의 덧셈 … 부호가 같으면 공통 부호, 다르면 절댓값이 큰 쪽 부호

(1) **부호가 같은 두 수의 덧셈**: 두 수의 절댓값의 합에 공통인 부호를 붙인다.

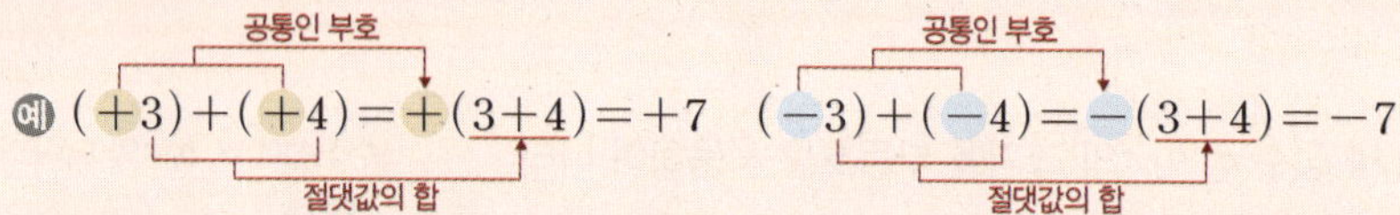

예 $(+3)+(+4)=+(3+4)=+7$ $(-3)+(-4)=-(3+4)=-7$

(2) **부호가 다른 두 수의 덧셈**: 두 수의 절댓값의 차에 절댓값이 큰 수의 부호를 붙인다.

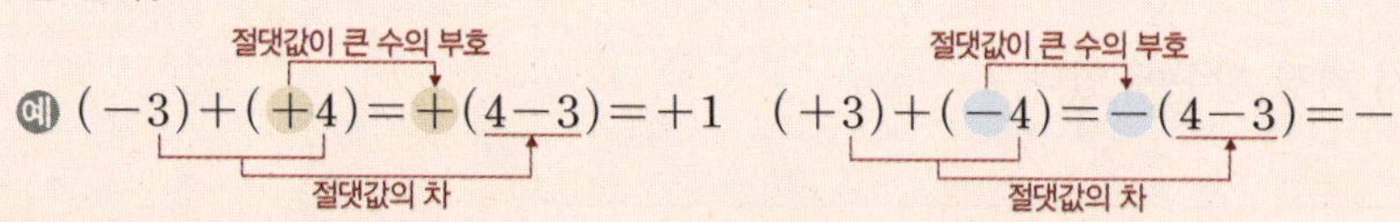

예 $(-3)+(+4)=+(4-3)=+1$ $(+3)+(-4)=-(4-3)=-1$

참고 $(+3)+(+2)=+5$

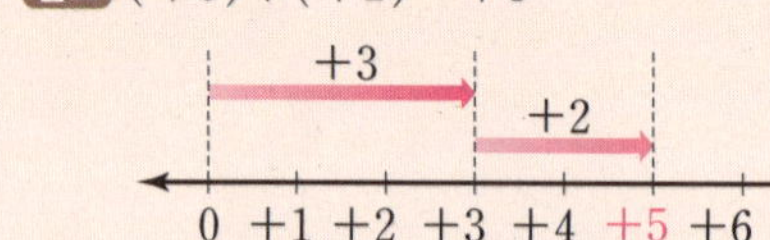

$(-3)+(-2)=-5$

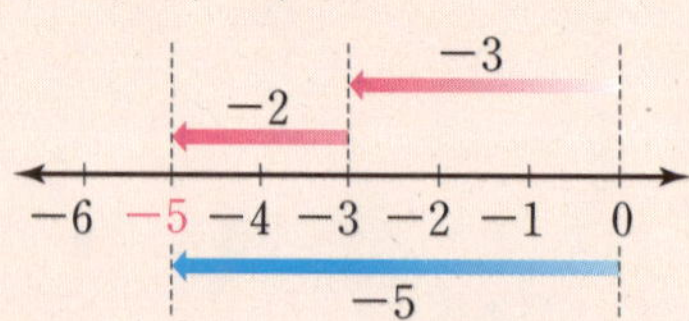

$(+5)+(-2)=+3$

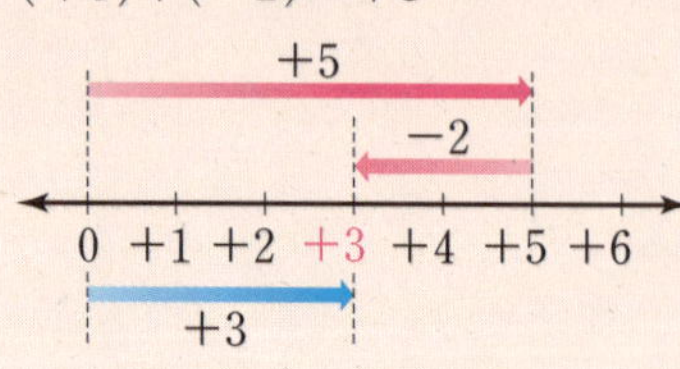

$(-5)+(+2)=-3$

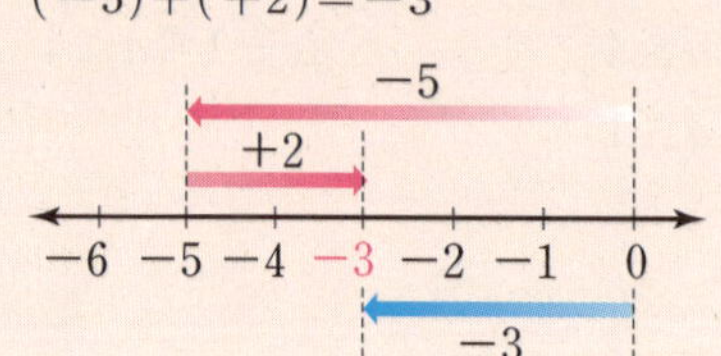

STEP UP

- 절댓값이 같고 부호가 다른 두 수의 합은 0이다.
  $(+a)+(-a)=0$
- 어떤 수와 0과의 합은 그 수 자신이다. a가 유리수일 때
  $a+0=0+a=a$

2 다음 계산 과정 중 (1), (2)에서 사용된 덧셈의 계산 법칙을 말하시오.

$$
\begin{aligned}
&(-15)+(+4)+(+15)\\
&=(-15)+(+15)+(+4)\\
&=\{(-15)+(+15)\}+(+4)\\
&=0+(+4)\\
&=+4
\end{aligned}
$$

(1)
(2)

3 다음을 계산하시오.

(1) $(-3)+(-7)+(+3)$

(2) $(-9)+(+5)+(-4)$

(3) $\left(-\dfrac{1}{4}\right)+\left(+\dfrac{3}{4}\right)+(-2)$

(4) $\left(-\dfrac{3}{5}\right)+\left(+\dfrac{5}{4}\right)+\left(-\dfrac{2}{5}\right)$

2-1 다음 계산 과정 중 ㉠에 사용된 덧셈의 계산 법칙을 말하시오.

$$
\begin{aligned}
&(-2)+(+4)+(-9)\\
&=(+4)+(-2)+(-9)\\
&=(+4)+\{(-2)+(-9)\}\\
&=(+4)+(-11)\\
&=-7
\end{aligned}
$$

㉠

3-1 다음을 계산하시오.

(1) $(-12)+(+7)+(-8)$

(2) $\left(+\dfrac{1}{6}\right)+(-2)+\left(-\dfrac{7}{6}\right)$

(3) $(-3)+(+7)+(-2)+(+3)$

(4) $(-2.4)+(+1.9)+(-3.3)+(+2.1)$

2. 덧셈의 계산 법칙 ··· 교환법칙, 결합법칙

세 수 a, b, c에 대하여 다음이 성립한다.

(1) 교환법칙: $a+b=b+a$ ── 더하는 두 수의 순서를 바꾸어도 그 결과는 같다.

예 $(+3)+(-1)$ ── 덧셈의 교환법칙
$=(-1)+(+3)$
$=+2$

(2) 결합법칙: $(a+b)+c=a+(b+c)$ ── 세 수의 덧셈에서 앞의 두 수를 더한 후 나머지 수를 더하거나 뒤의 두 수를 더한 후 나머지 수를 더하여도 그 결과는 같다.

예 $\{(+3)+(-2)\}+(+4)$ ── 덧셈의 결합법칙
  (=+1)
$=(+3)+\{(-2)+(+4)\}$
  (=+2)
$=+5$

STEP UP
- 세 개 이상의 수의 덧셈은 덧셈의 교환법칙과 결합법칙을 이용하여 계산 순서를 바꾸면 편리하다.
- 세 수의 덧셈의 결합법칙이 성립하므로 $(a+b)+c$를 $a+b+c$로 나타낼 수 있다.

02 정수와 유리수의 덧셈과 뺄셈

정답 및 해설 P.14

기본 문제

4 다음 식에서 ○ 안에 기호 $+$ 또는 $-$ 를, □ 안에 알맞은 수를 쓰시오.

(1) $(+3)-(-4)=(+3)\bigcirc(\bigcirc 4)=\bigcirc\square$

(2) $(-4)-(+5)=(-4)\bigcirc(\bigcirc 5)=\bigcirc\square$

(3) $(+7)-(+2)=(+7)\bigcirc(\bigcirc 2)=\bigcirc\square$

(4) $(+2)-(+5)=(+2)\bigcirc(\bigcirc 5)=\bigcirc\square$

(5) $\left(-\dfrac{3}{2}\right)-\left(-\dfrac{1}{3}\right)=\left(-\dfrac{3}{2}\right)+\left(\bigcirc\dfrac{1}{3}\right)$

$\qquad =\left(-\dfrac{\square}{6}\right)+\left(\bigcirc\dfrac{\square}{6}\right)=\bigcirc\left(\dfrac{9}{6}-\dfrac{2}{6}\right)=\square$

(6) $\left(-\dfrac{4}{5}\right)-\left(+\dfrac{5}{4}\right)=\left(-\dfrac{4}{5}\right)+\left(\bigcirc\dfrac{5}{4}\right)$

$\qquad =\left(-\dfrac{\square}{20}\right)+\left(\bigcirc\dfrac{\square}{20}\right)=\bigcirc\left(\dfrac{16}{20}+\dfrac{25}{20}\right)=\square$

4-1 다음을 계산하시오.

(1) $(+12)-(+7)$　　(2) $(-4)-(+9)$

(3) $(+5)-(-3)$　　(4) $(-6)-(-8)$

(5) $(-7)-(-7)$　　(6) $0-(-3)$

4-2 다음을 계산하시오.

(1) $\left(+\dfrac{3}{2}\right)-\left(+\dfrac{1}{4}\right)$　　(2) $\left(+\dfrac{2}{7}\right)-\left(-\dfrac{1}{3}\right)$

(3) $\left(-\dfrac{4}{5}\right)-\left(+\dfrac{3}{2}\right)$　　(4) $\left(-\dfrac{1}{2}\right)-\left(-\dfrac{1}{4}\right)$

(5) $(-2.3)-(+4.7)$　　(6) $(+3.3)-(-4.3)$

5 다음을 계산하시오.

(1) $3-2+6$　　(2) $-5+3-4$

(3) $-7+3+2-5$　　(4) $7-11+5+4$

개념 확인

3. 두 수의 뺄셈 … 뺄셈은 덧셈으로 고쳐서 계산

수의 뺄셈은 빼는 수의 부호를 바꾸어 덧셈으로 고쳐서 계산한다.

$$\ominus(\ominus a)=\oplus(+a),\quad \ominus(+a)=\oplus(-a)$$

뺄셈을 덧셈으로 고친다.

예 $(-4)\ominus(\ominus 2)=(-4)\oplus(+2)=-2$

빼는 수의 부호를 바꾼다.

참고 뺄셈에서는 교환법칙과 결합법칙이 성립하지 않는다.

$$\underset{\underset{1}{3-2}\ne\underset{-1}{2-3}}{a-b\ne b-a},\quad \underset{\underset{0}{(3-2)-1}\ne\underset{2}{3-(2-1)}}{(a-b)-c\ne a-(b-c)}$$

4. 덧셈과 뺄셈의 혼합 계산

(1) 덧셈과 뺄셈의 혼합 계산

① 뺄셈은 모두 덧셈으로 바꾼다.

② 계산하기 쉽도록 덧셈의 교환법칙과 결합법칙을 이용하여 계산한다.

(2) 부호가 없는 수: $+$ 가 생략된 것으로 생각하여 계산한다.

예 $-9+6-4=(-9)+(+6)-(+4)=(-9)+(+6)+(-4)$

$\qquad =(+6)+\{(-9)+(-4)\}=(+6)+(-13)=-7$

① 절댓값이 같고 부호가 다른 두 수가 있으면 그 수를 모아서 계산한다.

② 분수와 소수가 섞여 있으면 분수는 분수끼리, 소수는 소수끼리 모아서 계산한다.

③ 세 개 이상의 분수가 있으면 통분하기 쉬운 것끼리 모아서 계산한다.

STEP UP

덧셈으로 바꾸고

$(+)-(+)=(+)+(-)$

$(+)-(-)=(+)+(+)$

$(-)-(+)=(-)+(-)$

$(-)-(-)=(-)+(+)$

부호는 반대로

• 상점: $+$, 벌점: $-$ 라고 할 때, 벌점 2점을 빼는 것과 상점 2점을 받는 것이 같으므로 $-(-2)=+(+2)$ 로 생각할 수 있다.

• 부호가 없는 수를 뺄 때, 뺄셈 기호는 빼는 수의 부호로 생각하여 계산할 수 있다.

예 $3-6$ 은 $(+3)-(+6)$ 또는 $(+3)+(-6)$ 으로 생각하여 계산한다.

| 수의 덧셈과 뺄셈 |

01 다음을 계산하시오.

(1) $(+12)+(+7)$ (2) $(-13)+(+22)$ (3) $(+3.2)+(-2.9)$

(4) $\left(-\dfrac{2}{3}\right)+\left(-\dfrac{4}{5}\right)$ (5) $(+17)-(+22)$ (6) $(+13)-(-32)$

(7) $(-3.42)-(+6.23)$ (8) $\left(-\dfrac{3}{5}\right)-\left(-\dfrac{5}{9}\right)$ (9) $0-(+13)$

부호가 같은 두 수의 덧셈은 두 수의 절댓값의 합에 공통인 부호를 붙이고, 부호가 다른 두 수의 덧셈은 두 수의 절댓값의 차에 절댓값이 큰 수의 부호를 붙인다.

| 덧셈의 계산 법칙 |

02 다음 계산 과정에서 사용된 법칙을 차례로 나열한 것은?

$$1+\left\{\left(\frac{3}{2}+4\right)+\frac{1}{2}\right\}\times 4$$
$$=1+\left\{\frac{3}{2}+\left(4+\frac{1}{2}\right)\right\}\times 4$$
$$=1+\left\{\frac{3}{2}+\left(\frac{1}{2}+4\right)\right\}\times 4$$

① 결합법칙, 분배법칙   ② 교환법칙, 분배법칙

③ 분배법칙, 교환법칙   ④ 교환법칙, 결합법칙

⑤ 결합법칙, 교환법칙

자리가 바뀌면 교환법칙, 묶으면 결합법칙이다.

| 덧셈과 뺄셈의 혼합 계산 |

03 다음을 계산하시오.

(1) $(+4)+(+9)+(-5)$ (2) $(-4)+(+2)+(-13)+(+3)$

(3) $\left(+\dfrac{1}{6}\right)+\left(-\dfrac{5}{6}\right)+\left(+\dfrac{1}{2}\right)$ (4) $\left(+\dfrac{2}{5}\right)+\left(-\dfrac{1}{3}\right)+\left(+\dfrac{4}{15}\right)+\left(+\dfrac{2}{3}\right)$

(5) $(+8)+(-14)-(-5)$ (6) $(-6)+(+15)-(+5)$

(7) $\left(-\dfrac{3}{4}\right)+\left(+\dfrac{1}{8}\right)-\left(+\dfrac{3}{5}\right)$ (8) $\left(-\dfrac{1}{2}\right)-\left(-\dfrac{2}{3}\right)+\left(-\dfrac{5}{12}\right)$

(9) $-2+10-9$ (10) $11-16-5+12$

(11) $-\dfrac{2}{3}+\dfrac{1}{2}-\dfrac{3}{4}$ (12) $-\dfrac{1}{2}+\dfrac{2}{3}-\dfrac{5}{9}-\dfrac{1}{3}$

(9)~(12) 괄호가 없는 수의 계산은 각 수 앞에 '+'가 생략되어 있다고 생각하고 계산한다.

| 부호가 없는 수의 덧셈과 뺄셈 |

04 다음 중 계산 결과가 가장 작은 것은?

① $-8+12$ ② $-3-4+5$ ③ $-6+2$
④ $-2-1$ ⑤ $10-6-7$

| 부호가 없는 수의 덧셈과 뺄셈 |

05 $2+\dfrac{3}{2}-\dfrac{5}{3}-\dfrac{1}{2}+\dfrac{2}{5}$ 를 계산하면?

① $\dfrac{26}{15}$ ② $\dfrac{17}{5}$ ③ $\dfrac{19}{30}$
④ $-\dfrac{3}{5}$ ⑤ $-\dfrac{13}{15}$

세 개 이상의 수의 덧셈과 뺄셈을 할 때 분모가 같은 분수끼리 먼저 계산하면 편리하다.

| 부호가 없는 수의 덧셈과 뺄셈 | 서술형

06 $-\dfrac{1}{3}$ 보다 $\dfrac{3}{2}$ 만큼 작은 수를 a, $\dfrac{3}{2}$ 보다 $-\dfrac{1}{3}$ 만큼 큰 수를 b라고 할 때, $a+b$의 값을 구하고 그 과정을 서술하시오.

□보다 a만큼 큰 수: □$+a$
□보다 a만큼 작은 수: □$-a$

| 수의 덧셈과 뺄셈 |

07 어떤 수에 $-\dfrac{3}{2}$ 을 빼어야 할 것을 잘못하여 더하였더니 그 결과가 $\dfrac{5}{3}$ 가 되었다. 바르게 계산한 답은?

① $-\dfrac{19}{6}$ ② $-\dfrac{14}{3}$ ③ $\dfrac{5}{3}$
④ $\dfrac{14}{3}$ ⑤ $\dfrac{19}{6}$

먼저 어떤 수를 구한다.

| 덧셈과 뺄셈의 혼합 계산 | 서술형

08 오른쪽 그림의 정육면체 모양의 주사위에서 마주 보는 면에 적힌 두 수의 합이 0이라고 할 때, 보이지 않는 세 면에 적힌 수들의 합을 구하고 그 과정을 서술하시오.

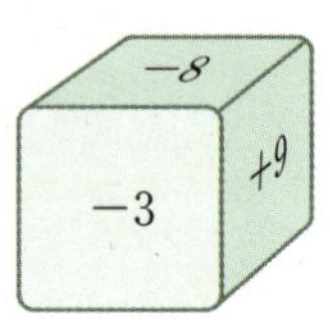

03 정수와 유리수의 곱셈과 나눗셈

정답 및 해설 P.16

1 다음 식에서 ○ 안에 부호 $+$ 또는 $-$ 를, □ 안에 알맞은 수를 쓰시오.

(1) $(+4)\times(+5)=\bigcirc(4\times5)=\bigcirc\Box$

(2) $(+4)\times(-5)=\bigcirc(4\times5)=\bigcirc\Box$

(3) $(-4)\times(+5)=\bigcirc(4\times5)=\bigcirc\Box$

(4) $(-4)\times(-5)=\bigcirc(4\times5)=\bigcirc\Box$

2 다음 식에서 ○ 안에 부호 $+$ 또는 $-$ 를, □ 안에 알맞은 수를 쓰시오.

(1) $\left(+\dfrac{1}{2}\right)\times\left(+\dfrac{1}{3}\right)=\bigcirc\left(\dfrac{1}{2}\times\dfrac{1}{3}\right)=\bigcirc\Box$

(2) $\left(+\dfrac{1}{2}\right)\times\left(-\dfrac{1}{3}\right)=\bigcirc\left(\dfrac{1}{2}\times\dfrac{1}{3}\right)=\bigcirc\Box$

(3) $\left(-\dfrac{1}{2}\right)\times\left(+\dfrac{1}{3}\right)=\bigcirc\left(\dfrac{1}{2}\times\dfrac{1}{3}\right)=\bigcirc\Box$

(4) $\left(-\dfrac{1}{2}\right)\times\left(-\dfrac{1}{3}\right)=\bigcirc\left(\dfrac{1}{2}\times\dfrac{1}{3}\right)=\bigcirc\Box$

1-1 다음을 계산하시오.

(1) $(+2)\times(+5)$

(2) $(+3)\times(-6)$

(3) $(-5)\times(+7)$

(4) $(-6)\times(-2)$

(5) $0\times(-5)$

(6) $(-8)\times0$

2-1 다음을 계산하시오.

(1) $(-15)\times\left(+\dfrac{3}{5}\right)$

(2) $\left(+\dfrac{3}{4}\right)\times(-12)$

(3) $\left(+\dfrac{1}{2}\right)\times\left(+\dfrac{4}{7}\right)$

(4) $\left(+\dfrac{3}{5}\right)\times\left(-\dfrac{10}{9}\right)$

(5) $\left(-\dfrac{11}{8}\right)\times\left(+\dfrac{4}{3}\right)$

(6) $\left(-\dfrac{3}{7}\right)\times\left(-\dfrac{14}{15}\right)$

1. 두 수의 곱셈 ··· 같은 부호의 곱셈은 $+$, 다른 부호의 곱셈은 $-$

(1) 부호가 같은 두 수의 곱셈: 두 수의 절댓값의 곱에 양의 부호 $+$를 붙인다.

예 $(+2)\times(+3)=+(2\times3)=+6$, $(-2)\times(-3)=+(2\times3)=+6$

(2) 부호가 다른 두 수의 곱셈: 두 수의 절댓값의 곱에 음의 부호 $-$를 붙인다.

예 $(-2)\times(+3)=-(2\times3)=-6$, $(+2)\times(-3)=-(2\times3)=-6$

STEP UP

- 곱셈의 부호

$(+)\times(+)\Rightarrow(+)$

$(-)\times(-)\Rightarrow(+)$

$(+)\times(-)\Rightarrow(-)$

$(-)\times(+)\Rightarrow(-)$

- 어떤 수와 0의 곱은 항상 0이고, 어떤 수와 1의 곱은 항상 그 수 자신이다.

03 정수와 유리수의 곱셈과 나눗셈

정답 및 해설 P.17

3 다음 계산 과정 중 (1), (2)에서 사용된 곱셈의 계산 법칙을 말하시오.

$$
\begin{aligned}
&(-6)\times(-12)\times(+5) \\
&=(-12)\times(-6)\times(+5) \quad (1) \\
&=(-12)\times\{(-6)\times(+5)\} \quad (2) \\
&=(-12)\times(-30)=+360
\end{aligned}
$$

4 다음을 계산하시오.

(1) $(-2)\times(+4)\times\left(-\dfrac{1}{6}\right)$

(2) $(-6)\times(-2)\times\left(-\dfrac{3}{4}\right)\times\left(+\dfrac{1}{3}\right)$

(3) $(-1)^3$

(4) $(-1)^2+(-1)^4$

3-1 다음은 분배법칙을 이용하여 계산하는 과정이다. □ 안에 알맞은 수를 쓰시오.

$$
\begin{aligned}
&(-0.82)\times23.3+(-0.82)\times26.7 \\
&=(-0.82)\times(\boxed{}+\boxed{}) \\
&=(-0.82)\times\boxed{} \\
&=\boxed{}
\end{aligned}
$$

4-1 다음을 계산하시오.

(1) $(+2)\times(-5)\times\left(-\dfrac{1}{10}\right)$

(2) $\left(-\dfrac{3}{4}\right)\times(-2)\times\left(+\dfrac{5}{3}\right)\times\left(-\dfrac{1}{2}\right)$

(3) $(-2)^3$

(4) $(-2)^2\times(-5)^2$

---

2. 곱셈의 계산 법칙 … 교환법칙, 결합법칙, 분배법칙

세 수 a, b, c에 대하여 다음이 성립한다.

(1) 교환법칙: $a\times b=b\times a$ — 곱하는 두 수의 순서를 바꾸어도 그 결과는 같다.

(2) 결합법칙: $(a\times b)\times c=a\times(b\times c)$ — 세 수의 곱셈에서 앞의 두 수를 곱한 후 나머지 수를 곱하거나 뒤의 두 수를 곱한 후 나머지 수를 곱하여도 그 결과는 같다.

(3) 분배법칙: $a\times(b+c)=a\times b+a\times c, \ (a+b)\times c=a\times c+b\times c$ — 두 수의 합에 어떤 수를 곱한 것은 두 수에 각각 어떤 수를 곱하여 더한 것과 같다.

3. 세 개 이상의 수의 곱셈 … $(-)$가 짝수 개이면 $(+)$, 홀수 개이면 $(-)$

(1) 곱의 부호를 먼저 정한다.

음수의 개수가 짝수 개이면 $+$ 부호를, 홀수 개이면 $-$ 부호를 붙인다.

(2) 각 수의 절댓값의 곱에 (1)에 따라 부호를 붙인다.

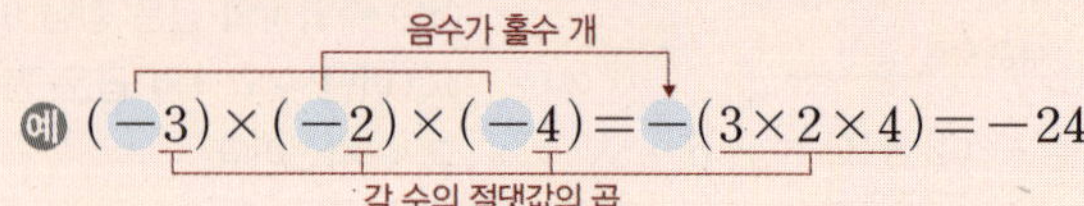

예 $(-3)\times(-2)\times(-4)=-(3\times2\times4)=-24$

STEP UP

거듭제곱의 계산
(ⅰ) 양수의 거듭제곱: 항상 $+$
(ⅱ) 음수의 거듭제곱

지수가 { 짝수이면 $+$ / 홀수이면 $-$ }

5 다음 □ 안에 알맞은 수를 쓰시오.

(1) $\left(+\dfrac{5}{2}\right)\times\left(+\dfrac{2}{5}\right)=1$이므로 $+\dfrac{5}{2}$의 역수는

□ 이다.

(2) $(-2)\times\left(-\dfrac{1}{2}\right)=1$이므로 -2의 역수는

□ 이다.

5-1 다음 수의 역수를 구하시오.

(1) 8　　　　　　(2) $-\dfrac{10}{3}$

(3) -1　　　　　(4) 0.2

6 다음을 계산하시오.

(1) $(+16)\div(-4)$　　(2) $(-27)\div(-3)$

(3) $(+6)\div\left(-\dfrac{3}{2}\right)$　　(4) $\left(-\dfrac{7}{3}\right)\div(-7)$

(5) $\left(-\dfrac{8}{5}\right)\div\left(-\dfrac{4}{3}\right)$　　(6) $(+0.49)\div(-0.7)$

6-1 다음을 계산하시오.

(1) $(-27)\div(-9)$

(2) $(+36)\div(-18)$

(3) $\left(+\dfrac{2}{3}\right)\div\left(-\dfrac{4}{9}\right)$

(4) $\left(+\dfrac{5}{2}\right)\div(-5)$

(5) $2\div\left(-\dfrac{5}{2}\right)\div\left(-\dfrac{3}{10}\right)$

(6) $\left(+\dfrac{4}{5}\right)\div(+3)\div\left(-\dfrac{2}{3}\right)$

---

4. 두 수의 나눗셈 … 같은 부호의 나눗셈은 +, 다른 부호의 나눗셈은 −

(1) 부호가 같은 두 수의 나눗셈: 두 수의 절댓값의 나눗셈의 몫에 양의 부호 $+$를 붙인다.

예 $(+4)\div(+2)=+(4\div2)=+2$

(2) 부호가 다른 두 수의 나눗셈: 두 수의 절댓값의 나눗셈의 몫에 음의 부호 $-$를 붙인다.

예 $(+4)\div(-2)=-(4\div2)=-2$

5. 역수 … 역수는 분모와 분자를 바꾼 수

두 수의 곱이 1이 될 때, 한 수를 다른 수의 역수라고 한다.

정수는 분모가 1인 수로 생각하고 소수는 분수로 고쳐서 역수를 구한다.

6. 역수를 이용한 나눗셈 … 나눗셈은 ×(역수)로 바꿔서 계산

나누는 수의 역수를 곱하여 계산한다.

예 $\left(-\dfrac{1}{4}\right)\div\left(+\dfrac{3}{2}\right)=\left(-\dfrac{1}{4}\right)\times\left(+\dfrac{2}{3}\right)=-\left(\dfrac{1}{4}\times\dfrac{2}{3}\right)=-\dfrac{1}{6}$

STEP UP

- 유리수 a에 대하여 $a\div1=a,\ 0\div a=0$
- 어떤 수를 0으로 나누는 것은 생각하지 않는다.
- 역수를 구할 때, 분모와 분자는 서로 바꾸고, 부호는 바뀌지 않는다.
- 두 수의 나눗셈은 나누는 수의 역수를 곱하는 것과 같다.
- 0의 역수는 존재하지 않는다.
- 유리수의 나눗셈에서는 교환법칙, 결합법칙이 성립하지 않는다.

03 정수와 유리수의 곱셈과 나눗셈

정답 및 해설 P.17

7 다음 식의 계산 순서를 차례로 나열하면?

$$-3 \div \{2-8 \div (-2)^4\}+7$$

$$\uparrow \quad \uparrow \quad \uparrow \quad \uparrow \quad \uparrow$$

$$㉠ \quad ㉡ \quad ㉢ \quad ㉣ \quad ㉤$$

① ㉠ → ㉢ → ㉣ → ㉤ → ㉡

② ㉡ → ㉣ → ㉢ → ㉠ → ㉤

③ ㉢ → ㉣ → ㉡ → ㉤ → ㉠

④ ㉣ → ㉢ → ㉡ → ㉤ → ㉠

⑤ ㉣ → ㉢ → ㉡ → ㉠ → ㉤

7-1 다음 식의 계산 순서를 차례로 나열하시오.

$$6-\left[\frac{5}{4}+(-2) \div \{3 \times (-4)+8\}\right] \times 2$$

$$\uparrow \qquad \uparrow \qquad \uparrow \quad \uparrow \qquad \uparrow \quad \uparrow$$

$$㉠ \qquad ㉡ \qquad ㉢ \quad ㉣ \qquad ㉤ \quad ㉥$$

8 다음을 계산하시오.

(1) $(-10) \div \left(-\frac{5}{2}\right) \times \left(-\frac{7}{4}\right)$

(2) $\frac{5}{12}+\left(-\frac{1}{2}\right)^3 \div \left(-\frac{3}{8}\right)$

(3) $(-2)^3 \times \left(-\frac{3}{4}\right)^2 - \frac{3}{5} \div \left(-\frac{4}{5}\right)$

8-1 다음을 계산하시오.

(1) $\frac{1}{3}+\left(-\frac{2}{3}\right) \times \left\{\left(\frac{3}{4}-\frac{3}{2}\right) \div \frac{1}{4}\right\}$

(2) $\left(-\frac{1}{4}\right) \div \left(-\frac{1}{2}\right)^3+(-6) \times \left\{\frac{4}{3}+(-2)\right\}$

(3) $\left[\frac{1}{2}+\left\{\frac{4}{5} \div \left(-\frac{2}{5}\right)+3\right\}\right] \div \frac{1}{3}-1$

계산 순서: $a^n \Rightarrow (\ ) \to \{\ \} \to [\ ] \Rightarrow \times, \div \Rightarrow +, -$

7. 덧셈, 뺄셈, 곱셈, 나눗셈의 혼합 계산 … 거듭제곱 ⇒ 괄호 ⇒ 곱셈, 나눗셈 ⇒ 덧셈, 뺄셈

(1) 거듭제곱이 있으면 거듭제곱을 먼저 계산한다.

(2) 괄호가 있는 식은 소괄호 $(\ )$, 중괄호 $\{\ \}$, 대괄호 $[\ ]$ 순으로 계산한다.

(3) 곱셈, 나눗셈을 먼저 계산한 후 덧셈, 뺄셈을 계산하되, 앞에서부터 차례로 계산한다.

예
$$\frac{3}{5} \times \left\{(-3)-\frac{3}{4}\right\} \div \left(-\frac{1}{2}\right)^2 = \frac{3}{5} \times \left\{(-3)-\frac{3}{4}\right\} \div \frac{1}{4} \quad \leftarrow ①$$

$$= \frac{3}{5} \times \left\{-\frac{12}{4}-\frac{3}{4}\right\} \div \frac{1}{4}$$

$$= \frac{3}{5} \times \left(-\frac{15}{4}\right) \div \frac{1}{4} \quad \leftarrow ②$$

$$= \left(-\frac{9}{4}\right) \div \frac{1}{4} \quad \leftarrow ③$$

$$= \left(-\frac{9}{4}\right) \times 4 = -9 \quad \leftarrow ④$$

STEP UP

혼합 계산에서는 계산 순서를 먼저 파악하고 나서 계산하도록 한다.

실수가 없도록 계산 순서를 쓰고 계산한다.

| 수의 곱셈과 나눗셈 |

01 다음을 계산하시오.

(1) $(+2.5) \times (+4)$

(2) $(-3.5) \times (-0.2)$

(3) $\left(+\dfrac{3}{2}\right) \times \left(-\dfrac{4}{3}\right)$

(4) $(-12) \times \left(-\dfrac{3}{4}\right)$

(5) $\left(-\dfrac{2}{3}\right) \times \left(-\dfrac{12}{5}\right) \times \left(+\dfrac{10}{7}\right)$

(6) $\left(+\dfrac{3}{2}\right) \times \left(-\dfrac{5}{6}\right) \times \left(+\dfrac{4}{5}\right)$

(7) $(-12) \div \left(+\dfrac{1}{2}\right)$

(8) $\left(-\dfrac{3}{2}\right) \div \left(-\dfrac{3}{4}\right)$

(9) $\left(+\dfrac{9}{4}\right) \div (-18)$

(10) $\left(-\dfrac{3}{5}\right) \div \left(+\dfrac{2}{5}\right)$

부호가 같은 두 수의 곱셈은 두 수의 절댓값의 곱에 양의 부호를 붙이고, 부호가 다른 두 수의 곱셈은 두 수의 절댓값의 곱에 음의 부호를 붙인다.

| 역수 |

02 다음 중 두 수가 서로 역수가 <u>아닌</u> 것은?

① $\dfrac{1}{3}$, 3

② $-\dfrac{3}{2}$, $-\dfrac{2}{3}$

③ 1, 1

④ 0.5, $\dfrac{1}{2}$

⑤ 0.7, $\dfrac{10}{7}$

두 수가 서로 역수이면 두 수의 곱은 1이다.

| 역수 | 서술형

03 0.3의 역수를 a, $-\dfrac{5}{3}$의 역수를 b라고 할 때, $a \times b$의 값을 구하고 그 과정을 서술하시오.

소수는 분수로 고쳐서 역수를 구한다.

| 분배법칙 |

04 세 수 a, b, c에 대하여 $a \times b = 10$, $a \times c = 14$일 때, $a \times (b+c)$의 값은?

① 24

② 28

③ 36

④ 34

⑤ 44

분배법칙을 이용한다.

| 거듭제곱 |

05 $0 < a < 1$일 때, 다음 중 가장 큰 수는?

① a

② $\dfrac{1}{a}$

③ a^2

④ $\dfrac{1}{a^2}$

⑤ a^3

정답 및 해설 P.19

06 | 수의 곱셈 |

$\left(\dfrac{1}{2}-1\right)\times\left(\dfrac{1}{3}-1\right)\times\cdots\times\left(\dfrac{1}{9}-1\right)\times\left(\dfrac{1}{10}-1\right)$을 계산하면?

① $-\dfrac{1}{2}$　　　　② $-\dfrac{1}{5}$　　　　③ $-\dfrac{1}{10}$

④ $\dfrac{3}{10}$　　　　⑤ $\dfrac{2}{5}$

괄호 안을 먼저 계산한다.

07 | 덧셈, 뺄셈, 곱셈, 나눗셈의 혼합 계산 |

다음 중 네 번째로 계산해야 할 곳을 말하시오.

$$4-[5+3\times\{(-2)\times4+(-16)\div8\}]$$

   ↑ ↑ ↑   ↑ ↑   ↑

   ㉠ ㉡ ㉢   ㉣ ㉤   ㉥

08 | 덧셈, 뺄셈, 곱셈, 나눗셈의 혼합 계산 |

다음을 계산하시오.

(1) $(-9)\div\left(-\dfrac{3}{2}\right)\times\left(+\dfrac{5}{2}\right)$

(2) $\left(-\dfrac{1}{4}\right)\times\left(-\dfrac{9}{2}\right)\div\left(-\dfrac{3}{4}\right)$

(3) $\left(-\dfrac{2}{3}\right)^2\times\left(\dfrac{4}{3}-\dfrac{1}{2}\right)\div\left(-\dfrac{2}{3}\right)$

(4) $\left(-\dfrac{5}{6}\right)\div\left(-\dfrac{1}{2}\right)^2\times(2-6)$

(5) $\{4+(-5)\}\times3-(-9)\div(-3)$

(6) $(-2)\times\{12-(6+4)\}-6$

(7) $5-[6+2\times\{(-2)\times3+(-24)\div2\}]$

(8) $1-\left[\dfrac{1}{2}+(-1)\div\{5\times(-2)+6\}\right]\times4$

혼합 계산 순서: 거듭제곱 ⇒ 괄호 ⇒ 곱셈, 나눗셈 ⇒ 덧셈, 뺄셈

09 | 덧셈, 뺄셈, 곱셈, 나눗셈의 혼합 계산 |

$-\dfrac{3}{4}+\left[(-2)^2-\left\{3-\left(-\dfrac{3}{2}\right)\div3\right\}\right]$을 계산하면?

① $-\dfrac{1}{2}$　　　　② $-\dfrac{1}{4}$　　　　③ $-\dfrac{5}{4}$

④ $\dfrac{1}{4}$　　　　⑤ $\dfrac{5}{4}$

실수가 없도록 계산 순서를 먼저 파악하고 나서 계산한다.

01 다음 밑줄 친 부분 (1)~(6)을 부호 $+$, $-$를 사용하여 나타내시오.

> • 아빠는 (1) 2주 전에 산 주식의 주가가 (2) 10 % 하락하며 (3) 8만 원을 손해보셨다고 하였다.
> • 요즘 최고 기온이 (4) 영상 22 ℃라서 공원에 사람이 (5) 20 % 증가하였다.
> • 야채 가격이 (6) 10 % 상승하였다.

02 다음 중 옳은 것은?

① $|-1|+1=0$
② $|(-3)+(-7)|=-10$
③ -2보다 2 큰 수는 -4이다.
④ 정수는 유리수이다.
⑤ 양의 유리수, 음의 유리수를 통틀어 유리수라고 한다.

03 다음 중 수직선 위의 점 A, B, C, D에 대응하는 수에 대한 설명으로 옳은 것은?

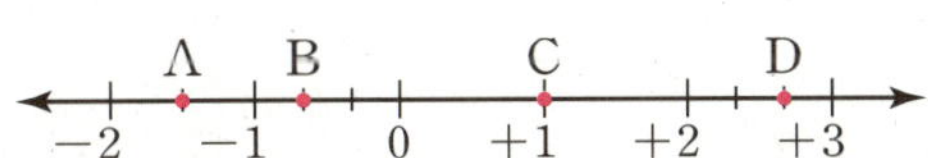

① 음수는 3개이다.
② 자연수는 3개이다.
③ 점 B에 대응하는 수는 $-\dfrac{1}{2}$이다.
④ 절댓값이 가장 작은 수를 나타내는 점은 점 C이다.
⑤ 원점으로부터 가장 멀리 떨어져 있는 수를 나타내는 점은 점 D이다.

04 다음 중 절댓값이 가장 작은 수는?

① $-\dfrac{7}{2}$
② -2
③ $-\dfrac{1}{2}$
④ 0.3
⑤ 3

05 다음 수를 작은 수부터 차례로 나열할 때, 네 번째에 오는 수는?

$$-5, \ +\dfrac{5}{3}, \ |-3.5|, \ 0, \ -2, \ -\dfrac{3}{2}$$

① $+\dfrac{5}{3}$
② $|-3.5|$
③ 0
④ -2
⑤ $-\dfrac{3}{2}$

06 두 유리수 $-\dfrac{4}{3}$와 $\dfrac{7}{6}$ 사이에 있는 정수가 아닌 유리수를 기약분수로 나타냈을 때, 분모가 6인 유리수의 개수는?

① 1
② 2
③ 3
④ 4
⑤ 5

추 론

07 다음 네 조건을 모두 만족하는 서로 다른 세 정수 a, b, c의 대소 관계를 바르게 나타낸 것은?

> (가) a, b는 모두 -5보다 크다.
> (나) c는 b보다 0에 더 가깝다.
> (다) a의 절댓값은 -5의 절댓값과 같다.
> (라) b는 음의 정수이다.

① $a<b<c$
② $a<c<b$
③ $b<a<c$
④ $b<c<a$
⑤ $c<a<b$

08 다음 중 계산 결과가 옳은 것은?

① $\dfrac{1}{2} - \dfrac{1}{3} = -\dfrac{1}{6}$

② $\left(-\dfrac{7}{10}\right) + \dfrac{1}{5} = -\dfrac{1}{2}$

③ $\left(-\dfrac{7}{3}\right) - (-1) = -\dfrac{10}{3}$

④ $-\dfrac{3}{7} + \dfrac{1}{2} = -\dfrac{13}{14}$

⑤ $\dfrac{2}{3} + \left(-\dfrac{1}{3}\right) = \dfrac{4}{3}$

09 a의 절댓값이 3, b의 절댓값이 4일 때, $a - b$의 값 중 가장 큰 수를 M, 가장 작은 수를 m이라고 하자. 이때 $M - m$의 값은?

① -12 ② -6 ③ 1
④ 7 ⑤ 14

10 문제 해결
런던의 시각은 서울의 시각보다 9시간이 늦고 뉴욕의 시각보다 5시간이 빠르다고 한다. 서울의 시각이 3월 2일 오후 8시(20시)일 때, 뉴욕의 시각은 몇 월, 며칠, 몇 시인지 구하시오.

11 n이 짝수일 때, 다음 식의 값은?

$$(-1)^n \times (-1)^{n-1} \div (-1)^{2n} + (-1)^{2n+1}$$

① -2 ② -1 ③ 0
④ 1 ⑤ 2

12 의사소통
다음 중 사칙 계산에 대한 설명으로 옳지 <u>않게</u> 말한 것은?

① 혜련: 혼합 계산일 때, 덧셈과 뺄셈을 곱셈과 나눗셈보다 먼저 해야 해. 즉, $2 + 10 \div 2 = 6$이야.

② 홍주: 곱셈에서는 교환법칙이 성립해. 즉, $a \times b = b \times a$가 되지.

③ 윤성: 두 수의 곱이 1이 될 때, 한 수를 다른 수의 역수라고 해. 즉, $\dfrac{3}{4} \times \dfrac{4}{3} = 1$이므로 $\dfrac{3}{4}$의 역수는 $\dfrac{4}{3}$야.

④ 정민: 나눗셈은 나누는 수의 역수를 곱하는 것과 같아. 즉, $a \div \dfrac{b}{c} = a \times \dfrac{c}{b}$이지.

⑤ 정현: 음수와 음수의 곱은 양수야. 즉, $(-4) \times (-2) = +8$이 되지.

13 $a = \left(-\dfrac{8}{7}\right) \div \dfrac{4}{7} \div \left(-\dfrac{3}{4}\right)$, $b = \dfrac{1}{3} - 1$일 때, $a + b$의 값은?

① 0 ② $\dfrac{1}{2}$ ③ 2
④ 3 ⑤ 11

14 -3보다 6만큼 큰 수를 A, $-\dfrac{1}{3}$의 역수를 B라고 할 때, $A + B$의 값은?

① -10 ② -5 ③ 0
④ 5 ⑤ 10

15 −7의 절댓값을 a, 절댓값이 5인 음의 정수를 b라고 할 때, x는 b보다 크고 a보다는 크지 않은 정수이다. x의 개수를 구하고 그 과정을 서술하시오.
(중)

16 $a>0$, $b<0$인 두 수 a, b에 대하여 $|a|$는 $|b|$의 3배이고, 수직선 위에서 a, b에 대응하는 두 점 A, B 사이의 거리는 14이다. 이때 $a+b$의 값을 구하고 그 과정을 서술하시오.
(상)

17 어떤 유리수에 $-\dfrac{2}{3}$를 더해야 할 것을 잘못하여 빼었더니 그 결과가 $\dfrac{7}{6}$이 되었다고 할 때, 바르게 계산한 값을 구하고 그 과정을 서술하시오.
(중)

18 오른쪽 그림과 같은 정육면체 모양의 주사위에서 마주 보는 면에 적힌 두 수가 서로 역수의 관계일 때, 보이지 않는 면에 적힌 세 수의 곱을 구하고 그 과정을 서술하시오.
(중)

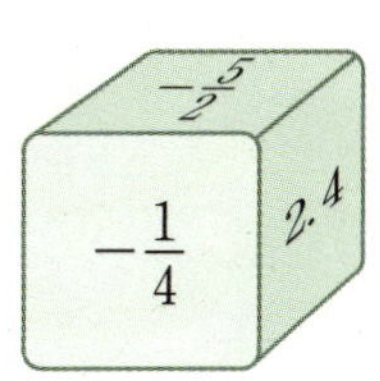

19 세 수 $-\dfrac{2}{3}$, $\dfrac{1}{2}$, $\dfrac{3}{5}$에서 두 수 a, b를 선택할 때, $a \div b$의 값 중 가장 큰 수를 구하고 그 과정을 서술하시오.
(중)

나누는 삶

'까치밥'이라고 들어 봤는지.

우리 조상들은 감나무에서 감을 딸 때, 가지 끝에 매달려 있는 몇 개의 감은 반드시 남겨 놓았다. 까치와 같은 날짐승과도 열매를 나눠 먹어야 한다는 생각을 했기 때문이다. 추수를 할 때도 벼이삭을 일부러 바닥에 남겨 놓는 것을 잊지 않았다. 역시 추위에 먹이를 찾아 헤매는 들짐승들을 위해 남겨 놓은 것이다.

우리 조상들은 이처럼 짐승들과도 나누기를 생활 속에서 실천하면서 살아왔다. 잔칫날엔 동네 사람들에게 골고루 잔치 음식을 나눠 줬고, 아무리 궁핍한 살림일지라도 거지가 찾아오면 보리밥 한 숟갈이라도 나눠 줬다.

인류의 역사도 이런 특별한 '나누기'에 힘입어서 전보다 더 풍요로워지고 훈훈해진 경우가 많았다.

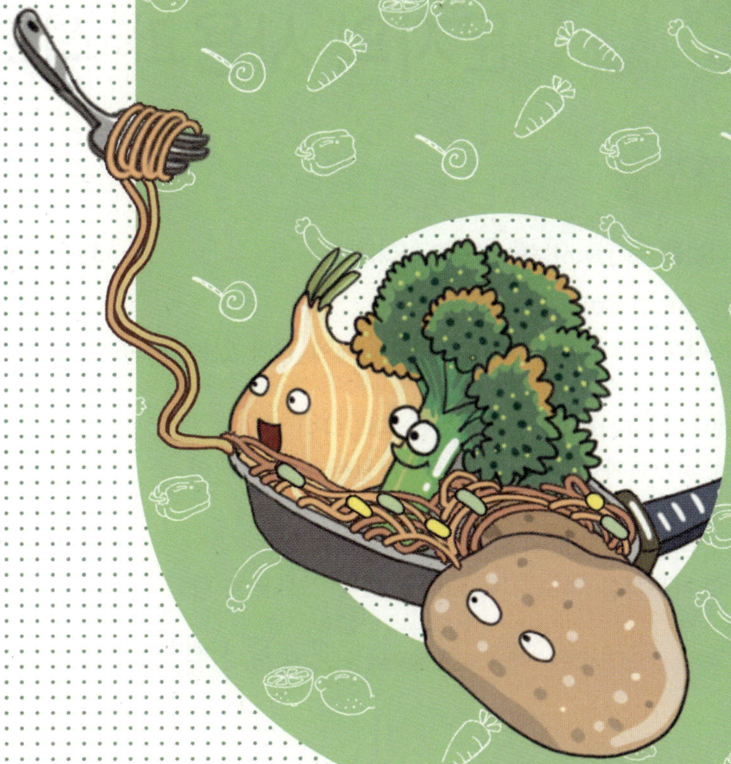

Ⅲ 문자와 식

1 문자의 사용과 식의 계산

01 문자의 사용과 식의 값

02 일차식의 계산

2 일차방정식

01 방정식과 그 해

02 일차방정식의 풀이

03 일차방정식의 활용

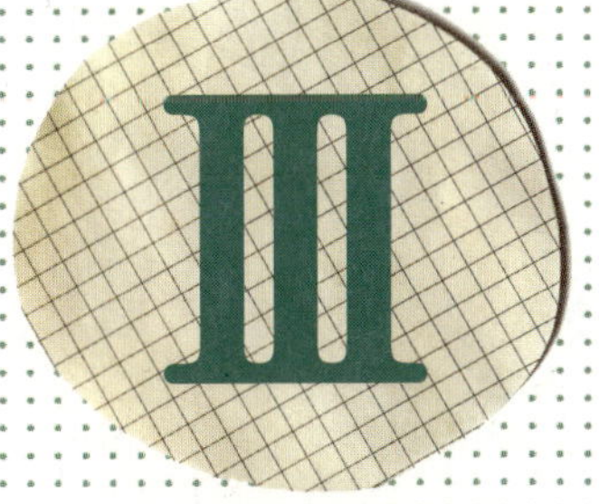

01 문자의 사용과 식의 값

기본 문제

1 다음을 문자를 사용한 식으로 나타내시오.
（단위를 잊지 말자.）

(1) 100원짜리 동전 x개의 금액
(2) 15장의 색종이가 담긴 봉투 x개에 들어 있는 색종이의 수
(3) 현재 x살인 내 동생의 6년 후의 나이
(4) 500원짜리 과자 x개와 300원짜리 껌 2개의 가격
(5) 어떤 수 x의 3배에 12를 더한 수
(6) 자동차를 타고 시속 60 km로 x시간 동안 달린 거리

（거리）=（속력）×（시간）, （속력）=$\dfrac{（거리）}{（시간）}$, （시간）=$\dfrac{（거리）}{（속력）}$

거리 ÷ 속력 × 시간

1-1 다음 수량을 식으로 나타내시오.

(1) 음악 성적 p점과 미술 성적 q점의 평균
(2) 학생 70명 중 a %의 학생 수

1-2 다음을 문자를 사용한 식으로 나타내시오.

(1) 500원을 내고 a원짜리 물건 7개를 샀을 때의 거스름돈
(2) 1000원짜리 치킨 x조각과 500원짜리 음료수 y잔의 값
(3) 120 km의 거리를 시속 x km로 달릴 때 걸린 시간
(4) 백의 자리의 숫자가 a, 십의 자리의 숫자가 b, 일의 자리의 숫자가 c인 세 자리의 자연수

2 오른쪽 그림은 밑면의 가로와 세로의 길이, 높이가 각각 a cm, 2 cm, b cm인 직육면체이다. 이 직육면체의 부피를 식으로 나타내시오.

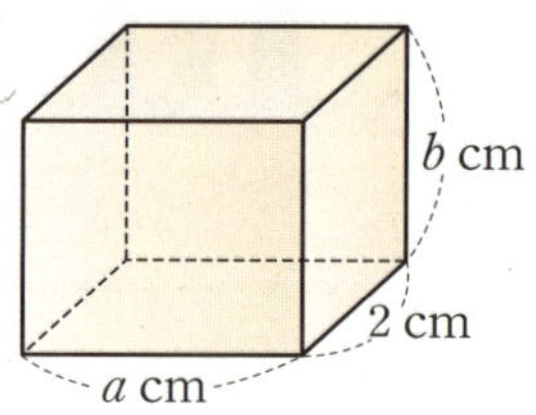

개념 확인

1. 문자를 사용한 식 … 모르는 값은 문자로 대신 쓴다.

(1) 문자식: 문자를 사용하여 수량 사이의 관계를 간단히 나타낸 식
(2) 문자를 사용하여 식 세우기
　① 문제의 뜻을 파악하여 규칙을 찾는다.
　② 모르는 값은 문자를 대신 써서 규칙에 따라 식을 세운다.

STEP UP

문자를 사용한 식에 자주 나오는 공식

• $a\,\% = \dfrac{a}{100}$
• （거스름 돈）=（지불한 금액）-（물건의 가격）
• （거리）=（속력）×（시간）
• （농도）=$\dfrac{（소금의 양）}{（소금물의 양）}×100(\%)$

기본 문제

3 다음 식을 곱셈 기호 ×를 생략하여 나타내시오.

(1) $a \times 3$ (2) $(-1) \times b \times a$

(3) $8 - 5 \times x \times x$ (4) $x \times (-0.1) \times y$

(5) $a \times b \times b \times (-1)$ (6) $x \times y \times y \times 2 \times x \times x$

4 다음 식을 나눗셈 기호 ÷를 생략하여 나타내시오.

(1) $a \div 4$ (2) $3a \div (-5)$

(3) $(x - y) \div 3$ (4) $x \div \left(\dfrac{2}{3} y \right)$

(5) $a \div (b + 5)$

(6) $(a - b) \times 5 - 2 \times a \div b$

3-1 다음 보기에서 곱셈 기호를 생략한 것으로 옳은 것을 모두 고르시오.

보기

ㄱ. $3 \times a \times b \times b = 3ab^2$

ㄴ. $0.1 \times b = 0.b$

ㄷ. $a \times (-1) \times x = -ax$

ㄹ. $a \times 2 + 3 = 5a$

ㅁ. $y \times 4 \times x = 4xy$

4-1 다음 식을 나눗셈 기호 ÷를 생략하여 나타내시오.

(1) $a \div b \div c$ (2) $5 \div (x + y)$

(3) $a \div 3 + b \div 7$ (4) $(x - y) \div 4 + 9 \div z$

개념 확인

2. 곱셈 기호와 나눗셈 기호의 생략 … 생략해도 알아볼 수 있으면 생략한다.

(1) 곱셈 기호의 생략

① 수와 문자, 문자와 문자 사이의 곱에서는 곱셈 기호 ×를 생략할 수 있다.

② 수와 문자의 곱에서는 수를 문자 앞에 쓴다.   예 $2 \times a = 2a$, $a \times 4 = 4a$

③ 문자와 문자의 곱에서는 알파벳 순서로 쓴다.   예 $c \times x \times a = acx$

④ 1 또는 −1과 문자의 곱에서는 1을 생략한다.

   예 $1 \times a = a$, $-1 \times a = -a$ ┐ $0.1 \times a$는 1을 생략하여 $0.a$와 같이 쓰지 않고 $0.1a$와 같이 쓴다.

⑤ 같은 문자의 곱은 거듭제곱 꼴로 나타낸다.

   예 $a \times a \times a \times b \times b = a^3 b^2$

(2) 나눗셈 기호의 생략

① 나눗셈 기호 ÷를 생략하고 분수 꼴로 나타낸다.

② 나눗셈을 곱셈으로 바꾸어 역수를 곱한다.

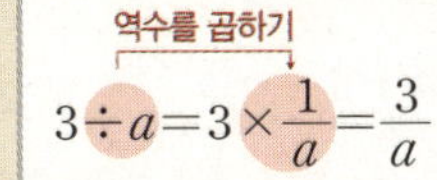

└ 두 수의 곱이 1이 될 때, 한 수를 다른 수의 역수라고 한다.

a의 역수는 $\dfrac{1}{a}$, $\dfrac{b}{a}$의 역수는 $\dfrac{a}{b}$이다.

STEP UP

• 괄호가 있을 때에는 $(a + 1) \times 2 = 2(a + 1)$과 같이 숫자를 괄호 앞에 쓴다.

• 나눗셈의 나누는 수나 나누어지는 수가 분수인 경우에는 나누는 수의 역수를 곱하여 곱셈으로 고친다.

01 문자의 사용과 식의 값

정답 및 해설 P.22

5 $x=3$일 때, 다음 식의 값을 구하시오.

(1) $x-3$ (2) $3-2x$

(3) x^2-8 (4) $x-x^2$

6 $x=-1$, $y=2$일 때, 다음 식의 값을 구하시오.

(1) $x+y$ (2) $3x+2y$

(3) xy (4) y^2-x^3

5-1 $x=-2$일 때, 다음 식의 값을 구하시오.

(1) $x+5$ (2) $-x+5$

(3) x^2 (4) x^3

6-1 $x=3$, $y=-2$일 때, 다음 식의 값을 구하시오.

(1) $x-y$ (2) $\dfrac{1}{2}xy$

(3) $\dfrac{x+1}{y+4}$ (4) $\dfrac{1}{x}-\dfrac{1}{y}$

3. 식의 값 ··· 문자를 숫자로 바꾸면 식의 값을 알 수 있다.

(1) **대입**: 문자가 있는 식에서 문자 대신에 수를 넣는 것

(2) **식의 값**: 문자에 수를 대입하여 계산한 값

(3) **식의 값 구하기**

① 생략된 곱셈 기호와 나눗셈 기호를 다시 쓴다.

② 문자에 주어진 수를 대입하여 계산한다.

예 $a=-2$일 때,

대입하는 수가 음수이면 반드시 괄호( )를 사용

$$2a+3=2\times(-2)+3=-4+3=-1$$

곱셈 기호를 다시 쓴다. / 식의 값

STEP UP

- 대입(代 대신하다, 入 들어가다)은 문자를 대신하여 수를 넣은 것이다. 따라서 대입하면 그 문자는 없어지고 수로 바뀐다.
- 식의 값은 문자 대신 수를 대입했으므로 그 결과는 수로 얻어진다.
- 음수를 대입할 때는 괄호를 사용하여 곱셈 기호(또는 나눗셈 기호)와 마이너스 부호가 연달아 쓰이는 것을 구별해 준다.
- 문자에 수를 대입하면 문자와 문자 사이에서 생략되었던 곱셈 기호와 나눗셈 기호를 다시 쓴다.

| 문자를 사용한 식 |

01 다음 중 옳지 <u>않은</u> 것은?

$(1분)=(60초)$
$(1\,m)=(100\,cm)$

① x분 20초는 $(60x+20)$초이다.
② $a\,m\ b\,cm$는 $(10a+b)$cm이다.
③ 소수 첫째 자리의 숫자가 a, 소수 둘째 자리의 숫자가 5인 수는 $0.1a+0.05$이다.
④ 한 모서리의 길이가 $x\,cm$인 정육면체의 겉넓이는 $6x^2\,cm^2$이다.
⑤ 가로의 길이가 $x\,cm$, 세로의 길이가 $y\,cm$, 높이가 $z\,cm$인 직육면체의 부피는 $xyz\,cm^3$이다.

- 1분은 60×1(초),
  2분은 60×2(초), …,
  x분은 $60\times x$(초)이다.
- 1 m는 100×1(cm),
  2 m는 100×2(cm), …,
  $a\,m$는 $100\times a$(cm)이다.

| 곱셈 기호, 나눗셈 기호의 생략 |

02 다음 식을 곱셈 기호 $\times$ 또는 나눗셈 기호 $\div$를 생략하여 나타내시오.

(1) $2\times x$

(2) $x\times(-3)$

(3) $a\div\left(-\dfrac{2}{3}\right)\div c$

(4) $x\times(y-3)\div\left(-\dfrac{1}{2}\right)$

(5) $(-1)\times a+a\div\dfrac{1}{b}$

(6) $(x+2)\div5+(y-3)\times2$

- 곱셈 기호 $\times$의 생략
(ⅰ) 수는 문자 앞에 쓴다.
(ⅱ) 나누기는 곱셈으로 고치고 역수를 곱한다.
(ⅲ) 1 또는 -1을 문자와 곱하거나 나눌 때 1은 생략한다.

| 곱셈 기호, 나눗셈 기호의 생략 |

03 다음은 $2x\div\dfrac{1}{y}\div z$를 나눗셈 기호를 생략한 식으로 나타내는 과정이다. 과정 중에서 처음으로 잘못된 부분의 기호를 말하시오.

$$2x\div\frac{1}{y}\div z \underset{\text{㉠}}{=} 2x\div\frac{1}{yz} \underset{\text{㉡}}{=} 2x\times yz \underset{\text{㉢}}{=} 2xyz$$

기호 $\times$, $\div$가 섞인 계산은 앞에서부터 차례로 계산한다.

| 문자를 사용한 식 |

04 다음 도형의 넓이를 문자를 사용한 식으로 나타내시오.

(1)

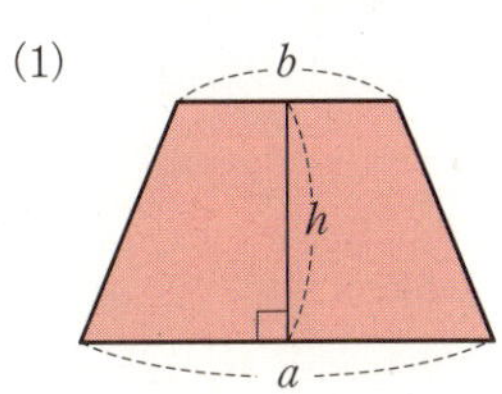

(2)

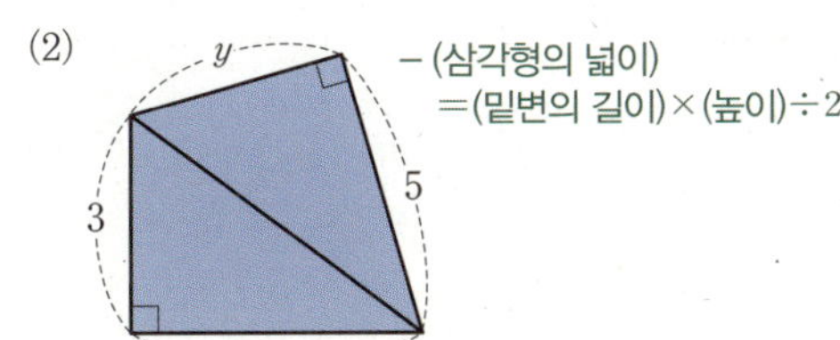

(2) 두 직각삼각형의 넓이의 합으로 나타낸다.

정답 및 해설 P.23

| 식의 값 |

05 $a=-2$일 때, 다음 중 식의 값이 <u>다른</u> 하나는?

① a^3 ② $-a^3$ ③ $(-a)^3$
④ $2a^2$ ⑤ -2^2a

음수를 대입할 때는 반드시 괄호( )
를 사용한다.

| 식의 값 |

06 $x=-5$, $y=2$일 때, x^2-3xy의 값은?

① 45 ② 50 ③ 55
④ 60 ⑤ 65

$(-5)^2=(-5)\times(-5)=25$
$-5^2=-5\times5=-25$

| 식의 값의 활용 |

07 기온은 지표면에서부터 100 m 높아질 때마다 0.6 ℃씩 낮아진다고 한다. 다음 물음에 답하시오.

(1) 지표면의 온도가 a ℃일 때, 1000 m 높이에서의 기온은 몇 ℃인지 구하시오.
(2) 지표면의 온도가 20 ℃일 때, 1000 m 높이에서의 기온은 몇 ℃인지 구하시오.

100 m 높아질 때마다 0.6 ℃씩 낮아
지면 1000 m 높아질 땐 6 ℃ 낮아
진다.

| 식의 값의 활용 | 서술형

08 오른쪽 그림과 같이 한 변의 길이가 a m인 정사각형 모양의 꽃밭에서 폭이 b m로 일정한 길을 만들려고 한다. 길을 제외한 꽃밭의 넓이를 S m²라고 할 때, S를 a, b에 대한 식으로 나타내시오. 또, $a=10$, $b=2$일 때, 길을 제외한 꽃밭의 넓이를 구하고, 그 과정을 서술하시오.

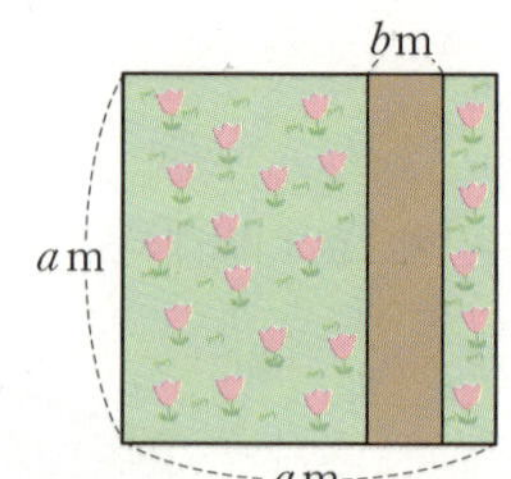

(길을 제외한 꽃밭의 넓이)
=(정사각형 모양의 꽃밭의 넓이)
　−(길의 넓이)

02 일차식의 계산

기본 문제

1 식 $3x-2y+7$에 대하여 다음을 구하시오.

항을 $2y$라고 말하지 않도록 주의한다.
항은 $-2y$이다.

(1) 항
(2) 상수항
(3) x의 계수
(4) y의 계수

상수항은 문자 없이 수만으로 이루어진 항

2 다음 중 단항식이 <u>아닌</u> 다항식을 모두 고르면?

① $x \times y \div 2$
② $3a+2$
③ $-2x^2y$
④ $-a+2b-1$
⑤ x^2+x-2

1-1 다음 다항식에 대하여 빈칸을 알맞게 채우시오.

	항	상수항	계수
$3x-4$			x의 계수:
$2x^2+x-5$			x^2의 계수:
			x의 계수:

2-1 다음 중 보기에서 단항식을 모두 고른 것은?

하나의 항으로 이루어진 식

보기

ㄱ. $3a-2$ ㄴ. $-2x$ ㄷ. $\dfrac{1}{x}$

ㄹ. x^2+x-1 ㅁ. $-\dfrac{3}{5}x$ ㅂ. $-a+4b$

① ㄴ, ㅁ   ② ㄷ, ㄹ   ③ ㄹ, ㅂ
④ ㄱ, ㄹ, ㅂ   ⑤ ㄴ, ㄷ, ㅁ

개념 확인

1. 항과 계수 … 식을 이루는 부분에도 각각 이름이 있다.

(1) 항: 수 또는 문자의 곱으로만 나타내어진 식
(2) 상수항: 수만으로 된 항
(3) 계수: 문자를 포함한 항에서 문자에 곱하여진 수

2. 다항식과 단항식 … 항은 덧셈으로 연결된 마디이다.

(1) 다항식: 하나 또는 2개 이상의 항의 합으로 이루어진 식
(2) 단항식: 다항식 중 하나의 항으로 이루어진 식

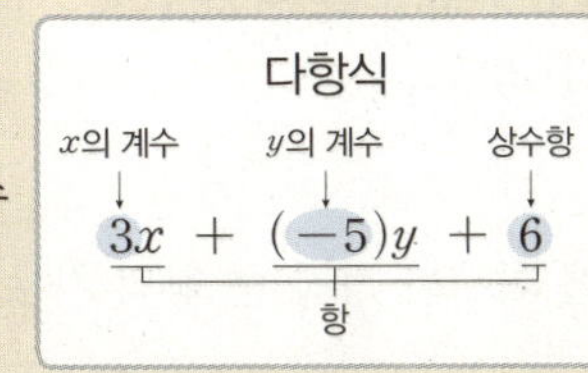

STEP UP

$2 \times x \times y$는 곱셈 기호를 생략하여 $2xy$로 나타낼 수 있으므로 항이 한 개이다. 그러나 $x-1$은 더 이상 간단히 할 수 없고, $x+(-1)$과 같이 덧셈으로 연결된 마디가 2개이므로 항이 x, -1의 2개이다.

02 일차식의 계산

기본 문제

정답 및 해설 P.23

3 다항식 $-2x^2+x+3$에 대하여 다음 □ 안에 알맞은 것을 쓰시오.

(1) 항은 □, □, □이고, $-2x^2$의 차수는 □, x의 차수는 □이다.

(2) 주어진 다항식에서 차수가 가장 큰 항의 차수가 □이므로 이 다항식의 차수는 □이다.

3-1 다음 다항식의 차수를 말하시오.

(1) $2x-7$

(2) $\dfrac{x}{3}+1$

(3) $5+3a+a^2$

(4) $x-x^2+3$

4 다음 중 x에 대한 일차식을 모두 고르면?

① $x+1$ ② $-\dfrac{2}{3}x+2$ ③ $0\times x+1$

④ $\dfrac{4}{x}$ ⑤ x^2-1

4-1 다음 중 일차식의 개수를 구하시오.

$$-0.1x+0.1 \qquad -\dfrac{1}{3}x+4 \qquad \dfrac{2}{x}-4$$
$$x-x^2 \qquad \dfrac{x}{3} \qquad 0.3x^2-2$$

개념 확인

3. 차수와 일차식 … 같은 문자의 곱해진 개수와 가장 높은 차수가 1차인 다항식

(1) **항의 차수**: 문자가 있는 항에서 문자가 곱하여진 개수 — 거듭제곱으로 나타냈을 때의 지수와 같다.

예 $6x^2$의 차수는 2이고, $3x$의 차수는 1이다.

(2) **다항식의 차수**: 다항식에서 차수가 가장 큰 항의 차수

예 다항식 x^2+2x+3의 차수는 2이다.

(3) **일차식**: 차수가 1인 다항식

예 $2x+3$, $-3a$, $\dfrac{1}{2}y-1$ 등은 차수가 가장 큰 항의 차수가 일차이므로 일차식이다.

— 계수와 차수를 혼동하지 말아야 한다.
• 계수: 항에서 문자 앞에 곱한 수
• 차수: 항에서 곱한 문자의 개수

STEP UP

• 항에서 문자의 곱한 개수는 차수라고 하여 밑을 거듭하여 곱한 거듭제곱에서 곱한 횟수를 지수라고 하는 것과 구별하여 말한다.

• 다항식 $3x^2-x+5$는 이차항 $3x^2$, 일차항 $-x$, 상수항 5와 같이 3개의 항의 합으로 이루어져 있으며 차수가 가장 큰 항의 차수가 2이므로 이차식이다. 또 x^2의 계수는 3, x의 계수는 -1이다.

• $\dfrac{3}{x}$과 같이 분모에 문자가 있는 경우는 일차식이 아니다.

5 다음 식을 간단히 하시오.

(1) $2 \times 5a$

(2) $-4a \times 7$

(3) $12x \div 2$

(4) $\dfrac{2}{3}x \div \left(-\dfrac{5}{3}\right)$

6 다음 식을 간단히 하시오.

(1) $2(5x-2)$

(2) $-\dfrac{1}{3}\left(6x-\dfrac{3}{2}\right)$

(3) $(6a-9)\div 3$

(4) $(8a-12)\div\left(-\dfrac{4}{5}\right)$

5-1 다음 식을 간단히 하시오.

(1) $3x \times 4$

(2) $-2x \times \dfrac{1}{6}$

(3) $9x \div 3$

(4) $28x \div \left(-\dfrac{7}{5}\right)$

6-1 $\left(-2x+\dfrac{1}{3}\right)\div\left(-\dfrac{1}{6}\right)$을 간단히 하면?

① $6x-2$ ② $6x-4$ ③ $12x-2$

④ $12x+1$ ⑤ $12x+2$

---

4. 일차식과 수의 곱셈과 나눗셈 … 숫자는 숫자끼리 문자는 문자끼리 곱한다.

(1) (수)×(단항식), (단항식)×(수): 계수와 수의 곱에 문자를 곱한다.

(2) (단항식)÷(수): 나누는 수의 역수를 곱한다.

예 $-2x \times 3 = (-2\times 3)\times x = -6x$, $6x \div 3 = 6x \times \dfrac{1}{3} = 2x$

5. 항이 2개인 일차식과 수의 곱셈과 나눗셈 … 분배법칙을 이용하여 괄호를 전개한다.

(1) (수)×(일차식), (일차식)×(수): 분배법칙을 이용하여 일차식의 각 항에 그 수를 곱한다.

예 $2 \times (5x+3) = 2 \times 5x + 2 \times 3 = 10x+6$

(2) (일차식)÷(수): 분배법칙을 이용하여 일차식의 각 항에 나누는 수의 역수를 곱한다.

예 $(4x-8)\div 2 = (4x-8)\times\dfrac{1}{2} = 2x-4$

STEP UP

- (수)×(단항식)의 계산은 숫자끼리는 곱하고, 숫자와 문자 사이의 곱하기는 생략하여 쓴다.
- (일차식)÷(수)는 분수 꼴로 바꾸어 분자의 각 항을 분모에 분배하고 약분하여 나타내기도 한다.

$$(4x-8)\div 2$$
$$= \dfrac{4x-8}{2} = \dfrac{4x}{2} - \dfrac{8}{2}$$
$$= 2x-4$$

02 일차식의 계산

정답 및 해설 P.24

7 다음 중 $2x^2$과 동류항인 것을 모두 찾으시오.

└ 문자는 x, 차수는 2인 항을 찾는다.

$$\dfrac{2}{x} \qquad 4a^2 \qquad -5x^2 \qquad 3xy \qquad \dfrac{2x^2}{5}$$

8 $3(2x-5)-(6x+9)$를 간단히 하면?

① $-8x+12$ ② $12x-24$ ③ -16
④ -20 ⑤ -24

7-1 다음 중 보기에서 a와 동류항인 것을 모두 고른 것은?

└ 문자는 a, 차수는 1인 항을 찾는다.

보기

ㄱ. $\dfrac{a}{5}$ ㄴ. $-4a$ ㄷ. a^2

ㄹ. $5x$ ㅁ. $-\dfrac{4}{a}$

① ㄴ   ② ㄱ, ㄴ   ③ ㄱ, ㄴ, ㅁ
④ ㄱ, ㄴ, ㄹ   ⑤ ㄱ, ㄴ, ㄷ, ㅁ

8-1 다음 식을 간단히 하시오.

(1) $(2x+8)+(3x-1)$

(2) $(4x-5)-(2x-7)$

(3) $\dfrac{6x+12}{3}+\dfrac{4x-6}{3}$

(4) $2(2x-1)-\dfrac{1}{4}(16x-8)$

---

6. 동류항의 덧셈과 뺄셈 ··· 종류가 같은 항끼리만 더하거나 뺀다.

(1) **동류항**: 문자와 그 문자에 대한 차수가 같은 항

예 $2x$와 $5x$, $-3a$와 $6a$,

$\dfrac{1}{2}y^2$과 $-3y^2$, $5x^3$과 $-\dfrac{1}{3}x^3$

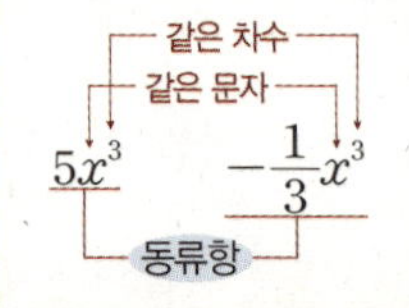

(2) **동류항의 덧셈과 뺄셈**: 분배법칙을 이용하여 각 항의 계수끼리 덧셈, 뺄셈을 한 후 문자를 곱한다.

예 $2x+3x=(2+3)x=5x$, $2x-3x=(2-3)x=-x$

7. 일차식의 덧셈과 뺄셈 ··· 덧셈과 뺄셈은 동류항끼리만

(1) 괄호가 있으면 분배법칙을 이용하여 괄호를 푼다.

(2) 동류항끼리 모아서 간단히 한다.

예

• $(2x-1)+(3x+4)$ ⟩ 괄호를 푼다.
$=2x-1+3x+4$ ⟩ 동류항끼리 모은다.
$=2x+3x-1+4$ ⟩ 동류항끼리 계산한다.
$=5x+3$

• $3(2x-1)-(3x+4)$ ⟩ 괄호를 푼다.
$=6x-3-3x-4$ ⟩ 동류항끼리 모은다.
$=6x-3x-3-4$ ⟩ 동류항끼리 계산한다.
$=3x-7$

STEP UP

- 동류항(同 같다, 類 무리) 같은 종류의 항이라는 말로 같은 종류라는 기준은 문자의 종류와 차수가 같음을 말한다.
- 상수항은 상수항끼리 동류항이다. 그래서 숫자끼리 더하거나 뺄 수 있다.
- 동류항이 아닌 항끼리는 더 이상 간단히 할 수 없다.
- 일차식의 뺄셈은 덧셈으로 고쳐서 푼다. 즉, 괄호 앞에 $-$부호가 있을 때에는 괄호 안의 각 항의 부호를 바꾸어서 더한다.
- 괄호 앞에 숫자가 곱하여져 있을 때는 분배법칙을 이용하여 괄호를 푼 후 동류항끼리 모아서 간단히 한다.

정답 및 해설 P.25

| 다항식의 이해 |

01 다음 중 다항식 $3x^2-x-5$에 대한 설명으로 옳은 것은?

① 상수항은 5이다.　　　　② 차수가 1인 다항식이다.
③ x의 계수는 1이다.　　　④ 항은 $3x^2$, x, 5의 3개이다.
⑤ x^2의 계수와 x의 계수의 합은 2이다.

> 상수항이나 계수를 말할 때에는 반드시 부호까지 말한다.

| 일차식의 뜻 |

02 다음 중 일차식은?

① a^2+3a　　　　② $\dfrac{3}{x}-4$　　　　③ $5-3y$

④ x^2-3x+2　　　⑤ $0\times x-2$
　　　　　　　　　　└ 이 식은 -2와 같다. 즉, 상수항이다.

> 일차식은 차수가 1인 다항식이다.

| 일차식의 뜻 |

03 다항식 $(4-a)x+(3+a)x^2+5-2a$가 x에 대한 일차식일 때, a의 값과 일차식을 구하시오.

> 주어진 다항식이 x에 대한 일차식이 되려면 x^2의 계수, 즉 $3+a$가 0이 되어야 한다.

| 동류항의 뜻 |

04 다음 중 동류항끼리 짝 지어진 것은?

① $5x$, $-\dfrac{1}{3}x$　　　　② $2x$, $2x^3$　　　　③ $4a$, $4ab$

④ $-3x$, $-3y$　　　　⑤ $\dfrac{3}{y}$, $-3y$

> 동류항은 문자와 그 문자에 대한 차수가 같은 항이다.

| 일차식과 수의 곱셈, 나눗셈 |

05 다음 중 옳은 것은?

　　　　　　　　　　　　　　┌ (-5)로 나눈다는 것은
　　　　　　　　　　　　　　　$\left(-\dfrac{1}{5}\right)$을 곱한다는 것과 같다.

① $4\times(-2x)=-8x^2$　　　　② $(-10x)\div(-5)=-2x$
③ $-2(3x-2)=-6x+4$　　　　④ $(-8x+6)\div(-2)=4x+6$
⑤ $(4x-6)\times\dfrac{3}{2}=6x-18$

> 나눗셈은 나누는 수의 역수를 곱하여 계산한다.

실력 다지기

| 일차식과 수의 곱셈, 나눗셈 |

06 다음 중 간단히 한 결과가 다항식 $-3(4x-1)$과 같은 것은?

① $(-3x-1) \times 3$ ② $(16x+4) \div 4$ ③ $-\dfrac{1}{2}(18x-3)$

④ $(6x-3) \div \dfrac{1}{3}$ ⑤ $\left(2x-\dfrac{1}{2}\right) \div \left(-\dfrac{1}{6}\right)$

└ 이것은 $\times(-6)$과 같다.
나누는 수의 역수를 곱할 때 부호는
변함이 없음을 꼭 기억한다.

$-3(4x-1)$을 간단히 하면
$-12x+3$이다.

| 일차식의 덧셈과 뺄셈 |

07 다음 식을 간단히 하시오.

(1) $(-2a-5)+(-3a+1)$ (2) $5(x+3)-3(1-2x)$

(3) $-\dfrac{1}{2}(4x-8)+\dfrac{1}{3}(9x+6)$ (4) $\dfrac{4x-6}{2}-\dfrac{15x+10}{5}$

부호에 주의하면서 분배법칙을 이용
하여 괄호를 풀고 동류항끼리 정리
한다.

| 일차식의 덧셈과 뺄셈 |

08 다항식 $\dfrac{2x+4}{3}-\dfrac{x-3}{4}$을 간단히 하였을 때, x의 계수와 상수항의 합은?

① $\dfrac{1}{2}$ ② 1 ③ $\dfrac{5}{2}$

④ 12 ⑤ 30

괄호 앞에 $-$ 부호가 있을 때는 특히
주의한다.
$-(x-3)=-x-3$이 아니라
$-(x-3)=-x+3$이다.

| 일차식의 덧셈과 뺄셈 | 서술형

09 어떤 일차식에 $-2x+5$를 빼어야 할 것을 잘못하여 더하였더니 $3x-1$이 되었다.
바르게 계산한 식을 구하고 그 과정을 서술하시오.

└ 빼야 할 것을 더하였으니 제일 처음
식은 덧셈이 되어야 한다. 그리고 나
중에 바르게 계산한 식은 뺄셈이 되
어야 한다.

먼저 잘못하여 더한 어떤 일차식을
구한다.

01 다음 보기 중 문자를 사용한 식으로 나타낸 것으로 옳은 것을 모두 고르면?

> **보기**
>
> ㄱ. 두 권에 800원 하는 공책 x권의 가격은 $800x$원이다.
> ㄴ. 한 시간에 70 km를 가는 자동차가 x시간 동안 간 거리는 $70x$ km이다.
> ㄷ. 십의 자리의 숫자가 a, 일의 자리의 숫자가 b인 자연수는 ab이다.
> ㄹ. 가로의 길이가 a, 세로의 길이가 b인 직사각형의 둘레의 길이는 $2a+2b$이다.

① ㄱ, ㄴ   ② ㄱ, ㄷ   ③ ㄱ, ㄹ
④ ㄴ, ㄷ   ⑤ ㄴ, ㄹ

02 시험 본 점수가 다음과 같을 때 7과목의 평균 점수를 문자를 사용한 식으로 나타내시오.

> 첫째 날 시험 본 3과목의 평균이 a점, 둘째 날 시험 본 2과목의 평균이 b점, 셋째 날 시험 본 2과목의 평균이 c점이었다.

03 다음 중 $\times$, $\div$ 기호를 생략하여 나타낸 것으로 옳지 <u>않</u>은 것은?

① $a \div b \div c = \dfrac{a}{bc}$

② $a + b \div 2 = \dfrac{a+b}{2}$

③ $2 \div (x+5) = \dfrac{2}{x+5}$

④ $7 \times y \times y \times x \times y = 7xy^3$

⑤ $(-0.1) \times b \times a + 2 \times c = -0.1ab + 2c$

04 $a = -2$일 때, 다음 중 식의 값이 <u>다른</u> 하나는?

① $\dfrac{1}{2}a^4$ ② $-2a^2$ ③ $-a^3$
④ $-4a$ ⑤ $a^2 - 2a$

05 $x + y = 5$, $xy = 2$일 때, $\dfrac{1}{x} + \dfrac{1}{y}$의 값은?

① $\dfrac{2}{5}$ ② $\dfrac{5}{2}$ ③ 3
④ 7 ⑤ 10

06 온도를 표시하는 방법 중에 화씨온도($^\circ$F)와 섭씨온도($^\circ$C)가 있다. 섭씨온도가 $a\ ^\circ$C일 때, 화씨온도는 $\left(\dfrac{9}{5}a + 32\right)^\circ$F이다. 섭씨온도 $35\ ^\circ$C는 화씨온도로 몇 $^\circ$F인지 구하시오.

07 다음 중 다항식 $5x - 3y + 2$에 대한 설명으로 옳지 <u>않은</u> 것은?

① 이차식이다.   ② 상수항은 2이다.
③ x의 계수는 5이다.   ④ y의 계수는 -3이다.
⑤ 항은 $5x$, $-3y$, 2이다.

08 다항식 $6x^2 - 3x - 4$에서 x^2의 계수를 a, x의 계수를 b, 상수항을 c라고 할 때, $a + b + c$의 값은?

① -2 ② -1 ③ 0
④ 1 ⑤ 2

09 다음 중 계산이 옳은 것은?

① $-(4x+1)=-4x+1$
② $3(2x-5)=6x-8$
③ $(12x-6)\div3=4x-2$
④ $(-4x+8)\div(-4)=x-4$
⑤ $(15x-9)\div(-3)=5x+3$

10 $(-18x+12)\div\dfrac{3}{2}$ 을 간단히 하면?

① $-8x+8$ ② $-8x+10$ ③ $-10x+8$
④ $-12x+8$ ⑤ $-12x+10$

11 $7x-[2x-\{2-(6-5x)\}]$ 를 간단히 하면?

① $5x-8$ ② $10x-4$ ③ $4x+4$
④ $5x-4$ ⑤ $4x-8$

12 어떤 일차식에서 $2x-5$를 빼야 할 것을 잘못하여 더하였더니 $5x-7$이 되었다고 할 때, 바르게 계산한 식은?

① $7x-12$ ② $x+3$ ③ $3x-2$
④ $-3x+12$ ⑤ $-x-12$

13 $A=x-2$, $B=-3x+1$일 때,
$$-2A+B+3(A-2B)$$
를 x를 사용하여 나타내면?

① $-14x-7$ ② $-14x-3$ ③ $-14x+7$
④ $16x-7$ ⑤ $16x+7$

14 (원가)+(이익)=(정가), (정가)−(할인)=(판매가)
원가가 5000원인 티셔츠에 $x\,\%$의 이익을 붙여 정가를 정하고, 정가에서 800원을 할인하여 판매하였다. 티셔츠의 판매 가격을 문자를 사용한 식으로 나타내시오.

15 창의·융합
오른쪽 그림과 같이 한 변의 길이가 a인 정사각형 모양의 타일 6개가 있다. 같은 모양의 타일을 변이 겹치도록 한 개 더 붙일 때, 타일로 만들 수 있는 도형의 둘레의 길이가 될 수 있는 것을 모두 구하여 그 합을 구하면?

이런 경우는 3가지가 있다.

① $16a$ ② $26a$ ③ $28a$
④ $30a$ ⑤ $42a$

16 추론
다양한 방법으로 규칙을 찾는다.
다음 그림과 같이 일정한 규칙으로 정사각형 모양의 스티커를 붙여 나갈 때, x단계에 필요한 스티커의 개수를 x를 사용한 식으로 나타내시오.

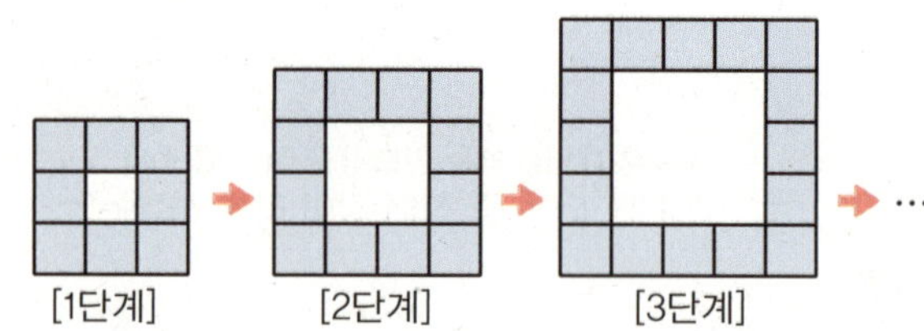

17
(하) 오른쪽 그림과 같이 밑변의 길이가 a cm이고, 높이가 h cm인 평행사변형의 넓이를 S cm²라고 할 때, 다음 물음에 답하고 그 과정을 서술하시오.

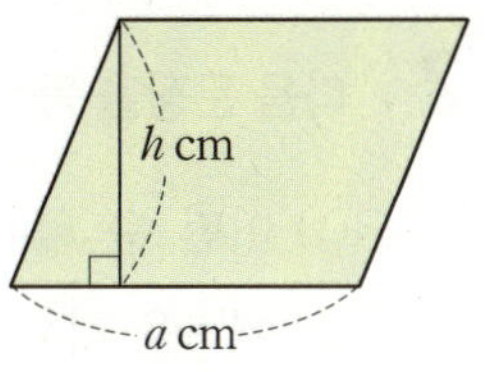

(1) 평행사변형의 넓이 S를 a, h에 대한 식으로 나타내시오.

(2) $a=5$, $h=6$일 때, 평행사변형의 넓이 S를 구하시오.

18
(중) $\dfrac{2x-4}{3}-\dfrac{x-5}{2}+\dfrac{-2x-3}{4}$ 을 간단히 하면 $ax+b$일 때, a, b의 값을 구하고 그 과정을 서술하시오.

(단, a, b는 상수)

19
(중) A 중학교의 작년 학생 수는 300명이었다. 올해는 작년에 비하여 남학생 수는 8 % 감소하고 여학생 수는 6 % 증가하였다고 한다. 작년 남학생 수를 x명이라고 할 때, 올해 학생 수를 x를 사용한 식으로 나타내고 그 과정을 서술하시오.

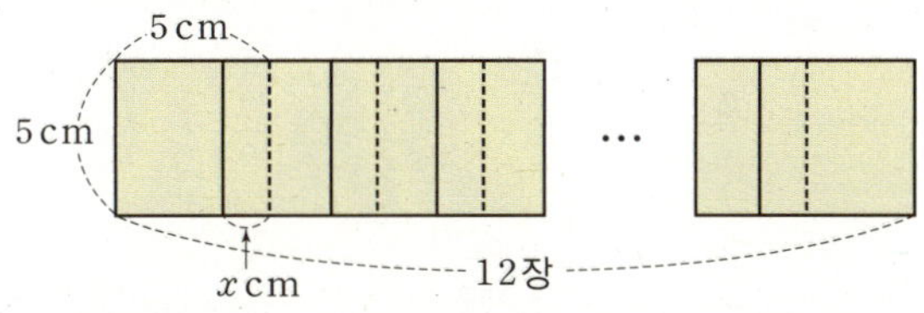

20
(상) 한 변의 길이가 5 cm인 정사각형 모양의 색종이를 다음 그림과 같이 이어 붙였다. 이때 색종이와 색종이 사이는 x cm만큼의 폭으로 겹쳐서 붙였다. 다음 물음에 답하고 그 과정을 서술하시오.

(1) 색종이를 2장, 3장, 4장 이어 붙일 때, 색종이의 둘레의 길이를 x를 사용한 식으로 나타내시오.

(2) 색종이 12장을 이어 붙일 때, 이어 붙인 색종이의 둘레의 길이를 x를 사용한 식으로 나타내시오.

(3) 색종이 12장을 이어 붙일 때, 이어 붙인 색종이의 넓이를 x를 사용한 식으로 나타내시오.

01 방정식과 그 해

정답 및 해설 P.28

1 다음 중 등식인 것을 모두 고르면?
└등식은 반드시 등호(=)가 있다.

① $6x-4-5x+1$　　② $2-5=-3$

③ $16x-7>12-5x$　　④ $3(x+2)$

⑤ $(x+2)-5=3-2x$

2 다음 문장을 등식으로 나타내시오.

(1) 어떤 수 x의 $\dfrac{1}{3}$배에서 2를 뺀 것은 어떤 수 x
에 6을 더한 것과 같다. _{$x \times \frac{1}{3}$} _{$x+6$}

(2) 3명이 a원씩 내서 b원인 선물을 사고 2500원
이 남았다. _{$(3 \times a)$원}

1-1 다음 보기 중 등식인 것을 모두 고르시오.

> **보기**
>
> ㄱ. $7x+6$　　　　ㄴ. $3x-1=5x+2$
>
> ㄷ. $9x-10+2x$　　ㄹ. $7-6+3=4$
>
> ㅁ. $x>0$

2-1 다음 문장을 등식으로 나타내고, 좌변과 우변을 말하
시오.

(1) 어떤 수 x의 3배에서 2를 뺀 값은 7이다.

(2) 가로의 길이가 a cm, 세로의 길이가 b cm인
직사각형의 둘레의 길이가 16 cm이다.

---

1. 등식 … 등호의 양쪽이 모양은 달라도 같을 수 있다.

(1) **등식**: 등호(=)를 사용하여 두 수 또는 두 식이 서로
같음을 나타낸 식

(2) **등식의 좌변과 우변**: 등식에서 등호의 왼쪽 부분을
좌변, 오른쪽 부분을 우변이라고 하며, 좌변과 우변
을 통틀어 양변이라고 한다.

예 '어떤 수 x에 4를 더하면 x의 3배와 같다.'를 등식으로 나타내면
$x+4=3x$와 같이 등식으로 나타내어진다. 이때 등호의 왼쪽에 있
는 $x+4$를 좌변, 오른쪽에 있는 $3x$를 우변이라고 한다.

참고 등식에서 좌변과 우변의 값이 같으면 참, 다르면 거짓이라고 한다.

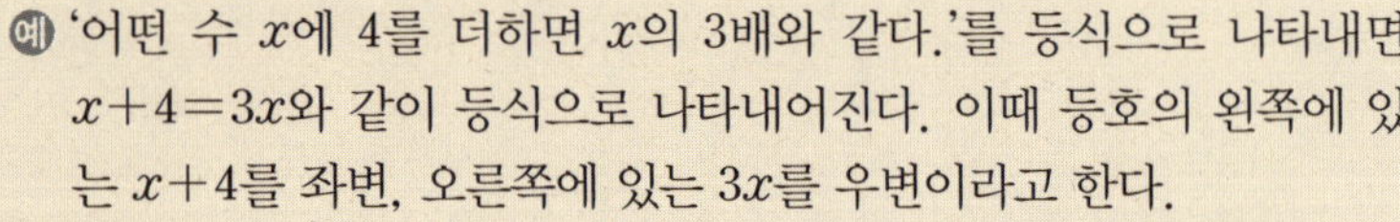

STEP UP

- 식은 크게 양변이 있는 식과 아닌
식으로 나뉘고 그중에서도 양변이
등호로 연결된 식이 등식이다.

- 등식의 좌변과 우변은 바꾸어 써도
된다.

- 문장을 식으로 나타내는 것은 마치
영어를 우리말로 번역하는 것처럼
같은 의미를 수학적 표현으로 바꾸
어 나타내는 것이다.

---

3 다음은 x의 값이 -2, -1, 0, 1, 2일 때, 방정식 $3x-2=4$의 해를 구하는 과정을 나타낸 표이다. 표를 완성하고, □ 안에 참 또는 거짓을 쓰시오.

x의 값	$3x-2=4$		참/거짓
	좌변	우변	
-2	$3\times(-2)-2=-8$	4	거짓
-1			
0			
1			
2			

3-1 x의 값이 -1, 0, 1일 때, 다음 방정식의 해를 구하시오.

(1) $3x+1=-2$　　　(2) $2x-1=5x-4$

4 다음 □ 안에 알맞은 것을 쓰시오.

(1) x의 값에 따라 참일 수도 있고 거짓일 수도 있는 등식을 x에 대한 □□□이라고 한다.
(2) 미지수 x에 어떤 값을 대입하여도 항상 참이 되는 등식을 x에 대한 □□□이라고 한다.

4-1 다음 중 x에 대한 항등식인 것은?

① $x+1=-x+3$　　② $3x-2=3(x-1)$
③ $x-3=1$　　④ $-3x+1=2x$
⑤ $x+1=2x+1-x$

2. 방정식 … 어떤 경우에만 참인 등식

(1) 방정식: x의 값에 따라 참일 수도 있고 거짓일 수도 있는 등식
　　이때 문자 x를 그 방정식의 미지수라고 한다.
(2) 방정식의 해 또는 근: 방정식이 참이 되게 하는 미지수의 값
(3) 방정식을 푼다: 방정식의 해를 구하는 것
　　예 $x+3=5$는 $x=2$일 때만 참이므로 이 식은 방정식이고,
　　　 $x=2$는 이 방정식의 해이다.

3. 항등식 … 모든 수를 해로 갖는 등식

등식의 미지수에 어떤 값을 대입해도 항상 참이 되는 등식
　예 $2x+3x=5x$는 x에 어떤 값을 대입해도 항상 참이므로 항등식이다.

참고 등식에서 좌변과 우변을 정리하였을 때, (좌변)=(우변)이면 항등식이다.

STEP UP

- 일차식인 등식의 경우 2개의 숫자를 대입하여 참이면 항등식이다. 일차방정식의 경우 해가 한 개뿐이므로 두 개의 숫자에 대해서 동시에 참이 되지는 않기 때문이다.
- 항등식은 좌변과 우변을 전개하여 동류항끼리 간단히 하면 그 모양이 같다.
- 이항을 배운 후에 항등식을 이항을 이용하여 풀면 $0=0$ 꼴이 된다.

01 방정식과 그 해

정답 및 해설 P.29

5 다음 □ 안에 알맞은 것을 쓰시오.

(1) $a=b$일 때, $a+c=$ ☐

(2) $a=b$일 때, $a-c=$ ☐

(3) $a=b$일 때, ☐ $=bc$

(4) $a=b$일 때, ☐ $=\dfrac{b}{c}$ (단, $c \neq 0$)

5-1 다음 보기 중 옳은 것을 모두 고르시오.

보기
ㄱ. $a=b$이면 $a+b=0$이다.
ㄴ. $-\dfrac{a}{2}=-\dfrac{b}{2}$이면 $a=b$이다.
ㄷ. $5x=5y$이면 $x+1=y+1$이다.
ㄹ. $x+3=y$이면 $x=y+3$이다.

6 등식의 성질을 이용하여 다음 방정식을 $x=$(수) 꼴로 바꾸시오.

(1) $x-3=10$

(2) $x+5=9$

(3) $3x-2=13$

(4) $1-2x=9$

6-1 등식의 성질을 이용하여 다음 방정식을 푸시오.

(1) $2x-5=-3$

(2) $3x+1=5-x$

(3) $x-2=4x-8$

(4) $-\dfrac{1}{3}x+2=5$

개념 확인

4. 등식의 성질 … 양변에 같은 일을 하면 등식은 여전히 성립한다.

(1) 등식의 양변에 같은 수를 더하여도 등식은 성립한다.
　➡ $a=b$이면 $a+c=b+c$

(2) 등식의 양변에서 같은 수를 빼어도 등식은 성립한다.
　➡ $a=b$이면 $a-c=b-c$

(3) 등식의 양변에 같은 수를 곱하여도 등식은 성립한다.
　➡ $a=b$이면 $ac=bc$

(4) 등식의 양변을 0이 아닌 같은 수로 나누어도 등식은 성립한다.
　➡ $a=b$이면 $\dfrac{a}{c}=\dfrac{b}{c}$ (단, $c \neq 0$)

STEP UP

- 등식의 성질에서 양변에서 c를 빼는 것은 양변에 $-c$를 더하는 것과 같으므로 등식의 성질 (1)과 (2)는 서로 대체해 쓸 수 있다.
- 등식의 성질에서 양변을 0이 아닌 수 c로 나누는 것은 양변에 $\dfrac{1}{c}$을 곱하는 것과 같으므로 등식의 성질 (3)과 (4)는 서로 대체해 쓸 수 있다.

5. 등식의 성질을 이용한 방정식의 풀이

등식의 성질을 이용하여 주어진 방정식을 $x=$(수) 꼴로 고쳐서 방정식의 해를 구한다.

$$3x-4=8$$
$$3x-4+4=8+4$$
등식의 양변에 같은 수 4를 더하여도 등식은 성립한다.
$$3x=12$$
$$\dfrac{3x}{3}=\dfrac{12}{3}$$
등식의 양변을 같은 수 3으로 나누어도 등식은 성립한다.
따라서 $x=4$이다.

정답 및 해설 P.30

| 등식의 뜻 |

01 다음 중에서 등식인 것은?

① $4-6=-2$ ② $5>4$ ③ $5x+3$

④ $67-44$ ⑤ $3x+2\geq6$

> 등호 '='가 있으면 등식이다.

| 등식의 뜻 |

02 다음 중 문장을 등식으로 나타낸 것으로 옳은 것은?

① 한 권에 800원인 공책 x권과 한 개에 300원인 지우개 4개의 값은 5200원이다.
➡ $800x-1200=5200$

② 바나나 20개를 3명에게 x개씩 나누어 주면 2개가 남는다. ➡ $20=3x-2$
     ($20\div3=x\cdots\cdots2$에서 $20=3x+2$)

③ 어떤 수 x의 3배에 2를 더하면 x의 5배에서 4를 뺀 값과 같다.
➡ $3x+2=5(x-4)$ ($5x-4$)

④ 가로의 길이가 4 cm, 세로의 길이가 x cm인 직사각형의 넓이는 20 cm²이다.
➡ $4x=40$

⑤ 윗변의 길이가 x cm, 아랫변의 길이가 y cm, 높이가 3 cm인 사다리꼴의 넓이는 12 cm²이다. ➡ $\dfrac{3(x+y)}{2}=12$

> (직사각형의 넓이)
> =(가로의 길이)×(세로의 길이)

| 방정식의 해 |

03 다음 중에서 [ ] 안의 수가 주어진 방정식의 해인 것은?

① $2x+1=-1$ $[2]$ ② $4-x=x$ $[4]$

③ $3x-2=-x$ $[-2]$ ④ $2(x+1)=x$ $[-1]$

⑤ $\dfrac{2}{3}(x-2)=0$ $[2]$

> [ ] 안의 수를 주어진 방정식에 대입하여 등식이 성립하면 그 수는 주어진 방정식의 해이다.

| 항등식의 뜻 |

04 다음 중 항등식인 것은?

① $x-9=-9-x$ ② $-5x+6=6-5x$

③ $5x+2x=3x$ ④ $2x-1=-1$

⑤ $4x-1=3x$

> 등식의 좌변과 우변을 각각 정리하여 서로 같으면 항등식이다.

| 항등식 | 서술형

05 등식 $ax+b-3=-4x+3x+2$가 x에 대한 항등식일 때, 상수 a, b의 값을 구하고 그 과정을 서술하시오.

> 좌변과 우변을 각각 동류항끼리 정리하여 서로 같음을 비교한다.

| 등식의 성질 |

06 다음 중 옳지 <u>않은</u> 것은?

① $a=b$이면 $a+1=b+1$이다.

② $a=b$이면 $2a-1=2b-1$이다.

③ $a=b$이면 $\dfrac{a}{2}=\dfrac{b}{2}$이다.

④ $-a=-b$이면 $a=b$이다.

⑤ $\dfrac{x}{2}=\dfrac{y}{3}$이면 $2x=3y$이다.

등식의 성질: 등식의 양변에 같은 수를 더하거나, 빼거나, 곱하거나, 나누어도 등식은 성립한다. 단, 나눌 때에 나누는 것은 0이 아니어야 한다.

| 등식의 성질 |

07 다음은 등식의 성질을 이용하여 방정식 $\dfrac{1}{5}x-2=-\dfrac{4}{5}-x$를 푸는 과정이다. ㉠~㉤ 중에서 등식의 성질 $a=b$이면 $\dfrac{a}{c}=\dfrac{b}{c}$ (단, c는 자연수)가 사용된 곳을 말하시오.

$$\frac{1}{5}x-2=-\frac{4}{5}-x \quad ㉠$$
$$x-10=-4-5x \quad ㉡$$
$$x+5x-10=-4 \quad ㉢$$
$$6x=-4+10 \quad ㉣$$
$$6x=6$$
$$x=1 \quad ㉤$$

'양변을 0이 아닌 같은 수로 나누어도 등식은 성립한다'는 등식의 성질을 찾는다.

| 등식의 성질 |

08 다음 방정식 중에서 양변에 3을 더한 후 양변을 -2로 나누어 그 해를 구할 수 있는 것은?
└ x의 계수가 -2이다.

① $2x-3=4$

② $-2x-3=5$

③ $3x-2=6$

④ $-3x+2=-4$

⑤ $-2x-2=7$

방정식에서 해를 구하는 것은 $x=$(수) 꼴로 나타내는 것이다.

| 등식의 성질 |

09 등식의 성질을 이용하여 다음 방정식의 해를 구하시오.

해를 구하기 위해 x의 계수 $-\dfrac{3}{2}$으로 등식의 양변을 나누면 번분수 꼴이 되므로 x의 계수의 역수인 $-\dfrac{2}{3}$를 등식의 양변에 곱한다.

(1) $3x-4=5$

(2) $-\dfrac{3}{2}x-1=5$

등식의 성질을 이용하여 $x=$(수) 꼴로 변형시킨다.

02 일차방정식의 풀이

기본 문제

이항하면 이항하는 항의 부호가 바뀐다.
'+'는 '−'로, '−'는 '+'로 바뀐다.

1 다음 각 방정식에서 밑줄 친 부분을 이항하시오.

(1) $x-5=2$

(2) $4x=1-x$

(3) $x=3x-1$

(4) $5-x=-4x+2$

2 다음 중 일차방정식인 것은 ○표, 일차방정식이 아닌 것은 ×표를 하시오.

(일차식)=0 꼴

(1) $x^2-4=0$ (　　　)

(2) $5-x=5+x$ (　　　)

(3) $2x-3=1+2(x-2)$ (　　　)

(4) $3x(x-1)=5+3x^2$ (　　　)

1-1 다음 각 방정식을 좌변에는 x의 항, 우변에는 상수항만 남게 이항하시오.

(1) $2x+1=7$

(2) $5x+3=-2$

(3) $2x-5=x+3$

(4) $4-7x=2-10x$

2-1 다음 보기 중 x에 대한 일차방정식인 것을 모두 고르시오.

$ax+b=0$ (단, $a\neq0$) 꼴

보기

ㄱ. $5x+6$

ㄴ. $2x+3=7$

ㄷ. $x+2>3$

ㄹ. $x^2+1=-x$

ㅁ. $3-2x^2=x-2x^2$

ㅂ. $2(x+3)=6+2x$

개념 확인

1. 이항 … 항이 등호 건너로 이사가는 것

등식의 성질을 이용하여 한 변에 있는 항을 부호를 바꾸어 다른 변으로 옮기는 것 등식의 양변에 같은 수를 더하거나 빼어도 등식은 성립한다.

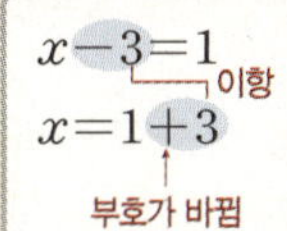

2. 일차방정식 … 차수가 1인 방정식

등식의 우변에 있는 항을 모두 좌변으로 이항하여 정리하였을 때,

$$(x에\ 대한\ 일차식)=0$$

$ax+b=0$ (단, $a\neq0$) 꼴

과 같은 꼴로 나타낼 수 있는 방정식

예 $2x-1=0$과 같이 (일차식)=0 꼴로 나타낼 수 있는 식이 일차방정식이다.

$x^2+3x-1=4+x^2$은 일차방정식이 아닌 것처럼 보이지만 모든 항을 좌변으로 이항하여 정리하면 $3x-5=0$, 즉 (일차식)=0 꼴이므로 일차방정식이다.

STEP UP

• 이항은 덧셈과 뺄셈에 대한 등식의 성질을 간단히 나타낸 것이다.

• 곱셈과 나눗셈에 대한 등식의 성질은 이항이라고 하지 않는다. 즉, 부호가 바뀌지 않는다.

• 일차방정식처럼 보여도 모든 항을 좌변으로 옮겨서 정리하면 일차방정식이 아닌 경우도 있고, 일차방정식이 아닌 것처럼 보여도 정리하면 일차방정식이 되는 경우도 있으므로 주의한다.

02 일차방정식의 풀이

기본 문제

3 다음은 이항을 이용하여 일차방정식을 $x=(수)$ 꼴로 나타내는 풀이 과정이다. □ 안에 알맞은 식 또는 수를 쓰시오.

(1) $x-2=6$

$x=6+\square$

따라서 $x=\square$ 이다.

(2) $-2=3x-11$

$-2+(\boxed{})=-11$

$\square=-11+2$

따라서 $x=\square$ 이다.

4 다음 일차방정식을 푸시오.

(1) $5x+2=-13$　　(2) $4=-2-3x$

(3) $x-5=5x+11$　　(4) $-2x-3=4x+9$

3-1 다음은 이항을 이용하여 일차방정식을 푸는 과정이다. □ 안에 알맞은 식 또는 수를 쓰시오.

$$3x-4=-x+12$$
$$3x+\square=12+\square$$
$$4x=\square$$
$$x=\square$$

x를 포함한 항은 좌변으로, 상수항은 우변으로 이항한다.

동류항끼리 정리한다.

양변을 x의 계수로 나눈다.

4-1 다음 일차방정식을 푸시오.

(1) $5x-7=13$　　(2) $11x+9=-4x-6$

(3) $3x-11=x+19$　　(4) $-4x-1=2x$

개념 확인

3. 이항을 이용한 일차방정식의 풀이　… 이항은 동류항을 모으기 위해서 한다.

(1) 미지수가 있는 항은 모두 좌변으로, 상수항은 모두 우변으로 이항한다. 이때 이항하는 항은 부호가 바뀐다.

(2) 방정식을 간단히 정리하여 $ax=b$(단, $a\neq0$) 꼴로 고친다.

(3) 방정식의 양변을 x의 계수 a로 나누어 $x=\dfrac{b}{a}$를 구한다.

a가 분수이면 $\div a$ 대신 $\times\dfrac{1}{a}$을 한다.

예 $5x-1=3x-7$

$5x-3x=-7+1$

$2x=-6$

$x=-3$

(1) 좌변의 -1은 우변으로, 우변의 $3x$는 좌변으로 이항한다.

(2) $ax=b$ 꼴로 고친다.

(3) 양변을 x의 계수 2로 나눈다.

확인 주어진 방정식의 양변에 $x=-3$을 대입하면 (좌변)=(우변)이다.

STEP UP

- 일차방정식의 풀이는 방정식을 등식의 성질을 이용하여 $x=(수)$ 꼴로 바꾸는 것이다.
- 동류항끼리만 간단히 할 수 있으므로 이항하여 동류항끼리 간단히 한다.
- $ax=b$(단, $a\neq0$) 꼴에서 x의 계수로 양변을 나눈다. 이때 x의 계수가 분수인 경우에는 양변에 x의 계수의 역수를 곱한다.

기본 문제

5 다음은 일차방정식의 풀이 과정을 나타낸 것이다. □ 안에 알맞은 것을 쓰시오.

(1) $3(x-2)=x+10$

$$\boxed{}-\boxed{}=x+10$$

$$\boxed{}-x=10+\boxed{}$$

$$\boxed{}\,x=\boxed{}$$

$$x=\boxed{}\ \text{이다.}$$

(2) $4(x-1)=-3(x+6)$

$$4x-\boxed{}=-3x-\boxed{}$$

$$4x+\boxed{}=-18+\boxed{}$$

$$\boxed{}\,x=\boxed{}$$

$$x=\boxed{}\ \text{이다.}$$

5-1 다음 일차방정식을 푸시오.

(1) $5(x-3)=-x+3$

(2) $3x=2(x-1)+7$

(3) $3(2x-5)=-(x+1)$

(4) $4(2x-3)=9(x-4)+16$

6 다음 일차방정식을 푸시오.

(1) $(x-5):(x+4)=2:5$

(2) $(x-2):3=(2x-1):4$

(내항의 곱)=(외항의 곱)을 이용하여 푼다.

6-1 다음 일차방정식을 푸시오.

(1) $2:3x=5:7$

(2) $(1-x):2x=3:4$

(3) $(-x-1):(2x-3)=3:2$

(4) $3:(-2x+1)=5:(3x-2)$

개념 확인

4. 복잡한 일차방정식의 풀이 (1)

(1) 괄호가 있는 일차방정식: 분배법칙을 이용하여 괄호를 푼 후 방정식을 푼다.

예 $-3(x-1)=x-5$ ➡ $-3x+3=x-5$ ➡ $-4x=-8$ ➡ $x=2$

괄호를 푼다.　　이항하여 간단히 한다.　　해를 구한다.

(2) 비례식의 일차방정식: 내항의 곱과 외항의 곱이 같음을 이용하여 방정식을 푼다.

예 $2x:(x-1)=2:3$ ➡ $2(x-1)=2x\times3$ ➡ $2x-2=6x$ ➡ $-4x=2$ ➡ $x=-\dfrac{1}{2}$

내항의 곱과 외항의 곱은 같다.　　괄호를 푼다.　　이항하여 간단히 한다.　　해를 구한다.

02 일차방정식의 풀이

정답 및 해설 P.33

7 다음은 일차방정식의 풀이 과정을 나타낸 것이다. □ 안에 알맞은 것을 쓰시오.

(1) $0.3x+0.5=0.1x-0.3$

$(0.3x+0.5)\times\Box=(0.1x-0.3)\times\Box$

$3x+\Box=x-\Box$

$3x-\Box=-3-5$

$\Box x=\Box$

따라서 $x=\Box$이다.

(2) $0.3x+0.05=0.65$

$(0.3x+0.05)\times\Box=0.65\times\Box$

$\Box+5=\Box$

$\Box=\Box-5$

$\Box x=\Box$

따라서 $x=\Box$이다.

7-1 다음 일차방정식을 푸시오.

(1) $1.1x+0.9=-0.4x-0.6$

(2) $1.25x-2.1=0.05x+0.3$

(3) $0.6(x-3)=1.2(x+1)+6$

(4) $0.04(x+1)=0.17x+0.3$

8 다음은 일차방정식의 풀이 과정을 나타낸 것이다. □ 안에 알맞은 것을 쓰시오.

(1) $\dfrac{x}{2}-\dfrac{x}{3}=\dfrac{5}{6}$

$\left(\dfrac{x}{2}-\dfrac{x}{3}\right)\times\Box=\dfrac{5}{6}\times\Box$

$3x-\Box=\Box$

따라서 $x=\Box$이다.

(2) $\dfrac{x-5}{6}=\dfrac{x+2}{4}-1$

$\dfrac{x-5}{6}\times\Box=\left(\dfrac{x+2}{4}-1\right)\times\Box$

$2x-\Box=3x+\Box-12$

$2x-\Box=\Box+10$

$\Box=4$

따라서 $x=\Box$이다.

8-1 다음 일차방정식을 푸시오.

(1) $\dfrac{x}{6}-\dfrac{x}{9}=\dfrac{1}{2}$

(2) $\dfrac{4-3x}{2}=x-3$

(3) $\dfrac{2x+1}{3}=1-\dfrac{x-1}{2}$

(4) $\dfrac{3}{2}x+1=0.5(5-x)$

5. 복잡한 일차방정식의 풀이 (2)

(1) 계수가 소수인 일차방정식

등식의 양변에 $10,\ 100,\ 1000,\ \cdots$을 알맞게 곱하여 <u>계수를 정수로 고쳐서</u> 푼다.

> 계수가 소수 첫째자리까지 있는 수일 때는 10을,
> 계수가 소수 둘째자리까지 있는 수일 때는 100을 곱한다.

예 $0.2x-3=0.5x$ ➡ $(0.2x-3)\times10=0.5x\times10$ ➡ $2x-30=5x$

등식의 양변에 10을 곱한다.

소수 또는 분수인 계수를 정수로 고치는 이유는 계산이 편리하기 때문이다.

(2) 계수가 분수인 일차방정식

등식의 양변에 분모 2와 3의 최소공배수 6을 곱하여 계수를 정수로 고쳐서 푼다.

예 $\dfrac{1}{2}x-1=\dfrac{1}{3}$ ➡ $\left(\dfrac{1}{2}x-1\right)\times6=\dfrac{1}{3}\times6$ ➡ $3x-6=2$

등식의 양변에 6을 곱한다.

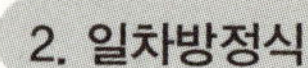
STEP UP

- 계수에 분수와 소수가 함께 있으면 분모와 10의 거듭제곱의 최소공배수를 곱하여 계수를 정수로 고쳐서 푼다.
- 위의 방법으로 계수를 정수로 바꿀 수 있는 것은 등식의 성질에 의해 양변에 같은 수를 곱하여도 등식은 성립하기 때문이다.

9 다음 일차방정식의 해가 $x=-2$일 때 a의 값을 구하시오.

(1) $x-2a=0$

(2) $2x+3=3x-5a$
x에 -2를 대입할 때 -2가 음수이므로 괄호( )를 하고 대입한다. $2\times(-2)$

9-1 다음 [   ] 안의 수가 주어진 일차방정식의 해일 때, a의 값을 구하시오.

(1) $3x+a=x-2a$ [-1]

(2) $-\dfrac{1}{5}(x-2)=0.1x+a$ [-12]

10 x에 대한 두 일차방정식 $-2x-3=1$, $ax-3=5$의 해가 서로 같을 때, a의 값을 구하시오.

10-1 다음 x에 대한 두 일차방정식의 해가 서로 같을 때, k의 값을 구하시오.

(1) $5x+4=2(x-1)$, $\dfrac{1}{2}x-3=\dfrac{x-k}{3}$

(2) $0.5x+0.3=0.3x-0.5$, $4x=k-2x$

6. 방정식의 해를 알 때, 미지수 구하기

(1) 방정식의 해가 주어질 때 미지수 구하기
해를 방정식에 대입한 후, 다른 미지수에 대한 일차방정식을 푼다.

(2) 두 방정식의 해가 같을 때 미지수 구하기
한 일차방정식에서 해를 구하여 다른 일차방정식에 대입한 후, 다른 미지수에 대한 일차방정식을 푼다.
예 x에 대한 두 일차방정식 $x+2=5$와 $ax+1=-2$의 해가 같을 때,
먼저 $x+2=5$의 해를 구하면 $x=3$이다.
구한 해 $x=3$을 다른 일차방정식에 대입하면
$3a+1=-2$이므로 $a=-1$이다.

STEP UP

• 두 방정식의 해가 같은 경우 한 방정식은 해를 구할 수 있는 상태로 주어지지만 다른 한 방정식의 경우 다른 미지수를 포함하고 있다. 이때 해를 구할 수 있는 방정식을 먼저 풀어서 구한 해를 다른 한 방정식에 대입하여 다른 미지수를 구한다.

01 | 이항 |
다음 중 이항을 한 것으로 옳지 <u>않은</u> 것은?

① $3x-1=2 \Rightarrow 3x=2+1$
② $4x=2x-3 \Rightarrow 4x-2x=-3$
③ $x-1=-x+4 \Rightarrow x+x=4+1$
④ $-2x+3=3x-1 \Rightarrow -2x-3x=-1+3$
⑤ $4x+3=6x \Rightarrow 4x-6x=-3$

이항을 할 때에는 꼭 부호를 바꾸어 주어야 한다.
'+'는 '−'로, '−'는 '+'로

02 | 이항과 등식의 성질 |

이항은 항을 좌변에서 우변으로 또는 우변에서 좌변으로 옮기는 것을 말한다. 이때 부호가 바뀜에 주의한다.

다음 중 방정식 $2x-3=4$에서 '좌변의 −3을 이항한다.'는 것과 뜻이 같은 것은?

① 양변에 −3을 더한다.
② 양변에서 3을 뺀다.
③ 양변에 3을 더한다.
④ 양변에 −3을 곱한다.
⑤ 양변을 3으로 나눈다.

−3을 이항한다는 것은 −3을 없앤다는 말이다. 따라서 −3을 없애려면 방정식의 양변에 3을 더해야 한다.

03 | 일차방정식 |
다음 중 일차방정식을 모두 고르면?

① $3x-1=5$
② $13-5\times2=3$
③ $3x-5=3x-1$
④ $2(x+1)=2x+5$
⑤ $x^2-x+3=4x+x^2$
 └ x^2이 보인다고 해서 모두 일차방정식이 아닌 것은 아니다.

(일차식)=0의 꼴로 나타낼 수 있는 식이 일차방정식이다.

04 | 일차방정식의 뜻 |
다음 중 등식 $3x-1=ax+7$이 x에 대한 일차방정식이 되기 위한 상수 a의 조건으로 알맞은 것은?

① $a\neq7$
② $a\neq3$
③ $a\neq1$
④ $a=3$
⑤ $a=7$

x에 대한 일차방정식 $ax+b=0$에서 x의 계수 a는 0이 아니다.
즉, $a\neq0$이다.

05 | 일차방정식의 뜻 | 서술형
일차방정식 $7x+9=5x+4$를 $ax=b$ 꼴로 나타낼 때, a, b의 값을 구하고 그 과정을 서술하시오. (단, $|a|$, $|b|$는 서로소)
 └ 최대공약수 1인 두 자연수

주어진 일차방정식을 $ax=b$ 꼴로 나타낸 수 a, b를 찾는다.

| 06 | 일차방정식의 풀이 |

다음 일차방정식을 푸시오.

(1) $3(x-1)=x+1$

(2) $-2(x-1)=x+8$

(3) $4(x-3)=3(x-2)-2$

일차방정식에서 괄호를 풀 때 괄호 앞의 '$-$' 부호에 특히 주의한다.

| 07 | 일차방정식의 풀이 |

다음 중 방정식 $5x-3=x-5$와 그 해가 같은 방정식은?

① $x+16=-x$

② $3x-5=-x-7$

③ $-2x+5=7x+5$

④ $\dfrac{1}{3}x-1=8$

⑤ $\dfrac{1}{2}x-5=-1$

각 방정식을 풀고 주어진 방정식과 해가 같은 것을 찾는다.

| 08 | 일차방정식의 풀이 |

다음 중 가장 큰 해를 갖는 일차방정식은?

① $9-x=5x-15$

② $8-2(x-3)=3x+10$

③ $\dfrac{5}{3}x+1=0.2x$

④ $\dfrac{x+3}{2}=3-\dfrac{x}{5}$

⑤ $0.4(x-3)=0.7x+3$

각 방정식을 풀고 그 중에서 가장 큰 해를 갖는 일차방정식을 찾는다.

| 09 | 비례식의 일차방정식 |

비례식 $(3x-2):(x-4)=4:3$을 만족하는 x의 값을 구하시오.

내항의 곱과 외항의 곱이 같음을 이용하여 일차방정식을 푼다.

| 10 | 일차방정식의 풀이 |

일차방정식 $0.5(x-4)-\dfrac{x-2}{3}=1$의 해를 구하시오.

$0.5=\dfrac{1}{2}$이므로 등식의 양변에 6을 곱하여 계수를 정수로 고친 후 일차방정식을 푼다.

11 | 일차방정식의 풀이 |

등식 $\dfrac{x}{2}-\dfrac{5-3x}{4}=5$에 대한 보기의 설명 중 옳은 것을 모두 고른 것은?

> **보기**
> ㄱ. 일차방정식이다.
> ㄴ. 해를 구하면 $x=-25$이다.
> ㄷ. $x=5$는 이 등식을 참이 되게 하는 값이다.
> ㄹ. 등식의 성질을 이용하여 양변에 4를 곱하면 $2x-5-3x=20$이다.

① ㄱ, ㄴ   ② ㄱ, ㄷ   ③ ㄴ, ㄹ
④ ㄷ, ㄹ   ⑤ ㄱ, ㄴ, ㄹ

등식의 양변에 분모 2와 4의 최소공배수인 4를 곱하여 방정식을 푼다.

12 | 복잡한 일차방정식의 풀이 |

다음 각 방정식의 계수를 정수로 바꾸기 위하여 주어진 방정식에 최소의 자연수를 곱하려고 할 때, 가장 큰 수를 곱해야 하는 것은?

① $\dfrac{1}{2}x-1=\dfrac{2}{3}+5$ ② $\dfrac{1}{2}x=\dfrac{2}{3}x-\dfrac{5}{4}$

③ $0.5x+1=-1.3x-7$ ④ $\dfrac{3x-1}{5}=0.3(x-4)$

⑤ $\dfrac{3}{5}x-1=\dfrac{x}{3}$

계수가 정수가 아닌 방정식에서 계수를 정수로 바꾸려면 분모의 최소공배수를 곱한다. 이때 소수는 기약분수로 고쳐서 생각한다.

13 | 해가 같은 두 일차방정식 |

x에 대한 두 일차방정식 $3x-1=2x-3$과 $ax-3=x-7$의 해가 서로 같을 때, 상수 a의 값을 구하시오.

첫번째 일차방정식에서 해인 x의 값을 구하고, 이것을 두번째 일차방정식에 대입하여 a의 값을 구한다.

14 의사소통 | 일차방정식 세워서 풀기 | 서술형

오른쪽 그림에서 실선으로 연결된 두 네모끼리는 곱하고, 점선으로 연결된 두 네모끼리는 더하여 계산할 때, x의 값을 구하고 그 과정을 서술하시오.

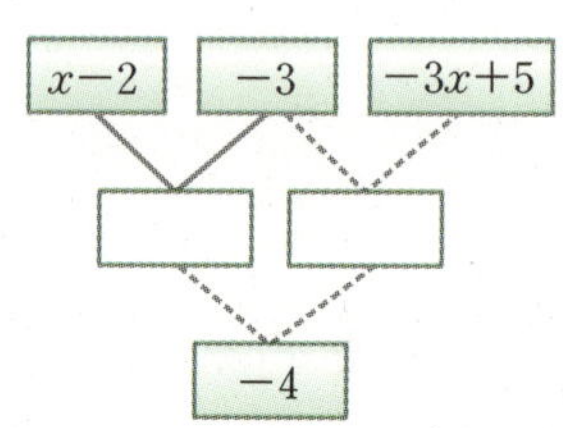

좌측의 □는 $x-2$와 -3의 곱이고, 우측의 □는 -3과 $-3x+5$의 합이다.

| 일차방정식의 해석 |

15 일차방정식 $4-\dfrac{x}{3}=\dfrac{7-x}{2}$ 의 해를 a, 일차방정식 $0.5-0.4x=2-0.25x$ 의 해를 b라고 할 때, $a+b$의 값은?

① -15 ② -13 ③ -10
④ -7 ⑤ -3

계수가 분수인 일차방정식과 계수가 소수인 일차방정식을 풀어서 두 해의 합을 구한다.

| 방정식의 해가 자연수인 경우 |

16 x에 대한 일차방정식 $2(7-2x)=a$의 해가 자연수일 때, 가능한 자연수 a의 개수는?

① 1 ② 2 ③ 3
④ 4 ⑤ 5

분수가 자연수가 되기 위해서는 분자는 분모의 배수가 되어야 한다.

문제 해결 | 두 일차방정식의 해가 같은 경우 | **서술형**

17 다음 두 일차방정식의 해가 같을 때, a의 값을 구하고, 그 과정을 서술하시오.

$$(3x-1):5=(2x-3):4$$
$$0.5\left(x-\dfrac{1}{2}\right)=\dfrac{2x-a}{3}$$

첫번째 방정식에서 x의 값을 구하고 그 값을 두 번째 방정식에 대입하여 a의 값을 구한다.

| 일차방정식의 해석 |

18 일차방정식 $1-x=\dfrac{2x-1}{3}$ 의 해가 $x=b$일 때, x에 대한 일차방정식 $\dfrac{5}{4}bx+7=5(x-3)$ 의 해를 구하시오.

첫번째 방정식에서 x를 구한 후 두 번째 방정식의 b에 대입하여 두 번째 방정식의 해를 구한다.

03 일차방정식의 활용

기본 문제

1 다음을 읽고 □ 안에 알맞은 것을 쓰시오.

> 어떤 수에 3을 더한 수는 그 수의 2배와 같다.

(1) 어떤 수를 x라고 하면 어떤 수에 3을 더한 수는 □이고, 어떤 수의 2배는 $2x$이므로 방정식을 세우면 □이다.

(2) 이 방정식을 풀면 $x=$□이므로 어떤 수는 □이다.

1-1 어떤 수의 4배보다 2 작은 수는 38이다. 어떤 수를 구하시오.

2 연속하는 세 자연수의 합이 93일 때, 세 자연수 중 가장 작은 수를 구하시오.

$x, x+1, x+2$

2-1 연속하는 세 자연수가 있다. 가장 작은 수의 3배는 다른 두 수의 합보다 4만큼 크다고 한다. 연속하는 세 자연수를 구하시오.

개념 확인

1. 일차방정식의 활용 문제를 푸는 순서 ⋯ 활용 문제에서 방정식은 스스로 만들어야 한다.

(1) 미지수 정하기 ⇨ 문제의 뜻을 파악하고, 구하는 것을 미지수 x로 놓는다.

(2) 방정식 세우기 ⇨ 주어진 조건을 이용하여 방정식을 세운다.

(3) 방정식 풀기 ⇨ 방정식을 푼다. 반드시 문제 안에 조건이 숨어 있다. 그 조건을 식으로 나타내는 것이 방정식을 세우는 열쇠이다.

(4) 확인하기 ⇨ 구한 해가 문제의 뜻에 맞는지 확인한다.

2. 일차방정식의 유형별 풀이 방법 (1)

(1) 수에 대한 문제: 어떤 수를 x로 놓는다.

(2) 연속하는 수에 대한 문제

　① 연속하는 세 정수: x, $x+1$, $x+2$ 또는 $x-1$, x, $x+1$로 놓는다.

　② 연속하는 세 홀수 또는 세 짝수: x, $x+2$, $x+4$ 또는 $x-2$, x, $x+2$로 놓는다.

(3) 자릿수에 대한 문제: 십의 자리의 숫자가 x, 일의 자리의 숫자가 y인 두 자리의 자연수는 $10x+y$로 놓는다. 이 수의 십의 자리의 숫자와 일의 자리의 숫자를 바꾼 수는 $10y+x$이다.

3 다음을 읽고 □ 안에 알맞은 것을 쓰시오.

> 가로의 길이가 세로의 길이보다 4 cm만큼 더 긴 직사각형의 둘레의 길이가 56 cm이다.

(1) 가로의 길이를 x cm라고 하면 세로의 길이는 (□)cm이고 이 직사각형의 둘레의 길이가 56 cm이므로 방정식을 세우면 □이다.

(2) 이 방정식을 풀면 $x=$□이므로 가로의 길이는 □cm이다.

> 가로, 세로의 길이가 각각 a, b, 높이가 c인 직육면체의 겉넓이는 $2(ab+bc+ca)$이다.

3-1 밑면의 가로, 세로의 길이가 각각 3 cm, 5 cm인 직육면체의 겉넓이가 94 cm^{2}일 때, 이 직육면체의 높이를 구하시오.

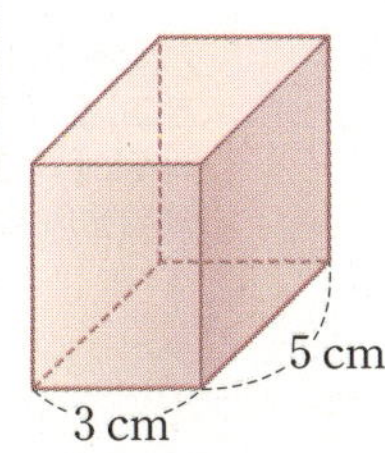

4 올해 형과 동생의 나이의 합이 31살이고 두 사람의 나이의 차는 5살이다. 동생의 나이를 구하시오.

5 어느 학교의 올해 학생 수는 작년보다 20 % 증가하여 480명이 되었다. 작년 학생 수를 구하시오.

3. 일차방정식의 유형별 풀이 방법 (2)

(1) 도형에 대한 문제

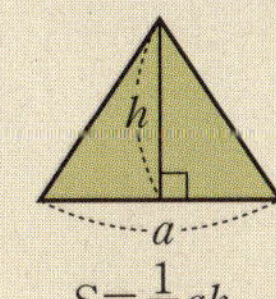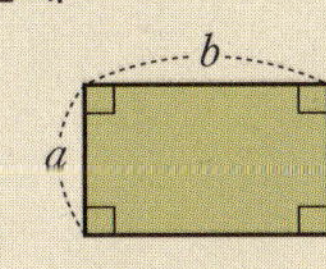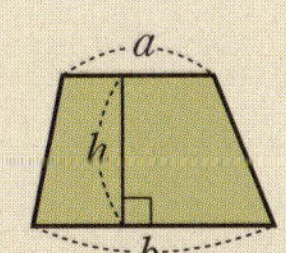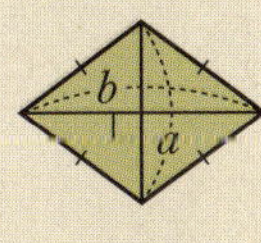

$$S=\frac{1}{2}ah \qquad S=ab \qquad S=\frac{1}{2}(a+b)h \qquad S=\frac{1}{2}ab$$

(2) 나이에 대한 문제

예) 올해 어머니의 나이는 45살이고, 진영이의 나이는 13살이다. 어머니의 나이가 진영이의 나이의 3배가 되는 것은 몇 년 후인가?

	어머니	진영
올해 나이	45	13
x년 후 나이	$45+x$	$13+x$

방정식: $45+x=(13+x)\times 3$

(3) 학생 수에 대한 문제

(작년 학생 수) + (변화한 학생 수) = (올해 학생 수)

예) 작년 학생 수가 x명이고 작년에 비하여 학생 수가 10 % 증가하여 올해는 440명이 되었다고 하면

(변화한 학생 수) $= x \times \dfrac{10}{100}$(명)이므로 $x+\dfrac{1}{10}x=440$에서 $x=400$이다.

따라서 작년 학생 수는 400명이다.

STEP UP

- 도형에 대한 문제는 모르는 값을 x로 놓고 넓이나 둘레의 길이 공식에 대입하여 등식을 세운다.
- 나이에 대한 문제는 x년 후의 두 사람의 나이에 대하여 등식을 세운다.

03 일차방정식의 활용

정답 및 해설 P.38

6 다음을 읽고 □ 안에 알맞은 것을 쓰시오.

> 자동차를 타고 두 도시 A, B 사이를 왕복하는 데 갈 때에는 시속 40 km로, 올 때에는 시속 60 km로 왕복 3시간이 걸렸다.

(1) A, B 사이의 거리를 x km라고 하면 갈 때 걸린 시간은 □ 시간이고, 올 때 걸린 시간은 □ 시간이다.

$\dfrac{\text{(갈 때 걸린 시간)}}{} = \dfrac{\text{(갈 때의 거리)}}{\text{(갈 때의 속력)}}$

(2) A, B를 왕복하는 데 걸린 시간이 3시간이므로 방정식을 세우면 □ 이다.

$\dfrac{\text{(올 때 걸린 시간)}}{} = \dfrac{\text{(올 때의 거리)}}{\text{(올 때의 속력)}}$

(3) (2)의 방정식을 풀면 $x=$ □ 이므로 A, B 사이의 거리는 □ km이다.

(갈 때의 시간)+(올 때의 시간)=3

6-1 동생이 분속 60 m로 먼저 출발하고, 14분 후에 형이 자전거를 타고 분속 200 m로 동생이 간 길로 따라갔다. 형은 출발한 지 몇 분 후에 동생을 만나는지 구하시오.

동생과 형의 속력이 다르고, 시간이 다르지만 거리는 같다. 따라서 거리에 대한 방정식을 세우되 거리 대신 (속력)×(시간)으로 방정식을 세운다.

7 다음을 읽고 □ 안에 알맞은 것을 쓰시오.

> 10 %의 소금물 200 g에 물을 넣어 8 %의 소금물을 만들려고 한다. 물을 더 넣어도 소금의 양은 변하지 않는다.

(1) 더 넣은 물의 양을 x g이라고 하면 10 %의 소금물에 들어 있는 소금의 양은 □ g, 8 %의 소금물에 들어 있는 소금의 양은 □ g이다.

(2) 소금의 양은 변하지 않으므로 방정식을 세우면 □ 이다.

(3) (2)의 방정식을 풀면 $x=$ □ 이므로 더 넣은 물의 양은 □ g이다.

처음의 10 %의 소금물과 나중의 8 %의 소금물은 농도가 다르고, 소금물의 양이 다르지만 소금의 양은 같다. 따라서 소금의 양에 대한 방정식을 세우되 소금의 양 대신 (소금물의 양)×(농도)÷100으로 방정식을 세운다.

7-1 물을 증발시켜도 소금의 양은 변하지 않는다.
10 %의 소금물 300 g에서 물을 증발시켜 12 %의 소금물을 만들었다. 이때 증발시킨 물의 양을 구하시오.

4. 일차방정식의 유형별 풀이 방법 (3)

(1) 시간, 거리, 속력에 대한 문제

$$\text{(시간)}=\dfrac{\text{(거리)}}{\text{(속력)}}, \quad \text{(속력)}=\dfrac{\text{(거리)}}{\text{(시간)}}, \quad \text{(거리)}=\text{(시간)}\times\text{(속력)}$$

(2) 농도에 대한 문제

① $\text{(농도)}=\dfrac{\text{(소금의 양)}}{\text{(소금물의 양)}}\times100(\%)$

② $\text{(소금의 양)}=\text{(소금물의 양)}\times\dfrac{\text{(농도)}}{100}$

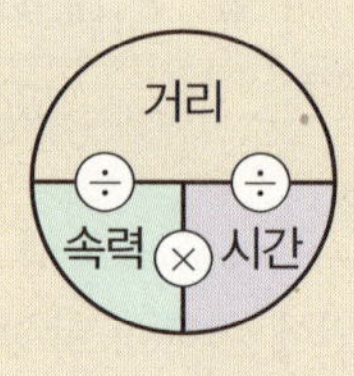

STEP UP

- 시간, 거리, 속력 사이의 관계는 왼쪽 그림을 보고 외우면 편리하다.
- 농도 문제는 보통 주어진 두 가지 농도의 소금물 속에 들어 있는 소금의 양이 같음을 이용하여 등식을 세운다.

기본 문제

8 다음을 읽고 □ 안에 알맞은 것을 쓰시오.

> 학생들에게 연필을 3자루씩 나누어 주면 12자루가 남고, 4자루씩 나누어 주면 8자루가 모자란다. └ 남을 때의 연필의 수와 모자랄 때 연필의 수가 같다.

(1) 학생 수를 x명이라 하고 3자루씩 나누어 주면 12자루가 남으므로 연필의 수는 (　　　)자루이고, 4자루씩 나누어 주면 8자루가 모자라므로 연필의 수는 (　　　)자루이다.

(2) 연필의 수는 변함이 없으므로 방정식을 세우면 □　　　　　이다.

(3) (2)의 방정식을 풀면 $x=$□이므로 연필의 수는 □자루이다.

8-1 어느 반에서 필요한 회비를 모으는데 100원씩 거두면 1000원이 모자라고, 150원씩 거두면 250원이 남는다고 한다. 이 반의 학생 수를 구하시오.

9 다음을 읽고 □ 안에 알맞은 것을 쓰시오.

> 어떤 일을 완성하는 데 형은 10일, 동생은 20일 걸린다고 한다. 이 일을 형이 혼자 하루 동안 한 후에 형제가 같이 협력하여 일을 끝냈다.

(1) 형이 어떤 일을 하루 동안 할 수 있는 일의 양은 $\dfrac{1}{10}$, 동생이 어떤 일을 하루 동안 할 수 있는 일의 양은 $\dfrac{1}{20}$이다. 형제가 함께 일을 한 기간을 x일이라고 하면 형이 x일 동안 일을 한 양은 □, 동생이 x일 동안 일을 한 양은 □이다.

(2) 어떤 일을 완성하는 데의 일의 양은 1이므로 방정식을 세우면 □　　　　=1이다.

(3) (2)의 방정식을 풀면 $x=$□이므로 형제가 함께 일을 한 기간은 □일이다.

9-1 청소를 하는 데 어머니는 20분, 나는 30분이 걸린다. 어머니와 내가 함께 청소를 하면 어머니 혼자서 하는 것보다 몇 분이 단축되는지 구하시오.

개념 확인

5. 일차방정식의 유형별 풀이 방법 (4)

(1) 과부족에 대한 문제

볼펜, 공책 등을 나누어 줄 때 사람 수를 x로 놓고, 볼펜, 공책의 수를 x에 대한 식으로 나타내어 방정식을 푼다.

　예　학생들에게 볼펜을 3자루씩 주면 10자루가 남고, 4자루씩 주면 3자루 부족
$\underset{x}{}$　　$\underset{3x+10}{}$　　$=$　　$\underset{4x-3}{}$

(2) 일에 대한 문제

① 전체 일의 양을 1로 놓고 나머지 일을 나타낸다.

② 부분의 일의 양을 합하면 전체 일의 양 1과 같음을 이용하여 방정식을 세운다.

　예　A가 전체 일을 하는 데 10일이 걸리면 A는 하루에 전체 일의 양의 $\dfrac{1}{10}$을 하는 것이고, B가 전체 일을 하는데 8일이 걸리면 B는 하루에 전체 일의 양의 $\dfrac{1}{8}$을 하는 것이다. A가 5일 동안 일을 한 후에 B가 나머지 일을 하는 데 x일이 걸렸다면 (A가 한 일의 양)+(B가 한 일의 양)=1이므로 $\dfrac{1}{10}\times5+\dfrac{1}{8}x=1$이 성립한다.

STEP UP

- 과부족에 대한 문제는 보통 사람 수를 x로 놓고, 물건의 개수를 두 가지의 방법으로 나타내어 그 두 표현이 같음을 이용하여 등식으로 나타낸다.

- 일에 대한 문제는 두 사람이 각각 하루(또는 단위 시간)에 할 수 있는 일의 양을 구하고, 또 두 사람이 각각 주어진 시간만큼 일한 양의 합이 전체 일의 양인 1이 됨을 이용하여 등식을 세운다.

| 수에 대한 문제 |

01 다음 물음에 답하시오.

(1) 어떤 수의 2배에서 3을 뺀 수는 어떤 수에 2를 더한 후 3배한 수와 같을 때, 어떤 수를 구하시오.

(2) 연속하는 두 자연수의 합이 45일 때, 작은 수를 구하시오.

(3) 십의 자리의 수가 6인 두 자리의 자연수가 있다. 이 자연수는 각 자리의 숫자의 합의 7배와 같을 때, 이 자연수를 구하시오.

> 연속하는 두 자연수는 x, $x+1$로 놓고 방정식을 세운다.

| 학생 수에 대한 문제 |

02 어느 학교의 작년 학생 수는 900명이었는데 올해는 남학생이 10 % 줄고, 여학생이 5 % 늘어 전체로는 30명이 줄었다. 올해 남학생 수는?

① 300명   ② 350명   ③ 400명
④ 450명   ⑤ 500명

> (전체 학생 수)+(변화한 학생 수)
> =(올해 학생 수)

| 도형에 대한 문제 |

03 오른쪽 그림과 같이 아랫변의 길이가 10 cm, 높이가 8 cm인 사다리꼴의 넓이가 60 cm^{2}일 때, 이 사다리꼴의 윗변의 길이는?

① 2 cm   ② 3 cm   ③ 4 cm
④ 5 cm   ⑤ 6 cm

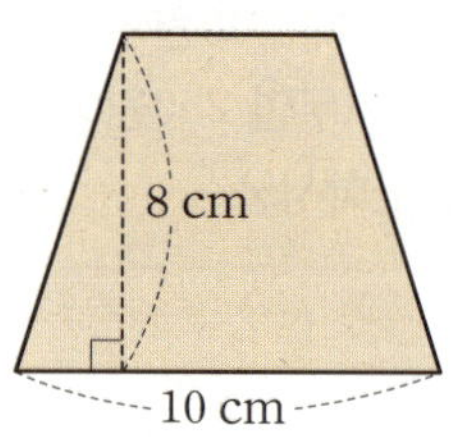

> (사다리꼴의 넓이)
> $=\dfrac{1}{2}${(윗변의 길이)
>   +(아랫변의 길이)}×(높이)

| 도형에 대한 문제 |

04 오른쪽 그림과 같이 가로의 길이가 6 m, 세로의 길이가 5 m인 직사각형 모양의 텃밭이 있다. 이 텃밭의 가로의 길이를 4 m, 세로의 길이를 x m만큼 늘렸더니 텃밭의 넓이가 처음 넓이의 4배가 되었다. 이때 x의 값은?

① 6   ② 7   ③ 8
④ 9   ⑤ 10

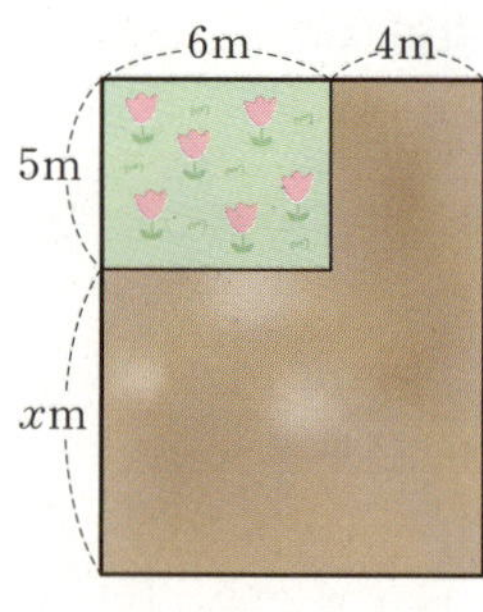

> 늘어난 텃밭의
> 가로의 길이는 $(6+4)$ m,
> 세로의 길이는 $(5+x)$ m이다.

| 나이에 대한 문제 |

05 올해 아버지의 나이는 42세이고 아들의 나이는 12세이다. 아버지의 나이가 아들의 나이의 3배가 되는 것은 몇 년 후인가?

① 2년   ② 3년   ③ 4년
④ 5년   ⑤ 6년

> x년 후에
> 아버지의 나이는 $(42+x)$세이고,
> 아들의 나이는 $(12+x)$세이다.

| 시간, 거리, 속력에 대한 문제 |

06 집에서 도서관까지 가는데 시속 6 km로 걸어가면 시속 15 km로 자전거를 타고 가는 것보다 1시간 늦게 도착한다. 집에서 도서관까지의 거리를 구하시오.

(걸어가는 데 걸린 시간)
=(자전거를 타고 가는 데 걸린 시간)
　+(1시간)

| 시간, 거리, 속력에 대한 문제 |

07 A 지점에서 7 km 떨어져 있는 B 지점까지 가는데 처음에는 시속 3 km로 걷다가 도중에 시속 5 km로 걸어서 2시간이 걸렸다고 할 때, 시속 3 km로 걸어간 거리를 구하시오.

(시속 3 km로 걸은 시간)
　+(시속 5 km로 걸은 시간)
=(2시간)

문제 해결 | 과부족에 대한 문제 |

과부족에 대한 문제는 개념이 큰 것을 미지수로 놓는게 방정식을 세우는 데 편리하다. 즉, 학생과 연필이 있을 때는 학생을 미지수로, 학생과 긴 의자가 있을 때는 학생이 아닌 의자를 미지수로 놓는다.

08 학생들이 강당에서 긴 의자에 앉아 수업을 하는데 한 의자에 4명씩 앉았더니 모든 의자에 빈틈없이 앉고 12명이 서 있었다. 그래서 한 의자에 5명씩 앉았더니 의자가 4개 남고, 나머지 의자에는 모두 빈틈없이 학생이 앉았다. 이때 학생 수는 몇 명인가?

의자에 앉는 2가지 방법으로 방정식을 세운다.

① 100명　　　　② 110명　　　　③ 120명
④ 130명　　　　⑤ 140명

의사소통 | 일에 대한 문제 | 서술형

09 직소퍼즐 한 작품을 완성하는 데 언니 혼자서는 16일, 동생 혼자서는 24일이 걸린다고 한다. 언니 혼자서 11일을 한 후에 언니와 동생이 함께 한 작품을 완성하려면 며칠이 더 걸리는지 구하고, 그 과정을 서술하시오.

(11일 동안 언니가 한 일)
＋(x일 동안 언니와 동생이 한 일)
=(전체 일)

창의·융합 | 용액의 양에 대한 문제 |

10 오른쪽 그림의 비커 A, 비커 B에는 어떤 용액이 각각 143 mL, 473 mL 들어 있다. 비커 B의 용액을 비커 A로 옮겨서 비커 B의 용액의 양이 비커 A의 용액의 양의 3배가 되도록 만들려고 한다. 이때 비커 B에서 비커 A로 몇 mL의 용액을 옮겨야 하는지 구하시오.

비커 B의 용액 $x\,\mathrm{g}$을 비커 A로 옮기면 각 용액은
(비커 B)=$473-x\,(\mathrm{g})$
(비커 A)=$143+x\,(\mathrm{g})$

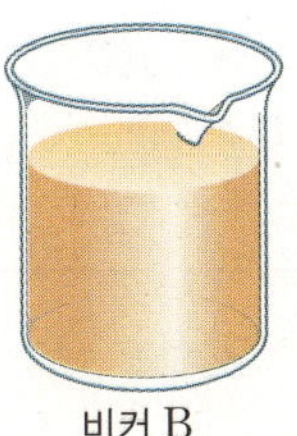

01 다음 중 등식인 것을 모두 고르면?
하
① $3x-1$　　　　② $x \geq 5$
③ $x-1 \leq 2x+5$　　④ $2+5=7$
⑤ $4x-5=0$

02 $3(x-2)=3x-1+a$가 x의 값에 관계없이 항상 참인
하
등식일 때, 상수 a의 값은?
　　└ 항등식

① -6　　　　② -5　　　　③ -4
④ -2　　　　⑤ -1

03 다음 중 옳지 <u>않은</u> 것은?
하
① $a=2$ ⇨ $4a=8$
② $a-c=b-c$ ⇨ $a=b$
③ $x=a$ ⇨ $x-2=a-2$
④ $\dfrac{a}{2}=\dfrac{b}{3}$ ⇨ $3a=2b$
⑤ $y=2x$ ⇨ $y+1=2(x+1)$

04 다음은 등식의 성질을 이용하여 방정식을 푸는 과정을
하
나타낸 것이다. 빈칸에 들어갈 식이나 수로 옳지 <u>않은</u>
것은?

$$2x+3=4x-1$$
$$2x+3+(①)=4x-1+(①)$$
$$2x=4x+(②)$$
$$2x-(③)=4x-4-(③)$$
$$(④)=-4$$
$$x=(⑤)$$

① -3　　　　② -4　　　　③ $-4x$
④ $-2x$　　　　⑤ 2

05 다음 중 등식 $-3x\underline{-4}=-5$에서 밑줄 친 항을 바르게
하
이항한 식은?

① $-4=3x-5$　　　② $-3x=-5-4$
③ $-3x=-5+4$　　④ $-3x+4=-5$
⑤ $-3x-4+5=0$

06 비례식 $(x-5):(2x+3)=1:3$을 만족하는 x에 대
중
하여 $x-2a=10$일 때, a의 값을 구하시오.
　　└ (내항의 곱)=(외항의 곱)

07 일차방정식 $\dfrac{1}{4}x+\dfrac{4}{3}=\dfrac{1}{2}x-\dfrac{2}{3}$를 풀면?
중
① $x=2$　　　　② $x=4$　　　　③ $x=6$
④ $x=8$　　　　⑤ $x=10$

08 방정식 $0.5(1+2x)=\dfrac{1}{4}x+0.2$의 계수를 모두 정수로
중
바꾸어 풀기 위하여 양변에 곱해야 할 최소의 자연수는?

① 4　　　　② 10　　　　③ 20
④ 40　　　　⑤ 80

09 x에 대한 일차방정식 $-2(x-3)=a(2x-1)$의 해가 $x=1$일 때, a의 값은?

① -4　　② -2　　③ 0
④ 2　　⑤ 4

10 （의사소통）

민서, 지연, 우주는 다음 그림과 같은 사다리타기게임을 하여 해당하는 일차방정식을 풀고, 그 해가 가장 큰 사람이 간식을 먹기로 하였다. 누가 간식을 먹게 될 지 말하시오.

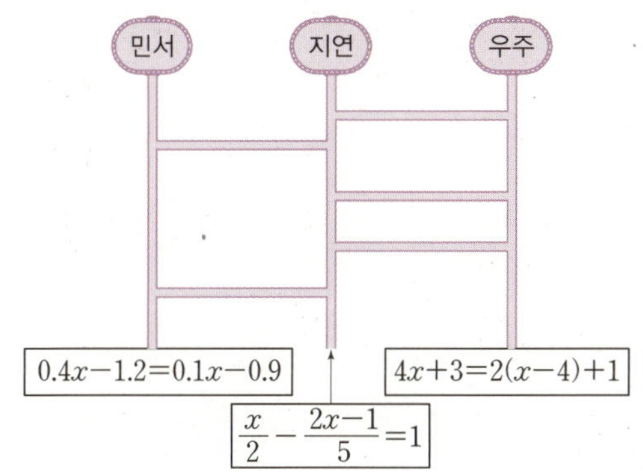

11 올해 부모님의 나이는 각각 41살, 37살이고, 아들과 딸의 나이는 각각 11살, 4살이다. 부모님의 나이의 합이 자녀 나이의 합의 4배가 되는 것은 몇 년 후인지 구하시오.

12 다음 x에 대한 일차방정식의 해가 자연수가 될 때, 상수 a의 값이 <u>아닌</u> 것은? (단, $a \neq -1$)

$$ax-2=3(-x+2)+2x$$

① 0　　② 1　　③ 3
④ 4　　⑤ 7

13 （추론）

어느 회사의 입사 시험에서 입사 지원자의 남녀의 비는 $2:3$이고, 합격자의 남녀의 비는 $3:2$, 불합격자의 남녀의 비는 $1:2$이었다. 합격자가 50명이었을 때, 여자 지원자는 몇 명인지 구하시오.

14 （문제 해결）

원가에 10 %의 이익을 붙여 정가를 정한 상품이 팔리지 않아 정가에서 400원을 할인하여 팔았더니 <u>1000원의 이익</u>이 생겼다. 이 상품의 원가를 구하시오.
(할인가)－(원가)＝(1000원)

15 동생이 학교로 출발한 지 5분 후에 형이 동생이 간 길을 따라 학교로 출발했다. 동생은 분속 75 m의 속력으로, 형은 분속 100 m의 속력으로 걷는다고 할 때, 형이 출발한 지 몇 분 후에 동생과 <u>만나게</u> 되는지 구하시오.

형과 동생에서 속력과 시간은 다르지만 두 사람의 거리는 같으므로 거리에 대한 식을 세운다. 단, 거리 대신 (속력)×(시간)으로 식을 세운다.

16 （창의·융합）

두 도시 A, B 사이의 거리는 270 km이다. 찰스는 택시를 타고 A 도시에서 출발하여 B 도시를 향하여 시속 80 km로 가다가 도중에 잊은 물건이 있어 시속 80 km로 돌아와서 다시 시속 90 km로 B 도시까지 곧장 달렸더니 총 4시간 반이 걸렸다. 찰스는 A 도시로부터 몇 km 떨어진 지점에서 <u>되돌아왔는지</u> 구하시오.
(단, 잊은 물건을 찾는 시간은 생각하지 않는다.)
(되돌아온 지점까지의 시간)×2＋(다시 간 시간)＝(4.5시간)

서술형

17 다음 x에 대한 일차방정식의 해를 구하고, 그 과정을 서술하시오. (상)

$$x+3|x|=16$$

18 다음 x에 대한 두 일차방정식의 해가 같을 때 상수 a의 값을 구하고, 그 과정을 서술하시오. (중)

$$\frac{1}{3}x+1=\frac{5x+3}{4}+3,\ 2x-1=3x+a$$

19 (문제 해결) 강당에 있는 긴 의자에 학생들이 앉으려고 한다. 한 의자에 4명씩 앉으면 모든 의자에 빈틈없이 앉고도 48명이 앉지 못하고, 한 의자에 5명씩 앉으면 못 앉는 학생 없이 빈 의자가 14개 남고 3명이 앉은 의자가 한 개 생긴다고 한다. 이때 강당의 의자의 개수를 구하고, 그 과정을 서술하시오. (상)

20 (추론) 어느 해 달력에서 어느 달을 다음 그림과 같이 색칠하였더니 색칠한 부분의 합이 91이 되었다. 이때 색칠한 날짜 중 한 가운데에 해당하는 날짜를 구하고, 그 과정을 서술하시오. (상)

6						June
일	월	화	수	목	금	토
					1	2
3	4	5	6	7	8	9
10	11	12	13	14	15	16
17	18	19	20	21	22	23
24	25	26	27	28	29	30

21 (창의·융합) 강가에 위치한 A 지점에서 B 지점으로 유람선이 왕복하고 있고, 강물은 A 지점에서 B 지점으로 시속 3 km로 흐르고 있다. 유람선이 시속 6 km로 A 지점에서 B 지점을 왕복하였더니 8시간 걸렸을 때, 두 지점 A, B 사이의 거리를 구하시오. (상)

IV

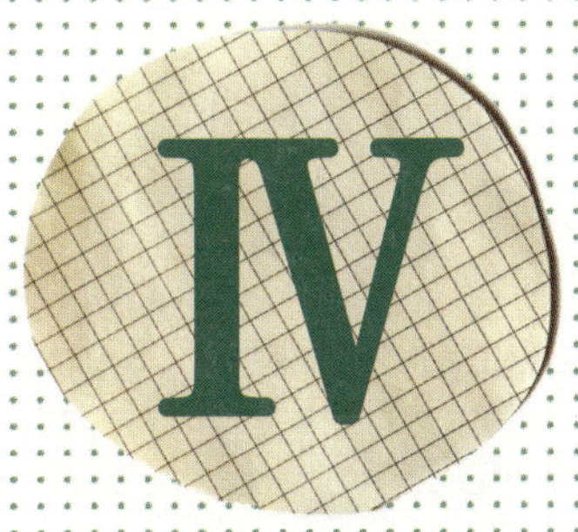

좌표평면과 그래프

1 좌표평면과 그래프

01 좌표와 좌표평면

02 그래프

03 정비례와 반비례

04 정비례 관계, 반비례 관계의 활용

01 좌표와 좌표평면

기본 문제

1 다음 점을 수직선 위에 나타내시오.

$$A(4),\ B(-5),\ C\left(-\dfrac{5}{2}\right),\ D\left(\dfrac{3}{2}\right)$$

2 다음 □ 안에 알맞은 것을 쓰시오.

(1) 극장 좌석 번호가 가열 12번을 순서쌍 (가, 12)로 나타낼 때 다열 10번을 순서쌍으로 나타내면 (□, □)이다.

(2) 어떤 아파트 102동 301호를 순서쌍 (102, 301)로 나타낼 때 105동 502호를 순서쌍으로 나타내면 (□, □)이다.

1-1 다음 수직선 위의 세 점 A, B, C의 좌표를 기호로 나타내시오.

(1)

(2)

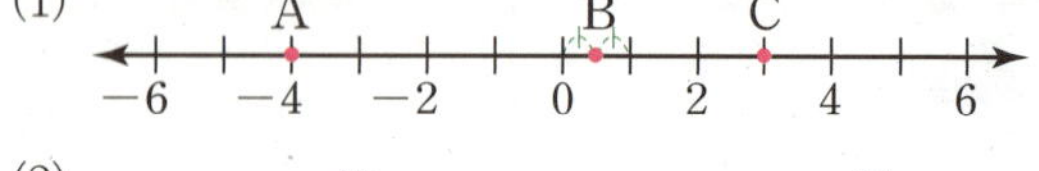

2-1 x의 값이 2, 3이고 y의 값이 7, 8일 때

$$(x의\ 값,\ y의\ 값)$$

으로 나타낼 수 있는 순서쌍을 모두 구하시오.

개념 확인

1. 수직선 위의 점의 좌표와 순서쌍

(1) 수직선 위의 점의 좌표

수직선 위의 한 점 P에 대응하는 수 a를 그 점의 좌표라 하고, 이것을 기호로 P(a)와 같이 나타낸다.

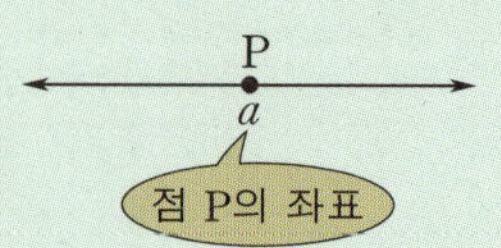

(2) 순서쌍: $(a,\ b)$와 같이 두 수의 순서를 정하여 쌍으로 나타낸 것으로 평면 위의 점의 좌표는 순서쌍으로 나타낸다. … $a \neq b$일 때, 순서쌍 $(a,\ b)$와 $(b,\ a)$는 다르다.

기본 문제

3 다음 □ 안에 알맞은 것을 쓰시오.

(1) 좌표평면 위의 점 $P(a, b)$에서 점 P의 x좌표는 □, 점 P의 y좌표는 □이다.

(2) 좌표평면에서 x좌표가 4, y좌표가 7인 점 Q를 기호로 나타내면 Q(□, □)이다.

3-1 오른쪽 좌표평면 위의 두 점 P, Q의 좌표는 각각 P(□, □), Q(□, □)이다. □ 안에 알맞은 수를 쓰시오.

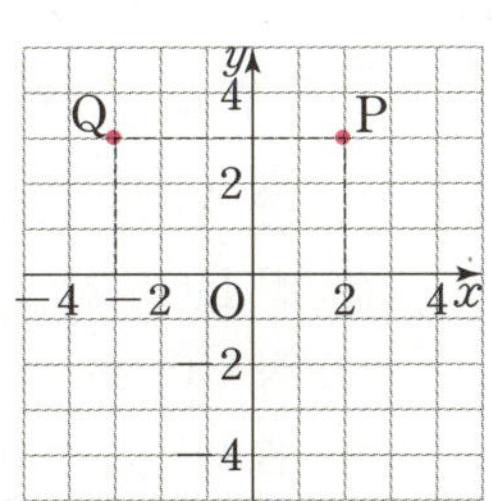

4 다음 점을 오른쪽 좌표평면 위에 나타내시오.

(1) P(1, 4)
(2) Q(−2, 3)
(3) R(−3, −3)
(4) S(2, −4)

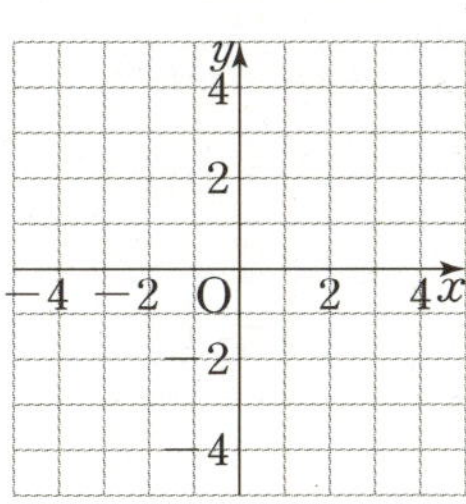

4-1 오른쪽 좌표평면 위의 네 점 A, B, C, D의 좌표를 기호로 나타내시오.

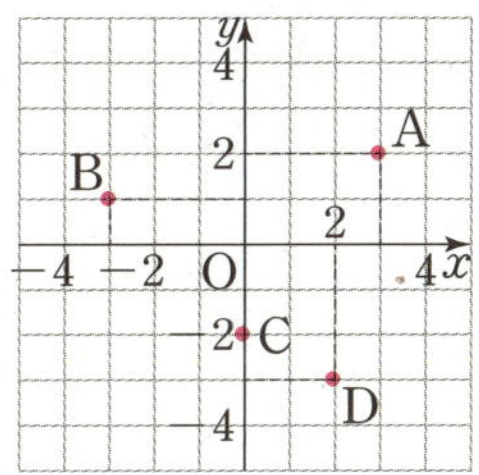

4-2 다음 점의 좌표를 구하시오.

(1) x좌표가 3이고, y좌표가 −2인 점 A
(2) x축 위에 있고, x좌표가 −5인 점 B
(3) y축 위에 있고, y좌표가 1인 점 C
(4) x축과 y축의 교점 D

개념 확인

2. 좌표평면 위의 점의 좌표

(1) **좌표평면**

① 좌표축: 두 수직선이 점 O에서 서로 수직으로 만날 때, 가로의 수직선을 x축, 세로의 수직선을 y축이라고 하며, x축, y축을 통틀어 좌표축이라고 한다.

② 원점: x축과 y축이 만나는 점 O → 원점의 좌표는 (0, 0)이다.

③ 좌표평면: 좌표축이 그려진 평면

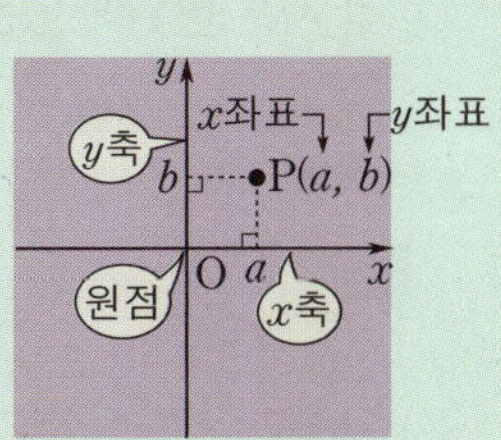

(2) **좌표**: 좌표평면 위의 한 점 P에서 x축, y축에 내린 수선이 x축, y축과 만나는 점을 각각 a, b라고 할 때, 순서쌍 (a, b)를 점 P의 좌표라 하고, 이것을 기호로 P(a, b)와 같이 나타낸다. 이때 a는 점 P의 x좌표, b는 점 P의 y좌표이다.

> **참고** x축 위의 점의 좌표: $(m, 0)$, y축 위의 점의 좌표: $(0, n)$
> └ (y좌표)=0   └ (x좌표)=0

01 좌표와 좌표평면

5 다음 좌표가 각각 제몇 사분면 위의 점인지 말하시오.

(1) $(1,\ 2)$ (2) $(-2,\ 4)$

(3) $(3,\ -2)$ (4) $(-3,\ -4)$

(5) $(5,\ 0)$ (6) $(0,\ -3)$

5-1 다음 중 제2사분면 위에 있는 점을 말하시오.

> $A(-1,\ -5)$ $B(2,\ -1)$ $C(-3,\ 2)$
> $D(2,\ 3)$ $E(-2,\ 0)$ $F(0,\ 3)$

5-2 다음 각 점을 좌표평면 위에 나타낼 때, 공통점을 말하시오.

> $A(0,\ -3)$ $B(0,\ 4)$
> $C(-2,\ 0)$ $D(3,\ 0)$

6 오른쪽 그림을 보고 다음 물음에 답하시오.

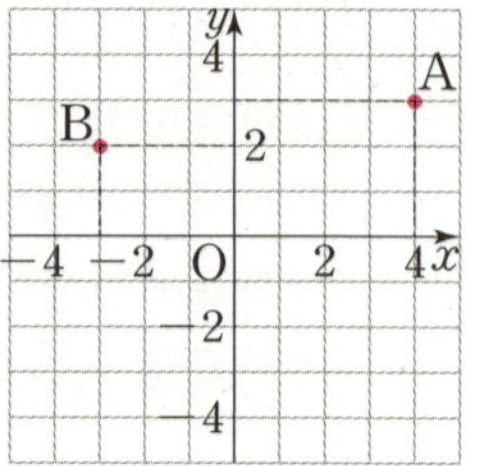

(1) 점 A와 x축에 대하여 대칭인 점의 좌표

(2) 점 A와 y축에 대하여 대칭인 점의 좌표

(3) 점 B와 x축에 대하여 대칭인 점의 좌표

(4) 점 B와 y축에 대하여 대칭인 점의 좌표

6-1 다음 점의 좌표를 구하시오.

(1) 점 $A(1,\ 2)$와 x축에 대하여 대칭인 점 A'

(2) 점 $B(-2,\ 3)$과 y축에 대하여 대칭인 점 B'

(3) 점 $C(-3,\ -2)$와 x축에 대하여 대칭인 점 C'

(4) 점 $D(4,\ -1)$과 원점에 대하여 대칭인 점 D'

개념 확인

3. 사분면, 대칭인 점의 좌표

(1) **사분면**: 좌표평면은 좌표축에 의하여 네 부분으로 나누어지는데 이들 각각을 제1사분면, 제2사분면, 제3사분면, 제4사분면이라고 한다.

(2) 각 사분면 위에 있는 점의 좌표의 부호

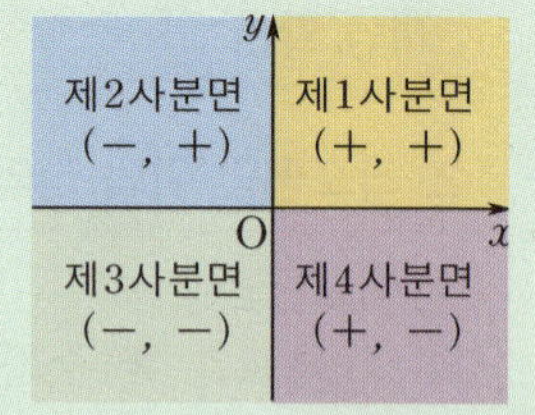

좌표 \ 사분면	제1사분면	제2사분면	제3사분면	제4사분면
x좌표	$+$	$-$	$-$	$+$
y좌표	$+$	$+$	$-$	$-$

(3) 원점과 x축과 y축 위의 점은 어느 사분면 위에도 있지 않다.

(4) 대칭인 점의 좌표

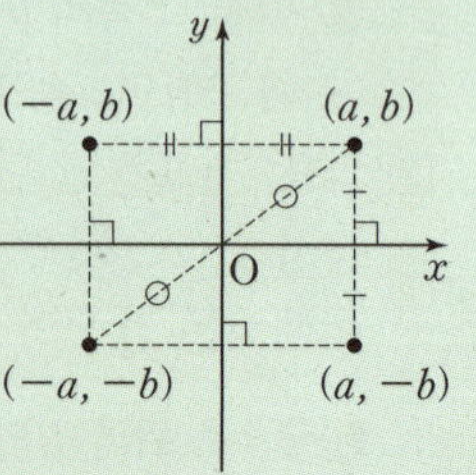

① 점 $(a,\ b)$와 x축에 대하여 대칭인 점의 좌표는 $(a,\ -b)$ y좌표의 부호만 바뀜

② 점 $(a,\ b)$와 y축에 대하여 대칭인 점의 좌표는 $(-a,\ b)$ x좌표의 부호만 바뀜

③ 점 $(a,\ b)$와 원점에 대하여 대칭인 점의 좌표는 $(-a,\ -b)$ x좌표, y좌표 모두 부호 바뀜

정답 및 해설 P.43

| 수직선 위의 점의 좌표 |

01 다음 중 수직선 위의 점의 좌표로 옳지 <u>않은</u> 것은?

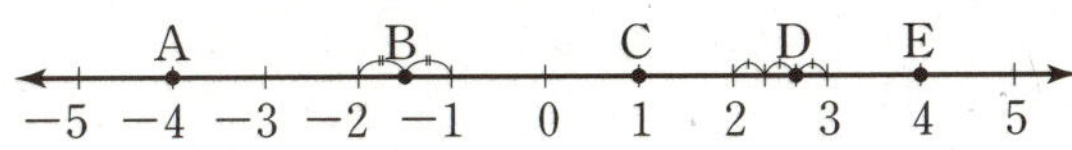

① $A(-4)$ ② $B\left(-\dfrac{3}{2}\right)$ ③ $C(1)$

④ $D\left(\dfrac{7}{3}\right)$ ⑤ $E(4)$

$(-1)+\left(-\dfrac{1}{2}\right)=-\dfrac{3}{2}$

$2+\dfrac{2}{3}=\dfrac{8}{3}$

| 순서쌍 |

02 x의 값은 a, b, c이고 y의 값은 1, 2, 3일 때, (x의 값, y의 값)으로 하는 순서쌍의 개수를 구하시오.

순서쌍의 앞쪽에는 x의 값, 뒤쪽에는 y의 값을 쓴다.

| 순서쌍 |

03 두 순서쌍 $(3a+1,\ 2b-3)$, $(a-5,\ 1-b)$가 서로 같을 때, ab의 값은?

① -1 ② -2 ③ -3

④ -4 ⑤ -5

두 순서쌍 $(m,\ n)$과 $(m',\ n')$이 같으면 $m=m'$, $n=n'$이다.

| 좌표평면 위의 점의 좌표 |

04 다음 점을 오른쪽 좌표평면 위에 나타내시오.

$P(1,\ 2)$	$Q(-3,\ 3)$
$R(0,\ -3)$	$S(3,\ -2)$

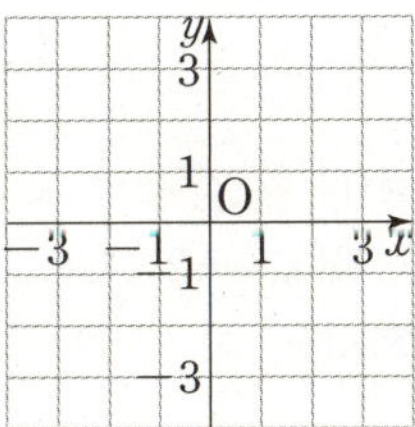

$T(a,\ b)$는 x좌표가 a, y좌표가 b인 점이다.

| 사분면 |

05 다음 점의 좌표를 구하고, 제몇 사분면 위에 있는지 말하시오.

(1) x좌표가 4, y좌표가 -1인 점 A

(2) x축 위에 있고, x좌표가 -3인 점 B

(3) y축 위에 있고, y좌표가 $\dfrac{1}{2}$인 점 C

x축 위에 있는 점은 y좌표가 0, y축 위에 있는 점은 x좌표가 0이다.

정답 및 해설 P.44

06 | 사분면 | 서술형
점 $P(a, b)$가 제2사분면 위의 점일 때, 다음 좌표가 각각 제몇 사분면 위의 점인지 구하고 그 과정을 서술하시오.

(1) $Q(b, a)$

(2) $R(-a, b)$

(3) $S(a, -b)$

(4) $T(-b, -a)$

각 사분면 위에 있는 점의 x좌표와 y좌표의 부호를 활용한다.

07 | 대칭인 점의 좌표 |
점 $(2, -3)$과 x축, y축, 원점에 대하여 대칭인 점의 좌표를 차례로 구하시오.

점 (a, b)에 대하여
x축에 대하여 대칭 $\Rightarrow (a, -b)$
y축에 대하여 대칭 $\Rightarrow (-a, b)$
원점에 대하여 대칭 $\Rightarrow (-a, -b)$

08 | 사분면, 대칭인 점의 좌표 |
다음 중 옳지 <u>않은</u> 것은?

① 점 $(-1, -3)$은 제3사분면 위에 있다.
② 점 $(4, -2)$와 원점에 대하여 대칭인 점의 좌표는 $(-4, 2)$이다.
③ 점 $(2, 3)$과 점 $(3, 2)$는 같은 점이다.
④ 점 $(-5, 0)$은 x축 위의 점이다.
⑤ y좌표가 -3이면서 y축 위에 있는 점의 좌표는 $(0, -3)$이다.

좌표평면 위의 점은 순서쌍이고 순서쌍은 순서가 바뀌면 다른 것이다.

09 | 좌표평면 위의 점의 좌표와 삼각형의 넓이 | 서술형
좌표평면 위의 세 점 $A(-3, 1)$, $B(2, -2)$, $C(2, 2)$를 꼭짓점으로 하는 $\triangle ABC$의 넓이를 구하고 그 과정을 서술하시오.

좌표평면 위에 $\triangle ABC$를 그려 본다.

10 | 각 사분면 위에 있는 점의 좌표와 부호 |
점 (a, b)가 제4사분면 위에 있을 때, 다음 중 제3사분면 위에 있는 점은?

① (b, a)

② $(ab, a-b)$

③ $\left(\dfrac{a}{b}, -a\right)$

④ $(-ab, b)$

⑤ $(-b, a)$

제1사분면 $\rightarrow (+, +)$
제2사분면 $\rightarrow (-, +)$
제3사분면 $\rightarrow (-, -)$
제4사분면 $\rightarrow (+, -)$

02 그래프

정답 및 해설 P.44

1 다음 보기는 시간에 따른 A 지점으로부터 B 지점까지 거리의 변화를 나타낸 그래프이다. 그래프와 그래프에 알맞은 설명을 짝 지으시오.

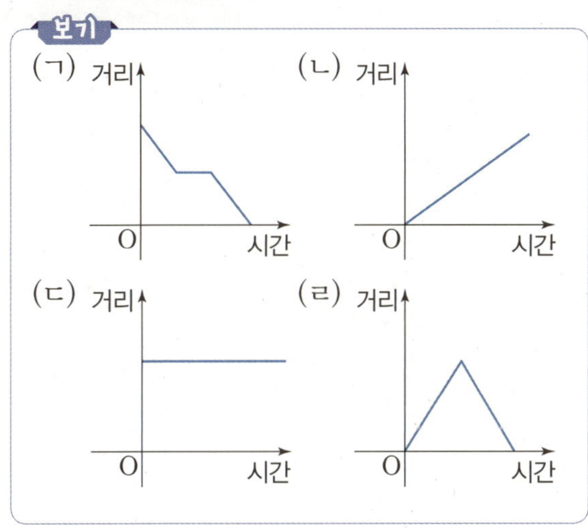

(1) 나는 A 지점에서 출발하여 B 지점까지 갔다.
(2) 나는 B 지점에서 A 지점으로 오는 도중에 잠깐 편의점을 들렀다가 A 지점으로 왔다.
(3) 나는 B 지점에서 머물러 있었다.
(4) 나는 A 지점에서 B 지점까지 갔다가 A 지점으로 돌아왔다.

2 다음 보기는 시간에 따른 속력의 변화를 나타낸 그래프이다. 이 그래프를 보고 시간에 따른 거리의 변화를 나타낸 그래프와 짝 지으시오.

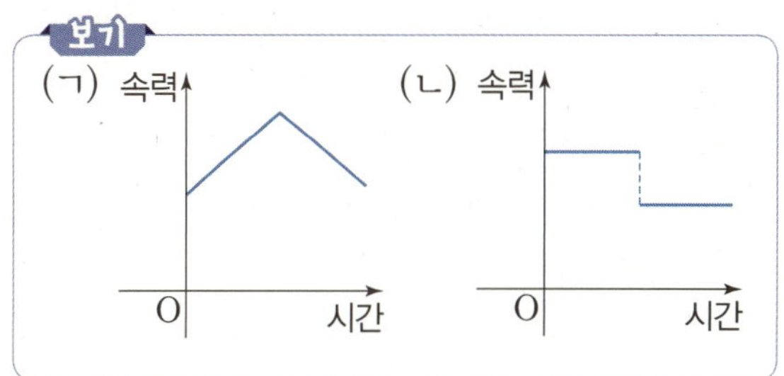

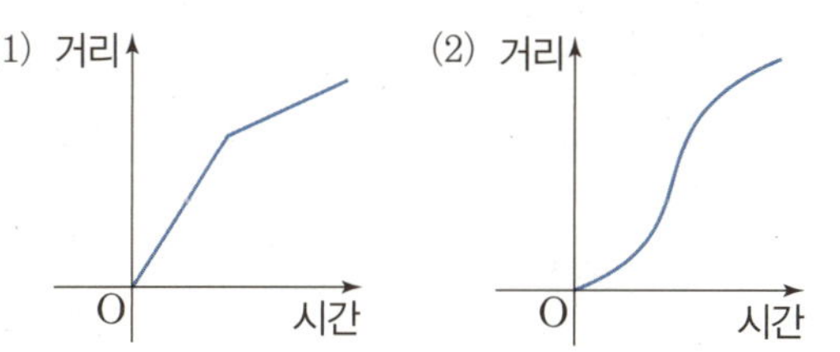

1. 그래프: 주어진 자료나 상황을 좌표평면 위에 점, 직선, 곡선 등의 그림으로 나타낸 것을 그래프라고 한다.

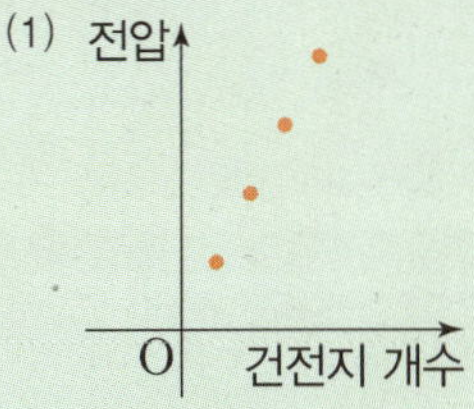

(1) 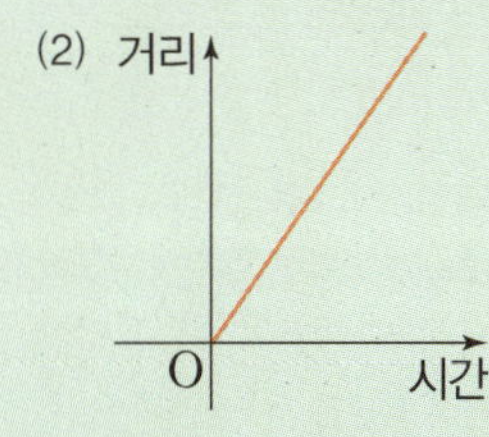

건전지를 직렬로 연결할 때 건전지의 개수에 따른 전압의 변화를 나타낸 그래프

(2) 거리 / 시간
일정한 속력으로 움직일 때 시간에 따른 거리의 변화를 나타낸 그래프

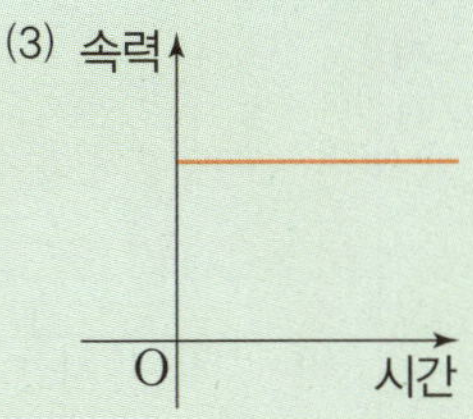

(3) 속력 / 시간
일정한 속력으로 움직일 때 시간에 따른 속력의 변화를 나타낸 그래프

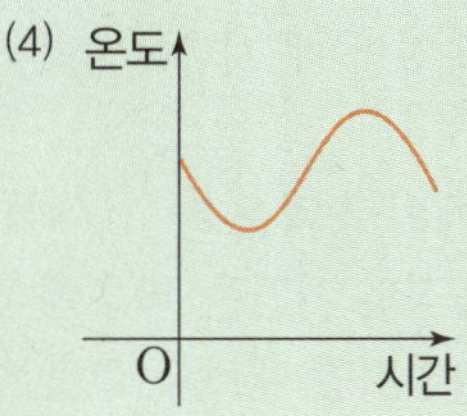

(4) 온도 / 시간
하루 동안의 시간에 따른 온도의 변화를 나타낸 그래프

02 그래프

정답 및 해설 P.45

기본 문제

3 오른쪽 그림은 현중이가 집에서 4 km 떨어진 공원에 산책을 갔다가 올 때 시간에 따른 집으로부터의 거리의 변화를 나타낸 그래프이다. 물음에 답하시오.

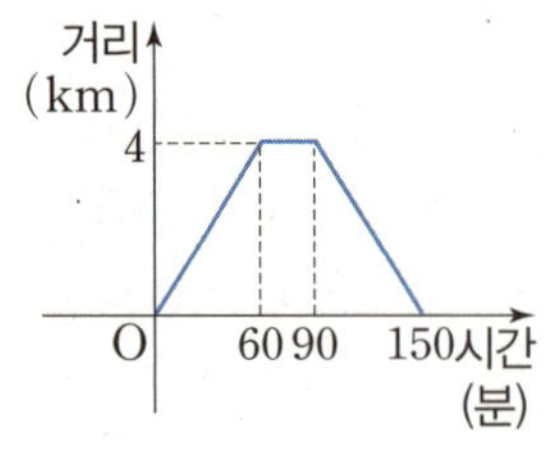

(1) 공원에 산책을 갔다가 집에 오는 데 걸린 시간을 구하시오.

(2) 공원에 머무른 시간을 구하시오.

3-1 다음 그림은 어느 자동차의 시간에 따른 속력의 변화를 나타낸 그래프이다. 보기에서 옳은 것을 모두 고르시오.

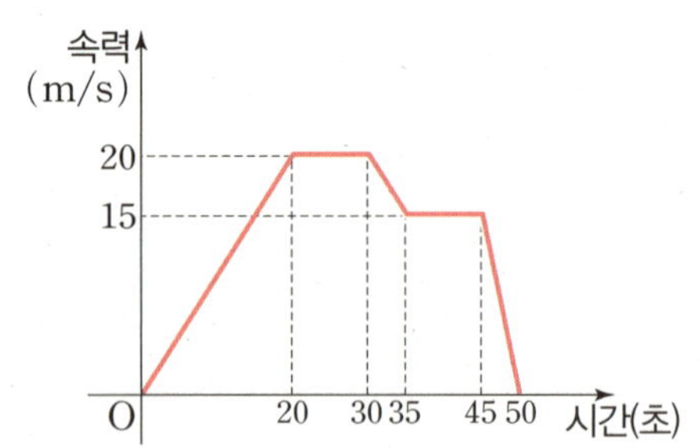

보기

ㄱ. 자동차가 속력을 일정하게 유지한 것은 2번 있었다.

ㄴ. 자동차는 60초 동안 달렸다.

ㄷ. 자동차가 달린 지 33초일 때는 속력이 점점 빨라질 때이다.

ㄹ. 자동차가 달린지 40초일 때의 속력은 15 m/s이다.

4 오른쪽 그림은 어떤 열기구가 지면에서 출발할 때 시간에 따른 열기구의 높이의 변화를 나타낸 그래프이다. 다음 물음에 답하시오.

(1) 열기구가 처음 100 m까지 올라갔을 때의 시간을 구하시오.

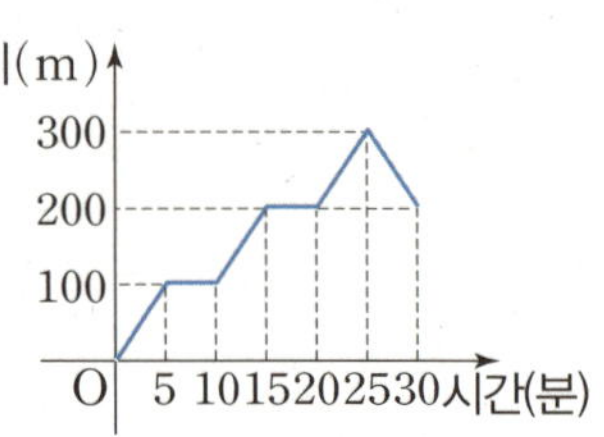

(2) 열기구가 같은 높이를 유지한 시간을 구하시오.

(3) 열기구가 가장 높이 올라간 높이를 구하시오.

4-1 오른쪽 그림은 명중이가 튜브에 바람을 넣는 시간에 따른 튜브의 부피의 변화를 나타낸 그래프이다. 다음 물음에 답하시오.

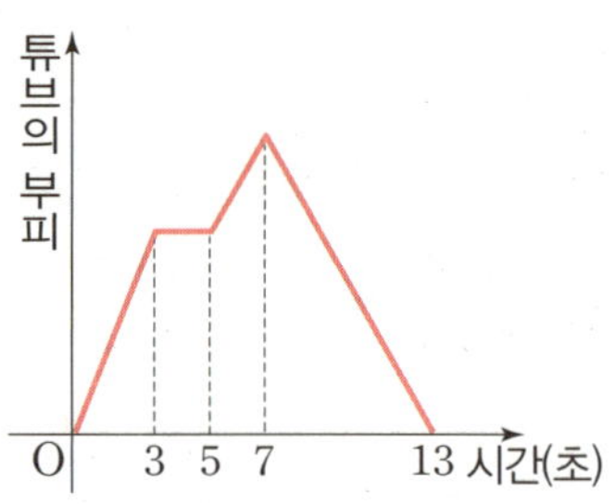

(1) 튜브에 바람을 넣다가 쉰 때는 언제인지 구하시오.

(2) 쉰 때를 제외하고 튜브에 바람을 넣은 때의 시간은 모두 몇 초인지 말하시오.

(3) 튜브의 공기를 빼는 데 걸린 시간을 말하시오.

개념 확인

2. 그래프의 해석 (1)

오른쪽 그림은 어느 자동차가 움직일 때 시간에 따른 속력의 변화를 나타낸 그래프이다.

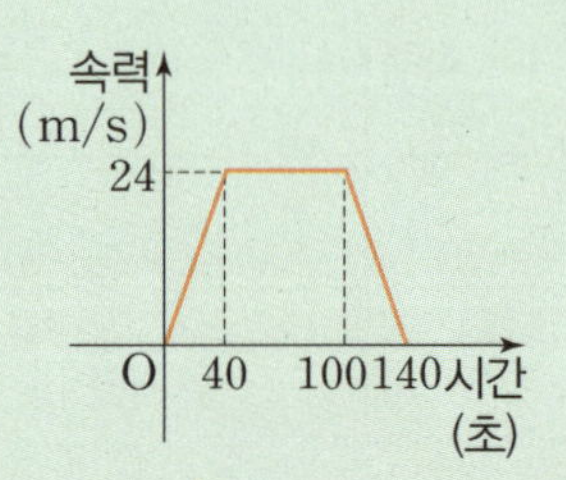

(1) 자동차가 가장 빨리 움직일 때의 속력은 24 m/s이다.

(2) 자동차가 일정한 속력으로 움직인 시간은 40초에서 100초 사이인 60초이다.

(3) 자동차가 움직이기 시작해서 정지할 때까지 걸린 시간은 140초이다.

기본 문제

5 오른쪽 그림과 같은 그릇에 시간당 일정한 양으로 물을 채울 때, 다음 중 시간에 따른 물의 높이의 변화를 나타낸 그래프로 알맞은 것은?

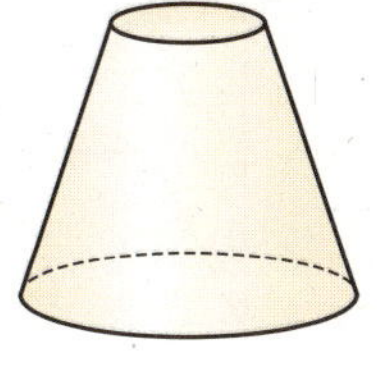

① 높이

② 높이

③ 높이

④ 높이

⑤ 높이

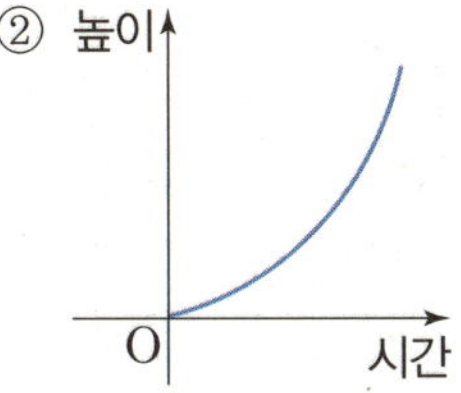

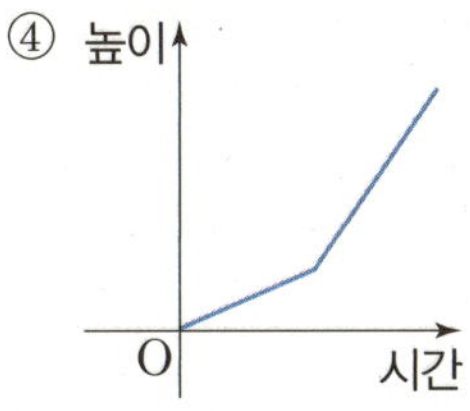

6 오른쪽 그림과 같은 그릇에 시간당 일정한 양으로 물을 채울 때, 다음 중 시간에 따른 물의 높이의 변화를 나타낸 그래프로 알맞은 것은?

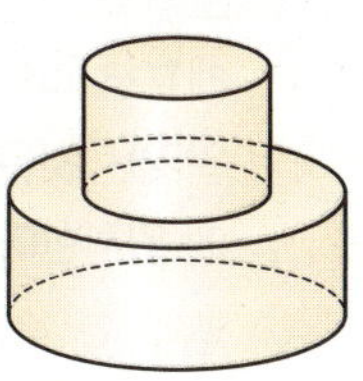

① 높이

② 높이

③ 높이

④ 높이

⑤ 높이

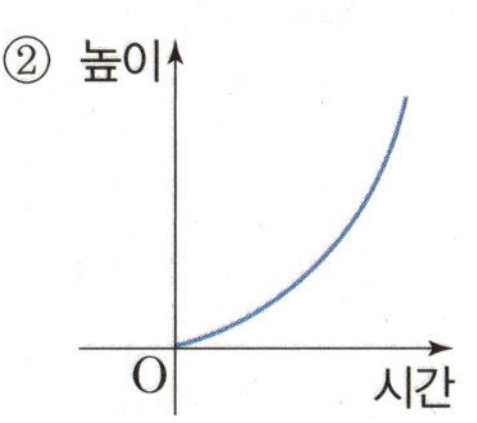

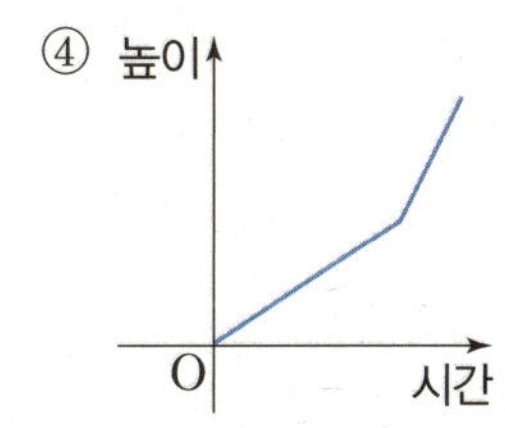

개념 확인

3. 그래프의 해석 (2)

오른쪽 그림은 부피가 같은 그릇에 시간당 일정한 양으로 물을 채울 때 시간에 따른 물의 높이의 변화를 나타낸 그래프이다.

[그림 1] 그릇의 밑면의 넓이가 넓으므로 시간에 따른 물의 높이가 느리게 올라간다.

[그림 2] 그릇의 밑면의 넓이가 [그림 1]과 [그림 3]의 중간이므로 물의 높이가 [그림 1] 보다는 빠르고 [그림 3] 보다는 느리게 올라간다.

[그림 3] 그릇의 밑면의 넓이가 좁으므로 시간에 따른 물의 높이가 빠르게 올라간다.

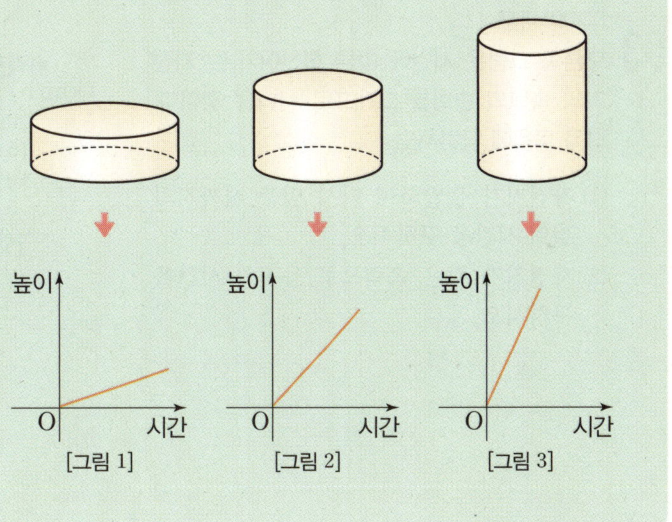

| 그래프의 해석 |

01 오른쪽 그림은 시간에 따른 집으로부터의 거리의 변화를 그래프로 나타낸 것이다. 다음 중 이 그래프에 대한 상황으로 알맞은 것은? (단, 문방구, 슈퍼, 친구네 집은 집과 학교 사이에 위치한다.)

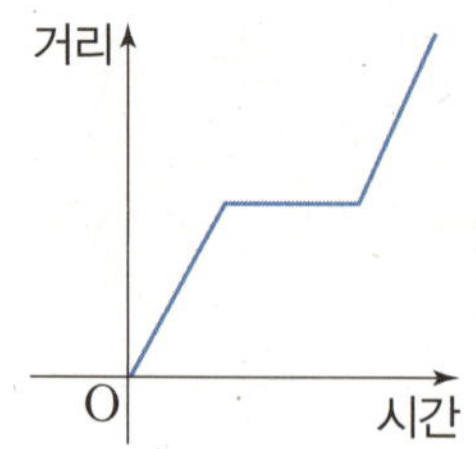

① 나는 집에서 출발하여 학교까지 곧장 갔다.
② 나는 학교의 도서관에서 공부를 하고 있다.
③ 나는 집에서 출발하여 문방구에 들러 노트를 사고 학교에 갔다.
④ 나는 학교에서 출발하여 슈퍼에 들러 음료수를 사고 집으로 왔다.
⑤ 나는 집에서 출발하여 친구네 집에 가서 숙제를 하고 집으로 왔다.

그래프에서 시간이 흐름에 따라 거리가 증가하다가 멈추었다가 다시 증가한다.

| 그래프의 해석 |

02 정연이가 집에서 2 km 떨어진 공원을 산책하였다. 오른쪽 그림은 시간에 따른 집으로부터의 정연이가 움직인 거리의 변화를 그래프로 나타낸 것이다. 다음 물음에 답하시오.

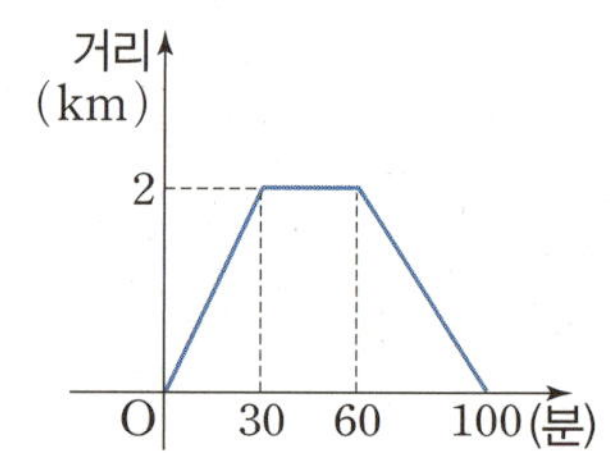

(1) 정연이가 공원에 머문 시간을 구하시오.
(2) 정연이가 공원에서 집으로 올 때 걸린 시간을 구하시오.
(3) 정연이가 집에서 출발하여 다시 집으로 돌아올 때까지의 걸린 시간을 구하시오.

0분~30분: 거리가 증가한다.
30분~60분: 거리의 변화가 없다.
60분~100분: 거리가 감소한다.

| 그래프의 해석 |

03 오른쪽 그림은 시간에 따른 희찬이가 탄 자전거의 속력의 변화를 그래프로 나타낸 것이다. 다음 물음에 답하시오.

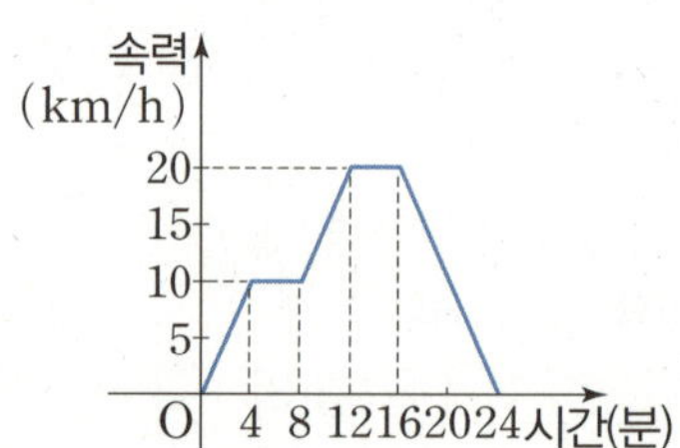

(1) 자전거가 출발하여 다시 멈출 때까지의 걸린 시간을 구하시오.
(2) 자전거가 같은 속력으로 움직인 시간을 구하시오.

0분~4분: 속력이 빨라진다.
4분~8분: 속력의 변화가 없다.
8분~12분: 속력이 빨라진다.
12분~16분: 속력의 변화가 없다.
16분~24분: 속력이 줄어든다.

| 그래프의 해석 |

04 오른쪽 그림은 자동차가 움직일 때 시간에 따른 속력의 변화를 그래프로 나타낸 것이다. 다음 물음에 답하시오.

(1) 자동차가 가장 빨리 움직일 때의 속력을 구하시오.

(2) 자동차가 일정한 속력으로 움직인 시간을 구하시오.

(3) 자동차가 중간에 멈춘 시간을 구하시오.

그래프가 오른쪽 위로 향하면 속력이 점점 빨라지는 것이고, 오른쪽 아래로 향하면 속력이 점점 느려지는 것이다.

| 그래프의 해석 |

05 오른쪽 그림은 A 그릇에 일정한 속력으로 물을 채울 때 시간에 따른 물의 높이의 변화를 그래프로 나타낸 것이다. 다음과 같은 그릇에 일정한 속력으로 물을 채울 때 시간에 따른 물의 높이의 변화를 그래프로 나타내시오.

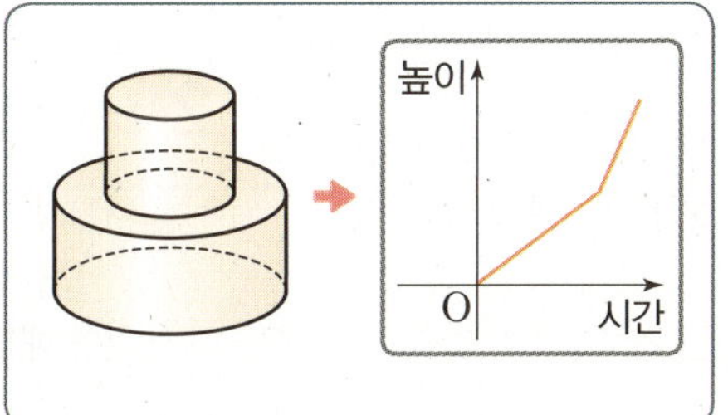

그릇의 물의 높이는 밑면의 넓이에 따라 달라진다.

| 그래프의 해석 | 서술형

06 오른쪽 그림은 일정한 속력으로 회전하는 대관람차의 어떤 관람차가 움직일 때 시간에 따른 높이를 나타낸 것이다. 다음 물음에 답하고 그 과정을 서술하시오.

(1) 관람차가 가장 높이 올라간 높이를 구하시오.

(2) 관람차가 한 바퀴 회전하는 데 걸리는 시간을 구하시오.

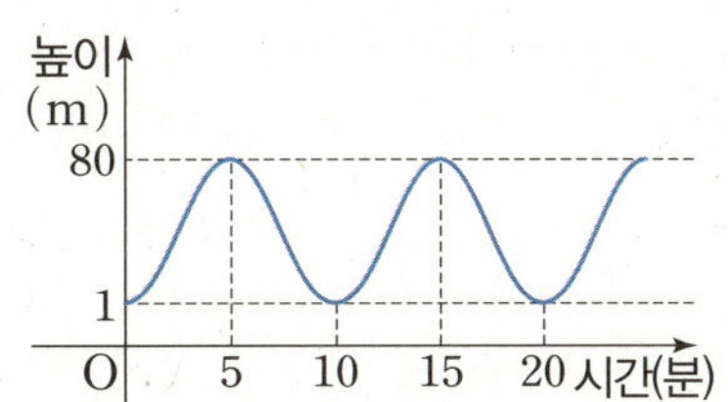

관람차는 1 m의 높이에서 80 m의 높이까지 올라갔다가 내려온다.

03 정비례와 반비례

정답 및 해설 P.46

기본 문제

1 다음은 x와 y가 정비례할 때 x의 값의 변화에 따른 y의 값을 나타낸 표이다. ☐ 안에 알맞은 것을 쓰시오.

x	1	2	3	4	5	…
y	3	6	☐	☐	☐	…

1-1 한 개에 300원 하는 지우개를 x개 사려고 한다. 지불해야 할 금액을 y원이라고 할 때, ☐ 안에 알맞은 것을 쓰시오.

x(개)	1	2	3	4	5	…
y(원)	☐	☐	☐	☐	☐	…

2 한 변의 길이가 x cm인 정사각형의 둘레의 길이가 y cm이다. 다음 물음에 답하시오.

(1) 표를 완성하시오.

x (cm)	1	2	3	4	5	…
y (cm)	☐	☐	☐	☐	☐	…

(2) x와 y의 관계를 식으로 나타내시오.

2-1 다음에서 x와 y의 관계를 식으로 나타내시오.

(1) 한 개에 200원 하는 초콜릿 x개를 샀을 때 지불한 값은 y원이다.
(2) 매달 1000원씩 기부금을 낼 때 x개월 동안 낸 기부금은 y원이다.
(3) 자전거를 타고 1분에 300 m의 속력으로 x분 동안 달렸을 때의 거리는 y m이다.

개념 확인

1. 정비례

(1) **변수**: 사과 1개의 가격이 500원일 때 사과 x개에 대한 가격을 y원이라고 하자. 이때 x의 값이 1, 2, 3, 4, …로 변함에 따라 y의 값이 500, 1000, 1500, 2000, …으로 오른쪽 표와 같이 변한다. 이때 x와 y처럼 변하는 양의 값을 나타내는 문자를 변수라고 한다.

x(개)	1	2	3	4	…
y(원)	500	1000	1500	2000	…

(2) **상수**: 항상 일정한 값을 가지는 수나 문자를 상수라고 한다.
   @ $y=2x$에서 x, y는 변수, 2는 상수이다.
(3) **정비례**: 위의 표의 두 변수 x, y에서 x의 값이 2배, 3배, 4배, …로 변함에 따라 y의 값도 2배, 3배, 4배, …로 변하는 관계가 있으면 x와 y는 정비례한다고 한다.
(4) **정비례 관계를 나타낸 식**: x와 y의 관계를 나타낸 식이 $y=ax\,(a\neq0)$ ⇨ $\dfrac{y}{x}=a$(일정)

3 다음 물음에 답하시오.

(1) 정비례 관계 $y=2x$에 대하여 표를 완성하시오.

x	-2	-1	0	1	2
y					

(2) (1)에서 구한 순서쌍 $(x,\ y)$를 좌표로 하는 점을 좌표평면 위에 나타내시오.

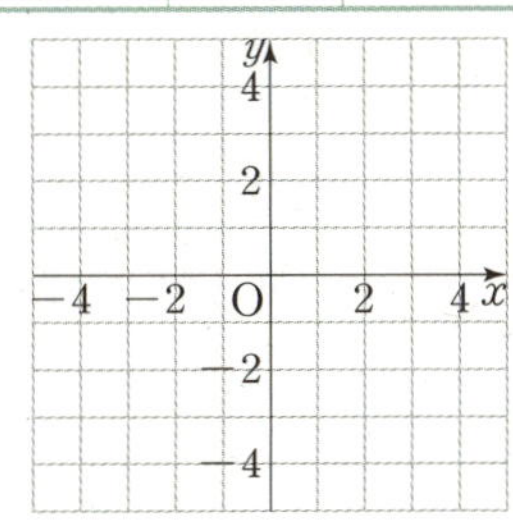

4 x의 값이 다음과 같을 때 정비례 관계 $y=\dfrac{1}{2}x$의 그래프를 그리시오.

(1) $-4,\ -2,\ 0,\ 2,\ 4$

(2) 수 전체

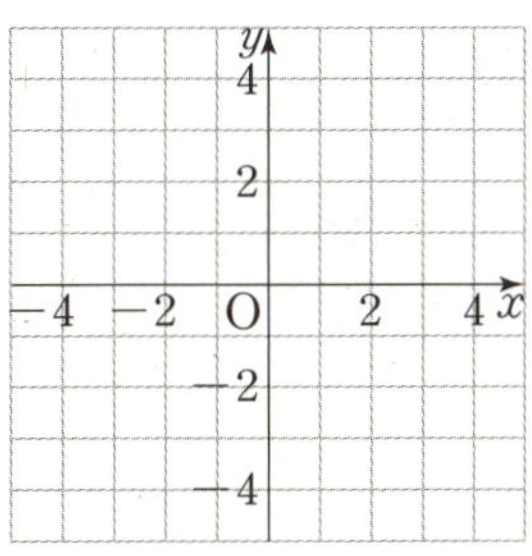

3-1 다음 물음에 답하시오.

(1) 정비례 관계 $y=-2x$에 대하여 표를 완성하시오.

x	-2	-1	0	1	2
y					

(2) (1)에서 구한 순서쌍 $(x,\ y)$를 좌표로 하는 점을 좌표평면 위에 나타내시오.

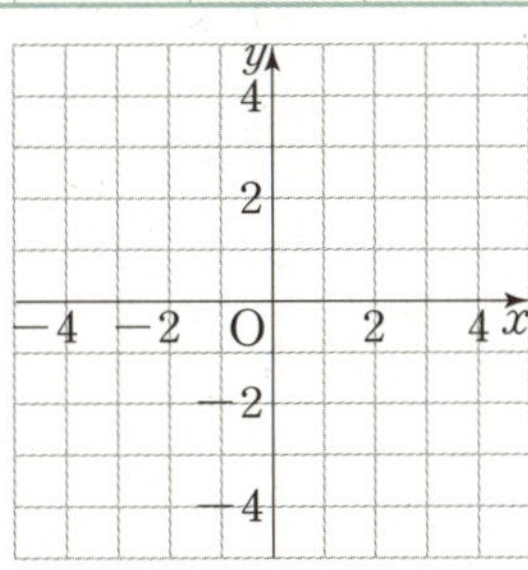

4-1 x의 값이 다음과 같을 때 정비례 관계 $y=-\dfrac{1}{4}x$의 그래프를 그리시오.

(1) $-4,\ -2,\ 0,\ 2,\ 4$

(2) 수 전체

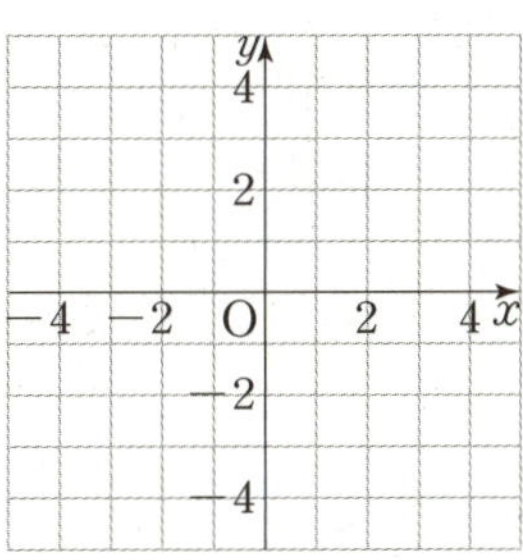

2. 정비례 관계 $y=ax\ (a\neq0)$의 그래프

정비례 관계를 나타내는 그래프는 원점을 지나는 직선이다.

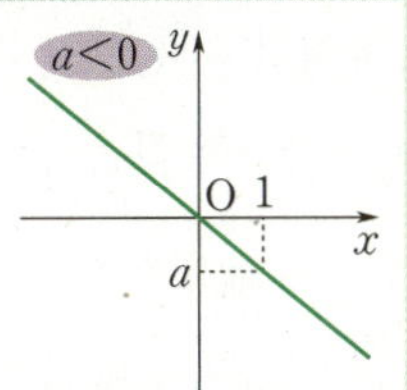

$y=ax\ (a\neq0)$의 그래프는 a의 절댓값이 클수록 y축에 가까워진다.

$a>0$일 때	$a<0$일 때
① 제1사분면, 제3사분면을 지난다. ② 오른쪽 위로 향하는 직선이다. ③ x의 값이 증가하면 y의 값도 증가한다.	① 제2사분면, 제4사분면을 지난다. ② 오른쪽 아래로 향하는 직선이다. ③ x의 값이 증가하면 y의 값은 감소한다.

03 정비례와 반비례

정답 및 해설 P.46

5 다음은 x와 y가 반비례할 때 x의 값의 변화에 따른 y의 값을 나타낸 표이다. □ 안에 알맞은 것을 쓰시오.

x	1	2	3	4	5	⋯	x
y	18	9	□	□	□	⋯	$\dfrac{}{x}$

5-1 넓이가 $60 \ \mathrm{cm}^2$인 직사각형의 가로의 길이가 $x \ \mathrm{cm}$, 세로의 길이가 $y \ \mathrm{cm}$라고 할 때, □ 안에 알맞은 것을 쓰시오.

$x \ (\mathrm{cm})$	1	2	3	4	5	6	⋯	x
$y \ (\mathrm{cm})$	□	□	□	□	□	□	⋯	$\dfrac{}{x}$

6 현주는 용돈으로 60000원을 받았다. 하루에 사용하는 금액을 매일 똑같이 x원씩 쓰면 y일 동안 쓸 수 있다고 한다. 다음 물음에 답하시오.

(1) 표를 완성하시오.

x(원)	1000	2000	3000	4000	5000	⋯	x
y(일)	□	□	□	□	□	⋯	$\dfrac{}{x}$

(2) x와 y의 관계를 식으로 나타내시오.

6-1 우유 $480 \ \mathrm{mL}$를 x개의 컵에 똑같이 나누어 담으려고 한다. 하나의 컵에 담기는 우유의 양을 $y \ \mathrm{mL}$라고 한다. 다음 물음에 답하시오.

(1) 표를 완성하시오.

x(개)	1	2	3	4	5	⋯	x
$y \ (\mathrm{mL})$	□	□	□	□	□	⋯	$\dfrac{}{x}$

(2) x와 y의 관계를 식으로 나타내시오.

3. 반비례

(1) **반비례**: 360 km 떨어져 있는 곳을 시속 x km의 속력으로 자동차가 달릴 때 걸린 시간을 y 시간이라고 하면 x의 값이 20, 40, 60, 80, 100, ⋯이면 y의 값은 18, 9, 6, 4.5, 3.6, ⋯으로 변한다. 이와 같이 두 변수 x, y에서 x의 값이 2배, 3배, 4배, 5배, ⋯로 변함에 따라 y의 값은 $\dfrac{1}{2}$배, $\dfrac{1}{3}$배, $\dfrac{1}{4}$배, $\dfrac{1}{5}$배, ⋯로 변하는 관계가 있으면 x와 y는 반비례한다고 한다.

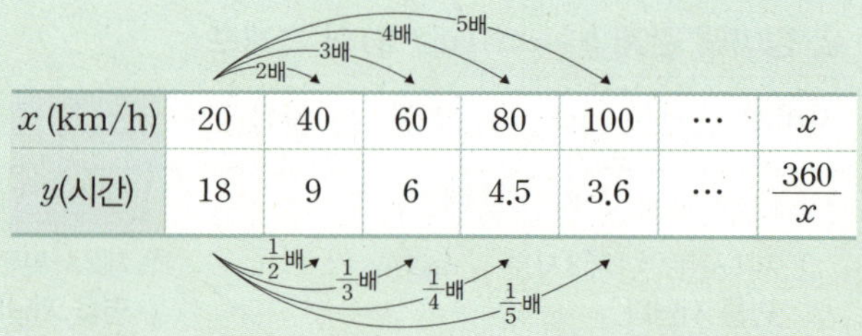

$x \ (\mathrm{km/h})$	20	40	60	80	100	⋯	x
y(시간)	18	9	6	4.5	3.6	⋯	$\dfrac{360}{x}$

(2) **반비례 관계를 나타낸 식**: x와 y의 관계를 나타낸 식이 $y = \dfrac{a}{x} \ (a \neq 0) \Rightarrow xy = a$(일정)

7 다음 물음에 답하시오.

(1) 반비례 관계 $y=\dfrac{2}{x}$ 에 대하여 표를 완성하시오.

x	-2	-1	1	2
y				

(2) (1)에서 구한 순서 쌍 $(x,\ y)$를 좌표 로 하는 점을 오른 쪽 좌표평면 위에 나타내시오.

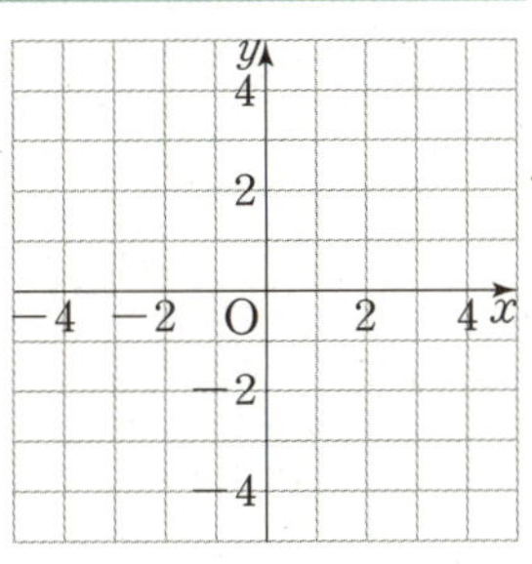

8 x의 값이 다음과 같을 때 반비례 관계 $y=\dfrac{6}{x}$의 그래 프를 그리시오.

(1) $-6,\ -3,\ -2,\ -1,\ 1,\ 2,\ 3,\ 6$
(2) 수 전체

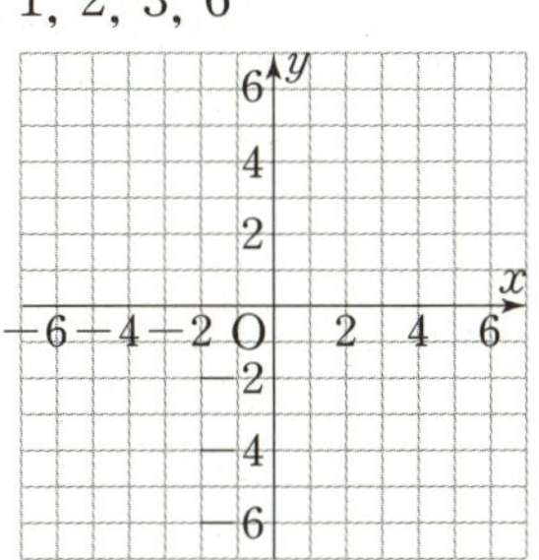

7-1 다음 물음에 답하시오.

(1) 반비례 관계 $y=-\dfrac{3}{x}$ 에 대하여 표를 완성하시오.

x	-3	-1	1	3
y				

(2) (1)에서 구한 순서 쌍 $(x,\ y)$를 좌표 로 하는 점을 오른 쪽 좌표평면 위에 나타내시오.

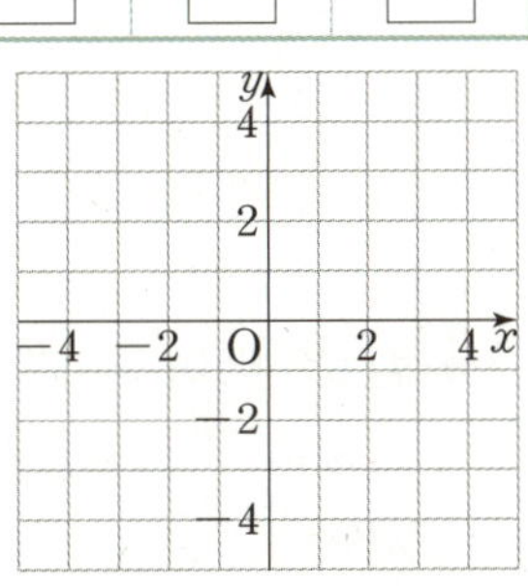

8-1 x의 값이 다음과 같을 때 반비례 관계 $y=-\dfrac{4}{x}$의 그 래프를 그리시오.

(1) $-4,\ -2,\ -1,\ 1,\ 2,\ 4$
(2) 수 전체

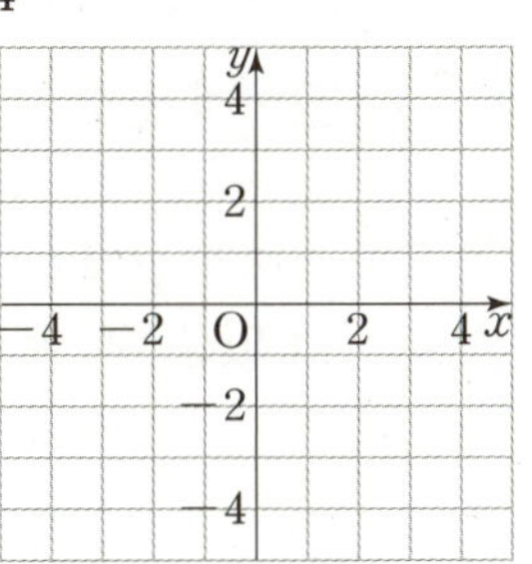

4. 반비례 관계 $y=\dfrac{a}{x}\ (a\neq0)$의 그래프

반비례 관계를 나타내는 함수로 x의 값이 0을 제외한 수 전체일 때, 원점에 대하여 대칭인 한 쌍의 매끄러운 곡선이다.

STEP UP

$y=\dfrac{a}{x}\ (a\neq0)$의 그래프는 두 좌표축과 점점 가까워지지만 만나지는 않는다.

$a>0$일 때	$a<0$일 때
① 제1사분면, 제3사분면 위에 있다. ② 좌표축에 점점 가까워지면서 한없이 뻗어 나가는 한 쌍의 매끄러운 곡선이다. ③ x의 값이 증가하면 y의 값은 감소한다.	① 제2사분면, 제4사분면 위에 있다. ② 좌표축에 점점 가까워지면서 한없이 뻗어 나가는 한 쌍의 매끄러운 곡선이다. ③ x의 값이 증가하면 y의 값도 증가한다.

03 정비례와 반비례

정답 및 해설 P.47

9 정비례 관계 $y=ax\,(a\neq0)$의 그래프가 다음과 같을 때, 이 직선의 식을 구하시오.

(1) 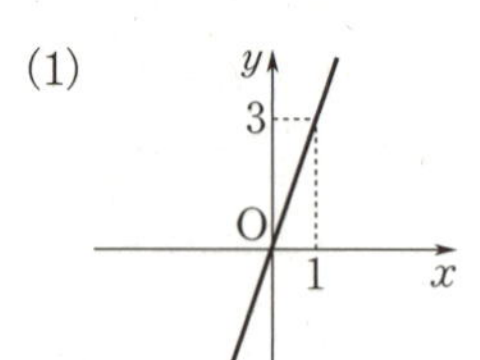

(2) 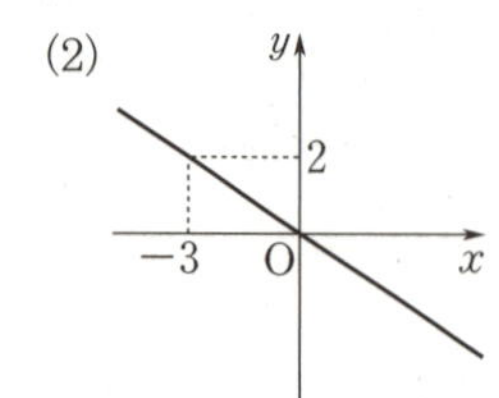

9-1 다음 조건을 만족하는 그래프의 식을 구하시오.

(1) 정비례 관계 $y=ax$의 그래프 위에 점 $(-1,\ 2)$가 있을 때, 이 그래프의 식을 구하시오.

(2) 정비례 관계 $y=ax$의 그래프 위에 점 $(3,\ -5)$가 있을 때, 이 그래프의 식을 구하시오.

10 반비례 관계 $y=\dfrac{a}{x}\,(a\neq0)$의 그래프가 다음과 같을 때, 이 곡선의 식을 구하시오.

(1) 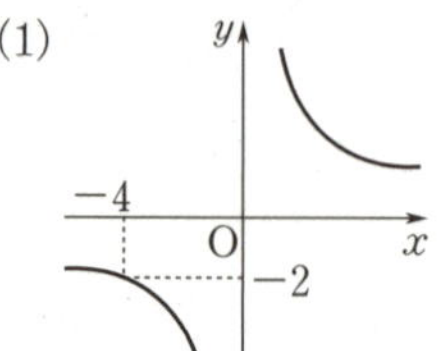

(2) 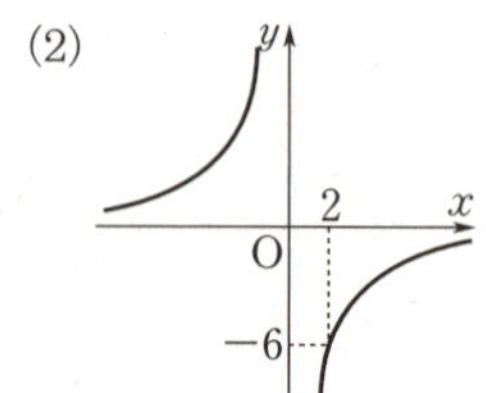

10-1 다음 조건을 만족하는 그래프의 식을 구하시오.

(1) 반비례 관계 $y=\dfrac{a}{x}$의 그래프 위에 점 $(4,\ 5)$가 있을 때, 이 그래프의 식을 구하시오.

(2) 반비례 관계 $y=\dfrac{a}{x}$의 그래프 위에 점 $(-3,\ -2)$가 있을 때, 이 그래프의 식을 구하시오.

11 점 $(2,\ 6)$이 정비례 관계 $y=ax$의 그래프와 반비례 관계 $y=\dfrac{b}{x}$의 그래프 위에 있을 때, a, b의 값을 구하시오.

5. 정비례, 반비례 관계의 식 구하기 … '$y=ax$' 꼴 또는 '$y=\dfrac{a}{x}$' 꼴

(1) 원점을 지나는 직선의 식 구하기 $y=ax$ 꼴

   ① 식을 $y=ax\,(a\neq0)$로 놓는다.

   ② 직선 위의 한 점 $\mathrm{A}(p,\ q)$를 $y=ax$에 대입하여 상수 a의 값을 구한다.

(2) 원점에 대하여 대칭인 곡선의 식 구하기 $y=\dfrac{a}{x}$ 꼴

   ① 식을 $y=\dfrac{a}{x}\,(a\neq0)$로 놓는다.

   ② 곡선 위의 한 점 $\mathrm{A}(p,\ q)$를 $y=\dfrac{a}{x}$에 대입하여 상수 a의 값을 구한다.

01 | 정비례 관계 $y=ax$의 그래프 |

다음 조건에 알맞은 정비례 관계의 식을 보기에서 찾으시오.

> 보기
> ㄱ. $y=-2x$ ㄴ. $y=-3x$ ㄷ. $y=\dfrac{2}{3}x$ ㄹ. $y=2x$

(1) 제1사분면과 제3사분면을 지나는 그래프
(2) x의 값이 증가하면 y의 값은 감소하는 그래프
(3) 방향이 오른쪽 위로 향하는 그래프
(4) x축에 가장 가까운 그래프

정비례 관계 $y=ax$의 그래프의 성질
(ⅰ) $a>0$일 때,
　① 제1사분면과 제3사분면을 지난다.
　② x의 값이 증가하면 y의 값도 증가한다.
　③ 오른쪽 위로 향하는 직선이다.
(ⅱ) $a<0$일 때,
　① 제2사분면과 제4사분면을 지난다.
　② x의 값이 증가하면 y의 값은 감소한다.
　③ 오른쪽 아래로 향하는 직선이다.

02 | 정비례 관계 $y=ax$의 그래프 |

다음 중 정비례 관계 $y=4x$의 그래프에 대한 설명으로 옳지 <u>않은</u> 것은?

① $x<0$일 때, $y<0$이다.
② 제1, 3사분면을 지난다.
③ 원점을 지나는 직선이다.
④ x의 값이 증가할 때 y의 값은 감소한다.
⑤ 점 $\left(\dfrac{1}{2},\ 2\right)$를 지난다.

$y=ax$의 그래프에서 $a=4$인 경우로 $a>0$인 그래프를 생각한다.

03 | 정비례 관계 $y=ax$의 그래프 |

다음 보기의 정비례 관계의 그래프 중 x축에 가장 가까운 것과 y축에 가장 가까운 것을 차례로 구하시오.

> 보기
> ㄱ. $y=4x$ ㄴ. $y=-\dfrac{1}{2}x$ ㄷ. $y=3x$ ㄹ. $y=-5x$

$y=ax$의 그래프는 a의 절댓값이 클수록 y축에 가까워지고 a의 절댓값이 작을수록 x축에 가까워진다.

04 | 정비례 관계 $y=ax$의 그래프 |

다음 정비례 관계의 그래프를 오른쪽 그림에서 찾으시오.

(1) $y=x$ (2) $y=3x$

(3) $y=-2x$ (4) $y=-\dfrac{1}{2}x$

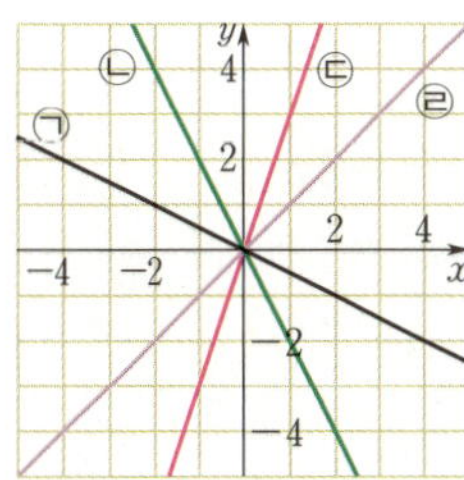

그래프 위의 점의 x, y의 값을 그래프의 식에 대입한다.

| 반비례 관계 $y=\dfrac{a}{x}$의 그래프 |

05 다음 조건에 알맞은 반비례 관계의 식을 보기에서 찾으시오.

> **보기**
> ㄱ. $y=-\dfrac{1}{x}$ ㄴ. $y=-\dfrac{6}{x}$ ㄷ. $y=\dfrac{8}{x}$ ㄹ. $y=\dfrac{10}{x}$

(1) 제2사분면과 제4사분면 위에 있는 그래프
(2) $x<0$에서 x의 값이 증가하면 y의 값은 감소하는 그래프
(3) 점 $(3, -2)$를 지나는 그래프

반비례 관계 $y=\dfrac{a}{x}$의 그래프의 성질
(i) $a>0$일 때,
 ① 제1사분면과 제3사분면을 지난다.
 ② x의 값이 증가하면 y의 값은 감소한다. ($x>0$, $x<0$인 범위에서 각각)
(ii) $a<0$일 때,
 ① 제2사분면과 제4사분면을 지난다.
 ② x의 값이 증가하면 y의 값도 증가한다. ($x>0$, $x<0$인 범위에서 각각)

| 반비례 관계 $y=\dfrac{a}{x}$의 그래프 |

06 다음 중 반비례 관계 $y=-\dfrac{15}{x}$의 그래프 위에 있는 점을 모두 고르면?

① $(3, 5)$ ② $(-3, -5)$ ③ $(5, -3)$
④ $(15, -15)$ ⑤ $\left(-10, \dfrac{3}{2}\right)$

각 점의 좌표를 반비례 관계의 식에 대입하여 참이 되는 점을 찾는다.

| 반비례 관계 $y=\dfrac{a}{x}$의 그래프 |

07 오른쪽 그림은 반비례 관계 $y=\dfrac{a}{x}$의 그래프이다. 이때 a의 값을 구하시오.

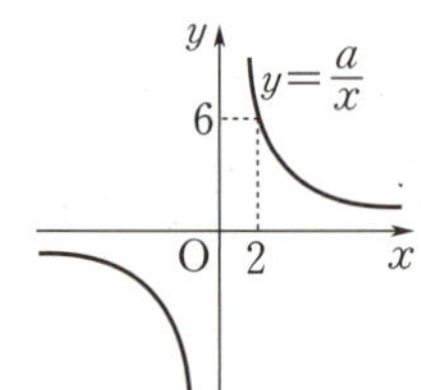

그래프가 한 점을 지나면 그 점의 x좌표의 값과 y좌표의 값을 그래프를 나타내는 식에 대입한다.

| 정비례 관계의 식 구하기 $(y=ax)$ |

08 오른쪽 그림과 같은 그래프의 정비례 관계의 식은?

① $y=2x$ ② $y=-2x$
③ $y=-3x$ ④ $y=3x$
⑤ $y=-6x$

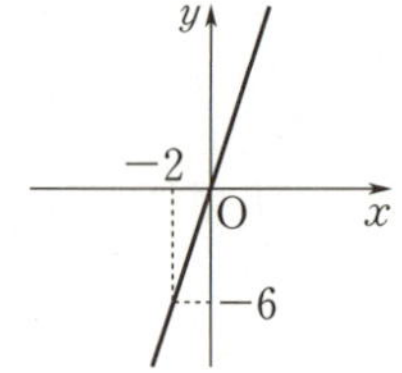

그래프가 점 $(-2, -6)$을 지난다.

| 정비례 관계의 식 구하기 $(y=ax)$ |

09 두 정비례 관계 $y=ax$, $y=bx$의 그래프가 오른쪽 그림과 같을 때, a, b의 값을 구하시오.

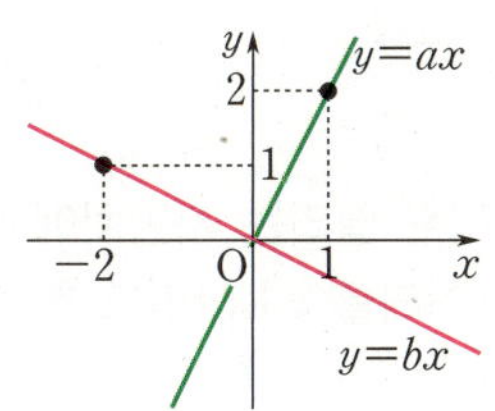

$y=ax$ 또는 $y=\dfrac{a}{x}$에 주어진 그래프를 지나는 점의 좌표를 대입하여 a의 값을 구한다.

| 반비례 관계의 식 구하기 $\left(y=\dfrac{a}{x}\right)$ | 　서술형

10 반비례 관계 $y=\dfrac{a}{x}$의 그래프가 두 점 $(-3, -4)$, $(6, k)$를 지날 때, k의 값을 구하고 그 과정을 서술하시오.

미지수가 없는 좌표를 이용하여 관계를 나타낸 식을 구한 후 $(6, k)$를 식에 대입하여 k의 값을 구한다.

IV

| 식 구하기 |

11 다음을 만족하는 정비례 관계 또는 반비례 관계를 나타낸 식을 구하시오.

(1) 원점과 점 $(-2, 7)$을 지나는 직선
(2) 점 $(3, 7)$을 지나는 한 쌍의 곡선

직선이면 $y=ax$, 곡선이면 $y=\dfrac{a}{x}$에 점의 좌표를 대입하여 a의 값을 구한다.

| 반비례 관계의 식 구하기 $\left(y=\dfrac{a}{x}\right)$ |

12 다음 중 오른쪽 그래프 위의 점이 <u>아닌</u> 것은?

① $(-24, -1)$　　② $(-6, 4)$
③ $(-4, -6)$　　④ $(2, 12)$
⑤ $(6, 4)$

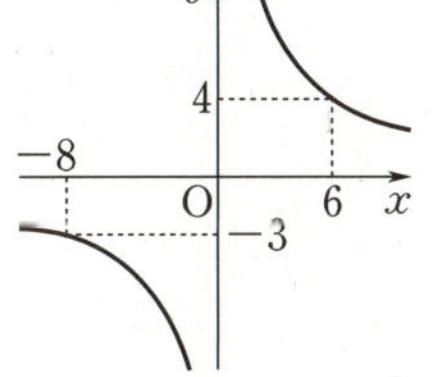

그래프가 원점에 대하여 대칭인 곡선일 때 $xy=a$로 xy의 값이 일정하다.

| 식 구하기 |　서술형

13 오른쪽 그림과 같이 두 그래프 $y=\dfrac{a}{x}$, $y=-3x$의 한 교점의 x좌표가 b, y좌표가 -3이다. a, b의 값을 구하고 그 과정을 서술하시오.

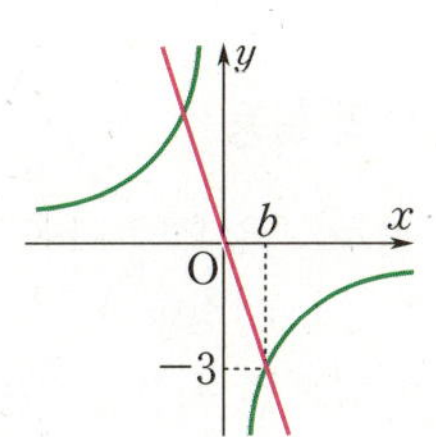

$y=ax$, $y=\dfrac{b}{x}$ $(a\neq0, b\neq0)$의 그래프가 점 (p, q)에서 만난다.
$\Rightarrow y=ax$, $y=\dfrac{b}{x}$에 $x=p$, $y=q$를 각각 대입하면 등식이 모두 성립한다.

04 정비례 관계, 반비례 관계의 활용

정답 및 해설 P.49

1 3 L의 휘발유로 36 km의 거리를 달리는 자동차에 휘발유 x L를 채울 때 달리는 거리를 y km라고 한다. 다음 물음에 답하시오.

(1) x와 y 사이의 관계를 식으로 나타내시오.
(2) 이 자동차로 240 km를 가는 데 필요한 휘발유의 양을 구하시오.

1-1 자전거를 타고 시속 16 km로 x시간 동안 간 거리를 y km라고 한다. 다음 물음에 답하시오.

(1) x와 y 사이의 관계를 식으로 나타내시오.
(2) 이 자전거로 80 km를 가는 데 걸리는 시간을 구하시오.

2 밑변의 길이가 x cm, 높이가 12 cm인 삼각형의 넓이가 y cm^{2}일 때, 다음 물음에 답하시오.

(1) x와 y 사이의 관계를 식으로 나타내시오.
(2) 넓이가 72 cm^{2}인 삼각형의 밑변의 길이를 구하시오.

2-1 3개에 2000원 하는 자두 x개의 값을 y원이라고 할 때, 다음 물음에 답하시오.

(1) x와 y 사이의 관계를 식으로 나타내시오.
(2) 8000원으로 자두를 몇 개 살 수 있는지 구하시오.

1. 정비례 관계 $y=ax$ $(a \neq 0)$의 활용

두 변수 x와 y 사이에 정비례 관계가 있으면 다음과 같은 순서로 푼다.
(1) 변화하는 두 양을 각각 변수 x, y로 정한다.
(2) x와 y 사이에 정비례 관계가 있으면 식을 $y=ax$ 꼴로 나타낸다.
(3) (2)의 식을 이용하여 문제가 요구하는 답을 구한다.
(4) 구한 답이 문제의 조건에 맞는지 확인한다.

STEP UP

자주 나오는 공식
(거리)=(속력)×(시간)
$(속력)=\dfrac{(거리)}{(시간)}$
$(시간)=\dfrac{(거리)}{(속력)}$

3 사탕 40개를 x명이 똑같이 나누어 먹으면 1명당 y개씩 먹을 수 있다고 할 때, 다음 물음에 답하시오.

(1) x와 y 사이의 관계를 식으로 나타내시오. (단, x는 40의 약수)

(2) 사탕 40개를 8명이 나누어 먹을 때, 1명당 몇 개씩 먹을 수 있는지 구하시오.

3-1 크기가 다른 두 톱니바퀴가 서로 맞물려 회전하고 있다. 큰 톱니바퀴의 톱니 수는 32개이고, 작은 톱니바퀴의 톱니 수는 x개이다. 큰 톱니바퀴가 한 번 회전할 때 작은 톱니바퀴는 y번 회전한다. 다음 물음에 답하시오.

(1) x와 y 사이의 관계를 식으로 나타내시오.

(2) 작은 톱니바퀴의 톱니 수가 8개일 때 큰 톱니바퀴가 한 번 회전할 때 작은 톱니바퀴의 회전 수를 구하시오.

4 윤호는 집에서 4 km 떨어진 학교까지 분속 x m의 속력으로 y분 동안 자전거를 타고 등교한다고 할 때, 다음 물음에 답하시오.

(1) x와 y 사이의 관계를 식으로 나타내시오.

(2) 분속 250 m의 속력으로 달릴 때, 걸리는 시간을 구하시오.

4-1 음파의 파장은 진동수에 반비례한다. 오른쪽 그림은 음파의 파장과 진동수의 관계를 그래프로 나타낸 것이다. 다음 물음에 답하시오.

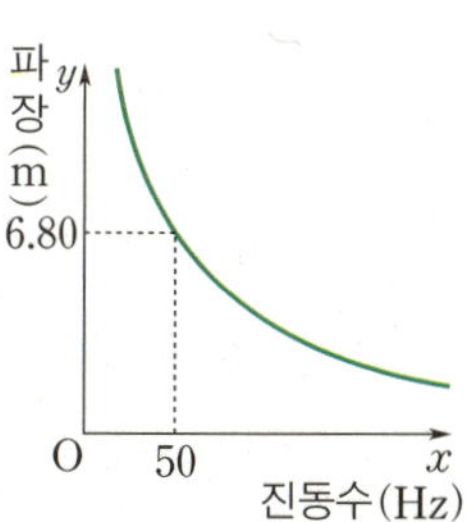

(1) 진동수가 170 Hz일 때, 음파의 파장을 구하시오.

(2) 사람이 귀로 들을 수 있는 음파의 진동수의 범위는 20 Hz∼20000 Hz이다. 사람이 들을 수 있는 음파의 파장의 범위를 구하시오.

2. 반비례 관계 $y=\dfrac{a}{x}$ $(a\neq0)$의 활용

두 변수 x와 y 사이에 반비례 관계가 있으면 다음과 같은 순서로 푼다.

(1) 변화하는 두 양을 각각 변수 x, y로 정한다.

(2) x와 y 사이에 반비례 관계가 있으면 식을 $y=\dfrac{a}{x}$ 꼴로 나타낸다.

(3) (2)의 식을 이용하여 문제가 요구하는 답을 구한다.

(4) 구한 답이 문제의 조건에 맞는지 확인한다.

STEP UP

시속 x km로 80 km의 거리를 가는 데 걸리는 시간이 y시간이면

$(\text{시간}) = \dfrac{(\text{거리})}{(\text{속력})}$ 이므로

$$y = \dfrac{80}{x}$$

01 | 정비례 관계 $y=ax$의 활용 |

1분에 3 L씩 물이 나오는 정수기로 용량이 120 L인 물통을 채우려고 한다. x분 동안 채운 물의 양을 y L라고 할 때, 다음 물음에 답하시오.

(1) x와 y 사이의 관계를 식으로 나타내시오.
(2) 물통에 물을 가득 채우는 데 걸리는 시간을 구하시오.

정비례, 반비례 관계의 활용은 대부분 식을 구한 후 x, y의 값 중 알고 있는 값을 대입하여 모르는 값을 구한다.

02 | 정비례 관계 $y=ax$의 활용 |

불을 붙이면 매분 0.2 cm씩 타는 양초가 있다. 불을 붙인지 x분 후 줄어든 양초의 길이를 y cm라고 할 때, x와 y 사이의 관계를 식으로 나타내면?

① $y=\dfrac{x}{5}$　　　② $y=0.2x$　　　③ $y=2x$

④ $y=\dfrac{5}{x}$　　　⑤ $y=\dfrac{0.2}{x}$

1분 → 0.2 cm
2분 → (0.2×2) cm
3분 → (0.2×3) cm
$\vdots$
x분 → $(0.2 \times x)$ cm

03 | 정비례 관계 $y=ax$의 활용 |

300 g의 소금물에 60 g의 소금이 들어 있다. 이 소금물 x g에 들어 있는 소금의 양을 y g이라고 할 때, 다음 물음에 답하시오.

(1) x와 y 사이의 관계를 식으로 나타내시오.
(2) 300 g의 소금물에서 일부를 덜어내고 남은 소금물에 소금이 24 g 들어 있었다. 이때 남은 소금물의 양을 구하시오.

(소금물의 농도)
$=\dfrac{(소금의 양)}{(소금물의 양)} \times 100$
(소금의 양)$=$(소금물의 양)$\times \dfrac{(농도)}{100}$

04 | 정비례 관계 $y=ax$의 활용 |

오른쪽 그림과 같은 직사각형 ABCD에서 점 P가 변 BC 위를 움직이고, 선분 BP의 길이를 x cm, △ABP의 넓이를 y cm^{2}라고 하자. △ABP의 넓이가 12 cm^{2}일 때, 선분 BP의 길이는?

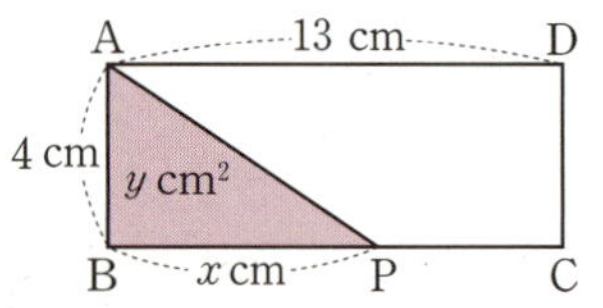

(삼각형의 넓이)
$=\dfrac{1}{2} \times$(밑변의 길이)$\times$(높이)

① 4 cm　　　② 5 cm　　　③ 6 cm
④ 7 cm　　　⑤ 8 cm

05 | 정비례 관계 $y=ax$의 활용 | 서술형

찬호와 혜교가 등산을 하고 있다. 찬호는 빠른 걸음으로 가고 있고, 혜교는 경치를 구경하며 찬호보다 천천히 가고 있다. 두 사람이 같은 지점에서 동시에 출발하였을 때, 시간과 거리의 관계를 그래프로 나타내면 오른쪽 그림과 같다. 다음 물음에 답하고 그 과정을 서술하시오.

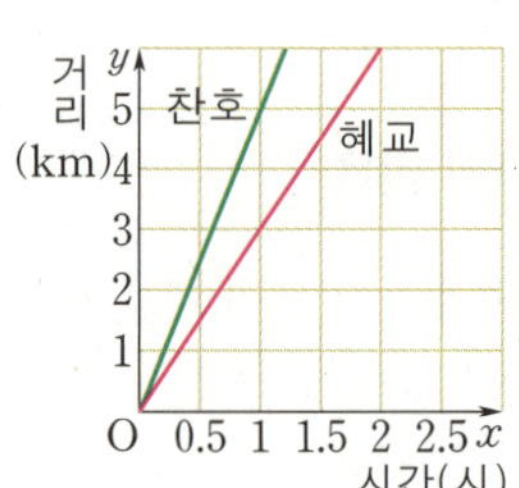

(1) 찬호가 5 km를 등산하고 있을 때, 혜교는 몇 km를 등산하고 있는지 구하시오.
(2) 두 사람의 거리의 차가 4 km가 되는 것은 출발한 지 몇 시간 후인지 구하시오.

그래프를 해석하여 속력을 구한 후 식을 구한다.
$\underset{y}{(거리)}=(속력)\times\underset{x}{(시간)}$

| 반비례 관계 $y=\dfrac{a}{x}$의 활용 |

06 넓이가 60 cm^{2}인 직사각형이 있다. 가로의 길이를 x cm, 세로의 길이를 y cm라고 할 때, 다음 물음에 답하시오.

(1) x와 y 사이의 관계를 식으로 나타내시오.
(2) 가로의 길이가 10 cm일 때, 세로의 길이를 구하시오.

먼저 식을 구한 후 $x=10$을 대입한다.

| 반비례 관계 $y=\dfrac{a}{x}$의 활용 |

07 정사각형 모양의 타일 72개가 있는데 이것을 모두 사용하여 하나의 커다란 직사각형 모양을 만들려고 한다. 가로, 세로에 놓인 타일이 각각 x개, y개라고 할 때, x와 y 사이의 관계를 식으로 나나탠 것은?

① $y=12x$ ② $y=\dfrac{8}{x}$ ③ $y=9x$

④ $y=72x$ ⑤ $y=\dfrac{72}{x}$

(총 타일의 개수)
=(가로로 놓인 타일의 개수)
　×(세로로 놓인 타일의 개수)

| 반비례 관계 $y=\dfrac{a}{x}$의 활용 |

08 4명이 6일간 하면 끝낼 수 있는 일이 있다. 같은 일을 8일만에 끝내려면 몇 명이 필요한지 구하시오.

x명이 y일간 하면 끝낼 수 있으므로 반비례 관계이다.

| 반비례 관계 $y=\dfrac{a}{x}$의 활용 | **서술형**

09 1분마다 8 L씩 물을 넣으면 50분만에 가득 차는 물통이 있다. 다음 물음에 답하고 그 과정을 서술하시오.

(1) 1분미디 넣는 물의 양을 x L, 물통을 가득 채우는 데 걸리는 시간을 y분이라고 할 때, x와 y 사이의 관계를 식으로 나타내시오.
(2) 이 물통에 물을 10분 만에 가득 채우려면 1분마다 몇 L씩 물을 넣어야 하는지 구하시오.

물통의 용량은 8×50 (L)이다.

| 반비례 관계 $y=\dfrac{a}{x}$의 활용 |

10 온도가 일정할 때, 기체의 부피 y cm^{3}은 압력 x기압에 반비례한다. 어떤 기체의 부피가 24 cm^{3}일 때, 압력이 5기압이라고 한다. 압력이 12기압일 때, 이 기체의 부피는?

① 8 cm^3 ② 9 cm^3 ③ 10 cm^3
④ 12 cm^3 ⑤ 15 cm^3

먼저 식을 구한 후 $x=12$를 대입한다.

01 다음 중 좌표평면에 대한 설명으로 옳지 <u>않은</u> 것은?

① 원점 O는 x축과 y축의 교점이다.
② 제4사분면 위의 점은 y좌표의 부호가 $(-)$이다.
③ 점 $(-2,\ 0)$은 제2사분면 위에 있다.
④ y축 위의 점은 x좌표가 0이다.
⑤ x좌표가 2, y좌표가 -1인 점의 좌표는 $(2,\ -1)$이다.

02 다음 중 제2사분면 위의 점은?

① $(1,\ -5)$ ② $(-4,\ -3)$ ③ $(-2,\ 5)$
④ $(3,\ 1)$ ⑤ $(0,\ 0)$

03 좌표평면 위의 점 $(5,\ -1)$과 y축에 대하여 대칭인 점의 좌표는?

① $(-5,\ -1)$ ② $(5,\ 1)$ ③ $(-5,\ 1)$
④ $(-1,\ 5)$ ⑤ $(1,\ -5)$

04 좌표평면 위의 세 점 A$(3,\ 1)$, B$(-1,\ 1)$, C$(0,\ a)$를 꼭짓점으로 하는 삼각형 ABC의 넓이가 6일 때, 양수 a의 값을 구하시오.

05 좌표평면 위의 점 P$(a,\ b)$가 제4사분면 위의 점일 때, 점 Q$\left(b-a,\ \dfrac{b}{a}\right)$는 제몇 사분면 위의 점인지 구하시오.

06 오른쪽 그래프는 희수의 수면 중 체온의 변화를 나타낸 것이다. 다음 물음에 답하시오.

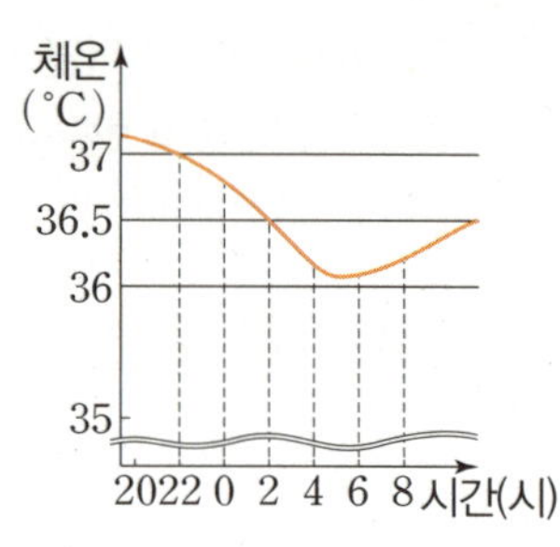

(1) 희수의 체온이 가장 낮은 시간대는 몇 시부터 몇 시 사이인가?
(2) 2시일 때 희수의 체온은 몇 도인가?

07 〔의사 소통〕
세 학생 A, B, C가 학교에서 동시에 출발하여 자전거를 타고 8 km 떨어진 야구장까지 갔다. 오른쪽 그림은 세 학생의 시간에 따른 거리의 변화를 그래프로 나타낸 것이다. 다음 물음에 답하시오.

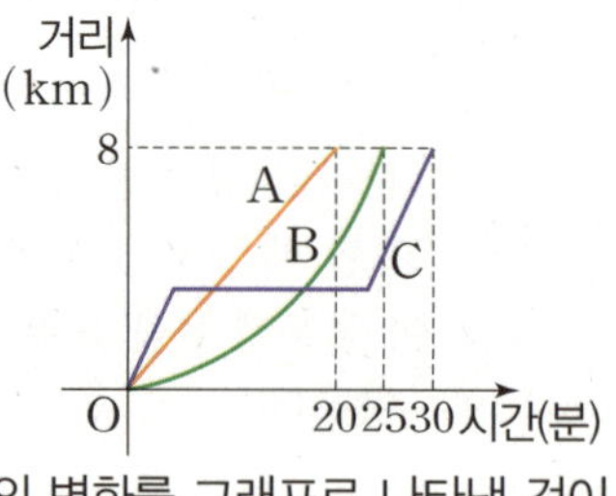

(1) 가장 빨리 도착한 학생은 누구인가?
(2) B 학생은 몇 분만에 도착하였는가?
(3) C 학생이 늦은 이유를 설명하시오.

08 오른쪽 그림에서 ㉠, ㉡은 각각 정비례 관계 $y=2x$, $y=-2x$의 그래프이다. 이때 $y=-3x$의 그래프는 어느 것인가?

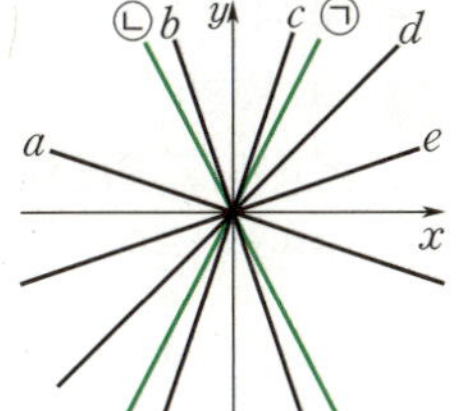

① a ② b
③ c ④ d
⑤ e

09 정비례 관계 $y=ax$의 그래프가 점 $(2,\ -7)$을 지날 때, 다음 점 중 이 그래프 위에 있지 <u>않은</u> 것은?

① $(-2,\ 7)$ ② $(0,\ 0)$ ③ $(4,\ -14)$
④ $(-7,\ 2)$ ⑤ $(6,\ -21)$

10 정비례 관계 $y=ax$의 그래프가 오른쪽 그림과 같을 때, 다음 중 이 그래프에 대한 설명으로 옳지 <u>않은</u> 것은?

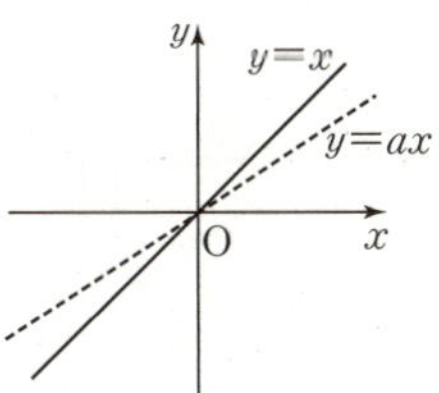

① 원점을 지난다.
② 점 $(1,\ a)$를 지난다.
③ $a>1$이다.
④ x의 값이 증가하면 y의 값도 증가한다.
⑤ 양수 a의 값이 작아질수록 x축에 가까워진다.

11 오른쪽 그림고 같이 정비례 관계 $y=\dfrac{3}{2}x$의 그래프 위의 한 점 P에서 x축에 내린 수선의 발을 Q라고 하자. △POQ의 넓이가 12일 때, 점 P의 좌표를 구하시오.

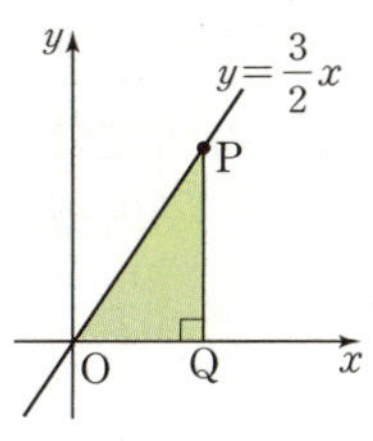

12 다음 중 반비례 관계 $y=\dfrac{12}{x}$의 그래프에 대한 설명으로 옳지 <u>않은</u> 것은?

① 제1, 3사분면 위에 있다.
② $x>0$에서 x의 값이 증가하면 y의 값은 감소한다.
③ 점 $(-4,\ -3)$을 지난다.
④ 원점에 대하여 대칭인 한 쌍의 곡선이다.
⑤ 원점을 지난다.

13 점 $(1,\ a-2)$가 반비례 관계 $y=\dfrac{4-a}{x}$의 그래프 위에 있을 때, 상수 a의 값을 구하시오.

14 반비례 관계 $y=\dfrac{a}{x}$의 그래프가 오른쪽 그림과 같을 때, $a+b$의 값은?

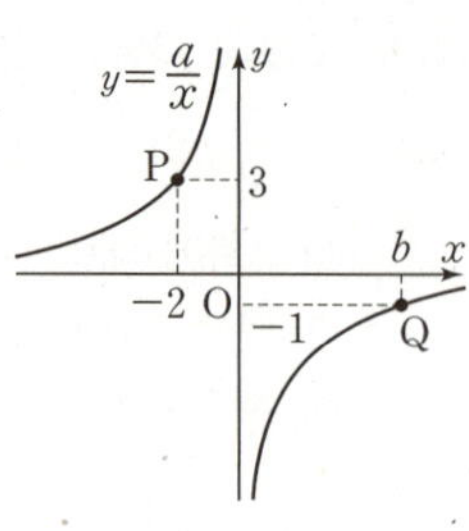

① -1 ② 0
③ 1 ④ 2
⑤ 3

15 오른쪽 그림은 $y=\dfrac{a}{x}$의 그래프이다. 이 그래프 위의 점 중 x좌표와 y좌표가 모두 정수인 점은 몇 개인가?

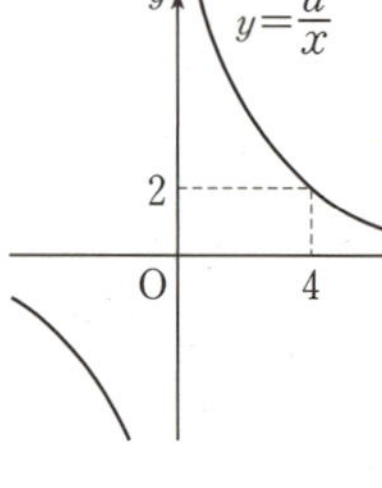

① 4개   ② 5개
③ 6개   ④ 8개
⑤ 9개

16 톱니의 수가 각각 24개, 30개인 두 톱니바퀴 A, B가 서로 맞물려 돌고 있다. A가 x번 회전할 때, B가 y번 회전한다고 하면 다음 중 x와 y 사이의 관계를 식으로 나타낸 것은?

① $y=\dfrac{4}{5}x$ ② $y=\dfrac{5}{4}x$ ③ $y=\dfrac{30}{x}$

④ $y=\dfrac{24}{x}$ ⑤ $y=\dfrac{x}{6}$

17 정비례 관계 $y=\dfrac{x}{a}$의 그래프가 오른쪽 그림과 같을 때, 다음 중 $y=-\dfrac{a}{x}$의 그래프는?

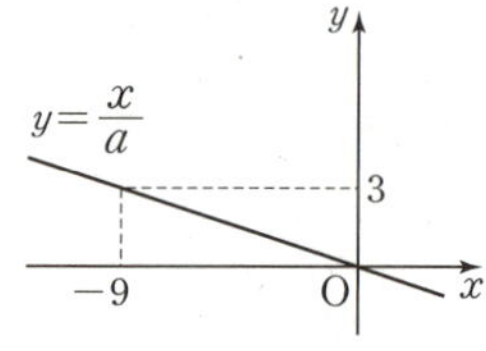

① 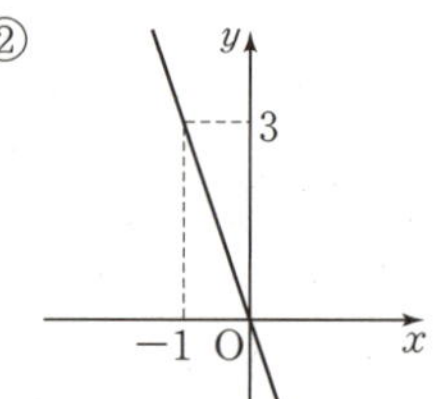
②
③ 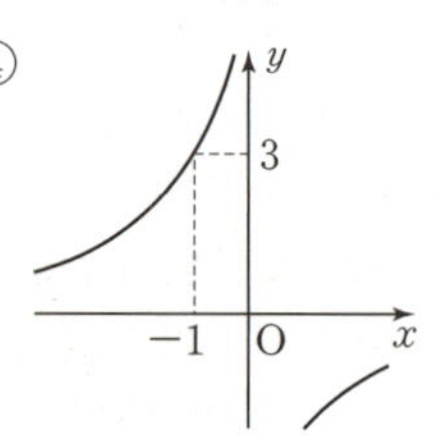
④
⑤ 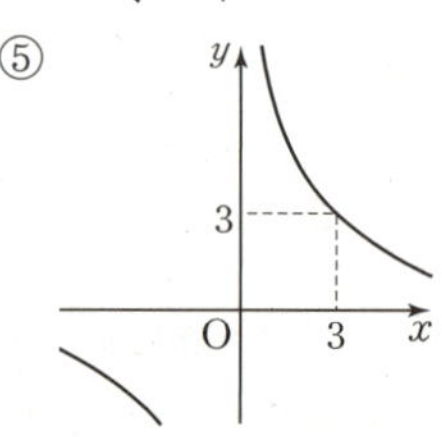

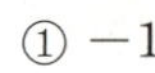

18 넓이가 45 cm²인 평행사변형의 밑변의 길이를 x cm, 높이를 y cm라고 할 때, 다음 중 x와 y 사이의 관계의 식을 그래프로 바르게 나타낸 것은?

① 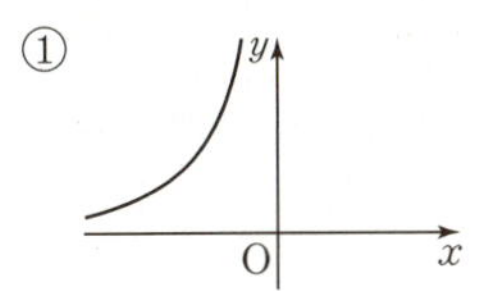 ② 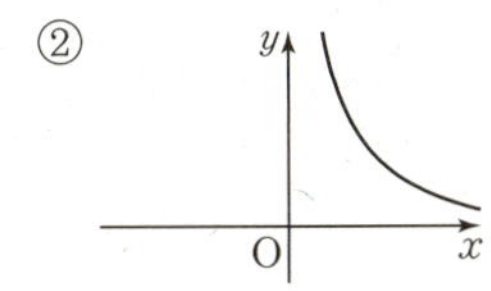

③ 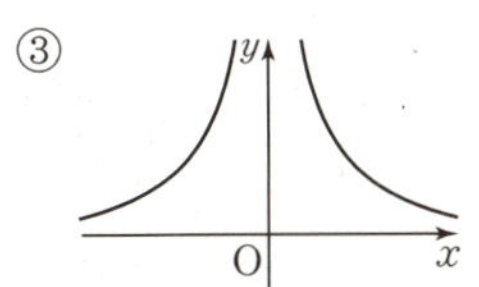 ④ 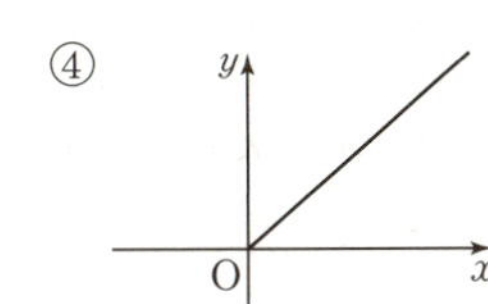

⑤ 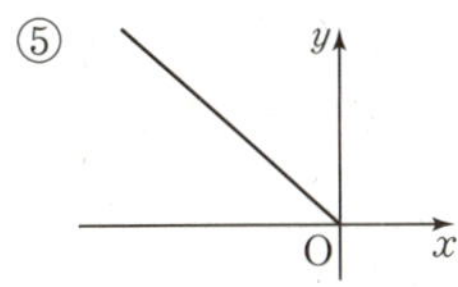

19 오른쪽 그림과 같이 가로의 길이가 80 cm, 세로의 길이가 50 cm인 창문을 x cm만큼 열 때, 열린 부분의 넓이를 y cm²라고 한다. 다음 물음에 답하시오. (단, 창틀의 두께는 생각하지 않는다.)

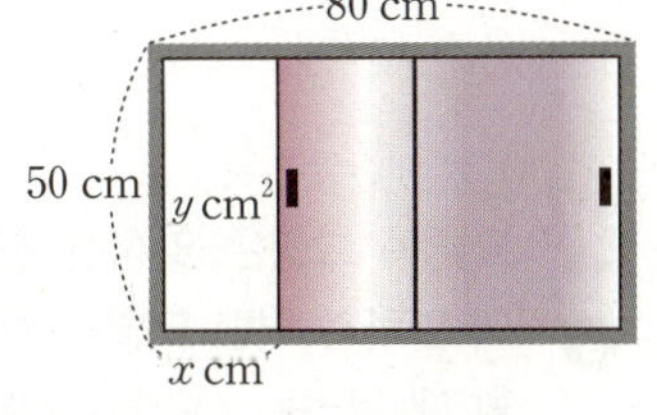

(1) x와 y 사이의 관계를 식으로 나타내시오.
(2) 열린 부분의 넓이를 250 cm²라고 할 때, 몇 cm만큼 열었는지 구하시오.

20 창의·융합

한 변의 길이가 1인 정삼각형을 이용하여 다음 그림과 같이 배열하였다. n번째 삼각형의 밑변의 길이를 x, 바깥 둘레의 길이를 y라고 할 때, 다음 물음에 답하시오.

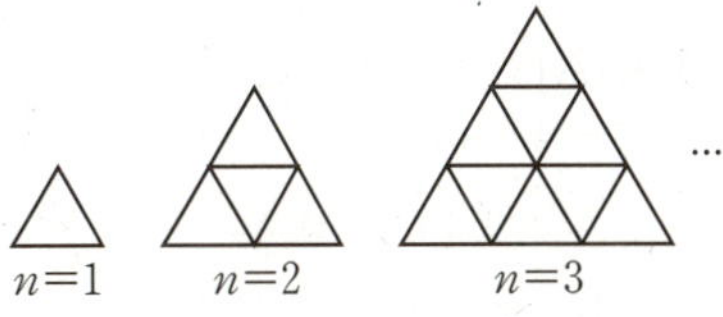

(1) x와 y 사이의 관계를 식으로 나타내시오.
(2) 10번째 삼각형의 바깥 둘레의 길이를 구하시오.

21 문제 해결

태환이와 동선이가 텃밭에서 일을 한다. 그 일은 태환이 혼자서 하면 5시간이 걸리고 동선이 혼자서 하면 4시간이 걸린다고 한다. 태환이와 동선이가 함께 x시간 동안 일한 양을 y라고 할 때, 다음 중 x와 y 사이의 관계의 식으로 알맞은 것은?

① $y = \dfrac{x}{20}$ ② $y = \dfrac{9}{20}x$ ③ $y = \dfrac{20}{9}x$

④ $y = 20x$ ⑤ $y = \dfrac{20}{x}$

22 다음 물음에 답하고 그 과정을 서술하시오.

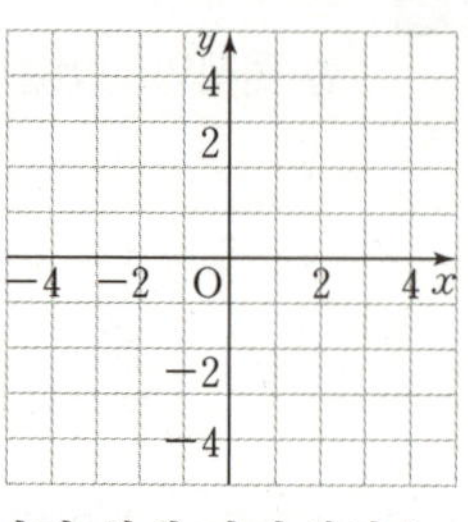

(1) 네 점 A$(-3, 2)$, B$(-3, -3)$, C$(3, -3)$, D$(3, 2)$를 꼭짓점으로 하는 사각형 ABCD를 오른쪽 좌표평면 위에 나타내시오.

(2) □ABCD의 넓이를 구하시오.

23 세 점 A$(-2, 0)$, B$(3, 4)$, C$(3, -4)$를 좌표평면 위에 나타내고, 이 세 점을 꼭짓점으로 하는 △ABC의 넓이를 구하고 그 과정을 서술하시오.

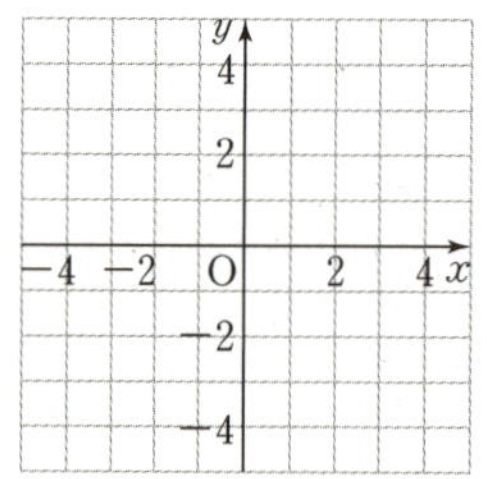

의사소통

24 오른쪽 그림과 같은 그릇에 시간당 일정한 양으로 물을 채운다. 다음 물음에 답하고 그 과정을 서술하시오.

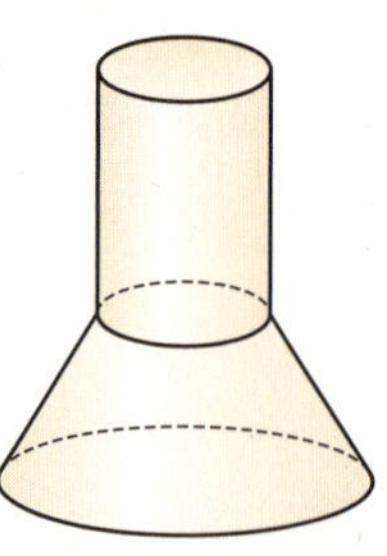

(1) 시간에 따른 물의 높이의 변화를 설명하시오.

(2) 시간에 따른 물의 높이의 변화를 그래프로 나타내시오.

25 정비례 관계 $y=ax$의 그래프가 점 $(2, -8)$을 지나고 반비례 관계 $y=-\dfrac{a}{x}$의 그래프가 점 $(4, b)$를 지날 때, a, b의 값을 구하고 그 과정을 서술하시오.

26 오른쪽 그림은 두 정비례 관계 $y=ax$, $y=bx$의 그래프이다. 이때 a, b의 값을 구하고 그 과정을 서술하시오.

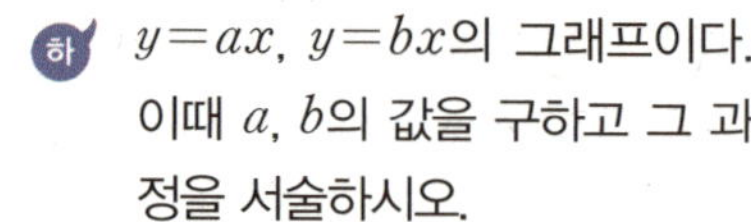
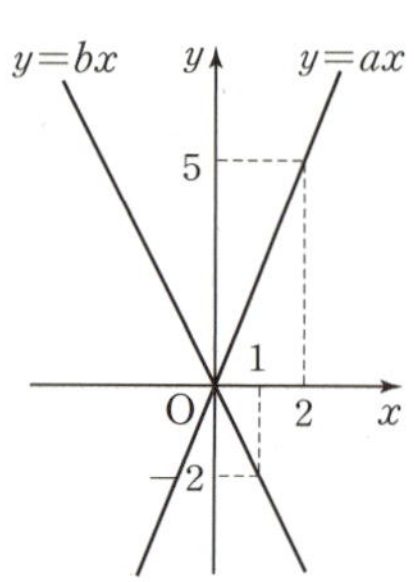

27 오른쪽 그림은 일정한 길이의 열차가 어떤 터널을 통과할 때 걸리는 시간을 그래프로 나타낸 것이다. 열차가 초속 x m로 달릴 때 걸리는 시간을 y초라고 할 때, 다음 물음에 답하고 그 과정을 서술하시오.

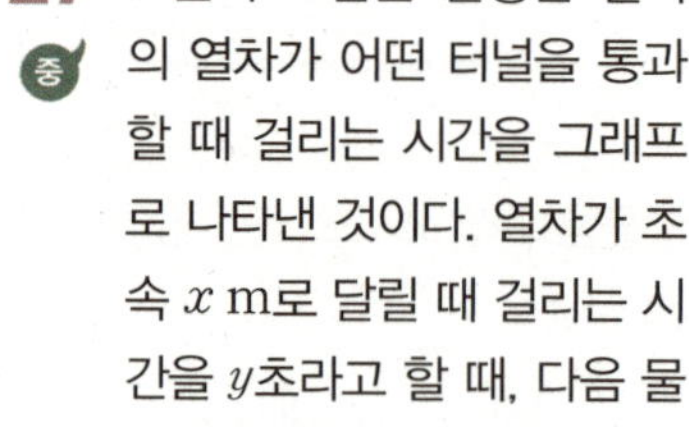
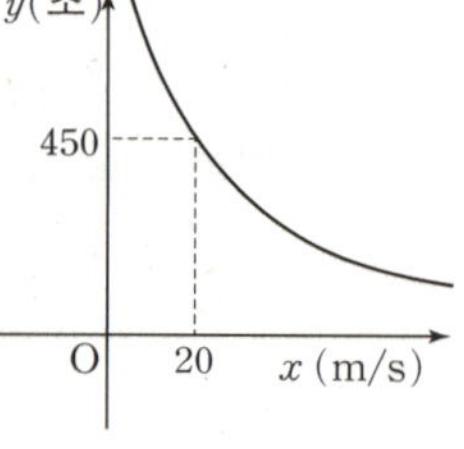

(1) x와 y 사이의 관계를 식으로 나타내시오.

(2) 터널을 통과하는데 걸린 시간이 300초일 때, 기차의 속력을 구하시오.

28 다음 그림과 같이 정비례 관계 $y=\dfrac{1}{2}x$의 그래프와 반비례 관계 $y=\dfrac{a}{x}$의 그래프가 점 P에서 만날 때, 물음에 답하고 그 과정을 서술하시오.

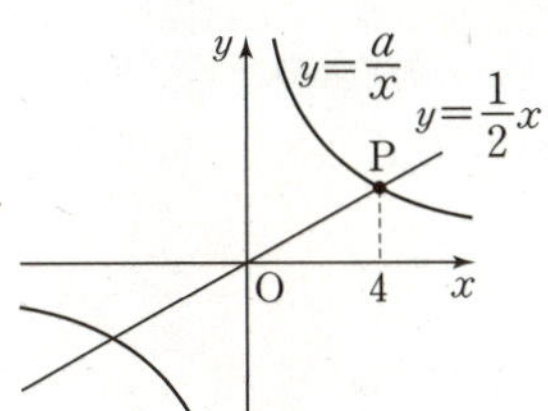

(1) 점 P의 좌표를 구하시오.
(2) a의 값을 구하시오.

29 다음 그림과 같이 정비례 관계 $y=ax$의 그래프와 반비례 관계 $y=-\dfrac{27}{x}$의 그래프가 점 P에서 만날 때, a, b의 값을 구하고 그 과정을 서술하시오.

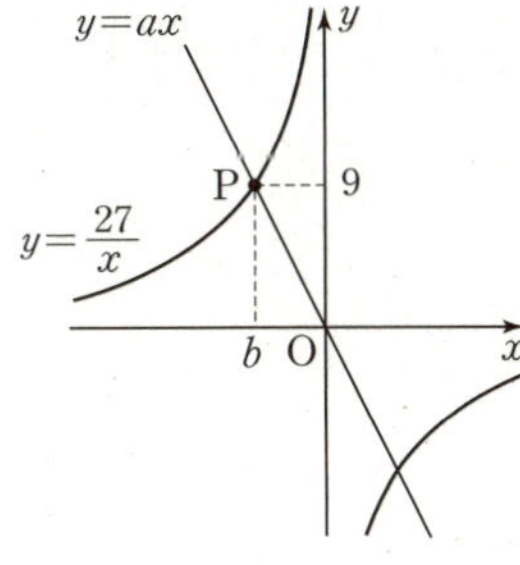

30 30분을 걸으면 90 kcal가 소모된다고 할 때, x분을 걸을 때 소모되는 열량을 y kcal라고 하자. 다음 물음에 답하고 그 과정을 서술하시오.

(1) x와 y 사이의 관계를 식으로 나타내시오.
(2) 75 kcal를 소모하려면 몇 분을 걸어야 하는지 구하시오.

31 훈남이네 반은 다음 주에 밴드 공연을 할 예정이다. 어제는 8명이 입장권을 15장씩 나누어 주었고, 오늘은 x명이 y장씩 어제 나누어 준 분량만큼 나누어 주려고 한다. 5명이 입장권을 나누어 준다면 한 사람이 몇 장씩 나누어 주어야 하는지 구하고 그 과정을 서술하시오.

내 위치를 어떻게 알릴까?

마라톤 동호회 회원인 K 씨는 어느 날 5km가 반환점인 10km의 단축 마라톤 코스를 뛰고 있었다. 그런데 뛰는 도중 '띠리링~' 울리는 휴대폰 소리.

"K야, 어디쯤 뛰고 있어?"

친구가 K 씨를 찾고 있는 것이다.

"글쎄…… 옆에는 높은 빌딩이 2~3개 보이고, 오른쪽으로 강물도 흐르고……."

K 씨, 처음 뛰는 마라톤 코스라서 자기 위치를 제대로 설명하지 못하는데…….

답답한 친구가 아이디어를 생각해 낸다.

"K야, 출발점을 −5, 반환점을 0, 결승점을 +5라고 생각하고, 네가 지금 있는 곳을 숫자로 말해 봐."

조금 전에 반환점을 돈 K 씨, 그제서야 쉽게 대답하는데.

"아하, 방금 반환점을 돌았으니까 +0.4쯤 되겠는걸."

이렇게 해서 친구는 반환점을 돌아 뛰고 있는 K 씨를 쉽게 찾을 수 있었다.

중학 수학 1-1

❷ 유형편

교육의 길잡이·학생의 동반자
(주)교학사

이 책의 차례

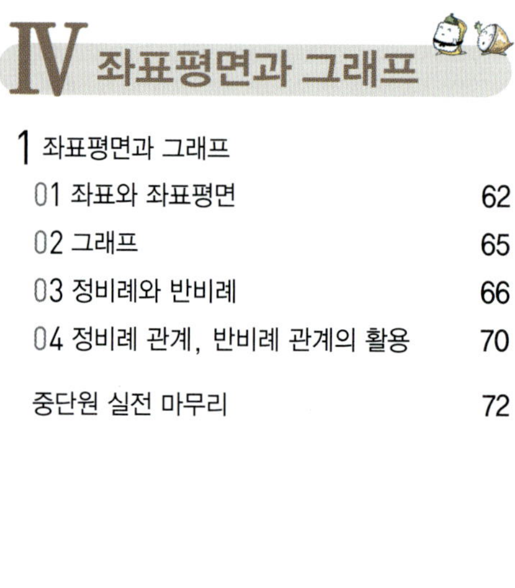

I 자연수의 성질

1 소인수분해

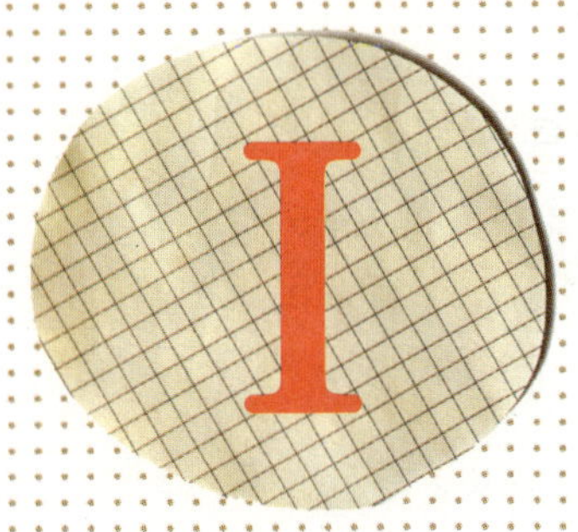

01 소인수분해

정답 및 해설 P.56

① 소수와 합성수, 거듭제곱

- **소수**: 1보다 큰 자연수 중 1과 그 수 자신만을 약수로 가지는 수(약수의 개수가 2개인 자연수)
- 2는 소수 중 가장 작은 수이고, 유일한 짝수이다.
- **합성수**: 1과 그 수 자신 이외의 다른 수를 약수로 가지는 수
- **거듭제곱**: 같은 수나 문자를 거듭하여 곱한 것
- **밑**: 거듭하여 곱한 수나 문자
- **지수**: 거듭제곱에서 거듭하여 곱해진 수나 문자의 개수

01 다음 중 옳지 <u>않은</u> 것을 모두 고르면?

① 가장 작은 소수는 1이다.
② 1보다 큰 자연수에서 1과 자기 자신만을 약수로 갖는 수는 소수이다.
③ 자연수는 1과 소수와 합성수로 이루어져 있다.
④ 소수는 모두 홀수이다.
⑤ 자연수 중 5 이하의 소수는 3개이다.

02 10 이하의 자연수 중 합성수의 개수를 구하시오.

03 다음 중 소수인 것은 모두 몇 개인가?

1	21	27	31	47	51	79	91

① 2개   ② 3개   ③ 4개
④ 5개   ⑤ 6개

04 다음 □ 안에 알맞은 수를 쓰시오.

(1) 소수의 약수의 개수는 □이다.
(2) 짝수 중에서 유일한 소수는 □이다.
(3) 20 이하의 자연수 중에서 소수의 개수는 □이다.

05 $7 \times 7 \times 7 \times 7$을 거듭제곱으로 나타내면 밑은 ⑴이고, 지수는 ⑵이다. □ 안에 알맞은 것을 쓰시오.

06 다음을 거듭제곱을 사용하여 나타내시오.

(1) $2 \times 3 \times 3 \times 2 \times 7 \times 3$
(2) $\dfrac{1}{3} \times \dfrac{1}{3} \times \dfrac{1}{3} \times \dfrac{1}{3}$
(3) $2 \times 5 \times 5 \times 7 \times 7 \times \dfrac{1}{3} \times \dfrac{1}{3}$

07 다음 중 2^5을 나타내는 것은?

① $2+2+2+2+2$ ② $5+5$
③ $2 \times 2 \times 2 \times 2 \times 2$ ④ 5×5
⑤ 2×5

08 다음 중 옳은 것은?

① $5 \times 5 \times 5 = 3^5$
② $2+2+2+2 = 2^4$
③ $1000 = 10^4$
④ $\dfrac{1}{3} \times \dfrac{1}{3} \times \dfrac{1}{3} = \dfrac{4}{3^3}$
⑤ $3 \times 5 \times 3 \times 5 \times 5 = 3^2 \times 5^3$

09 $2^a = 16$, $3^4 = b$를 만족하는 자연수 a, b에 대하여 $a+b$의 값은?

① 20   ② 36   ③ 50
④ 72   ⑤ 85

② 소인수분해

> - **인수**: 자연수 a, b, c에 대하여 $a=b\times c$로 나타낼 때, b, c를 a의 인수라고 한다.
> - **소인수**: 어떤 자연수의 소수인 인수
> - **소인수분해**: 자연수를 소수들만의 곱으로 나타내는 것
> - 소인수분해한 결과는 작은 소인수부터 쓰고 같은 소인수는 거듭제곱으로 나타낸다.
> - 소인수분해한 결과는 곱하는 순서를 무시하면 오직 하나의 결과로 나타난다.

01 다음은 자연수를 소인수분해하는 과정이다. □ 안에 알맞은 수를 쓰시오.

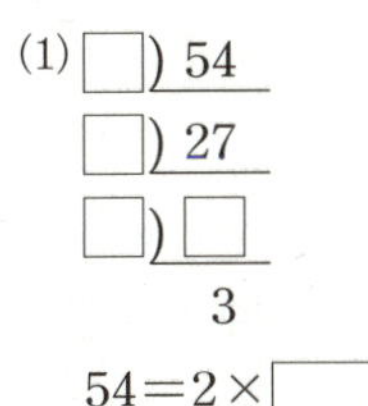

$$54=2\times \boxed{}$$

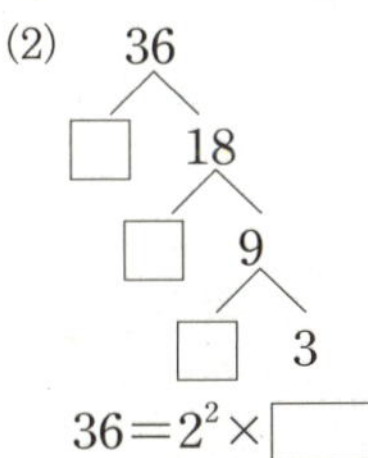

$$36=2^2\times \boxed{}$$

02 다음 수의 소인수를 구하시오.

(1) 70　　　　　(2) $2\times 3^2\times 11$

03 다음 중 420의 소인수가 <u>아닌</u> 것은?

① 2　　　② 3　　　③ 5
④ 7　　　⑤ 11

04 84의 모든 소인수의 합은?

① 12　　　② 13　　　③ 14
④ 15　　　⑤ 16

05 다음 중 소인수분해가 옳은 것은?

① $16=4^2$　　　　② $18=2\times 9$
③ $44=4\times 11$　　　④ $160=2^5\times 5$
⑤ $100=10^2$

06 다음 수를 소인수분해하시오.

(1) 63　　　　　(2) 210

07 $2^3\times 5^2\times a$가 어떤 자연수의 제곱이 되도록 하는 가장 작은 자연수 a의 값은?

① 1　　　② 2　　　③ 3
④ 5　　　⑤ 2×5

08 80을 자연수로 나누어 어떤 자연수의 제곱이 되게 하려고 할 때, 나눌 수 있는 자연수는 모두 몇 개인가?

① 1개　　　② 2개　　　③ 3개
④ 4개　　　⑤ 5개

09 $30\times a=b^2$을 만족하는 가장 작은 자연수 a, b에 대하여 $a+b$의 값은?

① 15　　　② 20　　　③ 36
④ 48　　　⑤ 60

③ 소인수분해를 이용한 약수와 약수의 개수 구하기

> 자연수 A가 $A = a^m \times b^n$ (a, b는 서로 다른 소수)로 소인수분해될 때,
> - A의 약수는 a^m의 약수와 b^n의 약수를 곱하여 구한다.
> - A의 약수의 개수는 $(m+1) \times (n+1)$이다.

01 다음 □ 안에 알맞은 수 또는 문자를 쓰시오.

(1) 2^2의 약수는 □, □, □이다.

(2) p^4 (p는 소수)의 약수는 □, □, □, □, □이다.

02 다음 □ 안에 알맞은 수를 쓰시오.

(1) 2^3의 약수는 □개, 3^2의 약수는 □개이므로
$2^3 \times 3^2$의 약수의 개수는 □×□=□이다.

(2) $2^4 \times 5$의 약수의 개수는
(□+1)×(□+1)=□이다.

(3) $2 \times 3^2 \times 5$의 약수의 개수는
(□+1)×(□+1)×(□+1)=□이다.

03 다음 중 $2^3 \times 5^2$의 약수가 <u>아닌</u> 것은?

① 2^3　　　② 5^2　　　③ 2×5^2
④ $2^2 \times 5$　　　⑤ $2^3 \times 3$

04 다음 중에서 540의 약수는 모두 몇 개인가?

2^3	3×5	$2^2 \times 5$	$2^3 \times 3$
2×5^2	$3^3 \times 5$	$2^2 \times 7$	$2 \times 3 \times 5$

① 2개　　　② 3개　　　③ 4개
④ 5개　　　⑤ 6개

05 다음 수의 약수의 개수를 구하시오.

(1) 250　　　　(2) 300

06 다음 중 약수의 개수가 가장 많은 수는?

① 30　　　② 128　　　③ 180
④ $2^2 \times 7^3$　　　⑤ 11×5^2

07 $2^3 \times 5^a$의 약수의 개수가 12일 때 자연수 a의 값은?

① 1　　　② 2　　　③ 3
④ 4　　　⑤ 5

08 두 수 $2^a \times 3$과 3^3의 약수의 개수가 서로 같을 때 a의 값을 구하시오.

09 $2^3 \times □$는 약수의 개수가 12인 자연수일 때, 다음 중 □ 안에 알맞은 자연수를 모두 고르면?

① 4　　　② 6　　　③ 9
④ 10　　　⑤ 12

02 최대공약수와 최소공배수

정답 및 해설 P.57

① 공약수와 최대공약수

- **공약수**: 두 개 이상의 자연수의 공통인 약수
- **최대공약수**: 공약수 중 가장 큰 수
- 공약수는 최대공약수의 약수이다.
- **서로소**: 최대공약수가 1인 두 자연수

01 다음 □ 안에 알맞은 수를 쓰시오.

(1) 8과 12의 공약수는 □, □, □이고, 최대공약수
는 □이다.

(2) 3과 8의 최대공약수는 □이다. 이와 같이 최대
공약수가 □인 두 수를 서로소라고 한다.

02 12와 20의 모든 공약수의 합은?

① 6   ② 7   ③ 10
④ 12   ⑤ 18

03 두 자연수의 최대공약수가 16일 때 이 두 수의 공약수
중 세 번째로 큰 것을 구하시오.

04 두 수 A, B의 최대공약수가 24일 때, A, B의 공약수
의 개수는?

① 4   ② 6   ③ 8
④ 10   ⑤ 12

05 두 자연수의 최대공약수가 $2^2 \times 3$일 때 다음 중 이 두 수
의 공약수가 <u>아닌</u> 것은?

① 2   ② 3   ③ 2×3
④ $2^2 \times 3$ ⑤ $2^2 \times 3^2$

06 다음 중 서로소인 두 자연수는?

① 6, 9   ② 12, 24   ③ 17, 51
④ 51, 91   ⑤ 12, 111

07 50 이하의 자연수 중 3과 서로소인 수는 모두 몇 개인
가?

① 30   ② 32   ③ 34
④ 36   ⑤ 38

② 최대공약수를 구하는 방법

- **공통인 소인수로 나누는 방법**
  (1) 공통인 소인수로 각 수를 나누기
  (2) 몫이 서로소가 될 때까지 나누기
  (3) 나누어 준 소인수를 모두 곱하기
- **소인수분해를 이용하는 방법**
  (1) 각 수를 소인수분해하기
  (2) 공통인 소인수 모두 곱하기
    ① 지수가 같으면 그대로 곱하기
    ② 지수가 다르면 작은 쪽을 선택하여 곱하기

01 다음은 세 수 14, 42, 28의 최대공약수를 구하는 과정이다. □ 안에 알맞은 수를 쓰시오.

$$\begin{array}{r} \boxed{}\,)\ \underline{14\quad 42\quad 28} \\ \boxed{}\,)\ \underline{\ 7\quad 21\quad \boxed{}} \\ \boxed{}\quad\boxed{}\quad\boxed{} \end{array}$$

(최대공약수)=$\boxed{}$

02 다음은 두 수 $2^2 \times 3 \times 5$, $2^3 \times 5$의 최대공약수를 구하는 과정이다. □ 안에 알맞은 수를 쓰시오.

$$2^2 \times 3 \times 5 = 2 \times 2 \quad\ \times 3 \times 5$$
$$2^3 \quad\ \times 5 = 2 \times 2 \times 2 \quad\ \times 5$$

(최대공약수)=$\boxed{} \times \boxed{} \quad\quad \times \boxed{} = \boxed{} \times \boxed{}$

03 다음은 세 수 $2^3 \times 3^2 \times 5$, $2^2 \times 3 \times 5$, $2^4 \times 3^3$의 최대공약수를 구하는 과정이다. □ 안에 알맞은 수를 쓰시오.

$$2^3 \times 3^2 \times 5$$
$$2^2 \times 3 \times 5$$
$$2^4 \times 3^3$$

(최대공약수)=$\boxed{} \times \boxed{}$

04 세 수 105, 120, 165의 공약수의 개수는?

① 4　　　　② 6　　　　③ 8
④ 10　　　⑤ 12

05 두 자연수 A, B의 최대공약수가 36일 때, 다음 중 A와 B의 공약수가 <u>아닌</u> 것은?

① 1　　　　② 3　　　　③ 6
④ 8　　　　⑤ 18

06 두 수 $2^3 \times 3^a \times 5^3$, $3^4 \times 5^b \times 7$의 최대공약수가 $3^2 \times 5$일 때, $2^a \times 5^b$의 약수의 개수는?

① 4　　　　② 6　　　　③ 8
④ 10　　　⑤ 12

07 두 자연수 $10 \times x$, $24 \times x$의 최대공약수가 12일 때, 두 자연수의 합은?

① 102　　　② 144　　　③ 170
④ 204　　　⑤ 306

③ 공배수와 최소공배수

> - **공배수**: 두 개 이상의 자연수의 공통인 배수
> - **최소공배수**: 공배수 중 가장 작은 수
> - 공배수는 최소공배수의 배수이다.
> - 서로소인 두 자연수 a, b의 최소공배수는 $a \times b$이다.

01 두 수 2와 3에 대하여 다음 물음에 답하시오.

(1) 2의 배수를 구하시오.
(2) 3의 배수를 구하시오.
(3) 2와 3의 공배수를 구하시오.
(4) 2와 3의 최소공배수를 구하시오.
(5) (3)의 공배수는 (4)의 최소공배수의 ☐ 이다.
  ☐ 안에 알맞은 말을 쓰시오.

02 두 자연수 A, B의 최소공배수가 12일 때, A, B의 공배수를 구하시오.

03 다음 보기 중 옳은 것을 모두 고르시오.

> **보기**
> ㄱ. 두 수의 공배수는 최대공약수의 약수이다.
> ㄴ. 두 수의 공배수는 최소공배수의 배수이다.
> ㄷ. 두 수가 서로소이면 최소공배수는 1이다.
> ㄹ. 두 수 a, b의 최대공약수가 1이면 최소공배수는 $a \times b$이다.

04 두 자연수 A, B의 최소공배수가 $2^3 \times 3$일 때, 250 이하의 자연수 중 A와 B의 공배수의 개수는?

① 7   ② 8   ③ 9
④ 10   ⑤ 11

05 두 자연수 a, b의 최소공배수가 28일 때, 다음 중 a, b의 공배수를 모두 고르시오.

12	14	28	36	56	74	84	98

06 두 자연수 A, B의 최소공배수가 84일 때, 다음 중 A와 B의 공배수가 <u>아닌</u> 것은?

① $2^3 \times 3 \times 7$ ② $2^2 \times 3^2 \times 7$
③ $2 \times 3^2 \times 14$ ④ $2 \times 3^3 \times 7^2$
⑤ $2^3 \times 3 \times 35$

07 두 자연수 A, B의 최소공배수가 72일 때, A, B의 공배수 중 500에 가장 가까운 수를 구하시오.

④ 최소공배수를 구하는 방법

- **공통인 소인수로 나누는 방법**
  (1) 공통인 소인수로 각 수를 나누기
  (2) 몫이 서로소가 될 때까지 계속 나누기(세 수의
     공약수가 없을 때는 두 수의 공약수로 나누고,
     공약수가 없는 수는 그대로 내려 쓴다.)
  (3) 나누어 준 소인수와 마지막 몫을 모두 곱하기
- **소인수분해를 이용하는 방법**
  (1) 각 수를 소인수분해하기
  (2) 공통인 소인수와 공통이 아닌 소인수 모두 곱하기
    ① 지수가 같으면 그대로 곱하기
    ② 지수가 다르면 큰 쪽을 선택하여 곱하기

01 다음은 세 수 12, 14, 42의 최소공배수를 구하는 과정이다. □ 안에 알맞은 수를 쓰시오.

$$
\begin{array}{r}
\boxed{}\,)\ 12\quad 14\quad 42 \\
\boxed{}\,)\ \ 6\quad\ \ 7\quad 21 \\
\boxed{}\,)\ \ 2\quad \boxed{}\quad \boxed{} \\
2\quad \boxed{}\quad \boxed{}
\end{array}
$$

(최소공배수)$=\boxed{}$

02 다음은 두 수 30, 84의 최소공배수를 구하는 과정이다. □ 안에 알맞은 수를 쓰시오.

$$30 = 2 \qquad \times 3 \times 5$$
$$84 = 2 \times 2 \times 3 \qquad \times 7$$

(최소공배수)$=\boxed{}\times\boxed{}\times\boxed{}\times\boxed{}\times\boxed{}=\boxed{}$

03 다음은 세 수 12, 30, 36의 최소공배수를 구하는 과정이다. □ 안에 알맞은 수를 쓰시오.

$$12 = 2^2 \times 3$$
$$20 = 2^2 \qquad \times 5$$
$$36 = 2^2 \times 3^2$$

(최소공배수)$=\boxed{}\times\boxed{}\times\boxed{}=\boxed{}$

04 다음 수들의 최소공배수를 구하시오.

(1) 28, 42   (2) 12, 15, 21

05 두 자연수 $2^3 \times 3$, $2^2 \times 3 \times 5$의 공배수 중 1000에 가장 가까운 수를 구하시오.

06 세 수 $2^4 \times 5$, $2^2 \times 5^2 \times 7$, $2^3 \times 3^2 \times 5$의 최소공배수는?

① $2^2 \times 3 \times 5 \times 7$ ② $2^3 \times 3 \times 5 \times 7$
③ $2^4 \times 3^2 \times 5^2 \times 7$ ④ $2^4 \times 5^2$
⑤ $2 \times 3 \times 5 \times 7$

07 두 수 $2^2 \times a$, $b \times 3^2 \times 5^2$의 최대공약수가 $2^2 \times 3$이고 최소공배수가 $2^2 \times 3^2 \times 5^2$일 때, $a+b$의 값을 구하시오.

08 세 자연수 $4 \times x$, $6 \times x$, $8 \times x$의 최소공배수가 240일 때, 세 자연수의 합은?

① 100   ② 120   ③ 140
④ 160   ⑤ 180

03 최대공약수와 최소공배수의 활용

정답 및 해설 P.60

① 최대공약수의 활용

- '가능한 한 많이', '가능한 한 큰', '되도록 많은', '가장 많은', '최대한', '일정한 간격' 등을 포함하는 문제
- 어떤 수 x로 a를 나누면 b가 남는다.
  ➡ $(a-b)$는 x로 나누어 떨어진다.
  ➡ x는 $(a-b)$의 약수이다.

01 우유 15개와 빵 35개를 학생들에게 똑같이 나누어 주려고 한다. 다음 물음에 답하시오.

(1) 다음 □ 안에 알맞은 수를 쓰시오.

①

학생 수(명)	1	3	5	15	← □의 약수
1인당 갖는 우유의 개수(개)	□	□	□	□	

②

학생 수(명)	1	5	7	35	← □의 약수
1인당 갖는 빵의 개수(개)	□	□	□	□	

(2) 가능한 한 많은 학생들에게 똑같이 나누어 주려고 할 때, 최대 학생 수를 구하시오.

(3) (2)의 경우 각 학생이 받을 수 있는 우유의 개수는 a, 빵의 개수는 b일 때, $a+b$의 값을 구하시오.

02 다음 물음에 답하시오.

(1) 16을 어떤 자연수로 나누었더니 나머지가 0이 되었다. 나눈 자연수를 모두 구하시오.
(2) 20을 어떤 자연수로 나누었더니 나머지가 0이 되었다. 나눈 자연수를 모두 구하시오.
(3) 16과 20을 어떤 자연수로 나누었더니 나머지가 0이 되었다. 나눈 자연수 중 가장 큰 수를 구하시오.

03 다음 □ 안에 알맞은 수를 쓰시오.

분수 $\dfrac{40}{n}$ 을 자연수가 되게 하는 n의 값은 □의 약수이므로 $n=$ □, □, □, □, □, □, □, □ 이다.

04 사과 28개, 귤 42개를 가능한 한 많은 사람들에게 똑같이 나누어 주려고 할 때, 나누어 줄 수 있는 사람 수는?

① 10명 ② 11명 ③ 12명
④ 13명 ⑤ 14명

05 수민이는 이번 발렌타인데이를 위해 초콜릿 72개와 사탕 108개를 사서 되도록 많은 친구들에게 똑같이 나누어 주려고 한다. 나눈 초콜릿과 사탕을 선물 상자에 담으려고 할 때, 한 상자에 담는 초콜릿과 사탕의 개수의 합을 구하시오.

06 남학생 24명과 여학생 40명이 있는 어느 단체에서 남학생과 여학생을 섞어서 되도록 많은 모둠을 만들려고 할 때, 최대 a개의 모둠을 만들 수 있고, 각 모둠의 남학생과 여학생 수는 각각 b명, c명이다. 이때 $a+b+c$의 값은?

① 16 ② 17 ③ 18
④ 19 ⑤ 20

07 가로의 길이가 72 cm, 세로의 길이가 126 cm인 직사각형 모양의 벽이 있다. 이 벽에 남는 부분이 없이 가능한 한 큰 정사각형 모양의 타일을 붙이려고 한다. 다음 물음에 답하시오.

(1) 붙이려는 타일의 한 변의 길이를 구하시오.
(2) 붙이려는 타일의 총 장수를 구하시오.

08 가로의 길이가 60 cm, 세로의 길이가 72 cm, 높이가 108 cm인 직육면체 모양의 택배 상자가 있다. 이 택배 상자에 남는 부분이 없이 가능한 한 큰 정육면체 모양의 쿠키 상자를 담으려고 할 때, 쿠키 상자의 한 모서리의 길이는?

① 9 cm   ② 12 cm   ③ 15 cm
④ 18 cm   ⑤ 21 cm

09 가로의 길이가 180 m, 세로의 길이가 96 m인 직사각형 모양의 공원의 둘레에 일정한 간격으로 나무를 심으려고 한다. 나무 사이의 간격이 최대가 되게 심을 때, 나무는 최소한 몇 그루가 필요한가? (단, 네 모퉁이에 나무를 심는다.)

① 42그루   ② 44그루   ③ 46그루
④ 48그루   ⑤ 50그루

10 두 분수 $\dfrac{96}{n}$, $\dfrac{132}{n}$가 모두 자연수가 되도록 하는 자연수 n의 값은 모두 몇 개인가?

① 3개   ② 6개   ③ 9개
④ 10개   ⑤ 12개

11 어떤 수로 148을 나누면 4가 남고, 182를 나누면 2가 남는다고 할 때, 이러한 자연수 중 가장 큰 수를 구하시오.

12 어떤 수로 100을 나누면 1이 남고, 84를 나누면 3이 남고, 74를 나누면 2가 남는다고 할 때, 이러한 자연수를 구하시오.

② 최소공배수의 활용

- '다시 동시에 출발한다', '가능한 한 적은', '가장 적은', '되도록 적게', '최소한' 등을 포함하는 문제
- 어떤 수 x를 a로 나누면 b가 남는다.
  ➡ $(x-b)$는 a로 나누어 떨어진다.
  ➡ $(x-b)$는 a의 배수이다.

01 모형 트랙을 회전하는 두 로봇 A, B가 있다. 트랙 한 바퀴를 도는 데 로봇 A는 6초, 로봇 B는 8초가 걸린다고 한다. 두 로봇이 출발점을 동시에 출발하여 같은 방향으로 트랙을 돌 때, 다음 물음에 답하시오.

(1) 다음 □ 안에 알맞은 수를 쓰시오.

[로봇 A]

회전 수(회)	1	2	3	4	⋯	
걸리는 시간(초)	□	□	□	□	⋯	← □의 배수

[로봇 B]

회전 수(회)	1	2	3	4	⋯	
걸리는 시간(초)	□	□	□	□	⋯	← □의 배수

(2) 두 로봇이 처음으로 다시 만나는 데 걸리는 시간을 구하시오.

(3) 두 번째, 세 번째로 다시 만나는 데 걸리는 시간을 구하시오.

02 다음 물음에 답하시오.

(1) 20 이하의 자연수 중 3으로 나누어 나머지가 1이 되는 자연수를 모두 구하시오.

(2) 20 이하의 자연수 중 4로 나누어 나머지가 1이 되는 자연수를 모두 구하시오.

(3) 3과 4의 어느 수로 나누어도 1이 남는 가장 작은 두 자리의 자연수를 구하시오.

03 다음 □ 안에 알맞은 수를 쓰시오.

$\dfrac{3}{14} \times n$이 자연수일 때, n은 □의 배수이므로 100보다 작은 자연수 n은 □, □, □, □, □, □, □ 이다.

04 두께가 다른 두 종류의 책 A, B가 있다. 책 A의 두께는 8 mm, 책 B의 두께는 12 mm이고, 같은 종류끼리 책을 각각 위로 쌓아서 처음으로 높이가 같아질 때, 책 A는 몇 권 쌓인 것인지 구하시오.

05 서로 맞물려 도는 두 톱니바퀴 A, B가 있다. A, B 톱니의 개수가 각각 98, 105일 때, 두 톱니바퀴가 같은 톱니에서 처음으로 다시 맞물릴 때까지 톱니바퀴 A는 몇 바퀴를 움직이는지 구하시오.

06 가로의 길이가 6 cm, 세로의 길이가 15 cm인 직사각형이 색종이를 겹치지 않게 빈틈없이 붙여서 가장 작은 정사각형을 만들려고 한다. 다음 물음에 답하시오.

(1) 정사각형의 한 변의 길이를 구하시오.
(2) (1)의 정사각형을 만들기 위해 필요한 색종이의 개수를 구하시오.

07 두 개의 등대가 있다. 하나는 8초 동안 켜져 있다가 1초 동안 꺼지고, 다른 하나는 10초 동안 켜져 있다가 2초 동안 꺼진다고 한다. 두 등대가 9시 정각에 동시에 켜졌을 때, 이후에 9시 10분까지 동시에 켜지는 횟수를 구하시오.

08 어느 회사에서 A는 5일 동안 일하고 하루 쉬고, B는 7일 동안 일하고 2일을 쉬고, C는 9일 동안 일하고 3일을 쉰다. 4월 1일인 오늘 A, B, C가 동시에 일을 시작한다면 그 다음에 세 사람이 처음으로 동시에 일을 시작하는 날은 언제인가?

① 5월 2일 ② 5월 7일 ③ 5월 10일
④ 5월 12일 ⑤ 5월 15일

09 가로의 길이가 15 cm, 세로의 길이가 9 cm, 높이가 6 cm인 직육면체 모양의 블록을 같은 방향으로 빈틈없이 쌓아서 가능한 한 작은 정육면체를 만들려고 할 때, 필요한 블록은 모두 몇 개인지 구하시오.

10 3으로 나누면 2가 남고, 4로 나누면 3이 남고, 5로 나누면 4가 남는 가장 작은 세 자리의 자연수를 구하시오.

11 100 이하의 자연수 중 4, 6, 9의 어느 수로 나누어도 1이 남는 수는 모두 몇 개인지 구하시오.

③ 최대공약수와 최소공배수의 관계

- 분수 $\dfrac{l}{k}$, $\dfrac{n}{m}$ 중 어느 것에 곱해도 자연수가 되는 가장 작은 수 $\dfrac{b}{a}$ ➡ a는 분자 l, n의 최대공약수, b는 분모 k, m의 최소공배수 (단, a, b는 서로소)
- 두 자연수 A, B의 최대공약수를 G, 최소공배수를 L이라고 할 때,
  (1) $A = G \times a$, $B = G \times b$ (단, a, b는 서로소)
  (2) $L = G \times a \times b$, $L \div G = a \times b$
  (3) $A \times B = L \times G$

01 다음 □ 안에 알맞은 것을 쓰시오.

두 분수 $\dfrac{35}{6}$, $\dfrac{25}{21}$ 중 어느 것에 곱해도 자연수가 되는 가장 작은 수를 $\dfrac{b}{a}$ (단, a, b는 □)라고 하면

$$\dfrac{b}{a} = \dfrac{(6과\ 21의\ □)}{(35와\ 25의\ □)} = \dfrac{□}{□}$$

02 두 분수 $\dfrac{1}{12}$, $\dfrac{1}{15}$ 중 어느 것에 곱해도 자연수가 되는 가장 작은 세 자리의 자연수를 구하시오.

03 세 분수 $\dfrac{15}{4}$, $\dfrac{9}{16}$, $\dfrac{21}{10}$의 어느 것에 곱해도 자연수가 되는 가장 작은 분수를 $\dfrac{b}{a}$라고 할 때, $a+b$의 값은?

① 50   ② 64   ③ 70
④ 83   ⑤ 85

04 다음은 두 자연수 12, 18의 최대공약수와 최소공배수를 구하는 과정을 통하여 두 자연수 A, B의 최대공약수 G와 최소공배수 L의 관계를 설명한 것이다. □ 안에 알맞은 수 또는 문자를 쓰시오. (단, a, b는 서로소)

$$\begin{array}{c|cc} 6) & 12 & 18 \\ \hline & 2 & 3 \end{array} \quad \Rightarrow \quad \begin{array}{c|cc} G) & A & B \\ \hline & a & b \end{array}$$

(1) $12=2\times6$이므로 $A=a\times\square$,
$\quad\;$ $18=3\times6$이므로 $B=b\times\square$
(2) 최소공배수는 $\square\times2\times3$이므로 $L=\square\times a\times b$
(3) $A\times B=(a\times\square)\times(b\times\square)$
$\qquad\qquad\; =(a\times b\times\square)\times\square$
$\qquad\qquad\; =\square\times G$

05 두 수 14와 21에 대하여 다음 물음에 답하시오.

(1) 두 수 14와 21의 최대공약수는 □, 최소공배수는 □이다. □ 안에 알맞은 수를 쓰시오.
(2) (두 수의 곱)=(최대공약수)×(최소공배수)임을 확인하시오.

06 두 자연수 A, B의 최대공약수가 5, 최소공배수가 50, A와 B의 합이 55일 때, $A-B$의 값은? (단, $A>B$)

① 25   ② 30   ③ 35
④ 40   ⑤ 45

07 두 자연수 A와 48의 최대공약수는 12, 최소공배수는 144일 때, A의 값을 구하시오.

08 어떤 두 자리의 자연수와 72의 최대공약수가 9일 때, 이러한 두 자리의 자연수 중 가장 큰 수를 구하시오.

정답 및 해설 P.63

09 세 자연수 12, 36, A의 최대공약수가 12, 최소공배수가 252일 때, 다음 중 A의 값이 될 수 있는 것은?

① 72   ② 84   ③ 96
④ 108   ⑤ 120

10 세 자연수의 비가 2 : 3 : 5이고 최소공배수가 420일 때, 세 자연수 중 가장 큰 수는?

① 50   ② 55   ③ 60
④ 65   ⑤ 70

11 최대공약수가 8인 두 자연수 A, B의 합이 80, 차가 32일 때, 두 수 A, B를 구하시오. (단, $A > B$)

12 두 자연수의 곱이 99이고, 최대공약수가 3일 때, 두 자연수의 최소공배수를 구하시오.

13 두 자연수의 최대공약수가 15, 최소공배수가 45일 때, 두 자연수의 곱을 구하시오.

14 6보다 큰 두 자연수 A, B의 곱이 5400이고, 최대공약수가 6일 때, 두 수의 합은? (단, $A > B$)

① 42   ② 48   ③ 50
④ 54   ⑤ 96

정답 및 해설 P.63

01 다음 중 옳지 <u>않은</u> 것은?

① 가장 작은 소수는 짝수이다.
② 12의 소인수는 2와 3이다.
③ 32를 소인수분해하면 2^5이다.
④ 서로 다른 두 소수는 서로소이다.
⑤ 서로소인 두 수는 모두 소수이다.

02 100 이하의 자연수 중 64와 서로소인 자연수는 모두 몇 개인가?

① 48개 ② 49개 ③ 50개
④ 51개 ⑤ 52개

03 자연수 N이 $2^2 \times 3^3$으로 소인수분해될 때, N의 약수 중 두 번째로 큰 수는?

① 3^3 ② $2^2 \times 3$ ③ 2×3^2
④ 2×3^3 ⑤ $2^2 \times 3^3$

04 $8 \times \square$의 약수의 개수가 8일 때, 다음 중 $\square$ 안에 들어갈 수 <u>없는</u> 수를 모두 고르면?

① 5 ② 7 ③ 9
④ 16 ⑤ 21

05 $N(a) =$ (자연수 a의 약수의 개수)로 약속할 때, 다음 조건을 만족하는 a의 개수는?

> (가) a는 100보다 작은 자연수이다.
> (나) $N(15) \times N(a) = N(150)$

① 2 ② 3 ③ 4
④ 5 ⑤ 6

06 40에 가장 작은 자연수 a를 곱하여 어떤 수 b의 제곱이 되게 하려고 할 때, $a+b$의 값은?

① 25 ② 30 ③ 36
④ 40 ⑤ 42

07 두 수 108, 240의 공약수의 개수는?

① 6 ② 8 ③ 10
④ 12 ⑤ 14

08 100 이하의 자연수 중 4의 배수이지만 6의 배수가 <u>아닌</u> 수의 개수는?

① 14   ② 15   ③ 16
④ 17   ⑤ 18

09 두 수 $2^2 \times 3 \times 11^2$, $2^3 \times 5^2 \times 11$의 최대공약수와 최소공배수를 차례로 구하면?

① $2^2 \times 11$, $2^3 \times 11^2$
② $2^2 \times 11$, $2^3 \times 3 \times 5^2 \times 11^2$
③ $2 \times 3 \times 5 \times 11$, $2^3 \times 11^2$
④ $2 \times 3 \times 5 \times 11$, $2^3 \times 3 \times 5^2 \times 11^2$
⑤ $2^2 \times 3 \times 11$, $2^3 \times 3^2 \times 5^2 \times 11^2$

10 세 수 $4 \times x$, $6 \times x$, $8 \times x$의 최대공약수가 10일 때, 최소공배수는?

① 60   ② 72   ③ 90
④ 108   ⑤ 120

11 세 자연수 30, N, 75의 최대공약수가 15, 최소공배수가 450일 때, 다음 중 N의 값이 될 수 <u>없는</u> 것은?

① 45   ② 90   ③ 150
④ 225   ⑤ 450

12 두 분수 $\dfrac{35}{6}$, $\dfrac{14}{9}$에 가능한 한 작은 분수 $\dfrac{b}{a}$를 곱하여 자연수를 만들려고 한다. 이때 $b-a$의 값은?

(단, a, b는 서로소)

① 11   ② 20   ③ 24
④ 35   ⑤ 47

13 216에 자연수를 곱하여 어떤 자연수의 제곱이 되게 하려고 할 때, 곱할 수 있는 자연수 중 두 번째로 작은 수를 구하시오.

14 사과 36개, 귤 44개를 될 수 있는 대로 많은 학생에게 똑같이 나누어 주면 사과는 1개, 귤은 2개가 남는다고 한다. 이때 학생 수를 구하시오.

15 ^상 4로 나누면 3이 남고, 5로 나누면 4가 남고, 6으로 나누면 5가 남는 세 자리의 자연수 중 가장 작은 수를 구하시오.

16 ^중 어떤 수를 6, 9, 10으로 나누면 모두 2가 남는다고 할 때, 이러한 세 자리의 자연수 중 가장 작은 수는?

① 110 ② 164 ③ 182
④ 210 ⑤ 272

17 ^하 50보다 큰 두 자리의 자연수와 72의 최대공약수가 18일 때, 이러한 자연수 중 가장 작은 수를 구하시오.

18 ^중 두 자연수 A, B의 최대공약수가 8, 최소공배수가 64일 때, $A+B$의 값은? (단, $A>B$)

① 48 ② 56 ③ 64
④ 72 ⑤ 80

19 ^상 원주 위를 같은 방향으로 움직이는 세 점 A, B, C가 있다. 점 A는 1분에 4바퀴, 점 B는 3분에 10바퀴를 돌고 점 C는 1바퀴 도는 데 25초가 걸린다고 한다. 세 점 A, B, C가 동시에 원주 위의 점 P를 출발한 후 1시간 동안 점 P를 동시에 통과하는 횟수를 구하시오.

20 ^하 감 51개, 귤 102개, 사과 69개를 학생들에게 똑같이 나누어 주려고 했더니 감은 5개 부족하고, 귤은 4개가 남고, 사과는 1개가 부족했다. 다음 중 가능한 학생 수를 모두 고르면?

① 2명 ② 5명 ③ 7명
④ 9명 ⑤ 14명

21 ^중 어떤 상점의 네온사인 A는 10초 동안 켜져 있다가 2초 동안 꺼지고, 네온사인 B는 12초 동안 켜져 있다가 3초 동안 꺼지며, 네온사인 C는 14초 동안 켜져 있다가 4초 동안 꺼진다. 이 세 네온사인이 동시에 켜졌을 때, 다음에 동시에 켜지는 데는 몇 초가 걸리는지 구하시오.

서술형

22 14와 ▢의 공약수가 1개일 때, ▢를 만족하는 100 이하의 자연수의 개수를 구하고 그 과정을 서술하시오.

23 두 자리의 자연수 A, B에 대하여 두 수의 곱이 960이고 최대공약수가 8일 때, 두 수의 합을 모두 구하고 그 과정을 서술하시오.

24 공책 26권, 연필 52자루를 몇 명의 어린이에게 똑같이 나누어 주려고 한다. 공책은 4권이 부족하고, 연필은 4자루가 남았을 때, 몇 명의 어린이에게 나누어 줄 수 있는지 구하고 그 과정을 서술하시오.

25 가로의 길이가 9 cm, 세로의 길이가 4 cm, 높이가 2 cm인 직육면체 모양의 블록을 같은 방향으로 빈틈없이 쌓아서 가능한 한 작은 정육면체를 만들려고 할 때, 필요한 블록의 개수를 구하고 그 과정을 서술하시오.

26 $\dfrac{35}{12}$와 $\dfrac{42}{5}$에 같은 분수를 곱하여 가장 작은 자연수를 만들려고 한다. 이때 곱할 수 있는 가장 작은 분수를 구하고 그 과정을 서술하시오.

27 어느 학급의 학생 수는 30명보다 많고 40명보다 적다. 이 학급 학생을 2열로 세워도 3열, 4열, 6열로 세워도 항상 1명이 부족하다고 할 때, 이 학급의 학생을 5열로 세우면 남는 학생 수를 구하고 그 과정을 서술하시오.

Ⅱ 정수와 유리수

1 정수와 유리수

01 정수와 유리수의 뜻

정답 및 해설 P.66

① 부호를 가진 수, 정수, 유리수

- **부호를 가진 수**: 서로 반대되는 성질을 가진 수량을 나타낼 때 사용하는 수
- **양수**: 양의 부호 $+$가 붙은 수
  음수: 음의 부호 $-$가 붙은 수
- **정수**
  - 양의 정수: 자연수에 양의 부호 $+$를 붙인 수
  - 0
  - 음의 정수: 자연수에 음의 부호 $-$를 붙인 수
- **유리수**: 분자와 분모($\neq 0$)가 정수인 분수로 나타낼 수 있는 수
  (1) 양의 유리수(양수): 양의 부호 $+$를 붙인 유리수
  (2) 음의 유리수(음수): 음의 부호 $-$를 붙인 유리수
- **유리수의 분류**: 유리수
  - 정수
    - 양의 정수
    - 0
    - 음의 정수
  - 정수가 아닌 유리수

01 다음의 밑줄 친 부분을 부호 $+$, $-$를 사용하여 나타내시오.

(1) 지금의 시간을 기준으로 30분 전을 -30분으로 나타낼 때, <u>40분 후</u>
(2) 동쪽으로 12 km 떨어진 거리를 $+12$ km라고 할 때, <u>서쪽으로 10 km 떨어진 거리</u>
(3) 축구 경기에서 3점 실점을 -3점으로 나타낼 때, <u>2점 득점</u>
(4) 수학 성적이 지난번보다 8점 상승한 것을 $+8$점 이라고 할 때, <u>5점 하락한 경우</u>

02 다음 중 양의 부호 $+$ 또는 음의 부호 $-$를 사용하여 나타낸 것으로 옳지 <u>않은</u> 것은?

① 해발 300 m: -300 m
② 1 kg 감량: -1 kg
③ 3000원 손해: -3000원
④ 지하 2층: -2층
⑤ 득점 10점: $+10$점

03 다음 중 옳지 <u>않은</u> 것은?

① 0은 정수이다.
② 양수는 항상 0보다 크다.
③ 정수는 양의 정수, 0, 음의 정수로 이루어져 있다.
④ 가장 큰 음의 정수는 -1이다.
⑤ 정수는 유한개이다.

04 다음 보기의 수에 대한 설명으로 옳은 것은?

> 보기
> $$-\frac{4}{3},\ 0,\ +5,\ -3,\ 0.75$$

① 가장 큰 수는 0이다.
② 정수가 아닌 유리수는 $-\dfrac{4}{3}$, 0.75이다.
③ 음수 중에서 가장 큰 수는 -3이다.
④ 절댓값이 가장 큰 수는 0.75이다.
⑤ 정수는 $+5$, -3이다.

05 다음 보기의 설명 중 옳은 것을 모두 고르시오.

> 보기
> ㄱ. 모든 자연수는 유리수이다.
> ㄴ. 자연수에 음의 부호를 붙인 수는 음의 정수이다.
> ㄷ. 정수 중 양의 정수가 아닌 수는 음의 정수이다.
> ㄹ. 0은 양수도 아니고 음수도 아니다.

06 다음 중 정수가 <u>아닌</u> 유리수는 몇 개인가?

$$\frac{5}{4},\ \frac{0}{5},\ 3.4,\ -\frac{9}{3},\ 11,\ \frac{18}{4}$$

① 2개 ② 3개 ③ 4개
④ 5개 ⑤ 6개

② 수직선, 절댓값, 절댓값의 성질

- **수직선**: 기준점 O를 0에 두고, 점 O의 좌우에 일정한 간격으로 점을 잡아 오른쪽으로 양의 정수, 왼쪽으로 음의 정수를 차례로 대응시킨 직선

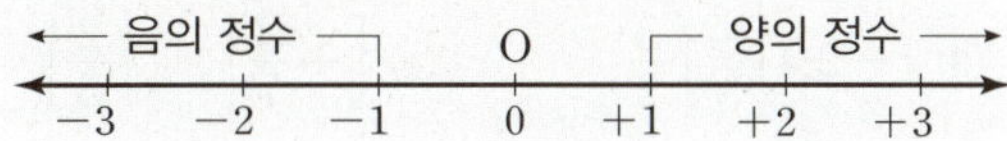

- **절댓값**: 수직선 위에서 어떤 수를 나타내는 점과 원점 사이의 거리로 a의 절댓값은 기호로 $|a|$와 같이 나타낸다.
- **절댓값의 성질**
  (1) 원점에서 멀리 떨어질수록 절댓값이 크다.
  (2) 0의 절댓값은 0이고, 절댓값이 가장 작은 수는 0이다.
  (3) 절댓값이 $a(a>0)$인 수는 $+a$, $-a$의 2개이다.

01 다음 수직선에서 □ 안에 대응되는 수를 쓰시오.

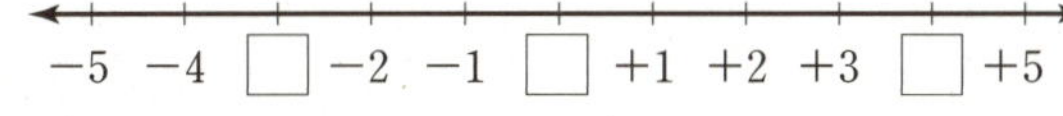

02 다음 중 수직선 위의 점 A, B, C, D, E에 대응하는 수가 옳지 <u>않은</u> 것은?

① A(-4) ② B$\left(-\dfrac{9}{4}\right)$ ③ C$\left(-\dfrac{5}{4}\right)$

④ D$\left(+\dfrac{5}{3}\right)$ ⑤ E$(+3.5)$

03 다음 수를 수직선에 나타내었을 때, 가장 왼쪽에 있는 수는?

① -3 ② $-\dfrac{7}{3}$ ③ 4

④ 0.2 ⑤ 0

04 수직선 위에서 -2와의 거리가 3인 수를 모두 구하시오.

05 다음 중 옳은 것은?

① $|-3|=-3$ ② $|+2.1|=2$ ③ $\left|\dfrac{1}{2}\right|=2$

④ $\left|-\dfrac{5}{4}\right|=\dfrac{5}{4}$ ⑤ $|-4.01|=4$

06 다음 중 절댓값이 가장 큰 수는?

① -2 ② $\dfrac{7}{4}$ ③ 1

④ $-\dfrac{6}{5}$ ⑤ 0

07 다음 중 옳은 것은?

① 절댓값이 0인 수는 2개이다.
② 음수는 절댓값이 클수록 크다.
③ $|-6|$은 $|+4|$보다 크다.
④ 양수와 음수 중에서 절댓값이 큰 수가 더 크다.
⑤ 음수의 절댓값은 자기 자신과 같다.

정답 및 해설 P.67

③ 정수와 유리수의 대소 관계

- 정수와 유리수의 대소 관계
  (1) 양수는 0보다 크고, 음수는 0보다 작다.
  (2) 양수는 절댓값이 큰 수가 크다.
  (3) 음수는 절댓값이 큰 수가 작다.
- 부등호의 사용
  (1) $a > b$: a는 b보다 크다. (a는 b 초과)
  (2) $a < b$: a는 b보다 작다. (a는 b 미만)
  (3) $a \geq b$: a는 b보다 크거나 같다.
     (a는 b 이상, a는 b보다 작지 않다.)
  (4) $a \leq b$: a는 b보다 작거나 같다.
     (a는 b 이하, a는 b보다 크지 않다.)

01 다음 중 유리수의 대소 관계에 대한 설명으로 옳은 것을 모두 고르면?

① 0은 모든 정수 중 가장 작다.
② 절댓값이 같은 두 수가 나타내는 점은 0을 나타내는 점으로부터의 거리가 같다.
③ 두 음의 정수에서는 절댓값이 작은 수가 더 크다.
④ 두 유리수에서는 절댓값이 작은 수가 작다.
⑤ 수직선 위에 수를 나타내었을 때, 오른쪽에 있는 수가 왼쪽에 있는 수보다 작은 경우가 있다.

02 다음 수를 큰 수부터 차례로 나열하시오.

$$-\frac{1}{3}, \ -5, \ 0.2, \ 4.5, \ 3$$

03 다음 중 두 수의 대소 관계가 옳지 <u>않은</u> 것은?

① $-2 > -\dfrac{5}{2}$ ② $-5 < -1$ ③ $0 < -2$

④ $2 < \dfrac{7}{3}$ ⑤ $\dfrac{3}{2} > \dfrac{4}{3}$

04 다음 중 □ 안의 부등호의 방향이 나머지 넷과 <u>다른</u> 하나는?

① $\dfrac{1}{2} \ \square \ 0$ ② $-5 \ \square \ -6$

③ $|-2.4| \ \square \ \dfrac{3}{2}$ ④ $\left|-\dfrac{3}{7}\right| \ \square \ \left|\dfrac{2}{5}\right|$

⑤ $\left|-\dfrac{7}{4}\right| \ \square \ |-2|$

05 다음을 부등호를 사용하여 바르게 나타낸 것은?

a는 -2 이상이고 5보다 크지 않다.

① $-2 < a < 5$ ② $-2 \leq a \leq 5$
③ $-2 < a \leq 5$ ④ $-2 \leq a < 5$
⑤ $a \leq -2, \ a \geq 5$

06 다음 중 부등호의 사용이 옳은 것은?

① x는 3보다 작거나 같다. ➡ $x < 3$
② x는 2 초과이고 7 이하이다. ➡ $2 < x < 7$
③ x는 -1보다 작지 않고 4보다 크지 않다.
   ➡ $-1 \leq x \leq 4$
④ x는 -2보다 크고 6보다 크지 않다.
   ➡ $-2 < x < 6$
⑤ x는 1 이상 3 미만이다. ➡ $1 < x < 3$

07 다음을 만족하는 정수 x의 개수를 구하시오.

(1) $-3 \leq x < 3$
(2) $-2 < x \leq 6$

02 정수와 유리수의 덧셈과 뺄셈

정답 및 해설 P.67

① 덧셈, 덧셈의 계산 법칙

- **두 수의 덧셈**
  (1) 부호가 같은 두 수의 덧셈: 절댓값의 합에 공통인 부호를 붙인다.
  (2) 부호가 다른 두 수의 덧셈: 절댓값의 차에 절댓값이 큰 수의 부호를 붙인다.
- **덧셈의 계산 법칙**
  세 수 a, b, c에 대하여 다음이 성립한다.
  (1) 교환법칙: $a+b=b+a$
  (2) 결합법칙: $(a+b)+c=a+(b+c)$

01 다음 중 아래 수직선이 나타내는 덧셈 식은?

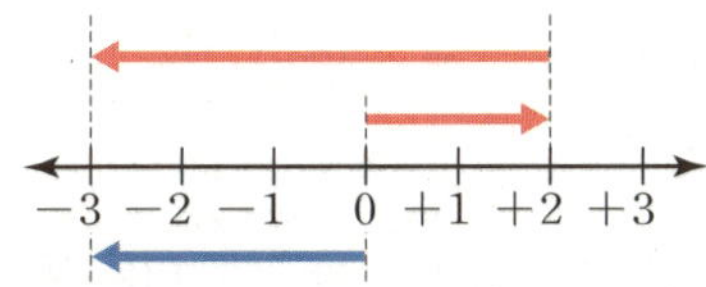

① $(-3)+(-2)=-5$
② $(-3)+(+5)=+2$
③ $(+2)+(-5)=-3$
④ $(-2)+(+5)=+3$
⑤ $(-5)+(+3)=-2$

02 다음 중 계산 결과가 가장 큰 것은?

① $(+4)+(-7)$　　② $(-9)+(-10)$
③ $(+2)+(+4)$　　④ $(-3)+(+12)$
⑤ $(-4)+(+11)$

03 $-\dfrac{9}{7}$보다 $\dfrac{1}{3}$만큼 큰 수는?

① -2　　② $-\dfrac{34}{21}$　　③ $-\dfrac{20}{21}$
④ $-\dfrac{4}{5}$　　⑤ $\dfrac{34}{21}$

04 재우는 출발점으로부터 동쪽으로 7 km를 가다가 서쪽으로 9 km를 가고 다시 동쪽으로 5 km를 갔다고 한다. 이때 재우가 서 있는 위치는?

① 출발점　　　　　② 동쪽 3 km
③ 서쪽 3 km　　　④ 동쪽 5 km
⑤ 서쪽 5 km

05 다음 중 덧셈의 교환법칙이 사용된 것은?

① $-a+b=-b+a$
② $-(a+b)=-a-b$
③ $-a-b=(-a)+(-b)$
④ $a-b+c=a+c-b$
⑤ $(a+b)+c=a+(b+c)$

06 다음 □ 안에 알맞은 덧셈의 계산법칙을 쓰시오.

$$\left(-\frac{2}{3}\right)+\left(+\frac{8}{5}\right)+\left(-\frac{1}{3}\right)+\left(+\frac{7}{5}\right)$$
$$=\left(-\frac{2}{3}\right)+\left(-\frac{1}{3}\right)+\left(+\frac{8}{5}\right)+\left(+\frac{7}{5}\right)$$
$$=\left\{\left(-\frac{2}{3}\right)+\left(-\frac{1}{3}\right)\right\}+\left\{\left(+\frac{8}{5}\right)+\left(+\frac{7}{5}\right)\right\}$$
$$=(-1)+(+3)=+2$$

07 다음 식을 덧셈의 교환법칙과 결합법칙을 사용하여 계산하시오.

(1) $\left(-\dfrac{3}{4}\right)+(+3)+\left(-\dfrac{9}{4}\right)+(+1)$

(2) $\left(-\dfrac{1}{2}\right)+\left(+\dfrac{2}{3}\right)+\left(-\dfrac{3}{4}\right)+\left(+\dfrac{1}{2}\right)+\left(-\dfrac{2}{3}\right)+\left(+\dfrac{3}{4}\right)$

② **뺄셈**

> • **수의 뺄셈**: 빼는 수의 부호를 바꾸어 덧셈으로 고쳐서 계산한다.
> $$-(-a)=+(+a), \quad -(+a)=+(-a)$$

01 다음은 $(+5)-(-2)$를 계산하는 과정이다. □ 안에 들어갈 수를 차례로 적은 것은?

$$(+5)-(-2)=(+5)+(\Box)=\Box$$

① $-2, +3$ ② $-2, -3$ ③ $+2, +3$
④ $+2, +7$ ⑤ $-2, -7$

02 수직선에서 $-\dfrac{5}{4}$를 나타내는 점으로부터 왼쪽으로 $+\dfrac{2}{3}$ 만큼 떨어진 점이 나타내는 수는?

① $-\dfrac{23}{12}$ ② $-\dfrac{7}{12}$ ③ $\dfrac{1}{4}$
④ $\dfrac{7}{12}$ ⑤ $\dfrac{23}{12}$

03 다음 중 계산이 옳은 것은?

① $(+4)-(-1)=3$
② $\left(-\dfrac{5}{2}\right)-\left(+\dfrac{1}{2}\right)=-2$
③ $(+1)-\left(+\dfrac{2}{3}\right)=-\dfrac{1}{3}$
④ $\left(+\dfrac{1}{3}\right)-\left(+\dfrac{5}{12}\right)=-\dfrac{1}{12}$
⑤ $(-1.2)-(-6.5)=7.7$

04 다음 중 계산한 값이 나머지 넷과 다른 하나는?

① $(-1)-(+1)$ ② $(-4)-(-2)$
③ $(-5)-(-7)$ ④ $0-(+2)$
⑤ $(-6)+(+4)$

05 다음 중 계산 결과를 수직선 위에 나타낼 때, 가장 왼쪽에 위치하는 것은?

① $(-9)-(+2)$ ② $(-12)+(+4)$
③ $(-4)-(-15)$ ④ $(+8)+(+7)$
⑤ $(+5)-(+9)$

06 다음 네 개의 유리수 중 서로 다른 두 수를 뽑아 두 수의 차 중 가장 큰 값을 구하면?

$$-\dfrac{9}{2}, \ 1, \ \dfrac{7}{3}, \ -2$$

① $\dfrac{23}{6}$ ② $\dfrac{41}{6}$ ③ $\dfrac{39}{6}$
④ $\dfrac{11}{2}$ ⑤ 3

07 다음 도시 중 일교차(하루의 최고 기온과 최저 기온의 차)가 가장 작은 곳은 어느 곳인지 구하시오.

도시 이름	최고 기온	최저 기온
A시	영상 5.4 ℃	영상 2.2 ℃
B시	영상 2.8 ℃	영하 3.1 ℃
C시	영상 1.3 ℃	영하 3.2 ℃
D시	영상 2.5 ℃	영하 2.7 ℃
E시	영하 2.7 ℃	영하 7.5 ℃

③ 덧셈과 뺄셈의 혼합 계산

> (1) 뺄셈은 모두 덧셈으로 바꾼다.
> (2) 덧셈의 교환법칙과 결합법칙을 이용하여 양수는 양수끼리, 음수는 음수끼리 계산한다.
> (3) 부호가 없는 수는 +가 생략된 것으로 생각하여 계산한다.

01 다음을 계산하시오.

(1) $6-8+4-3$

(2) $7-4-9$

(3) $-4-6+0+7$

(4) $15+7-3+6$

(5) $-10+7.5-1.2-2.1$

(6) $\dfrac{1}{2}-\dfrac{2}{3}+\dfrac{3}{4}$

(7) $-\dfrac{1}{5}+\dfrac{3}{4}-0.2-\dfrac{3}{5}$

(8) $(-3)-\left(-\dfrac{4}{5}\right)-6+\dfrac{1}{5}$

(9) $3-\dfrac{1}{4}-\dfrac{3}{8}+\dfrac{5}{2}$

02 다음 중 계산이 옳은 것은?

① $(+3.7)+(-1.8)=5.5$

② $\dfrac{1}{12}-\dfrac{1}{3}+\dfrac{3}{4}=\dfrac{1}{3}$

③ $(-12)+(+8)-(-4)=0$

④ $(-8)+\left(-\dfrac{2}{5}\right)-\left(-\dfrac{3}{2}\right)=-\dfrac{2}{10}$

⑤ $\left(-\dfrac{1}{3}\right)+\left(-\dfrac{2}{7}\right)-\left(-\dfrac{5}{3}\right)=\dfrac{1}{3}$

03 $\dfrac{1}{3}-\left(-\dfrac{3}{4}\right)-\left\{(+2)+\left(-\dfrac{3}{2}\right)\right\}$을 계산하면?

① $-\dfrac{5}{12}$ ② $-\dfrac{3}{12}$ ③ $\dfrac{7}{12}$

④ $\dfrac{13}{12}$ ⑤ $\dfrac{37}{12}$

04 $3-\dfrac{7}{6}+\dfrac{2}{3}-5$를 계산하면?

① $-\dfrac{5}{2}$ ② $-\dfrac{3}{2}$ ③ $-\dfrac{1}{2}$

④ $\dfrac{1}{2}$ ⑤ $\dfrac{5}{2}$

05 $a=\left(+\dfrac{1}{5}\right)-\left(-\dfrac{2}{5}\right),\ b=\left(+\dfrac{3}{5}\right)-\left(-\dfrac{1}{3}\right)-\left(+\dfrac{5}{6}\right)$ 일 때, $a-b$의 값을 구하시오.

06 $\left(+\dfrac{3}{4}\right)-\left(+\dfrac{4}{5}\right)-\left(-\dfrac{3}{10}\right)+(+2)$의 계산 결과를 기약분수로 나타내면 $\dfrac{a}{b}$이다. 자연수 a, b에 대하여 $a-b$의 값을 구하시오.

07 -4보다 $\dfrac{3}{2}$만큼 작은 수를 a, -3보다 7만큼 큰 수를 b라고 할 때, $b-a$의 값을 구하시오.

03 정수와 유리수의 곱셈과 나눗셈

정답 및 해설 P.70

① 곱셈

- **두 수의 곱셈**
  (1) 부호가 같은 두 수의 곱셈: 두 수의 절댓값의 곱에 양의 부호 +를 붙인다.
  (2) 부호가 다른 두 수의 곱셈: 두 수의 절댓값의 곱에 음의 부호 −를 붙인다.

01 다음을 계산하시오.

(1) $(-3) \times (+4)$

(2) $(+12) \times (-7)$

(3) $(-18) \times (+3)$

(4) $(+32) \times (-4)$

(5) $(-20) \times \left(-\dfrac{1}{5}\right)$

(6) $\left(-\dfrac{2}{3}\right) \times \left(+\dfrac{9}{8}\right)$

(7) $\left(+\dfrac{5}{6}\right) \times \left(-\dfrac{3}{8}\right)$

(8) $(+14) \times \left(-\dfrac{2}{7}\right)$

02 다음 중 계산 결과가 옳지 <u>않은</u> 것은?

① $(-27) \times 0 = 0$

② $(-3) \times (+2) = -6$

③ $(-4) \times (-5) = +20$

④ $(-7) \times (-8) = +56$

⑤ $(-1) \times (-1) = -2$

03 다음 중 $(-3) \times (-4)$와 계산 결과가 같은 것은?

① $(+2) \times (+5)$

② $(+4) \times (-3)$

③ $(+6) \times (-2)$

④ $(+6) \times (+2)$

⑤ $(-6) \times (-3)$

04 다음 계산 결과 중 그 값이 가장 작은 것은?

① $\left(-\dfrac{2}{3}\right) \times (+9)$

② $\left(-\dfrac{7}{10}\right) \times \left(-\dfrac{5}{3}\right)$

③ $(-12) \times \left(-\dfrac{1}{6}\right)$

④ $\left(+\dfrac{2}{9}\right) \times \left(+\dfrac{5}{4}\right)$

⑤ $(-2) \times (-2)$

05 다음 중 계산 결과가 나머지 넷과 <u>다른</u> 하나는?

① $(+2) \times (-6)$

② $(+3) \times (-4)$

③ $(+24) \times \left(-\dfrac{1}{2}\right)$

④ $\left(-\dfrac{5}{2}\right) \times \left(+\dfrac{24}{5}\right)$

⑤ $\left(-\dfrac{4}{3}\right) \times \left(+\dfrac{9}{2}\right)$

06 다음 중 옳지 <u>않은</u> 것은?

① 음수인 두 수의 곱은 항상 양수이다.

② 어떤 수에 0을 곱하면 0이다.

③ 부호가 같은 두 수의 곱의 부호는 두 수의 공통인 부호와 같다.

④ 부호가 다른 두 수의 곱은 항상 음수이다.

⑤ 어떤 수에 +1을 곱하면 자기 자신이다.

07 세 수 a, b, c에 대하여 $a \times b < 0$, $b \times c > 0$, $a > b$일 때, a, b, c의 부호는?

① $a > 0$, $b > 0$, $c > 0$

② $a < 0$, $b < 0$, $c > 0$

③ $a > 0$, $b < 0$, $c > 0$

④ $a > 0$, $b < 0$, $c < 0$

⑤ $a < 0$, $b < 0$, $c < 0$

② 곱셈의 계산 법칙

- **곱셈의 계산 법칙**
  세 수 a, b, c에 대하여 다음이 성립한다.
  (1) 교환법칙: $a \times b = b \times a$
  (2) 결합법칙: $(a \times b) \times c = a \times (b \times c)$
  (3) 분배법칙: $a \times (b+c) = a \times b + a \times c$
- **세 개 이상의 수의 곱셈**
  (1) 곱의 부호를 먼저 정한다.
  ➡ 음수가 짝수 개이면 $+$, 홀수 개이면 $-$
  (2) 각 수의 절댓값의 곱에 (1)의 부호를 붙인다.
- **거듭제곱의 계산**
  (1) 양수의 거듭제곱: 항상 $+$
  (2) 음수의 거듭제곱:
  $$\text{거듭제곱의 지수가} \begin{cases} \text{짝수이면 } + \\ \text{홀수이면 } - \end{cases}$$

01 다음 계산 과정에서 (가)~(라)에 알맞은 것을 쓰시오.

$$(+4) \times (-0.15) \times (+5)$$
$$= (-0.15) \times (+4) \times (+5) \quad\leftarrow\text{곱셈의 } \boxed{\text{(가)}} \text{ 법칙}$$
$$= (-0.15) \times \{(+4) \times (+5)\} \quad\leftarrow\text{곱셈의 } \boxed{\text{(나)}} \text{ 법칙}$$
$$= (-0.15) \times (\boxed{\text{(다)}})$$
$$= \boxed{\text{(라)}}$$

02 다음 계산 과정 중 ㉠, ㉡에 이용된 계산 법칙을 차례로 나열한 것은?

$$32 \times 0.7 + 80 \times 0.7 + (-12) \times 0.7$$
$$= \{32 + 80 + (-12)\} \times 0.7 \quad\rbrace ㉠$$
$$= \{32 + (-12) + 80\} \times 0.7 \quad\rbrace ㉡$$
$$= (20 + 80) \times 0.7$$
$$= 100 \times 0.7 = 70$$

① 분배법칙, 덧셈의 교환법칙
② 분배법칙, 곱셈의 교환법칙
③ 분배법칙, 곱셈의 결합법칙
④ 덧셈의 결합법칙, 곱셈의 교환법칙
⑤ 덧셈의 결합법칙, 곱셈의 결합법칙

03 다음 중 $13 \times 79 + 13 \times 21$을 계산하는 데 가장 편리하게 사용될 수 있는 계산 법칙은?

① $a + b = b + a$
② $a \times b = b \times a$
③ $(a+b) + c = a + (b+c)$
④ $(a \times b) \times c = a \times (b \times c)$
⑤ $a \times b + a \times c = a \times (b+c)$

04 다음 □ 안에 알맞은 것을 쓰시오.

$$\frac{2018}{2009} \times \frac{8}{9} - \frac{9}{2009} \times \frac{8}{9}$$
$$= \left(\frac{2018}{2009} - \frac{9}{2009}\right) \times \boxed{} \quad\leftarrow \boxed{} \text{ 법칙}$$
$$= \frac{2009}{2009} \times \boxed{} = \boxed{}$$

05 세 유리수 a, b, c에 대하여 $a \times b = 10$, $a \times (b-c) = 15$일 때, $a \times c$의 값을 구하시오.

06 다음을 계산하시오.

(1) $(-2) \times \left(-\dfrac{5}{6}\right) \times \dfrac{12}{5} \times \dfrac{1}{4}$

(2) $\left(-\dfrac{1}{2}\right) \times \left(-\dfrac{2}{3}\right) \times \left(-\dfrac{3}{4}\right) \times \left(-\dfrac{4}{5}\right)$

(3) $\left(-\dfrac{2}{3}\right) \times \left(-\dfrac{1}{6}\right) \times \left(-\dfrac{3}{7}\right)^2$

(4) $\left(-\dfrac{1}{3}\right)^3 \times 2.5 \times \left(-\dfrac{1}{10}\right)$

Ⅱ

07 다음을 계산하면?

$$\left(-\frac{3}{4}\right)\times\left(+\frac{3}{5}\right)\times(-5)\times\frac{1}{6}\times\left(-\frac{8}{9}\right)$$

① $-\dfrac{1}{6}$ ② $-\dfrac{1}{3}$ ③ 0

④ $\dfrac{1}{6}$ ⑤ $\dfrac{1}{3}$

08 $\left(-\dfrac{1}{3}\right)\times\left(-\dfrac{3}{5}\right)\times\left(-\dfrac{5}{7}\right)\times\cdots\times\left(-\dfrac{99}{101}\right)$를 계산하면?

① $-\dfrac{1}{99}$ ② $-\dfrac{1}{101}$ ③ $\dfrac{1}{101}$

④ $\dfrac{1}{99}$ ⑤ 1

09 다음 수 중에서 가장 큰 수, 절댓값이 가장 큰 수, 절댓값이 가장 작은 수를 모두 곱하시오.

$$-\frac{5}{2},\ 0.5,\ -2,\ \frac{15}{4},\ -4$$

10 4개의 유리수 $-\dfrac{5}{2},\ -\dfrac{2}{3},\ \dfrac{1}{2},\ -6$ 중에서 세 수를 뽑아 곱한 수 중 가장 큰 수를 구하시오.

11 $-(-1)^{10}-(-1)^{11}+(-1)^{12}$을 계산하면?

① -2 ② -1 ③ 0

④ 1 ⑤ 2

12 다음 중 계산 결과가 옳지 <u>않은</u> 것은?

① $-3^2=-9$ ② $(-2)^3=-8$

③ $\left(-\dfrac{2}{3}\right)^2=\dfrac{4}{9}$ ④ $-\left(-\dfrac{1}{2}\right)^2=\dfrac{1}{4}$

⑤ $\left(-\dfrac{5}{4}\right)^2=\dfrac{25}{16}$

13 다음 중 계산 결과가 가장 작은 것은?

① $\left(-\dfrac{1}{2}\right)^2$ ② $\left(-\dfrac{1}{2}\right)^3$ ③ $-\dfrac{1}{3^2}$

④ $\left(-\dfrac{1}{3}\right)^2$ ⑤ $\left(-\dfrac{2}{3}\right)^3$

14 다음 중 계산 결과가 나머지 넷과 <u>다른</u> 하나는?

① $(-1)^{99}$ ② $-(-5)^2\times\dfrac{1}{5^2}$

③ $(-2)^2\times\dfrac{1}{4}$ ④ $-\dfrac{1}{9}\times 3^2$

⑤ $(-1)^4\times 2\times\left(-\dfrac{1}{2}\right)$

❸ 나눗셈

> • **두 수의 나눗셈**
> (1) 부호가 같은 두 수의 나눗셈: 두 수의 절댓값의 나눗셈의 몫에 양의 부호 $+$를 붙인다.
> (2) 부호가 다른 두 수의 나눗셈: 두 수의 절댓값의 나눗셈의 몫에 음의 부호 $-$를 붙인다.
> • **역수**: 두 수의 곱이 1이 될 때, 한 수를 다른 수의 역수라고 한다.
> • **역수를 이용한 나눗셈**: 나누는 수의 역수를 곱하여 계산한다.

01 다음을 계산하시오.

(1) $(+8) \div (+2)$
(2) $(-8) \div (-2)$
(3) $(+16) \div (-2)$
(4) $(-18) \div (+3)$
(5) $(+49) \div (-7)$
(6) $0 \div (-3)$

02 다음 중 계산 결과가 가장 큰 것은?

① $(+24) \div (-4)$　　② $(+24) \div (+4)$
③ $(+36) \div (-9)$　　④ $(-36) \div (-9)$
⑤ $(+25) \div (-5)$

03 다음 중 두 수가 서로 역수인 것은?

① $3,\ -3$　　　　② $0.13,\ \dfrac{13}{100}$
③ $0,\ \dfrac{0}{3}$　　　　④ $-1.25,\ -\dfrac{4}{5}$
⑤ $-\dfrac{1}{10},\ 10$

04 -2의 역수와 $-\dfrac{1}{2}$의 역수의 곱은?

① -1　　　　② $-\dfrac{1}{4}$　　　　③ $\dfrac{1}{4}$
④ 1　　　　⑤ 4

05 다음을 계산하시오.

(1) $\left(+\dfrac{5}{2}\right) \div (-5)$
(2) $(+3) \div \left(-\dfrac{9}{10}\right)$
(3) $\left(-\dfrac{5}{3}\right) \div \left(-\dfrac{1}{3}\right)$
(4) $\dfrac{1}{4} \div (-3) \div 5 \div \dfrac{3}{10}$

06 다음 중 계산 결과가 옳지 <u>않은</u> 것은?

① $(+36) \div (-6) = -6$
② $\left(-\dfrac{1}{3}\right) \div 0 = 0$
③ $\left(-\dfrac{1}{2}\right)^2 \div \dfrac{1}{8} = 2$
④ $\left(-\dfrac{9}{10}\right) \div \left(-\dfrac{6}{20}\right) = 3$
⑤ $\left(-\dfrac{8}{3}\right) \div \left(-\dfrac{5}{6}\right) = \dfrac{16}{5}$

07 $\left(-\dfrac{5}{3}\right) \times \left(-\dfrac{1}{4}\right) \times \square = -5$일 때, $\square$ 안에 들어갈 수를 구하시오.

정답 및 해설 P.72

④ 덧셈, 뺄셈, 곱셈, 나눗셈의 혼합 계산

(1) 거듭제곱이 있으면 먼저 계산한다.
(2) 괄호가 있는 식은 소괄호 ( ), 중괄호 { }, 대괄호
[ ] 순으로 계산한다.
(3) 곱셈, 나눗셈을 먼저 계산한 후 덧셈, 뺄셈을 계산
한다.

01 다음 식의 계산 순서를 옳게 나타낸 것은?

$$\left(-\frac{1}{6}\right)-\frac{5}{4}\div\left\{\left(\frac{1}{2}-\frac{3}{4}\right)\times\frac{7}{6}\right\}$$

$$\uparrow\qquad\uparrow\qquad\uparrow\qquad\uparrow$$
$$ⓐ\qquadⓑ\qquadⓒ\qquadⓓ$$

① ㉠ → ㉡ → ㉢ → ㉣
② ㉠ → ㉡ → ㉣ → ㉢
③ ㉢ → ㉣ → ㉠ → ㉡
④ ㉢ → ㉣ → ㉡ → ㉠
⑤ ㉣ → ㉢ → ㉠ → ㉡

02 다음을 계산하시오.

(1) $(-4)^2\div(-2)\times(-3)$
(2) $-6+4\times(-2)\div2$
(3) $(-4)\times6-35\div(-5)$
(4) $(-18)\div(-3)^2\times(-6)$
(5) $(-3)^2\times4-15\div(-5)$
(6) $\dfrac{5}{3}\times\left(-\dfrac{1}{2}\right)\div10$
(7) $(-6)\div\left(-\dfrac{2}{3}\right)+(-2)$
(8) $-3-10\times\left(-\dfrac{4}{5}\right)^2\div\left(-\dfrac{2}{3}\right)^2$
(9) $\dfrac{1}{2}-\dfrac{2}{3}\div\left(-\dfrac{2}{7}\right)$
(10) $\left(-\dfrac{7}{4}\right)\times\left(-\dfrac{2}{3}\right)+\dfrac{5}{2}\times\left(-\dfrac{1}{10}\right)$

03 다음을 계산하시오.

(1) $-7\times(-4)\div\{(-21)-(-7)\}$
(2) $(-30)\div6-\{4-(-7)\}\times(-1)$
(3) $3-\{(-2)^3\times6-6\div2\}$
(4) $2-(-2)^2\div\left\{3\div\left(\dfrac{3}{4}-\dfrac{1}{3}\right)\right\}$
(5) $\dfrac{1}{3}\times\left\{(-15)\times\left(-\dfrac{3}{5}\right)-2\right\}-2$
(6) $1-\left\{(-1)+(-1)^2\div\dfrac{1}{2}-(-1)\times\left(\dfrac{1}{3}\right)^2\right\}$

04 다음 중 계산 결과가 옳지 <u>않은</u> 것은?

① $10\div(-2)+(-4)^2=11$
② $(-3)\times8-(-6)\div(-2)=-21$
③ $(-2)\times(-6)-8\div4=10$
④ $1-\{(-2)^2\times3-(-1)\}=-12$
⑤ $2-\{(-6)^2-5^2\}\times2=-20$

05 $\dfrac{3}{4}\div\left(-\dfrac{1}{2}\right)^2-(-2)\times\left\{\dfrac{5}{2}+(-1)^3\right\}$ 을 계산하면?

① 2 　　　　 ② 4 　　　　 ③ 6
④ 8 　　　　 ⑤ 10

06 다음 중 계산 결과가 가장 큰 것은?

① $2\times(-3)-32\div(-16)$
② $(-24)\div\{(-4)+16\}\times2$
③ $(-25)\times(-9)\times4$
　　　　$+(-5)\times(+33)\times(-2)\times(-3)$
④ $(-9)+(-1)^2-2^3-4\div\left(-\dfrac{1}{2}\right)$
⑤ $(-1)^2+\left[\left\{1-\left(-\dfrac{5}{9}\right)\times\left(+\dfrac{3}{4}\right)\right\}\div\dfrac{7}{3}\right]$

01 다음 밑줄 친 부분을 양의 부호 $+$ 또는 음의 부호 $-$를 사용하여 나타낼 때, 부호가 다른 하나는?

① 수박 가격이 2000원 올랐다.
② 작년보다 몸무게가 2 kg 더 나간다.
③ 수학 점수가 5점 떨어졌다.
④ 학교는 5분 후에 간다.
⑤ 지하철 요금이 100원 올랐다.

02 다음 설명 중 옳은 것은?

① 정수는 양의 정수와 음의 정수로 이루어져 있다.
② 음의 정수는 절댓값이 큰 수가 작다.
③ 0은 유리수가 아니다.
④ 가장 큰 음의 유리수는 -1이다.
⑤ 수직선에서 오른쪽에 있는 수일수록 절댓값이 크다.

03 다음 중 절댓값이 2보다 작은 수는 모두 몇 개인가?

$$-3, \ +1, \ \frac{1}{3}, \ 0.5, \ -\frac{5}{6}, \ -2.3$$

① 1개　　　　② 2개　　　　③ 3개
④ 4개　　　　⑤ 5개

04 다음 수를 수직선 위에 나타낼 때, 원점에서 가장 가까운 수는?

① $-\dfrac{5}{3}$　　　② $-\dfrac{7}{2}$　　　③ 1
④ -2　　　⑤ $\dfrac{12}{5}$

05 'x는 -3보다 크고 $\dfrac{4}{5}$보다 크지 않다.'를 부등호를 사용하여 나타내면?

① $-3 < x < \dfrac{4}{5}$　　　② $-3 \leq x < \dfrac{4}{5}$
③ $-3 < x \leq \dfrac{4}{5}$　　　④ $-3 \leq x \leq \dfrac{4}{5}$
⑤ $x \geq \dfrac{4}{5}$

06 $-\dfrac{5}{2} \leq x < 3.5$를 만족하는 정수 x의 개수는?

① 4　　　　② 5　　　　③ 6
④ 7　　　　⑤ 8

07 다음 중 대소 관계가 옳지 <u>않은</u> 것은?

① $-10.5 > -20.4$　　　② $|-1.5| > |+0.8|$
③ $-\dfrac{1}{2} > -1$　　　④ $-\dfrac{1}{2} < -\dfrac{1}{3}$
⑤ $-\dfrac{1}{2} > \left(-\dfrac{2}{3}\right)^2$

08 정수 n에 대하여 $\left|\dfrac{n}{4}\right| < 2$를 만족하는 n의 개수를 구하시오.

09 두 수 a, b에 대하여 $a<0$, $b>0$, $|b|<|a|<2|b|$이다. 다음의 수를 큰 수부터 나열할 때, 3번째에 오는 수를 말하시오.

$$-a, \ -b, \ a+b, \ a-b, \ b, \ a$$

10 다음 중 계산 결과가 옳지 <u>않은</u> 것은?

① $-3+9=6$
② $5-7=-2$
③ $2-\dfrac{1}{3}=\dfrac{5}{3}$
④ $-\dfrac{4}{5}+\dfrac{5}{3}=-\dfrac{13}{15}$
⑤ $2.5-\dfrac{3}{4}=\dfrac{7}{4}$

11 어떤 유리수에 $\dfrac{1}{5}$을 더할 것을 잘못하여 $\dfrac{2}{3}$를 더하였더니 $-\dfrac{4}{5}$가 되었다고 할 때, 바르게 계산한 값은?

① $-\dfrac{1}{5}$
② $\dfrac{3}{5}$
③ $-\dfrac{1}{15}$
④ $\dfrac{4}{15}$
⑤ $-\dfrac{19}{15}$

12 오른쪽 그림의 전개도를 접어 정육면체를 만들었을 때, 마주 보는 두 면의 합이 모두 같다. 이때 ㉠$-$㉡의 값을 구하시오.

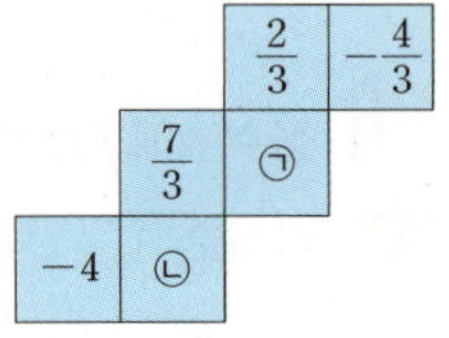

13 5의 역수를 a, $-\dfrac{8}{5}$의 역수를 b라고 할 때, $a\times b$의 값을 구하시오.

14 다음 중 가장 큰 수는?

① $-\left(-\dfrac{1}{2}\right)^2$
② $-\left(-\dfrac{1}{2}\right)^3$
③ $-\dfrac{1}{2^3}$
④ $-\dfrac{1}{2^2}$
⑤ $\left(-\dfrac{1}{2}\right)^3$

15 n이 짝수일 때,
$$(-1)^n+(-1)^{n+1}\times(-1)^n-\{(-1)^{n+1}-(-1)^n\}$$
을 계산하시오.

16 두 유리수 a, b에 대하여 $a<0$, $b<0$이고, $|a|>|b|$일 때, 다음 중 옳은 것은?

① $a-b>0$
② $a+b>0$
③ $b\div a<0$
④ $a\times b<0$
⑤ $(-a)-(-b)>0$

17 추론 세 정수의 곱이 -15이고 합이 -1일 때, 세 정수를 구하시오.

18 다음 중 계산이 옳지 <u>않은</u> 것은?

① $-4+3-1=-2$

② $\dfrac{2}{5}-\dfrac{3}{4}+\dfrac{1}{2}=\dfrac{3}{20}$

③ $5\times(-2)\div4=-\dfrac{5}{2}$

④ $\left(-\dfrac{3}{7}\right)\div\left(-\dfrac{9}{14}\right)\times\dfrac{1}{2}=\dfrac{1}{3}$

⑤ $(-3)^3\times\dfrac{3}{8}\div\left(-\dfrac{3}{2}\right)^2=-\dfrac{9}{4}$

19 $\dfrac{1}{2}+\left(\dfrac{2}{3}-\square\right)\div\dfrac{5}{9}=\dfrac{5}{4}$ 일 때, $\square$ 안에 알맞은 수는?

① $-\dfrac{2}{5}$ ② $\dfrac{1}{6}$ ③ $\dfrac{1}{4}$

④ $\dfrac{1}{2}$ ⑤ $\dfrac{2}{3}$

20 다음 식을 계산하는 순서와 결과를 옳게 나타낸 것은?

$$4-10\div\left\{\left(\dfrac{9}{4}-6\right)\times\left(-\dfrac{8}{3}\right)\right\}$$

$$\uparrow\quad\uparrow\qquad\uparrow\qquad\uparrow$$

$$㉠\quad㉡\qquad㉢\qquad㉣$$

① $㉠\rightarrow㉡\rightarrow㉢\rightarrow㉣,\ 2$

② $㉠\rightarrow㉢\rightarrow㉡\rightarrow㉣,\ -\dfrac{1}{2}$

③ $㉡\rightarrow㉠\rightarrow㉣\rightarrow㉢,\ 3$

④ $㉢\rightarrow㉣\rightarrow㉠\rightarrow㉡,\ -\dfrac{1}{2}$

⑤ $㉢\rightarrow㉣\rightarrow㉡\rightarrow㉠,\ 3$

21 다음을 계산하면?

$$1-\dfrac{1}{3}\times\left[5-\left\{-\dfrac{1}{2}\times(-2)+1\right\}\right]$$

① -2 ② -1 ③ 0

④ 1 ⑤ 2

22 다음 중 대소 관계가 옳은 것은?

① $\dfrac{5}{4}\div\dfrac{5}{3}<0.75$

② $|-7+3|>|-7|+|3|$

③ $-\dfrac{3}{4}+\dfrac{6}{5}+\dfrac{5}{4}<-\dfrac{1}{2}\times\dfrac{3}{5}\times\left(-\dfrac{5}{6}\right)$

④ $12\times0.075+12\times0.125>-\left(\dfrac{3}{4}-\dfrac{5}{6}\right)\times12$

⑤ $(-2)^2\div(-2^2)\times\left(-\dfrac{1}{4}\right)>(-1)^{100}\times\left(-\dfrac{1}{2}\right)^2$

23 문제 해결 지현이와 수현이는 계단에서 가위바위보를 하여 이긴 사람은 위로 3칸, 진 사람은 아래로 2칸, 비기면 둘이 같이 위로 한 칸씩 이동하는데, 가위바위보를 10번 하여 지현이가 4번 이기고 5번 비기고 1번 졌다고 한다. 지현이와 수현이가 같은 위치에서 시작했을 때, 지현이는 수현이보다 몇 칸 위에 있는가?

① 9칸   ② 11칸   ③ 13칸

④ 15칸   ⑤ 17칸

서술형

24 두 수 x, y에 대하여 $|x|=|y|$, $x>y$이고 수직선에서 두 수를 나타낸 점 사이의 거리가 $\dfrac{16}{5}$일 때, x, y의 값을 구하고 그 과정을 서술하시오.

25 오른쪽 그림에서 가로, 세로, 대각선에 있는 수들의 합이 모두 같도록 A, B의 값을 정할 때, $B \div A$의 값을 구하고 그 과정을 서술하시오.

-4		
9	1	-7
A		B

26 창의·융합

A, B, C 세 대의 컴퓨터에는 다음과 같은 프로그램이 입력되어 있다.

> A 컴퓨터: 입력된 수에 2를 곱한 다음 $\dfrac{2}{3}$를 뺀다.
> B 컴퓨터: 입력된 수에서 2를 뺀 다음 -1을 곱한다.
> C 컴퓨터: 입력된 수에서 $\dfrac{1}{3}$을 뺀 다음 -3으로 나눈다.

$\dfrac{3}{2}$ → A 컴퓨터 → B 컴퓨터 → C 컴퓨터 → □일 때, □ 안에 들어갈 알맞은 값을 구하고 그 과정을 서술하시오.

27 다음 수 중 세 수를 뽑아 곱한 결과 중 가장 큰 수를 a, 가장 작은 수를 b라고 할 때, $a-b$의 값을 구하고 그 과정을 서술하시오.

$$-\frac{2}{3}, \ -\frac{3}{2}, \ \frac{1}{4}, \ -2$$

28 두 수 A, B에 대하여
$$A=(-2)-(-3)^2\times\left(-\frac{2}{3}\right)^2,$$
$$B=\left(-\frac{8}{15}\right)+\left(-\frac{1}{3}\right)^2\times\frac{9}{5}$$
일 때, $A \div B$의 값을 구하고 그 과정을 서술하시오.

29 주사위를 던져 소수의 눈이 나오면 그 눈의 수의 2배만큼의 점수를 얻고, 소수가 아닌 수가 나오면 그 눈의 수의 2배만큼의 점수를 잃는 놀이를 하려고 한다. 재우와 지민이가 주사위를 각각 4회씩 던져 나온 눈이 다음 표와 같을 때, 점수가 높은 사람이 누구인지 말하고 그 과정을 서술하시오.

	1회	2회	3회	4회
재우	2	4	6	1
지민	3	5	4	2

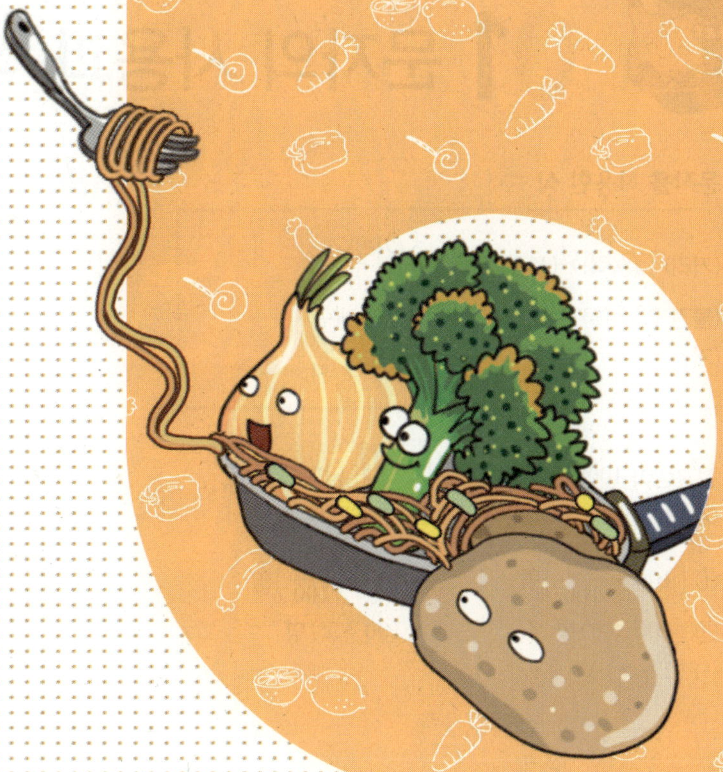

III 문자와 식

1 문자의 사용과 식의 계산

01 문자의 사용과 식의 값

02 일차식의 계산

2 일차방정식

01 방정식과 그 해

02 일차방정식의 풀이

03 일차방정식의 활용

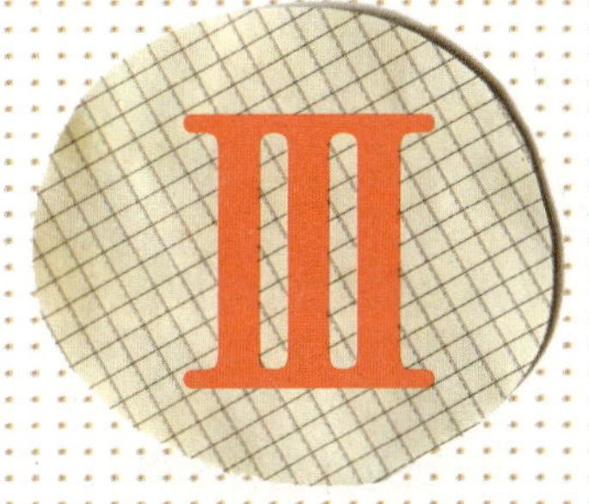

01 문자의 사용과 식의 값

정답 및 해설 P.77

① 문자를 사용한 식

- (거리)=(속력)×(시간), (속력)=$\dfrac{(거리)}{(시간)}$
- (물건 값)=(물건 1개의 값)×(물건의 개수)
- (거스름돈)=(지불한 금액)−(물건 값)

01 전교생이 100명인 중학교에서 $x\,\%$가 남학생일 때, 여학생 수를 x를 사용한 식으로 나타내면?

① $\left(100-\dfrac{x}{100}\right)$명 ② $\left(100+\dfrac{x}{100}\right)$명

③ $(100-x)$명 ④ $(100+x)$명

⑤ $(1-x)$명

02 다음 중 옳지 <u>않은</u> 것은?

① 한 변의 길이가 $x\,\mathrm{cm}$인 정삼각형의 둘레의 길이 ⇨ $(3\times x)\,\mathrm{cm}$

② 가로의 길이가 $x\,\mathrm{cm}$, 세로의 길이가 $y\,\mathrm{cm}$인 직사각형의 둘레의 길이 ⇨ $(x+y)\,\mathrm{cm}$

③ 한 변의 길이가 $x\,\mathrm{cm}$인 정사각형의 넓이 ⇨ $(x\times x)\,\mathrm{cm}^2$

④ 밑변의 길이가 $x\,\mathrm{cm}$, 높이가 $y\,\mathrm{cm}$인 평행사변형의 넓이 ⇨ $(x\times y)\,\mathrm{cm}^2$

⑤ 밑변의 길이가 $x\,\mathrm{cm}$, 높이가 $h\,\mathrm{cm}$인 삼각형의 넓이 ⇨ $\left(\dfrac{1}{2}\times x\times h\right)\,\mathrm{cm}^2$

03 오른쪽 그림과 같이 가로의 길이가 $x\,\mathrm{cm}$, 세로의 길이가 $y\,\mathrm{cm}$인 직사각형 모양의 종이의 네 귀퉁이를 $3\,\mathrm{cm}$씩 똑같이 잘

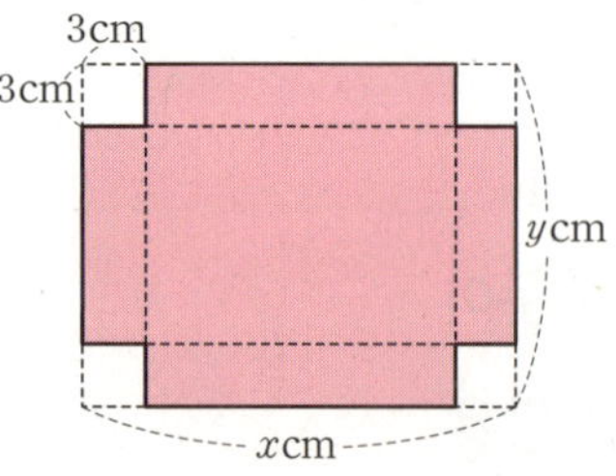

라 내고 점선을 따라 접어서 뚜껑이 없는 상자를 만들려고 한다. 이때 상자의 부피를 문자 x, y를 사용하여 나타내시오.

04 한 개에 1000원인 음료 a개와 한 줄에 1500원인 김밥 b줄의 가격의 합을 a, b를 사용한 식으로 나타내시오.

05 A 지점에서 출발하여 $10\,\mathrm{km}$ 떨어진 B 지점까지 가는데 $x\,\mathrm{km}$의 속력으로 가다가 도중에 30분 동안 쉬고 다시 같은 속력으로 갔다. A 지점에서 출발하여 B 지점에 도착할 때까지 걸린 시간을 x를 사용한 식으로 나타내면?

① $\left(\dfrac{10}{x}+30\right)$시간 ② $\left(\dfrac{10}{x}+\dfrac{1}{2}\right)$시간

③ $\left(\dfrac{x}{10}+30\right)$시간 ④ $\left(\dfrac{x}{10}+\dfrac{1}{2}\right)$시간

⑤ $\left(10x+\dfrac{1}{2}\right)$시간

06 $200\,\mathrm{g}$의 소금물에 $x\,\mathrm{g}$의 소금이 들어 있을 때, 소금물의 농도를 x를 사용한 식으로 나타내시오.

07 다음을 문자를 포함한 식으로 나타낼 때, 옳은 것을 모두 고르면?

① 밑변의 길이가 $6\,\mathrm{cm}$, 높이가 $a\,\mathrm{cm}$인 삼각형의 넓이 ⇨ $(6\times a)\,\mathrm{cm}^2$

② 백의 자리의 숫자가 a, 십의 자리의 숫자가 3, 일의 자리의 숫자가 c인 자연수 ⇨ $a\times 3\times c$

③ 정가가 x원인 물건을 $30\,\%$ 할인하여 살 때의 금액 ⇨ $(x-x\times 0.3)$원

④ $x\,\mathrm{km}$의 거리를 시속 $60\,\mathrm{km}$의 속력으로 달렸을 때 걸린 시간 ⇨ $(60\times x)$시간

⑤ 10권에 x원인 공책 한 권의 가격 ⇨ $(x\div 10)$원

② 곱셈 기호와 나눗셈 기호의 생략

> 수와 문자, 문자와 문자 사이에서 곱셈 기호 ×와 나눗셈 기호 ÷를 생략한다. 이때 다음 규칙을 따른다.
> ① 수 또는 문자와 문자 사이의 곱에서는 곱셈 기호 ×를 생략할 수 있다.
> ② 수는 문자 앞에 쓴다.
> ③ 문자는 알파벳 순서로 쓴다.
> ④ 1, −1과 문자의 곱에서 1은 생략한다.
> ⑤ 같은 문자의 곱은 거듭제곱 꼴로 나타낸다.
> ⑥ 나눗셈 기호 ÷를 생략하고 분수 꼴로 나타낸다.
> ⑦ 나눗셈을 곱셈으로 바꾸어 역수를 곱한다.

01 다음 식을 곱셈 기호 ×를 생략하여 나타내시오.

(1) $-3 \times a \times b \times a \times b \times b$
(2) $a \times b \times (-1)$
(3) $x \times 0.1$
(4) $(a+b) \times (-3)$
(5) $2 + x \times 5$

02 다음 식을 나눗셈 기호 ÷를 생략하여 나타내시오.

(1) $a \div 2 \div b$
(2) $a \div b + 5$
(3) $a + b \div 7$
(4) $(a-b) \div 2$
(5) $x \div 3 + 5 \div y$

03 다음 식을 곱셈 기호와 나눗셈 기호를 생략하여 나타내면?

$$x \div (x+y) + x \times (-3) \div y$$

① $\dfrac{x+y}{x} + \dfrac{3x}{y}$ ② $\dfrac{x+y}{x} - \dfrac{3x}{y}$

③ $\dfrac{x}{x+y} + \dfrac{y}{3x}$ ④ $\dfrac{x}{x+y} + \dfrac{3x}{y}$

⑤ $\dfrac{x}{x+y} - \dfrac{3x}{y}$

04 다음 중 기호 ×, ÷를 생략하여 나타낸 것으로 옳은 것은?

① $y \times (-1) \times x = y - x$
② $10 + 2 \times x \times x = 12x^2$
③ $(x-y) \div 2 = x - \dfrac{y}{2}$
④ $a \div b \times c = \dfrac{a}{bc}$
⑤ $x \times 0.1 + 1 \div y = 0.1x + \dfrac{1}{y}$

05 다음 중 옳지 <u>않은</u> 것은?

① $6 \div (x \times y) = \dfrac{6}{xy}$
② $(-5) \times (a-b) \div 2 = -\dfrac{5(a-b)}{2}$
③ $x \div y \times x \div (-1) = -\dfrac{x^2}{y}$
④ $a \div (b \times c) \div 10 = \dfrac{a}{10bc}$
⑤ $x + y \times (-1) \div z = x + \dfrac{y}{z}$

06 다음 중 $\dfrac{a}{bc}$ 와 같은 것은?

① $a \div b \times c$ ② $a \times c \div b$
③ $b \times c \times \dfrac{1}{a}$ ④ $a \times \dfrac{1}{b} \div c$
⑤ $a \div b \div \dfrac{1}{c}$

07 다음 중 옳지 <u>않은</u> 것은?

① $a \times b \div c = a \div c \times b$
② $a \times b \div c = a \times (b \div c)$
③ $a \div b \div c = a \div c \div b$
④ $a \div b \div c = a \div (b \times c)$
⑤ $a \div b \div c = a \div (b \div c)$

③ 식의 값

> ① 문자 대신 숫자를 대입하여 계산한다.
> ② 문자에 숫자를 대입하면 문자와 문자 사이에서 생략되었던 곱셈 기호와 나눗셈 기호를 다시 쓴다.
> ③ 문자에 음수를 대입할 때는 괄호를 사용한다.

01 $a=-3$일 때, $4a+7-\dfrac{9}{a^2}$의 값은?

① -8 ② -6 ③ -4
④ -2 ⑤ 0

02 $x=-3$일 때, 다음 식의 값이 나머지 넷과 <u>다른</u> 하나는?

① $-x^2$ ② $2x-3$ ③ $-3x$
④ $-x-12$ ⑤ x^3+18

03 $a=-1$, $b=4$일 때, $-a^3+\dfrac{12}{b}$의 값은?

① 2 ② 3 ③ 4
④ 5 ⑤ 6

04 $a=-2$, $b=1$일 때, 다음 중 식의 값이 가장 큰 것은?

① $3a+b$ ② $a+5b$ ③ $2ab$
④ a^2-2b^2 ⑤ $-2a^2+3b$

05 $x=\dfrac{1}{3}$, $y=-\dfrac{1}{2}$일 때, $\dfrac{2}{x}+\dfrac{1}{y}$의 값은?

① 1 ② 2 ③ 3
④ 4 ⑤ 5

06 $a=-2$일 때, $|2a-3|+|a|$의 값을 구하시오.

07 정가가 x원인 운동화를 20 % 할인하여 판매한다고 한다. 이 운동화 한 켤레를 살 때 내야 하는 금액을 문자를 사용한 식으로 나타내시오. 또, 운동화의 정가가 25000원일 때, 내야 하는 금액을 구하시오.

02 일차식의 계산

정답 및 해설 P.78

① 단항식과 다항식, 차수와 일차식

- 항의 개수는 덧셈(또는 뺄셈)으로 연결된 마디의 개수를 센다.
- 계수를 구할 때는 숫자 앞의 부호도 같이 말해 준다.
- 일차식을 찾을 때는 계산 결과가 일차식이 아닌지 살펴보고 결정한다.

01 다음 중 단항식을 모두 고르면?

① -1 　② $-x^2+3$ 　③ $-\dfrac{2}{a}$

④ $ab-2$ 　⑤ $\dfrac{x}{3}$

02 다항식 $-\dfrac{1}{2}x+5$에서 x의 계수를 a, 상수항을 b라고 할 때, $2a+b$의 값을 구하시오.

03 다음 중 다항식 $\dfrac{1}{3}x^2-5x-2$에 대한 설명으로 옳지 <u>않</u>은 것은?

① 항은 $\dfrac{1}{3}x^2$, $-5x$, -2이다.
② x^2의 계수는 2이다.
③ x의 계수는 -5이다.
④ 상수항은 -2이다.
⑤ 이차식이다.

04 다음 중 옳은 것은?

① $2x-9$에서 상수항은 9이다.
② $\dfrac{x}{2}+4$에서 x의 계수는 2이다.
③ x^2-3x+4의 항은 x^2, $3x$, 4의 3개이다.
④ $\dfrac{5}{x}+1$은 다항식이다.
⑤ $3x^2-x+7$의 차수는 2이다.

05 다음 중 다항식 $-2x+5y-3$에 대한 설명으로 옳은 것을 모두 고르면?

① 항은 2개이다.
② x의 계수는 -2이다.
③ 상수항은 3이다.
④ 일차식이다.
⑤ 단항식이다.

06 다음 중 일차식이 <u>아닌</u> 것은?

① $0.8x$ 　　　② $5x-0.1$
③ $\dfrac{x+3}{6}$ 　　④ $\dfrac{1}{x-1}+2$
⑤ $-x+7$

07 다음 보기에서 일차식을 모두 고른 것은?

> **보기**
> ㄱ. $6x+5$ 　　ㄴ. $6-y$
> ㄷ. $\dfrac{3}{x}+2$ 　　ㄹ. $3x^2+7x-1$
> ㅁ. -5 　　ㅂ. $-\dfrac{x}{3}+1$

① ㄱ, ㄴ 　　　② ㄱ, ㅂ
③ ㄱ, ㄴ, ㅂ 　　④ ㄴ, ㄷ, ㅁ
⑤ ㄱ, ㄴ, ㄹ, ㅂ

❷ 일차식과 수의 곱셈과 나눗셈

- (수)×(일차식)은 분배법칙을 이용하여 일차식의 각 항에 그 수를 곱한다.
- (일차식)÷(수)는 분배법칙을 이용하여 나누는 수의 역수를 곱한다.

예 $(4x-8)\div2=(4x-8)\times\dfrac{1}{2}$

$$=4x\times\dfrac{1}{2}-8\times\dfrac{1}{2}=2x-4$$

01 다음 중 옳은 것은?

① $2a\times3=5a$

② $-\dfrac{1}{3}x\times2=\dfrac{2}{3}x$

③ $-\dfrac{2}{5}x\times\left(-\dfrac{10}{4}\right)=x$

④ $-(-x+3)=x+3$

⑤ $(6x-2)\times\dfrac{1}{3}=2x-2$

02 $(4x+10)\times\left(-\dfrac{3}{2}\right)$을 계산하면 $ax+b$일 때, 상수 a, b에 대하여 $b-a$의 값은?

① -9　　② -8　　③ -7

④ -6　　⑤ -5

03 다음 중 계산 결과가 $-2(1-4x)$와 같은 것은?

① $(4x-1)\times(-2)$　　② $-4(2x-0.5)$

③ $-2(4x-1)$　　④ $2(4x+1)$

⑤ $(-8x+2)\times(-1)$

04 다음 중 옳지 <u>않은</u> 것은?

① $(-8x)\div4=-2x$

② $(-24x)\div(-6)=4x$

③ $(4x-6)\div2=2x-3$

④ $(-8x+2)\div(-2)=4x+1$

⑤ $\left(-\dfrac{4}{5}x+5\right)\div\left(-\dfrac{2}{5}\right)=2x-\dfrac{25}{2}$

05 $\left(2x-\dfrac{1}{3}\right)\div\left(-\dfrac{2}{3}\right)$를 계산하였을 때, x의 계수와 상수항의 합은?

① $-\dfrac{7}{2}$　　② $-\dfrac{5}{2}$　　③ $-\dfrac{3}{2}$

④ $\dfrac{5}{2}$　　⑤ $\dfrac{7}{2}$

06 다음 중 옳은 것은?

① $3x\times(-4)=3x-4$

② $2(5x-3)=10x-3$

③ $-(3x-7)=-3x-7$

④ $12x\div\left(-\dfrac{1}{4}\right)=48x$

⑤ $\left(x+\dfrac{1}{2}\right)\div\dfrac{1}{2}=2x+1$

07 오른쪽 그림과 같은 삼각형의 넓이를 x를 사용한 식으로 나타내시오.

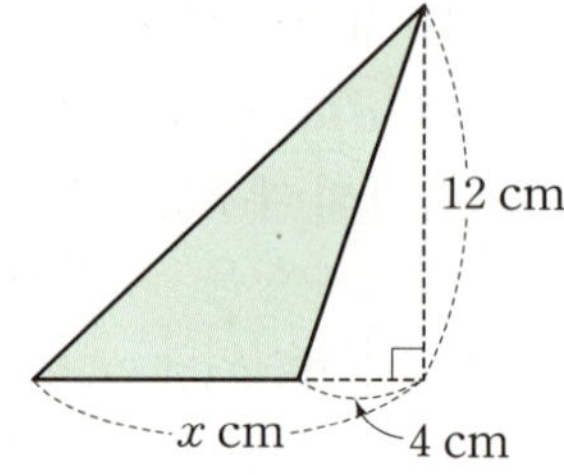

③ 동류항, 동류항의 덧셈과 뺄셈, 일차식의 덧셈과 뺄셈

- **동류항**: 문자도 같고 그 문자에 대한 차수도 같은 항
- 다항식에 세 종류의 동류항이 있으면 간단히 한 결과는 3개의 항으로 나타난다.
- 일차식에 수가 곱하여져 있으면 먼저 분배하여 곱한 후 동류항이 있는지 찾아서 간단히 한다.
- 괄호가 있는 복잡한 다항식의 경우 ( ) → { } → [ ]의 순서로 풀어 주면 편리하다.

01 다음 중 동류항끼리 짝 지은 것은?

① $x,\ -y$ 　　② $x^2,\ 2x$

③ $-x,\ 0.3x$ 　　④ $x^2y,\ \dfrac{1}{2}xy^2$

⑤ $6x^2,\ 6y^2$

02 다음 다항식을 간단히 하여 a^2의 계수와 상수항의 합을 구하시오.

$$-3a^2+4a-1-5a+2a^2-7$$

03 $\dfrac{3}{2}x+\dfrac{1}{2}-x+3$을 간단히 하면 $ax+b$일 때, $|a-b|$의 값은?

① 0 　　② 1 　　③ 2

④ 3 　　⑤ 4

04 식 $3(2x-y)-\dfrac{1}{2}(6x-8y)$를 간단히 하였을 때, x의 계수와 y의 계수의 합은?

① 2 　　② 3 　　③ 4

④ 5 　　⑤ 6

05 다음 중 옳지 <u>않은</u> 것은?

① $-3x+1+4x+2=x+3$

② $4(-x+3)+(2x-1)=-2x+11$

③ $-\dfrac{1}{3}(6x-9)+3x=x+3$

④ $-(x+2)+2(5x+3)=9x+4$

⑤ $\left(\dfrac{4}{3}x-5\right)+2\left(\dfrac{1}{3}x+2\right)=2x-3$

06 $\dfrac{1}{2}(4x-8)-4\left(x+\dfrac{1}{2}\right)$을 간단히 하였을 때, x의 계수와 상수항의 합은?

① -10 　　② -8 　　③ -6

④ -4 　　⑤ -2

07 $\dfrac{x-2}{4}-\dfrac{2x-1}{3}$을 간단히 하면?

① $-\dfrac{5x+2}{12}$ 　　② $\dfrac{5x+2}{12}$ 　　③ $-\dfrac{5x-2}{12}$

④ $\dfrac{5x-2}{12}$ 　　⑤ $\dfrac{5x-2}{6}$

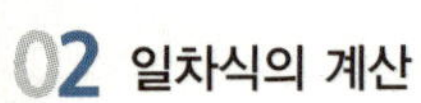

정답 및 해설 P.80

08 $3x+6-\{5x-7-(x+2)\}$를 간단히 하면?

① $x+13$ ② $-x+13$
③ $x+15$ ④ $-x+15$
⑤ $x+17$

09 $-2(3x-2y-1)+3(-y-2)$를 간단히 하면 $ax+by+c$일 때, abc의 값은?

① -24 ② -12 ③ -6
④ 12 ⑤ 24

10 $A=3x-1$, $B=-2x+5$일 때, $A-3B$를 계산하였더니 $ax+b$가 되었다. 상수 a, b에 대하여 $a+b$의 값은?

① -9 ② -8 ③ -7
④ -6 ⑤ -5

11 x의 계수가 -3인 x에 대한 일차식이 있다. $x=2$일 때 식의 값을 a, $x=-1$일 때 식의 값을 b라고 할 때, $b-a$의 값은?

① -9 ② -6 ③ 3
④ 6 ⑤ 9

12 $2x+5+(\boxed{})=-5x+3$에서 $\boxed{}$ 안에 알맞은 식을 구하시오.

13 오른쪽 그림에서 색칠한 부분과 같은 계산 방법으로 나머지 빈칸을 채울 때, A에 알맞은 식을 구하시오.

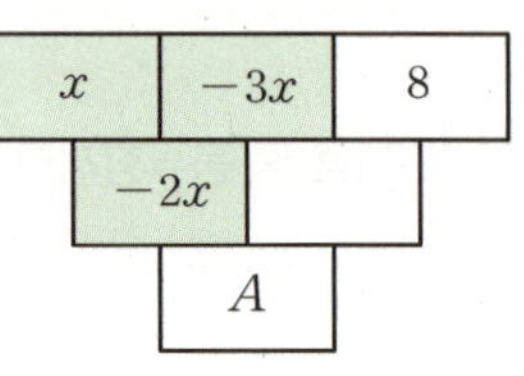

14 어떤 일차식에서 $3x-2$를 빼어야 할 것을 잘못하여 더하였더니 $5x+3$이 되었다. 바르게 계산한 식을 구하시오.

15 오른쪽 그림과 같은 정사각형에서 색칠한 부분의 넓이는?

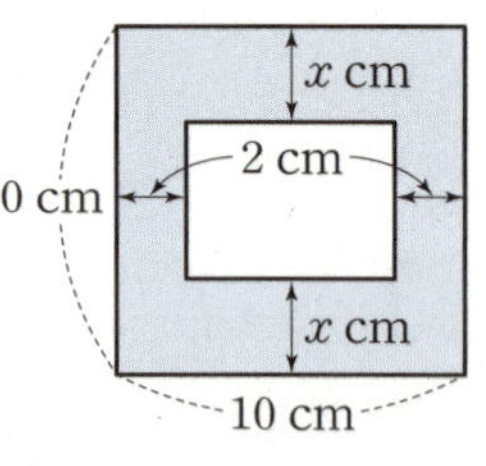
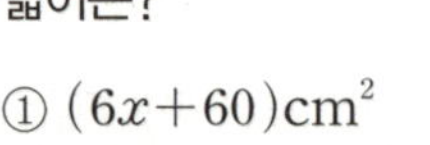

① $(6x+60)\text{cm}^2$
② $(8x+40)\text{cm}^2$
③ $(8x+60)\text{cm}^2$
④ $(12x-40)\text{cm}^2$
⑤ $(12x+40)\text{cm}^2$

01 다음 중 옳은 것은?

① $\dfrac{1}{4} \div x \times y = \dfrac{4y}{x}$

② $x \div 8 \div y = \dfrac{y}{8x}$

③ $(x \times x) \div (y \times z) = \dfrac{x^2 z}{y}$

④ $x + y \times z \div (-3) = x + \dfrac{yz}{3}$

⑤ $(x+2) \div y - 3y \div x = \dfrac{x+2}{y} - \dfrac{3y}{x}$

02 다음 보기에서 옳은 것을 모두 고른 것은?

> **보기**
>
> ㄱ. a원짜리 연필 4자루와 b원짜리 공책 7권의
> 값은 $(4a+7b)$원이다.
>
> ㄴ. 16개에 x원 하는 토마토 한 개의 값은 $16x$
> 원이다.
>
> ㄷ. 정가가 a원인 물건을 10% 할인했을 때의
> 물건의 가격은 $0.9a$원이다.
>
> ㄹ. 시속 $5\,\mathrm{km}$의 속력으로 $s\,\mathrm{km}$의 거리를 갈
> 때 걸린 시간은 $5s$시간이다.
>
> ㅁ. 한 개에 x원 하는 아이스크림 6개를 사고
> 5000원을 냈을 때의 거스름돈은
> $(6x-5000)$원이다.

① ㄱ, ㄴ ② ㄱ, ㄷ ③ ㄴ, ㄹ
④ ㄷ, ㅁ ⑤ ㄹ, ㅁ

03 다음 중 오른쪽 그림에서 색
칠한 부분의 넓이를 식으로
바르게 나타낸 것은?

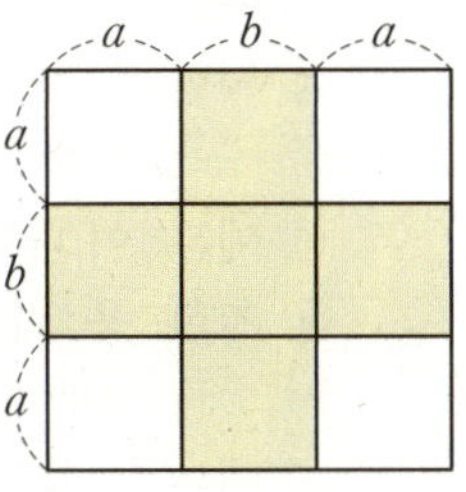

① $a^2 + b^2$

② $4ab + b^2$

③ $a^2 + 4ab$

④ $a^2 - 2ab + b^2$

⑤ $a^2 + 2ab + b^2$

04
동석이는 집에서 $3x\,\mathrm{km}$ 떨어진 학교까지 가는데 시속
$4\,\mathrm{km}$의 속력으로 걸어가다가 문구점에 들러 5분 동안
준비물을 샀다. 그리고 학교에 늦을 것 같아 시속 $6\,\mathrm{km}$
의 속력으로 뛰어서 학교에 도착하였다. 문구점은 집과
학교 사이의 거리의 $\dfrac{1}{3}$ 지점에 있다고 할 때, 동석이가
집에서 출발하여 학교까지 도착하는 데 걸린 시간을 문
자 x를 사용하여 나타내시오.

05  $a \div b \div \boxed{} = \dfrac{1}{a}$일 때, $\boxed{}$ 안에 들어갈 알맞은 식을
구하시오.

06 $x = -\dfrac{1}{2}$일 때, 다음 중 식의 값이 가장 작은 것은?

① $6x + 3$ ② $-\dfrac{2}{3}x + 4$

③ $-12x^2$ ④ $2x^2 + 3x - 1$

⑤ $\dfrac{3}{x} + 7$

07  $x = -1$일 때, $1 - x + x^2 - x^3 + x^4 - x^5 + x^6$의 값은?

① -7 ② -4 ③ 0
④ 4 ⑤ 7

08  $x=-2$, $y=\dfrac{1}{3}$일 때, $2x^2-6xy$의 값은?

① -10 ② -4 ③ 5
④ 12 ⑤ 14

09 $a=\dfrac{1}{2}$, $b=-\dfrac{2}{3}$, $c=\dfrac{3}{5}$일 때, $\dfrac{1}{a^3}-\dfrac{2}{b}-\dfrac{9}{c^2}$의 값을 구하시오.

10
오른쪽 그림과 같이 가로, 세로의 길이가 각각 10, 8인 직사각형에 대하여 다음 물음에 답하시오.

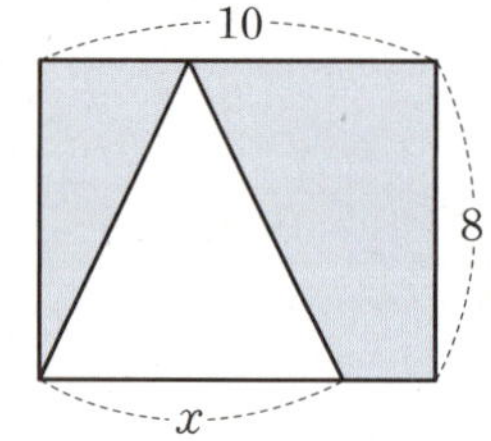

(1) 색칠한 부분의 넓이를 x를 사용한 식으로 나타내시오.
(2) $x=7$일 때, 색칠한 부분의 넓이를 구하시오.

11 다음 중 다항식 $\dfrac{x}{2}-y-4$에 대한 설명으로 옳은 것을 모두 고르면?

① 항은 $\dfrac{x}{2}$, $-y$, -4이다.
② x의 계수는 2이다.
③ 다항식의 차수는 2이다.
④ $-y$와 -4는 동류항이다.
⑤ y의 계수와 상수항의 합은 -5이다.

12 다항식 $-3a^2+a-3+ka^2-4a+5$를 간단히 하였더니 a에 대한 일차식이 되었다. 이때 상수 k의 값을 구하고, 주어진 다항식을 간단히 하시오.

13 다음 중 옳은 것을 모두 고르면?

① $4x+5=9x$ ② $x\times x=2x$
③ $6a+a=6a$ ④ $x+x+x=3x$
⑤ $2x-1+3x+2=5x+1$

14 다음 □ 안에 들어갈 알맞은 식은?

$$\boxed{}-(3-2a)=3a-2$$

① $a+1$ ② $a-1$
③ $5a+1$ ④ $5a-1$
⑤ $-a+1$

15
다음은 예본이와 지현이가 다항식
$$-2(x+2)+3(-2x+1)$$
을 간단히 하면서 나눈 대화 내용이다. 두 사람의 대화 중 옳지 <u>않은</u> 것은?

① 예본: 먼저 괄호를 풀면 $-2x-4-6x+3$이야.
② 지현: 그 다음 동류항끼리 간단히 하면 $-8x-1$이야.
③ 예본: 이 다항식은 x에 대한 일차식이네.
④ 지현: 응, 다항식을 간단히 하였더니 항의 개수가 2개이니까 단항식은 아니구나.
⑤ 예본: 그리고 x의 계수가 -8, 상수항이 1이네.

16 $2(6x-5)-3(2x-4)$를 간단히 하면?

① $6x-10$ ② $6x+2$
③ $6x-2$ ④ $10x-8$
⑤ $10x-15$

17 $\dfrac{2x-4}{5}-\dfrac{-x+2}{3}$를 간단히 하면?

① $\dfrac{x-2}{15}$ ② $\dfrac{x+22}{15}$ ③ $\dfrac{-11x+2}{15}$
④ $\dfrac{11x-2}{15}$ ⑤ $\dfrac{11x-22}{15}$

18 다음은 일정한 규칙에 따라 식을 써넣은 것이다. □ 안에 알맞은 식을 구하시오.

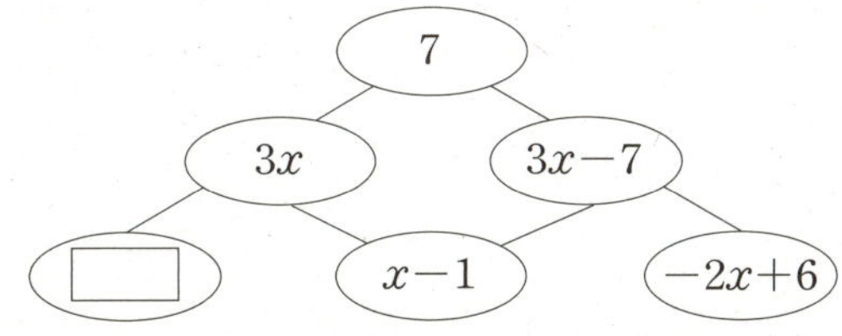

19 다음 그림과 같이 정사각형과 직사각형이 있다. 이 두 사각형을 이어 붙여 하나의 직사각형을 만들 때, 그 직사각형의 둘레의 길이를 구하시오.

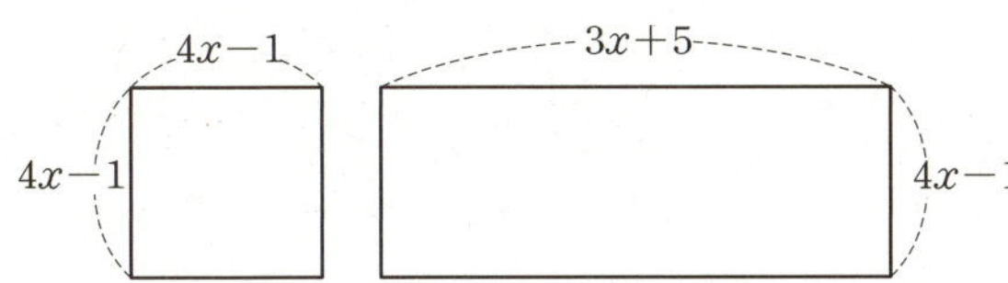

20 $10x-6-[3(x+3)-\{2x-(5x-4)\}]$를 간단히 하면?

① $4x-11$ ② $4x-8$ ③ $2x-11$
④ $2x-8$ ⑤ $x-11$

21 $-3(x-2)+\dfrac{5}{3}(12x-9)$를 간단히 하면 $ax+b$일 때, $|-a+b|$의 값을 구하시오.

22 $A=-x+3$, $B=2-4x$, $C=-(x-1)$일 때, $A-2B-3C$에서 x의 계수는?

① -8 ② -4 ③ 2
④ 4 ⑤ 10

23 오른쪽 그림과 같은 직사각형의 내부에 색칠한 사각형의 넓이를 문자를 사용하여 간단히 나타내시오.

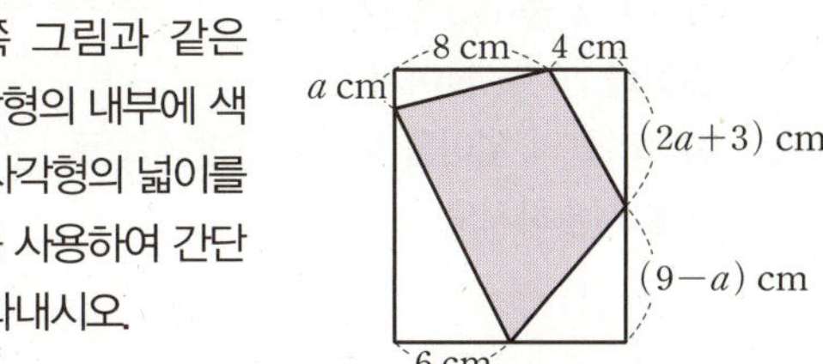

서술형

24 $a=\dfrac{1}{2}$, $b=-\dfrac{1}{4}$일 때, $\dfrac{a+b}{ab}$의 값을 구하고 그 과정을 서술하시오. （중）

25 정강이뼈의 길이가 $x\,\text{cm}$인 사람의 키는 대략 $(2.4x+82)\,\text{cm}$라고 한다. 정강이뼈의 길이가 $40\,\text{cm}$인 사람의 키는 얼마인지 구하고 그 과정을 서술하시오. （하）

26 오른쪽 그림과 같이 윗변의 길이가 $2a$, 아랫변의 길이가 $a+3$, 높이가 10인 사다리꼴이 있다. 이 사다리꼴에서 윗변의 길이를 $10\,\%$ 줄이고 아랫변의 길이를 $20\,\%$ 늘여서 만든 사다리꼴의 넓이를 a를 사용한 식으로 나타내고 그 과정을 서술하시오. （상）

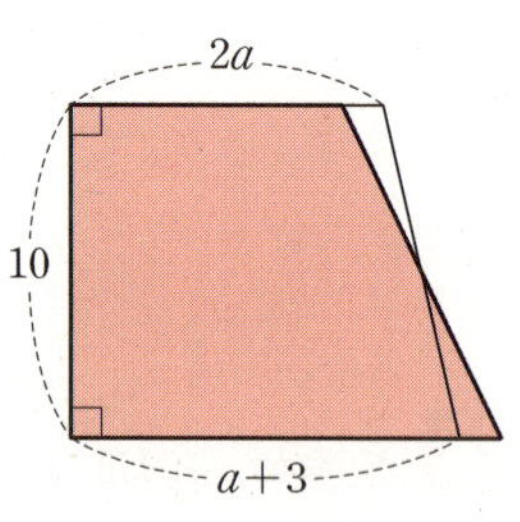

27 $\dfrac{5-2x}{3}-\dfrac{x+6}{4}+\dfrac{3x-5}{6}$ 를 간단히 할 때, x의 계수를 a, 상수항을 b라고 하자. $\dfrac{a}{b}$의 값을 구하고 그 과정을 서술하시오. （상）

28 다음 식을 간단히 할 때, x의 계수와 상수항의 차를 구하고 그 과정을 서술하시오. （중）

$$7x-\left[5x-2\{3-(6x-5)\}\right]$$

29 어떤 다항식에서 $-2x+4$를 2배 하여 빼어야 할 것을 잘못하여 $\dfrac{1}{2}$배 하여 빼었더니 $5x-6$이 되었다. 이때 바르게 계산한 식을 구하고 그 과정을 서술하시오. （중）

01 방정식과 그 해

정답 및 해설 P.84

① 등식, 방정식과 항등식

> - **등식**: 등호로 연결된 식 ⇨ 값이 같은 양변이 있다.
> - **방정식**: $x+3=5$는 $x=2$일 때만 참이고, 다른 수를 대입하면 거짓이다.
> - **항등식**: 일차방정식은 해가 1개이므로 두 개의 수를 대입하여 각각 참이면 항등식이다.

01 다음 중 등식인 것은?

① $3x-1>5$ ② $4x-5$
③ $3x+1-2x$ ④ $5x+2=0$
⑤ $3-2≥1$

02 다음 식에 대한 설명으로 옳은 것을 모두 고르면?

$$\frac{x}{2}-4=2x+3$$

① 우변은 $\frac{x}{2}-4$이다.
② 좌변의 항은 2개이다.
③ 우변의 상수항은 -4이다.
④ 좌변의 x의 계수는 2이다.
⑤ 등식이다.

03 다음 문장 중 등식으로 나타낼 수 있는 것은?

① 어떤 수 x의 6배에 4를 더한다.
② 초콜릿의 개수 x는 5보다 크다.
③ 흰 바둑돌 x개와 검은 바둑돌 y개를 합하면 20개이다.
④ 500원짜리 볼펜을 x자루 사고 3000원을 냈을 때의 거스름돈
⑤ 어느 미술관의 학생 1명의 입장료가 x원일 때, 학생 7명의 입장료

04 다음 중 [ ] 안의 수가 방정식의 해인 것을 모두 고르면?

① $x-2=-3$ $[1]$
② $3(x+2)=0$ $[2]$
③ $3-2x=5$ $[-1]$
④ $\frac{1}{2}x-1=1$ $[0]$
⑤ $2x-3=6-x$ $[3]$

05 다음 등식 중 $x=2$를 해로 가지는 방정식은?

① $x+2=0$ ② $3x-7=20$
③ $2x-1=3$ ④ $6+4x=x$
⑤ $5x-3x=-10$

06 다음 중 항등식인 것은?

① $3x-1=7x$ ② $x+4≤x-5$
③ $2(x-3)=6-2x$ ④ $x+(4x+1)=5x+1$
⑤ $-3(x+2)+5=-3x+1$

07 등식 $ax-4=3x+b$가 x에 어떠한 값을 대입해도 항상 참이 될 때, 상수 a, b에 대하여 ab의 값은?

① -12 ② -7 ③ -1
④ 7 ⑤ 12

정답 및 해설 P.85

② 등식의 성질, 등식의 성질을 이용한 방정식의 풀이

- 등식의 성질은 등식의 양변을 같은 수로 더하고, 빼고, 곱하고, 나누어도 여전히 등식이 성립하는 것을 말한다. (단, 0으로 나누는 것은 생각하지 않는다.)
- 등식의 성질을 이용하여 방정식을 $x=$(수) 꼴로 바꾸는 것이 방정식의 풀이이다.

01 다음 중 옳지 <u>않은</u> 것은?

① $ac=bc$이면 $a=b$이다.

② $a=b$이면 $\dfrac{a}{5}-\dfrac{b}{5}=0$이다.

③ $\dfrac{x}{2}=\dfrac{y}{6}$이면 $3x=y$이다.

④ $x=y$이면 $x-4=y-4$이다.

⑤ $a=b$이면 $a+3=b+3$이다.

02 오른쪽은 방정식 $2x+1=-5$를 푸는 과정이다. (가), (나)에 이용된 등식의 성질을 보기에서 골라 차례로 나열하시오.

$$\left.\begin{array}{r} 2x+1=-5 \\ 2x=-6 \\ x=-3 \end{array}\right\}\begin{array}{l}(가)\\(나)\end{array}$$

보기

$a=b$이고, c는 자연수일 때

ㄱ. $a+c=b+c$ ㄴ. $a-c=b-c$

ㄷ. $ac=bc$ ㄹ. $\dfrac{a}{c}=\dfrac{b}{c}$

03 $4a=b$일 때, 다음 중 옳지 <u>않은</u> 것은?

① $a=\dfrac{b}{4}$ ② $4a-1=b-1$

③ $-4a+1=-b+4$ ④ $8a-7=2b-7$

⑤ $a-2=\dfrac{b-8}{4}$

04 다음 중 등식의 성질을 이용하여 방정식 $\dfrac{1}{5}x-3=1$의 해를 구하는 과정으로 옳은 것은?

① 양변에 3을 더한다. ➡ 양변을 5로 나눈다.

② 양변에 3을 더한다. ➡ 양변에 5를 곱한다.

③ 양변에서 3을 뺀다. ➡ 양변을 5로 나눈다.

④ 양변에 5를 곱한다. ➡ 양변에 3을 더한다.

⑤ 양변을 5로 나눈다. ➡ 양변에서 3을 뺀다.

05 방정식 $3(x-1)=4x-5$를 등식의 성질을 이용하여 $ax=b(a\neq0)$의 꼴로 고쳤을 때, 상수 a, b의 곱 ab의 값을 구하시오. (단, $|a|$, $|b|$는 서로소이다.)

06 다음은 등식의 성질을 이용하여 방정식 $\dfrac{-2x+5}{3}=3$의 해를 구하는 과정이다. □ 안에 들어갈 것으로 옳지 <u>않은</u> 것은?

$$\dfrac{-2x+5}{3}=3의\ 양변에\ \boxed{①}\ 을\ 곱하면$$
$$-2x+5=9$$
$$-2x+5-\boxed{②}=9-\boxed{②}$$
$$-2x=\boxed{③}$$
$$-2x\div(\boxed{④})=\boxed{③}\div(\boxed{④})$$
$$따라서\ x=\boxed{⑤}\ 이다.$$

① 3   ② 5   ③ 4

④ -2 ⑤ 2

02 일차방정식의 풀이

정답 및 해설 P.85

① 이항과 일차방정식

- 이항은 항이 등호 건너편으로 이사가는 것이다.
- 이항하면 부호가 바뀐다.
  + ■가 이항하면 − ■
  − ●가 이항하면 + ●
- 일차방정식: (x에 대한 일차식)$=0$과 같은 꼴로 나타낼 수 있는 방정식이다.

01 다음 중 이항을 바르게 하지 <u>못한</u> 것은?

① $2x+5=4 \Rightarrow 2x=4-5$
② $3x-2=5x \Rightarrow 3x-5x=2$
③ $6x-1=4-x \Rightarrow 6x-x=4-1$
④ $-x+3=3x-4 \Rightarrow -x-3x=-4-3$
⑤ $7x+5=1-x \Rightarrow 7x+x=1-5$

02 다음 중 등식 $6x\underline{+2}=3$에서 밑줄 친 항을 이항한 것과 결과가 같은 것은?

① 양변에 2를 더한다.　② 양변에 -2를 더한다.
③ 양변에서 -2를 뺀다.　④ 양변에 2를 곱한다.
⑤ 양변을 2로 나눈다.

03 다음 중 방정식 $\dfrac{2}{3}x-5=1$을 $x=$(수) 꼴로 나타내려고 할 때, 순서로 옳은 것을 모두 고르면?

① 양변에 5를 더한다. $\Rightarrow$ 양변에 $\dfrac{2}{3}$를 곱한다.
② 양변에 5를 더한다. $\Rightarrow$ 양변에 $\dfrac{3}{2}$을 곱한다.
③ -5를 이항한다. $\Rightarrow$ 양변에 $\dfrac{2}{3}$를 곱한다.
④ -5를 이항한다. $\Rightarrow$ 양변에 $\dfrac{3}{2}$을 곱한다.
⑤ -5를 이항한다. $\Rightarrow$ 양변을 $\dfrac{3}{2}$으로 나눈다.

04 방정식 $2x-5=-3x+1$을 좌변에는 x항, 우변에는 상수항만 남게 이항하려고 한다. 다음 중 바르게 이항한 것은?

① $2x-1=-3x+5$　② $-5-1=-3x-2x$
③ $-5+3x=5-2x$　④ $2x+3x=1+5$
⑤ $2x-3x=1-5$

05 다음 보기 중 일차방정식을 모두 고른 것은?

> **보기**
> ㄱ. $2x+1=-5$　ㄴ. $2x+9=9+2x$
> ㄷ. $x^2-3=x-3$　ㄹ. $3(x+1)=-x^2-1$
> ㅁ. $3x=-x-7$　ㅂ. $2(x-4)=-8+2x$

① ㄱ, ㄴ　② ㄴ, ㅁ　③ ㄱ, ㄷ
④ ㄱ, ㅁ　⑤ ㄴ, ㄹ

06 다음 중 $2x-3=-k(3x+1)$이 x에 대한 일차방정식이 되기 위한 상수 k의 조건으로 알맞은 것은?

① $k\neq-\dfrac{3}{2}$　② $k\neq\dfrac{3}{2}$　③ $k\neq-\dfrac{2}{3}$
④ $k\neq\dfrac{2}{3}$　⑤ $k\neq-2$

07 다음 보기에서 수량 사이의 관계를 식으로 나타낼 때, 일차방정식인 것을 모두 고르시오.

> **보기**
> ㄱ. 한 개에 500원인 사과 x개의 가격은 2000원이다.
> ㄴ. 68을 x로 나눈 몫은 8이고 나머지는 4이다.
> ㄷ. 한 변의 길이가 $x\,\mathrm{cm}$인 정사각형의 넓이는 $24\,\mathrm{cm}^2$이다.

② **이항을 이용한 일차방정식의 풀이**

> **일차방정식의 풀이 순서**
> 이항하고 동류항끼리 간단히 하여 $ax=b\,(a\neq0)$ 꼴로 바꾼다.
> $ax=b$의 양변을 a로 나누어 $x=\dfrac{b}{a}$ 꼴로 바꾸어 해를 구한다.

01 일차방정식 $8x-9=-7x+6$의 해는?

① $x=-3$ ② $x=-2$ ③ $x=-1$
④ $x=1$ ⑤ $x=2$

02 다음 방정식 중 해가 가장 큰 것은?

① $4x-1=11$ ② $1-3x=10$
③ $2x-1=7$ ④ $3x-1=-x+7$
⑤ $-4x+6=x-4$

03 x에 대한 일차방정식 $4x-a=3x+5$의 해가 $x=\dfrac{1}{2}$일 때, a의 값을 구하시오.

04 방정식 $5x-3=4-2x$의 해가 $x=a$이고 방정식 $-4x+7=7x-15$의 해가 $x=b$일 때, $a-b$의 값은?

① -5 ② -4 ③ -3
④ -2 ⑤ -1

05 두 일차방정식 $4x-1=9-x$, $3x+a=ax$의 해가 같을 때, 상수 a의 값은?

① -8 ② -6 ③ 4
④ 6 ⑤ 8

06 x에 대한 일차방정식 $4x-15=7x-3a$의 해가 음의 정수가 되도록 하는 자연수 a의 개수는?

① 2 ② 3 ③ 4
④ 5 ⑤ 6

07 다음 방정식을 순서대로 각각 풀어서 해를 구한 후, 오른쪽 표에서 해당하는 글자를 차례로 나열하여 단어를 완성하시오.

4(비)	-3(일)	3(삼)
8(모)	2(이)	-7(석)
-2(사)	9(오)	-4(조)

$$6x+5=-19 \;\Rightarrow\; 1-4x=-11$$
$$\Rightarrow\; x=16-x \;\Rightarrow\; 3x+1=-2x-9$$

③ 괄호가 있는 일차방정식, 비례식의 일차방정식

- 괄호가 있으면 분배법칙을 이용하여 괄호를 푼 후 일차방정식의 풀이 순서에 따라 해를 구한다.
- 비례식으로 주어진 일차방정식 $a : b = c : d$는 $bc = ad$와 같이 내항은 내항끼리, 외항은 외항끼리 곱하여 푼다.

01 일차방정식 $7x - 4(x-1) = 6x + 1$을 풀면?

① $x = -\dfrac{1}{2}$　　② $x = -1$　　③ $x = \dfrac{1}{2}$

④ $x = 1$　　⑤ $x = 2$

02 다음 방정식 중 해가 나머지 넷과 <u>다른</u> 하나는?

① $2(x-3) = x - 2$　　② $-2(x+4) = -4x$

③ $3(x-2) = 6$　　④ $7 - 5x = 2(x-7)$

⑤ $-2x + 1 = -(x+3)$

03 일차방정식 $2(x-3) = -x + 4$의 해가 $-(x-4) = 2x + a$의 해와 같을 때, 상수 a의 값을 구하시오.

04 비례식 $1 : (2x-3) = 3 : (3+2x)$를 만족하는 x의 값은?

① 1　　② 2　　③ 3

④ 4　　⑤ 5

05 다음 중 비례식 $3 : (x+1) = 6 : (3x+2)$의 해와 같은 방정식은?

① $-3x = -x + 8$

② $5x - 10 = 2x - 1$

③ $2 : 3 = (x+1) : 2x$

④ $7(x+3) = 1 - 4(x-5)$

⑤ $4x - (x+21) = 3(1-3x)$

06 어떤 수 x와 그 수보다 3만큼 큰 수의 비는 $3 : 4$일 때, x의 값을 구하시오.

07 다음은 비례식 $2 : (3-x) = 3 : (1-2x)$의 해를 구하는 과정이다. □ 안에 들어갈 것을 ①~⑤와 짝 지을 때 옳지 <u>않은</u> 것은?

$$2 : (3-x) = \boxed{①} : (1-2x)$$
$$3(3-x) = 2 \times (\boxed{②})$$
$$9 - 3x = 2 + (\boxed{③})$$
$$-3x + \boxed{④} = 2 - 9$$
$$x = \boxed{⑤}$$

① 3　　② $1-2x$　　③ $-4x$

④ $4x$　　⑤ 7

정답 및 해설 P.87

④ 계수가 소수 또는 분수인 일차방정식

- 계수가 소수인 방정식은 10의 거듭제곱을 양변에 곱하여 계수를 정수로 바꾸어 푼다.
  > 예) $0.2x+5=0.3x$의 양변에 10을 곱하면
  > $2x+50=3x$
- 계수가 분수인 방정식은 분모의 최소공배수를 양변에 곱하여 계수를 정수로 바꾸어 푼다.
  > 예) $\dfrac{1}{2}x+2=\dfrac{1}{3}x$의 양변에 분모 2, 3의 최소공배수인
  > 6을 곱하면 $3x+12=2x$

01 일차방정식 $\dfrac{1}{2}x+\dfrac{1}{4}=\dfrac{2}{3}x$의 해는?

① $x=-\dfrac{3}{2}$ ② $x=\dfrac{1}{2}$ ③ $x=\dfrac{3}{2}$

④ $x=2$ ⑤ $x=5$

02 일차방정식 $\dfrac{1}{4}x+5=\dfrac{3}{2}x$의 해가 방정식

$3x-4a=-8$의 해의 $\dfrac{1}{2}$배일 때, 상수 a의 값은?

① -8 ② -2 ③ 2

④ 4 ⑤ 8

03 일차방정식 $\dfrac{2x-7}{3}+6=\dfrac{x+8}{4}$을 풀면?

① $x=-4$ ② $x=-2$ ③ $x=-1$

④ $x=2$ ⑤ $x=4$

04 일차방정식 $0.3(x-1)=0.5(x+3)-2.7$의 해는?

① $x=-3$ ② $x=-2$ ③ $x=2$

④ $x=4$ ⑤ $x=\dfrac{9}{2}$

05 다음 방정식 중 해가 가장 작은 것은?

① $4x-3=x+6$ ② $2x+5=3(4-x)$

③ $\dfrac{2}{3}x-1=\dfrac{5x-2}{6}$ ④ $x-0.9=0.2x+1.5$

⑤ $0.5(x+2)+\dfrac{1}{4}=0.2x+\dfrac{3}{5}$

06 일차방정식 $2(x-1)=5x+7$의 해를 a, 일차방정식 $1.5x-3=1.2x-0.3$의 해를 b라고 할 때, $a+b$의 값은?

① 6 ② 4 ③ -1

④ 0 ⑤ -3

07 일차방정식 $\dfrac{x}{5}-\dfrac{x-3}{2}=0.3$의 해가 방정식

$\dfrac{x}{2}-0.2(3a-1)=\dfrac{2}{5}$를 만족할 때, 상수 a의 값은?

① -4 ② -3 ③ 1

④ 3 ⑤ 4

03 일차방정식의 활용

정답 및 해설 P.88

1 일차방정식의 활용 문제를 푸는 순서

① 구하는 것을 x로 놓고, 등식의 양변이 될 수 있는 수 또는 식을 찾아 방정식을 세운다.

예 어떤 수에 5를 더하면 어떤 수의 2배와 같다.
　➡ $x+5=2x$

② 방정식을 풀어 x를 구하고, 구한 x의 값이 문제의 뜻에 맞는지 확인한다.

01 일의 자리의 숫자가 4인 두 자리의 자연수가 있다. 이 자연수는 각 자리의 숫자의 합의 4배와 같다. 이 자연수의 십의 자리의 숫자를 x라고 할 때, x에 대한 방정식을 세우면?

① $x+4=4(x+4)$　② $10x+4=x+4$
③ $10x+4=4x+4$　④ $10x+4=4(x+4)$
⑤ $10x+4=4(10x+4)$

02 어떤 수를 2배하여 8을 더한 수는 어떤 수의 3배보다 5만큼 작다. 어떤 수는?

① 10　　② 11　　③ 12
④ 13　　⑤ 14

03 현재 누나와 동생의 예금액이 각각 31000원, 13000원이다. 누나는 매월 3000원, 동생은 2000원씩 예금한다면 몇 개월 후에 누나의 예금액이 동생의 예금액의 2배가 되겠는가?

① 4개월　　② 5개월　　③ 6개월
④ 7개월　　⑤ 8개월

04 연속하는 두 자연수의 합이 25일 때, 두 자연수의 곱은?

① 132　　② 156　　③ 182
④ 210　　⑤ 240

05 어느 주차장에 승용차와 오토바이가 합하여 15대가 있는데 바퀴 수를 세어 보니 모두 48개였다. 이때 오토바이는 모두 몇 대 있는가?

① 5대　　② 6대　　③ 7대
④ 8대　　⑤ 9대

06 현재까지 알려진 가장 오래된 수학책은 '린드 파피루스'이다. 이 책에서 고대 이집트 사람들은 미지수를 아하로 나타내었는데 다음과 같은 문제에서 아하의 값을 구하시오.

> 아하와 아하의 $\frac{1}{7}$의 합은 16이다.

07 길이가 40 cm인 철사를 이용하여 가로와 세로의 길이의 비가 3 : 2인 직사각형을 만들었다. 이때 이 직사각형의 넓이를 구하시오.

Ⅲ

② 나이, 도형, 학생 수에 대한 문제

- **나이 문제**: x년 후의 나이는 {(올해 나이)$+x$}세, 나이가 적은 쪽에 그만큼 더하여 등식을 세운다.
- **도형 문제**: 둘레의 길이 공식이나 넓이 공식에 주어진 수와 구하는 문자를 대입하여 등식을 세운다.
- **학생 수 문제**:
  (작년 학생 수)$+$(변화한 학생 수)$=$(올해 학생 수)

01 현재 아버지의 나이는 48세, 아들의 나이는 14세일 때, 아버지의 나이가 아들의 나이의 3배가 되는 것은 지금으로부터 몇 년 후인가?

① 2년   ② 3년   ③ 4년
④ 5년   ⑤ 6년

02 가로의 길이가 세로의 길이보다 4 cm만큼 더 긴 직사각형의 둘레의 길이가 60 cm일 때, 이 직사각형의 가로의 길이를 구하시오.

03 윗변의 길이가 5 cm, 아랫변의 길이가 7 cm, 높이가 6 cm인 사다리꼴에서 아랫변의 길이를 x cm만큼 늘였더니 사다리꼴의 넓이가 처음 사다리꼴의 넓이보다 12 cm²만큼 늘었다. 이때 늘인 길이를 구하시오.

04 오른쪽 그림과 같이 가로의 길이가 6 cm, 세로의 길이가 4 cm인 직사각형 ABCD가 있다. 점 P가 점 B에서 출발하여 변 BC를 따라 점 C 쪽으로 1초에 0.3 cm씩 움직일 때, 삼각형 ABP의 넓이가 8.4 cm²가 되는 것은 몇 초 후인가?

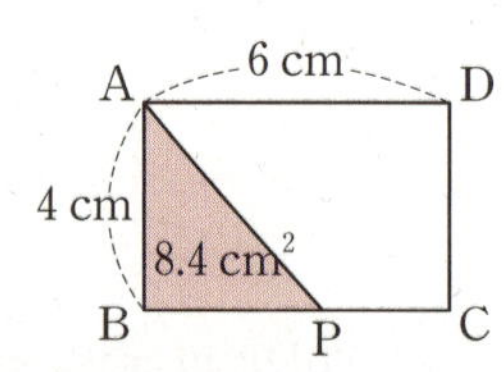

① 10초   ② 12초   ③ 14초
④ 16초   ⑤ 18초

05 어느 학교의 1학년 전체 학생 수는 480명이고 남학생이 여학생보다 32명이 더 많다고 할 때, 여학생 수를 구하시오.

06 푸른중학교의 올해 남학생 수는 작년에 비해 5 % 감소하고, 여학생 수는 4 % 증가하여 작년 전체 학생 수보다 6명이 감소하였다. 작년 전체 학생 수가 390명일 때, 올해 여학생 수는?

① 144명   ② 150명   ③ 152명
④ 156명   ⑤ 160명

07 기계 A는 1분에 자동차 부품을 7개씩 생산하고, 기계 B는 1분에 자동차 부품을 12개씩 생산하고 있다. 현재 기계 A는 100개, 기계 B는 35개의 부품을 만들었을 때, 두 기계의 생산량이 같아지는 것은 몇 분 후인가?

① 5분   ② 7분   ③ 10분
④ 13분   ⑤ 15분

08 다음은 조선시대의 수학책 '차근방몽구'에 나오는 방정식 문제이다. 답으로 알맞은 것은? (단, 10전은 1냥이다.)

> 목수와 기와장이, 잡부 세 항목이 있는데, 공전(품삯)은 기와장이가 목수의 $\frac{2}{5}$를 얻고, 잡부는 목수의 $\frac{1}{4}$을 얻는다고 한다. 기와장이는 잡부보다 1냥 2전을 더 얻는다면 잡부의 공전(품삯)은 얼마인가?

① 2냥   ② 2냥 2전   ③ 3냥
④ 3냥 2전   ⑤ 3냥 8전

③ 시간, 거리, 속력, 농도에 대한 문제

> - 시간, 거리, 속력 중 한 가지는 수로 주어지고, 한 가지는 구하는 x, 다른 한 가지는 공식을 이용하여 나타낸다.
>
> $$(시간)=\frac{(거리)}{(속력)},\ (속력)=\frac{(거리)}{(시간)},$$
> $$(거리)=(시간)\times(속력)$$
>
> - 농도가 다른 두 소금물에 들어 있는 소금의 양을 이용하여 등식을 세운다.
>
> $$(소금의 양)=(소금물의 양)\times\frac{(농도)}{100}$$

01 A, B 두 지점을 자전거를 타고 왕복하는 데 갈 때는 시속 15 km로 가고, 올 때에는 시속 12 km로 와서 왕복 3시간이 걸렸다. 이때 두 지점 A와 B 사이의 거리는?

① 18 km ② 20 km ③ 22 km
④ 24 km ⑤ 26 km

02 수진이는 등산을 하는 데 올라갈 때는 시속 4 km로 걷고 내려올 때는 올라갈 때보다 4 km가 더 먼 길로 시속 6 km로 걸었다. 수진이가 등산을 하는 데 모두 4시간이 걸렸다면 내려올 때 걸은 거리는 몇 km인지 구하시오.

03 동생이 집을 나선 지 9분 후에 형이 동생을 따라 나섰다. 동생은 분속 40 m의 속도로 걷고, 형은 분속 160 m의 속도로 뛰어서 동생을 따라갔다. 동생이 출발한 지 몇 분 후에 형은 동생을 만나는지 구하시오.

04 15 %의 소금물 300 g이 있다. 여기에 몇 g의 물을 넣으면 10 %의 소금물이 되겠는가?

① 50 g ② 75 g ③ 100 g
④ 120 g ⑤ 150 g

05 준태가 문구점에서 색상지를 사려고 한다. 색상지를 10장 사면 300원이 모자라고, 8장 사면 500원이 남는다고 할 때, 준태가 가지고 있는 돈은 얼마인가?

① 3000원 ② 3500원 ③ 3700원
④ 4000원 ⑤ 4200원

06 어느 학교 학생들이 수학여행에 가서 바나나 보트를 타는데 바나나 보트 한 대에 4명씩 타면 8명이 남고, 5명씩 타면 바나나 보트가 6대 남고 마지막 바나나 보트에는 4명이 타게 된다. 이때 수학여행에 간 학생 수는?

① 160명 ② 164명 ③ 168명
④ 172명 ⑤ 176명

07 윤아와 수영이가 송편을 빚고 있다. 윤아 혼자서 빚으면 10시간이 걸리고, 수영이 혼자서 빚으면 15시간이 걸린다. 그런데 둘이 함께 빚기 시작했다가 나중에는 수영이 혼자 5시간 동안 빚어서 목표량을 채웠다. 이때 둘이 함께 송편 빚은 시간을 구하시오.

01 다음 중 문장을 등식으로 나타낸 것으로 옳은 것을 모두 고르면?
(중)

① 어떤 수 x에서 3을 뺀 수는 x의 $\dfrac{1}{2}$배와 같다.
$\Rightarrow x-3=\dfrac{1}{2}x$

② 어떤 수 x의 3배는 x의 5배보다 1만큼 작다.
$\Rightarrow 3x=5x+1$

③ 사탕 x개 중 4개를 먹었더니 6개가 남았다.
$\Rightarrow x+4=6$

④ 귤 100개를 7명에게 x개씩 나누어 주면 5개가 모자란다. $\Rightarrow 100-7x=5$

⑤ 한 개에 x원인 빵 3개와 한 병에 900원인 음료수 2병의 가격은 6000원이다. $\Rightarrow 3x+1800=6000$

02 다음 방정식 중 $x=-3$이 해가 <u>아닌</u> 것은?
(하)

① $x+3=0$
② $2x+5=-1$
③ $0.2x+2=1.4$
④ $\dfrac{4x-9}{3}=7$
⑤ $-(x+4)+5=4$

03 다음 중 [ ] 안의 수가 주어진 방정식의 해가 <u>아닌</u> 것은?
(하)

① $x-4=0$ [4]
② $2x+1=-3$ [−2]
③ $x+2=2-x$ [0]
④ $-(x-5)=2x-1$ [2]
⑤ $3(x+1)=x-1$ [2]

04 다음 보기 중 x의 값에 관계없이 항상 참이 되는 등식을 모두 고른 것은?
(하)

> **보기**
> ㄱ. $2x=x$
> ㄴ. $3x-2=5$
> ㄷ. $4x+3=5x-(x-3)$
> ㄹ. $-x+4=x-4$
> ㅁ. $-2(x+3)=-2x-6$

① ㄱ, ㄴ
② ㄱ, ㄹ
③ ㄴ, ㄷ
④ ㄷ, ㅁ
⑤ ㄹ, ㅁ

05 다음 등식이 항등식일 때, $a-b$의 값은?
(중)

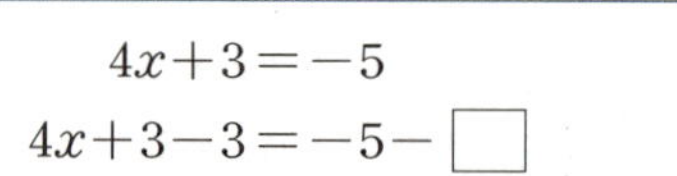
$$3(x-1)+a=bx-5$$

① -5
② -3
③ -2
④ 3
⑤ 5

06 다음 중 옳은 것을 모두 고르면?
(중)

① $a=3b$이면 $a+1=3(b+1)$이다.
② $a+5=b+4$이면 $a+3=b+2$이다.
③ $a+b=1$이면 $2a+b=2$이다.
④ $\dfrac{a}{2}=\dfrac{b}{3}$이면 $\dfrac{a+1}{2}=\dfrac{b+1}{3}$이다.
⑤ $2a=-6b$이면 $a+1=-3b+1$이다.

07 다음은 등식의 성질을 이용하여 방정식을 푸는 과정이다. □ 안에 들어갈 알맞은 수는?
(하)

$$4x+3=-5$$
$$4x+3-3=-5-\square$$

① -3
② -1
③ 0
④ 1
⑤ 3

08 다음 중 일차방정식을 모두 고르면?
(하)

① $x^2-1=0$
② $2-x=2+x$
③ $4x-3=1+4x$
④ $3(x-1)=3(x+7)$
⑤ $2x(x-4)=5+2x^2$

09 다음 중 밑줄 친 항을 바르게 이항한 것은? (하)

① $2x\underline{+5}=3 \Rightarrow 2x=3+5$
② $x\underline{-3}=\underline{-x} \Rightarrow x+x=-3$
③ $3x\underline{-2}=\underline{x}-1 \Rightarrow 3x-x=-1+2$
④ $-4x\underline{+3}=\underline{5x}-1 \Rightarrow -4x+5x=-1+3$
⑤ $-x\underline{+5}=\underline{-2x}-1 \Rightarrow -x+2x=-1+5$

의사 소통

10 등식의 한 변에 있는 항을 이항할 때, 항의 부호가 바뀌는 이유에 대하여 설명하시오. (중)

11 다음 방정식 중 그 해가 가장 큰 것은? (하)

① $x-4=-1$
② $4+3x=x-6$
③ $2(2x-3)=2x+1$
④ $\dfrac{1}{2}-x=\dfrac{2x+4}{3}$
⑤ $0.5(x+3)=0.3x-0.2$

12 비례식 $\dfrac{1}{4}(2x+1) : (x-4)=5 : 4$를 만족하는 x의 값은? (중)

① 3 　　② 5 　　③ 7
④ 9 　　⑤ 11

13 일차방정식 $1.5x+0.7=-\dfrac{1}{5}+0.6x$의 해는? (중)

① $x=-3$ 　　② $x=-2$ 　　③ $x=-1$
④ $x=1$ 　　⑤ $x=2$

14 x에 대한 일차방정식 $\dfrac{-3x+k}{2}=-(x+2k)+5$의 해가 $x=2$일 때, 상수 k의 값은? (중)

① $-\dfrac{12}{5}$ 　　② $-\dfrac{7}{5}$ 　　③ $-\dfrac{1}{5}$
④ $\dfrac{7}{5}$ 　　⑤ $\dfrac{12}{5}$

15 x에 대한 일차방정식 $2x+a=x+b$의 해가 $x=a$일 때, $\dfrac{3a-b}{a+b}$의 값은? (단, $a\neq0$) (중)

① $\dfrac{1}{5}$ 　　② $\dfrac{1}{4}$ 　　③ $\dfrac{1}{3}$
④ $\dfrac{1}{2}$ 　　⑤ 1

16 다음 세 방정식의 해가 모두 같을 때, $ax=b+3x$의 해는? (중)

$$-\dfrac{1}{3}x+4=5$$
$$4x+2=x-a$$
$$(x-1) : b=(x+2) : 4$$

① $x=1$ 　　② $x=2$ 　　③ $x=3$
④ $x=4$ 　　⑤ $x=5$

17 창의·융합
x에 대한 일차방정식 $2x - \dfrac{x-2a}{3} = 7$의 해가 자연수가 되게 하는 자연수 a를 모두 합한 값을 구하시오.

18
x에 대한 일차방정식 $\dfrac{x}{3} - 7 = \dfrac{x}{2} + a$의 해가 방정식 $0.9x - 1.8 = 0.7x + 1$의 해보다 2만큼 작을 때, 상수 a의 값을 구하시오.

19 추 론
해가 $x = -3$인 방정식 $4(x-2) + 3 = 5x + a$에서 3을 다른 수로 잘못 보고 상수 a의 값을 구했더니 -4가 나왔다. 3을 어떤 수로 잘못 보았는지 구하시오.

20
윤지는 도서관에서 385쪽짜리 책을 빌렸다. 첫날 55쪽을 읽고 다음날부터 매일 22쪽씩 읽어서 책을 모두 읽으려고 할 때, 며칠이 걸리겠는가?

① 12일   ② 15일   ③ 16일
④ 18일   ⑤ 20일

21
원가가 8000원인 상품에 50 %의 이익을 붙여서 정가를 정했다가 다시 정가의 x %를 할인하여 팔았더니 1개를 팔 때마다 원가의 20 %의 이익을 얻었다. 이때 x의 값을 구하시오.

22
다음 그림과 같이 둘레의 길이가 400 m인 육상 트랙 출발선에서 A, B 두 사람이 서로 반대 방향으로 각각 초속 4 m, 초속 6 m로 동시에 출발하였다. 몇 초 후에 두 사람이 만나는지 구하시오.

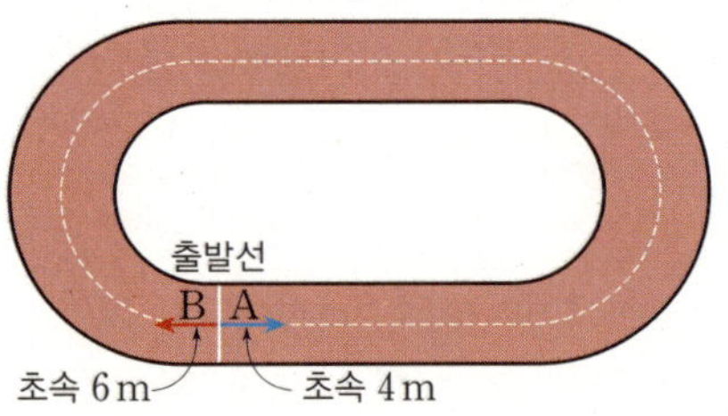

23 문제 해결
학생들에게 사탕을 나누어 주는데 한 사람에게 5개씩 주면 10개가 남고, 6개씩 주면 5개가 부족하다. 이때 학생 수와 사탕의 개수를 구하시오.

24
4시와 5시 사이에 시계의 분침과 시침이 완전히 겹치는 시각을 구하시오.

서술형

25 다음 일차방정식의 해를 구하고 그 과정을 서술하시오.

$$\frac{x-1}{5}-\frac{1}{2}=0.3(x-3)$$

26 다음 두 방정식의 해의 곱을 구하고 그 과정을 서술하시오.

$$0.5(x-2)-0.4(x+1)=-0.8$$
$$0.1x-0.6=\frac{1}{3}\left(\frac{1}{2}x-2\right)$$

27 십의 자리의 숫자가 8인 두 자리의 자연수가 있다. 이 자연수의 일의 자리의 숫자와 십의 자리의 숫자를 바꾼 수는 처음 수보다 9만큼 작다고 할 때, 처음 자연수를 구하고 그 과정을 서술하시오.

28 60명을 선발하는 시험에서 100명을 지원하여 40명이 불합격하였다. 최저 합격 점수는 100명의 평균보다 3점이 낮고, 합격자의 평균보다 15점이 낮으며, 불합격자의 평균의 2배보다 5점이 낮았다. 최저 합격 점수를 구하고 그 과정을 서술하시오.

29 어느 학교 청소년 단체 학생들이 수련회를 가서 텐트에 학생들을 배정하려고 한다. 한 텐트에 6명씩 배정하면 4명이 남고, 한 텐트에 7명씩 배정하면 6명씩 배정할 때보다 텐트가 한 개 적고 5명이 남는다. 이때 수련회에 참여한 학생 수가 몇 명인지 구하고 그 과정을 서술하시오.

30 8 %의 소금물 200 g에서 소금물 한 컵을 퍼내고 퍼낸 양만큼의 물을 부은 후 다시 4 %이 소금물을 섞어서 6 %의 소금물 320 g을 만들었다. 다음 물음에 답하고 그 과정을 설명하시오.

(1) 8 %의 소금물 200 g에 들어 있는 소금의 양을 구하시오.
(2) 퍼낸 소금물의 양을 x g이라고 할 때 x에 대한 방정식을 세우시오.
(3) (2)의 방정식을 풀고 퍼낸 소금물의 양을 구하시오.

퍼즐을 맞추어 보세요.

규칙: 1부터 9까지의 숫자를 이용해 빈칸을 채워 수식을 완성한다. 각 숫자는 한 번씩만 쓸 수 있고, 곱셈과 나눗셈을 덧셈과 뺄셈보다 먼저 계산하는 사칙연산의 기본 규칙을 따른다.

[피사의 사탑] 이탈리아 피사에 있는 대성당의 종루이며 관광 명소이다. 기울어진 탑으로 유명하다.

[밴쿠버] 캐나다의 아름다운 항구 도시이다. 빼어난 자연을 가지고 있어 많은 관광객이 방문하고 있다.

IV 좌표평면과 그래프

1 좌표평면과 그래프

01 좌표와 좌표평면

정답 및 해설 P.94

① 수직선 위의 점의 좌표, 좌표평면 위의 점의 좌표

- $a \neq b$일 때 순서쌍 (a, b)와 (b, a)는 서로 다르다.
- x의 값이 m개 , y의 값이 n개일 때 순서쌍 $(x$의 값, y의 값$)$의 개수는 $m \times n$이다.
- x축 위의 점의 좌표: $(x$좌표, $0)$
  y축 위의 점의 좌표: $(0, y$좌표$)$

01 다음 수직선 위의 점 P, Q, R의 좌표를 기호로 나타내시오. (단, R는 5와 6의 가운데 점이다.)

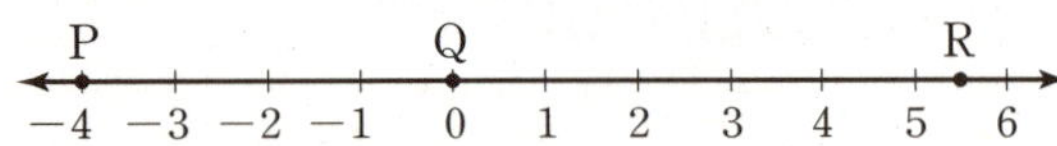

02 다음 중 수직선 위의 점 A, B, C, D, E의 좌표를 기호로 잘못 나타낸 것은?

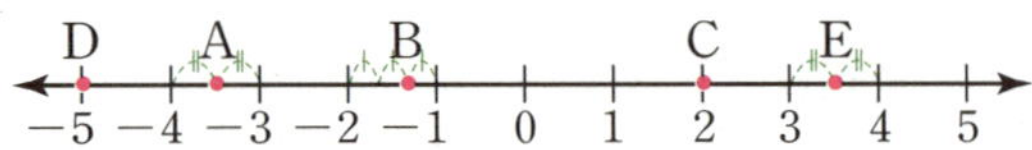

① A(-3.5) ② B$\left(-\dfrac{4}{3}\right)$ ③ C(2)

④ D(-0.5) ⑤ E(3.5)

03 x의 값이 2, 3이고 y의 값이 5, 6일 때 $(x$의 값, y의 값$)$으로 하는 순서쌍을 모두 구하시오.

04 다음 각 점의 좌표를 구하시오.

(1) x좌표가 -2, y좌표가 7인 점 A
(2) x축 위에 있고, x좌표가 6인 점 B
(3) y축 위에 있고, y좌표가 -4인 점 C

05 다음 중 오른쪽 좌표평면 위의 점 A, B, C, D, E의 좌표로 옳지 않은 것은?

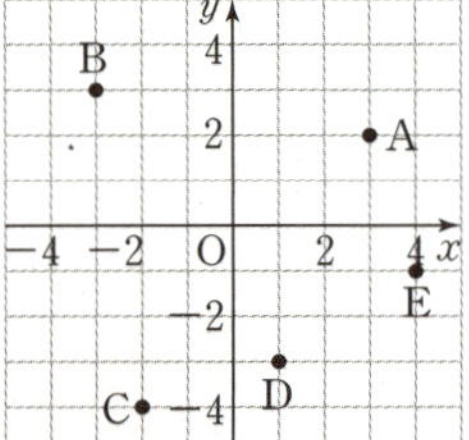

① A$(3, 2)$
② B$(-3, -3)$
③ C$(-2, -4)$
④ D$(1, -3)$
⑤ E$(4, -1)$

06 다음 보기 중 옳은 것을 모두 고른 것은?

> **보기**
> ㄱ. 점 $(-3, 0)$은 x축 위에 있다.
> ㄴ. y축 위의 점은 y좌표가 0이다.
> ㄷ. 점 $(2, 3)$의 x좌표는 2, y좌표는 3이다.
> ㄹ. 점 $(1, 4)$와 점 $(4, 1)$은 같은 점이다.
> ㅁ. x축과 y축의 교점의 좌표는 $(0, 0)$이다.

① ㄱ, ㄴ   ② ㄴ, ㄷ   ③ ㄷ, ㅁ
④ ㄱ, ㄷ, ㄹ   ⑤ ㄱ, ㄷ, ㅁ

② 사분면, 대칭인 점의 좌표

- **사분면에 있는 점의 좌표의 부호**
  제1사분면 위의 점의 좌표: $(+, +)$
  제2사분면 위의 점의 좌표: $(-, +)$
  제3사분면 위의 점의 좌표: $(-, -)$
  제4사분면 위의 점의 좌표: $(+, -)$
- 원점, x축 위의 점, y축 위의 점은 어느 사분면 위에도 있지 않다.
- 점 (x, y)에 대하여
  ① $xy<0$이면 x, y의 부호는 다르다.
    $x-y>0$, 즉 $x>y$이면 $x>0, y<0$
    $x-y<0$, 즉 $x<y$이면 $x<0, y>0$
  ② $xy>0$이면 x, y의 부호는 같다.
    $x+y>0$이면 $x>0, y>0$
    $x+y<0$이면 $x<0, y<0$
- 점 (a, b)에 대하여 이 점과
  ① x축에 대하여 대칭인 점의 좌표: $(a, -b)$
  ② y축에 대하여 대칭인 점의 좌표: $(-a, b)$
  ③ 원점에 대하여 대칭인 점의 좌표: $(-a, -b)$

01 좌표평면을 참고하여 다음 표에 각 사분면에 해당하는 기호와 각 사분면이 속하는 점의 x좌표와 y좌표의 부호를 각각 쓰시오.

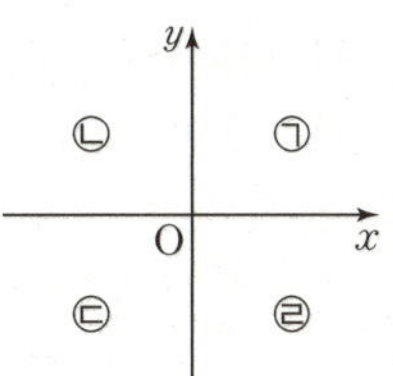

기호	사분면	x좌표의 부호	y좌표의 부호
㉠	제1사분면	$+$	$+$
	제2사분면		
	제3사분면		
	제4사분면		

02 다음 좌표가 제몇 사분면 위의 점인지 말하시오.

(1) $(-2, 4)$ (2) $(3, -2)$
(3) $(0, -5)$ (4) $(2, 5)$

03 다음 보기 중 좌표평면 위의 점의 좌표와 그 점이 있는 사분면이 바르게 연결된 것을 모두 고른 것은?

> **보기**
> ㄱ. $(-1, 3)$: 제3사분면
> ㄴ. $(-5, -2)$: 제3사분면
> ㄷ. $(3, -2)$: 제2사분면
> ㄹ. $(4, 2)$: 제1사분면
> ㅁ. $(5, -5)$: 제4사분면

① ㄱ, ㄴ ② ㄴ, ㄹ ③ ㄴ, ㅁ
④ ㄴ, ㄷ, ㄹ ⑤ ㄴ, ㄹ, ㅁ

04 다음 중 제4사분면 위에 있는 점의 좌표는?

① $(-3, -2)$ ② $(1, 4)$ ③ $(2, -2)$
④ $(-1, 3)$ ⑤ $(0, -3)$

05 다음 중 옳지 않은 것은?

① 원점의 좌표는 $(0, 0)$이다.
② y축 위의 점은 x좌표가 0이다.
③ 점 $(-3, 0)$은 x축 위에 있다.
④ 점 $(0, 4)$는 제1사분면 위에 있다.
⑤ 점 $(-2, -5)$는 제3사분면 위에 있다.

06 $a<0, b<0$일 때, 다음 좌표가 제몇 사분면 위의 점인지 말하시오.

(1) $(-a, ab)$ (2) $(-b, a+b)$

정답 및 해설 P.94

07 점 $A(a-5,\ 2a+3)$, 점 $B(-2b+1,\ 3-2b)$는 각각 x축, y축 위에 있을 때, $a+b$의 값은?

① -2 ② -1 ③ 0
④ 1 ⑤ 2

08 점 $P(a,\ b)$가 제2사분면 위에 있을 때, 점 $Q(-a,\ b-a)$는 제몇 사분면 위의 점인가?

① 제1사분면 ② 제2사분면
③ 제3사분면 ④ 제4사분면
⑤ 어느 사분면 위에도 있지 않다.

09 두 수 $a,\ b$가 $\dfrac{b}{a}>0$, $a+b<0$일 때, 점 $(a,\ b)$는 제몇 사분면 위의 점인지 구하시오.

10 좌표평면 위의 점 $A(-3,\ 2)$에 대하여 다음 점의 좌표를 구하고 좌표평면 위에 나타내시오.

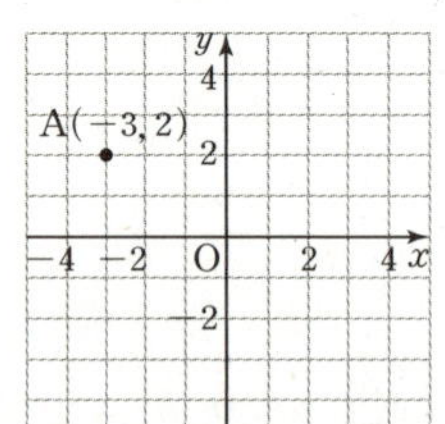

(1) x축에 대하여 대칭인 점 B
(2) y축에 대하여 대칭인 점 C
(3) 원점에 대하여 대칭인 점 D

11 점 $P(-3,\ 1)$과 x축에 대하여 대칭인 점이 $Q(a,\ b)$일 때, $a-b$의 값을 구하시오.

12 좌표평면 위의 두 점 $A(4,\ 1-a)$와 $B(b-2,\ -3)$이 y축에 대하여 대칭일 때, $a+b$의 값은?

① 1 ② 2 ③ 3
④ 4 ⑤ 5

13 점 $P(a,\ b)$가 제4사분면 위에 있을 때, 이 점과 y축에 대하여 대칭인 점 Q는 제몇 사분면 위의 점인가?

① 제1사분면 ② 제2사분면
③ 제3사분면 ④ 제4사분면
⑤ 어느 사분면 위에도 있지 않다.

14 x축 위에 있고 x좌표가 3인 점을 P라고 할 때, 점 P와 y축에 대하여 대칭인 점 Q의 좌표를 구하시오.

02 그래프

정답 및 해설 P.95

① 그래프의 이해와 해석

- 상황에 맞는 그래프를 찾을 수 있고 그래프를 이해하고 필요한 정보를 알 수 있다.
- 여러 가지 상황에 대한 그래프의 모양을 이해하고 증가와 감소 또는 주기적 변화를 해석할 수 있다.
  - 예 각 그래프의 x의 값이 일정하게 증가함에 따른 y의 값의 변화는 아래의 설명과 같다.

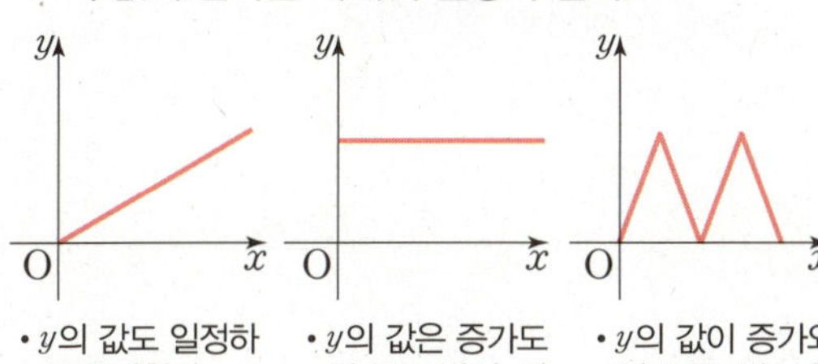

- y의 값도 일정하게 증가한다.
- y의 값은 증가도 감소도 없이 일정하다.
- y의 값이 증가와 감소를 반복한다.

01 정민이는 100 ℃의 끓는 물을 컵에 따른 후 물이 식는 과정을 관찰하였다. 다음은 x분 후의 물의 온도를 y ℃라고 할 때, x, y 사이의 관계를 나타낸 그래프이다. 물의 온도가 35 ℃가 될 때까지 걸린 시간을 구하시오.

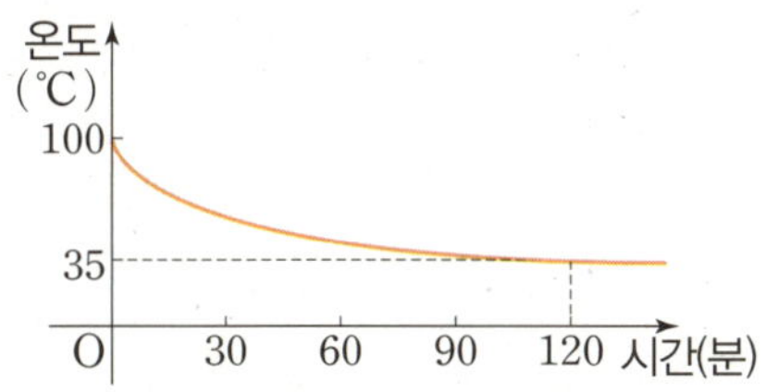

02 오른쪽 그림은 수희가 집에서 150 m 떨어진 친구네 집까지 갈 때, 시간과 거리에 따른 집으로부터의 거리의 변화를 나타낸 그래프이다. 시간을 x분, 집으로부터의 거리를 y m라고 할 때, 다음 물음에 답하시오.

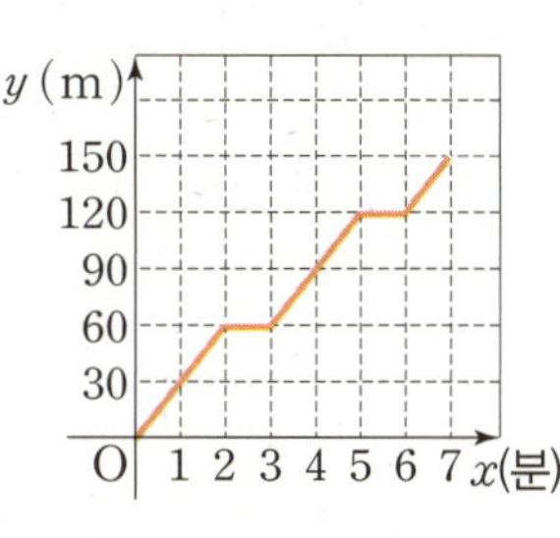

(1) 수희가 친구네 집에 도착할 때까지 걸린 시간을 구하시오.

(2) 수희가 중간에 멈춘 시간을 구하시오.

03 다음 그림은 어느 도시의 6월 1일부터 6월 10일까지의 최고 기온을 나타낸 그래프이다. 물음에 답하시오.

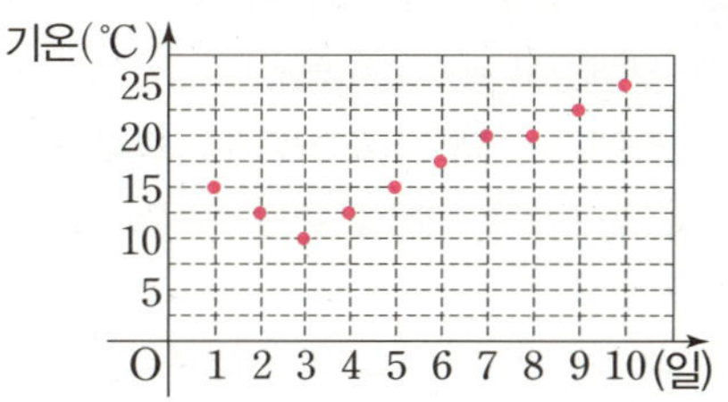

(1) 최고 기온이 가장 낮은 날은 언제인가?
(2) 최고 기온이 가장 높은 날은 언제인가?

04 영석이는 다음 그림과 같이 높이와 용량이 같은 그릇 (1), (2), (3)에 시간당 일정한 양으로 물을 채우려고 한다. 세 그릇의 시간에 따른 물의 높이를 알아보았다. 그릇 (1), (2), (3)과 그래프 (ㄱ), (ㄴ), (ㄷ)을 알맞게 짝 지으시오.

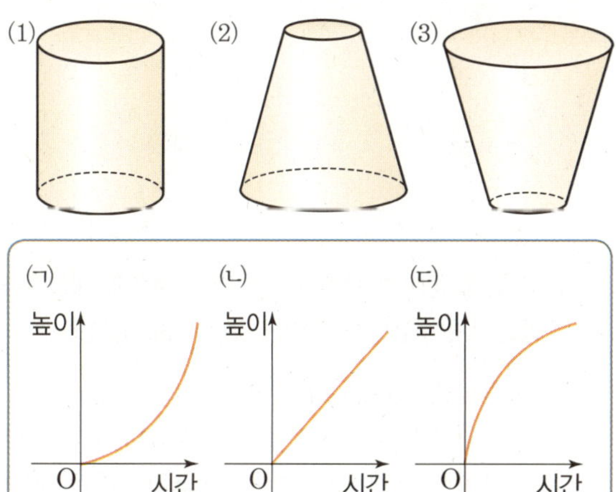

03 정비례와 반비례

정답 및 해설 P.95

❶ 정비례 관계 $y=ax(a\neq0)$의 그래프

- 원점 $(0,\ 0)$을 지나는 직선이다.
  a의 절댓값이 클수록 y축에,
  a의 절댓값이 작을수록 x축에 가까워진다.
- 점 $P(p,\ q)$가 정비례 관계 $y=2x$의 그래프 위에 있다.
  ⇨ 정비례 관계 $y=2x$의 그래프가 점 $P(p,\ q)$를 지나므로 $y=2x$에 $x=p$, $y=q$를 대입하면 등식이 성립한다. 즉, $q=2p$이다.

01 x의 값이 다음과 같을 때, 정비례 관계 $y=x$의 그래프를 그리시오.

(1) $-1,\ 0,\ 1,\ 2,\ 3$　　(2) 수 전체

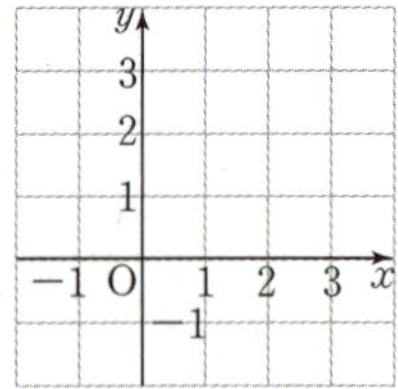 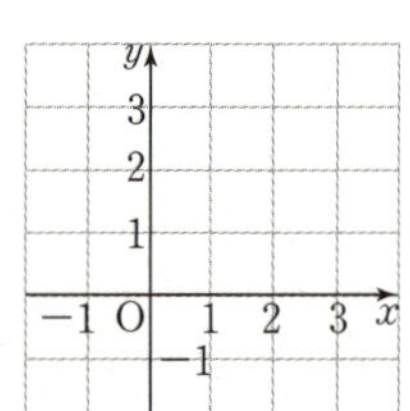

02 다음 중 정비례 관계 $y=ax$의 그래프에 대한 설명으로 옳은 것은 ○표, 옳지 <u>않은</u> 것은 ×표 하시오.

(1) 원점을 지나는 직선이다. (　　　)
(2) $a<0$이면 제1, 3사분면을 지난다. (　　　)
(3) 정비례 관계 $y=3x$의 그래프가 정비례 관계 $y=x$의 그래프보다 y축에 가깝다. (　　　)

03 다음 중 정비례 관계 $y=-\dfrac{4}{5}x$의 그래프에 대한 설명으로 옳지 <u>않은</u> 것은?

① 점 $(-5,\ 4)$를 지난다.
② 제2사분면과 제4사분면을 지난다.
③ x의 값이 증가하면 y의 값도 증가한다.
④ $y=-\dfrac{5}{4}x$의 그래프보다 x축에 더 가깝다.
⑤ 원점을 지나는 직선이다.

04 다음 정비례 관계의 그래프 중 y축에 가장 가까운 것은?

① $y=3x$　　② $y=-\dfrac{5}{2}x$　　③ $y=\dfrac{1}{5}x$

④ $y=-4x$　　⑤ $y=\dfrac{1}{3}x$

05 오른쪽 그림은 정비례 관계 $y=-\dfrac{5}{4}x$의 그래프이다. a의 값을 구하시오.

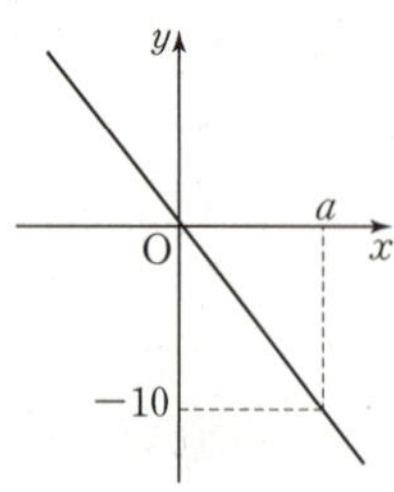

② 반비례 관계 $y=\dfrac{a}{x}\,(a\neq0)$의 그래프

- 원점에 대하여 대칭인 한 쌍의 매끄러운 곡선이다.
- a의 절댓값이 클수록 원점에서 멀어진다.
- 점 $P(p,\ q)$가 반비례 관계 $y=\dfrac{2}{x}$의 그래프 위에 있다.

  ⇨ 반비례 관계 $y=\dfrac{2}{x}$의 그래프가 점 $P(p,\ q)$를 지나므로 $y=\dfrac{2}{x}$에 $x=p$, $y=q$를 대입하면 등식이 성립한다. 즉, $q=\dfrac{2}{p}$이다.

01 x의 값이 다음과 같을 때, 반비례 관계 $y=\dfrac{2}{x}$의 그래프를 그리시오.

(1) $-2,\ -1,\ 1,\ 2$ (2) 0을 제외한 수 전체

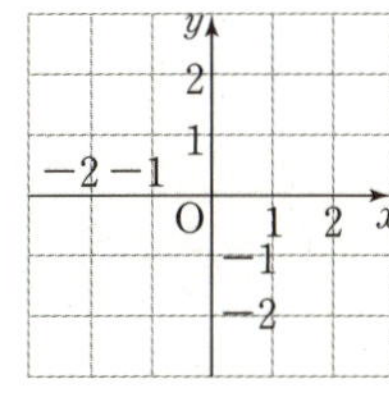   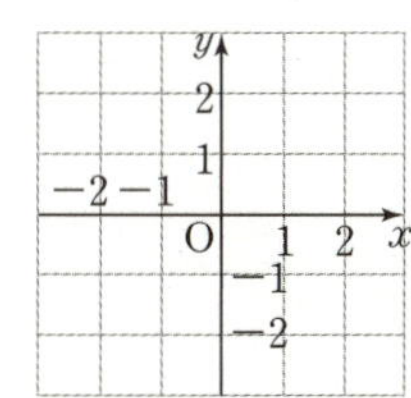

02 다음 중 반비례 관계 $y=-\dfrac{3}{x}$의 그래프에 대한 설명으로 옳은 것은 ○표, 옳지 <u>않은</u> 것은 ×표 하시오.

(1) 원점을 지나는 직선이다. (　　　)
(2) 점 $(-1,\ 3)$을 지난다. (　　　)
(3) $x>0$에서 x의 값이 증가하면 y의 값도 증가한다.
(　　　)

03 다음 중 반비례 관계 $y=\dfrac{a}{x}\,(a\neq0)$의 그래프에 대한 설명으로 옳지 <u>않은</u> 것은?

① a의 절댓값이 클수록 원점에서 멀어진다.
② $a<0$이면 $x>0$에서 x의 값이 증가할 때, y의 값도 증가한다.
③ $a>0$이면 제2사분면과 제4사분면 위에 있다.
④ 점 $(1,\ a)$를 지난다.
⑤ 원점에 대하여 대칭인 한 쌍의 곡선이다.

04 반비례 관계 $y=\dfrac{8}{x}$의 그래프 위의 점 중 x좌표와 y좌표가 모두 정수인 점의 개수를 구하시오.

05 두 반비례 관계 $y=\dfrac{a}{x}$, $y=\dfrac{5}{x}$의 그래프가 오른쪽 그림과 같을 때, 상수 a의 값의 범위는?

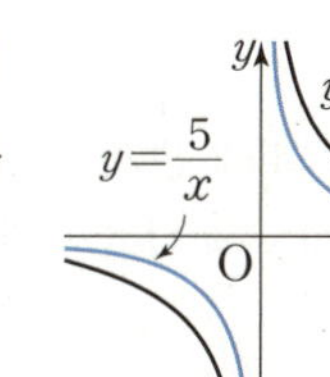

① $a<-5$ ② $a>-5$
③ $-5<a<0$ ④ $0<a<5$
⑤ $a>5$

06 반비례 관계 $y=\dfrac{12}{x}$의 그래프가 점 $(a,\ -3)$을 지날 때, a의 값을 구하시오.

정답 및 해설 P.96

③ 정비례 관계의 식 구하기

- '그래프가 원점을 지나는 직선', 'y가 x에 정비례' 등과 같은 표현이 있을 때
  ⇨ 정비례 관계의 식을 $y=ax$로 놓는다.
  ⇨ 그래프 위의 원점이 아닌 점의 좌표를 대입하여 a의 값을 구한다.
  예 정비례 관계 $y=ax$의 그래프가 점 $(2,\ 4)$를 지날 때, $y=ax$에 $x=2$, $y=4$를 대입하면 $4=a\times 2$, $a=2$이다.
  따라서 $y=2x$이다.

01 오른쪽 그림의 그래프를 보고 정비례 관계의 식을 구하시오.

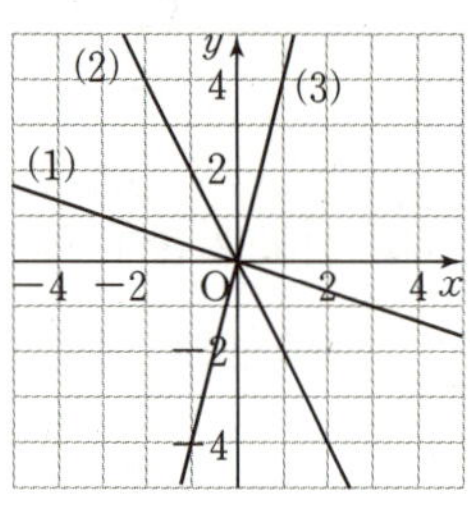

02 정비례 관계 $y=ax$의 그래프가 점 $(-3,\ 8)$을 지날 때, a의 값을 구하시오.

03 오른쪽 그림과 같은 정비례 관계의 식은?

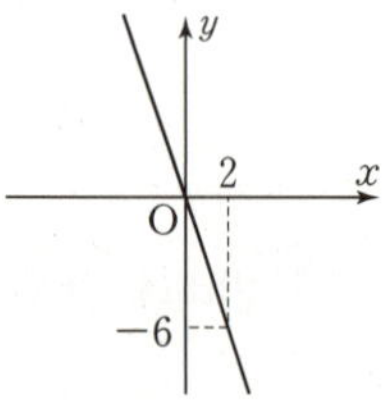

① $y=2x$　　② $y=-2x$
③ $y=3x$　　④ $y=-3x$
⑤ $y=6x$

04 오른쪽 그래프가 점 $(-6,\ -3)$을 지날 때, b의 값을 구하시오.

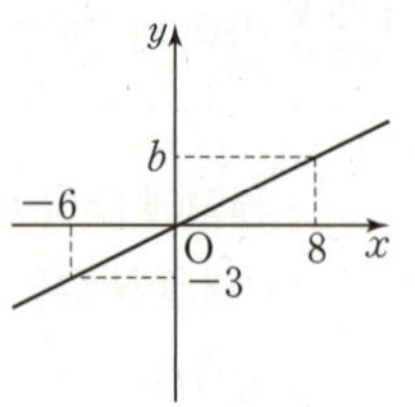

05 정비례 관계 $y=ax$의 그래프가 점 $(3,\ 2)$를 지날 때, 다음 중 이 그래프 위에 있는 점은?

① $(-3,\ 4)$　　② $(2,\ 3)$　　③ $\left(4,\ \dfrac{9}{2}\right)$
④ $\left(\dfrac{3}{2},\ 3\right)$　　⑤ $\left(-2,\ -\dfrac{4}{3}\right)$

06 정비례 관계 $y=ax$의 그래프가 두 점 $(3,\ -7)$, $\left(b,\ -\dfrac{7}{9}\right)$을 지날 때, $a+b$의 값은?

① -5　　② -4　　③ -3
④ -2　　⑤ -1

07 오른쪽 그래프에서 a의 값을 구하시오.

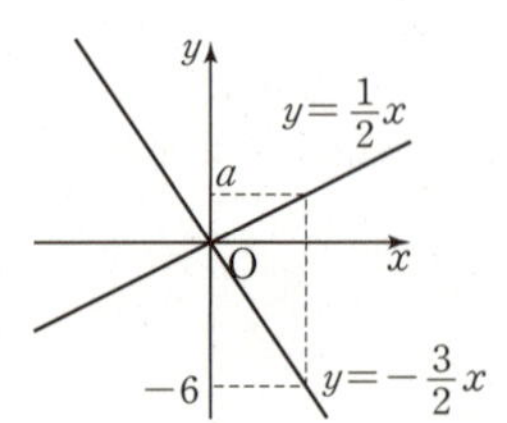

④ 반비례 관계의 식 구하기

- '그래프가 원점에 대하여 대칭인 한 쌍의 곡선', 'y가 x에 반비례' 등과 같은 표현이 있을 때

  ⇨ 반비례 관계의 식을 $y=\dfrac{a}{x}$로 놓는다.

  ⇨ 그래프 위의 점의 좌표를 대입하여 a의 값을 구한다.

  예 반비례 관계 $y=\dfrac{a}{x}$의 그래프가 점 $(3,\ 2)$를 지날 때 $y=\dfrac{a}{x}$에 $x=3$, $y=2$를 대입하면 $2=\dfrac{a}{3}$, $a=6$이다.

  따라서 $y=\dfrac{6}{x}$이다.

01 다음 그래프를 보고 반비례 관계의 식을 구하시오.

(1) 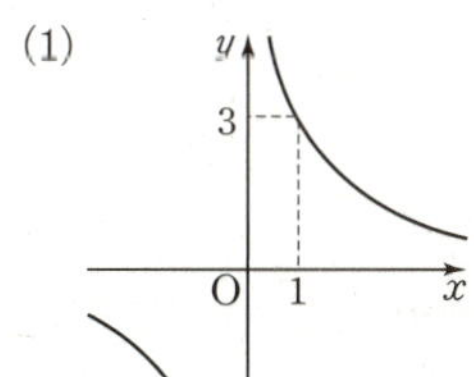　(2) 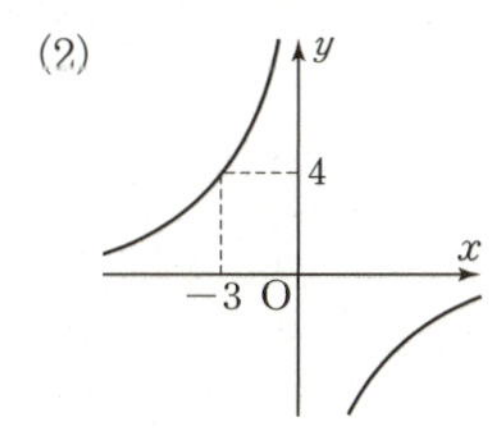

02 반비례 관계 $y=\dfrac{a}{x}$의 그래프가 점 $\left(-2,\ \dfrac{1}{2}\right)$을 지날 때, a의 값을 구하시오.

03 오른쪽 그림은 반비례 관계 $y=\dfrac{a}{x}$의 그래프이다. 이때 a의 값은?

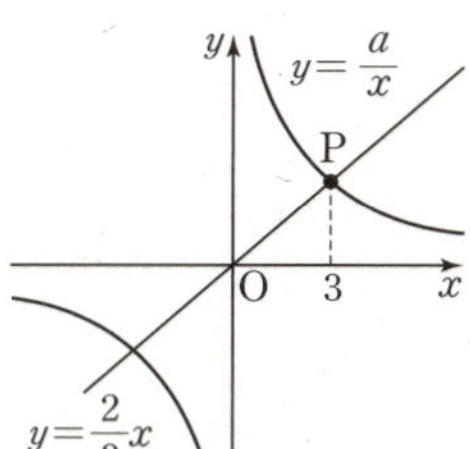

① -2　　② $-\dfrac{1}{2}$

③ 2　　④ 4

⑤ 8

04 오른쪽 그림은 y가 x에 반비례하는 그래프이다. 이때 점 P의 좌표를 구하시오.

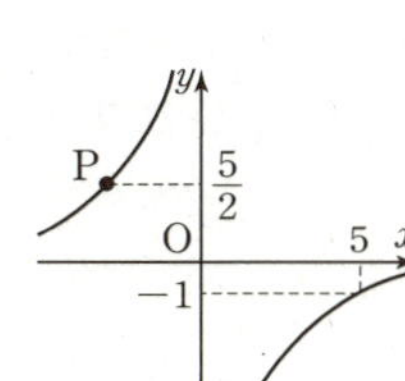

05 반비례 관계 $y=\dfrac{a}{x}$의 그래프가 점 $(3,\ -1)$을 지나고, 반비례 관계 $y=\dfrac{b}{x}$의 그래프가 점 $(a,\ -2)$를 지날 때, $a+b$의 값은?

① 3　　　　② 6　　　　③ 9

④ 12　　　⑤ 15

06 y가 x에 반비례하는 $y=\dfrac{a}{x}\ (a\neq0)$의 그래프가 두 점 $(3,\ -3)$, $\left(k,\ -\dfrac{9}{4}\right)$를 지날 때, k의 값을 구하시오.

07 오른쪽 그림은 $y=\dfrac{a}{x}$와 $y=\dfrac{2}{3}x$의 그래프이다. 두 그래프의 교점 P의 x좌표가 3일 때, a의 값은?

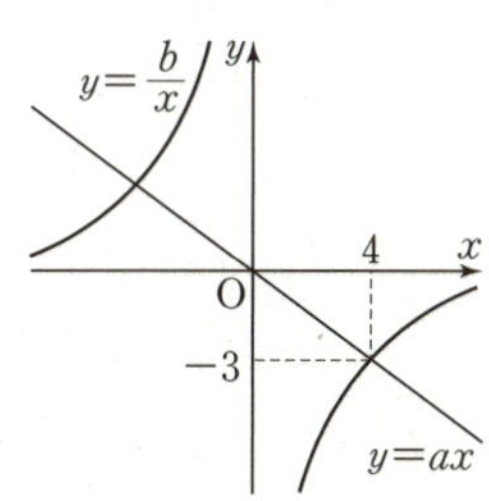

① 6　　　　② 8

③ 9　　　　④ 10

⑤ 12

08 오른쪽 그림과 같이 $y=ax$, $y=\dfrac{b}{x}$의 그래프가 점 $(4,\ -3)$에서 만날 때, ab의 값을 구하시오.

IV

04 정비례 관계, 반비례 관계의 활용

정답 및 해설 P.98

① 정비례 관계 $y=ax(a\neq0)$의 활용

(1) x, y가 다음 조건을 만족하면 정비례 관계이다.
　① $y=ax$ 꼴이다.
　② $\dfrac{y}{x}$의 값이 일정하다.
(2) $y=ax$ 꼴로 관계의 식을 나타낸다.
(3) x의 값이 주어지면 관계의 식에 대입하여 y의 값을 구한다.

01 한 권에 900원인 공책 x권의 가격을 y원이라고 할 때, 다음 물음에 답하시오.

(1) 표를 완성하시오.

x(권)	1	2	3	4	…	x
y(원)	900				…	

(2) x와 y 사이의 관계의 식을 구하시오.
(3) 공책 12권의 가격을 구하시오.

02 3 L의 휘발유로 15 km를 달릴 수 있는 자동차에 휘발유 x L를 채웠을 때, 달릴 수 있는 거리를 y km라고 한다. 다음 물음에 답하시오.

(1) 표를 완성하시오.

x (L)	1	2	3	4	…	x
y (km)			15		…	

(2) x와 y 사이의 관계의 식을 구하시오.
(3) 60 km를 가려면 몇 L의 휘발유가 필요한지 구하시오.

03 매시간 15 cm^{3}씩 부피가 줄어드는 풍선이 있다. x시간 후 줄어든 부피의 양을 y cm^{3}라고 할 때, 다음 물음에 답하시오.

(1) x와 y 사이의 관계의 식을 구하시오.
(2) 4시간 후 풍선의 부피가 처음의 절반으로 줄어들었다면 처음 풍선의 부피는 몇 cm^{3}인지 구하시오.

04 시속 80 km의 일정한 속력으로 x시간 동안 달리는 차가 이동한 거리를 y km라고 할 때, x와 y 사이의 관계의 식은?

① $y=\dfrac{80}{x}$　　② $y=80x$　　③ $y=800x$

④ $y=\dfrac{x}{80}$　　⑤ $y=\dfrac{800}{x}$

05 용수철 저울에서 용수철의 늘어난 길이는 저울추의 무게에 정비례한다. 이 용수철에 5 g의 저울추를 매달면 용수철의 길이가 2 cm 늘어난다고 할 때, 30 g의 저울추를 매달면 용수철은 몇 cm 늘어나는지 구하시오.

06 달에서의 무게는 지구에서의 무게의 $\dfrac{1}{6}$이 된다고 한다. 다음 물음에 답하시오.

(1) 지구에서 x kg인 물체의 무게는 달에서 y kg이 된다고 할 때, x와 y 사이의 관계의 식을 구하시오.
(2) 달에서 60 kg인 물체는 지구에서 몇 kg이 되는지 구하시오.

❷ 반비례 관계 $y=\dfrac{a}{x}\,(a\neq0)$의 활용

(1) x, y가 다음 조건을 만족하면 반비례 관계이다.

① $y=\dfrac{a}{x}$ 꼴이다.

② xy의 값이 일정하다.

(2) $y=\dfrac{a}{x}$ 꼴로 관계의 식을 나타낸다.

(3) x의 값이 주어지면 관계의 식에 대입하여 y의 값을 구한다.

01 넓이가 30 cm²인 삼각형의 밑변의 길이가 x cm, 높이가 y cm일 때, 다음 물음에 답하시오.

(1) 표를 완성하시오.

x (cm)	1	2	3	4	⋯	x
y (cm)	60				⋯	

(2) x와 y 사이의 관계의 식을 구하시오.

(3) 밑변의 길이가 12 cm일 때 삼각형의 높이를 구하시오.

02 1분에 5 L씩 나오는 수도로 욕조에 물을 가득 채우면 30분이 걸린다. 다음 물음에 답하시오.

(1) 1분에 x L씩 나오는 수도로 욕조에 물을 가득 채우는 데 걸리는 시간을 y분이라고 할 때, x와 y 사이의 관계의 식을 구하시오.

(2) 1분에 6 L씩 나오는 수도로 욕조에 물을 가득 채우면 몇 분이 걸리는지 구하시오.

03 소금 20 g이 들어 있는 소금물 x g이 있다. 농도가 y %일 때, x와 y 사이의 관계의 식은?

① $y=\dfrac{20}{x}$ ② $y=\dfrac{200}{x}$ ③ $y=200x$

④ $y=\dfrac{2000}{x}$ ⑤ $y=2000x$

04 서로 맞물려 도는 두 톱니바퀴 A, B가 있다. A의 톱니의 수는 30개이고, 매분 5회씩 회전한다. 또 B의 톱니의 수는 x개이고, 매분 y회씩 회전한다고 할 때, 다음 물음에 답하시오.

(1) x와 y 사이의 관계의 식을 구하시오.

(2) 톱니바퀴 B가 매분 10회씩 회전한다고 할 때, 톱니바퀴 B의 톱니의 수를 구하시오.

05 동명이는 아침마다 집에서 1200 m 떨어진 학교까지 걸어서 등교한다. 분속 80 m로 걸어갈 때, 걸리는 시간을 구하시오.

06 똑같은 8대의 기계로 14시간을 작업해야 끝나는 일이 있다. 다음 물음에 답하시오.

(1) 같은 일을 x대의 기계로 y시간 작업해서 끝낸다고 할 때, x와 y 사이의 관계의 식을 구하시오.

(2) 16시간만에 일을 끝내야 할 때 필요한 기계는 몇 대인지 구하시오.

IV

01 오른쪽 좌표평면 위의 점 A, B, C, D의 좌표를 기호로 나타내시오.

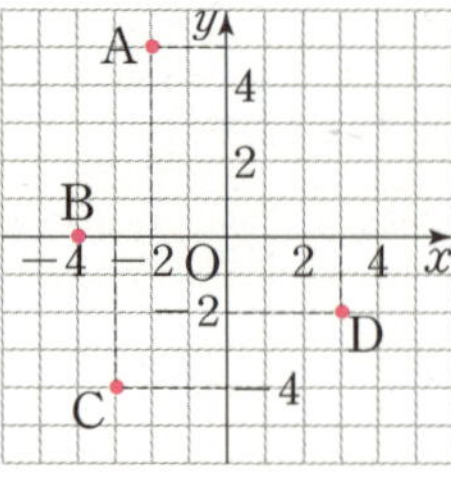

02 다음 중 옳지 <u>않은</u> 것은?

① x축과 y축의 교점의 좌표는 $(0, 0)$이다.
② y축 위에 있고, y좌표가 4인 점의 좌표는 $(0, 4)$이다.
③ x좌표가 3, y좌표가 1인 점의 좌표는 $(3, 1)$이다.
④ x축 위에 있고, x좌표가 1인 점의 좌표는 $(0, 1)$이다.
⑤ x좌표가 -2, y좌표가 5인 점의 좌표는 $(-2, 5)$이다.

03 오른쪽 좌표평면 위의 네 점 A, B, C, D를 꼭짓점으로 하는 사각형 ABCD의 넓이는?

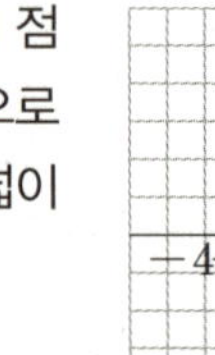
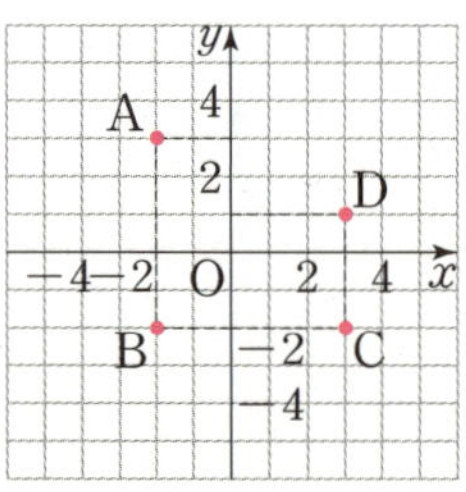

① 12.5　　② 18
③ 20　　④ 24
⑤ 25

04 좌표평면 위의 두 점 $A(a+3, -2)$, $B(5, b-3)$이 x축에 대하여 대칭일 때, $a+b$의 값은?

① 3　　② 4　　③ 5
④ 6　　⑤ 7

05 $a<0$, $b>0$이고 $|a|<|b|$일 때, 점 $(a+b, ab)$는 어느 사분면 위에 있는가?

① 제1사분면　　② 제2사분면
③ 제3사분면　　④ 제4사분면
⑤ 어느 사분면에도 속하지 않는다.

06 다음 그림은 어느 지역의 6월 12일의 시간에 따른 기온의 변화를 나타낸 그래프이다. 다음 물음에 답하시오.

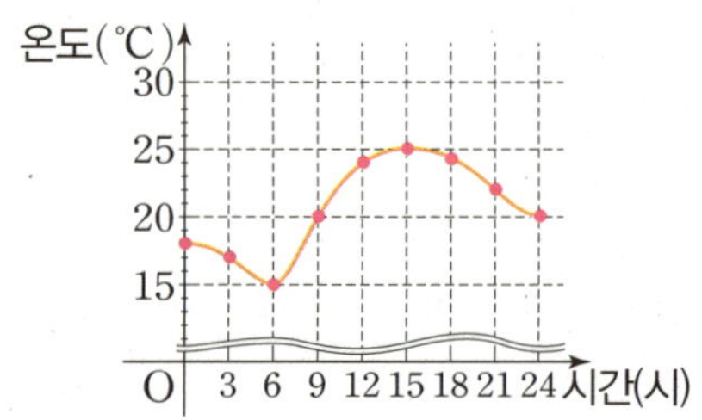

(1) 기온이 가장 낮은 시각을 말하시오.
(2) 기온이 가장 높은 시각과 그때의 기온을 말하시오.

07 A, B, C 세 사람은 같은 장소에서 출발하여 5 km 떨어진 놀이공원에 갈 때 각각 자동차, 자전거, 도보를 이용하였다. 다음 그림은 세 사람의 시간에 따른 거리의 변화를 나타낸 것이다. 다음 물음에 답하시오.

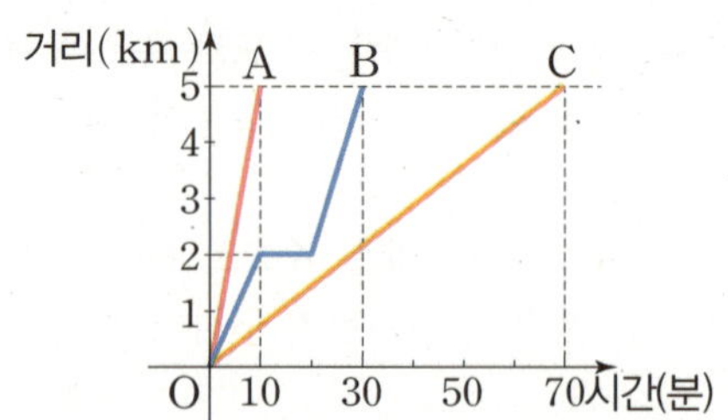

(1) 자전거를 이용한 사람은 몇 분 걸렸는가?
(2) 가장 빨리 도착한 사람과 가장 늦게 도착한 사람의 시간의 차이를 구하시오.

08 오른쪽 그림과 같은 그릇에 시간 당 일정한 양으로 물을 채울 때 시간 x에 따른 물의 높이 y 사이의 변화를 그래프로 나타낸 것은?

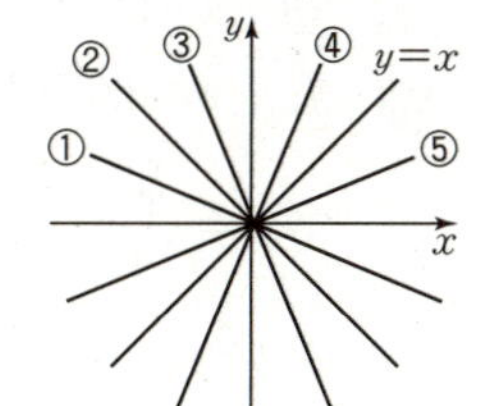

① 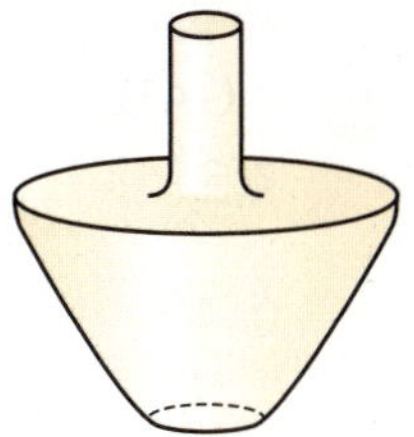
② 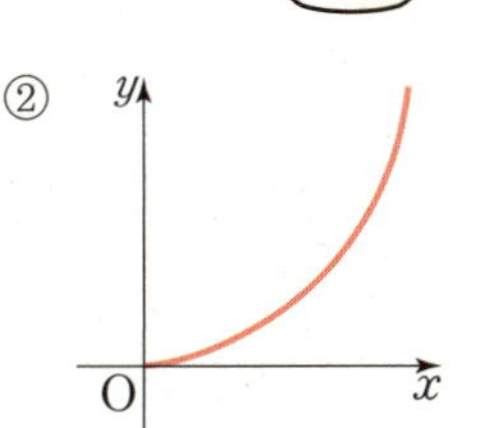
③ 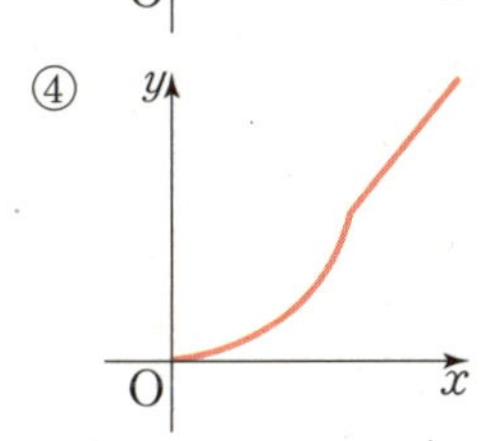
④
⑤ 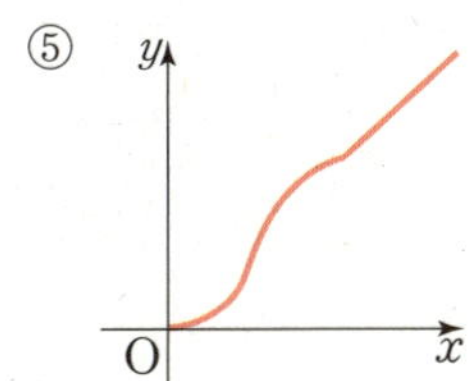

10 오른쪽 그림과 같은 그래프 ①~⑤에서 정비례 관계 $y=5x$ 의 그래프를 찾으시오.

11 다음 중 반비례 관계 $y=\dfrac{a}{x}\,(a\neq0)$의 그래프에 대한 설명으로 옳지 <u>않은</u> 것은?

① 원점에 대하여 대칭인 한 쌍의 곡선이다.
② 항상 점 $(a,\ 1)$을 지난다.
③ $a>0$이면 $x>0$에서 x의 값이 증가할 때 y의 값도 증가한다.
④ $a<0$이면 제2사분면과 제4사분면 위에 있다.
⑤ a의 절댓값이 커질수록 원점에서 멀어진다.

09 다음 중 정비례 관계 $y=-\dfrac{x}{2}$의 그래프는?

① 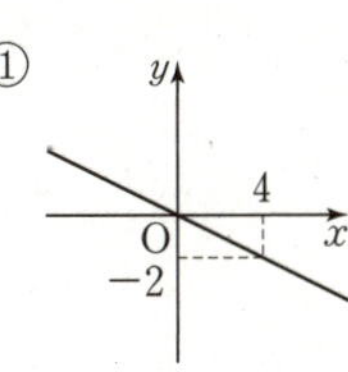
② 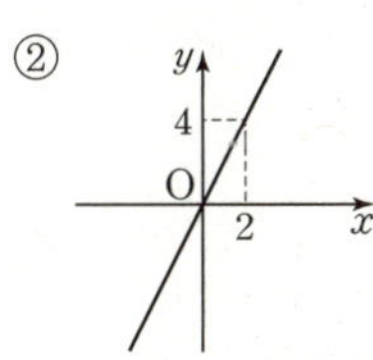
③ 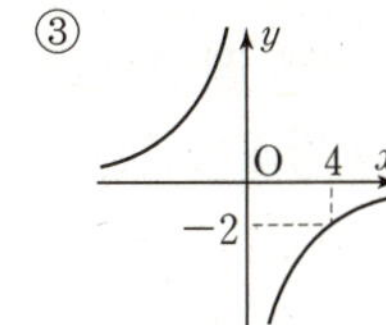
④ 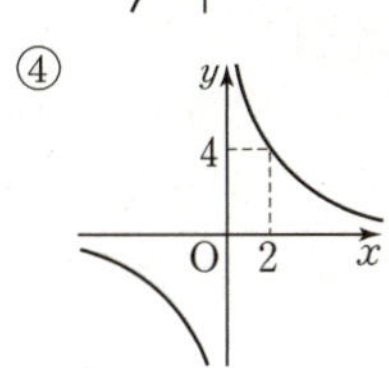
⑤ 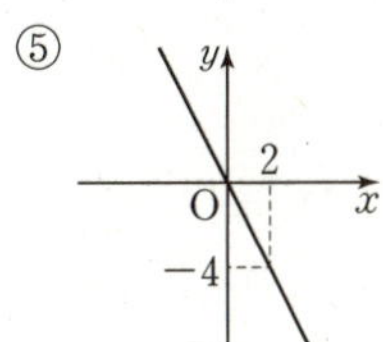

12 반비례 관계 $y=-\dfrac{6}{x}$의 그래프가 두 점 $(a,\ -3)$, $(1,\ b)$를 지날 때, a, b의 값을 구하시오.

13 오른쪽 그림은 $y=-\dfrac{12}{x}$ 와 $y=ax$의 그래프이다. 이때 a, b의 값을 구하시오.

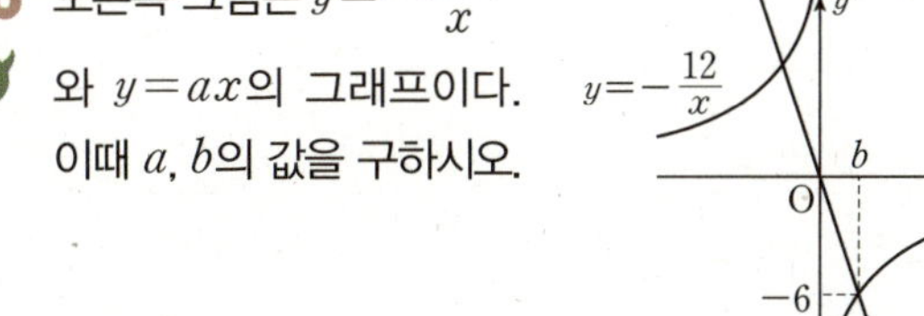
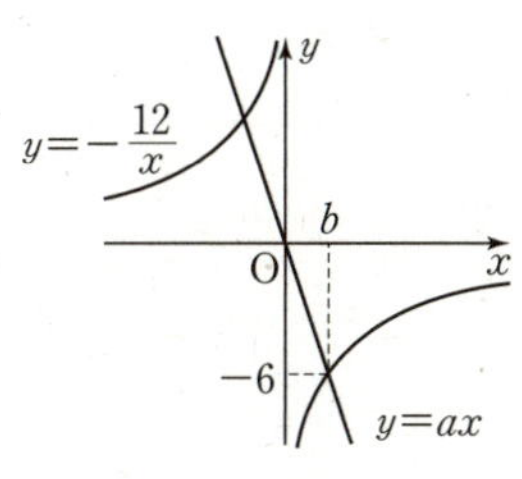

14 밑변의 길이가 14 cm, 높이가 x cm인 삼각형의 넓이를 y cm^{2}라고 할 때, x와 y 사이의 관계의 식은?

① $y = \dfrac{x}{14}$ ② $y = 14x$ ③ $y = \dfrac{x}{7}$

④ $y = 7x$ ⑤ $y = \dfrac{7}{x}$

15 온도가 일정하면 기체의 부피는 압력에 반비례한다. 어떤 기체의 부피가 30 cm^{3}일 때, 이 기체의 압력이 6기압이었다. 압력이 4기압일 때, 이 기체의 부피는?

① 25 cm^3 ② 36 cm^3 ③ 45 cm^3

④ 54 cm^3 ⑤ 60 cm^3

16 점 A$(3,\ 1)$과 x축에 대하여 대칭인 점을 B, 원점에 대하여 대칭인 점을 C라고 할 때, $\triangle$ABC의 넓이를 구하시오.

17 세 점 O$(0,\ 0)$, A$(4,\ 0)$, B$(0,\ 6)$을 꼭짓점으로 하는 $\triangle$OAB의 넓이를 $y = ax$의 그래프가 이등분할 때, a의 값은?

① 1 ② $\dfrac{3}{2}$ ③ 2

④ $\dfrac{5}{2}$ ⑤ 3

18 오른쪽 그림은 반비례 관계 $y = \dfrac{16}{x}$의 그래프이다. 이 그래프 위의 점 A에 대하여 □POQA의 넓이를 구하시오.

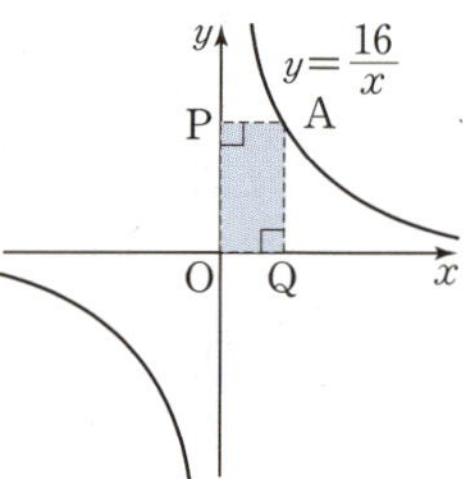

문제 해결

19 정비례 관계 $y = ax$의 그래프가 두 점 A$(2,\ -6)$, B$(6,\ -3)$을 연결하는 선분 AB와 만날 때, a의 값의 범위를 구하시오.

서술형

20 점 $P(b-a,\ ab)$가 제3사분면 위의 점일 때, 다음 물음에 답하고 그 과정을 서술하시오.

(1) a, b의 부호를 구하시오.
(2) 점 $Q(a,\ -b)$는 제몇 사분면 위의 점인지 말하시오.

21 오른쪽 그림과 같이 $y=\dfrac{x}{2}$와 $y=\dfrac{a}{x}$의 그래프가 점 P에서 만날 때, 점 Q의 좌표를 구하고 그 과정을 서술하시오.

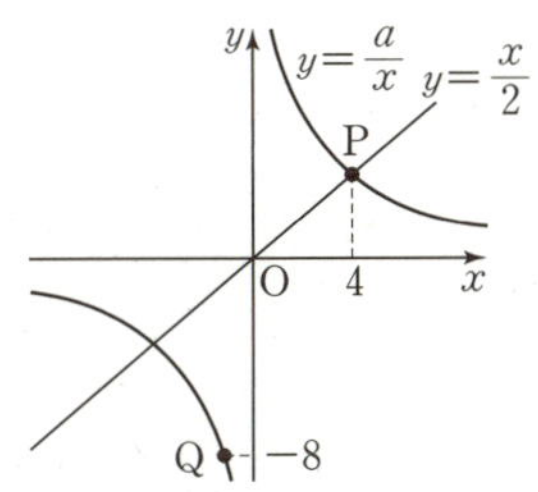

22 120 L 용량의 물통에 매분 5 L씩 물이 채워지고 있다. x분 후의 물의 양을 y L라고 할 때, 다음 물음에 답하고 그 과정을 서술하시오.

(1) x와 y 사이의 관계의 식을 구하시오.
(2) 물을 넣기 시작한 지 17분 후의 물의 양을 구하시오.

23 (창의·융합) 오른쪽 그림과 같이 점 A는 정비례 관계 $y=2x$의 그래프 위의 점이고 점 C는 정비례 관계 $y=\dfrac{1}{2}x$의 그래프 위의 점이다. 사각형 ABCD는 한 변의 길이가 2인 정사각형일 때, 점 A, B, C, D의 좌표를 구하고 그 과정을 서술하시오. (단, 정사각형 ABCD의 각 변은 x축, y축과 평행하다.)

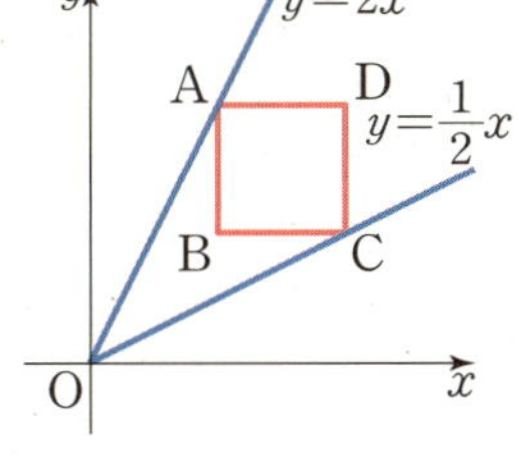

24 (문제 해결) 오른쪽 그림과 같이 반비례 관계 $y=\dfrac{a}{x}\,(x>0)$의 그래프 위의 점 A, D에서 x축에 내린 수선과 x축이 만나는 점을 각각 B, C라고 하자. 점 A의 좌표가 $(3,\ 4)$이고 점 D의 y좌표가 2일 때, 사각형 ABCD의 넓이를 구하고 그 과정을 서술하시오.

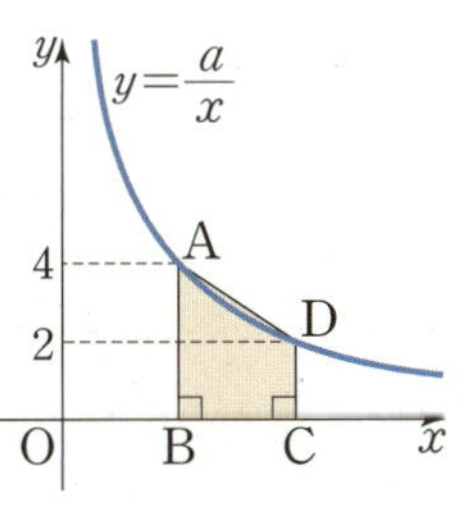

MEMO

정답 및 해설 P.103

01 다음 중 소수가 <u>아닌</u> 것은? [3점]

① 19   ② 23   ③ 37
④ 47   ⑤ 57

02 다음 중 옳은 것은? [3점]

① $3^3 = 9$
② $1000 = 10^4$
③ $2 + 2 + 2 = 2^3$
④ $2 \times 2 \times 2 \times 2 \times 2 = 5^2$
⑤ $2 \times 2 \times 3 \times 3 \times 3 = 2^2 \times 3^3$

03 108을 소인수분해하면 $2^a \times 3^b$이다. 이때 $a + b$의 값은? [3점]

① 3   ② 4   ③ 5
④ 6   ⑤ 7

04 $2 \times 3 \times 4 \times 5 \times 6 \times 7 = 2^a \times 3^b \times 5 \times 7$일 때, 자연수 a, b에 대하여 $a - b$의 값은? [4점]

① 1   ② 2   ③ 3
④ 4   ⑤ 5

05 다음 중 보기에서 옳은 것을 있는 대로 고른 것은? [5점]

보기
ㄱ. 20 이하의 소수는 8개이다.
ㄴ. 두 소수의 합은 항상 짝수이다.
ㄷ. 일의 자리의 숫자가 3인 자연수는 모두 소수이다.

① ㄱ   ② ㄴ   ③ ㄷ
④ ㄱ, ㄴ   ⑤ ㄴ, ㄷ

06 다음 중 두 자연수가 서로소인 것은? [3점]

① 2, 6   ② 8, 12
③ 10, 19   ④ 32, 72
⑤ 110, 130

07 다음 중 옳지 <u>않은</u> 것은? [4점]

① 서로 다른 두 홀수는 서로소이다.
② 서로 다른 두 소수는 서로소이다.
③ 두 자연수의 공약수는 최대공약수의 약수이다.
④ 두 자연수의 공배수는 최소공배수의 배수이다.
⑤ 두 자연수가 서로소이면 두 수의 최대공약수는 1
이다.

08 10 이상 20 이하의 자연수 중 6과 서로소인 것의 개수
는? [4점]

① 1   ② 2   ③ 3
④ 4   ⑤ 5

09 다음 중 두 수 $2^2 \times 3 \times 5$, $2 \times 3 \times 5^2$의 최대공약수는?

[3점]

① 30   ② 60   ③ 90
④ 100   ⑤ 300

10 다음 중 두 수 $3^3 \times 5^2 \times 7$, $3^2 \times 5 \times 7^2 \times 11$의 공배수가
<u>아닌</u> 것은? [3점]

① $3^4 \times 5^2 \times 7^2 \times 11$
② $3^3 \times 5^2 \times 7^2 \times 11^2$
③ $2 \times 3^3 \times 5^2 \times 7^2 \times 11$
④ $3^2 \times 5^2 \times 7^2 \times 11 \times 13$
⑤ $2 \times 3^3 \times 5^2 \times 7^2 \times 11 \times 13$

11 두 수 $2 \times 3^2 \times 5^3$과 A의 최대공약수가 $2 \times 3 \times 5^2$, 최소
공배수가 $2^2 \times 3^2 \times 5^3$일 때, A의 값은? [4점]

① $2 \times 3 \times 5^2$ ② $2^2 \times 3 \times 5^2$
③ $2 \times 3^2 \times 5^2$ ④ $2^2 \times 3 \times 5^3$
⑤ $2^2 \times 3^2 \times 5^3$

12 세 자연수 $2 \times x$, $3 \times x$, $4 \times x$의 최소공배수가 60일 때,
자연수 x의 값은? [4점]

① 2   ② 3   ③ 4
④ 5   ⑤ 6

13 두 자리 자연수 A, B의 최대공약수는 11, 최소공배수는 165일 때, $A+B$의 값은? [4점]

① 33　　② 55　　③ 88

④ 110　　⑤ 165

14 $\dfrac{1}{2}$, $\dfrac{1}{3}$ 중 어떤 수를 곱하여도 항상 자연수가 되는 50 이하의 자연수의 개수는? [4점]

① 5　　② 6　　③ 7

④ 8　　⑤ 9

15 두 자연수의 최대공약수가 12일 때, 이 두 수의 공약수의 개수는? [3점]

① 2　　② 3　　③ 4

④ 5　　⑤ 6

16 세 자연수의 비가 $4:5:6$이고 최소공배수가 $2^3 \times 3^2 \times 5$일 때, 세 자연수 중 가장 작은 수는? [5점]

① 8　　② 12　　③ 20

④ 24　　⑤ 60

17 은지네 동아리의 남학생은 18명, 여학생은 24명이다. 남학생 수와 여학생 수가 각각 같게 하여 되도록 많은 모둠을 만들려고 할 때, 만들 수 있는 모둠의 개수는?
[4점]

① 2　　② 3　　③ 4

④ 6　　⑤ 9

18 민시네 반 학생들은 체험 학습을 가서 찍 짓기 놀이를 하였다. 4명씩, 6명씩, 8명씩 짝을 지었을 때 항상 2명씩 남았다고 한다. 체험 학습에 참가한 학생 수는? (단, 민지네 반 학생은 40명 이하이다.) [5점]

① 22명　　② 24명　　③ 26명

④ 30명　　⑤ 34명

19 140의 소인수를 모두 구하시오. [3점]

20 144에 자연수 x를 곱하여 100의 배수가 되도록 하는 가장 작은 자연수 x의 값을 구하시오. [4점]

21 어떤 자연수로 90을 나누면 6이 남고, 130을 나누면 4가 남을 때 이 자연수 중 가장 작은 것을 구하시오. [5점]

22 공책 16권, 지우개 24개, 연필 40자루를 남김없이 사용하여 여러 개의 상품 꾸러미를 만들려고 한다. 최대로 만들 수 있는 상품 꾸러미의 개수와 그때 하나의 상품 꾸러미에 들어갈 공책, 지우개, 연필의 개수를 구하시오. [5점]

서술형

23 135에 자연수를 곱하여 어떤 자연수의 제곱이 되게 하려고 할 때, 곱해야 할 가장 작은 자연수를 구하고 그 과정을 서술하시오. [5점]

24 두 분수 $\dfrac{35}{12}$, $\dfrac{55}{18}$ 중 어느 것을 택하여 곱해도 자연수가 되는 분수 중 가장 작은 기약분수를 구하고 그 과정을 서술하시오. [5점]

25 전등 A, B, C는 다음과 같은 작동을 반복한다. 다음 물음에 답하고 그 과정을 서술하시오. [5점]

> 전등 A: 2분 동안 켜지고 2분 꺼진다.
> 전등 B: 3분 동안 켜지고 2분 꺼진다.
> 전등 C: 4분 동안 켜지고 2분 꺼진다.

(1) 전등 A, B, C가 동시에 켜진 후 처음으로 동시에 켜질 때까지 걸린 시간을 구하시오.
(2) 그 시간 동안 전등 C가 켜져 있는 총 시간을 구하시오.

01 다음 수에 대한 설명으로 옳은 것은? [3점]

$$-4 \quad 0 \quad -5.5 \quad \frac{9}{2} \quad 3 \quad -\frac{3}{4}$$

① 유리수는 2개이다.
② 정수는 -4와 3이다.
③ 절댓값이 4인 수는 -4이다.
④ 양수와 음수의 개수는 같다.
⑤ 절댓값이 가장 큰 수는 $\frac{9}{2}$이다.

02 절댓값이 $\frac{11}{5}$인 서로 다른 두 수 사이에 있는 정수의 개수는? [3점]

① 3   ② 4   ③ 5
④ 6   ⑤ 7

03 다음 중 가장 작은 수는? [3점]

① $|-2.7|$ ② $\left|-\frac{3}{4}\right|$
③ $|-1|$ ④ $|+2|$
⑤ $\left|+\frac{1}{5}\right|$

04 다음 중 보기에서 옳은 것만을 있는 대로 고른 것은? [4점]

보기

ㄱ. -3과 $\frac{1}{3}$의 절댓값은 같다.
ㄴ. $a<b$이면 $|a|<|b|$이다.
ㄷ. 절댓값이 가장 작은 유리수는 0이다.

① ㄱ   ② ㄴ   ③ ㄷ
④ ㄱ, ㄷ   ⑤ ㄴ, ㄷ

05 영희는 아래 그림의 출발점에서 시작하여 각 갈림길에 적힌 수가 큰 방향으로 이동하였다. 영희가 도착한 곳은? [3점]

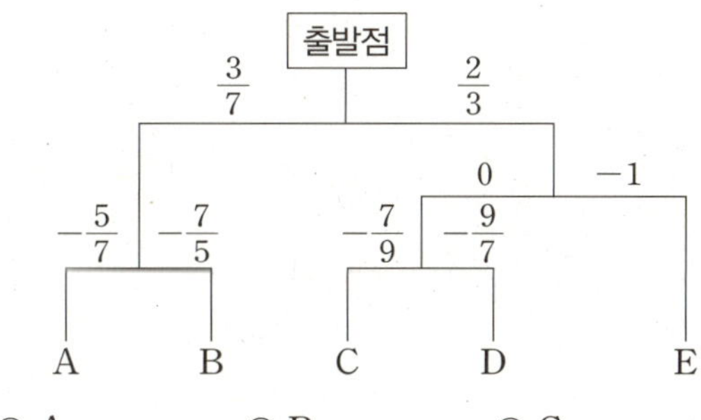

① A   ② B   ③ C
④ D   ⑤ E

06 다음 조건을 만족하는 서로 다른 세 정수 a, b, c의 대소 관계를 부등호를 사용하여 나타내면? [5점]

> (가) a와 b는 -2보다 크고 c는 2보다 크다.
> (나) a의 절댓값은 -2의 절댓값과 같다.
> (다) 수직선에서 c는 b보다 -2에 가깝다.

① $a<b<c$　　　　② $a<c<b$
③ $b<a<c$　　　　④ $b<c<a$
⑤ $c<a<b$

07 수직선 위에서 $-\dfrac{8}{3}$에 가장 가까운 정수를 a, $+\dfrac{7}{4}$에 가장 가까운 정수를 b라고 할 때, $a+b$의 값은? [3점]

① -2　　　　② -1　　　　③ 0
④ 1　　　　⑤ 2

08 어떤 수에서 2를 빼면 양수가 되고, 3을 빼면 음수가 될 때, 이 수 중에서 분모가 3인 기약분수들의 합은? [4점]

① 5　　　　② 6　　　　③ 7
④ 8　　　　⑤ 9

09 다음의 계산 과정에서 덧셈의 결합법칙이 사용된 곳은? [3점]

$$\begin{aligned}
&\left(-\frac{3}{7}\right)-(+2)+\left(-\frac{4}{7}\right) &&\rceil ㉠\\
&=\left(-\frac{3}{7}\right)+(-2)+\left(-\frac{4}{7}\right) &&\rceil ㉡\\
&=(-2)+\left(-\frac{3}{7}\right)+\left(-\frac{4}{7}\right) &&\rceil ㉢\\
&=(-2)+\left\{\left(-\frac{3}{7}\right)+\left(-\frac{4}{7}\right)\right\} &&\rceil ㉣\\
&=(-2)+(-1) &&\rceil ㉤\\
&=-3
\end{aligned}$$

① ㉠　　　　② ㉡　　　　③ ㉢
④ ㉣　　　　⑤ ㉤

10 두 수 a, b에 대하여 $|a|=5$, $|b|=x$이다. $a+b$의 값 중 가장 작은 수가 -12일 때, x의 값은? [4점]

① -12　　　　② -7　　　　③ -2
④ 7　　　　⑤ 12

11 네 정수 -4, -2, 1, 6 중에서 서로 다른 세 수를 뽑아 곱한 값 중 가장 큰 수를 a, 가장 작은 수를 b라고 할 때, $a+b$의 값은? [5점]

① 12　　　　② 24　　　　③ 48
④ 60　　　　⑤ 72

12 n이 홀수일 때, $(-1)^n-(-1)^{n+1}+(-1)^{n+2}$의 값은? [4점]

① -3 ② -2 ③ -1
④ 0 ⑤ 1

13 다음을 계산하여 기약분수로 나타내면? [4점]

$$\left(-\frac{2}{3}\right)\times\left(-\frac{3}{4}\right)\times\left(-\frac{4}{5}\right)\times\cdots\times\left(-\frac{9}{10}\right)$$

① $-\dfrac{1}{5}$ ② $-\dfrac{1}{10}$ ③ $\dfrac{1}{10}$
④ $\dfrac{1}{5}$ ⑤ 1

14 다음 중 가장 큰 수는? [3점]

① -2^2 ② $(-2)^2$
③ $-2\times(-2)^2$ ④ $-(-2)^3$
⑤ $-2^2\times(-2)^2$

15 오른쪽 그림과 같은 주사위에서 마주 보는 면에 있는 두 수는 서로 역수라고 한다. 이 때 보이지 않는 세 면에 있는 수의 곱은? [4점]

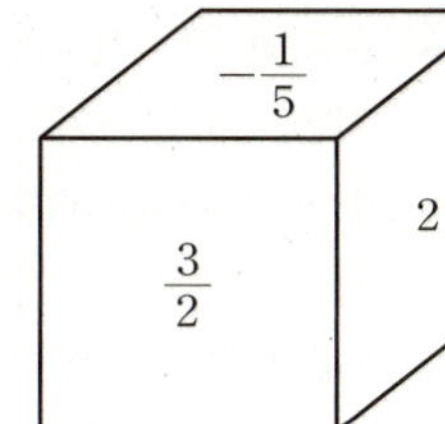

① $-\dfrac{5}{3}$ ② $-\dfrac{3}{5}$
③ $\dfrac{3}{5}$ ④ 1
⑤ $\dfrac{5}{3}$

16 서로 다른 세 수 a, b, c에 대하여

$$a\times b<0,\ b\times c>0,\ a<b$$

일 때, 다음 중 옳은 것은? [4점]

① $a>0$, $b>0$, $c>0$
② $a>0$, $b<0$, $c>0$
③ $a<0$, $b>0$, $c<0$
④ $a<0$, $b>0$, $c>0$
⑤ $a<0$, $b<0$, $c>0$

17 1보다 -1만큼 작은 수를 a, 2보다 $-\dfrac{1}{2}$만큼 큰 수를 b라고 할 때, $a-b$의 값은? [4점]

① 0 ② $\dfrac{1}{2}$ ③ 1
④ $\dfrac{3}{2}$ ⑤ 2

18 아래 표의 9개의 칸에 1부터 9까지의 정수를 하나씩만 사용하여 가로, 세로, 대각선에 있는 세 수의 합이 모두 같도록 할 때, $a-b$의 값은? [5점]

a	1	b
	5	
2		4

① -2 ② -1 ③ 1
④ 2 ⑤ 3

19 다음 수들을 수직선 위에 나타낼 때, 대응하는 점이 왼쪽에서 네 번째에 있는 수를 구하시오. [3점]

$$-2.5 \quad 0.7 \quad -3 \quad -\frac{5}{3} \quad -\frac{1}{2}$$

20 다음을 계산하시오. [4점]

$$(-2)^3 \div 4 - \left\{ 6 \times \left(-\frac{1}{2} \right) + 2 \right\}$$

21 수직선에서 0을 나타내는 점으로부터 7만큼 떨어진 두 점 중 한 점을 택하고, 5를 나타내는 점으로부터 6만큼 떨어진 두 점 중 한 점을 택하여 그 두 점 사이의 거리를 구할 때, 가장 먼 두 점 사이의 거리를 구하시오. [5점]

22 두 수 a, b는 부호가 서로 다르고 절댓값은 같은 수이다. b가 a보다 6만큼 작을 때, a, b의 값을 구하시오. [5점]

23 앞면과 뒷면에 각각 유리수가 하나씩 적혀 있는 카드 두 장이 있다. 각 카드의 앞면과 뒷면에 적혀 있는 두 수의 곱이 1이고, 두 카드의 앞면은 다음과 같을 때, 두 카드의 앞면과 뒷면에 적혀 있는 네 수의 합을 구하고 그 과정을 서술하시오. [5점]

$$\boxed{-2} \qquad \boxed{\dfrac{1}{3}}$$

24 어떤 수를 $-\frac{1}{2}$로 나누어야 할 것을 잘못하여 더하였더니 그 결과가 $\frac{1}{3}$이 되었다. 바르게 계산한 답을 구하고 그 과정을 서술하시오. [5점]

25 은지와 영수가 계단에서 가위바위보를 하고 있는데 이기면 2칸 올라가고, 지면 1칸 내려가기로 했다. 두 사람이 7번 가위바위보를 하여 은지가 4번 이겼다. 은지는 영수보다 몇 칸 더 위에 있는지를 구하고 그 과정을 서술하시오. (단, 비기는 경우는 없다.) [5점]

01 다음 중 수량을 문자를 사용한 식으로 나타낸 것으로 옳지 <u>않은</u> 것은? [3점]

① 한 변의 길이가 x cm인 정삼각형의 둘레의 길이는 $3x$ cm이다.

② 정가가 a원인 물건을 20 % 할인하여 구입한 금액은 $0.8\,a$원이다.

③ 농도가 10 %인 설탕물 x g에 들어 있는 설탕의 양은 $10x$ g이다.

④ 한 권에 600원인 공책 x권을 사고 5000원을 냈을 때의 거스름돈은 $(5000-600x)$원이다.

⑤ 시속 50 km의 속력으로 a시간 동안 달린 거리는 $50a$ km이다.

02 다음 중 옳지 <u>않은</u> 것을 모두 고르면? [3점]

① $4 \times x \times x \times y = 4x^2y$

② $x \div y \times 2 = \dfrac{x}{2y}$

③ $y \times (-1) \times x = y - x$

④ $0.1 \times x = 0.1x$

⑤ $x \div 2 + 3 \times y = \dfrac{x}{2} + 3y$

03 $x = -2$일 때, 다음 중 식의 값이 가장 큰 것은? [3점]

① $-x + 6$　　　② x^2

③ $-2x^2 + 5$　　④ $x^3 + 1$

⑤ $-x^4$

04 다항식 $\dfrac{x^2}{3} + \dfrac{x}{4} - \dfrac{1}{2}$의 차수를 a, 일차항의 계수를 b, 상수항을 c라고 할 때, $a + 2b - c$의 값은? [3점]

① 1　　　　② 2　　　　③ 3

④ 4　　　　⑤ 5

05 오른쪽 그림에서 색칠한 부분의 넓이가 $ax + b$일 때, $a + b$의 값은? [4점]

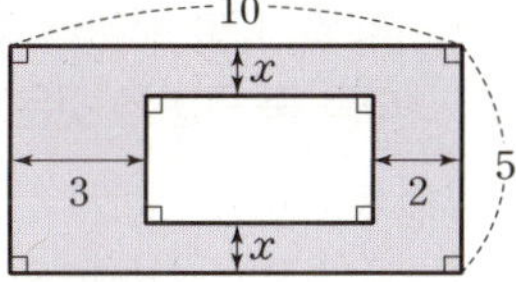

① 10　　　② 15

③ 20　　　④ 30

⑤ 35

06 다음 중 보기에서 일차식인 것을 모두 고른 것은? [3점]

> **보기**
>
> ㄱ. $x - 1$　　　　ㄴ. $\dfrac{2}{x} - 1$
>
> ㄷ. $x^2 - 3y + 1$　　ㄹ. $3x - 2$
>
> ㅁ. $-0.2x + 6$　　ㅂ. $x - 1 + 3x - 4x$

① ㄱ, ㄴ, ㄹ　　　　② ㄱ, ㄴ, ㅁ

③ ㄱ, ㄴ, ㅂ　　　　④ ㄱ, ㄹ, ㅁ

⑤ ㄱ, ㄹ, ㅂ

07 $3x+[2-\{5x-(4-x)\}+4x]$를 간단히 하면? [3점]

① $x-2$　　② $x+6$

③ $3x-2$　　④ $3x+6$

⑤ $5x+6$

08 보기와 같은 규칙을 이용하여 다음 그림의 다항식 A, B, C를 구하려고 한다. 다음 중 올바른 것은?

[4점]

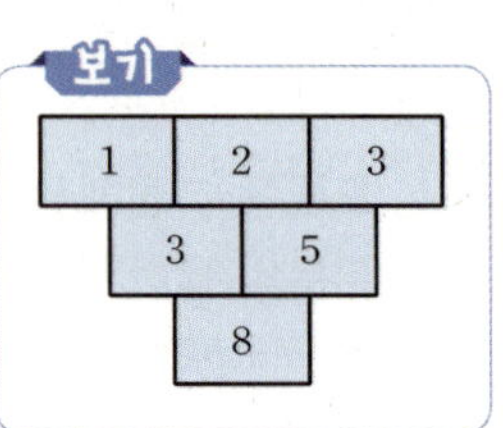

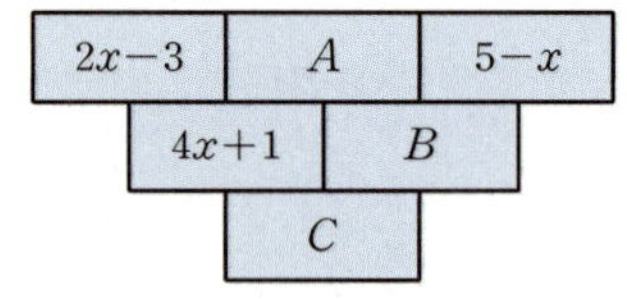

① $A=2x-4$　　② $A=2x+3$

③ $B=x+9$　　④ $B=x+8$

⑤ $C=5x+9$

09 다음 중 [ ] 안의 수가 주어진 방정식의 해인 것은?

[3점]

① $2x+3=5$　　　　[-1]

② $-x+2=3x-6$　[-2]

③ $2x+11=3x+8$　[4]

④ $-x-1=2x+5$　[-2]

⑤ $3x-1=5x+7$　[3]

10 등식 $\dfrac{ax+5}{3}=2(x-b)$가 x에 대한 항등식일 때, ab의 값을 구하시오. [4점]

11 다음 중 옳지 않은 것은? [3점]

① $a=b$이면 $a+1=b+1$이다.

② $a=-b$이면 $a-2=2-b$이다.

③ $\dfrac{a}{3}=\dfrac{b}{3}$이면 $a=b$이다.

④ $3a=3b$이면 $\dfrac{a}{3}=\dfrac{b}{3}$이다.

⑤ $a=\dfrac{b}{4}$이면 $4a-2=b-2$이다.

12 다음 방정식 중에서 해가 가장 큰 것은? [4점]

① $2x-4=x-3$

② $2x-3=5$

③ $3x-6=0$

④ $5x-6=2x+3$

⑤ $2(x+1)=4(x+1)$

13 일차방정식 $0.4(x+2)=\dfrac{3}{5}(1-x)+\dfrac{6}{5}$의 해는?

[4점]

① -6 ② -4 ③ 1
④ 4 ⑤ 6

14 두 수 a, b에 대하여
$<a, b>◎<c, d>=ad+bc$로 약속할 때,
$<x-2, 5>◎<3-x, 3>=3$을 만족하는 x의 값은?

[4점]

① -3 ② -2 ③ 2
④ 3 ⑤ 4

15 일의 자리의 숫자가 6인 두 자리의 자연수가 있다. 이 수의 십의 자리의 숫자와 일의 자리의 숫자를 서로 바꾸어 놓은 수는 처음 수의 2배보다 9만큼 작다고 할 때, 처음 수를 구하시오. [5점]

16 수영이네 반 학생들을 6명씩 긴 의자에 앉게 하였더니 3명이 남았고, 긴 의자를 하나 뺀 후 8명씩 앉게 하였더니 1명이 남았다. 수영이네 반의 학생 수는 몇 명인가?

[5점]

① 25명 ② 27명 ③ 28명
④ 30명 ⑤ 33명

17 봉사 활동으로 노인정을 청소하는데 은수 혼자서 할 경우에는 2시간이 걸리고 진영이 혼자서 할 경우에는 3시간이 걸린다. 둘이 함께 청소를 한다면 몇 시간 몇 분이 걸리는지 구하시오. [5점]

18 집에서 학교까지 가는데 시속 10 km로 자전거를 타고 가면 시속 4 km로 걸어가는 것보다 45분 빨리 도착한다. 집과 학교 사이의 거리를 구하시오. [5점]

19 어떤 다항식에서 $-2x+3$을 빼어야 할 것을 잘못하여 더하였더니 $5x-4$가 되었다. 다음 물음에 답하시오.

[총 4점]

(1) 어떤 다항식을 구하시오. [2점]
(2) 바르게 계산한 다항식을 구하시오. [2점]

20 x에 대한 일차방정식 $2(-x+1)+ax=3x+4$의 해가 $x=-2$일 때, 다음 일차방정식을 푸시오. [4점]

$$0.4x+a=1.2x-0.8$$

서술형

21 다음 두 방정식의 해가 같을 때, a의 값을 구하고 그 과정을 서술하시오. [5점]

$$5x-9=2x+3,\ ax-1=x+2a$$

22 x에 대한 일차방정식 $\dfrac{2(7-x)}{3}=k$의 해가 자연수일 때, 자연수 k의 값을 모두 구하고 그 과정을 서술하시오.

[5점]

23 연속하는 세 홀수의 합이 51일 때, 가운데 홀수를 구하고 그 과정을 서술하시오. [4점]

24 8 %의 소금물 450 g에 소금을 더 넣어 10 %의 소금물을 만들려고 한다. 더 넣은 소금의 양을 구하고 그 과정을 서술하시오. [5점]

25 어떤 물건을 원가에 10 %의 이익을 붙여서 정가를 정했는데 팔리지 않아 정가에서 1000원을 할인하여 팔았더니 한 개당 2000원의 이익이 생겼다. 이 물건의 원가를 구하고 그 과정을 서술하시오. [5점]

01

다음 중 옳지 <u>않은</u> 것은? [3점]

① 점 $(2, -1)$은 제4사분면 위의 점이다.
② 원점의 좌표는 $(0, 0)$이다.
③ x축 위의 점은 y좌표가 0이다.
④ 점 $(-2, 0)$은 제3사분면 위의 점이다.
⑤ 제2사분면 또는 제3사분면 위에 있는 점의 x좌표는 음수이다.

02

$a < 0$, $b > 0$일 때, 점 $\left(a-b, \dfrac{a}{b}\right)$는 제몇 사분면 위의 점인가? [4점]

① 제1사분면   ② 제2사분면
③ 제3사분면   ④ 제4사분면
⑤ 어느 사분면에도 속하지 않는다.

03

좌표평면 위의 두 점 $(a, -2)$, $(3, b)$가 원점에 대하여 대칭일 때, ab의 값은? [4점]

① -3 ② 2 ③ -1
④ 5 ⑤ -6

04

좌표평면 위의 네 점 $A(2, 3)$, $B(a, b)$, $C(-2, -1)$, $D(2, -1)$을 꼭짓점으로 하는 사각형 ABCD가 정사각형일 때, $a+b$의 값은? [3점]

① 1 ② -2 ③ 3
④ 5 ⑤ -6

05

오른쪽 그림과 같은 용기에 시간당 일정한 양의 물을 넣을 때, 다음 중 경과 시간 x에 따른 수면의 높이 y 사이의 관계를 나타낸 그래프로 알맞은 것은? [3점]

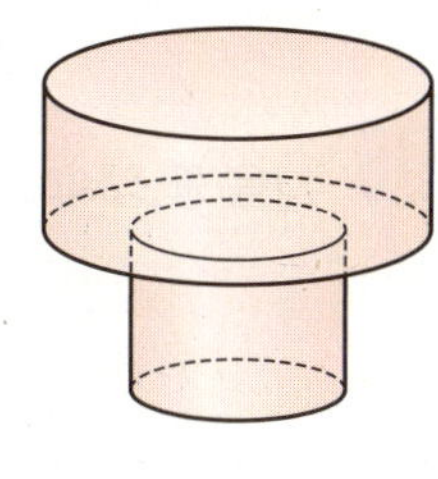

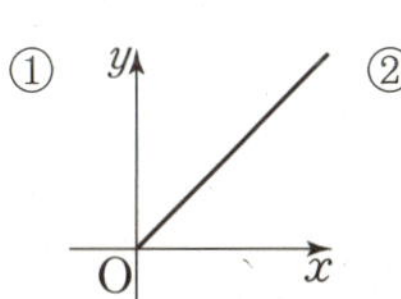 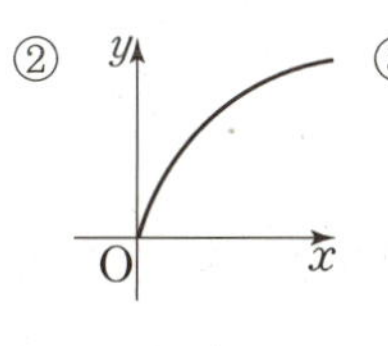 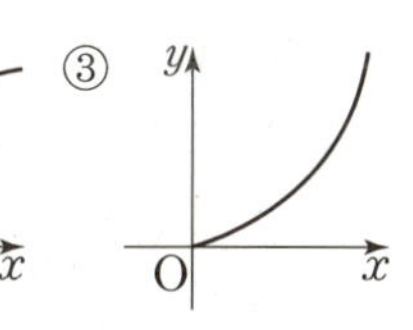

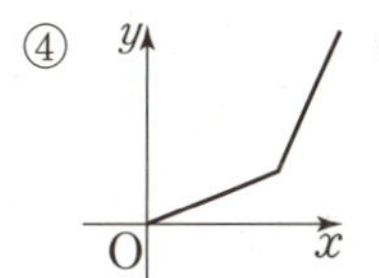 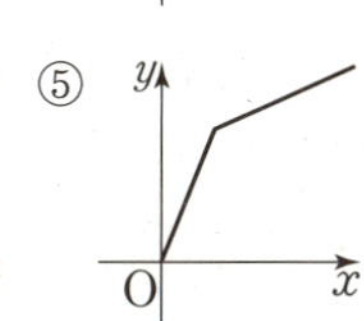

06

오른쪽 그림은 미정이기 집에서 출발하여 x시간에 따른 집으로부터의 거리 y m의 변화를 그래프로 나타낸 것이다. 다음 중 옳지 <u>않은</u> 것은? [4점]

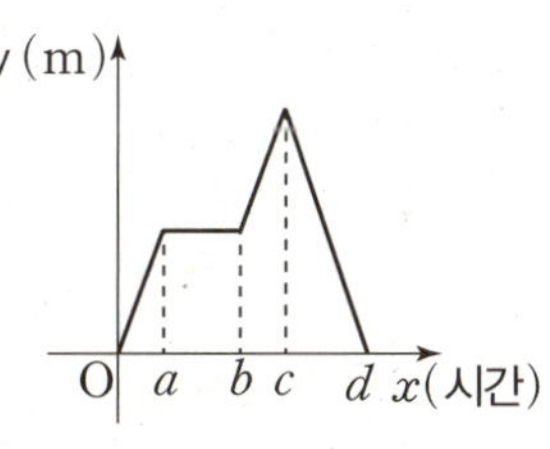

① a시간에서 b시간까지의 이동 거리는 0이다.
② c시간일 때 집으로부터 가장 멀리 떨어져 있다.
③ 계속 일정한 속력으로 움직였다.
④ c시간에서 d시간까지 한 번도 쉬지 않았다.
⑤ 다시 집에 돌아온 것은 d시간이다.

07 2 L의 휘발유로 24 km를 갈 수 있는 자동차가 있다. 이 자동차가 휘발유 x L로 갈 수 있는 거리를 y km라고 할 때, x, y 사이의 관계를 식으로 나타낸 것은? [4점]

① $y=x$　　② $y=2x$　　③ $y=6x$
④ $y=12x$　　⑤ $y=24x$

08 다음 중 정비례 관계 $y=-\dfrac{3}{4}x$의 그래프는? [3점]

①　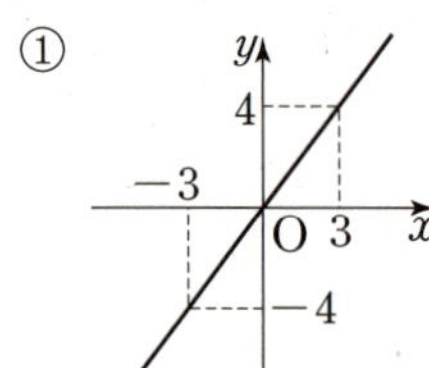　②　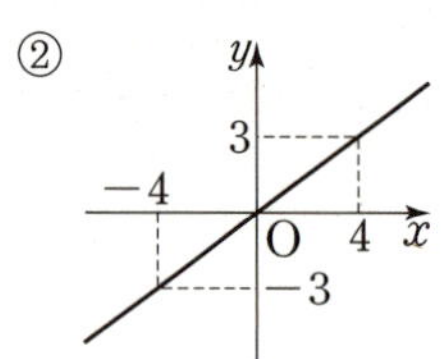

③　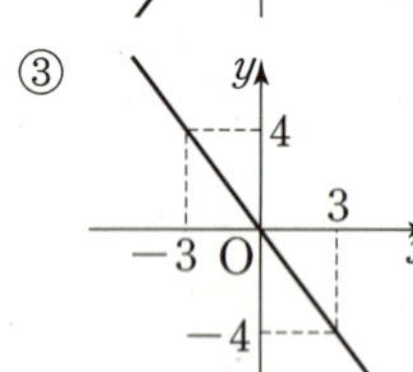　④　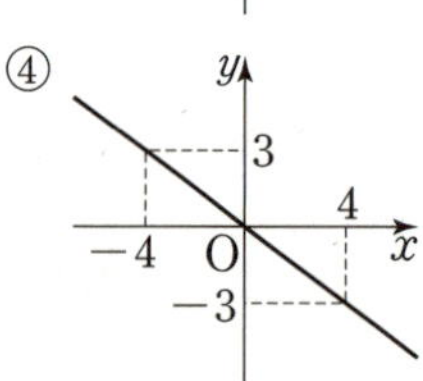

⑤　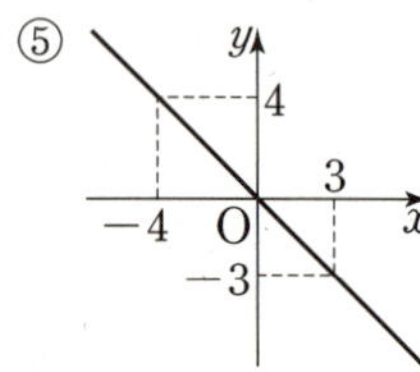

09 다음 중 정비례 관계 $y=3x$의 그래프에 대한 설명으로 옳은 것은? [3점]

① 원점을 지나지 않는다.
② 오른쪽 위로 향하는 직선이다.
③ 제2, 4사분면을 지난다.
④ 점 $(3, 1)$을 지난다.
⑤ x의 값이 증가하면 y의 값은 감소한다.

10 $y=ax$의 그래프가 오른쪽 그림과 같을 때 다음 중 a의 값이 될 수 있는 것은? [5점]

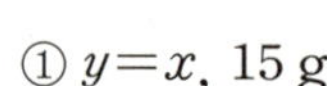

① -3
② -1
③ $-\dfrac{1}{4}$
④ $\dfrac{1}{3}$
⑤ 1

11 소금 x g이 들어 있는 소금물 500 g의 농도가 y %일 때, x, y 사이의 관계를 나타낸 식과 이 소금물의 농도가 15 %일 때 들어 있는 소금의 양은? [5점]

① $y=x$, 15 g　　② $y=\dfrac{1}{2}x$, 30 g

③ $y=\dfrac{1}{3}x$, 45 g　　④ $y=\dfrac{1}{4}x$, 60 g

⑤ $y=\dfrac{1}{5}x$, 75 g

12 정비례 관계 $y=ax$의 그래프가 오른쪽 그림과 같을 때, $a+b$의 값은? [4점]

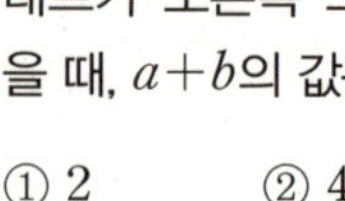
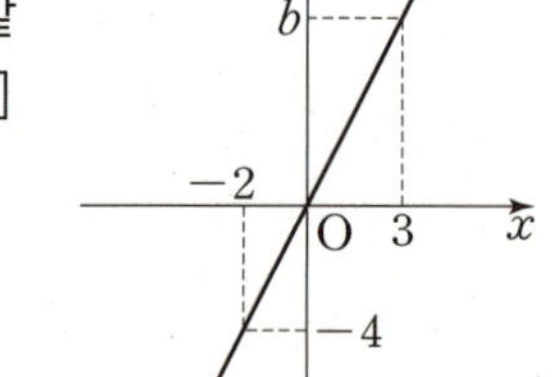

① 2　　② 4
③ 6　　④ 8
⑤ 12

13 다음 중 $y=-\dfrac{6}{x}$의 그래프에 대한 설명으로 옳은 것은?

[3점]

① 원점을 지나는 직선이다.
② y는 x에 정비례한다.
③ 점 $(2,\ 3)$을 지난다.
④ 제2, 4사분면 위에 있다.
⑤ y축에 대하여 대칭인 곡선이다.

14 다음 보기 중 제2사분면을 지나는 것만을 있는 대로 고른 것은? [3점]

보기
$\text{ㄱ. } y=-3x \qquad \text{ㄴ. } y=-\dfrac{5}{x}$
$\text{ㄷ. } y=\dfrac{24}{x} \qquad \text{ㄹ. } y=\dfrac{x}{4}$
$\text{ㅁ. } y=-\dfrac{7}{x} \qquad \text{ㅂ. } y=6x$

① ㄱ, ㄷ, ㅂ
② ㄱ, ㄴ, ㅁ
③ ㄴ, ㄷ, ㅁ
④ ㄱ, ㄹ, ㅂ
⑤ ㄷ, ㄹ, ㅂ

15 $y=\dfrac{8}{x}$의 그래프가 두 점 $(a,\ 4)$, $(-8,\ b)$를 지날 때, $a+b$의 값은? [4점]

① -2
② -1
③ 1
④ 2
⑤ 4

16 $y=ax$의 그래프가 오른쪽 그림과 같을 때, 다음 중 $y=\dfrac{a}{x}$의 그래프로 알맞은 것은? [5점]

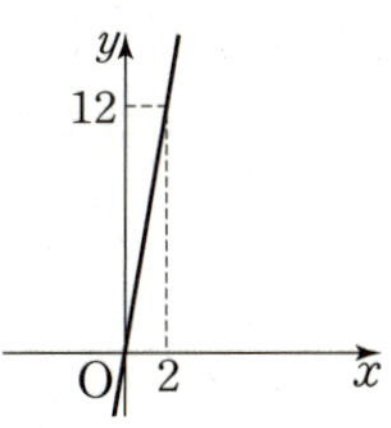

① 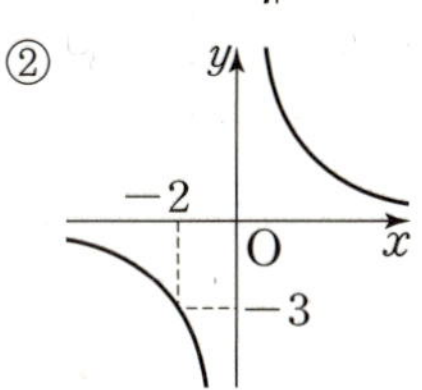
②

③ 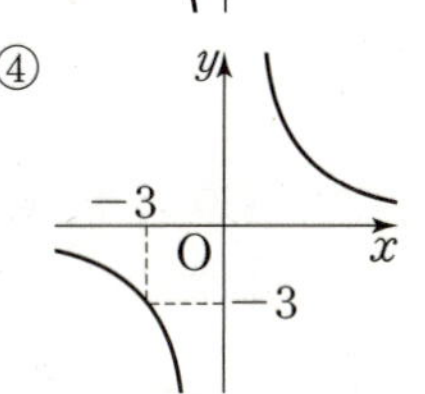
④ 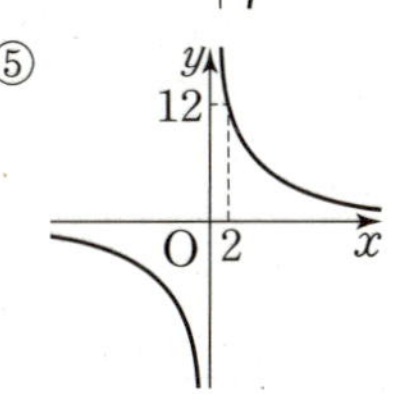

⑤

17 오른쪽 그림과 같이 $y=-3x$, $y=\dfrac{a}{x}$의 그래프가 x좌표가 2인 점 P에서 만날 때 $a-b$의 값은?

[4점]

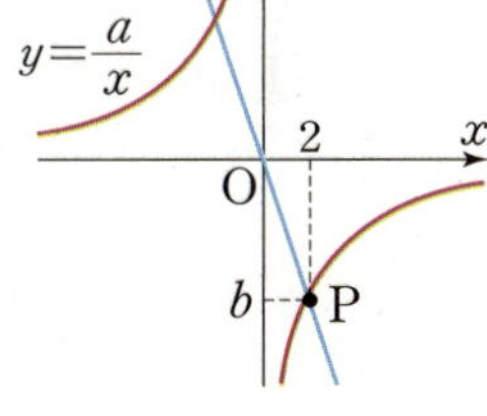

① -2
② -3
③ -4
④ -6
⑤ -8

18 1분에 x L씩 나오는 수도로 용량이 500 L인 물탱크에 물을 채우는 데 걸리는 시간을 y분이라고 할 때, $x,\ y$ 사이의 관계를 식으로 나타내면? [4점]

① $y=5x$
② $y=\dfrac{100}{x}$
③ $y=500x$
④ $y=\dfrac{500}{x}$
⑤ $y=\dfrac{1000}{x}$

19 오른쪽 그림에서 상수 k의 값을 구하시오. [4점]

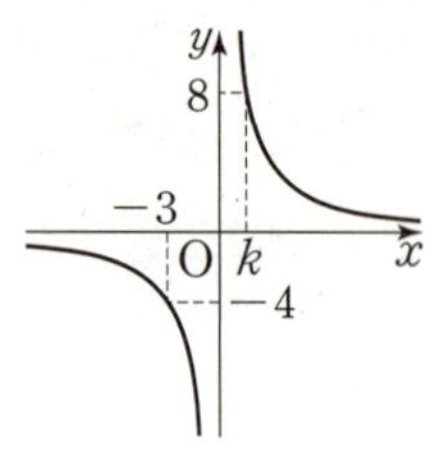

20 밑변의 길이가 x cm, 높이가 6 cm인 삼각형의 넓이가 y cm²일 때, 다음 물음에 답하시오. [총 4점]

(1) x, y 사이의 관계를 식으로 나타내시오. [2점]
(2) (1)의 식의 그래프를 그리시오. [2점]

21 오른쪽 그림은 $y=\dfrac{a}{x}$의 그래프이다. 직사각형 AOBC의 넓이를 구하시오. [5점]

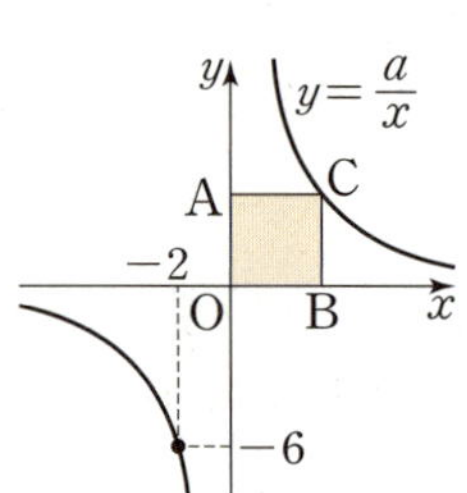

서술형

22 점 $A(2a+1,\ b+3)$은 x축 위의 점, 점 $B(5-a,\ 2b)$는 y축 위의 점일 때, a, b의 값을 구하고 그 과정을 서술하시오. [4점]

23 오른쪽 그림은 수정이가 집에서 학교까지 가는 데 자전거를 타고 가는 경우와 도보로 가는 경우를 각각 그래프로 나타낸 것이다. 집에서 학교까지의 거리가 2 km라고 할 때, 자전거를 타고 가는 것이 도보로 갈 때보다 얼마만큼 빠른지 구하고 그 과정을 서술하시오. [5점]

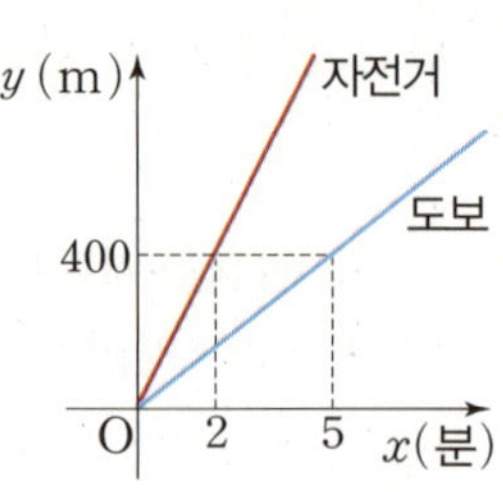

24 $y=\dfrac{3}{2}x$의 그래프 위의 두 점 $A(2,\ a)$, $B(b,\ 6)$와 점 $C(6,\ 0)$을 꼭짓점으로 하는 삼각형 ABC의 넓이를 구하고 그 과정을 서술하시오. [5점]

25 톱니의 수가 각각 20개, x개인 두 톱니바퀴 A, B가 서로 맞물려 돌아가고 있다. 톱니바퀴 A가 6번 회전할 때 톱니바퀴 B는 y번 회전한다고 한다. 톱니바퀴 B의 톱니의 수가 15개일 때, 회전수를 구하고 그 과정을 서술하시오. [5점]

나만의 노하우

나만의 학습 노하우,
수학에 자신감을 갖는 학습 비법!
나노

중학 수학 1-1

정답 및 해설

정답 및 해설

I 자연수의 성질

1. 소인수분해

01 소인수분해

P.6

1 표를 완성하면 다음과 같다.

수	약수	소수 또는 합성수
1	1	소수도 아니고 합성수도 아니다.
2	1, 2	소수
3	1, 3	소수
4	1, 2, 4	합성수
5	1, 5	소수
6	1, 2, 3, 6	합성수
7	1, 7	소수
8	1, 2, 4, 8	합성수
9	1, 3, 9	합성수
10	1, 2, 5, 10	합성수

1-1 1은 소수도 합성수도 아니다.

소수: 13, 29, 37

합성수: 9, 21, 49, 51

답 소수: 13, 29, 37　합성수: 9, 21, 49, 51

2 **답** (1) $2^2 \times 3$　(2) 5^5　(3) $2^2 \times 3^3 \times 7^4$　(4) $\left(\dfrac{1}{2}\right)^3 \times \left(\dfrac{1}{5}\right)^4$

2-1 ① $2+2+2 = 2\times 3 = 6 \neq 2^3$

② $3^3 = 3\times 3\times 3 = 27 \neq 9$

③ $4^3 = 4\times 4\times 4 = 64 \neq 12$

④ $5\times 5\times 5 = 5^3 \neq 3^5$

⑤ $2\times 7\times 7\times 7 = 2\times 7^3$ (참)

답 ⑤

P.7

3 (1) $\boxed{2}\,)\,\underline{36}$

$\boxed{2}\,)\,\underline{18}$

$3\,)\,\underline{\boxed{9}}$

$\boxed{3}$

$36 = 2^{\boxed{2}} \times 3^{\boxed{2}}$

(2) $40 \diagdown \boxed{2}$

$20 \diagdown \boxed{2}$

$10 - 2$

$\boxed{5}$

$40 = 2^{\boxed{3}} \times \boxed{5}$

답 (1) 2, 2, 9, 3, 2, 2　(2) 2, 2, 5, 3, 5

3-1 (1) $28 = 2\times 14 = \boxed{2}^2 \times \boxed{7}$

(2) $45 = 3\times 15 = 3\times 3\times 5 = \boxed{3}^2 \times \boxed{5}$

(3) $108 = 2\times 54 = 2^2 \times 27 = 2^2 \times 3\times 9$

$= 2^2 \times 3^2 \times 3 = \boxed{2}^2 \times \boxed{3}^3$

(4) $360 = 2\times 180 = 2^2 \times 90 = 2^3 \times 45$

$= 2^3 \times 3\times 15 = \boxed{2}^3 \times \boxed{3}^2 \times 5$

답 (1) 2, 7　(2) 3, 5　(3) 2, 3　(4) 2, 3

4 (1) $24 = 2\times 12 = 2^2 \times 6 = 2^3 \times 3$

(2) $52 = 2\times 26 = 2^2 \times 13$

(3) $72 = 2\times 36 = 2^2 \times 18 = 2^3 \times 9 = 2^3 \times 3^2$

(4) $135 = 3\times 45 = 3^2 \times 15 = 3^3 \times 5$

답 (1) $2^3 \times 3$　(2) $2^2 \times 13$　(3) $2^3 \times 3^2$　(4) $3^3 \times 5$

4-1 ㄱ. $6 = 2\times 3$　　　ㄴ. $16 = 2^4$

ㄷ. $42 = 2\times 3\times 7$　　ㄹ. $168 = 2^3 \times 3\times 7$

이므로 ㄷ과 ㄹ의 소인수가 2, 3, 7로 같다.

답 ⑤

P.8

5 (1) 15를 소인수분해하면 $15 = 3\times 5$이고 약수의 개수를 구하기 위해 표를 만들면 다음과 같다.

×	1	5
1	1	5
3	3	15

… **답**

(2) $15 = 3\times 5$의 약수의 개수는 소인수 3과 5의 지수가 각각 1이므로

$(\boxed{1}+1) \times (\boxed{1}+1) = \boxed{4}$이다.　… **답**

5-1 (1) $24 = \boxed{2}^3 \times \boxed{3}$

×	1	3
1	1	3
2	2	6
2^2	4	12
2^3	8	24

24의 약수의 개수는 $(3+1)\times(1+1) = 8$이다.

답 표참조, 약수의 개수: 8

(2) $36 = \boxed{2}^2 \times \boxed{3}^2$

×	1	3	3^2
1	1	3	9
2	2	6	18
2^2	4	12	36

36의 약수의 개수는 $(2+1)\times(2+1) = 9$이다.

답 표참조, 약수의 개수: 9

6 (1) $16=2^4$이므로 약수는 1, 2, 4, 8, 16이고 그 개수는 5이다.

(2) $100=2^2\times5^2$이므로 약수는 1, 2, 4, 5, 10, 20, 25, 50, 100이고 그 개수는 9이다.

탑 (1) 약수: 1, 2, 4, 8, 16, 약수의 개수: 5

(2) 약수: 1, 2, 4, 5, 10, 20, 25, 50, 100, 약수의 개수: 9

7 $150=2\times3\times5^2$이고 소인수 2, 3, 5의 지수가 각각 1, 1, 2이므로 약수의 개수는
$(1+1)\times(1+1)\times(2+1)=12$이다.

탑 약수의 개수: 12

7-₁ ① $28=2^2\times7$이므로 약수의 개수는
$(2+1)\times(1+1)=6$이다.

② $36=2^2\times3^2$이므로 약수의 개수는
$(2+1)\times(2+1)=9$이다.

③ $243=3^5$이므로 약수의 개수는 $5+1=6$이다.

④ $5^4\times7$의 약수의 개수는 $(4+1)\times(1+1)=10$이다.

⑤ $3^3\times5^2$의 약수의 개수는 $(3+1)\times(2+1)=12$이다.

탑 ⑤

01 2, 3, 5, 7, 11, 13, 17, 19, 23, 29, 31, 37, 41, 43, 47	
02 ③	**03** 2개 **04** ⑤ **05** ⑤
06 ③	**07** ② **08** 4개
09 (1) 6 (2) 8 (3) 8 (4) 5	**10** 풀이 참조

01 지우고 남은 수가 소수이므로 소수는 2, 3, 5, 7, 11, 13, 17, 19, 23, 29, 31, 37, 41, 43, 47이다.

02 ① 자연수는 1과 소수와 합성수로 이루어져 있다.
② 소수는 약수가 2개인 수이다.
③ 20보다 작은 두 자리의 소수는 11, 13, 17, 19의 4개이다.
④ 소수 2는 짝수이다.
⑤ 5의 배수 중 5는 소수이다.
따라서 옳은 것은 ③이다.

03 1은 소수도 합성수도 아니다.
$49=7\times7$, $51=3\times17$, $117=3\times3\times13$,
$121=11\times11$, $133=7\times19$
따라서 소수는 19, 37의 2개이다.

04 ① 밑은 2, 지수는 4이다.
② $3^2=3\times3=9\neq6$
③ $a\times a\times a=a^3\neq3a$
④ $b+b+b=3b\neq b^3$
따라서 옳은 것은 ⑤이다.

05

$\times$	1	3	3^2
1	1	3	3^2
2	2	2×3	2×3^2
2^2	2^2	$2^2\times3$	$2^2\times3^2$
2^3	2^3	$2^3\times3$	$2^3\times3^2$

위의 표에서 ①~④는 모두 $2^3\times3^2$의 약수이고 ⑤ 2×3^3은 $2^3\times3^2$의 약수가 아니다.

06 각 자연수를 소인수분해하면
① $6=2\times3$ ② $12=2^2\times3$
③ $16=2^4$ ④ $36=2^2\times3^2$
⑤ $72=2^3\times3^2$
이므로 ①, ②, ④, ⑤는 소인수가 2와 3이나 ③은 소인수가 2뿐이다.

07 $525=3\times175=3\times5\times35=3\times5^2\times7$에서 소인수는 3, 5, 7이므로 그 합은 15이다.

08 600을 소인수분해하면 $600=2^3\times3\times5^2$이므로 600의 약수 중 어떤 수의 제곱이 되는 수는 1^2, 2^2, 5^2, $2^2\times5^2$으로 4개이다.

09 소인수분해를 이용하여 약수의 개수를 구하면 다음과 같다.
(1) $18=2\times3^2$이므로 $(1+1)\times(2+1)=6$
(2) $24=2^3\times3$이므로 $(3+1)\times(1+1)=8$
(3) $2\times3\times7$은 $(1+1)\times(1+1)\times(1+1)=8$
(4) 5^4은 $4+1=5$

10 $x+y$의 값 중 가장 작은 값을 구하려면 x, y 모두 가장 작은 수이어야 한다.
$75\times x=3\times5^2\times x$가 어떤 자연수의 제곱이 되려면 각 소인수의 지수가 짝수가 되어야 하므로 가장 작은 수는 $x=3$이다. ...... ❶
이때 $3^2\times5^2=(3\times5)^2=15^2$이므로 $y=15$이다. ...... ❷
따라서 $x+y=3+15=18$이다. ...... ❸

단계	채점 기준	배율
❶	자연수의 제곱이 되는 x의 값을 구한다.	50 %
❷	y의 값을 구한다.	40 %
❸	$x+y$의 값을 구한다.	10 %

02 최대공약수와 최소공배수

P.11

1 16의 약수는 1, 2, 4, 8, 16이고, 28의 약수는 1, 2, 4, 7, 14, 28이다.

(1) 16과 28의 공약수는 1, 2, 4이다.

(2) 16과 28의 최대공약수는 4이다.

(3) (1), (2)에서 공약수는 최대공약수의 $\boxed{약수}$임을 알 수 있다.

답 (1) 1, 2, 4 (2) 4 (3) 약수

1-1 두 수 A, B의 공약수는 최대공약수 18의 약수이므로 1, 2, 3, 6, 9, 18이다.

답 1, 2, 3, 6, 9, 18

2 (1) 두 수 4와 9는 최대공약수가 1이므로 서로소이다.

(2) 모든 자연수와 서로소인 자연수는 1이다.

(3) 4와 9는 각각 합성수이지만 서로소이다.

답 (1) ○ (2) ○ (3) ×

2-1 ③ $51=17\times3$에서 17과 51의 최대공약수는 17이므로 두 수는 서로소가 아니다.

답 ③

2-2 ① 두 수 5, 10의 최대공약수가 5이므로 서로소가 아니다.

② 두 수 6, 15의 최대공약수가 3이므로 서로소가 아니다.

③ 두 수 3, 27의 최대공약수가 3이므로 서로소가 아니다.

④ 두 수 11, 13의 최대공약수가 1이므로 서로소이다.

⑤ 두 수 9, 21의 최대공약수가 3이므로 서로소가 아니다.

답 ④

P.12

3 (1)
$$2\times2\times3$$
$$2\quad\times3\times3$$
$$\text{(최대공약수)}=2\quad\times3\quad=6$$

(2)
$$2\times3\times5$$
$$2\times3\times5\times7$$
$$\text{(최대공약수)}=2\times3\times5\quad=30$$

답 (1) 6 (2) 30

4 (1)
$$2^2\times3^3$$
$$3^2\times5$$
$$\text{(최대공약수)}=\quad3^2\quad=9$$

(2)
$$3\times5^2\times7$$
$$2\times3^2\quad\times7$$
$$\text{(최대공약수)}=\quad3\quad\times7=21$$

답 (1) 9 (2) 21

4-1
$$A=2^2\times3^2\times5$$
$$B=2^4\times3$$
$$\text{(최대공약수)}=2^2\times3$$

답 ④

5 (1)
$$15=\quad3\times5$$
$$30=2\times3\times5$$
$$\text{(최대공약수)}=\quad3\times5=15$$

3) 15	2) 30
5	3) 15
	5

(2)
$$60=2^2\times3\times5$$
$$84=2^2\times3\quad\times7$$
$$\text{(최대공약수)}=2^2\times3\quad=12$$

2) 60	2) 84
2) 30	2) 42
3) 15	3) 21
5	7

답 (1) 15 (2) 12

다른 풀이

(1)
3) 15	30
5) 5	10
1	2

$$\text{(최대공약수)}=3\times5=15$$

(2)
2) 60	84
2) 30	42
3) 15	21
5	7

$$\text{(최대공약수)}=2\times2\times3=12$$

5-1
$$16=2^4$$
$$24=2^3\times3$$
$$40=2^3\quad\times5$$
$$\text{(최대공약수)}=2^3\quad=8$$

2) 16	2) 24	2) 40
2) 8	2) 12	2) 20
2) 4	2) 6	2) 10
2	3	5

답 ②

다른 풀이

2) 16	24	40
2) 8	12	20
2) 4	6	10
2	3	5

$$\text{(최대공약수)}=2\times2\times2=8$$

참고 **최대공약수를 구하는 방법**

① 같은 소인수끼리 줄을 맞추어 쓴다.

② 공통인 소인수를 곱하고 지수는 같거나 작은 것을 택한다.

P.13

6 3의 배수는 3, 6, 9, 12, 15, 18, 21, 24, …이고, 4의 배수는 4, 8, 12, 16, 20, 24, 28, 32, …이다.

(1) 3과 4의 공배수는 12, 24, 36, …이다.

(2) 3과 4의 최소공배수는 12이다.

(3) (1), (2)에서 공배수는 최소공배수의 배수임을 알 수 있다.

답 (1) 12, 24, … (2) 12 (3) 배수

6-1 4의 배수는 4, 8, 12, 16, 20, 24, …이고
5의 배수는 5, 10, 15, 20, 25, 30, …이므로
4와 5의 공배수 중 가장 작은 수는 최소공배수인 20이다.

답 ②

7 두 자연수 a, b의 공배수는 최소공배수인 12의 배수이므로
12, 24, 36, 48, 60, 72, 84, 96의 8개이다.

답 ①

7-1 두 자연수 a, b의 공배수는 최소공배수인 15의 배수이므로
15, 30, 45, 60, 75, 90, 105, … 중 100에 가장 가까운
수는 105이다.

답 105

P.14

8 (1)
$$3\times3\times3$$
$$3\times3\ \ \ \times5$$
$$(최소공배수)=3\times3\times3\times5=135$$

(2)
$$2\times2\times3\times3$$
$$2\ \ \ \times3\times3\times3\times3$$
$$(최소공배수)=2\times2\times3\times3\times3\times3=324$$

답 (1) 135 (2) 324

9 (1)
$$2\ \times3^3$$
$$2^2\times3$$
$$(최소공배수)=2^2\times3^3=108$$

(2)
$$2\ \times3^2\times5$$
$$2^2\times3^2\ \ \ \times7$$
$$(최소공배수)=2^2\times3^2\times5\times7=1260$$

답 (1) 108 (2) 1260

9-1
$$A=2^3\ \ \ \times5\times7$$
$$B=2^2\times3^2\times5$$
$$(최소공배수)=2^3\times3^2\times5\times7$$

답 ⑤

10 (1) $21=3\ \ \ \times7$
$$15=3\times5$$
$$3\times5\times7=105$$

3) 21	3) 15
7	5

↑
최소공배수

(2) $42=2\times3\ \ \ \times7$
$$90=2\times3^2\times5$$
$$2\times3^2\times5\times7=630$$

↑
최소공배수

2) 42	2) 90
3) 21	3) 45
7	3) 15
	5

답 (1) 105 (2) 630

다른 풀이

(1)
3) 21	15
7	5

(최소공배수)=$3\times7\times5=105$

(2)
2) 42	90
3) 21	45
7	15

(최소공배수)=$2\times3\times7\times15=630$

10-1
$$10=2\ \ \ \ \times5$$
$$12=2^2\times3$$
$$18=2\ \times3^2$$
$$(최소공배수)=2^2\times3^2\times5=180$$

2) 10	2) 12	2) 18
5	2) 6	3) 9
	3	3

답 ④

다른 풀이

2) 10	12	18
3) 5	6	9
5	2	3

(최소공배수)=$2\times3\times5\times2\times3=180$

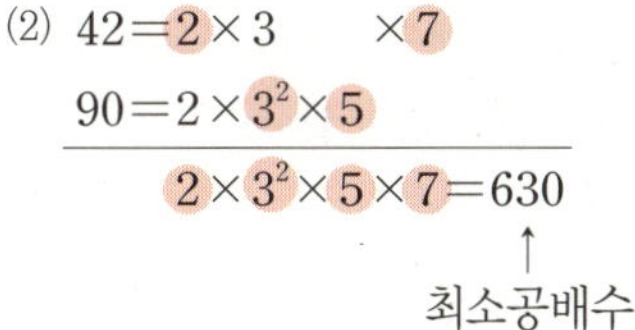

01 ④	02 ㄴ, ㄷ	03 ④	04 ②
05 ②	06 ④	07 ③	08 ③	09 6

10 풀이 참조

01 공약수는 최대공약수 15의 약수인 1, 3, 5, 15이다.

02 ㄱ. 3과 9는 서로 다른 두 홀수이나 서로소가 아니다.
ㄹ. 4와 9는 서로소이나 두 수 모두 소수가 아니다.
따라서 옳은 것은 ㄴ, ㄷ이다.

03 36과 60의 공약수는 최대공약수
인 12의 약수이다. 따라서 36과
60의 공약수는 1, 2, 3, 4, 6, 12
의 6개이다.

$$36=2^2\times3^2$$
$$60=2^2\times3\ \times5$$
$$2^2\times3\ \ \ =12$$

↑
최대공약수

04 두 자연수의 공배수는 최소공배수의 배수이므로 100 이하의 자연수 중 24의 배수의 개수를 구한다.
$100 \div 24 = 4 \cdots 4$이므로 4개이다.

05
$$A = 2 \times 3^3$$
$$B = 2^2 \times 3^2 \times 5$$
$$\text{(최대공약수)} = 2 \times 3^2$$
$$\text{(최소공배수)} = 2^2 \times 3^3 \times 5$$

06 두 수의 공배수는 최소공배수인 15의 배수이다.
④ 100은 15의 배수가 아니므로 공배수가 아니다.

07 세 수 10, 18, 45의 최소공배수는
$90 = 2 \times 3^2 \times 5$이다. 공배수는 소인수 2, 3, 5를 반드시 가지며 그 지수가 각각 1, 2, 1 이상이어야 한다.
$$10 = 2 \quad\quad \times 5$$
$$18 = 2 \times 3^2$$
$$45 = \quad\quad 3^2 \times 5$$
$$\text{(최소공배수)} = 2 \times 3^2 \times 5 = 90$$

08 12와 18의 공배수는 12와 18의 최소공배수인 36의 배수이다. 따라서 200 이하의 자연수 중 12와 18의 공배수는 36, 72, 108, 144, 180의 5개이다.
$$12 = 2^2 \times 3$$
$$18 = 2 \times 3^2$$
$$\text{(최소공배수)} = 2^2 \times 3^2 = 36$$

09
$$8 \times x = 2^3 \quad\quad \times x$$
$$10 \times x = 2 \quad\quad \times 5 \times x$$
$$12 \times x = 2^2 \times 3 \quad\quad \times x$$
$$\text{(최소공배수)} = 2^3 \times 3 \times 5 \times x = 120 \times x$$
최소공배수가 360이므로 $120 \times x = 360$, $x = 3$이다.
따라서 최대공약수를 구하면 6이다.
$$24 = 2^3 \times 3$$
$$30 = 2 \times 3 \times 5$$
$$36 = 2^2 \times 3^2$$
$$\text{(최대공약수)} = 2 \times 3 \quad\quad = 6$$

10 최대공약수 $20 = 2^2 \times 5$이고, 최소공배수가 $2^3 \times 3^3 \times 5^2 \times 7$일 때
$$2^a \times 3^3 \times 5$$
$$2^3 \quad\quad \times 5^b \times c$$
$$\text{(최대공약수)} = 2^2 \quad\quad \times 5$$
$$\text{(최소공배수)} = 2^3 \times 3^3 \times 5^2 \times 7 \quad\quad \cdots\cdots ❶$$
이므로 $a = 2$, $b = 2$, $c = 7$이다. $\quad\quad \cdots\cdots ❷$
따라서 $a + b + c = 2 + 2 + 7 = 11$이다. $\quad\quad \cdots\cdots ❸$

단계	채점 기준	배점 비율
❶	최대공약수와 최소공배수를 구하는 식을 세운다.	60 %
❷	a, b, c의 값을 구한다.	30 %
❸	$a + b + c$의 값을 구한다.	10 %

03 최대공약수와 최소공배수의 활용

P.17

1 사람 수는 24와 32의 공약수이고, 가능한 한 많은 사람 수는 최대공약수이다. 따라서 24와 32의 최대공약수인 8명에게 나누어 줄 수 있다.
$$24 = 2^3 \times 3$$
$$32 = 2^5$$
$$\text{(최대공약수)} = 2^3$$
답 ③

1-1 각 모둠에 속하는 남학생 수와 여학생 수를 같게 하려면 모둠의 수는 24와 20의 공약수이어야 한다. 따라서 24와 20의 최대공약수인 4개의 모둠까지 만들 수 있다.
$$24 = 2^3 \times 3$$
$$20 = 2^2 \quad\quad \times 5$$
$$\text{(최대공약수)} = 2^2$$
답 4개

2 되도록 많은 학생에게 남김없이 똑같이 나누어 주려면 학생 수는 60, 56, 48의 최대공약수이어야 하므로 $a = 4$이다.
이때 $b = 60 \div 4 = 15$, $c = 56 \div 4 = 14$, $d = 48 \div 4 = 12$이므로
$a + b + c + d = 4 + 15 + 14 + 12 = 45$
$$60 = 2^2 \times 3 \times 5$$
$$56 = 2^3 \quad\quad \times 7$$
$$48 = 2^4 \times 3$$
$$\text{(최대공약수)} = 2^2$$
답 45

3 분수 $\dfrac{54}{n}$가 자연수가 되려면 n은 54의 약수이어야 하고, 분수 $\dfrac{102}{n}$가 자연수가 되려면 n은 102의 약수이어야 한다. 따라서 n은 54와 102의 공약수이어야 하고, n의 값 중 가장 큰 수는 54와 102의 최대공약수이다.
$$54 = 2 \times 3^3$$
$$102 = 2 \times 3 \times 17$$
$$\text{(최대공약수)} = 2 \times 3 \quad\quad = 6$$
따라서 가장 큰 n의 값은 6이다.
답 6

4 (1) 정사각형 색종이의 한 변의 길이는 12와 15의 공배수이어야 하고, 가능한 한 작은 정사각형 색종이이려면 12와 15의 최소공배수이어야 한다. 12와 15의 최소공배수가 60이므로 정사각형 색종이의 한 변의 길이는 60 cm이다.

$12=2^2\times3$
$15=\quad\ 3\times5$
$\overline{\qquad\qquad}$
$2^2\times3\times5=60$
↑
최소공배수

(2) 한 변의 길이가 60 cm가 되려면
가로 방향으로 $60\div12=5$(장),
세로 방향으로 $60\div15=4$(장)
의 직사각형 색종이가 필요하므로 모두 $5\times4=20$(장)
이 필요하다.

답 (1) 60 cm (2) 20장

5 두 톱니바퀴 A, B가 같은 톱니에서 처음으로 다시 맞물릴 때까지 돌아간 톱니의 개수는 18과 24의 최소공배수이다.
따라서 18과 24의 최소공배수를 구하면 $2^3\times3^2=72$이므로 A는 $72\div18=4$(바퀴)를 돌아야 한다.

$18=2\ \times3^2$
$24=2^3\times3$
$\overline{\qquad\qquad}$
$2^3\times3^2=72$
↑
최소공배수

답 4바퀴

6 기차와 전동차는 45와 12의 공배수가 되는 시각마다 동시에 출발한다. 따라서 바로 다음에 동시에 출발하는 시각은 45와 12의 최소공배수 180이므로 180분, 즉 3시간 후인 오전 10시이다.

$45=\quad\ 3^2\times5$
$12=2^2\times3$
$\overline{\qquad\qquad}$
$2^2\times3^2\times5=180$
↑
최소공배수

답 오전 10시

7 (1) 정육면체의 한 모서리의 길이는 10, 8, 6의 공배수이다. 가장 작은 정육면체의 한 모서리의 길이는 최소공배수이고, 10, 8, 6의 최소공배수는 120이므로 한 모서리의 길이는 120 cm이다.

$10=2\quad\ \times5$
$8=2^3$
$6=2\ \times3$
$\overline{\qquad\qquad}$
$2^3\times3\times5=120$
↑
최소공배수

(2) 한 모서리의 길이가 120 cm인 정육면체를 만들려면
가로로는 $120\div10=12$이므로 12개,
세로로는 $120\div8=15$이므로 15개,
높이로는 $120\div6=20$이므로 20개의 나무토막이 필요하므로, 전체적으로는 $12\times15\times20=3600$(개)의 나무토막이 필요하다.

답 (1) 120 cm (2) 3600

8 (두 자연수의 곱)=(최대공약수)×(최소공배수)이므로
$4800=\boxed{20}\times\boxed{240}$이다.
따라서 구하는 최소공배수는 $\boxed{240}$이다.

답 20, 240, 240

8-1 (두 자연수의 곱)=(최소공배수)×(최대공약수)이므로
$84\times A=420\times12$이다.
따라서 $A=60$이다.

답 60

8-2 (두 자연수의 곱)=(최소공배수)×(최대공약수)이므로
$600=$(최소공배수)$\times5$이다.
따라서 최소공배수는 120이다.

답 120

9 두 자연수 A, B의 최대공약수가 8이므로
$A=8\times a$, $B=8\times b$(a, b는 서로소)로 나타내고,
최소공배수가 56이므로 $8\times a\times b=56$에서 $a\times b=7$이다.
두 수의 곱이 7이면 1×7 또는 7×1이므로
 (i) $a=1$, $b=7$일 때, $A=8$, $B=56$이다.
 (ii) $a=7$, $b=1$일 때, $A=56$, $B=8$이다.
따라서 $A+B=64$이다.

답 ③

9-1 두 자연수 A, B의 최대공약수가 12이므로
$A=12\times a$, $B=12\times b$ (a, b는 서로소)로 나타내고,
최소공배수가 168이므로 $12\times a\times b=168$에서 $a\times b=14$이다.
두 수의 곱이 14이고 $A>B>12$이므로 $a=7$, $b=2$이다.
따라서 $A=84$, $B=24$이므로 $A-B=60$이다.

답 ②

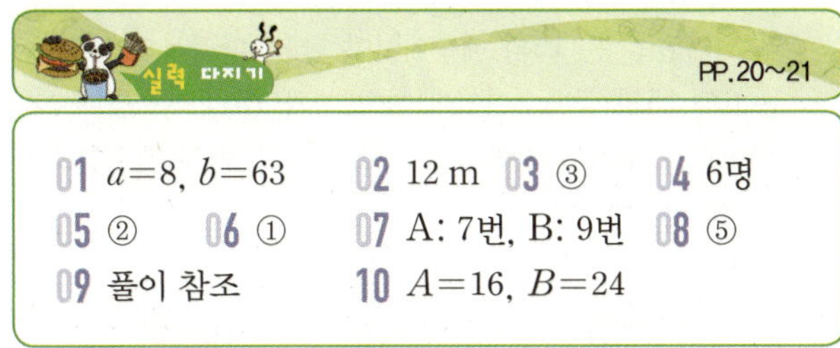

01 $a=8$, $b=63$ **02** 12 m **03** ③ **04** 6명
05 ② **06** ① **07** A: 7번, B: 9번 **08** ⑤
09 풀이 참조 **10** $A=16$, $B=24$

01 구하는 정사각형 모양의 타일의 한 변의 길이는 56과 72의 최대공약수이므로 8 cm이다.

$56=2^3\quad\ \times7$
$72=2^3\times3^2$
$\overline{\qquad\qquad}$
(최대공약수)$=2^3\qquad\ =8$

$\begin{array}{r}2)\ 56\quad72\\ 2)\ 28\quad36\\ 2)\ 14\quad18\\ \hline 7\qquad8\end{array}$

(최대공약수)$=2\times2\times2=8$

한 변의 길이가 8 cm인 정사각형 모양의 타일이
가로로는 $56 \div 8 = 7$이므로 7개,
세로로는 $72 \div 8 = 9$이므로 9개의 타일이 필요하고,
전체적으로는 $7 \times 9 = 63$(개)의 타일이 필요하다.
따라서 $a = 8$, $b = 63$이다.

02 나무를 되도록 적게 심으려면 나무 사이의 간격을 84와 60
의 최대공약수인 12 m로 하면 된다.

$$84 = 2^2 \times 3 \times 7$$
$$60 = 2^2 \times 3 \times 5$$
$$\text{(최대공약수)} = 2^2 \times 3 \quad = 12$$

$$\begin{array}{r|rr} 2 & 84 & 60 \\ 2 & 42 & 30 \\ 3 & 21 & 15 \\ \hline & 7 & 5 \end{array}$$
$$\text{(최대공약수)} = 2 \times 2 \times 3 = 12$$

03 48, 36, 72의 최대공약수는
12이므로 나무토막의 한 모
서리의 길이는 12 cm이다.
이때 가로로는
$48 \div 12 = 4$(개), 세로로는 $36 \div 12 = 3$(개), 높이로는
$72 \div 12 = 6$(개)를 만들 수 있으므로 만들어지는 나무토막
전체의 개수는 $4 \times 3 \times 6 = 72$이다.

$$48 = 2^4 \times 3$$
$$36 = 2^2 \times 3^2$$
$$72 = 2^3 \times 3^2$$
$$\text{(최대공약수)} = 2^2 \times 3 = 12$$

04 초콜릿은 5개가 남았고,
귤은 4개가 남았으므로 초
콜릿은 $35 - 5 = 30$(개),
귤은 $22 - 4 = 18$(개)를 최대한 많은 학생에게 똑같이 나누
어 준 것이다. 이때 학생 수는 30, 18의 최대공약수인 6이
므로 6명의 학생에게 나누어 준 것이다.

$$30 = 2 \times 3 \times 5$$
$$18 = 2 \times 3^2$$
$$\text{(최대공약수)} = 2 \times 3 \quad = 6$$

05 $\dfrac{1}{6} \times \square$가 자연수가 되려
면 $\square$는 6의 배수이어야
하고, $\dfrac{1}{15} \times \square$가 자연수
가 되려면 $\square$는 15의 배수이어야 한다. 따라서 자연수 $\square$
는 6과 15의 공배수이어야 하고, 6과 15의 최소공배수가
30이므로 구하는 자연수는 100 이하의 30의 배수인 30,
60, 90의 3개이다.

$$6 = 2 \times 3$$
$$15 = \quad 3 \times 5$$
$$\text{(최소공배수)} = 2 \times 3 \times 5 = 30$$

06 두 사람이 처음으로 다시 만
날 때까지 걸리는 시간은 16
과 20의 최소공배수인 80이
므로 80분 후이다.

$$16 = 2^4$$
$$20 = 2^2 \times 5$$
$$\text{(최소공배수)} = 2^4 \times 5 = 80$$

07 두 톱니바퀴가 같은 톱니에서 처음으로 다시 맞물리려면,
두 톱니의 수인 108, 84의 최소공배수가 756이므로 756
개의 톱니가 돌아가야 한다.

$$108 = 2^2 \times 3^3$$
$$84 = 2^2 \times 3 \times 7$$
$$\text{(최소공배수)} = 2^2 \times 3^3 \times 7 = 756$$

$$\begin{array}{r|rr} 2 & 108 & 84 \\ 2 & 54 & 42 \\ 3 & 27 & 21 \\ \hline & 9 & 7 \end{array}$$
$$\text{(최소공배수)} = 2 \times 2 \times 3 \times 9 \times 7 = 756$$

따라서 톱니바퀴 A는 $756 \div 108 = 7$이므로 7번, 톱니바퀴
B는 $756 \div 84 = 9$이므로 9번을 회전해야 한다.

08 두 분수를 자연수로 만들려면
$\dfrac{\text{(두 분수의 분모의 최소공배수)}}{\text{(두 분수의 분자의 최대공약수)}}$ 를 곱해야 한다.
따라서 곱하는 분수 $\dfrac{b}{a}$에서 a는 28과 35의 최대공약수이어
야 하고, b는 15와 18의 최소공배수이어야 한다.

$$28 = 2^2 \quad \times 7$$
$$35 = \quad 5 \times 7$$
$$\text{(최대공약수)} = \quad 7$$

$$15 = \quad 3 \times 5$$
$$18 = 2 \times 3^2$$
$$\text{(최소공배수)} = 2 \times 3^2 \times 5 = 90$$

따라서 구하는 분수는 $\dfrac{90}{7}$이고 $a = 7$, $b = 90$이므로
$a + b = 97$이다.

09 4로 나누면 3이 남는다. $\Rightarrow$ 1이 모자란다.
5로 나누면 4가 남는다. $\Rightarrow$ 1이 모자란다.
6으로 나누면 5가 남는다. $\Rightarrow$ 1이 모자란다. ······ ❶
구하는 수를 x라고 하면 x는 4, 5, 6의 공배수보다 1이 작
은 수이어야 한다.
따라서 $x = (4,\ 5,\ 6\text{의 공배수}) - 1$이다. ······ ❷

$$4 = 2^2$$
$$5 = \quad \times 5$$
$$6 = 2 \times 3$$
$$\text{(최소공배수)} = 2^2 \times 3 \times 5 = 60$$ ······ ❸

$x = (60 - 1),\ (120 - 1),\ (180 - 1),\ \cdots$
$\quad = 59,\ 119,\ 179,\ \cdots$
이 중 가장 작은 세 자리의 자연수는 119이다. ······ ❹

단계	채점 기준	배점 비율
❶	남는 것을 모자라는 것으로 표현한다.	$30\ \%$
❷	구하는 수가 어떤 수인지를 안다.	$20\ \%$
❸	최소공배수를 구한다.	$30\ \%$
❹	세 자리의 자연수 중 가장 작은 수를 구한다.	$20\ \%$

다른 풀이

구하는 수를 x라고 하면
$x + 1$은 4, 5, 6의 공배수이다. ······ ❶
4, 5, 6의 최소공배수는 60이므로 ······ ❷
$x + 1 = 60,\ 120,\ 180,\ \cdots$
$x = 59,\ 119,\ 179,\ \cdots$
이 중 가장 작은 세 자리의 자연수는 119이다. ······ ❸

단계	채점 기준	배점 비율
❶	구하는 수는 $(4, 5, 6$의 공배수$)-1$임을 안다.	50 %
❷	$4, 5, 6$의 최소공배수를 구한다.	30 %
❸	세 자리의 자연수 중 가장 작은 수를 구한다.	20 %

10 두 자연수 A와 B의 최대공약수가 8이므로
$A=8\times a$, $B=8\times b$ (단, a, b는 서로소)
$A\times B=8\times a\times 8\times b=384$에서 $a\times b=6$
a, b가 서로소이고 $A<B$에서 $a<b$이므로
$a=1$, $b=6$ 또는 $a=2$, $b=3$이다.
(i) $a=1$, $b=6$일 때
$\quad A=8\times 1=8$, $B=8\times 6=48$
(ii) $a=2$, $b=3$일 때
$\quad A=8\times 2=16$, $B=8\times 3=24$
그런데 $A<B$이고 A, B는 두 자리의 자연수이므로
$A=16$, $B=24$이다.

> **01** ②　　**02** ①, ⑤　　**03** ⑤　　**04** ②　　**05** ②
> **06** ㄱ, ㄹ　　**07** $x=6$, $y=12$　　**08** ③　　**09** ②, ④
> **10** ②　　**11** ④　　**12** $a=4$, 최소공배수; 1800
> **13** 14　　**14** 16, 80　　**15** 95　　**16** 110
> **17** $a=3$, $b=140$　　**18** ⑤　　**19** ①　　**20** ④
> **21** 63명　　**22~25** 풀이 참조

01 ① 소수 중 2는 짝수이다.
② $10=2\times 5$이므로 10의 소인수는 2와 5의 2개이다.
③ $12=2^2\times 3$
④ 2와 5는 서로소이지만 2는 짝수이다.
⑤ 1의 약수는 1 한 개뿐이다.
따라서 옳은 것은 ②이다.

02 $315=3^2\times 5\times 7$이므로 315의
소인수는 3, 5, 7이다.

$$\begin{array}{r} 3)\,\underline{315} \\ 3)\,\underline{105} \\ 5)\,\underline{\ 35} \\ 7 \end{array}$$

03 ① $a^5=a\times a\times a\times a\times a\neq 5\times a$
② $2^3=2\times 2\times 2=8\neq 6$
③ $10000=10^4\neq 10^5$
④ $3\times 3\times 3\times 3\times 3=3^5\neq 3\times 5$
따라서 옳은 것은 ⑤이다.

04 ② $18=2\times 3^2$
따라서 옳지 않은 것은 ②이다.

05 ① 소수는 2, 5, 13, 41의 4개이다. (참)
② 합성수는 9, 21, 49, 51, 63의 5개이다. (거짓)
③ 49의 약수는 1, 7, 49의 3개이다. (참)
④ 9와 13은 최대공약수가 1이므로 서로소이다. (참)
⑤ $63=3^2\times 7$이므로 63에 7을 곱하면
$\quad 63=3^2\times 7\times 7=3^2\times 7^2=21^2$, 즉 21의 제곱이 된다.
(참)

따라서 옳지 않은 것은 ②이다.

06 ㄱ. $2\times 3\times 5$는 A의 약수이다. (참)
ㄴ. A의 배수는 $k\times 2^3\times 3^2\times 5(k$는 자연수$)$이므로 $2^3\times 3^3$
은 A의 배수가 아니다. (거짓)
ㄷ. 5^2과 A는 최대공약수가 5이므로 서로소가 아니다.
(거짓)

ㄹ. A의 약수의 개수는
$\quad (3+1)\times(2+1)\times(1+1)=24$이다. (참)
따라서 옳은 것은 ㄱ, ㄹ이다.

07 $24\times x=2^3\times 3\times x$가 어떤 수 y의 제곱이 되려면 24의
소인수의 지수가 모두 짝수이어야 한다.
따라서 가장 작은 수 x는 $x=2\times 3=6$이다.
$24\times(2\times 3)=y^2$, $144=y^2$
이때 $12^2=144$이므로 $y=12$이다.

08 $1\times 2\times 3\times 4\times\cdots\times 9\times 10$을 소인수분해하면
$1\times 2\times 3\times \underset{4}{\underline{2^2}}\times 5\times \underset{6}{\underline{2\times 3}}\times 7\times \underset{8}{\underline{2^3}}\times \underset{9}{\underline{3^2}}\times \underset{10}{\underline{2\times 5}}$
$=2^8\times 3^4\times 5^2\times 7$
이므로 2의 지수는 8이다.

09 2^3의 약수의 개수가 4이고 $2^3\times\square$의 약수의 개수가 12이므
로 $12=4\times 3$에서 $\square$의 약수의 개수는 3이다.
그런데 $\square=2^2$일 때, $2^3\times 2^2=2^5$의 약수의 개수는 6이므
로 $\square=a^2$에서 a는 2 이외의 소수이어야 한다.
따라서 ② $3^2=9$, ④ $5^2=25$이다.

10

$$\begin{array}{r} 2^a\times 3^2\times 5 \\ 2^2\times 3^b\times 5 \\ \hline (최대공약수)=2\ \times 3\ \times 5=30 \end{array}$$

지수가 작은 것　지수가 작은 것　└ 지수가 같다.

최대공약수가 $2\times 3\times 5$이므로 $a=1$, $b=1$이다.

$$2 \times 3^2 \times 5$$
$$2^2 \times 3 \times 5$$
$$\text{(최소공배수)} = 2^2 \times 3^2 \times 5 = 180$$

지수가 같다.
지수가 큰 것 지수가 큰 것

따라서 구하는 공배수는 180의 배수이고, 이 중 세 자리의 수는 180, 360, 540, 720, 900의 5개이다.

11
$$2^a \times 3^2 \quad\quad \times 11$$
$$2^3 \times 3^b \times 5$$
$$\text{(최대공약수)} = 2^2 \times 3^c$$
$$\text{(최소공배수)} = 2^3 \times 3^4 \times 5 \times d$$
$a=2$, $b=4$, $c=2$, $d=11$이므로
$a+b+c+d=19$이다.

12 최대공약수가 60이므로 60을 소인수분해하면
$60 = 2^2 \times 3 \times 5$이다.
$$360 = 2^3 \times 3^2 \times 5$$
$$a \times 3 \times 5^2$$
$$\text{(최대공약수)} = 60 = 2^2 \times 3 \times 5$$
이므로 $a = 2^2 = 4$이다.
$$2^3 \times 3^2 \times 5$$
$$2^2 \times 3 \times 5^2$$
$$\text{(최소공배수)} = 2^3 \times 3^2 \times 5^2 = 1800$$
따라서 최소공배수는 1800이다.

13 세 자연수의 비가 $3:4:6$이므로 세 자연수를 $3 \times x$, $4 \times x$, $6 \times x$라고 하자.
최소공배수가 $2^2 \times 3 \times x = 168$이므로 $x = 14$이다.
따라서 세 자연수는 42, 56, 84이고, 이들의 최대공약수는 14이다.

$$3 \times x$$
$$2^2 \quad \times x$$
$$2 \times 3 \times x$$
$$\text{(최소공배수)} = 2^2 \times 3 \times x = 168$$
$$42 = 2 \times 3 \times 7$$
$$56 = 2^3 \quad \times 7$$
$$84 = 2^2 \times 3 \times 7$$
$$\text{(최대공약수)} = 2 \quad \times 7 = 14$$

[참고]
세 자연수의 최소공배수가 168임을 이용하여 x를 구하는 과정에서 $x=14$가 바로 세 자연수의 최대공약수임을 알 수 있다.

14 두 자연수 A, B의 최대공약수가 16이므로
$A = 16 \times a$, $B = 16 \times b$ (a, b는 서로소)
최소공배수가 96이므로 $16 \times a \times b = 96$에서 $a \times b = 6$
a, b가 서로소이므로 $a=1$, $b=6$ 또는 $a=2$, $b=3$ 또는 $a=3$, $b=2$ 또는 $a=6$, $b=1$이다.

따라서 $A=16$, $B=96$ 또는 $A=32$, $B=48$ 또는 $A=48$, $B=32$ 또는 $A=96$, $B=16$이므로
두 수 A와 B의 차는 $96-16=80$ 또는 $48-32=16$이다.
따라서 A와 B의 차는 16, 80이다.

15 2로 나누면 1이 남는다. ⇨ 1이 모자란다.
3으로 나누면 2가 남는다. ⇨ 1이 모자란다.
4로 나누면 3이 남는다. ⇨ 1이 모자란다.
구하는 자연수를 x라고 하면 x는 2, 3, 4의 공배수보다 1이 작아야 나머지가 나누는 수보다 1이 작게 나온다.
따라서 $x = (2,\ 3,\ 4$의 공배수$) - 1$이다.
$$2 = 2$$
$$3 = \quad 3$$
$$4 = 2^2$$
$$\text{(최소공배수)} = 2^2 \times 3 = 12$$
즉, $x = (12-1),\ (24-1),\ (36-1),\ \cdots$
이때 두 자리의 자연수 중 가장 큰 수는
$96 - 1 = 95$이다.

[다른 풀이]
구하는 수를 x라고 하면 $x+1$은 2, 3, 4의 공배수이고, 2, 3, 4의 최소공배수는 12이다.
즉, $x+1 = 12,\ 24,\ 36,\ \cdots$
이때 $x+1$ 중 가장 큰 두 자리의 자연수는 96이므로 $x = 95$이다.

16 구하는 자연수를 x라고 하면 x는 4, 6, 9의 공배수보다 2가 커야 하므로
$x = (4,\ 6,\ 9$의 공배수$) + 2$이다.
$$4 = 2^2$$
$$6 = 2 \times 3$$
$$9 = \quad 3^2$$
$$\text{(최소공배수)} = 2^2 \times 3^2 = 36$$
따라서 $x = (36+2),\ (72+2),\ (108+2),\ \cdots$이므로 100에 가장 가까운 수는 110이다.

[다른 풀이]
구하는 자연수를 x라고 하면 $x-2$는 4, 6, 9의 공배수이고, 4, 6, 9의 최소공배수가 36이므로
$x-2 = 0,\ 36,\ 72,\ 108,\ \cdots$이고
$x = 2,\ 38,\ 74,\ 110,\ \cdots$이다.
따라서 100에 가장 가까운 수는 110이다.

17 구하는 분수를 $\dfrac{b}{a}$라고 하면 a는 세 수의 분자인 12, 36, 15의 최대공약수이어야 하므로 $a=3$이다.
$$12 = 2^2 \times 3$$
$$36 = 2^2 \times 3^2$$
$$15 = \quad 3 \times 5$$
$$\text{(최대공약수)} = \quad 3$$
b는 세 수의 분모인 7, 5, 4의 최소공배수이어야 하므로 $b = 140$이다.
따라서 $a=3$, $b=140$이다.

18 A, B 두 노선버스는 12분,
18분의 공배수에서 동시에
출발한다.

$12=2^2\times3$
$18=2\ \times3^2$
(최소공배수)$=2^2\times3^2=36$

12와 18의 최소공배수는 36이므로 두 노선버스는 36분
간격으로 동시에 출발한다.
따라서 오전 6시부터 오전 12시까지의 360분 동안
$360\div36=10$(번) 더 동시에 출발한다.

19 (두 자연수의 곱)$=$(최소공배수)$\times$(최대공약수)
이므로 $192=$(최소공배수)$\times4$
따라서 두 수 A, B의 최소공배수는 48이다.

20 32, 40의 최대공약수를 구하
면 8이므로 $c=8$,
$a=32\div8=4$,
$b=40\div8=5$이다.

$32=2^5$
$40=2^3\times5$
(최대공약수)$=2^3\ \ =8$

따라서 $a+b+c=4+5+8=17$이다.

21 구하는 학생 수를 x명이
라고 하면 $x-3$은 4, 5,
6의 공배수이고, 4, 5, 6
의 최소공배수가 60이
므로 $x-3=60, 120, \cdots$

$4=2^2$
$5=\ \ \ \ \times5$
$6=2\times3$
(최소공배수)$=2^2\times3\times5=60$

그런데 학생 수가 100명 미만이므로
$x-3=60$에서 $x=63$이다.
따라서 대회에 참여한 학생 수는 63명이다.

22 (1)

$2^3\ \ \ \ \times5^3\times7$
$2^2\times3^2\times5^3$
(최대공약수)$=\ 2^2\ \ \ \times5^3=500$ ······ ❶

(2) 공약수는 최대공약수의 약수이므로 공약수의 개수는
최대공약수의 약수의 개수와 같다.
따라서 두 수의 공약수의 개수는
$(2+1)\times(3+1)=12$이다. ······ ❷

단계	채점 기준	배점 비율
❶	(1) 최대공약수를 구한다.	60 %
❷	(2) 두 수의 공약수의 개수를 구한다.	40 %

23 (1) A와 $21=3\times7$의 최대공약수가 7이므로 A는 7의 배
수이지만 3의 배수는 아니다.
따라서 A의 개수는 100 미만의 자연수에서
(7의 배수의 개수)$-$(7과 3의 공배수의 개수)
$\underset{\underline{\qquad 21의\ 배수}}{}$
$=14-4=10$ ······ ❶

(2) $A=a\times7$ (a와 3은
서로소) 라고 하면
A와 21의 최소공배수

$A=a\ \ \ \ \times7$
$21=\ \ \ 3\times7$
(최소공배수)$=a\times3\times7=84$

가 84이므로 $a\times3\times7=84$
이때 $a=4$이므로 $A=7\times4=28$이다. ······ ❷

다른 풀이
(2) (두 자연수의 곱)$=$(최소공배수)$\times$(최대공약수)
이므로 $A\times21=84\times7$
따라서 $A=28$이다.

단계	채점 기준	배점 비율
❶	(1) 자연수 A의 개수를 구한다.	50 %
❷	(2) 자연수 A의 값을 구한다.	50 %

24 (1) 가능한 한 큰 정
육면체의 한 모서
리의 길이는 98,
70, 42의 최대공
약수와 같으므로 14 cm이다. ······ ❶

$98=2\ \ \ \ \ \ \times7^2$
$70=2\ \ \ \times5\times7$
$42=2\times3\ \ \ \ \times7$
(최대공약수)$=2\ \ \ \ \ \ \times7=14$

(2) 정육면체 모양으로 자른 나무토막의 한 모서리의 길이
가 14 cm이므로
가로로는 $98\div14=7$이므로 7개,
세로로는 $70\div14=5$이므로 5개,
높이로는 $42\div14=3$이므로 3개의 나무토막을 만들 수
있다.
따라서 전체적으로 $7\times5\times3=105$(개)의 나무토막을
만들 수 있다. ······ ❷

단계	채점 기준	배점 비율
❶	(1) 정육면체 모양으로 자른 나무토막의 한 모서리의 최대 길이를 구한다.	60 %
❷	(2) (1)과 같은 크기의 나무토막의 개수를 구한다.	40 %

25 노란 등이 한 번 켜진 후
다음 번 켜지는데 걸리
는 시간은
$6+6=12$(초), 파란 등
은 $12+8=20$(초), 빨간 등은 $10+5=15$(초)이다.

$12=2^2\times3$
$20=2^2\ \ \ \ \times5$
$15=\ \ 3\times5$
(최소공배수)$=2^2\times3\times5=60$

······ ❶

따라서 12, 20, 15의 최소공배수는 60이므로 ······ ❷
세 가지 등이 다시 동시에 켜지는 데 걸리는 시간은 60초
이다. ······ ❸

단계	채점 기준	배점 비율
❶	노란 등, 파란 등, 빨간 등이 다음 번 켜지는 데 걸리는 시간을 각각 구한다.	50 %
❷	12, 20, 15의 최소공배수를 구한다.	30 %
❸	세 가지 등이 동시에 켜지는 데 걸리는 시간을 구한다.	20 %

II 정수와 유리수

1. 정수와 유리수

01 정수와 유리수의 뜻

P.28

1 (1) 이익과 손해는 서로 반대되는 개념이므로 손해 50만 원은 -50만 원으로 나타낸다. (음수)

(2) 영상과 영하는 서로 반대되는 개념이므로 영하 $10\,℃$는 $-10\,℃$로 나타낸다. (음수)

답 (1) -50만 원 (2) $-10\,℃$

1-1 (1) 해발과 해저는 서로 반대되는 개념이므로 해저 $1500\,m$는 $-1500\,m$로 나타낸다. (음수)

(2) 인상과 인하는 서로 반대되는 개념이므로 인상 $10\,\%$는 $+10\,\%$로 나타낸다. (양수)

답 (1) $-1500\,m$ (2) $+10\,\%$

2 양수는 양의 부호 $+$를 사용하여 나타낸 수이므로
$+\dfrac{2}{3}$, $+2.5$, $+5$

음수는 음의 부호 $-$를 사용하여 나타낸 수이므로
-6, -3, -0.25, -1

답 양수: $+\dfrac{2}{3}$, $+2.5$, $+5$, 음수: -6, -3, -0.25, -1

2-1 (1) 0보다 큰 수는 $+\dfrac{8}{2}$, $+3.5$, $+4$이다.

(2) 0보다 작은 수는 $-\dfrac{3}{20}$, -3, -2.1이다.

답 (1) $+\dfrac{8}{2}$, $+3.5$, $+4$ (2) $-\dfrac{3}{20}$, -3, -2.1

P.29

3 답 (1) $+1$, $+\dfrac{2}{3}$, $+3$ (2) -1, $-\dfrac{6}{2}$, $-\dfrac{1}{2}$

(3) $+1$, 0, -1, $+3$, $-\dfrac{6}{2}$ (4) $+\dfrac{2}{3}$, $-\dfrac{1}{2}$

3-1 $-\dfrac{8}{4}=-2$이므로 $-\dfrac{8}{4}$도 음의 정수이다.

답 $-\dfrac{8}{4}$, -4

4 ①, ②, ④는 정수이고 ③, ⑤는 정수가 아닌 유리수이다.

답 ③, ⑤

4-1 정수가 아닌 유리수는 -1.5, 2.5, $\dfrac{4}{5}$의 3개이다.

답 3개

P.30

5

A는 -4, B는 0, C는 $+1$ 부근의 수직선 위의 점

답 풀이 참조

5-1

(4)는 -3, (2)는 -1, (3)은 $+2$, (1)은 $+3$ 위치

답 풀이 참조

6 (1) $+8$의 절댓값은 8이다.

(2) -9의 절댓값은 9이다.

(3) $\left|+\dfrac{1}{3}\right|=\dfrac{1}{3}$ (부호를 떼면)

(4) $\left|-\dfrac{1}{2}\right|=\dfrac{1}{2}$ (부호를 떼면)

답 (1) 8 (2) 9 (3) $\dfrac{1}{3}$ (4) $\dfrac{1}{2}$

6-1 (1) 절댓값이 3인 수는 -3, $+3$이다.

(2) 절댓값이 7인 수는 -7과 $+7$이고, 그중 음수는 -7이다.

(3) 절댓값이 $\dfrac{3}{4}$인 수는 $-\dfrac{3}{4}$, $+\dfrac{3}{4}$이다.

(4) 절댓값이 0인 수는 0뿐이다.

답 (1) -3, $+3$ (2) -7 (3) $-\dfrac{3}{4}$, $+\dfrac{3}{4}$ (4) 0

P.31

7 (1) 양수는 절댓값이 클수록 크므로 $+6\boxed{>}+4$이다.

(2) 양수가 음수보다 크므로 $+3\boxed{>}-5$이다.

(3) 음수는 0보다 작으므로 $-2\boxed{<}0$이다.

(4) 음수는 절댓값이 작을수록 크므로 $-\dfrac{1}{4}\boxed{>}-\dfrac{3}{4}$이다.

(5) 양수가 음수보다 크므로 $-\dfrac{5}{4}\boxed{<}2.1$이다.

(6) 양수는 0보다 크므로 $\dfrac{1}{5}\boxed{>}0$이다.

답 (1) $>$ (2) $>$ (3) $<$ (4) $>$ (5) $<$ (6) $>$

7-1 ③ 음수는 절댓값이 작을수록 크므로 $-3<-\dfrac{1}{5}$이다.

답 ③

8 (1) x는 3보다 작다. $\Rightarrow x<3$

(2) x는 3 이상이다. $\Rightarrow x\geq3$ (크거나 같다.)

(3) x는 -2보다 크고 2보다 작다. $\Rightarrow -2<x<2$

(4) x는 1 이상이고 4 미만이다. $\Rightarrow 1\leq x<4$ (작다.)

답 (1) $x<3$ (2) $x\geq3$ (3) $-2<x<2$ (4) $1\leq x<4$

8-1 (1) x는 2 이상 4 이하이다. $\Rightarrow 2\leq x\leq4$ (작거나 같다.)

(2) y는 -3보다 작지 않다. $\Rightarrow y \geq -3$
　　크거나 같다.

(3) z는 -1 초과 5 미만이다. $\Rightarrow -1 < z < 5$
　　크다.

답 (1) $2 \leq x \leq 4$　(2) $y \geq -3$　(3) $-1 < z < 5$

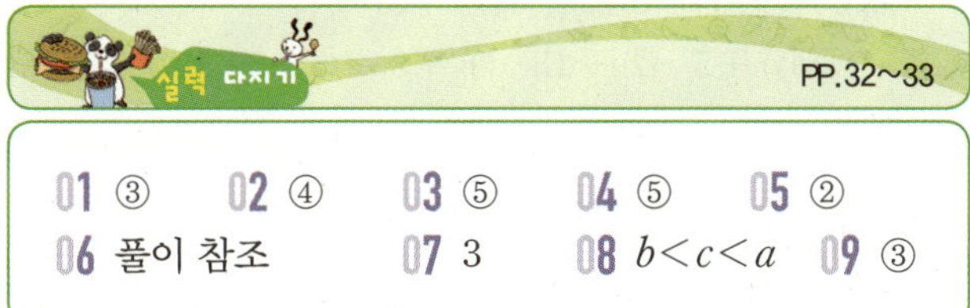

PP.32~33

01 ③	**02** ④	**03** ⑤	**04** ⑤	**05** ②
06 풀이 참조		**07** 3	**08** $b < c < a$	**09** ③

01 ① 0보다 4만큼 작은 수: -4

② 2시간 후: $+2$시간

④ 1000원 이익: $+1000$원

⑤ 원점에서 오른쪽으로 10만큼 이동한 수: $+10$

따라서 옳은 것은 ③이다.

02 ① 정수는 $+3$, 0, $-\dfrac{8}{2}$, $\dfrac{24}{6}$의 4개이다.

　　분수는 꼭 약분을 해 본다.

② 음수는 -0.2, $-\dfrac{8}{2}$, -4.3의 3개이다.

③ 양의 정수는 $+3$, $\dfrac{24}{6}$의 2개이다.

⑤ 정수가 아닌 유리수는 -0.2, $+\dfrac{12}{5}$, -4.3의 3개이다.

따라서 옳은 것은 ④이다.

03 ⑤ 0은 정수이다. -0은 정수임에 주의하자.

따라서 옳지 않은 것은 ⑤이다.

04 수직선 위에 나타내었을 때 가장 왼쪽에 있는 수가 가장 작은 수이므로 ⑤ -1.6이다.

05 수직선 위의 -4를 나타내는 점에서 거리가 5인 점에 대응한 두 수를 나타내면 다음 그림과 같다.
　　$-4+5=1$,
　　$-4-5=-9$
　　와 같이 구할 수도 있다.

따라서 두 수는 1, -9이다.

06 $|+8|=8$이므로 $a=8$이다. $\cdots\cdots$ ❶

$\left|-\dfrac{1}{4}\right|=\dfrac{1}{4}$이므로 $b=\dfrac{1}{4}$이다. $\cdots\cdots$ ❷

따라서 $ab=8\times\dfrac{1}{4}=2$이다. $\cdots\cdots$ ❸

단계	채점 기준	배점 비율
❶	a의 값을 구한다.	40 %
❷	b의 값을 구한다.	40 %
❸	ab의 값을 구한다.	20 %

07 $-\dfrac{3}{2}=-1.5$이고 $\dfrac{5}{3}=1.666\cdots$이므로

주어진 식을 만족하는 정수 x는 -1, 0, 1의 3개이다.

08 (가), (나)에서 a와 b는 절댓값이 같고 b에 대응하는 점이 수직선에서 가장 왼쪽에 있으므로 $b<0$, $a>0$이다.

또한 (나), (다)에서 c는 음의 정수이므로 $b<c<0$이다.

따라서 a, b, c에 대응하는 점을 수직선 위에 나타내면 다음과 같다.

따라서 $b<c<a$이다.

09 a는 -1보다 작지 않고 4 미만이다. $\Rightarrow -1 \leq a < 4$
　　크거나 같다.　작다.

---

02 정수와 유리수의 덧셈과 뺄셈

P.34

1 **답** (1) $+$, 3, 7, $+$, 10　　(2) $-$, 3, 7, $-$, 10

(3) $+$, 7, 3, $+$, 4　　(4) $-$, 7, 3, $-$, 4

(5) $-$, $\dfrac{4}{3}$, $\dfrac{1}{3}$, $-$, 1　　(6) $-$, 0.3, 1.2, $-$, 1.5

1-1 (1) $(+2)+(+4)=+(2+4)=+6$

(2) $(-2)+(-5)=-(2+5)=-7$

(3) $(+2)+(-2)=0$　절댓값이 같고 부호가 다른 두 수의 합은 0이다.

(4) $(+2)+(-8)=-(8-2)=-6$

(5) $(-4)+(+7)=+(7-4)=+3$

(6) $0+(-3)=-3$

(7) $\left(+\dfrac{1}{2}\right)+\left(+\dfrac{1}{3}\right)=+\left(\dfrac{1}{2}+\dfrac{1}{3}\right)=+\dfrac{5}{6}$

(8) $\left(+\dfrac{1}{5}\right)+\left(-\dfrac{2}{3}\right)=-\left(\dfrac{2}{3}-\dfrac{1}{5}\right)=-\dfrac{7}{15}$

(9) $\left(-\dfrac{1}{2}\right)+\left(+\dfrac{1}{4}\right)=-\left(\dfrac{1}{2}-\dfrac{1}{4}\right)=-\dfrac{1}{4}$

(10) $\left(-\dfrac{3}{4}\right)+\left(-\dfrac{2}{3}\right)=-\left(\dfrac{3}{4}+\dfrac{2}{3}\right)=-\dfrac{17}{12}$

답 (1) $+6$　(2) -7　(3) 0　(4) -6　(5) $+3$

(6) -3　(7) $+\dfrac{5}{6}$　(8) $-\dfrac{7}{15}$　(9) $-\dfrac{1}{4}$　(10) $-\dfrac{17}{12}$

P.35

2 **답** (1) 교환법칙　(2) 결합법칙

2-1 **답** 결합 법칙

3 (1) $(-3)+(-7)+(+3)$
$=(-3)+(+3)+(-7)$ 덧셈의 교환법칙
$=\{(-3)+(+3)\}+(-7)$ 덧셈의 결합법칙
$=0+(-7)=-7$

(2) $(-9)+(+5)+(-4)$
$=(+5)+(-9)+(-4)$ 덧셈의 교환법칙
$=(+5)+\{(-9)+(-4)\}$ 덧셈의 결합법칙
$=(+5)+(-13)=-8$

(3) $\left(-\dfrac{1}{4}\right)+\left(+\dfrac{3}{4}\right)+(-2)$
$=\left\{\left(-\dfrac{1}{4}\right)+\left(+\dfrac{3}{4}\right)\right\}+(-2)$ 덧셈의 결합법칙
$=\left(+\dfrac{1}{2}\right)+(-2)=-\dfrac{3}{2}$

(4) $\left(-\dfrac{3}{5}\right)+\left(+\dfrac{5}{4}\right)+\left(-\dfrac{2}{5}\right)$
$=\left(-\dfrac{3}{5}\right)+\left(-\dfrac{2}{5}\right)+\left(+\dfrac{5}{4}\right)$ 덧셈의 교환법칙
$=\left\{\left(-\dfrac{3}{5}\right)+\left(-\dfrac{2}{5}\right)\right\}+\left(+\dfrac{5}{4}\right)$ 덧셈의 결합법칙
$=(-1)+\left(+\dfrac{5}{4}\right)=+\dfrac{1}{4}$

답 (1) -7 (2) -8 (3) $-\dfrac{3}{2}$ (4) $+\dfrac{1}{4}$

3-1 (1) $(-12)+(+7)+(-8)$
$=(-12)+(-8)+(+7)$
$=\{(-12)+(-8)\}+(+7)$
$=(-20)+(+7)=-13$

(2) $\left(+\dfrac{1}{6}\right)+(-2)+\left(-\dfrac{7}{6}\right)$
$=\left(+\dfrac{1}{6}\right)+\left(-\dfrac{7}{6}\right)+(-2)$
$=\left\{\left(+\dfrac{1}{6}\right)+\left(-\dfrac{7}{6}\right)\right\}+(-2)$
$=(-1)+(-2)=-3$

(3) $(-3)+(+7)+(-2)+(+3)$
$=(-3)+(-2)+(+7)+(+3)$
$=\{(-3)+(-2)\}+\{(+7)+(+3)\}$
$=(-5)+(+10)=+5$

(4) $(-2.4)+(+1.9)+(-3.3)+(+2.1)$
$=(-2.4)+(-3.3)+(+1.9)+(+2.1)$
$=\{(-2.4)+(-3.3)\}+\{(+1.9)+(+2.1)\}$
$=(-5.7)+(+4)=-1.7$

답 (1) -13 (2) -3 (3) $+5$ (4) -1.7

P.36

4 답 (1) $+,\ +,\ +,\ 7$ (2) $+,\ -,\ -,\ 9$ (3) $+,\ -,\ +,\ 5$
(4) $+,\ -,\ -,\ 3$ (5) $+,\ 9,\ +,\ 2,\ -,\ -\dfrac{7}{6}$
(6) $-,\ 16,\ -,\ 25,\ -,\ -\dfrac{41}{20}$

4-1 (1) $(+12)-(+7)=(+12)+(-7)=+5$
(2) $(-4)-(+9)=(-4)+(-9)=-13$
(3) $(+5)-(-3)=(+5)+(+3)=+8$
(4) $(-6)-(-8)=(-6)+(+8)=+2$
(5) $(-7)-(-7)=(-7)+(+7)=0$
(6) $0-(-3)=0+(+3)=+3$

답 (1) $+5$ (2) -13 (3) $+8$ (4) $+2$ (5) 0 (6) $+3$

4-2 (1) $\left(+\dfrac{3}{2}\right)-\left(+\dfrac{1}{4}\right)=\left(+\dfrac{3}{2}\right)+\left(-\dfrac{1}{4}\right)=+\dfrac{5}{4}$
(2) $\left(+\dfrac{2}{7}\right)-\left(-\dfrac{1}{3}\right)=\left(+\dfrac{2}{7}\right)+\left(+\dfrac{1}{3}\right)=+\dfrac{13}{21}$
(3) $\left(-\dfrac{4}{5}\right)-\left(+\dfrac{3}{2}\right)=\left(-\dfrac{4}{5}\right)+\left(-\dfrac{3}{2}\right)=-\dfrac{23}{10}$
(4) $\left(-\dfrac{1}{2}\right)-\left(-\dfrac{1}{4}\right)=\left(-\dfrac{1}{2}\right)+\left(+\dfrac{1}{4}\right)=-\dfrac{1}{4}$
(5) $(-2.3)-(+4.7)=(-2.3)+(-4.7)=-7$
(6) $(+3.3)-(-4.3)=(+3.3)+(+4.3)=+7.6$

답 (1) $+\dfrac{5}{4}$ (2) $+\dfrac{13}{21}$ (3) $-\dfrac{23}{10}$
(4) $-\dfrac{1}{4}$ (5) -7 (6) $+7.6$

$+$ 부호를 넣는다.

5 (1) $3-2+6=(+3)-(+2)+(+6)$ 뺄셈을 덧셈으로 고친다.
$=(+3)+(-2)+(+6)$
$=\{(+3)+(+6)\}+(-2)$ 덧셈의 교환법칙, 결합법칙
$=(+9)+(-2)=+7$

(2) $-5+3-4=(-5)+(+3)-(+4)$
$=(-5)+(+3)+(-4)$
$=\{(-5)+(-4)\}+(+3)$
$=(-9)+(+3)=-6$

(3) $-7+3+2-5$
$=(-7)+(+3)+(+2)-(+5)$
$=(-7)+(+3)+(+2)+(-5)$
$=\{(-7)+(-5)\}+\{(+3)+(+2)\}$
$=(-12)+(+5)=-7$

(4) $7-11+5+4$
$=(+7)-(+11)+\{(+5)+(+4)\}$
$=(+7)+(-11)+(+9)$
$=\{(+7)+(+9)\}+(-11)$
$=(+16)+(-11)=+5$

답 (1) $+7$ (2) -6 (3) -7 (4) $+5$

01 (1) $+19$ (2) 9 (3) $+0.3$ (4) $-\dfrac{22}{15}$ (5) -5

(6) $+45$ (7) -9.65 (8) $-\dfrac{2}{45}$ (9) -13 **02** ⑤

03 (1) $+8$ (2) -12 (3) $-\dfrac{1}{6}$ (4) $+1$ (5) -1

(6) $+4$ (7) $-\dfrac{49}{40}$ (8) $-\dfrac{1}{4}$ (9) -1 (10) 2

(11) $-\dfrac{11}{12}$ (12) $-\dfrac{13}{18}$ **04** ③   **05** ①

06 풀이 참조   **07** ④   **08** 풀이 참조

01
(1) $(+12)+(+7)=+(12+7)=+19$

(2) $(-13)+(+22)=+(22-13)=+9$

(3) $(+3.2)+(-2.9)=+(3.2-2.9)=+0.3$

(4) $\left(-\dfrac{2}{3}\right)+\left(-\dfrac{4}{5}\right)=-\left(\dfrac{2}{3}+\dfrac{4}{5}\right)$
$=-\left(\dfrac{10}{15}+\dfrac{12}{15}\right)=-\dfrac{22}{15}$

(5) $(+17)-(+22)=(+17)+(-22)$
$=-(22-17)=-5$

(6) $(+13)-(-32)=(+13)+(+32)$
$=+(13+32)=+45$

(7) $(-3.42)-(+6.23)=(-3.42)+(-6.23)$
$=-(3.42+6.23)$
$=-9.65$

(8) $\left(-\dfrac{3}{5}\right)-\left(-\dfrac{5}{9}\right)=\left(-\dfrac{3}{5}\right)+\left(+\dfrac{5}{9}\right)$
$=\left(-\dfrac{27}{45}\right)+\left(+\dfrac{25}{45}\right)$
$=-\left(\dfrac{27}{45}-\dfrac{25}{45}\right)=-\dfrac{2}{45}$

(9) $0-(+13)=0+(-13)=-13$

02 계산 과정에서 사용된 법칙을 차례로 나열하면 결합법칙, 교환법칙이다.

03
(1) $(+4)+(+9)+(-5)$
$=\{(+4)+(+9)\}+(-5)$
$=(+13)+(-5)=+8$

(2) $(-4)+(+2)+(-13)+(+3)$
$=\{(-4)+(-13)\}+\{(+2)+(+3)\}$
$=(-17)+(+5)=-12$

(3) $\left(+\dfrac{1}{6}\right)+\left(-\dfrac{5}{6}\right)+\left(+\dfrac{1}{2}\right)$
$=\left(-\dfrac{4}{6}\right)+\left(+\dfrac{1}{2}\right)=\left(-\dfrac{4}{6}\right)+\left(+\dfrac{3}{6}\right)$
$=-\dfrac{1}{6}$

(4) $\left(+\dfrac{2}{5}\right)+\left(-\dfrac{1}{3}\right)+\left(+\dfrac{4}{15}\right)+\left(+\dfrac{2}{3}\right)$
$=\left\{\left(+\dfrac{6}{15}\right)+\left(+\dfrac{4}{15}\right)\right\}+\left\{\left(-\dfrac{1}{3}\right)+\left(+\dfrac{2}{3}\right)\right\}$
$=\left(+\dfrac{2}{3}\right)+\left(+\dfrac{1}{3}\right)=+1$

(5) $(+8)+(-14)-(-5)$
$=(+8)+(-14)+(+5)$
$=\{(+8)+(+5)\}+(-14)$
$=(+13)+(-14)=-1$

(6) $(-6)+(+15)-(+5)$
$=(-6)+(+15)+(-5)$
$=\{(-6)+(-5)\}+(+15)$
$=(-11)+(+15)=+4$

(7) $\left(-\dfrac{3}{4}\right)+\left(+\dfrac{1}{8}\right)-\left(+\dfrac{3}{5}\right)$
$=\left(-\dfrac{3}{4}\right)+\left(+\dfrac{1}{8}\right)+\left(-\dfrac{3}{5}\right)$
$=\left\{\left(-\dfrac{6}{8}\right)+\left(+\dfrac{1}{8}\right)\right\}+\left(-\dfrac{3}{5}\right)$
$=\left(-\dfrac{5}{8}\right)+\left(-\dfrac{3}{5}\right)=\left(-\dfrac{25}{40}\right)+\left(-\dfrac{24}{40}\right)$
$=-\dfrac{49}{40}$

(8) $\left(-\dfrac{1}{2}\right)-\left(-\dfrac{2}{3}\right)+\left(-\dfrac{5}{12}\right)$
$=\left(-\dfrac{1}{2}\right)+\left(+\dfrac{2}{3}\right)+\left(-\dfrac{5}{12}\right)$
$=\left\{\left(-\dfrac{1}{2}\right)+\left(-\dfrac{5}{12}\right)\right\}+\left(+\dfrac{2}{3}\right)$
$=\left(-\dfrac{11}{12}\right)+\left(+\dfrac{2}{3}\right)$
$=\left(-\dfrac{11}{12}\right)+\left(+\dfrac{8}{12}\right)=-\dfrac{3}{12}=-\dfrac{1}{4}$

(9) $-2+10-9=(-2)+(+10)-(+9)$
$=(-2)+(+10)+(-9)$
$=(-2)+(-9)+(+10)$
$=\{(-2)+(-9)\}+(+10)$
$=(-11)+(+10)=-1$

(10) $11-16-5+12$
$=(+11)-(+16)-(+5)+(+12)$
$=(+11)+(-16)+(-5)+(+12)$
$=\{(+11)+(+12)\}+\{(-16)+(-5)\}$
$=(+23)+(-21)=2$

(11) $-\dfrac{2}{3}+\dfrac{1}{2}-\dfrac{3}{4}$
$=\left(-\dfrac{2}{3}\right)+\left(+\dfrac{1}{2}\right)-\left(+\dfrac{3}{4}\right)$
$=\left(-\dfrac{2}{3}\right)+\left(+\dfrac{1}{2}\right)+\left(-\dfrac{3}{4}\right)$
$=\left(-\dfrac{2}{3}\right)+\left\{\left(+\dfrac{1}{2}\right)+\left(-\dfrac{3}{4}\right)\right\}$
$=\left(-\dfrac{2}{3}\right)+\left(-\dfrac{1}{4}\right)$

$$=\left(-\frac{8}{12}\right)+\left(-\frac{3}{12}\right)=-\frac{11}{12}$$

(12) $-\frac{1}{2}+\frac{2}{3}-\frac{5}{9}-\frac{1}{3}$

$$=\left(-\frac{1}{2}\right)+\left(+\frac{2}{3}\right)-\left(+\frac{5}{9}\right)-\left(+\frac{1}{3}\right)$$

$$=\left(-\frac{1}{2}\right)+\left(+\frac{2}{3}\right)+\left(-\frac{5}{9}\right)+\left(-\frac{1}{3}\right)$$

$$=\left\{\left(-\frac{1}{2}\right)+\left(-\frac{5}{9}\right)\right\}+\left\{\left(+\frac{2}{3}\right)+\left(-\frac{1}{3}\right)\right\}$$

$$=\left(-\frac{19}{18}\right)+\left(+\frac{1}{3}\right)$$

$$=\left(-\frac{19}{18}\right)+\left(+\frac{6}{18}\right)=-\frac{13}{18}$$

04 ① $-8+12=(-8)+(+12)$
　　　　　　$=+(12-8)=4$
② $-3-4+5=(-3)-(+4)+(+5)$
　　　　　　$=\{(-3)+(-4)\}+(+5)$
　　　　　　$=(-7)+(+5)=-2$
③ $-6+2=(-6)+(+2)=-(6-2)=-4$
④ $-2-1=(-2)-(+1)$
　　　　　　$=(-2)+(-1)=-3$
⑤ $10-6-7=(+10)+\{(-6)+(-7)\}$
　　　　　　$=(+10)+(-13)=-3$
따라서 계산 결과가 가장 작은 것은 ③이다.

05 $2+\frac{3}{2}-\frac{5}{3}-\frac{1}{2}+\frac{2}{5}$

$$=(+2)+\left(+\frac{3}{2}\right)+\left(-\frac{5}{3}\right)+\left(-\frac{1}{2}\right)+\left(+\frac{2}{5}\right)$$

$$=(+2)+\left(+\frac{3}{2}\right)+\left(-\frac{1}{2}\right)+\left(-\frac{5}{3}\right)+\left(+\frac{2}{5}\right)$$

$$=(+2)+\left\{\left(+\frac{3}{2}\right)+\left(-\frac{1}{2}\right)\right\}+\left(-\frac{5}{3}\right)+\left(+\frac{2}{5}\right)$$

$$=(+2)+(+1)+\left(-\frac{5}{3}\right)+\left(+\frac{2}{5}\right)$$

$$=\{(+2)+(+1)\}+\left\{\left(-\frac{5}{3}\right)+\left(+\frac{2}{5}\right)\right\}$$

$$=(+3)+\left(-\frac{19}{15}\right)=\frac{26}{15}$$

06 $a=-\frac{1}{3}-\frac{3}{2}=-\frac{11}{6}$, $b=\frac{3}{2}+\left(-\frac{1}{3}\right)=\frac{7}{6}$
　　　　　　　　　　　　　　　　　…… ❶, ❷

따라서 $a+b=-\frac{11}{6}+\frac{7}{6}=-\frac{4}{6}=-\frac{2}{3}$이다. …… ❸

단계	채점 기준	배점 비율
❶	a의 값을 구한다.	30 %
❷	b의 값을 구한다.	30 %
❸	$a+b$의 값을 구한다.	40 %

07 어떤 수를 □라고 할 때 $\square+\left(-\frac{3}{2}\right)=\frac{5}{3}$이므로

$$\square=\left(+\frac{5}{3}\right)-\left(-\frac{3}{2}\right)=\left(+\frac{5}{3}\right)+\left(+\frac{3}{2}\right)=+\frac{19}{6}$$

따라서 바르게 계산한 답은

$$\left(+\frac{19}{6}\right)-\left(-\frac{3}{2}\right)=\left(+\frac{19}{6}\right)+\left(+\frac{3}{2}\right)=\frac{14}{3}$$

08 -8과 마주 보는 면에 적힌 수는
$0-(-8)=0+(+8)=+8$　　　…… ❶
-3과 마주 보는 면에 적힌 수는
$0-(-3)=0+(+3)=+3$　　　…… ❷
$+9$와 마주 보는 면에 적힌 수는
$0-(+9)=0+(-9)=-9$　　　…… ❸
따라서 보이지 않는 세 면에 적힌 수들의 합은
$(+8)+(+3)+(-9)=+2$　　　…… ❹

단계	채점 기준	배점 비율
❶	-8과 마주 보는 면에 적힌 수를 구한다.	20 %
❷	-3과 마주 보는 면에 적힌 수를 구한다.	20 %
❸	$+9$와 마주 보는 면에 적힌 수를 구한다.	20 %
❹	보이지 않는 세 면에 적힌 수들의 합을 구한다.	40 %

[다른 풀이]

두 수의 합이 0이라면 두 수는 서로 절댓값이 같고 부호가
다른 수이다.　　　　　　　　　…… ❶
따라서 -8, -3, $+9$와 마주 보는 면에 적힌 수는 차례로
$+8$, $+3$, -9이다.　　　　　…… ❷
따라서 보이지 않는 세 면에 적힌 수들의 합은
$(+8)+(+3)+(-9)=+2$　　　…… ❸

단계	채점 기준	배점 비율
❶	두 수의 합이 0이라는 의미를 안다.	20 %
❷	-8, -3, $+9$와 마주 보는 면에 적힌 수를 구한다.	60 %
❸	보이지 않는 세 면에 적힌 수들의 합을 구한다.	20 %

03 정수와 유리수의 곱셈과 나눗셈

P. 39

1 〔답〕(1) $+$, $+$, 20　(2) $-$, $-$, 20
　　　(3) $-$, $-$, 20　(4) $+$, $+$, 20

1-1 (1) $(+2)\times(+5)=+(2\times5)=+10$
(2) $(+3)\times(-6)=-(3\times6)=-18$
(3) $(-5)\times(+7)=-(5\times7)=-35$
(4) $(-6)\times(-2)=+(6\times2)=+12$
(5) $0\times(-5)=0$
(6) $(-8)\times0=0$
〔답〕(1) $+10$　(2) -18　(3) -35　(4) $+12$　(5) 0　(6) 0

2 달 (1) $+,\ +,\ \dfrac{1}{6}$ (2) $-,\ -,\ \dfrac{1}{6}$

   (3) $-,\ -,\ \dfrac{1}{6}$ (4) $+,\ +,\ \dfrac{1}{6}$

2-1 (1) $(-15)\times\left(+\dfrac{3}{5}\right)=-\left(15\times\dfrac{3}{5}\right)=-9$

   (2) $\left(+\dfrac{3}{4}\right)\times(-12)=-\left(\dfrac{3}{4}\times12\right)=-9$

   (3) $\left(+\dfrac{1}{2}\right)\times\left(+\dfrac{4}{7}\right)=+\left(\dfrac{1}{2}\times\dfrac{4}{7}\right)=+\dfrac{2}{7}$

   (4) $\left(+\dfrac{3}{5}\right)\times\left(-\dfrac{10}{9}\right)=-\left(\dfrac{3}{5}\times\dfrac{10}{9}\right)=-\dfrac{2}{3}$

   (5) $\left(-\dfrac{11}{8}\right)\times\left(+\dfrac{4}{3}\right)=-\left(\dfrac{11}{8}\times\dfrac{4}{3}\right)=-\dfrac{11}{6}$

   (6) $\left(-\dfrac{3}{7}\right)\times\left(-\dfrac{14}{15}\right)=+\left(\dfrac{3}{7}\times\dfrac{14}{15}\right)=+\dfrac{2}{5}$

달 (1) -9 (2) -9 (3) $+\dfrac{2}{7}$

   (4) $-\dfrac{2}{3}$ (5) $-\dfrac{11}{6}$ (6) $+\dfrac{2}{5}$

P.40

3 달 (1) 교환법칙 (2) 결합법칙

3-1 $(-0.82)\times23.3+(-0.82)\times26.7$

   $=(-0.82)+(\boxed{23.3}+\boxed{26.7})$ 분배법칙

   $=(-0.82)\times\boxed{50}$

   $=\boxed{-41}$

달 $23.3,\ 26.7,\ 50,\ -41$

4 (1) $(-2)\times(+4)\times\left(-\dfrac{1}{6}\right)$

   $=+\left(2\times4\times\dfrac{1}{6}\right)=+\dfrac{4}{3}$ 음수가 짝수 개

   (2) $(-6)\times(-2)\times\left(-\dfrac{3}{4}\right)\times\left(+\dfrac{1}{3}\right)$

   $=-\left(6\times2\times\dfrac{3}{4}\times\dfrac{1}{3}\right)=-3$ 음수가 홀수 개

   (3) $(-1)^3=-(1\times1\times1)=-1$ 지수가 홀수

   (4) $(-1)^2+(-1)^4=(+1)+(+1)=+2$

   지수가 짝수   달 (1) $+\dfrac{4}{3}$ (2) -3 (3) -1 (4) $+2$

4-1 (1) $(+2)\times(-5)\times\left(-\dfrac{1}{10}\right)$

   $=+\left(2\times5\times\dfrac{1}{10}\right)=+1$

   (2) $\left(-\dfrac{3}{4}\right)\times(-2)\times\left(+\dfrac{5}{3}\right)\times\left(-\dfrac{1}{2}\right)$

   $=-\left(\dfrac{3}{4}\times2\times\dfrac{5}{3}\times\dfrac{1}{2}\right)=-\dfrac{5}{4}$

   (3) $(-2)^3=-(2\times2\times2)=-8$

   (4) $(-2)^2\times(-5)^2=(+4)\times(+25)=+100$

달 (1) $+1$ (2) $-\dfrac{5}{4}$ (3) -8 (4) $+100$

P.41

5 달 (1) $+\dfrac{2}{5}$ (2) $-\dfrac{1}{2}$

5-1 (4) $0.2=\dfrac{1}{5}$의 역수는 5이다.

   역수를 구할 때 소수는 분수로 고친다.   달 (1) $\dfrac{1}{8}$ (2) $-\dfrac{3}{10}$ (3) -1 (4) 5

6 (1) $(+16)\div(-4)=-(16\div4)=-4$

   (2) $(-27)\div(-3)=+(27\div3)=+9$

   (3) $(+6)\div\left(-\dfrac{3}{2}\right)=(+6)\times\left(-\dfrac{2}{3}\right)=-4$

   (4) $\left(-\dfrac{7}{3}\right)\div(-7)=\left(-\dfrac{7}{3}\right)\times\left(-\dfrac{1}{7}\right)=+\dfrac{1}{3}$

   (5) $\left(-\dfrac{8}{5}\right)\div\left(-\dfrac{4}{3}\right)=\left(-\dfrac{8}{5}\right)\times\left(-\dfrac{3}{4}\right)=+\dfrac{6}{5}$

   (6) $(+0.49)\div(-0.7)=-(0.49\div0.7)=-0.7$

달 (1) -4 (2) $+9$ (3) -4 (4) $+\dfrac{1}{3}$ (5) $+\dfrac{6}{5}$ (6) -0.7

6-1 (1) $(-27)\div(-9)=+(27\div9)=+3$

   (2) $(+36)\div(-18)=-(36\div18)=-2$

   (3) $\left(+\dfrac{2}{3}\right)\div\left(-\dfrac{4}{9}\right)=\left(+\dfrac{2}{3}\right)\times\left(-\dfrac{9}{4}\right)=-\dfrac{3}{2}$

   (4) $\left(+\dfrac{5}{2}\right)\div(-5)=\left(+\dfrac{5}{2}\right)\times\left(-\dfrac{1}{5}\right)=-\dfrac{1}{2}$

   (5) $2\div\left(-\dfrac{5}{2}\right)\div\left(-\dfrac{3}{10}\right)=2\times\left(-\dfrac{2}{5}\right)\times\left(-\dfrac{10}{3}\right)=+\dfrac{8}{3}$

   (6) $\left(+\dfrac{4}{5}\right)\div(+3)\div\left(-\dfrac{2}{3}\right)$

   $=\left(+\dfrac{4}{5}\right)\times\left(+\dfrac{1}{3}\right)\times\left(-\dfrac{3}{2}\right)=-\dfrac{2}{5}$

달 (1) $+3$ (2) -2 (3) $-\dfrac{3}{2}$

   (4) $-\dfrac{1}{2}$ (5) $+\dfrac{8}{3}$ (6) $-\dfrac{2}{5}$

P.42

7 $-3\div\{2-8\div(-2)^4\}+7$

   (ㄹ) (ㄷ) (ㄴ) (ㄱ) (ㅁ)

따라서 주어진 식을 계산하는 순서는

ㄹ → ㄷ → ㄴ → ㄱ → ㅁ

달 ⑤

7-1 $6-\left[\dfrac{5}{4}+(-2)\div\{3\times(-4)+8\}\right]\times 2$

$$\text{답 } ㄹ \to ㅁ \to ㄷ \to ㄴ \to ㅂ \to ㄱ$$

8 (1) $(-10)\div\left(-\dfrac{5}{2}\right)\times\left(-\dfrac{7}{4}\right)$

$\qquad =(-10)\times\left(-\dfrac{2}{5}\right)\times\left(-\dfrac{7}{4}\right)$

$\qquad =-\left(10\times\dfrac{2}{5}\times\dfrac{7}{4}\right)=-7$

(2) $\dfrac{5}{12}+\left(-\dfrac{1}{2}\right)^3\div\left(-\dfrac{3}{8}\right)=\dfrac{5}{12}+\left(-\dfrac{1}{8}\right)\times\left(-\dfrac{8}{3}\right)$

$\qquad\qquad\qquad\qquad\qquad\quad =\dfrac{5}{12}+\dfrac{1}{3}=\dfrac{3}{4}$

(3) $(-2)^3\times\left(-\dfrac{3}{4}\right)^2-\dfrac{3}{5}\div\left(-\dfrac{4}{5}\right)$

$\qquad =(-8)\times\left(+\dfrac{9}{16}\right)-\dfrac{3}{5}\div\left(-\dfrac{4}{5}\right)$

$\qquad =(-8)\times\left(+\dfrac{9}{16}\right)-\left(+\dfrac{3}{5}\right)\times\left(-\dfrac{5}{4}\right)$

$\qquad =\left(-\dfrac{9}{2}\right)-\left(-\dfrac{3}{4}\right)=-\dfrac{15}{4}$

$$\text{답 } (1)\ -7 \quad (2)\ \dfrac{3}{4} \quad (3)\ -\dfrac{15}{4}$$

8-1 (1) $\dfrac{1}{3}+\left(-\dfrac{2}{3}\right)\times\left\{\left(\dfrac{3}{4}-\dfrac{3}{2}\right)\div\dfrac{1}{4}\right\}$

$\qquad =\dfrac{1}{3}+\left(-\dfrac{2}{3}\right)\times\left\{\left(-\dfrac{3}{4}\right)\div\dfrac{1}{4}\right\}$

$\qquad =\dfrac{1}{3}+\left(-\dfrac{2}{3}\right)\times\left\{\left(-\dfrac{3}{4}\right)\times 4\right\}$

$\qquad =\dfrac{1}{3}+\left(-\dfrac{2}{3}\right)\times(-3)=\dfrac{1}{3}+2=\dfrac{7}{3}$

(2) $\left(-\dfrac{1}{4}\right)\div\left(-\dfrac{1}{2}\right)^3+(-6)\times\left\{\dfrac{4}{3}+(-2)\right\}$

$\qquad =\left(-\dfrac{1}{4}\right)\div\left(-\dfrac{1}{8}\right)+(-6)\times\left\{\dfrac{4}{3}+(-2)\right\}$

$\qquad =\left(-\dfrac{1}{4}\right)\times(-8)+(-6)\times\left(-\dfrac{2}{3}\right)$

$\qquad =2+4=6$

(3) $\left[\dfrac{1}{2}+\left\{\dfrac{4}{5}\div\left(-\dfrac{2}{5}\right)+3\right\}\right]\div\dfrac{1}{3}-1$

$\qquad =\left[\dfrac{1}{2}+\left\{\dfrac{4}{5}\times\left(-\dfrac{5}{2}\right)+3\right\}\right]\div\dfrac{1}{3}-1$

$\qquad =\left\{\dfrac{1}{2}+(-2+3)\right\}\div\dfrac{1}{3}-1$

$\qquad =\left(\dfrac{1}{2}+1\right)\div\dfrac{1}{3}-1=\dfrac{3}{2}\times3-1$

$\qquad =\dfrac{9}{2}-1=\dfrac{7}{2}$

$$\text{답 } (1)\ \dfrac{7}{3} \quad (2)\ 6 \quad (3)\ \dfrac{7}{2}$$

실력 다지기   PP.43~44

01 (1) $+10$ (2) $+0.7$ (3) -2 (4) $+9$ (5) $+\dfrac{16}{7}$

(6) -1 (7) -24 (8) $+2$ (9) $-\dfrac{1}{8}$ (10) $-\dfrac{3}{2}$

02 ④   **03** 풀이 참조   **04** ①   **05** ④

06 ③   **07** ㉢

08 (1) $+15$ (2) $-\dfrac{3}{2}$ (3) $-\dfrac{5}{9}$ (4) $\dfrac{40}{3}$ (5) -6

(6) -10 (7) 35 (8) -2 **09** ②

01 (1) $(+2.5)\times(+4)=+(2.5\times4)=+10$

(2) $(-3.5)\times(-0.2)=+(3.5\times0.2)=+0.7$

(3) $\left(+\dfrac{3}{2}\right)\times\left(-\dfrac{4}{3}\right)=-\left(\dfrac{3}{2}\times\dfrac{4}{3}\right)=-2$

(4) $(-12)\times\left(-\dfrac{3}{4}\right)=+\left(12\times\dfrac{3}{4}\right)=+9$

(5) $\left(-\dfrac{2}{3}\right)\times\left(-\dfrac{12}{5}\right)\times\left(+\dfrac{10}{7}\right)$

$\qquad =+\left(\dfrac{2}{3}\times\dfrac{12}{5}\times\dfrac{10}{7}\right)=+\dfrac{16}{7}$

(6) $\left(+\dfrac{3}{2}\right)\times\left(-\dfrac{5}{6}\right)\times\left(+\dfrac{4}{5}\right)$

$\qquad =-\left(\dfrac{3}{2}\times\dfrac{5}{6}\times\dfrac{4}{5}\right)=-1$

(7) $(-12)\div\left(+\dfrac{1}{2}\right)=(-12)\times(+2)=-24$

(8) $\left(-\dfrac{3}{2}\right)\div\left(-\dfrac{3}{4}\right)=\left(-\dfrac{3}{2}\right)\times\left(-\dfrac{4}{3}\right)=+2$

(9) $\left(+\dfrac{9}{4}\right)\div(-18)=\left(+\dfrac{9}{4}\right)\times\left(-\dfrac{1}{18}\right)=-\dfrac{1}{8}$

(10) $\left(-\dfrac{3}{5}\right)\div\left(+\dfrac{2}{5}\right)=\left(-\dfrac{3}{5}\right)\times\left(+\dfrac{5}{2}\right)=-\dfrac{3}{2}$

02 ④ $0.5=\dfrac{1}{2}$ 이므로 $0.5\times\dfrac{1}{2}=\dfrac{1}{4}\neq1$ 이다.

즉, 0.5의 역수는 $\dfrac{1}{2}$이 아니다.

03 $0.3=\dfrac{3}{10}$ 이므로 $a=\dfrac{10}{3}$, $b=-\dfrac{3}{5}$ $\quad\cdots\cdots$ ❶, ❷

따라서 $a\times b=\dfrac{10}{3}\times\left(-\dfrac{3}{5}\right)=-2$ 이다. $\quad\cdots\cdots$ ❸

단계	채점 기준	배점 비율
❶	a의 값을 구한다.	30 %
❷	b의 값을 구한다.	30 %
❸	$a\times b$의 값을 구한다.	40 %

04 분배법칙을 이용하면

$a\times(b+c)=a\times b+a\times c=10+14=24$

05 $a=\dfrac{1}{2}$ 이라고 하면

① $a=\dfrac{1}{2}$ ② $\dfrac{1}{a}$은 a의 역수이므로 $\dfrac{1}{a}=2$이다.

③ $a^2=\dfrac{1}{4}$ ④ $\dfrac{1}{a^2}$은 a^2의 역수이므로 $\dfrac{1}{a^2}=4$이다.

⑤ $a^3=\dfrac{1}{8}$

따라서 가장 큰 수는 ④ $\dfrac{1}{a^2}$이다.

06 $\left(\dfrac{1}{2}-1\right)\times\left(\dfrac{1}{3}-1\right)\times\cdots\times\left(\dfrac{1}{9}-1\right)\times\left(\dfrac{1}{10}-1\right)$ ← 괄호 안을 계산한다.

음수가 9개 →$=\left(-\dfrac{1}{2}\right)\times\left(-\dfrac{2}{3}\right)\times\cdots\times\left(-\dfrac{8}{9}\right)\times\left(-\dfrac{9}{10}\right)$

$=-\left(\dfrac{1}{2}\times\dfrac{2}{3}\times\cdots\times\dfrac{8}{9}\times\dfrac{9}{10}\right)=-\dfrac{1}{10}$ ← 약분

07 $4-[5+3\times\{(-2)\times4+(-16)\div8\}]$

따라서 주어진 식을 계산하는 순서는 ㉣ → ㉫ → ㉤ → ㉢ → ㉡ → ㉠이므로 네 번째로 계산해야 할 곳은 ㉢이다.

08 (1) $(-9)\div\left(-\dfrac{3}{2}\right)\times\left(+\dfrac{5}{2}\right)$

$=(-9)\times\left(-\dfrac{2}{3}\right)\times\left(+\dfrac{5}{2}\right)$

$=+\left(9\times\dfrac{2}{3}\times\dfrac{5}{2}\right)=+15$

(2) $\left(-\dfrac{1}{4}\right)\times\left(-\dfrac{9}{2}\right)\div\left(-\dfrac{3}{4}\right)$

$=\left(-\dfrac{1}{4}\right)\times\left(-\dfrac{9}{2}\right)\times\left(-\dfrac{4}{3}\right)$

$=-\left(\dfrac{1}{4}\times\dfrac{9}{2}\times\dfrac{4}{3}\right)=-\dfrac{3}{2}$

(3) $\left(-\dfrac{2}{3}\right)^2\times\left(\dfrac{4}{3}-\dfrac{1}{2}\right)\div\left(-\dfrac{2}{3}\right)$

$=\dfrac{4}{9}\times\left(\dfrac{4}{3}-\dfrac{1}{2}\right)\div\left(-\dfrac{2}{3}\right)$

$=\dfrac{4}{9}\times\dfrac{5}{6}\times\left(-\dfrac{3}{2}\right)$

$=-\left(\dfrac{4}{9}\times\dfrac{5}{6}\times\dfrac{3}{2}\right)=-\dfrac{5}{9}$

(4) $\left(-\dfrac{5}{6}\right)\div\left(-\dfrac{1}{2}\right)^2\times(2-6)$

$=\left(-\dfrac{5}{6}\right)\div\left(+\dfrac{1}{4}\right)\times(2-6)$

$=\left(-\dfrac{5}{6}\right)\times4\times(-4)$

$=+\left(\dfrac{5}{6}\times4\times4\right)=\dfrac{40}{3}$

(5) $\{4+(-5)\}\times3-(-9)\div(-3)$

$=(-1)\times3-(-9)\div(-3)$

$=(-1)\times3-(-9)\times\left(-\dfrac{1}{3}\right)$

$=(-3)-(+3)=-6$

(6) $(-2)\times\{12-(6+4)\}-6$

$=(-2)\times(12-10)-6$

$=(-2)\times2-6$

$=(-4)-6=-10$

(7) $5-[6+2\times\{(-2)\times3+(-24)\div2\}]$

$=5-[6+2\times\{(-6)+(-12)\}]$

$=5-\{6+2\times(-18)\}$

$=5-\{6+(-36)\}$

$=5-(-30)=35$

(8) $1-\left[\dfrac{1}{2}+(-1)\div\{5\times(-2)+6\}\right]\times4$

$=1-\left[\dfrac{1}{2}+(-1)\div\{(-10)+6\}\right]\times4$

$=1-\left\{\dfrac{1}{2}+(-1)\div(-4)\right\}\times4$

$=1-\left(\dfrac{1}{2}+\dfrac{1}{4}\right)\times4$

$=1-\dfrac{3}{4}\times4=1-3=-2$

09 $-\dfrac{3}{4}+\left[(-2)^2-\left\{3-\left(-\dfrac{3}{2}\right)\div3\right\}\right]$

$=-\dfrac{3}{4}+\left[4-\left\{3-\left(-\dfrac{3}{2}\right)\times\dfrac{1}{3}\right\}\right]$

$=-\dfrac{3}{4}+\left[4-\left\{3-\left(-\dfrac{1}{2}\right)\right\}\right]$

$=-\dfrac{3}{4}+\left\{4-\left(3+\dfrac{1}{2}\right)\right\}$

$=-\dfrac{3}{4}+\left(4-\dfrac{7}{2}\right)=-\dfrac{3}{4}+\dfrac{1}{2}$

$=-\dfrac{1}{4}$

중단원 마무리

PP.45~47

01 풀이 참조	**02** ④	**03** ⑤	**04** ④
05 ③	**06** ⑤	**07** ④	**08** ②	**09** ⑤
10 3월 2일 오전 6시	**11** ①	**12** ①	**13** ③
14 ③	**15~19** 풀이 참조		

01 (1) -2주 (2) $-10\,\%$ (3) -8만 원

(4) $+22\,℃$ (5) $+20\,\%$ (6) $+10\,\%$

02 ① $|-1|+1=1+1=2$

② $|(-3)+(-7)|=|-10|=10$

③ $(-2)+2=0$ ← 절댓값이 같고 부호가 다른 두 수의 합은 0이다.

⑤ 양의 유리수, 0, 음의 유리수를 통틀어서 유리수라고 한다.

따라서 옳은 것은 ④이다.

03 A: $-\dfrac{3}{2}$, B: $-\dfrac{2}{3}$, C: $+1$, D: $+\dfrac{8}{3}$이므로

① 음수는 $-\dfrac{3}{2}$, $-\dfrac{2}{3}$의 2개이다.

② 자연수는 $+1$의 1개이다.

③ 점 B에 대응하는 수는 $-\dfrac{2}{3}$이다.

④ 절댓값이 가장 작은 수를 나타내는 점은 점 B이다.

따라서 옳은 것은 ⑤이다. <u>원점과의 거리가 가장 가깝다.</u>

04 ① 부호를 떼면 $\left|-\dfrac{7}{2}\right|=\dfrac{7}{2}=3.5$ ② $|-2|=2$ 부호를 떼면

③ $\left|-\dfrac{1}{2}\right|=\dfrac{1}{2}=0.5$ ④ $|0.3|=0.3$

⑤ $|3|=3$ 부호를 떼면

이므로 절댓값이 가장 작은 수는 ④이다.

05 $|-3.5|=3.5$이므로 주어진 수를 작은 수부터 차례로 나열하면 -5, -2, $-\dfrac{3}{2}$, 0, $+\dfrac{5}{3}$, $|-3.5|$이다.

따라서 네 번째에 오는 수는 0이다.

06 $-\dfrac{4}{3}=-\dfrac{8}{6}$이고 $-\dfrac{8}{6}$과 $\dfrac{7}{6}$ 사이에 있는 분모가 6인 기약분수는 $-\dfrac{7}{6}$, $-\dfrac{5}{6}$, $-\dfrac{1}{6}$, $\dfrac{1}{6}$, $\dfrac{5}{6}$이므로 5개이다.

07 ㈎, ㈐에서 a는 -5보다 크고 절댓값은 -5의 절댓값과 같으므로 $a=5$이다.

㈎, ㈑에서 b는 -5보다 크고 음의 정수이므로 $-5<b<0$이다.

㈏에서 c는 b보다 0에 더 가까우므로 $b<c$, $-5<c<5$

따라서 $b<c<a$이다.

08 ① $\dfrac{1}{2}-\dfrac{1}{3}=\dfrac{3}{6}-\dfrac{2}{6}=\dfrac{1}{6}$

② $\left(-\dfrac{7}{10}\right)+\dfrac{1}{5}=\left(-\dfrac{7}{10}\right)+\dfrac{2}{10}=-\dfrac{1}{2}$

③ $\left(-\dfrac{7}{3}\right)-(-1)=\left(-\dfrac{7}{3}\right)+(+1)=-\dfrac{4}{3}$

④ $-\dfrac{3}{7}+\dfrac{1}{2}=-\dfrac{6}{14}+\dfrac{7}{14}=\dfrac{1}{14}$

⑤ $\dfrac{2}{3}+\left(-\dfrac{1}{3}\right)=\dfrac{1}{3}$

따라서 옳은 것은 ②이다.

09 절댓값이 3이 될 수 있는 수는 3, -3이므로 $a=3$ 또는 $a=-3$이다.

또한 절댓값이 4가 될 수 있는 수는 4, -4이므로 $b=4$ 또는 $b=-4$이다.

따라서 $a-b$의 값 중 가장 큰 수는 $M=3-(-4)=7$이

고 가장 작은 수는 $m=-3-4=-7$이다.

즉, $M-m=7-(-7)=14$이다.

10 런던의 시각을 기준으로 <u>서울의</u> 시각은 9시간 후이고 뉴욕 <u>런던의 시각은 3월 2일 11시</u>
의 시각은 5시간 전이므로 서울의 시각은 뉴욕의 시각보다 $5+9=14$(시간)이 빠르다고 할 수 있다.

따라서 $20-14=6$이므로 구하는 뉴욕의 시각은 3월 2일 오전 6시이다.

11 n이 짝수이므로 $n-1$은 홀수, $2n$은 짝수, $2n+1$은 홀수이다. 즉,

$(-1)^{n}\times(-1)^{n-1}\div(-1)^{2n}+(-1)^{2n+1}$
$=1\times(-1)\div1+(-1)$
$=-1+(-1)=-2$

12 ① 혜련: 혼합 계산일 때, 곱셈과 나눗셈을 덧셈과 뺄셈보다 먼저 해야 해. 즉, $2+10\div2=7$이야.

따라서 옳지 않게 말한 것은 ①이다.

13 $a=\left(-\dfrac{8}{7}\right)\div\dfrac{4}{7}\div\left(-\dfrac{3}{4}\right)$

$=\left(-\dfrac{8}{7}\right)\times\dfrac{7}{4}\times\left(-\dfrac{4}{3}\right)=\dfrac{8}{3}$

$b=\dfrac{1}{3}-1=-\dfrac{2}{3}$

따라서 $a+b=\dfrac{8}{3}+\left(-\dfrac{2}{3}\right)=2$이다.

14 $A=(-3)+6=3$, $B=\left(-\dfrac{1}{3}\text{의 역수}\right)=-3$

따라서 $A+B=3+(-3)=0$이다.

15 $a=|-7|=7$이고 <u>절댓값이 5인 정수는 -5, 5이다.</u>
절댓값이 5인 음의 정수는 $b=-5$ …… ❶

또한 x는 b보다 크고 a보다는 <u>크지 않으므로</u>
$-5<x\le7$ <u>작거나 같다.</u>   …… ❷

이때 x는 정수이므로 x의 개수는
-4, -3, -2, $\cdots$, 6, 7 ← <u>'0'이 포함되어 있으므로</u>
의 12이다. $4+1+7=12$(개)이다.   …… ❸

단계	채점 기준	배점 비율
❶	a, b의 값을 구한다.	40 %
❷	x를 부등호를 사용하여 나타낸다.	30 %
❸	x의 개수를 구한다.	30 %

16 $a>0$, $b<0$이고 $|a|$는 $|b|$의 3배이므로 두 수 a, b를 수직선 위에 나타내면 다음과 같다.

…… ❶

또, 수직선 위에서 a, b에 대응하는 두 점 A, B 사이의 거리가 14이므로 두 점 B, O 사이의 거리는

$$14 \times \frac{1}{4} = \frac{7}{2}$$ ······ ❷

$$a = \frac{7}{2} \times 3 = \frac{21}{2}, \quad b = -\frac{7}{2}$$

따라서 $a+b = \frac{21}{2} + \left(-\frac{7}{2}\right) = 7$이다. ······ ❸

단계	채점 기준	배점 비율
❶	두 수 a, b를 수직선 위에 나타낸다.	30 %
❷	두 점 B, O 사이의 거리를 구한다.	30 %
❸	$a+b$의 값을 구한다.	40 %

17 어떤 유리수를 □라고 하면

$$□ - \left(-\frac{2}{3}\right) = \frac{7}{6}$$ ······ ❶

$$□ = \frac{7}{6} - \frac{2}{3} = \frac{7}{6} - \frac{4}{6} = \frac{1}{2}$$ ······ ❷

따라서 바르게 계산한 값은

$$\frac{1}{2} + \left(-\frac{2}{3}\right) = \frac{3}{6} + \left(-\frac{4}{6}\right) = -\frac{1}{6}$$ ······ ❸

단계	채점 기준	배점 비율
❶	어떤 유리수를 구하는 식을 세운다.	30 %
❷	어떤 유리수의 값을 구한다.	30 %
❸	바르게 계산한 값을 구한다.	40 %

18 $-\frac{5}{2}$, $-\frac{1}{4}$, $2.4\left(=\frac{12}{5}\right)$의 역수는 각각 $-\frac{2}{5}$, -4, $\frac{5}{12}$ ······ ❶

이므로 보이지 않는 면에 적힌 세 수의 곱은

$$\left(-\frac{2}{5}\right) \times (-4) \times \frac{5}{12} = +\left(\frac{2}{5} \times 4 \times \frac{5}{12}\right) = \frac{2}{3}$$ ······ ❷

단계	채점 기준	배점 비율
❶	$-\frac{5}{2}$, $-\frac{1}{4}$, 2.4의 역수를 각각 구한다.	80 %
❷	세 수의 곱을 구한다.	20 %

19 $a \div b$의 값 중 가장 큰 수는 a, b의 부호가 같으면서 a는 절댓값이 가장 큰 수, b는 절댓값이 가장 작은 수이면 된다. ······ ❶

즉, $a = \frac{3}{5}$, $b = \frac{1}{2}$이다. ······ ❷

따라서 $a \div b = \frac{3}{5} \div \frac{1}{2} = \frac{3}{5} \times 2 = \frac{6}{5}$이다. ······ ❸

단계	채점 기준	배점 비율
❶	$a \div b$의 값이 어떨 때 가장 큰 수인지 안다.	40 %
❷	a, b의 값을 구한다.	40 %
❸	$a \div b$의 값을 구한다.	20 %

Ⅲ 문자와 식

1. 문자의 사용과 식의 계산

01 문자의 사용과 식의 값

100원짜리 동전이 1개이면 (100×1)원, 2개이면 (100×2)원, 3개이면 (100×3)원, …, x개이면 $(100 \times x)$원   P.50

1 (1) 100원짜리 동전 x개의 금액을 식으로 나타내면

$(100 \times x)$원

(2) 색종이의 수는

(봉투 1개에 들어 있는 색종이의 수)×(봉투의 수)이므로

$(15 \times x)$장

현재 x살이므로 1년 후는 $(x+1)$살, 2년 후는 $(x+2)$살, 3년 후는 $(x+3)$살, …, 6년 후는 $(x+6)$살

(3) 6년 후의 동생의 나이는 (현재의 나이)$+6$이므로

$(x+6)$살

(4) 500원짜리 과자 x개의 가격은 $(500 \times x)$원이고

300원짜리 껌 2개의 가격은 $300 \times 2 = 600$(원)이므로

가격은 $(500 \times x + 600)$원

(5) 어떤 수 x의 3배는 $x \times 3$이므로 $x \times 3 + 12$

(6) (거리)=(속력)×(시간)이므로 자동차를 타고 달린 거리는 $(60 \times x)$ km

답 (1) $(100 \times x)$원   (2) $(15 \times x)$장 (3) $(x+6)$살

(4) $(500 \times x + 600)$원 (5) $x \times 3 + 12$ (6) $(60 \times x)$ km

1-1 (1) (평균)=(과목 점수의 합)÷(과목의 수)이므로

$\{(p+q) \div 2\}$점

(2) $a\,\%$는 $\frac{a}{100}$이므로 $\left(70 \times \frac{a}{100}\right)$명

답 (1) $\{(p+q) \div 2\}$점   (2) $\left(70 \times \frac{a}{100}\right)$명

1-2 (1) (거스름돈)=(지불한 돈)$-$(물건의 값)이므로

$(500 - a \times 7)$원

(2) (가격의 총합)=(치킨의 가격)$+$(음료수의 가격)이므로

$(1000 \times x + 500 \times y)$원

(3) (시간)$=\frac{(거리)}{(속력)}$이므로 $(120 \div x)$시간

(4) 백의 자리의 숫자가 a이면 $100 \times a$,

십의 자리의 숫자가 b이면 $10 \times b$,

일의 자리의 숫자가 c이면 $1 \times c$이므로

세 자리의 자연수는

$100 \times a + 10 \times b + c$

답 (1) $(500 - a \times 7)$원   (2) $(1000 \times x + 500 \times y)$원

(3) $(120 \div x)$시간   (4) $100 \times a + 10 \times b + c$

2 직육면체의 부피는

(가로의 길이)×(세로의 길이)×(높이)이므로

$(a \times 2 \times b)$ cm^3

답 $(a \times 2 \times b)$ cm^3

P.51

3 (1) $a \times 3 = 3a$ ← 수는 문자 앞에

(2) $(-1) \times b \times a = -ab$ ← 1은 생략, 문자는 알파벳 순으로

(3) $8 - 5 \times x \times x = 8 - 5x^2$ ← 같은 문자의 곱은 거듭제곱의 꼴로

(4) $x \times (-0.1) \times y = -0.1xy$ ← 0.1은 생략할 수 없다.

(5) $a \times b \times b \times (-1) = -ab^2$

(6) $x \times y \times y \times 2 \times x \times x = 2x^3 y^2$

답 (1) $3a$ (2) $-ab$ (3) $8 - 5x^2$
(4) $-0.1xy$ (5) $-ab^2$ (6) $2x^3 y^2$

3-1 ㄴ. $0.1 \times b = 0.1b$

ㄹ. $a \times 2 + 3 = 2a + 3$

따라서 옳은 것은 ㄱ, ㄷ, ㅁ이다.

답 ㄱ, ㄷ, ㅁ

4 (1) $a \div 4 = a \times \dfrac{1}{4} = \dfrac{a}{4}$

(2) $3a \div (-5) = 3a \times \left(-\dfrac{1}{5}\right) = -\dfrac{3a}{5}$

(3) $(x - y) \div 3 = (x - y) \times \dfrac{1}{3} = \dfrac{x - y}{3}$

(4) $x \div \left(\dfrac{2}{3}y\right) = x \div \dfrac{2y}{3} = x \times \dfrac{3}{2y} = \dfrac{3x}{2y}$

(5) $a \div (b + 5) = a \times \dfrac{1}{b+5} = \dfrac{a}{b+5}$

(6) $(a - b) \times 5 - 2 \times a \div b$

$= 5(a - b) - \left(2 \times a \times \dfrac{1}{b}\right)$

$= 5(a - b) - \dfrac{2a}{b}$

답 (1) $\dfrac{a}{4}$ (2) $-\dfrac{3a}{5}$ (3) $\dfrac{x-y}{3}$
(4) $\dfrac{3x}{2y}$ (5) $\dfrac{a}{b+5}$ (6) $5(a-b) - \dfrac{2a}{b}$

4-1 (1) $a \div b \div c = a \times \dfrac{1}{b} \times \dfrac{1}{c} = \dfrac{a}{bc}$

(2) $-5 \div (x + y) = -5 \times \dfrac{1}{x+y} = -\dfrac{5}{x+y}$

(3) $a \div 3 + b \div 7 = a \times \dfrac{1}{3} + b \times \dfrac{1}{7} = \dfrac{a}{3} + \dfrac{b}{7}$

(4) $(x - y) \div 4 + 9 \div z = (x - y) \times \dfrac{1}{4} + 9 \times \dfrac{1}{z}$

$= \dfrac{x-y}{4} + \dfrac{9}{z}$

답 (1) $\dfrac{a}{bc}$ (2) $-\dfrac{5}{x+y}$ (3) $\dfrac{a}{3} + \dfrac{b}{7}$ (4) $\dfrac{x-y}{4} + \dfrac{9}{z}$

P.52

5 주어진 식에 $x = 3$을 대입하면

(1) $x - 3 = 3 - 3 = 0$

(2) $3 - 2x = 3 - 2 \times 3 = 3 - 6 = -3$
└ 수와 문자 사이에 생략된
곱셈 기호 $\times$를 다시 쓴다.

(3) $x^2 - 8 = 3^2 - 8 = 9 - 8 = 1$

(4) $x - x^2 = 3 - 3^2 = 3 - 9 = -6$

답 (1) 0 (2) -3 (3) 1 (4) -6

5-1 주어진 식에 $x = -2$를 대입하면

(1) $x + 5 = (-2) + 5 = 3$

(2) $-x + 5 = -(-2) + 5 = 2 + 5 = 7$

(3) $x^2 = (-2)^2 = (-2) \times (-2) = 4$

(4) $x^3 = (-2)^3 = (-2) \times (-2) \times (-2) = -8$

대입하는 수가 음수
이면 괄호 ( )를 쓰
고 대입한다.

음수를 짝수 번 곱하면 양수가,
음수를 홀수 번 곱하면 음수가
된다.

답 (1) 3 (2) 7 (3) 4 (4) -8

6 주어진 식에 $x = -1$, $y = 2$를 대입하면

(1) $x + y = (-1) + 2 = 1$

(2) $3x + 2y = 3 \times (-1) + 2 \times 2 = (-3) + 4 = 1$

(3) $xy = (-1) \times 2 = -2$

(4) $y^2 - x^3 = 2^2 - (-1)^3 = 4 - (-1) = 5$

답 (1) 1 (2) 1 (3) -2 (4) 5

6-1 주어진 식에 $x = 3$, $y = -2$를 대입하면

(1) $x - y = 3 - (-2) = 3 + 2 = 5$

(2) $\dfrac{1}{2}xy = \dfrac{1}{2} \times 3 \times (-2) = -3$

(3) $\dfrac{x+1}{y+4} = \dfrac{3+1}{(-2)+4} = \dfrac{4}{2} = 2$

(4) $\dfrac{1}{x} - \dfrac{1}{y} = \dfrac{1}{3} - \dfrac{1}{(-2)} = \dfrac{1}{3} + \dfrac{1}{2} = \dfrac{5}{6}$

답 (1) 5 (2) -3 (3) 2 (4) $\dfrac{5}{6}$

실력 다지기

PP.53~54

01 ② **02** (1) $2x$ (2) $-3x$ (3) $-\dfrac{3a}{2c}$
(4) $-2x(y-3)$ (5) $-a + ab$ (6) $\dfrac{x+2}{5} + 2(y-3)$

03 ㉠ **04** (1) $\dfrac{(a+b)h}{2}$ (2) $\dfrac{3}{2}x + \dfrac{5}{2}y$ **05** ①

06 ③ **07** (1) $(a-6)\,°\text{C}$ (2) $14\,°\text{C}$ **08** 풀이 참조

01 ① 1분은 60초이므로 x분 20초는 $(60x + 20)$초이다.

② 1 m는 100 cm이므로 a m b cm는 $(100a + b)$ cm
이다.

④ 정육면체에서 6개의 각 면의 넓이는 x^2 cm²로 모두 같
으므로 정육면체의 겉넓이는 $6x^2$ cm²이다.

따라서 옳지 않은 것은 ②이다.

02 (1) $2 \times x = 2x$

(2) $x \times (-3) = -3x$

(3) $a\div\left(-\dfrac{2}{3}\right)\div c=a\times\left(-\dfrac{3}{2}\right)\times\dfrac{1}{c}=-\dfrac{3a}{2c}$

(4) $x\times(y-3)\div\left(-\dfrac{1}{2}\right)=x(y-3)\times(-2)$

$\qquad\qquad\qquad\qquad\quad=-2x(y-3)$

(5) $(-1)\times a+a\div\dfrac{1}{b}=-a+a\times b=-a+ab$

<u>1은 생략하고 알파벳 순으로 정리한다.</u>

(6) $(x+2)\div5+(y-3)\times2=\dfrac{x+2}{5}+2(y-3)$

03 $2x\div\dfrac{1}{y}\div z=2x\times y\div z=2xy\times\dfrac{1}{z}=\dfrac{2xy}{z}$

따라서 처음으로 잘못된 부분은 ㉠이다.

04 (1) (사다리꼴의 넓이)

$\quad=\{(윗변의 길이)+(아랫변의 길이)\}\times(높이)\div2$

$\quad=(a+b)\times h\div2=\dfrac{(a+b)h}{2}$

(2) (도형의 넓이)

$\quad=(위 삼각형의 넓이)+(아래 삼각형의 넓이)$

$\quad=5\times y\div2+x\times3\div2$

$\quad=\dfrac{5y}{2}+\dfrac{3x}{2}$

$\quad=\dfrac{3}{2}x+\dfrac{5}{2}y$

05 주어진 식에 $a=-2$ 를 대입하면

① $a^3=\underline{(-2)^3}=-8$ 음수를 괄호를 써서 대입한다.

② $-a^3=-(-2)^3=-(-8)=8$

③ $(-a)^3=\{-(-2)\}^3=2^3=8$

④ $2a^2=2\times(-2)^2=2\times4=8$

⑤ $-2^2a=-2^2\times(-2)=(-4)\times(-2)=8$

따라서 식의 값이 다른 하나는 ① a^3이다.

06 주어진 식에 $x=-5$, $y=2$를 대입하면

$x^2-3xy=(-5)^2-3\times(-5)\times2=25+30=55$

07 (1) 지표면에서부터 100 m 높아질 때마다 0.6 ℃씩 낮아지

므로 1000 m 높이에서는 6 ℃ 낮아진다.

따라서 지표면의 온도가 a ℃일 때, 1000 m 높이에서

기온은 $(a-6)$℃이다.

(2) (1)의 식에 $a=20$을 대입하면 $20-6=14$ (℃)이다.

08 한 변의 길이가 a m인 정사각형 모양의 꽃밭의 넓이는

a^2 m²이고, 길의 넓이는 ab m²이므로

$S=a^2-ab$이다. $\qquad\qquad\cdots\cdots$ ❶

또, $a=10$, $b=2$일 때, 길을 제외한 꽃밭의 넓이는

$10^2-10\times2=100-20=80$ (m²) $\qquad\cdots\cdots$ ❷

단계	채점 기준	배점 비율
❶	S를 a, b에 대한 식으로 나타낸다.	50 %
❷	$a=10$, $b=2$일 때, 길을 제외한 꽃밭의 넓이를 구한다.	50 %

02 일차식의 계산

P.55

1 답 (1) $3x$, $-2y$, 7 (2) 7 (3) 3 (4) -2

1-1

	항	상수항	계수
$3x-4$	$3x$, -4	-4	x의 계수: 3
$2x^2+x-5$	$2x^2$, x, -5	-5	x^2의 계수: 2 x의 계수: 1

2 단항식이 아닌 다항식은 항의 개수가 2개 이상이므로 항의

개수를 각각 구하면

① $x\times y\div2=\dfrac{xy}{2}$이므로 1개이다.

② 2개 ③ 1개 ④ 3개 ⑤ 3개

답 ②, ④, ⑤

2-1 ㄱ. 항이 2개이므로 다항식이다.

ㄴ. 항이 1개이므로 단항식이다.

ㄷ. $\dfrac{1}{x}$은 항이 아니므로 단항식이 아니다.

ㄹ. 항이 3개이므로 다항식이다.

ㅁ. 항이 1개이므로 단항식이다.

ㅂ. 항이 2개이므로 다항식이다.

따라서 단항식은 ㄴ, ㅁ이다.

답 ①

[참고]

$\dfrac{1}{x}$, $\dfrac{1}{x+1}$과 같이 분모에 문자가 포함된 식은 다항식이 아

니다. 따라서 일차식도 아니다.

P.56

3 답 (1) $-2x^2$, x, 3, 2, 1 (2) 2, 2

3-1 각 다항식에서 차수가 가장 큰 항의 차수가 그 다항식의 차

수이다.

(1) $2x$, -7에서 문자가 곱하여진 개수는 각각 1, 0이므로

$2x-7$의 차수는 1이다.

(2) $\dfrac{x}{3}$, 1에서 문자가 곱하여진 개수는 각각 1, 0이므로 $\dfrac{x}{3}+1$

의 차수는 1이다.

(3) 5, $3a$, a^2에서 문자가 곱하여진 개수는 각각 0, 1, 2이
므로 $5+3a+a^2$의 차수는 2이다.

(4) x, $-x^2$, 3에서 문자가 곱하여진 개수는 각각 1, 2, 0이
므로 $x-x^2+3$의 차수는 2이다.

답 (1) 1   (2) 1   (3) 2   (4) 2

4 ③ $0\times x+1=1$이므로 차수가 0이다. 즉, 일차식이 아니다.

④ $\dfrac{4}{x}$는 다항식이 아니므로 일차식이 아니다.

⑤ x^2-1은 차수가 2인 다항식이므로 일차식이 아니다.

따라서 x에 대한 일차식은 ①, ②이다.

분모에 문자가 포함된 식은 다항식이 아니다.
따라서 일차식도 아니다.

답 ①, ②

4-1 $\dfrac{2}{x}-4$는 다항식이 아니므로 일차식이 아니다.

$x-x^2$은 차수가 2이므로 일차식이 아니다.

$0.3x^2-2$는 차수가 2이므로 일차식이 아니다.

따라서 일차식은 $-0.1x+0.1$, $-\dfrac{1}{3}x+4$, $\dfrac{x}{3}$의 3개이다.

답 3

P.57

5 (1) $2\times5a=(2\times5)\times a=10a$

(2) $-4a\times7=(-4\times7)\times a=-28a$

(3) $12x\div2=12x\times\dfrac{1}{2}=\left(12\times\dfrac{1}{2}\right)\times x=6x$

(4) $\dfrac{2}{3}x\div\left(-\dfrac{5}{3}\right)=\dfrac{2}{3}x\times\left(-\dfrac{3}{5}\right)$

$\qquad\qquad\quad=\left\{\dfrac{2}{3}\times\left(-\dfrac{3}{5}\right)\right\}\times x$

$\qquad\qquad\quad=-\dfrac{2}{5}x$

답 (1) $10a$ (2) $-28a$ (3) $6x$ (4) $-\dfrac{2}{5}x$

5-1 (1) $3x\times4=(3\times4)\times x=12x$

(2) $-2x\times\dfrac{1}{6}=\left(-2\times\dfrac{1}{6}\right)\times x=-\dfrac{1}{3}x$

(3) $9x\div3=9x\times\dfrac{1}{3}=\left(9\times\dfrac{1}{3}\right)\times x=3x$

(4) $28x\div\left(-\dfrac{7}{5}\right)=28x\times\left(-\dfrac{5}{7}\right)$

$\qquad\qquad\quad=\left\{28\times\left(-\dfrac{5}{7}\right)\right\}\times x$

$\qquad\qquad\quad=-20x$

답 (1) $12x$ (2) $-\dfrac{1}{3}x$ (3) $3x$ (4) $-20x$

6 (1) $2(5x-2)=2\times5x-2\times2=10x-4$

(2) $-\dfrac{1}{3}\left(6x-\dfrac{3}{2}\right)=-\dfrac{1}{3}\times6x-\left(-\dfrac{1}{3}\right)\times\dfrac{3}{2}$

$\qquad\qquad\qquad\quad=-2x+\dfrac{1}{2}$

(3) $(6a-9)\div3=(6a-9)\times\dfrac{1}{3}$

$\qquad\qquad\quad=6a\times\dfrac{1}{3}-9\times\dfrac{1}{3}$

$\qquad\qquad\quad=2a-3$

(4) $(8a-12)\div\left(-\dfrac{4}{5}\right)=(8a-12)\times\left(-\dfrac{5}{4}\right)$

$\qquad\qquad\qquad\quad=8a\times\left(-\dfrac{5}{4}\right)-12\times\left(-\dfrac{5}{4}\right)$

$\qquad\qquad\qquad\quad=-10a+15$

답 (1) $10x-4$ (2) $-2x+\dfrac{1}{2}$ (3) $2a-3$ (4) $-10a+15$

6-1 $\left(-2x+\dfrac{1}{3}\right)\div\left(-\dfrac{1}{6}\right)=\left(-2x+\dfrac{1}{3}\right)\times(-6)$

$\qquad\qquad\qquad\qquad=-2x\times(-6)+\dfrac{1}{3}\times(-6)$

$\qquad\qquad\qquad\qquad=12x-2$

답 ③

P.58

문자는 x, 차수는 2인 항을 찾는다.

7 $2x^2$과 문자도 같고 그 문자에 대한 차수도 같은 항은
$-5x^2$, $\dfrac{2x^2}{5}$이다.

답 $-5x^2$, $\dfrac{2x^2}{5}$

문자는 a, 차수는 1인 항을 찾는다.

7-1 a와 문자도 같고 그 문자에 대한 차수도 같은 항은
$\dfrac{a}{5}$, $-4a$이다.

따라서 a와 동류항인 것은 ㄱ, ㄴ이다.

답 ②

8 $3(2x-5)-(6x+9)$ 분배법칙을 이용하여 괄호를 푼다.

$=6x-15-6x-9$ 동류항끼리 모은다.

$=6x-6x-15-9$ 동류항끼리 간단히 한다.

$=-24$

답 ⑤

8-1 (1) $(2x+8)+(3x-1)=2x+8+3x-1$

$\qquad\qquad\qquad\qquad=2x+3x+8-1$

$\qquad\qquad\qquad\qquad=5x+7$

(2) $(4x-5)-(2x-7)=4x-5-2x+7$

$\qquad\qquad\qquad\qquad=4x-2x-5+7$

$\qquad\qquad\qquad\qquad=2x+2$

(3) $\dfrac{6x+12}{3}+\dfrac{4x-6}{2}$ $\dfrac{b}{a}$의 꼴로 분리한다.

$=\dfrac{6x}{3}+\dfrac{12}{3}+\dfrac{4x}{2}-\dfrac{6}{2}$ 각 분모로 나눈다.

$=2x+4+2x-3$ 동류항끼리 모은다.

$=2x+2x+4-3$ 동류항끼리 간단히 한다.

$=4x+1$

(4) $2(2x-1)-\dfrac{1}{4}(16x-8)=4x-2-4x+2$
$\qquad\qquad\qquad\qquad =4x-4x-2+2=0$

답 (1) $5x+7$ (2) $2x+2$ (3) $4x+1$ (4) 0

실력 다지기 PP.59~60

01 ⑤	**02** ③	**03** $a=-3,\ 7x+11$	**04** ①
05 ③	**06** ⑤		

07 (1) $-5a-4$ (2) $11x+12$ (3) $x+6$ (4) $-x-5$

08 ③   **09** 풀이 참조

---

01 ① 상수항은 -5이다.

② 차수가 가장 큰 항은 $3x^2$이므로 차수가 2인 다항식이다.

③ x의 계수는 -1이다.

④ 항은 $3x^2$, $-x$, -5의 3개이다.

⑤ x^2의 계수는 3이고 x의 계수는 -1이므로 합은 2이다.

따라서 옳은 것은 ⑤이다.

02 ① a^2+3a는 a^2이 있으므로 이차식이다.

② x가 분모에 있으므로 일차식이 아니다.

④ x^2-3x+2는 차수가 2이므로 이차식이다.

⑤ $0\times x-2=-2$이므로 일차식이 아니다.

03 $(4-a)x+(3+a)x^2+5-2a$가 일차식이므로 x^2의 계수가 0이어야 한다.

즉, $3+a=0$이므로 $a=-3$이다.

따라서 주어진 식에 $a=-3$을 대입하면

$\{4-(-3)\}x+\{3+(-3)\}x^2+5-2\times(-3)$

$=7x+0+5+6=7x+11$

04 ① 문자는 x, 차수는 1이므로 동류항이다.

② 문자는 x이지만 차수가 1과 3으로 다르므로 동류항이 아니다.

③ 문자가 a, ab로 다르므로 동류항이 아니다.

④ 문자가 x, y로 다르므로 동류항이 아니다.

⑤ $\dfrac{3}{y}$은 문자가 분모에 있으므로 다항식이 아니다.

05 ① $4\times(-2x)=\{4\times(-2)\}\times x=-8x$

② $(-10x)\div(-5)=(-10x)\times\left(-\dfrac{1}{5}\right)$
$\qquad\qquad\qquad\qquad =\left\{(-10)\times\left(-\dfrac{1}{5}\right)\right\}\times x=2x$

④ $(-8x+6)\div(-2)$
$\quad =(-8x+6)\times\left(-\dfrac{1}{2}\right)$

$\quad =(-8x)\times\left(-\dfrac{1}{2}\right)+6\times\left(-\dfrac{1}{2}\right)$

$\quad =4x-3$

⑤ $(4x-6)\times\dfrac{3}{2}=4x\times\dfrac{3}{2}-6\times\dfrac{3}{2}=6x-9$

따라서 옳은 것은 ③이다.

06 $-3(4x-1)=-3\times4x-(-3)\times1=-12x+3$이므로

① $(-3x-1)\times3=-3x\times3-1\times3=-9x-3$

② $(16x+4)\div4=(16x+4)\times\dfrac{1}{4}$
$\qquad\qquad\qquad\quad =16x\times\dfrac{1}{4}+4\times\dfrac{1}{4}=4x+1$

③ $-\dfrac{1}{2}(18x-3)=-\dfrac{1}{2}\times18x-\left(-\dfrac{1}{2}\right)\times3$
$\qquad\qquad\qquad\quad =-9x+\dfrac{3}{2}$

④ $(6x-3)\div\dfrac{1}{3}=(6x-3)\times3$
$\qquad\qquad\qquad\quad =6x\times3-3\times3=18x-9$

⑤ $\left(2x-\dfrac{1}{2}\right)\div\left(-\dfrac{1}{6}\right)=\left(2x-\dfrac{1}{2}\right)\times(-6)$
$\qquad\qquad\qquad\quad =2x\times(-6)-\dfrac{1}{2}\times(-6)$
$\qquad\qquad\qquad\quad =-12x+3$

따라서 간단히 한 결과가 다항식 $-3(4x-1)$과 같은 것은 ⑤이다.

07 (1) $(-2a-5)+(-3a+1)=-2a-5-3a+1$
$\qquad\qquad\qquad\qquad\qquad =-2a-3a-5+1$
$\qquad\qquad\qquad\qquad\qquad =-5a-4$

(2) $5(x+3)-3(1-2x)=5x+15-3+6x$
$\qquad\qquad\qquad\qquad\qquad =5x+6x+15-3$
$\qquad\qquad\qquad\qquad\qquad =11x+12$

(3) $-\dfrac{1}{2}(4x-8)+\dfrac{1}{3}(9x+6)=-2x+4+3x+2$
$\qquad\qquad\qquad\qquad\qquad\qquad =-2x+3x+4+2$
$\qquad\qquad\qquad\qquad\qquad\qquad =x+6$

(4) $\dfrac{4x-6}{2}-\dfrac{15x+10}{5}=\dfrac{4x}{2}-\dfrac{6}{2}-\left(\dfrac{15x}{5}+\dfrac{10}{5}\right)$
$\qquad\qquad\qquad\qquad\quad =2x-3-(3x+2)$
$\qquad\qquad\qquad\qquad\quad =2x-3x-3-2$
$\qquad\qquad\qquad\qquad\quad =-x-5$

08 $\dfrac{2x+4}{3}-\dfrac{x-3}{4}=\dfrac{2x}{3}+\dfrac{4}{3}-\left(\dfrac{x}{4}-\dfrac{3}{4}\right)$
$\qquad\qquad\qquad\quad =\dfrac{2}{3}x+\dfrac{4}{3}-\dfrac{1}{4}x+\dfrac{3}{4}$
$\qquad\qquad\qquad\quad =\dfrac{2}{3}x-\dfrac{1}{4}x+\dfrac{4}{3}+\dfrac{3}{4}$
$\qquad\qquad\qquad\quad =\dfrac{5}{12}x+\dfrac{25}{12}$

따라서 x의 계수는 $\dfrac{5}{12}$이고 상수항은 $\dfrac{25}{12}$이므로

$$\dfrac{5}{12}+\dfrac{25}{12}=\dfrac{30}{12}=\dfrac{5}{2}$$

09 어떤 일차식을 □라고 하면

$$□+(-2x+5)=3x-1 \quad\cdots\cdots ❶$$
$$□=3x-1-(-2x+5)$$
$$=3x-1+2x-5$$
$$=3x+2x-1-5$$
$$=5x-6 \quad\cdots\cdots ❷$$

어떤 일차식이 $5x-6$이므로 바르게 계산한 식을 구하면

$$(5x-6)-(-2x+5)=5x-6+2x-5$$
$$=5x+2x-6-5$$
$$=7x-11 \quad\cdots\cdots ❸$$

단계	채점 기준	배점 비율
❶	어떤 일차식을 □로 놓고 식을 세운다.	40 %
❷	어떤 일차식을 구한다.	30 %
❸	바르게 계산한 식을 구한다.	30 %

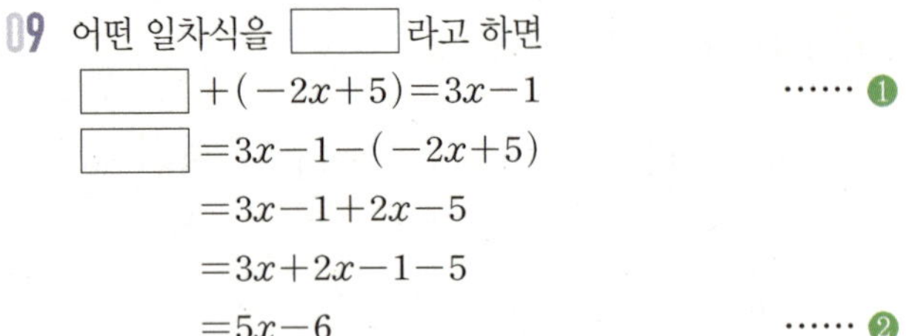

01 ⑤　　**02** $\dfrac{3a+2b+2c}{7}$ 점　　**03** ②　　**04** ②

05 ②　　**06** 95 ℉　　**07** ①　　**08** ②　　**09** ③

10 ④　　**11** ②　　**12** ②　　**13** ④

14 $(4200+50x)$원　　**15** ⑤　　**16** $4x+4$

17~20 풀이 참조

01 ㄱ. 공책 두 권이 800원이므로 공책 한 권의 가격은 400원
이다. 따라서 공책 x권의 가격은 $400x$원이다. (거짓)

ㄴ. (거리)$=$(속력)$\times$(시간)이므로 $70x$ km이다. (참)

ㄷ. 십의 자리의 숫자가 a, 일의 자리의 숫자가 b인 자연수
는 $10a+b$이다. (거짓)

ㄹ. 가로의 길이가 a, 세로의 길이가 b인 직사각형의 둘레
의 길이는 $\underline{2a+2b}$이다. (참)
$ \underset{=2(a+b)}{}$
따라서 옳은 것은 ㄴ, ㄹ이다.

02 첫째 날 시험 본 3과목의 평균이 a점이므로 첫째 날 시험
본 총점은 $3a$점이다.

둘째 날 시험 본 2과목의 평균이 b점이므로 둘째 날 시험
본 총점은 $2b$점이다.

셋째 날 시험 본 2과목의 평균이 c점이므로 셋째 날 시험
본 총점은 $2c$점이다.

따라서 시험 본 7과목의 총점은 $(3a+2b+2c)$점이므로

7과목의 평균은 $\dfrac{3a+2b+2c}{7}$점이다.

03 ① $a\div b\div c=a\times\dfrac{1}{b}\times\dfrac{1}{c}=\dfrac{a}{bc}$

② $a+b\div 2=a+b\times\dfrac{1}{2}=a+\dfrac{b}{2}$

③ $2\div(x+5)=2\times\dfrac{1}{x+5}=\dfrac{2}{x+5}$

④ $7\times y\times y\times x\times y=7\times x\times y\times y\times y=7xy^3$

⑤ $(-0.1)\times b\times a+2\times c=(-0.1)\times a\times b+2\times c$
$$=-0.1ab+2c$$

따라서 옳지 않은 것은 ②이다.

04 ① $\dfrac{1}{2}a^4=\dfrac{1}{2}\times(-2)^4=\dfrac{1}{2}\times 16=8$

② $-2a^2=-2\times(-2)^2=-2\times 4=-8$

③ $-a^3=-(-2)^3=-(-8)=8$

④ $-4a=-4\times(-2)=8$

⑤ $a^2-2a=(-2)^2-2\times(-2)=4+4=8$

따라서 식의 값이 다른 하나는 ②이다.

05 $\dfrac{1}{x}+\dfrac{1}{y}$을 통분하면 $\dfrac{1}{x}+\dfrac{1}{y}=\dfrac{x+y}{xy}$이므로

$x+y=5$, $xy=2$를 대입하면

$$\dfrac{1}{x}+\dfrac{1}{y}=\dfrac{x+y}{xy}=\dfrac{5}{2}$$

06 $\dfrac{9}{5}a+32$에 $a=35$를 대입하면

$$\dfrac{9}{5}a+32=\dfrac{9}{5}\times 35+32=95\ (℉)$$

따라서 섭씨온도 35 ℃는 화씨온도로 95 ℉이다.

07 ① 일차식이다. x에 대해서나 y에 대해서나 일차식이다.
따라서 옳지 않은 것은 ①이다.

08 x^2의 계수는 6이므로 $a=6$

x의 계수는 -3이므로 $b=-3$

상수항은 -4이므로 $c=-4$

따라서 $a+b+c=6+(-3)+(-4)=-1$이다.

09 ① $-(4x+1)=-4x-1$

② $3(2x-5)=6x-15$

④ $(-4x+8)\div(-4)=x-2$

⑤ $(15x-9)\div(-3)=-5x+3$

따라서 옳은 것은 ③이다.

10 $(-18x+12)\div\dfrac{3}{2}=(-18x+12)\times\dfrac{2}{3}=-12x+8$

11
$$7x-[2x-\{2-(6-5x)\}]$$
$$=7x-\{2x-(2-6+5x)\}$$
$$=7x-\{2x-(-4+5x)\}$$
$$=7x-(2x+4-5x)$$
$$=7x-(-3x+4)$$
$$=7x+3x-4$$
$$=10x-4$$

①~⑥의 순서로
간단히 한다.

12 어떤 일차식을 $\boxed{}$ 라고 하면
$$\boxed{}+(2x-5)=5x-7$$
$$\boxed{}=5x-7-(2x-5)$$
$$=5x-7-2x+5$$
$$=5x-2x-7+5$$
$$=3x-2$$
이때 바르게 계산한 식은
$$(3x-2)-(2x-5)=3x-2-2x+5$$
$$=3x-2x-2+5$$
$$=x+3$$

13
$$-2A+B+3(A-2B)=-2A+B+3A-6B$$
$$=A-5B$$
$$=(x-2)-5(-3x+1)$$
$$=x-2+15x-5$$
$$=16x-7$$

14 정가는 원가 5000원인 티셔츠에 $x\,\%$의 이익을 붙여 정하
므로 $5000+5000\times\dfrac{x}{100}=5000+50x$(원)이다.
이때 정가에서 800원을 할인하여 판매하였으므로 판매 가격
은 $(5000+50x)-800=4200+50x$(원)

15 6개의 타일이 추가로 붙이는 1개의 타일과 겹치는 경우는
다음 3가지가 있다.
(ⅰ) 한 변이 겹치는 경우
$$14a+4a-2a=16a$$

한 변 a가 1번 겹치므로 겹쳐지는
둘레의 길이에서 $2a$를 뺀다.
겹쳐지는 둘레의 길이
추가된 타일의 둘레의 길이
원래 타일의 둘레의 길이

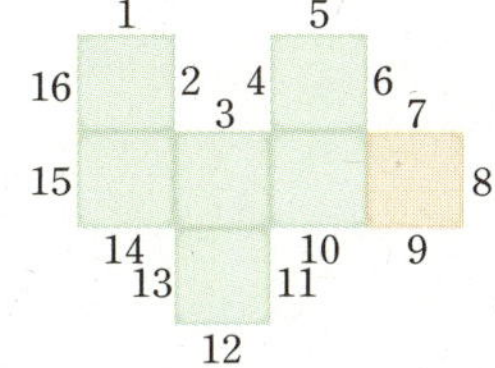

(ⅱ) 두 변이 겹치는 경우
$$14a+4a-4a=14a$$

한 변 a가 2번 겹치므로 겹쳐지는
둘레의 길이에서 $4a$를 뺀다.

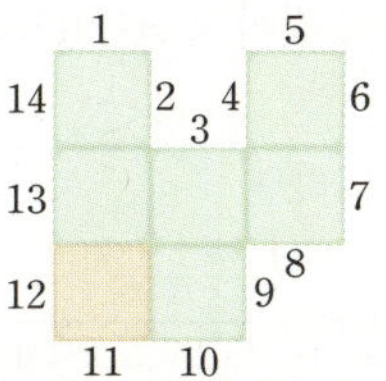

(ⅲ) 세 변이 겹치는 경우
$$14a+4a-6a=12a$$

한 변 a가 3번 겹치므로 겹쳐지는
둘레의 길이에서 $6a$를 뺀다.

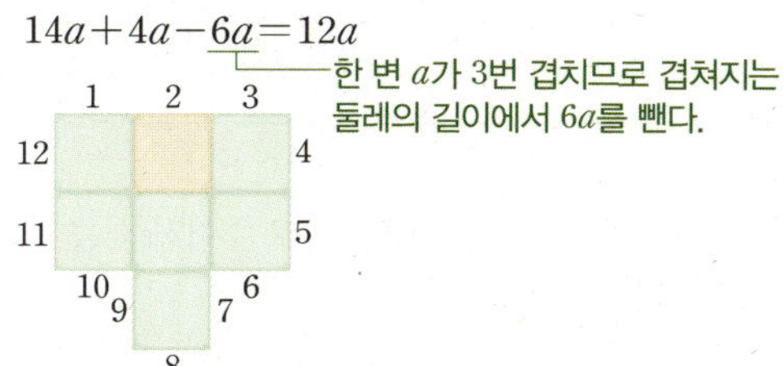

(ⅰ), (ⅱ), (ⅲ)에 의하여 타일로 만들 수 있는 도형의 둘레의
길이는 $16a$, $14a$, $12a$이므로 그 합은
$16a+14a+12a=42a$이다.

16 [1단계] 네 귀퉁이에 4개의 스티커를 붙이고 각 변마다 네
귀퉁이 사이에 1개씩의 스티커를 붙이므로 스티커의 개수는
$4+4\times1$(개)
[2단계] 네 귀퉁이에 4개의 스티커를 붙이고 각 변마다 네
귀퉁이 사이에 2개씩의 스티커를 붙이므로 스티커의 개수는
$4+4\times2$(개)
[3단계] 네 귀퉁이에 4개의 스티커를 붙이고 각 변마다 네
귀퉁이 사이에 3개씩의 스티커를 붙이므로 스티커의 개수는
$4+4\times3$(개)
$\vdots$
[x단계] 네 귀퉁이에 4개의 스티커를 붙이고 각 변마다 네
귀퉁이 사이에 x개씩의 스티커를 붙이므로 스티커의 개수는
$4+4\times x$(개)
따라서 x단계에 필요한 스티커의 개수는 $4x+4$이다.

[다른 풀이]
[1단계] 첫째 줄과 마지막 줄에 스티커를 3개씩 붙이고, 그
사이에 스티커를 1×2개 붙이므로 스티커의 개수는
$3+3+2$(개)
[2단계] 첫째 줄과 마지막 줄에 스티커를 4개씩 붙이고, 그
사이에 스티커를 2×2개 붙이므로 스티커의 개수는
$4+4+4$(개)
[3단계] 첫째 줄과 마지막 줄에 스티커를 5개씩 붙이고, 그
사이에 스티커를 3×2개 붙이므로 스티커의 개수는
$5+5+6$(개)
[4단계] 첫째 줄과 마지막 줄에 스티커를 6개씩 붙이고, 그
사이에 스티커를 4×2개 붙이므로 스티커의 개수는
$6+6+8$(개)
$\vdots$
[x단계] $(x+2)+(x+2)+2x$, 즉 $4x+4$(개)의 스티커
가 필요하다.

17 (1) (평행사변형의 넓이)=(밑변의 길이)×(높이)이므로
$S=ah$이다. ······ **❶**

(2) $S=ah$에 $a=5$, $h=6$을 대입하면
$S=5\times6=30$ (cm^2)이다. ······ **❷**

단계	채점 기준	배점 비율
❶	(1) 평행사변형의 넓이 S를 a, h에 대한 식으로 나타낸다.	50 %
❷	(2) $a=5$, $h=6$일 때, 평행사변형의 넓이 S를 구한다.	50 %

18 분모인 3, 2, 4의 최소공배수 12로 주어진 식을 통분하면
(주어진 식)
$$=\frac{4(2x-4)}{12}-\frac{6(x-5)}{12}+\frac{3(-2x-3)}{12}$$ ······ **❶**
$$=\frac{8x-16}{12}-\frac{6x-30}{12}+\frac{-6x-9}{12}$$
$$=\frac{8x-16-6x+30-6x-9}{12}$$
$$=\frac{(8-6-6)x-16+30-9}{12}$$
$$=\frac{-4x+5}{12}=\frac{-4x}{12}+\frac{5}{12}$$
$$=-\frac{1}{3}x+\frac{5}{12}$$ ······ **❷**
따라서 $a=-\dfrac{1}{3}$, $b=\dfrac{5}{12}$이다. ······ **❸**

단계	채점 기준	배점 비율
❶	주어진 식을 통분한다.	30 %
❷	주어진 식을 간단히 한다.	50 %
❸	a, b의 값을 구한다.	20 %

19 A 중학교의 작년 남학생 수가 x명이므로 작년 여학생 수는
$(300-x)$명이다. ······ **❶**
이때 올해 남학생 수는
$x-0.08x=0.92x$(명)
올해 여학생 수는
$(300-x)+(300-x)\times0.06$
$=300-x+18-0.06x$
$=318-1.06x$(명) ······ **❷**
따라서 올해 학생 수는
$0.92x+(318-1.06x)=318-0.14x$(명) ······ **❸**

단계	채점 기준	배점 비율
❶	작년 여학생 수를 x를 사용하여 나타낸다.	10 %
❷	올해 남학생 수와 여학생 수를 x를 사용하여 나타낸다.	60 %
❸	올해 학생 수를 x를 사용하여 나타낸다.	30 %

20 (1) 색종이 2장을 이어 붙일 때
(둘레의 길이)$=5\times2+2(5\times2-x)$

$$=30-2x\ (cm)$$
색종이 3장을 이어 붙일 때
(둘레의 길이)$=5\times2+2(5\times3-2x)$
$$=40-4x\ (cm)$$
색종이 4장을 이어 붙일 때
(둘레의 길이)$=5\times2+2(5\times4-3x)$
$$=50-6x\ (cm)$$ ······ **❶**

(2) 색종이 12장을 이어 붙일 때
(둘레의 길이)$=5\times2+2(5\times12-11x)$
$$=10+2(60-11x)$$
$$=10+120-22x$$
$$=130-22x\ (cm)$$ ······ **❷**

(3) 색종이 2장을 이어 붙일 때
(넓이)$=5(5\times2-x)\ (cm^2)$
색종이 3장을 이어 붙일 때
(넓이)$=5(5\times3-2x)\ (cm^2)$
색종이 4장을 이어 붙일 때
(넓이)$=5(5\times4-3x)\ (cm^2)$
$$\vdots$$
따라서 색종이 12장을 이어 붙일 때
(넓이)$=5(5\times12-11x)$
$$=5(60-11x)$$
$$=300-55x\ (cm^2)$$ ······ **❸**

단계	채점 기준	배점 비율
❶	색종이를 2장, 3장, 4장 이어 붙일 때의 둘레의 길이를 구한다.	30 %
❷	색종이의 둘레의 길이를 x를 사용한 식으로 나타낸다.	40 %
❸	색종이의 넓이를 x를 사용한 식으로 나타낸다.	30 %

2. 일차방정식

01 방정식과 그 해

P.64

1 ① 등식이 아니고 일차식이다.
② 등식이다.
③ 등식이 아니다.
④ 등식이 아니고 일차식이다.
⑤ 등식이다.

답 ②, ⑤

1-1 등식은 등호 '$=$'를 사용하여 수나 식이 서로 같음을 나타낸 식이다.

따라서 등식은 ㄴ, ㄹ이다.

답 ㄴ, ㄹ

2 (1) 어떤 수 x의 $\dfrac{1}{3}$배에서 2를 뺀 것은 $\dfrac{1}{3}x-2$이고 어떤 수
x에 6을 더한 것은 $x+6$이므로 등식은
$$\dfrac{1}{3}x-2=x+6$$
(2) 3명이 a원씩 낸 금액은 $3a$원이므로 등식은
$$3a-b=2500$$

답 (1) $\dfrac{1}{3}x-2=x+6$ (2) $3a-b=2500$

2-1 (1) 어떤 수 x의 3배에서 2를 뺀 값은 $3x-2$이므로
등식은 $3x-2=7$이고,
좌변은 $3x-2$, 우변은 7이다.
(2) (가로의 길이)$\times2+$(세로의 길이)$\times2$
$=$(직사각형의 둘레의 길이)이므로
등식은 $2a+2b=16$이고,
좌변은 $2a+2b$, 우변은 16이다.

답 (1) $3x-2=7$, 좌변: $3x-2$, 우변: 7
(2) $2a+2b=16$, 좌변: $2a+2b$, 우변: 16

3

x의 값	$3x-2=4$		참/거짓
	좌변	우변	
-2	$3\times(-2)-2=-8$	4	거짓
-1	$3\times(-1)-2=-5$	4	거짓
0	$3\times0-2=-2$	4	거짓
1	$3\times1-2=1$	4	거짓
2	$3\times2-2=4$	4	참

3-1 (1)

x의 값	$3x+1=-2$		참/거짓
	좌변	우변	
-1	$3\times(-1)+1=-2$	-2	참
0	$3\times0+1=1$	-2	거짓
1	$3\times1+1=4$	-2	거짓

따라서 구하는 해는 $x=-1$이다.

(2)

x의 값	$2x-1=5x-4$		참/거짓
	좌변	우변	
-1	$2\times(-1)-1$ $=-3$	$5\times(-1)-4$ $=-9$	거짓
0	$2\times0-1=-1$	$5\times0-4=-4$	거짓
1	$2\times1-1=1$	$5\times1-4=1$	참

따라서 구하는 해는 $x=1$이다.

답 (1) $x=-1$ (2) $x=1$

4 답 (1) 방정식 (2) 항등식

4-1 식을 정리하였을 때, 좌변과 우변이 같으면 항등식이다.
① 좌변과 우변이 다르므로 항등식이 아니다.
② $3x-2=3(x-1)$에서 $3x-2==3x-3$이다.
따라서 좌변과 우변이 다르므로 항등식이 아니다.
③ 좌변과 우변이 다르므로 항등식이 아니다.
④ 좌변과 우변이 다르므로 항등식이 아니다.
⑤ $x+1=2x+1-x$에서 $x+1=x+1$이다.
따라서 좌변과 우변이 같으므로 항등식이다.

답 ⑤

P.66

5 (1) 등식의 양변에 같은 수를 더하여도 등식은 성립하므로
$a=b$일 때, $a+c=\boxed{b+c}$
(2) 등식의 양변에서 같은 수를 빼도 등식은 성립하므로
$a=b$일 때, $a-c=\boxed{b-c}$
(3) 등식의 양변에 같은 수를 곱하여도 등식은 성립하므로
$a=b$일 때, $\boxed{ac}=bc$
(4) 등식의 양변을 0이 아닌 같은 수로 나누어도 등식은 성립하므로
$a=b$일 때, $\boxed{\dfrac{a}{c}}=\dfrac{b}{c}$ (단, $c\neq0$)

답 (1) $b+c$ (2) $b-c$ (3) ac (4) $\dfrac{a}{c}$

5-1 ㄱ. $a=b$의 양변에 b를 더하면 $a+b=2b$이다. (거짓)
ㄴ. $-\dfrac{a}{2}=-\dfrac{b}{2}$의 양변에 -2를 곱하면
$$-\dfrac{a}{2}\times(-2)=-\dfrac{b}{2}\times(-2)$$
즉, $a=b$이다. (참)
ㄷ. $5x=5y$의 양변을 5로 나누면 $\dfrac{5x}{5}=\dfrac{5y}{5}$
즉, $x=y$이다.
$x=y$의 양변에 1을 더하면 $x+1=y+1$이다. (참)
ㄹ. $x+3=y$의 양변에서 3을 빼면 $x+3-3=y-3$
즉, $x=y-3$이다. (거짓)

답 ㄴ, ㄷ

6 (1) 주어진 등식의 양변에 3을 더하면 $x-3+3=10+3$
따라서 $x=13$이다.
(2) 주어진 등식의 양변에서 5를 빼면 $x+5-5=9-5$
따라서 $x=4$이다.
(3) 주어진 등식의 양변에 2를 더하면
$$3x-2+2=13+2, \ 3x=15$$
이 등식의 양변을 3으로 나누면 $\dfrac{3x}{3}=\dfrac{15}{3}$
따라서 $x=5$이다.

(4) 주어진 등식의 양변에서 1을 빼면
$$1-2x-1=9-1,\ -2x=8\text{이다.}$$
이 등식의 양변을 -2로 나누면
$$\frac{-2x}{-2}=\frac{8}{-2}$$
따라서 $x=-4$이다.

답 (1) $x=13$　(2) $x=4$　(3) $x=5$　(4) $x=-4$

6-1 (1) 주어진 등식의 양변에 5를 더하면
$$2x-5+5=-3+5,\ 2x=2$$
이 등식의 양변을 2로 나누면 $\dfrac{2x}{2}=\dfrac{2}{2}$
따라서 $x=1$이다.
(2) 주어진 등식의 양변에서 1을 빼면
$$3x+1-1=5-x-1,\ 3x=4-x$$
이 등식의 양변에 x를 더하면
$$3x+x=4-x+x,\ 4x=4$$
이 등식의 양변을 4로 나누면 $\dfrac{4x}{4}=\dfrac{4}{4}$
따라서 $x=1$이다.
(3) 주어진 등식의 양변에 2를 더하면
$$x-2+2=4x-8+2,\ x=4x-6$$
이 등식의 양변에서 $4x$를 빼면
$$x-4x=4x-6-4x,\ -3x=-6$$
이 등식의 양변을 -3으로 나누면 $\dfrac{-3x}{-3}=\dfrac{-6}{-3}$
따라서 $x=2$이다.
(4) 주어진 등식의 양변에서 2를 빼면
$$-\frac{1}{3}x+2-2=5-2,\ -\frac{1}{3}x=3$$
이 등식의 양변에 -3을 곱하면
$$-\frac{1}{3}x\times(-3)=3\times(-3)$$
따라서 $x=-9$이다.

답 (1) $x=1$　(2) $x=1$　(3) $x=2$　(4) $x=-9$

다른 풀이
(4) 주어진 양변에 -3을 곱하면
$$\left(-\frac{1}{3}x+2\right)\times(-3)=5\times(-3),\ x-6=-15$$
이 등식의 양변에 6을 더하면 $x-6+6=-15+6$
따라서 $x=-9$이다.

실력 다지기　　　　　　　　PP.67~68

01 ①　**02** ⑤　**03** ⑤　**04** ②
05 풀이 참조　**06** ⑤　**07** ㉤　**08** ②
09 (1) $x=3$　(2) $x=-4$

01 등식은 등식 '='를 사용하여 수나 식이 서로 같음을 나타낸 식이다.
따라서 등식은 ①이다.

02 ① $800x+1200=5200$
② $20=3x+2$
③ $3x+2=5x-4$
④ $4x=20$

03 ① $x=2$를 주어진 방정식에 대입하면
(좌변)$=2x+1=2\times2+1=5$, (우변)$=-1$
즉, (좌변)$\neq$(우변)이므로 $x=2$는 주어진 방정식의 해가 아니다.
② $x=4$를 주어진 방정식에 대입하면
(좌변)$=4-x=4-4=0$, (우변)$=x=4$
즉, (좌변)$\neq$(우변)이므로 $x=4$는 주어진 방정식의 해가 아니다.
③ $x=-2$를 주어진 방정식에 대입하면
(좌변)$=3x-2=3\times(-2)-2=-8$,
(우변)$=-x=-(-2)=2$
즉, (좌변)$\neq$(우변)이므로 $x=-2$는 주어진 방정식의 해가 아니다.
④ $x=-1$을 주어진 방정식에 대입하면
(좌변)$=2(x+1)=2\{(-1)+1\}=0$,
(우변)$=x=-1$
즉, (좌변)$\neq$(우변)이므로 $x=-1$은 주어진 방정식의 해가 아니다.
⑤ $x=2$를 주어진 방정식에 대입하면
(좌변)$=\dfrac{2}{3}(x-2)=\dfrac{2}{3}(2-2)=0$, (우변)$=0$
즉, (좌변)$=$(우변)이므로 $x=2$는 주어진 방정식의 해이다.
따라서 옳은 것은 ⑤이다.

04 ① $x-9=-9-x$는 $x-9=-x-9$로 좌변과 우변이 다르므로 항등식이 아니다.
② $-5x+6=6-5x$는 $-5x+6=-5x+6$으로 좌변과 우변이 같으므로 항등식이다.
③ $5x+2=3x$는 $7x=3x$로 좌변과 우변이 다르므로 항등식이 아니다.
④ $2x-1=-1$은 좌변과 우변이 다르므로 항등식이 아니다.
⑤ $4x-1=3x$는 좌변과 우변이 다르므로 항등식이 아니다.
따라서 항등식인 것은 ②이다.

05 주어진 등식이 x에 대한 항등식이므로 이 등식의 좌변과 우변이 같다.　　　　　…… ❶
$$ax+b-3=-4x+3x+2\text{에서}$$

$ax+b-3=-x+2$이므로 　　　　　　　　…… ❷

$ax=-x$에서 $a=-1$, $b-3=2$에서 $b=5$이다. …… ❸

단계	채점 기준	배점 비율
❶	등식의 좌변과 우변이 같음을 안다.	30 %
❷	등식의 우변을 정리한다.	30 %
❸	a, b의 값을 구한다.	40 %

06 ① 등식의 양변에 같은 수 1을 더했으므로 등식은 성립한다.

② 등식의 양변에 같은 수 2를 곱하고 같은 수 1을 뺐으므로 등식은 성립한다.

③ 등식의 양변을 같은 수 2로 나누었으므로 등식은 성립한다.

④ 등식의 양변에 같은 수 -1을 곱하였으므로 등식은 성립한다.

⑤ 등식 $\dfrac{x}{2}=\dfrac{y}{3}$의 양변에 같은 수 6을 곱하면

$\dfrac{x}{2}\times6=\dfrac{y}{3}\times6$, 즉 $3x=2y$이므로 옳지 않다.

따라서 옳지 않은 것은 ⑤이다.

07 각각에 사용된 등식의 성질은 다음과 같다.

㉠ 등식의 양변에 5를 곱했으므로 $a=b$이면 $ac=bc$

㉡ 등식의 양변에 $5x$를 더했으므로 $a=b$이면 $a+c=b+c$

㉢ 등식의 양변에 10을 더했으므로 $a=b$이면 $a+c=b+c$

㉣ 우변을 정리한다.

㉤ 등식의 양변을 6으로 나누었으므로

$a=b$이면 $\dfrac{a}{c}=\dfrac{b}{c}$ (단, $c\neq0$)

08 ① 양변에 3을 더한 후 양변을 2로 나누어서 해를 구한다.

③ 양변에 2를 더한 후 양변을 3으로 나누어서 해를 구한다.

④ 양변에서 2를 뺀 후 양변을 -3으로 나누어서 해를 구한다.

⑤ 양변에 2를 더한 후 양변을 -2로 나누어서 해를 구한다.

09 (1) 주어진 등식의 양변에 4를 더하면

$3x-4+4=5+4$, $3x=9$

이 등식의 양변을 3으로 나누면

$\dfrac{3x}{3}=\dfrac{9}{3}$, $x=3$

(2) 주어진 등식의 양변에 1을 더하면

$-\dfrac{3}{2}x-1+1=5+1$, $-\dfrac{3}{2}x=6$

이 등식의 양변에 x의 계수의 역수인 $-\dfrac{2}{3}$를 곱하면

$-\dfrac{3}{2}x\times\left(-\dfrac{2}{3}\right)=6\times\left(-\dfrac{2}{3}\right)$, $x=-4$

P.69

1 이항하면 이항하는 항의 부호가 바뀐다.

(1) $x-5=2$에서 -5를 우변으로 이항하면

$x=2+5$

(2) $4x=1-x$에서 $-x$를 좌변으로 이항하면

$4x+x=1$

(3) $x=3x-1$에서 $3x$를 좌변으로 이항하면

$x-3x=-1$

(4) $5-x=-4x+2$에서 5를 우변으로, $-4x$를 좌변으로 이항하면

$-x+4x=2-5$

　　답 (1) $x=2+5$　　(2) $4x+x=1$

　　　　(3) $x-3x=-1$　(4) $-x+4x=2-5$

1-1 (1) $2x+1=7$에서 1을 우변으로 이항하면

$2x=7\ 1$

(2) $5x+3=-2$에서 3을 우변으로 이항하면

$5x=-2-3$

(3) $2x-5=x+3$에서 -5를 우변으로, x를 좌변으로 이항하면

$2x-x=3+5$

(4) $4-7x=2-10x$에서 4를 우변으로, $-10x$를 좌변으로 이항하면

$-7x+10x=2-4$

　　답 (1) $2x=7-1$　　(2) $5x=-2-3$

　　　　(3) $2x-x=3+5$　(4) $-7x+10x=2-4$

2 (1) x^2이 있으므로 일차방정식이 아니다. ($\times$)

(2) $5-x=5+x$에서 $5+x$를 좌변으로 이항하면

$5-x-5-x=0$, $-2x=0$

따라서 일차방정식이다. ($\bigcirc$)

(3) $2x-3=1+2(x-2)$에서 $2x-3=1+2x-4$

$1+2x-4$를 좌변으로 이항하면

$2x-2x-3-1+4=0$, $0=0$

따라서 항등식이므로 일차방정식이 아니다. ($\times$)

(4) $3x(x-1)=5+3x^2$에서 $3x^2-3x=5+3x^2$

$5+3x^2$을 좌변으로 이항하면

$3x^2-3x-5-3x^2=0$, $-3x-5=0$

따라서 일차방정식이다. ($\bigcirc$)

　　답 (1) $\times$　(2) $\bigcirc$　(3) $\times$　(4) $\bigcirc$

2-1 ㄱ. 다항식이다.

ㄴ. $2x+3=7$에서 $2x+3-7=0$, $2x-4=0$이므로 x에

대한 일차방정식이다.

ㄷ. 부등호가 있는 식이다.

ㄹ. $x^2+1=-x$에서 $x^2+x+1=0$이므로 x에 대한 일차
  방정식이 아니다.

ㅁ. $3-2x^2=x-2x^2$에서 $3-2x^2-x+2x^2=0$,
  $-x+3=0$이므로 x에 대한 일차방정식이다.

ㅂ. $2(x+3)=6+2x$에서 $2x+6=6+2x$
  $2x+6-6-2x=0$, $0=0$이므로 항등식이다.

답 ㄴ, ㅁ

P.70

3 (1) $x-2=6$

$x=6+\boxed{2}$ └ 좌변의 -2를 우변으로 이항한다.

따라서 $x=\boxed{8}$이다.

(2) $-2=3x-11$

$-2+(\boxed{-3x})=-11$ └ 우변의 $3x$를 좌변으로 이항한다.

$\boxed{-3x}=-11+2$ └ 좌변의 -2를 우변으로 이항한다.

$-3x=-9$

따라서 $x=\boxed{3}$이다. └ 양변을 x의 계수 -3으로 나눈다.

답 (1) 2, 8 (2) $-3x$, $-3x$, 3

3-1 $3x-4=-x+12$ ┐ x를 포함한 항은 좌변으로,
                          상수항은 우변으로 이항한다.

$3x+\boxed{x}=12+\boxed{4}$ ┐ 동류항끼리 정리한다.

$4x=\boxed{16}$

$\dfrac{4x}{4}=\dfrac{16}{4}$ ┐ 양변을 x의 계수 4로 나눈다.

$x=\boxed{4}$

답 x, 4, 16, 4

4 (1) $5x+2=-13$에서 2를 우변으로 이항하면

$5x=-13-2$, $5x=-15$

양변을 x의 계수 5로 나누면

$\dfrac{5x}{5}=\dfrac{-15}{5}$, $x=-3$

(2) $4=-2-3x$에서 4를 우변으로, $-3x$를 좌변으로 이
  항하면

$3x=-2-4$, $3x=-6$

양변을 x의 계수 3으로 나누면

$\dfrac{3x}{3}=\dfrac{-6}{3}$, $x=-2$

(3) $x-5=5x+11$에서 -5를 우변으로, $5x$를 좌변으로
  이항하면

$x-5x=11+5$, $-4x=16$

양변을 x의 계수 -4로 나누면

$\dfrac{-4x}{-4}=\dfrac{16}{-4}$, $x=-4$

(4) $-2x-3=4x+9$에서 -3을 우변으로, $4x$를 좌변으
  로 이항하면

$-2x-4x=9+3$, $-6x=12$

양변을 x의 계수 -6으로 나누면

$\dfrac{-6x}{-6}=\dfrac{12}{-6}$, $x=-2$

답 (1) $x=-3$ (2) $x=-2$ (3) $x=-4$ (4) $x=-2$

4-1 (1) $5x-7=13$에서 $5x=13+7$, $5x=20$

따라서 $x=4$이다.

(2) $11x+9=-4x-6$에서

$11x+4x=-6-9$, $15x=-15$

따라서 $x=-1$이다.

(3) $3x-11=x+19$에서 $3x-x=19+11$, $2x=30$

따라서 $x=15$이다.

(4) $-4x-1=2x$에서 $-4x-2x=1$, $-6x=1$

따라서 $x=-\dfrac{1}{6}$이다.

답 (1) $x=4$ (2) $x=-1$ (3) $x=15$ (4) $x=-\dfrac{1}{6}$

P.71

5 (1) $3(x-2)=x+10$에서 괄호를 풀면

$\boxed{3x}-\boxed{6}=x+10$

-6과 x를 각각 이항하면

$\boxed{3x}-x=10+\boxed{6}$

동류항끼리 정리하면

$\boxed{2}x=\boxed{16}$

양변을 x의 계수 2로 나누면

$x=\boxed{8}$이다.

(2) $4(x-1)=-3(x+6)$에서 괄호를 풀면

$4x-\boxed{4}=-3x-\boxed{18}$

-4와 $-3x$를 각각 이항하면

$4x+\boxed{3x}=-18+\boxed{4}$

동류항끼리 정리하면

$\boxed{7}x=\boxed{-14}$

양변을 x의 계수 7로 나누면

$x=\boxed{-2}$이다.

답 (1) $3x$, 6, $3x$, 6, 2, 16, 8
  (2) 4, 18, $3x$, 4, 7, -14, -2

5-1 (1) $5(x-3)=-x+3$에서

$5x-15=-x+3$, $6x=18$

따라서 $x=3$이다.

(2) $3x=2(x-1)+7$에서

$3x=2x-2+7$, $3x-2x=5$

따라서 $x=5$이다.

(3) $3(2x-5)=-(x+1)$에서

$6x-15=-x-1$, $7x=14$

따라서 $x=2$이다.

(4) $4(2x-3)=9(x-4)+16$에서
$8x-12=9x-36+16$, $-x=-8$
따라서 $x=8$이다.

답 (1) $x=3$ (2) $x=5$ (3) $x=2$ (4) $x=8$

6 (1) $(x-5):(x+4)=2:5$에서 내항의 곱과 외항의 곱이 같으므로
$2(x+4)=5(x-5)$
괄호를 풀면
$2x+8=5x-25$
이항하여 동류항끼리 정리하면
$2x-5x=-25-8$, $-3x=-33$
따라서 $x=11$이다.

(2) $(x-2):3=(2x-1):4$에서 내항의 곱과 외항의 곱이 같으므로
$3(2x-1)=4(x-2)$
괄호를 풀면
$6x-3=4x-8$
이항하여 동류항끼리 정리하면
$6x-4x=-8+3$, $2x=-5$
따라서 $x=-\dfrac{5}{2}$이다.

답 (1) $x=11$ (2) $x=-\dfrac{5}{2}$

6-1 (1) $2:3x=5:7$에서
$3x\times5=2\times7$, $15x=14$
따라서 $x=\dfrac{14}{15}$이다.

(2) $(1-x):2x=3:4$에서
$2x\times3=4(1-x)$, $6x=4-4x$
$6x+4x=4$, $10x=4$
따라서 $x=\dfrac{2}{5}$이다.

(3) $(-x-1):(2x-3)=3:2$에서
$3(2x-3)=2(-x-1)$
$6x-9=-2x-2$, $6x+2x=-2+9$, $8x=7$
따라서 $x=\dfrac{7}{8}$이다.

(4) $3:(-2x+1)=5:(3x-2)$에서
$5(-2x+1)=3(3x-2)$
$-10x+5=9x-6$, $-10x-9x=-6-5$
$-19x=-11$
따라서 $x=\dfrac{11}{19}$이다.

답 (1) $x=\dfrac{14}{15}$ (2) $x=\dfrac{2}{5}$ (3) $x=\dfrac{7}{8}$ (4) $x=\dfrac{11}{19}$

7 (1) $0.3x+0.5=0.1x-0.3$의 양변에 10을 곱하면
$(0.3x+0.5)\times\boxed{10}=(0.1x-0.3)\times\boxed{10}$
괄호를 풀면
$3x+\boxed{5}=x-\boxed{3}$
이항하여 정리하면
$3x-\boxed{x}=-3-5$
$\boxed{2}x=\boxed{-8}$
따라서 $x=\boxed{-4}$이다.

[다른 풀이]
소수인 계수를 정수로 고치지 않고 다음과 같이 풀 수도 있다.
$0.3x+0.5=0.1x-0.3$에서
$0.3x-0.1x=-0.3-0.5$, $0.2x=-0.8$
양변을 x의 계수 0.2로 나누면 $\dfrac{0.2x}{0.2}=\dfrac{-0.8}{0.2}$
따라서 $x=-4$이다.

(2) $0.3x+0.05=0.65$의 양변에 100을 곱하면
$(0.3x+0.05)\times\boxed{100}=0.65\times\boxed{100}$
괄호를 풀면
$\boxed{30x}+5=\boxed{65}$
이항하여 정리하면
$\boxed{30x}=\boxed{65}-5$
$\boxed{30}x=\boxed{60}$
따라서 $x=\boxed{2}$이다.

답 (1) 10, 10, 5, 3, x, 2, -8, -4
(2) 100, 100, 30x, 65, 30x, 65, 30, 60, 2

7-1 (1) $1.1x+0.9=-0.4x-0.6$의 양변에 10을 곱하면
$11x+9=-4x-6$, $15x=-15$
따라서 $x=-1$이다.

(2) $1.25x-2.1=0.05x+0.3$의 양변에 100을 곱하면
$125x-210=5x+30$, $120x=240$
따라서 $x=2$이다.

(3) $0.6(x-3)=1.2(x+1)+6$의 양변에 10을 곱하면
$6(x-3)=12(x+1)+60$
$6x-18=12x+72$, $-6x=90$
따라서 $x=-15$이다.

(4) $0.04(x+1)=0.17x+0.3$의 양변에 100을 곱하면
$4(x+1)=17x+30$, $4x+4=17x+30$, $-13x=26$
따라서 $x=-2$이다.

답 (1) $x=-1$ (2) $x=2$ (3) $x=-15$ (4) $x=-2$

8 (1) $\dfrac{x}{2}-\dfrac{x}{3}=\dfrac{5}{6}$의 양변에 분모 2, 3, 6의 최소공배수 6을 곱하면
$\left(\dfrac{x}{2}-\dfrac{x}{3}\right)\times\boxed{6}=\dfrac{5}{6}\times\boxed{6}$

괄호를 풀면
$$3x - \boxed{2x} = \boxed{5}$$
따라서 $x = \boxed{5}$ 이다.

[다른 풀이]

분수인 계수를 정수로 고치지 않고 다음과 같이 풀 수도 있다.

$\dfrac{x}{2} - \dfrac{x}{3} = \dfrac{5}{6}$ 에서

$\left(\dfrac{1}{2} - \dfrac{1}{3} \right) x = \dfrac{5}{6}$, $\dfrac{1}{6}x = \dfrac{5}{6}$

양변에 x의 계수인 $\dfrac{1}{6}$의 역수 6을 곱하면

$$\dfrac{1}{6}x \times 6 = \dfrac{5}{6} \times 6$$

따라서 $x = 5$ 이다.

(2) $\dfrac{x-5}{6} = \dfrac{x+2}{4} - 1$ 의 양변에 분모 6, 4의 최소공배수

12를 곱하면

$$\dfrac{x-5}{6} \times \boxed{12} = \left(\dfrac{x+2}{4} - 1 \right) \times \boxed{12}$$

괄호를 풀면

$$2x - \boxed{10} = 3x + \boxed{6} - 12$$
$$2x - \boxed{3x} = \boxed{-6} + 10$$
$$\boxed{-x} = 4$$

따라서 $x = \boxed{-4}$ 이다.

🈲 (1) 6, 6, 2x, 5, 5 (2) 12, 12, 10, 6, 3x, −6, −x, −4

8-1 (1) $\dfrac{x}{6} - \dfrac{x}{9} = \dfrac{1}{2}$ 의 양변에 분모 6, 9, 2의 최소공배수 18을

곱하면

$$\left(\dfrac{x}{6} - \dfrac{x}{9} \right) \times 18 = \dfrac{1}{2} \times 18, \ 3x - 2x = 9$$

따라서 $x = 9$ 이다.

(2) $\dfrac{4-3x}{2} = x - 3$ 의 양변에 2를 곱하면

$$4 - 3x = 2(x-3), \ 4 - 3x = 2x - 6, \ -5x = -10$$

따라서 $x = 2$ 이다.

(3) $\dfrac{2x+1}{3} = 1 - \dfrac{x-1}{2}$ 의 양변에 분모 3, 2의 최소공배수

6을 곱하면

$$\dfrac{2x+1}{3} \times 6 = \left(1 - \dfrac{x-1}{2} \right) \times 6,$$
$$2(2x+1) = 6 - 3(x-1)$$
$$4x + 2 = 6 - 3x + 3, \ 7x = 7$$

따라서 $x = 1$ 이다.

(4) $\dfrac{3}{2}x + 1 = 0.5(5-x)$ 의 양변에 2를 곱하면

$$3x + 2 = 5 - x, \ 4x = 3$$

따라서 $x = \dfrac{3}{4}$ 이다.

🈲 (1) $x = 9$ (2) $x = 2$ (3) $x = 1$ (4) $x = \dfrac{3}{4}$

P.73

9 (1) $x = -2$ 가 방정식 $x - 2a = 0$의 해이므로

$x = -2$ 를 $x - 2a = 0$에 대입하면

$$-2 - 2a = 0, \ -2a = 2$$

따라서 $a = -1$ 이다.

[다른 풀이]

$x - 2a = 0$에서 $x = 2a$

그런데 $x = -2$ 가 방정식 $x - 2a = 0$의 해이므로

$$-2 = 2a, \ -2a = 2$$

이 식의 양변을 -2로 나누면 $\dfrac{-2a}{-2} = \dfrac{2}{-2}$

따라서 $a = -1$ 이다.

(2) $x = -2$ 가 방정식 $2x + 3 = 3x - 5a$의 해이므로

$x = -2$ 를 $2x + 3 = 3x - 5a$에 대입하면

$$2 \times (-2) + 3 = 3 \times (-2) - 5a$$
$$-1 = -6 - 5a, \ 5a = -6 + 1, \ 5a = -5$$

따라서 $a = -1$ 이다.

🈲 (1) -1 (2) -1

9-1 (1) $x = -1$ 이 방정식 $3x + a = x - 2a$의 해이므로

$x = -1$ 을 이 방정식에 대입하면

$$3 \times (-1) + a = -1 - 2a$$
$$-3 + a = -1 - 2a, \ 3a = 2$$

따라서 $a = \dfrac{2}{3}$ 이다.

(2) $x = -12$ 가 방정식 $-\dfrac{1}{5}(x-2) = 0.1x + a$의 해이므로

$x = -12$ 를 이 방정식에 대입하면

$$-\dfrac{1}{5}\{(-12) - 2\} = 0.1 \times (-12) + a$$
$$\dfrac{14}{5} = -1.2 + a$$

이 방정식의 양변에 5를 곱하면

$$14 = -6 + 5a, \ -5a = -20$$

따라서 $a = 4$ 이다.

🈲 (1) $\dfrac{2}{3}$ (2) 4

10 $-2x - 3 = 1$에서 $-2x = 4$

따라서 $x = -2$ 이다.

두 일차방정식의 해가 서로 같으므로

$x = -2$ 도 $ax - 3 = 5$의 해이다.

그러므로 $x = -2$ 를 $ax - 3 = 5$에 대입하면

$$a \times (-2) - 3 = 5, \ -2a = 8$$

따라서 $a = -4$ 이다.

🈲 -4

10-1 (1) $5x + 4 = 2(x-1)$에서

$$5x + 4 = 2x - 2, \ 3x = -6$$

따라서 $x=-2$이다.

두 일차방정식의 해가 서로 같으므로

$x=-2$도 $\dfrac{1}{2}x-3=\dfrac{x-k}{3}$의 해이다.

그러므로 $x=-2$를 $\dfrac{1}{2}x-3=\dfrac{x-k}{3}$에 대입하면

$\dfrac{1}{2}\times(-2)-3=\dfrac{-2-k}{3}$

$-4=\dfrac{-2-k}{3}$, $-12=-2-k$, $k=-2+12$

따라서 $k=10$이다.

(2) $0.5x+0.3=0.3x-0.5$의 양변에 10을 곱하면

$5x+3=3x-5$, $2x=-8$

따라서 $x=-4$이다.

두 일차방정식의 해가 서로 같으므로

$x=-4$도 $4x=k-2x$의 해이다.

그러므로 $x=-4$를 $4x=k-2x$에 대입하면

$4\times(-4)=k-2\times(-4)$

$-16=k+8$, $-k=8+16$

따라서 $k=-24$이다.

[다른 풀이]

$0.5x+0.3=0.3x-0.5$를 풀면 $x=-4$

$4x=k-2x$에서 $4x+2x=k$, $6x=k$, $x=\dfrac{k}{6}$

두 일차방정식의 해가 같으므로 $\dfrac{k}{6}=-4$

따라서 $k=-24$이다.

답 (1) 10 (2) -24

실력 다지기 PP.74~77

01 ④	02 ③	03 ①, ⑤	04 ②
05 풀이 참조		06 (1) $x=2$ (2) $x=-2$	
(3) $x=4$	07 ②	08 ①	09 -2	10 $x=14$
11 ②	12 ⑤	13 3	14 풀이 참조
15 ②	16 ③	17 풀이 참조	18 $x=\dfrac{11}{2}$

01 ④ $-2x+3=3x-1$ $\Rightarrow$ $-2x-3x=-1-3$

따라서 옳지 않은 것은 ④이다.

02 등식의 성질 네 가지 중에서

(i) 양변에 같은 수를 더하여도 등식은 성립한다.

(ii) 양변에서 같은 수를 빼어도 등식은 성립한다.

를 간단히 한 것이 바로 '이항'이다.

따라서 '좌변의 -3을 이항한다.'는 것과 뜻이 같은 것은 '양변에 3을 더한다.'이다.

03 ① $3x-1=5$에서 $3x-6=0$이므로 일차방정식이다.

② $13-5\times2=3$은 미지수를 포함하지 않았으므로 방정식이 아니다.

③ $3x-5=3x-1$에서 $0\times x-4=0$

좌변이 일차식이 아니므로 일차방정식이 아니다.

④ $2(x+1)=2x+5$에서 $2x+2=2x+5$

$2x-2x+2-5=0$, $0\times x-3=0$

좌변이 일차식이 아니므로 일차방정식이 아니다.

⑤ $x^2-x+3=4x+x^2$에서 $x^2-x+3-4x-x^2=0$

좌변을 정리하면 $-5x+3=0$이므로 일차방정식이다.

따라서 일차방정식은 ①, ⑤이다.

04 $3x-1=ax+7$에서

$3x-1-ax-7=0$, $(3-a)x-8=0$

이때 x의 계수 $3-a$가 0이 아니어야 일차방정식이므로

$3-a\neq0$

따라서 $a\neq3$이다.

05 $7x+9=5x+4$에서 $7x-5x=4-9$

$2x=-5$ 또는 $-2x=5$ …… ❶

이때 $|a|$, $|b|$는 서로소이므로

$a=2$, $b=-5$ 또는 $a=-2$, $b=5$이다. …… ❷

따라서 $ab=2\times(-5)=-10$이다. …… ❸

단계	채점 기준	배점 비율
❶	주어진 일차방정식을 $ax=b$ 꼴로 나타낸다.	50 %
❷	a, b의 값을 구한다.	40 %
❸	$a+b$의 값을 구한다.	10 %

06 (1) $3(x-1)=x+1$에서

$3x-3=x+1$, $3x-x=1+3$, $2x=4$

따라서 $x=2$이다.

(2) $-2(x-1)=x+8$에서

$-2x+2=x+8$, $-2x-x=8-2$, $-3x=6$

따라서 $x=-2$이다.

(3) $4(x-3)=3(x-2)-2$에서

$4x-12=3x-6-2$, $4x-12=3x-8$

$4x-3x=-8+12$

따라서 $x=4$이다.

07 $5x-3=x-5$에서

$5x-x=-5+3$, $4x=-2$

따라서 $x=-\dfrac{1}{2}$이다.

① $x+16=-x$에서

$x+x=-16$, $2x=-16$

따라서 $x=-8$이다.

② $3x-5=-x-7$에서

$3x+x=-7+5,\ 4x=-2$

따라서 $x=-\dfrac{1}{2}$이다.

③ $-2x+5=7x+5$에서

$-2x-7x=5-5,\ -9x=0$

따라서 $x=0$이다.

④ $\dfrac{1}{3}x-1=8$에서

$\dfrac{1}{3}x=8+1,\ \dfrac{1}{3}x=9$

따라서 $x=27$이다.

⑤ $\dfrac{1}{2}x-5=-1$에서

$\dfrac{1}{2}x=-1+5,\ \dfrac{1}{2}x=4$

따라서 $x=8$이다.

따라서 주어진 방정식과 해가 같은 방정식은 ②이다.

08 ① $9-x=5x-15$에서

$-x-5x=-15-9,\ -6x=-24$

따라서 $x=4$이다.

② $8-2(x-3)=3x+10$에서

$8-2x+6=3x+10,\ -2x+14=3x+10$

$-2x-3x=10-14,\ -5x=-4$

따라서 $x=\dfrac{4}{5}$이다.

③ $\dfrac{5}{3}x+1=0.2$에서

$\left(\dfrac{5}{3}x+1\right)\times15=0.2\times15$

$25x+15=3,\ 25x=3-15,\ 25x=-12$

따라서 $x=-\dfrac{12}{25}$이다.

④ $\dfrac{x+3}{2}=3-\dfrac{x}{5}$에서

$\dfrac{x+3}{2}\times10=\left(3-\dfrac{x}{5}\right)\times10$

$5x+15=30-2x,\ 5x+2x=30-15$

$7x=15$

따라서 $x=\dfrac{15}{7}$이다.

⑤ $0.4(x-3)=0.7x+3$에서

$0.4(x-3)\times10=(0.7x+3)\times10$

$4(x-3)=7x+30,\ 4x-12=7x+30$

$4x-7x=30+12,\ -3x=42$

따라서 $x=-14$이다.

따라서 가장 큰 해를 갖는 일차방정식은 ①이다.

09 비례식은 내항의 곱과 외항의 곱이 같으므로

$(3x-2):(x-4)=4:3$에서

$4(x-4)=3(3x-2),\ 4x-16=9x-6$

$4x-9x=-6+16,\ -5x=10$

따라서 $x=-2$이다.

10 0.5는 $\dfrac{1}{2}$이므로 등식의 양변에 분모 2와 3의 최소공배수 6을 곱하면

$6\times0.5(x-4)-6\times\dfrac{x-2}{3}=6\times1$

$3(x-4)-2(x-2)=6$

$3x-12-2x+4=6,\ 3x-2x=6+12-4$

따라서 $x=14$이다.

11 등식 $\dfrac{x}{2}-\dfrac{5-3x}{4}=5$는 x에 대한 일차방정식이다.

$\dfrac{x}{2}-\dfrac{5-3x}{4}=5$의 양변에 4를 곱하면

$2x-5+3x=20,\ 2x+3x=20+5$

$5x=25,\ x=5$

따라서 옳은 것은 ㄱ, ㄷ이다.

12 ① 등식의 양변에 분모 2와 3의 최소공배수 6을 곱한다.

② 등식의 양변에 분모 2, 3, 4의 최소공배수 12를 곱한다.

③ 등식의 양변에 10을 곱한다.

④ 등식의 양변에 5와 10의 최소공배수 10을 곱한다.

⑤ 등식의 양변에 분모 5와 3의 최소공배수 15를 곱한다.

따라서 최소의 자연수를 곱하려고 할 때, 가장 큰 수를 곱해야 하는 것은 ⑤이다.

13 방정식 $3x-1=2x-3$에서

$3x-2x=-3+1$

따라서 $x=-2$이다.

두 일차방정식의 해가 서로 같으므로

$x=-2$를 방정식 $ax-3=x-7$에 대입하면

$a\times(-2)-3=-2-7,\ -2a-3=-9$

$-2a=-9+3,\ -2a=-6$

따라서 $a=3$이다.

14 오른쪽 그림에서

$-3(x-2)$

$=-3x+6$

$-3+(-3x+5)$

$=-3x+2$

$-3x+6+(-3x+2)=-4$ ······ ❷

$-6x=-12$

따라서 $x=2$이다. ······ ❸

단계	채점 기준	배점 비율
❶	□ 안에 알맞은 식을 각각 구한다.	40 %
❷	x에 대한 방정식을 세운다.	30 %
❸	x의 값을 구한다.	30 %

15 $4-\dfrac{x}{3}=\dfrac{7-x}{2}$의 양변에 6을 곱하면

$24-2x=3(7-x)$, $24-2x=21-3x$, $x=-3$

따라서 $a=-3$이다.

$0.5-0.4x=2-0.25x$의 양변에 100을 곱하면

$50-40x=200-25x$, $-15x=150$, $x=-10$

따라서 $b=-10$이다.

따라서 $a+b=(-3)+(-10)=-13$이다.

16 $2(7-2x)=a$에서

$14-4x=a$, $-4x=a-14$

따라서 $x=\dfrac{14-a}{4}$이다.

이때 $\dfrac{14-a}{4}$가 자연수가 되려면 a가 자연수이므로 $14-a$

는 14보다 작은 4의 배수가 되어야 한다.

(i) $14-a=4$일 때,

　$-a=-10$에서 $a=10$

(ii) $14-a=8$일 때,

　$-a=-6$에서 $a=6$

(iii) $14-a=12$일 때,

　$-a=-2$에서 $a=2$

(i), (ii), (iii)에서 가능한 자연수 a의 개수는 3이다.

17 $(3x-1):5=(2x-3):4$에서

$5(2x-3)=4(3x-1)$

$10x-15=12x-4$, $-2x=11$

따라서 $x=-\dfrac{11}{2}$이다. …… ❶

$x=-\dfrac{11}{2}$을 $0.5\left(x-\dfrac{1}{2}\right)=\dfrac{2x-a}{3}$에 대입하면 …… ❷

$\dfrac{1}{2}\left(-\dfrac{11}{2}-\dfrac{1}{2}\right)=\dfrac{-11-a}{3}$, $-3=\dfrac{-11-a}{3}$

$-9=-11-a$, $a=-11+9$

따라서 $a=-2$이다. …… ❸

단계	채점 기준	배점 비율
❶	x의 값을 구한다.	40 %
❷	x의 값을 a가 있는 일차방정식에 대입한다.	20 %
❸	a의 값을 구한다.	40 %

18 $1-x=\dfrac{2x-1}{3}$에서

$3(1-x)=2x-1$, $3-3x=2x-1$

$-3x-2x=-1-3$, $-5x=-4$

따라서 $x=\dfrac{4}{5}$이므로 $b=\dfrac{4}{5}$이다.

$b=\dfrac{4}{5}$를 방정식 $\dfrac{5}{4}bx+7=5(x-3)$에 대입하면

$\dfrac{5}{4}\times\dfrac{4}{5}\times x+7=5(x-3)$

$x+7=5x-15$, $x-5x=-15-7$, $-4x=-22$

따라서 $x=\dfrac{11}{2}$이다.

P.78

1 (1) 어떤 수를 x라고 하면 어떤 수에 3을 더한 수는 $\boxed{x+3}$

이고, 어떤 수의 2배는 $2x$이므로 방정식을 세우면
$2\times3=3+3$

$\boxed{x+3=2x}$

(2) 이 방정식을 풀면 $x+3=2x$에서

$x-2x=-3$, $-x=-3$

따라서 $x=\boxed{3}$이므로 어떤 수는 $\boxed{3}$이다.

답 (1) $x+3$, $x+3=2x$　(2) 3, 3

1-1 어떤 수를 x라고 하면 어떤 수의 4배보다 2 작은 수는

$4x-2$이므로 방정식을 세우면 $4x-2=38$
$4\times10-2=38$

이 방정식을 풀면 $4x=38+2$, $4x=40$

따라서 $x=10$이므로 어떤 수는 10이다.

답 10

2 가장 작은 수를 x로 놓으면 연속하는 세 자연수는

x, $x+1$, $x+2$이므로

$x+(x+1)+(x+2)=93$

$3x+3=93$, $3x=90$에서 $x=30$이다.

따라서 가장 작은 자연수는 30이다.
$30+31+32=93$

답 30

2-1 가장 작은 수를 x라고 하면 연속하는 세 자연수는

x, $x+1$, $x+2$이다.

이때 가장 작은 수의 3배는 $3x$이고, 다른 두 수의 합은

$(x+1)+(x+2)=2x+3$이므로 방정식을 세우면

$3x=(2x+3)+4$

이 방정식을 풀면

$3x=2x+3+4$, $3x-2x=7$

따라서 $x=7$이므로 연속하는 세 자연수는 7, 8, 9이다.
$7\times3=(8+9)+4$

답 7, 8, 9

P.79

3 (1) 가로의 길이가 세로의 길이보다 4 cm만큼 더 길다.

따라서 가로의 길이가 x cm이면 세로의 길이는

$2x+2(x-4)=56$
방정식을 이와 같이
세워도 된다. ── ($\boxed{x-4}$)cm이고, 방정식을 세우면 $\boxed{2\{x+(x-4)\}=56}$

(2) 이 방정식을 풀면 $2(2x-4)=56$, $4x-8=56$

$4x=64$, $x=\boxed{16}$ 이므로 가로의 길이는 $\boxed{16}$ cm이다.

답 (1) $x-4$, $2\{x+(x-4)\}=56$ (2) 16, 16

3-1 직육면체의 겉넓이는 넓이가 같은 세 쌍의 직사각형들의 넓이의 합과 같으므로 직육면체의 높이를 x cm라 하고 방정식을 세우면

$2(3\times5+5x+3x)=94$

$2(15+8x)=94$, $30+16x=94$

$16x=64$에서 $x=4$이다.

따라서 이 직육면체의 높이는 4 cm이다.

답 4 cm

4 동생의 나이를 x살이라고 하면 두 사람의 나이의 차가 5살이므로 형의 나이는 $(x+5)$살이다.

올해 형과 동생의 나이의 합이 31살이므로 방정식을 세우면 $x+(x+5)=31$

이 방정식을 풀면 $x+x+5=31$, $2x=31-5$, $2x=26$

따라서 $x=13$이므로 동생의 나이는 13살이다.

답 13살

5 작년 학생 수를 x명이라고 하면 올해 학생 수는 작년보다 20 % 증가했으므로 $(x+0.2x)$명이다.

따라서 방정식을 세우면 $x+0.2x=480$

이 방정식을 풀면 $(x+0.2x)\times10=480\times10$

$10x+2x=4800$, $12x=4800$

따라서 $x=400$이므로 작년 학생 수는 400명이다.

답 400명

P.80

6 (1) (시간)$=\dfrac{(거리)}{(속력)}$이므로 갈 때 걸린 시간은 $\boxed{\dfrac{x}{40}}$시간이고

올 때 걸린 시간은 $\boxed{\dfrac{x}{60}}$시간이다.

(2) 방정식을 세우면 $\boxed{\dfrac{x}{40}+\dfrac{x}{60}=3}$이다.

(3) (2)의 방정식을 풀면 $\dfrac{x}{40}+\dfrac{x}{60}=3$에서

$\left(\dfrac{x}{40}+\dfrac{x}{60}\right)\times120=3\times120$

$3x+2x=360$, $5x=360$

따라서 $x=\boxed{72}$이므로 A, B 사이의 거리는 $\boxed{72}$ km 이다.

답 (1) $\dfrac{x}{40}$, $\dfrac{x}{60}$ (2) $\dfrac{x}{40}+\dfrac{x}{60}=3$ (3) 72, 72

6-1 형이 출발하여 동생을 만날 때까지 걸린 시간을 x분이라고 하면

(동생의 이동 거리)$=60\times14+60\times x$ $\cdots\cdots$ ㉠

(형의 이동 거리)$=200\times x$ $\cdots\cdots$ ㉡
거리 대신 (속력)×(시간)을
이용하여 방정식을 세운다.

㉠$=$㉡이므로 $60x+840=200x$

$-140x=-840$에서 $x=6$이다.

따라서 형은 출발한 지 6분 후에 동생을 만난다.

답 6분

7 (1) 10 %의 소금물에 들어 있는 소금의 양은

$200\times\dfrac{10}{100}=\boxed{20}$ (g)

8 %의 소금물에 들어 있는 소금의 양은

$(200+x)\times\dfrac{8}{100}=\boxed{0.08(200+x)}$ (g)

(2) 방정식을 세우면 $\boxed{0.08(200+x)=20}$

(3) (2)의 방정식을 풀면 $0.08(200+x)=20$에서

$0.08(200+x)\times100=20\times100$

$8(200+x)=2000$, $1600+8x=2000$

$8x=2000-1600$, $8x=400$

즉, $x=\boxed{50}$이므로 더 넣은 물의 양은 $\boxed{50}$ g이다.

답 (1) 20, $0.08(200+x)$ (2) $0.08(200+x)=20$
(3) 50, 50

7-1 10 %의 소금물에 들어 있는 소금의 양은

$300\times\dfrac{10}{100}=30$ (g)이다.
소금의 양 대신 (소금물의 양)×(농도)÷100
을 이용하여 방정식을 세운다.

증발시킨 물의 양을 x g이라고 하면 12 %의 소금물에 들어 있는 소금의 양은

$(300-x)\times\dfrac{12}{100}=0.12(300-x)$ (g)이다.

이때 소금의 양은 변하지 않았으므로 방정식을 세우면 $0.12(300-x)=30$

양변에 100을 곱하면 $12(300-x)=3000$

$3600-12x=3000$, $-12x=-600$, $x=50$

따라서 증발시킨 물의 양은 50 g이다.

답 50 g

P.81

8 (1) 학생들에게 연필을 3자루씩 나누어 주면 12자루가 남으므로 연필의 수는 ($\boxed{3x+12}$)자루이고, 4자루씩 나누어 주면 8자루가 모자라므로 연필의 수는 ($\boxed{4x-8}$)자루이다.

(2) 연필의 수는 변함이 없으므로 방정식을 세우면 $\boxed{3x+12=4x-8}$이다.

(3) (2)의 방정식을 풀면 $3x+12=4x-8$에서

$3x-4x=-8-12$, $-x=-20$, $x=\boxed{20}$

따라서 학생 수는 20명이므로 연필의 수는

$$\underline{3\times20+12}=\boxed{72}\ (\text{자루})\text{이다.} \qquad 4\times20-8=72$$

답 (1) $3x+12,\ 4x-8$ (2) $3x+12=4x-8$ (3) 20, 72

8-1 학생 수를 x명이라고 하면 학생들에게 100원씩 거두면
1000원이 모자라므로 필요한 회비는 $(100x+1000)$원이
고, 150원씩 거두면 250원이 남으므로 필요한 회비는
$(150x-250)$원이다.
필요한 회비는 변함이 없으므로 방정식을 세우면
$100x+1000=150x-250$
이 방정식을 풀면 $100x-150x=-250-1000$
$-50x=-1250,\ x=25$
따라서 학생 수는 25명이다.

답 25명

9 (1) 형이 x일 동안 일을 한 양은 $\boxed{\dfrac{x}{10}}$이다. 또한 동생이 x일

동안 일한 양은 $\boxed{\dfrac{x}{20}}$이다.

(2) 어떤 일을 완성하는 데 일의 양은 1이므로 방정식을 세

우면 $\boxed{\dfrac{1}{10}+\dfrac{x}{10}+\dfrac{x}{20}=1}$

(3) (2)의 방정식을 풀면 $\dfrac{1}{10}+\dfrac{x}{10}+\dfrac{x}{20}=1$에서

등식의 양변에 20을 곱하면
$2+2x+x=20,\ 2x+x=20-2,\ 3x=18$
따라서 $x=\boxed{6}$이므로 형제가 함께 일을 한 기간은 $\boxed{6}$
일이다.

답 (1) $\dfrac{x}{10},\ \dfrac{x}{20}$ (2) $\dfrac{1}{10}+\dfrac{x}{10}+\dfrac{x}{20}$ (3) 6, 6

9-1 어머니는 1분에 전체 일의 양의 $\dfrac{1}{20}$을 하고,

나는 1분에 전체 일의 양의 $\dfrac{1}{30}$을 한다.

두 사람이 같이 청소를 하면 x분만에 일을 끝낼 수 있다고
할 때
$$\left(\begin{array}{c}\text{어머니가 }x\text{분}\\\text{동안 한 일}\end{array}\right)+\left(\begin{array}{c}\text{내가 }x\text{분}\\\text{동안 한 일}\end{array}\right)=1$$

$\dfrac{1}{20}x+\dfrac{1}{30}x=1$에서

등식의 양변에 60을 곱하면
$3x+2x=60,\ 5x=60,\ x=12$
따라서 어머니 혼자서 청소를 하면 20분이 걸리지만 어머
니와 내가 같이 청소를 하면 12분이 걸리므로
$20-12=8\ (분)$이 단축된다.

답 8분

01 (1) -9 (2) 22 (3) 63		**02** ④	**03** ④
04 ②	**05** ②	**06** 10 km	**07** 4.5 km
08 ⑤	**09** 풀이 참조	**10** 11 mL	

01 (1) 어떤 수를 x라고 하면 어떤 수의 2배에서 3을 뺀 수는
$2x-3$이고, 어떤 수에 2를 더한 후 3배한 수는
$(x+2)\times3$이므로 방정식을 세우면
$2x-3=(x+2)\times3$
$2x-3=3x+6,\ 2x-3x=6+3,\ -x=9$
따라서 $x=-9$이므로 어떤 수는 -9이다.

(2) 연속하는 두 자연수 중 작은 수를 x라고 하면 큰 수는
$x+1$이다.
이때 두 자연수의 합이 45이므로 $x+(x+1)=45$
$x+x+1=45,\ x+x=45-1,\ 2x=44$
따라서 $x=22$이므로 작은 수는 22이다.

(3) 일의 자리의 숫자를 x라고 하면 두 자리의 자연수는
$60+x$이고 이 자연수의 각 자리의 숫자의 합의 7배는
$(6+x)\times7$이므로 방정식을 세우면
$60+x=(6+x)\times7,\ 60+x=42+7x$
$x-7x=42-60,\ -6x=-18$
따라서 $x=3$이므로 이 자연수는 63이다.

02 작년 남학생 수를 x명이라고 하면 여학생 수는 $(900-x)$
명이다.
올해는 남학생이 10 % 줄었으므로 남학생 수는 $0.1x$명 감
소이고, 여학생이 5 % 늘었으므로 여학생 수는
$0.05(900-x)$명 증가이다.
그러므로 방정식을 세우면
$-0.1x+0.05(900-x)=-30$
등식의 양변에 100을 곱하면
$-10x+5(900-x)=-3000,$
$-10x+4500-5x=-3000$
$-15x=-7500,\ x=500$
따라서 올해 남학생 수는
$0.9x=0.9\times500=450(명)$이다.

03 사다리꼴의 윗변의 길이를 x cm라 하고 방정식을 세우면
$$\dfrac{1}{2}\times(x+10)\times8=60$$
$4(x+10)=60,\ 4x+40=60$
$4x=60-40,\ 4x=20$
따라서 $x=5$이므로 사다리꼴의 윗변의 길이는 5 cm이다.

04 처음 텃밭의 넓이는 $6\times5=30\ (m^2)$이고, 늘어난 텃밭의

가로의 길이는 $(6+4)$ m, 세로의 길이는 $(5+x)$ m이므로 방정식을 세우면
$10(5+x)=30\times4$, $50+10x=120$
$10x=120-50$, $10x=70$
따라서 $x=7$이다.

05 x년 후에 아버지의 나이가 아들의 나이의 3배가 된다고 하므로 방정식을 세우면 $42+x=3(12+x)$

	올해	x년 후
아버지의 나이	42세	$(42+x)$세
아들의 나이	12세	$(12+x)$세

$42+x=36+3x$, $-2x=-6$, $x=3$
따라서 3년 후에 아버지는 45세, 아들은 15세로 아버지의 나이는 아들의 나이의 3배가 된다.

06 집에서 도서관까지의 거리를 x km라고 하면 시속 6 km로 걸어갈 때 걸린 시간은 $\dfrac{x}{6}$시간이고, 시속 15 km로 자전거를 타고 갈 때 걸린 시간은 $\dfrac{x}{15}$시간이다.
걸어가면 자전거를 타고 가는 것보다 1시간 늦게 도착하므로 방정식을 세우면
$\dfrac{x}{6}=\dfrac{x}{15}+1$이다.
등식의 양변에 분모 6과 15의 최소공배수인 30을 곱하면
$5x=2x+30$, $5x-2x=30$, $3x=30$
따라서 $x=10$이므로 집에서 도서관까지의 거리는 10 km이다.

07 A 지점에서 B 지점까지의 거리가 7 km이므로 시속 3 km로 걸어간 거리를 x km라고 하면 시속 5 km로 걸어간 거리는 $(7-x)$ km이다.

속력	거리	시간
시속 3 km	x km	$\dfrac{x}{3}$ 시간
시속 5 km	$(7-x)$ km	$\dfrac{7-x}{5}$시간

$\left(\begin{array}{c}\text{시속 3 km로}\\\text{걸은 시간}\end{array}\right)+\left(\begin{array}{c}\text{시속 5 km로}\\\text{걸은 시간}\end{array}\right)=(2\text{시간})$
이므로 방정식을 세우면
$\dfrac{x}{3}+\dfrac{7-x}{5}=2$
등식의 양변에 분모 3과 5의 최소공배수인 15를 곱하면
$5x+3(7-x)=30$, $5x+21-3x=30$
$2x=9$, $x=\dfrac{9}{2}$
따라서 시속 3 km로 걸은 거리는 4.5 km이다.

08 의자의 수를 x라 하고 방정식을 세우면
$4x+12=5(x-4)$
$4x+12=5x-20$, $4x-5x=-20-12$, $-x=-32$
$x=32$이므로 학생 수는
$4\times32+12=128+12=140$(명)이다.
$\quad\underline{}5(32-4)=5\times28=140$

09 전체 일의 양을 1이라고 하면 ⋯⋯ ❶
언니는 하루에 전체 일의 양의 $\dfrac{1}{16}$을, 동생은 하루에 전체 일의 양의 $\dfrac{1}{24}$을 하므로 언니가 11일 일을 한 후에 언니와 동생이 함께 x일 동안 같이 일을 해서 완성한다면
$\left(\begin{array}{c}11\text{일 동안}\\\text{언니가 한 일}\end{array}\right)+\left\{\left(\begin{array}{c}x\text{일 동안}\\\text{언니가 한 일}\end{array}\right)+\left(\begin{array}{c}x\text{일 동안}\\\text{동생이 한 일}\end{array}\right)\right\}$
$=(\text{전체 일})$
$\dfrac{1}{16}\times11+\left(\dfrac{1}{16}x+\dfrac{1}{24}x\right)=1$ ⋯⋯ ❷
등식의 양변에 분모 16과 24의 최소공배수인 48을 곱하면
$33+3x+2x=48$, $5x=15$, $x=3$ ⋯⋯ ❸
따라서 3일이 더 걸린다. ⋯⋯ ❹

단계	채점 기준	배점 비율
❶	전체 일의 양을 1로 놓는다.	20 %
❷	일차방정식을 세운다.	40 %
❸	일차방정식을 푼다.	30 %
❹	답을 구한다.	10 %

10 비커 B에서 비커 A로 x mL의 용액을 옮긴다고 하면 옮기고 난 후 비커 A, 비커 B의 용액의 양은 각각 $(143+x)$ mL, $(473-x)$ mL이므로 방정식을 세우면
$473-x=(143+x)\times3$
$473-x=429+3x$, $-4x=-44$, $x=11$
따라서 비커 B에서 비커 A로 옮긴 용액의 양은 11 mL이다.
$\quad\underline{}143+11=154,$
$\quad473-11=462,$
$\quad462=154\times3$

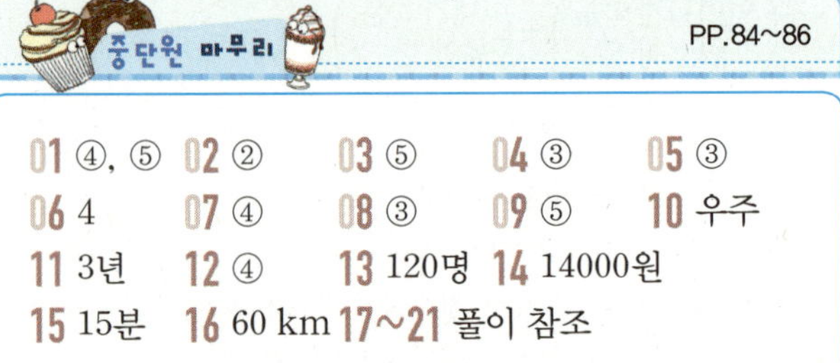

01 ④, ⑤　**02** ②　**03** ⑤　**04** ③　**05** ③
06 4　**07** ④　**08** ③　**09** ⑤　**10** 우주
11 3년　**12** ④　**13** 120명　**14** 14000원
15 15분　**16** 60 km　**17~21** 풀이 참조

01 ①은 등호가 없으므로 등식이 아니다.
②, ③은 부등호가 있으므로 등식이 아니다.
따라서 등식인 것은 ④, ⑤이다.

02 x의 값에 관계없이 항상 참인 등식은 항등식이므로
$3(x-2)=3x-1+a$에서

$3x-6=3x-1+a$
$-6=-1+a$, $a=-5$이다.

03 ⑤ $y=2x$의 양변에 1을 더하면 $y+1=2x+1$이다.
따라서 옳지 않은 것은 ⑤이다.

04
$$2x+3=4x-1$$
$$2x+3+\underline{(-3)}_{①}=4x-1+\underline{(-3)}_{①}$$
$$2x=4x+\underline{(-4)}_{②}$$
$$2x-\underline{(4x)}_{③}=4x-4-\underline{(4x)}_{③}$$
$$\underline{(-2x)}_{④}=-4$$
$$x=\underline{(2)}_{⑤}$$
③에서 마이너스 부호($-$)가 이미 괄호 앞에 있으므로
③ $(4x)$이다.
따라서 옳지 않은 것은 ③이다.

05 $-3x\underline{-4}=-5$에서 밑줄 친 -4를 우변으로 이항하면
$-3x=-5+4$이다.

06 비례식은 내항의 곱과 외항의 곱이 같으므로
$(x-5):(2x+3)=1:3$에서
$2x+3=3(x-5)$, $2x+3=3x-15$, $-x=-18$
따라서 $x=18$이다.
$x=18$을 $x-2a=10$에 대입하면
$18-2a=10$, $-2a=-8$이므로 $a=4$이다.

07 $\dfrac{1}{4}x+\dfrac{4}{3}=\dfrac{1}{2}x-\dfrac{2}{3}$의 양변에 분모 4, 3, 2의 최소공배수
인 12를 곱하면 $3x+16=6x-8$
$3x-6x=-8-16$, $-3x=-24$
따라서 $x=8$이다.

08 $0.5(1+2x)=\dfrac{1}{4}x+0.2$는 $\dfrac{1}{2}(1+2x)=\dfrac{1}{4}x+\dfrac{1}{5}$이므
로 계수를 모두 정수로 바꾸기 위해서는 등식의 양변에 분
모 2, 4, 5의 최소공배수인 20을 곱해야 한다.

09 $-2(x-3)=a(2x-1)$의 해가 $x=1$이므로 $x=1$을 이
방정식에 대입하면
$-2(1-3)=a(2\times1-1)$, $-2\times(-2)=a\times1$
따라서 $a=4$이다.

10 사다리타기게임을 하면
민서는 일차방정식 $0.4x-1.2=0.1x-0.9$에 해당된다.
이 식의 양변에 10을 곱하면 $4x-12=x-9$, $3x=3$
따라서 $x=1$이다.

지연이는 일차방정식 $4x+3=2(x-4)+1$에 해당된다.
$4x+3=2x-8+1$, $2x=-10$
따라서 $x=-5$이다.
우주는 일차방정식 $\dfrac{x}{2}-\dfrac{2x-1}{5}=1$에 해당된다.
이 식의 양변에 10을 곱하면
$5x-2(2x-1)=10$, $5x-4x+2=10$
따라서 $x=8$이다.
따라서 그 해가 가장 큰 사람은 우주이므로 우주가 간식을
먹게 된다.

11 x년 후에 부모님의 나이의 합이 자녀 나이의 합의 4배가
된다고 하면
$(41+x)+(37+x)=4\{(11+x)+(4+x)\}$
$2x+78=4(2x+15)$
$2x+78=8x+60$, $2x-8x=60-78$
$-6x=-18$, $x=3$
따라서 3년 후에 부모님의 나이의 합이 자녀 나이의 합의 4
배가 된다.
$$\underline{44+40=(14+7)\times4}$$
$$84=21\times4$$

12 $ax-2=3(-x+2)+2x$에서
$ax-2=-3x+6+2x$, $ax+3x-2x=6+2$
$ax+x=8$, $(a+1)x=8$, $x=\dfrac{8}{a+1}$
이때 해가 자연수이려면 $a+1$이 8의 약수이어야 한다.
8의 약수는 1, 2, 4, 8이므로 $a+1$은 1, 2, 4, 8이다.
따라서 a의 값은 0, 1, 3, 7이다.

13 합격자가 50명이고 합격자의 남녀의 비가 $3:2$이므로
남자 합격자는 30명, 여자 합격자는 20명이다.
지원자의 남녀의 비가 $2:3$이므로 남자 지원자를 $2x$명,
여자 지원자를 $3x$명이라고 하면 남자 불합격자는
$(2x-30)$명, 여자 불합격자는 $(3x-20)$명이다.
불합격자의 남녀의 비가 $1:2$이므로 비례식을 이용하여
일차방정식을 세우면
$(2x-30):(3x-20)=1:2$
$3x-20=2(2x-30)$
$3x-20=4x-60$, $-x=-40$, $x=40$
따라서 여자 지원자는 $3x=3\times40=120$(명)이다.

14 원가를 x원이라고 하면 원가에 10 %의 이익을 붙인 것이
정가이므로 정가는 $(x+0.1x)$원이다.
이때 정가에서 400원 할인하여 팔았더니 1000원의 이익이
생겼으므로 방정식을 세우면
$\{(x+0.1x)-400\}-x=1000$
등식의 양변에 10을 곱하면
$(10x+x)-4000-10x=10000$

$10x+x-10x=10000+4000$

$x=14000$

따라서 이 상품의 원가는 14000원이다.

15 형이 출발한 지 x분 후에 동생과 만난다면

	속력	시간	거리
형	분속 100 m	x분	$100x$ m
동생	분속 75 m	$(5+x)$분	$75(5+x)$ m

형이 걸은 거리와 동생이 걸은 거리가 같으므로, 즉
(형이 걸은 거리)=(동생이 걸은 거리)이므로

$100x=75(5+x)$, $100x=375+75x$

$25x=375$, $x=15$이다.

따라서 형이 출발한 지 15분 후에 동생과 만난다.

16 찰스가 A 도시로부터 x km 떨어진 지점에서 되돌아왔다

면 찰스가 되돌아온 지점까지 걸린 시간은 $\dfrac{x}{80}$시간이고

A 도시에서 시속 90 km로 B 도시까지 간 시간은

$\dfrac{270}{90}=3$(시간)이므로 방정식을 세우면

$\dfrac{x}{80}\times2+3=\dfrac{9}{2}$, $\dfrac{x}{40}=\dfrac{9}{2}-3$

$\dfrac{x}{40}=\dfrac{3}{2}$, $2x=120$, $x=60$이다.

따라서 찰스는 A 도시로부터 60 km 떨어진 지점에서 되돌아왔다.

17 $|x|$가 있으므로 x의 범위를 나누어서 방정식을 생각한다.

(i) $x\geq0$이면 $|x|=x$이므로 $x+3x=16$ ······ ❶

(ii) $x<0$이면 $|x|=-x$이므로 $x-3x=16$ ······ ❷

각 방정식을 풀면

$x+3x=16$, $4x=16$, $x=4$

$x-3x=16$, $-2x=16$, $x=-8$

따라서 구하는 해는 $x=4$ 또는 $x=-8$이다. ······ ❸

단계	채점 기준	배점 비율
❶	$x\geq0$일 때 일차방정식을 세운다.	30 %
❷	$x<0$일 때 일차방정식을 세운다.	30 %
❸	x의 값을 구한다.	40 %

$4+3\times|4|=16$, $-8+3\times|-8|=-8+24=16$

18 일차방정식 $\dfrac{1}{3}x+1=\dfrac{5x+3}{4}+3$을 풀면

$4x+12=3(5x+3)+36$, $4x+12=15x+9+36$

$4x-15x=9+36-12$, $-11x=33$

따라서 $x=-3$이다. ······ ❶

$x=-3$을 일차방정식 $2x-1=3x+a$에 대입하면

$2\times(-3)-1=3\times(-3)+a$

$-6-1=-9+a$, $-a=-9+6+1$, $-a=-2$

따라서 $a=2$이다. ······ ❷

단계	채점 기준	배점 비율
❶	일차방정식 $\dfrac{1}{3}x+1=\dfrac{5x+3}{4}+3$을 푼다.	60 %
❷	a의 값을 구한다.	40 %

19 강당의 의자의 개수를 x라고 하면 학생 수는

$$\begin{cases}4x+48\\5(x-15)+3\end{cases}$$ ······ ❶

의 두 가지 방법으로 나타나는데 두 식이 서로 같으므로

$4x+48=5(x-15)+3$ ······ ❷

$4x+48=5x-75+3$, $x=120$

따라서 강당의 의자의 개수는 120이다. ······ ❸

단계	채점 기준	배점 비율
❶	의자의 개수를 x로 놓고 식을 나타낸다.	40 %
❷	일차방정식을 세운다.	30 %
❸	의자의 개수를 구한다.	30 %

20 오른쪽 그림과 같이 색칠한 날짜 중 한 가운데에 해당하는 날짜를 x일로 놓고 방정식을 세우면

$x-8$	$x-7$	$x-6$
	x	
$x+6$	$x+7$	$x+8$

$(x-8)+(x-7)+(x-6)+x+(x+6)+(x+7)$
$\qquad\qquad+(x+8)=91$ ······ ❶

$7x=91$, $x=13$ ······ ❷

따라서 한 가운데에 해당하는 날짜는 13일이다. ······ ❸

단계	채점 기준	배점 비율
❶	일차방정식을 세운다.	50 %
❷	일차방정식을 푼다.	30 %
❸	한 가운데 날짜를 구한다.	20 %

21 강물은 A 지점에서 B 지점으로 시속 3 km로 흐르고 유람선은 시속 6 km이므로

(A 지점에서 B 지점으로 갈 때의 실제 유람선의 속력)
$=3+6=9$ (km/시) ······ ❶

(B 지점에서 A 지점으로 갈 때의 실제 유람선의 속력)
$=(-3)+6=3$ (km/시) ······ ❷

이다. 두 지점 A, B 사이의 거리를 x km라고 하면

$\dfrac{x}{9}+\dfrac{x}{3}=8$이다. ······ ❸

양변에 9를 곱하면

$x+3x=72$, $4x=72$, $x=18$ ······ ❹

따라서 두 지점 A, B 사이의 거리는 18 km다.

단계	채점 기준	배점 비율
❶	A 지점에서 B 지점으로 갈 때의 실제 유람선의 속력을 구한다.	25 %
❷	B 지점에서 A 지점으로 갈 때의 실제 유람선의 속력을 구한다.	25 %
❸	일차방정식을 세운다.	30 %
❹	두 지점 A, B 사이의 거리를 구한다.	20 %

Ⅳ 좌표평면과 그래프

1. 좌표평면과 그래프

 **01 좌표와 좌표평면**

P.88

1 답

1-1 답 (1) $A(-4)$, $B\left(\dfrac{1}{2}\right)$, $C(3)$　(2) $D\left(-\dfrac{3}{2}\right)$, $E\left(\dfrac{7}{3}\right)$

2 답 (1) 다, 10　(2) 105, 502

2-1 답 $(2, 7)$, $(2, 8)$, $(3, 7)$, $(3, 8)$

P.89

3 답 (1) a, b　(2) 4, 7

3-1 답 2, 3, -3, 3

4 답
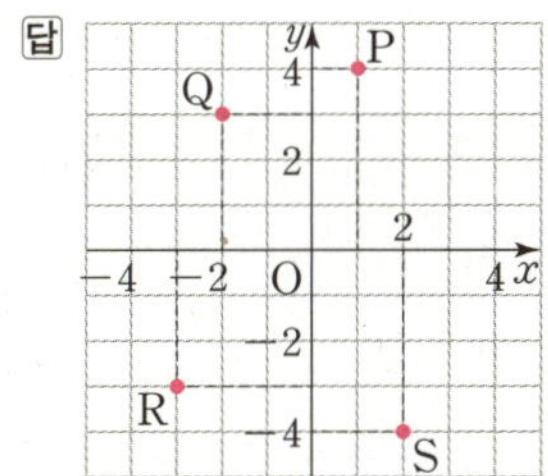

참고
제1사분면 위의 점은 $(+, +)$,
제2사분면 위의 점은 $(-, +)$,
제3사분면 위의 점은 $(-, -)$,
제4사분면 위의 점은 $(+, -)$이고,
x축 또는 y축 위의 점은 어느 사분면 위에도 있지 않다.

4-1 답 $A(3, 2)$, $B(-3, 1)$, $C(0, -2)$, $D(2, -3)$

4-2 (1) $A(3, -2)$
(2) x축 위에 있으면 y좌표가 0이므로 $B(-5, 0)$
(3) y축 위에 있으면 x좌표가 0이므로 $C(0, 1)$
(4) x축과 y축의 교점은 원점이므로 $D(0, 0)$
　　　　답 (1) $A(3, -2)$　(2) $B(-5, 0)$
　　　　　　(3) $C(0, 1)$　　(4) $D(0, 0)$

P.90

5 답 (1) 제1사분면　　　(2) 제2사분면
　　　(3) 제4사분면　　　(4) 제3사분면

(5) 어느 사분면 위에도 있지 않다.
(6) 어느 사분면 위에도 있지 않다.

5-1 제2사분면 위에 있는 점의 좌표의 부호는 $(-, +)$이므로
점 C이다.
　　　　　　　　　　　　　　답 점 C

5-2 점 A와 점 B는 x의 좌표가 0이므로 y축 위의 점이고,
점 C와 점 D는 y의 좌표가 0이므로 x축 위의 점이다.
즉, 네 점 A, B, C, D는 모두 좌표축 위에 있는 점이다.
　　　　답 A, B, C, D 모두 좌표축 위에 있는 점이다.

6 (1) $A(4, 3)$ $\xrightarrow[\text{$y$좌표 부호 반대로}]{\text{$x$축에 대하여 대칭}}$ $(4, -3)$

(2) $A(4, 3)$ $\xrightarrow[\text{$x$좌표 부호 반대로}]{\text{$y$축에 대하여 대칭}}$ $(-4, 3)$

(3) $B(-3, 2)$ $\xrightarrow[\text{$y$좌표 부호 반대로}]{\text{$x$축에 대하여 대칭}}$ $(-3, -2)$

(4) $B(-3, 2)$ $\xrightarrow[\text{$x$좌표 부호 반대로}]{\text{$y$축에 대하여 대칭}}$ $(3, 2)$

　　　　답 (1) $(4, -3)$　　(2) $(-4, 3)$
　　　　　　(3) $(-3, -2)$　(4) $(3, 2)$

6-1 (1) $A(1, 2)$ $\xrightarrow[\text{$y$좌표 부호 반대로}]{\text{$x$축에 대하여 대칭}}$ $A'(1, -2)$

(2) $B(-2, 3)$ $\xrightarrow[\text{$x$좌표 부호 반대로}]{\text{$y$축에 대하여 대칭}}$ $B'(2, 3)$

(3) $C(-3, -2)$ $\xrightarrow[\text{$y$좌표 부호 반대로}]{\text{$x$축에 대하여 대칭}}$ $C'(-3, 2)$

(4) $D(4, -1)$ $\xrightarrow[\text{$x, y$좌표 부호 반대로}]{\text{원점에 대하여 대칭}}$ $D'(-4, 1)$

　　　　답 (1) $A'(1, -2)$　(2) $B'(2, 3)$
　　　　　　(3) $C'(-3, 2)$　(4) $D'(-4, 1)$

실력 다지기

PP.91~92

01 ④　　**02** 9　　**03** ④　　**04** 풀이 참조
05 (1) $A(4, -1)$, 제4사분면
　　(2) $B(-3, 0)$, 어느 사분면 위에도 있지 않다.
　　(3) $C\left(0, \dfrac{1}{2}\right)$, 어느 사분면 위에도 있지 않다.

06 풀이 참조　　　**07** $(2, 3)$, $(-2, -3)$, $(-2, 3)$
08 ③　　**09** 풀이 참조　　**10** ③

01 ④ $2+\dfrac{2}{3}=\dfrac{8}{3}$이므로 $\mathrm{D}\left(\dfrac{8}{3}\right)$이다.

02 (x의 값, y의 값)으로 하는 순서쌍은
$(a,\ 1),\ (a,\ 2),\ (a,\ 3),\ (b,\ 1),\ (b,\ 2),\ (b,\ 3),$
$(c,\ 1),\ (c,\ 2),\ (c,\ 3)$이므로 $3\times3=9$(개)이다.

03 $3a+1=a-5$에서 $2a=-6$, 즉 $a=-3$이다.
$2b-3=1-b$에서 $3b=4$, 즉 $b=\dfrac{4}{3}$이다.
따라서 $ab=(-3)\times\dfrac{4}{3}=-4$이다.

04
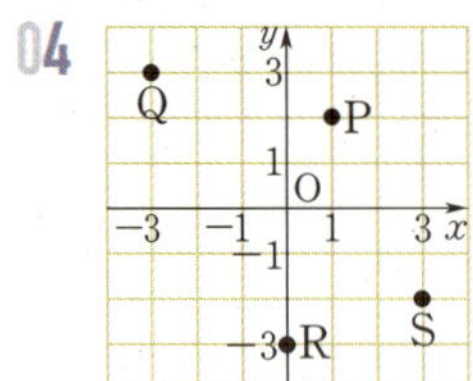

05 (1) 점 A의 좌표는 $(4,\ -1)$이고, (x좌표)>0, (y좌표)<0
이므로 제4사분면 위에 있다.
(2) 점 B의 좌표는 $(-3,\ 0)$이고, x축 위의 점이므로 어느
사분면 위에도 있지 않다.
(3) 점 C의 좌표는 $\left(0,\ \dfrac{1}{2}\right)$이고, y축 위의 점이므로 어느
사분면 위에도 있지 않다.

06 점 P가 제2사분면 위의 점이므로 $a<0$, $b>0$이다.
(1) $b>0$, $a<0$이므로 점 Q는 제4사분면 위의 점이다.
$\underset{(+,\ -)}{}$ ...... ❶
(2) $-a>0$, $b>0$이므로 점 R는 제1사분면 위의 점이다.
$\underset{(+,\ +)}{}$ ...... ❷
(3) $a<0$, $-b<0$이므로 점 S는 제3사분면 위의 점이다.
$\underset{(-,\ -)}{}$ ...... ❸
(4) $-b<0$, $-a>0$이므로 점 T는 제2사분면 위의 점이
다. $\underset{(-,\ +)}{}$ ...... ❹

단계	채점 기준	배점 비율
❶~❹	(1)~(4)의 답을 구한다.	각 25 %

[다른 풀이]
(2) 점 $\mathrm{P}(a,\ b)$가 제2사분면 위의 점이고 점 $\mathrm{R}(-a,\ b)$
는 x좌표만 부호가 반대이므로 점 P의 y축에 대하여 대
칭인 점이다.
따라서 점 $\mathrm{R}(-a,\ b)$는 제2사분면 위의 점의 y축에 대
하여 대칭인 점이므로 제1사분면 위의 점이다.
(3) 점 $\mathrm{P}(a,\ b)$가 제2사분면 위의 점이고 점 $\mathrm{S}(a,\ -b)$
는 y좌표만 부호가 반대이므로 점 P의 x축에 대하여 대
칭인 점이다.

따라서 점 $\mathrm{S}(a,\ -b)$는 제2사분면 위의 점의 x축에 대
하여 대칭인 점이므로 제3사분면 위의 점이다.

07 x축에 대하여 대칭인 점의 좌표는 y좌표의 부호만 바뀌므
로 $(2,\ -3)\rightarrow(2,\ 3)$이다.
y축에 대하여 대칭인 점의 좌표는 x좌표의 부호만 바뀌므
로 $(2,\ -3)\rightarrow(-2,\ -3)$이다.
원점에 대하여 대칭인 점의 좌표는 x좌표와 y좌표의 부호
가 모두 바뀌므로 $(2,\ -3)\rightarrow(-2,\ 3)$이다.

08 ③ 점 $(2,\ 3)$은 x좌표가 2, y좌표가 3이고, 점 $(3,\ 2)$는
x좌표가 3, y좌표가 2이므로 서로 다른 점이다.

09 세 점 A, B, C를 좌표평면 위에
나타내고 $\triangle$ABC를 그리면 오른
쪽 그림과 같다. ...... ❶
점 C에서 점 B까지의 거리를
$\triangle$ABC의 밑변이라고 하면 밑변
의 길이는 4, 높이는 5이다.
...... ❷

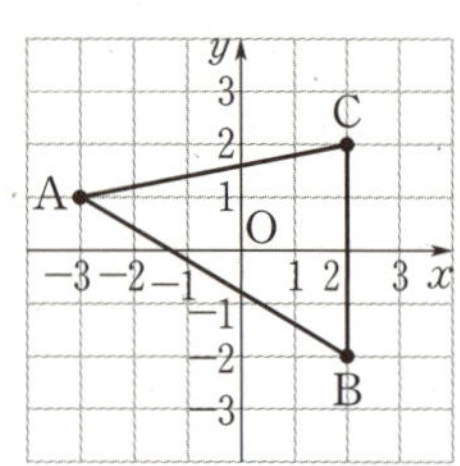

따라서 $\triangle$ABC의 넓이는
$\dfrac{1}{2}\times4\times5=10$이다. ...... ❸

단계	채점 기준	배점 비율
❶	세 점 A, B, C를 좌표평면 위에 나타내고 $\triangle$ABC를 그린다.	50 %
❷	$\triangle$ABC의 밑변의 길이와 높이를 안다.	20 %
❸	$\triangle$ABC의 넓이를 구한다.	30 %

10 점 $(a,\ b)$가 제4사분면 위에 있으므로 $a>0$, $b<0$이다.
① $b<0$, $a>0$이므로 점 $(b,\ a)$는 제2사분면 위의 점이다.
② $ab<0$, $a-b>0$이므로 점 $(ab,\ a-b)$는 제2사분면
위의 점이다. $(+)\times(-)=(-)$ $(+)-(-)=(+)$
③ $\dfrac{a}{b}<0$, $-a<0$이므로 점 $\left(\dfrac{a}{b},\ -a\right)$는 제3사분면 위
의 점이다. $\dfrac{(+)}{(-)}=(-)$ $-(+)=(-)$
④ $-ab>0$, $b<0$이므로 점 $(-ab,\ b)$는 제4사분면 위
의 점이다. $-(+)\times(-)=(+)$ $(-)$
⑤ $-b>0$, $a>0$이므로 점 $(-b,\ a)$는 제1사분면 위의
점이다. $-(-)=(+)$ $(+)$

02 그래프

P.93

1 (ㄱ) 시간이 지남에 따라 거리가 점점 가까워지고 있고, 중
간에 거리의 변화가 없는 시간이 있다.

(ㄴ) 시간이 지남에 따라 일정하게 거리가 멀어지고 있다.

(ㄷ) 시간이 지남에 따라 거리의 변화가 없고, 거리는 먼 곳에 머물러 있다.

(ㄹ) 시간이 지남에 따라 거리가 멀어졌다가 어느 시점부터 가까워졌다.

답 (1) – (ㄴ)　(2) – (ㄱ)　(3) – (ㄷ)　(4) – (ㄹ)

2 (ㄱ) 시간이 지남에 따라 속력이 일정하게 증가하다가 어느 시점부터 일정하게 감소한다.

(ㄴ) 시간이 지남에 따라 속력이 일정하다가 어느 시점부터 처음 속력보다 느린 속력으로 일정하다.

답 (1) – (ㄴ)　(2) – (ㄱ)

P.94

3 그래프를 보면 현중이네 집에서 공원까지의 거리는 4 km 이다.

(1) 공원에 산책을 갔다가 집에 오는데 걸린 시간은 150분 이다.

(2) 공원에 머무른 시간은 거리의 변화가 없는 60분에서 90분 사이의 시간이므로 30분이다.

답 (1) 150분　(2) 30분

3-1 ㄱ. 자동차가 속력을 일정하게 유지한 것은 20초~30초, 35초~45초 2번 있었다. (참)

ㄴ. 자동차는 50초 동안 달렸다. (거짓)

ㄷ. 자동차는 30초~35초 동안 속력이 점점 느려졌다. (거짓)

ㄹ. 자동차는 35초~45초 동안 속력이 15 m/s였다. (참)

따라서 옳은 것은 ㄱ, ㄹ이다.

답 ㄱ, ㄹ

4 (1) 5분일 때 열기구의 높이가 100 m이므로 열기구가 처음 으로 100 m까지 올라갔을 때의 시간은 5분이다.

(2) 열기구는 높이가 100 m일 때 5분에서 10분까지 5분간, 그리고 높이가 200 m일 때 15분에서 20분까지 5분간, 총 10분간 같은 높이를 유지하였다.

(3) 열기구가 가장 높이 올라간 높이는 300 m이다.

답 (1) 5분　(2) 10분　(3) 300 m

4-1 (1) 3초~5초 동안 튜브의 부피의 변화가 없었으므로 튜브에 바람을 넣다가 쉴 때는 3초~5초이다.

(2) 0초~3초, 5초~7초 동안 튜브의 부피가 늘었으므로 3+2=5(초) 동안 바람을 넣었다.

(3) 7초~13초 동안 튜브의 부피가 줄어들었으므로 튜브의 공기를 빼는 데 걸린 시간은 13-7=6(초)이다.

답 (1) 3초~5초　(2) 5초　(3) 6초

P.95

5 그릇의 밑면은 넓고 위로 올라갈수록 그릇의 단면이 좁아지므로 물의 높이는 시간이 지날수록 빠르게 높아진다.

답 ②

6 그릇의 아랫부분에 있는 원기둥의 밑면이 윗부분에 있는 원기둥의 밑면보다 넓다.

따라서 물의 높이가 아랫부분의 원기둥에서는 일정하고 천천히 높아지다가 윗부분의 원기둥에서는 일정하고 빠르게 높아진다.

답 ④

실력 다지기 PP.96~97

01 ③　**02** (1) 30분　(2) 40분　(3) 100분
03 (1) 24분　(2) 8분　**04** (1) 60 km/h　(2) 10분
(3) 5분　**05** 풀이 참조　**06** 풀이 참조

01 집으로부터 시간에 따라 거리가 점점 멀어지다가 중간에 거리의 변화가 없는 곳이 있다. 즉, 중간에 한 번 머물렀다가 움직였으므로 알맞은 문장을 찾으면 ③이다.

02 (1) 정연이가 공원에 머문 시간은 30분에서 60분 사이이므로 30분간 머물렀다.

(2) 정연이가 공원에서 출발하여 집에 도착한 시간이 60분에서 100분 사이이므로 40분 걸렸다.

(3) 정연이가 집에서 출발하여 집으로 다시 돌아올 때까지 걸린 시간은 전체 걸린 시간이므로 100분이다.

03 (1) 자전거가 출발하여 다시 멈출 때까지 걸린 시간은 전체 걸린 시간이므로 24분이다.

(2) 자전거가 같은 속력으로 움직인 시간은 4분에서 8분 사이와 12분에서 16분 사이이다. 따라서 자전거가 같은 속력으로 움직인 시간은 4+4=8(분)이다.

04 (1) 자동차가 가장 빨리 움직일 때의 속력은 60 km/h 이다.

(2) 자동차가 일정한 속력으로 움직인 시간대는 5분에서 10분 사이와 25분에서 30분 사이이다.

따라서 자동차가 일정한 속력으로 움직인 시간은 5+5=10(분)이다.

(3) 자동차가 중간에 멈춘 시간대는 속력이 0인 15분에서 20분 사이이므로 5분이다.

05 (1) 
　　(2)

06 (1) 관람차가 가장 높이 올라간 높이는 80 m이다. ······ ❶
　　(2) 관람차가 한 바퀴 회전하는 데 걸리는 시간은 그래프에
　　　서 1 m에서 80 m까지 올라갔다가 다시 1 m로 내려온
　　　시간이다. 즉, 10분이다. ······ ❷

단계	채점 기준	배점 비율
❶	(1) 관람차가 가장 높이 올라간 높이를 구한다.	50 %
❷	(2) 관람차가 한 바퀴 회전하는 데 걸리는 시간을 구한다.	50 %

03 정비례와 반비례

P.98

1 답 9, 12, 15

1-1 답 300, 600, 900, 1200, 1500

2 (1) 한 변의 둘레의 길이가 1 cm인 정사각형의 둘레의 길
　　이는 4 cm이므로 표를 완성하면 아래와 같다.

x (cm)	1	2	3	4	5	···
y (cm)	4	8	12	16	20	···

　　(2) y의 값은 x의 값의 4배와 같으므로 x와 y의 관계를 식
　　으로 나타내면 $y=4x$이다.

답 (1) 표 참조　(2) $y=4x$

2-1 (1) 1개에 200원, 2개에 200×2(원), 3개에 200×3(원)이
　　므로 x개일 때는 $200 \times x$(원), 즉 $y=200x$이다.
　　(2) 한 달에 1000원, 두 달에 1000×2(원), 석 달에 1000×3(원)
　　이므로 x달일 때는 $1000 \times x$(원), 즉 $y=1000x$이다.
　　(3) 1분에 300 m, 2분에 300×2 (m), 3분에 300×3 (m)
　　이므로 x분일 때는 $300 \times x$ (m), 즉 $y=300x$이다.

답 (1) $y=200x$　(2) $y=1000x$　(3) $y=300x$

P.99

3 (1)

x	-2	-1	0	1	2
y	-4	-2	0	2	4

(2) 순서쌍 (x, y)는
$(-2, -4)$,
$(-1, -2)$, $(0, 0)$,
$(1, 2)$, $(2, 4)$이므로
이 점을 좌표평면 위에
나타내면 오른쪽 그림과
같다.

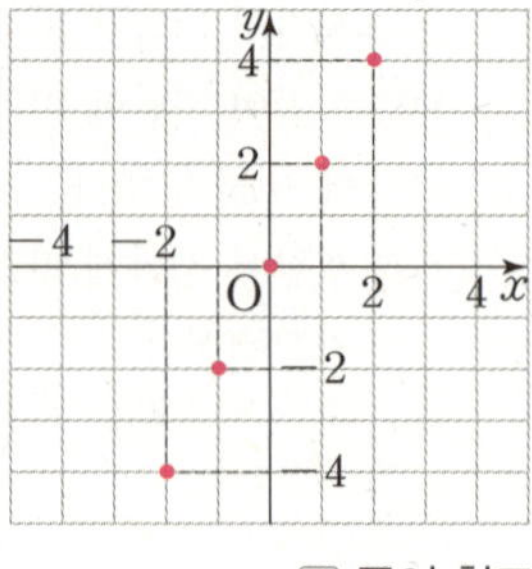

답 풀이 참조

3-1 (1)

x	-2	-1	0	1	2
y	4	2	0	-2	-4

(2) 순서쌍 (x, y)는
$(-2, 4)$, $(-1, 2)$,
$(0, 0)$, $(1, -2)$,
$(2, -4)$이므로 이 점
을 좌표평면 위에 나타내
면 오른쪽 그림과 같다.

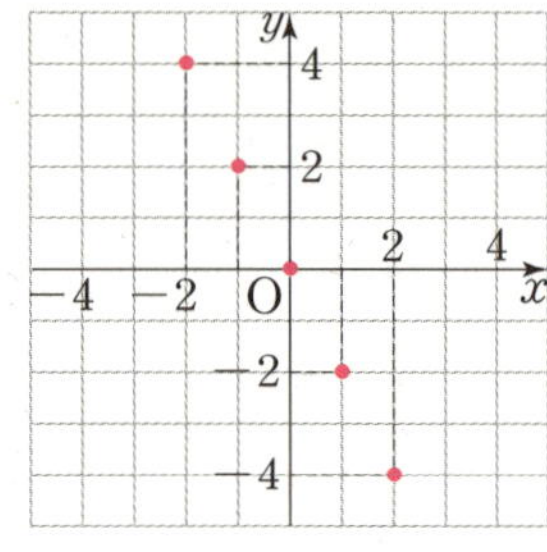

답 풀이 참조

4 (1) x의 값 -4, -2, 0, 2, 4를 차례로 $y=\dfrac{1}{2}x$에 대입하면
y의 값은 -2, -1, 0, 1, 2이므로 순서쌍 (x, y)는
$(-4, -2)$, $(-2, -1)$, $(0, 0)$, $(2, 1)$, $(4, 2)$
이다.
따라서 이것은 좌표평면
위에 5개의 점으로 나타
난다.
(2) x가 수 전체일 때는 (1)
의 5개의 점을 포함하는
직선으로 나타난다.

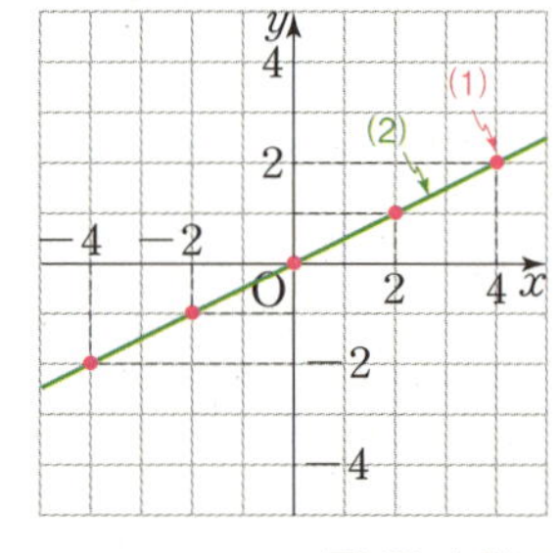

답 풀이 참조

4-1 (1) x의 값 -4, -2, 0, 2, 4를 차례로 $y=-\dfrac{1}{4}x$에 대입
하면 y의 값은 1, $\dfrac{1}{2}$, 0, $-\dfrac{1}{2}$, -1이므로 순서쌍
(x, y)는 $(-4, 1)$, $\left(-2, \dfrac{1}{2}\right)$, $(0, 0)$, $\left(2, -\dfrac{1}{2}\right)$,
$(4, -1)$이다.
따라서 이것은 좌표평면
위에 5개의 점으로 나타
난다.
(2) x가 수 전체일 때는 (1)
의 5개의 점을 포함하는
직선으로 나타난다.

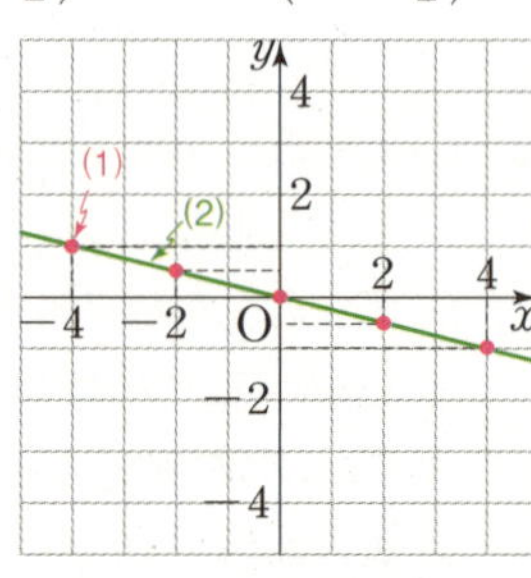

답 풀이 참조

5 답 6, 4.5, 3.6, 18

5-1 답 60, 30, 20, 15, 12, 10, 60

6 (1) 용돈을 하루에 1000원 씩 쓰면
60000÷1000=60(일) 동안 쓸 수 있고,
2000원 씩 쓰면 60000÷2000=30(일),
3000원 씩 쓰면 60000÷3000=20(일),
4000원 씩 쓰면 60000÷4000=15(일),
5000원 씩 쓰면 60000÷5000=12(일)
이므로 표를 완성하면 아래와 같다.

x(원)	1000	2000	3000	4000	5000	⋯	x
y(일)	60	30	20	15	12	⋯	$\dfrac{60000}{x}$

(2) (하루에 사용하는 금액)×(쓰는 일 수)=(60000원), 즉
$x \times y = 60000$이므로 $y = \dfrac{60000}{x}$이다.

답 (1) 표 참조 (2) $y = \dfrac{60000}{x}$

6-1 (1) 우유 480 mL를 1개의 컵에 담으면
480÷1=480(mL)이고,
2개의 컵에 담으면 480÷2=240 (mL),
3개의 컵에 담으면 480÷3=160 (mL),
4개의 컵에 남으녇 480÷4=120 (mL),
5개의 컵에 담으면 480÷5=96 (mL)
이므로 표를 완성하면 아래와 같다.

x(개)	1	2	3	4	5	⋯	x
y (mL)	480	240	160	120	96	⋯	$\dfrac{480}{x}$

(2) (컵의 개수)×(하나의 컵에 담는 우유의 양)
=(480 mL), 즉 $x \times y = 480$이므로 $y = \dfrac{480}{x}$이다.

답 (1) 표 참조 (2) $y = \dfrac{480}{x}$

7 (1)

x	-2	-1	1	2
y	-1	-2	2	1

(2) 순서쌍 (x, y)는
$(-2, -1)$,
$(-1, -2)$,
$(1, 2)$, $(2, 1)$이므로
이 점을 좌표평면 위에
나타내면 오른쪽 그림과
같다.

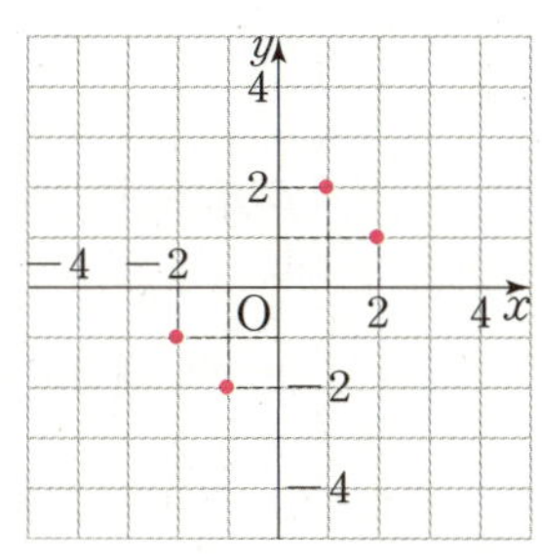

답 풀이 참조

7-1 (1)

x	-3	-1	1	3
y	1	3	-3	-1

(2) 순서쌍 (x, y)는
$(-3, 1)$, $(-1, 3)$,
$(1, -3)$, $(3, -1)$이
므로 이 점을 좌표평면
위에 나타내면 오른쪽 그
림과 같다.

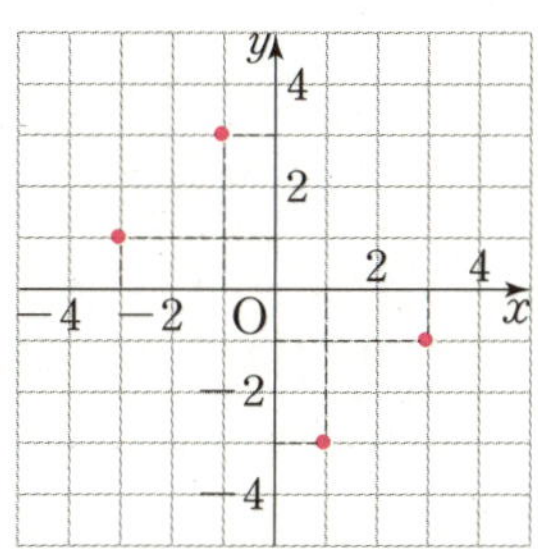

답 풀이 참조

8 (1) x의 값에 따른 y의 값의 순서쌍 (x, y)를 표로 나타내
면 아래와 같다.

x	-6	-3	-2	-1	1	2	3	6
y	-1	-2	-3	-6	6	3	2	1

이것을 좌표평면 위에 나
타내면 8개의 점으로 나
타난다.

(2) x가 수 전체일 때 (1)의 8
개의 점을 포함한 곡선
으로 나타난다.

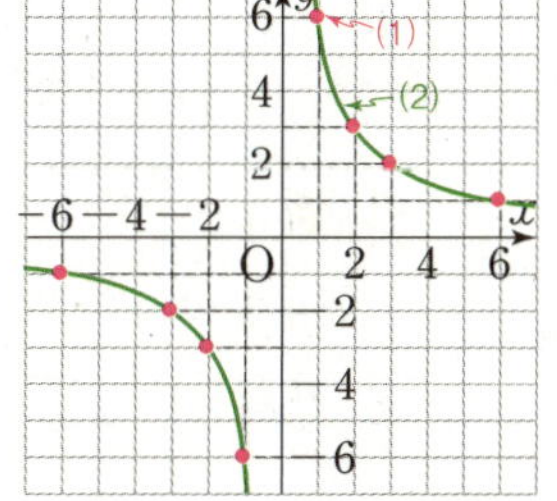

답 풀이 참조

8-1 (1) x의 값에 따른 y의 값의 순서쌍 (x, y)를 표로 나타내
면 아래와 같다.

x	-4	-2	-1	1	2	4
y	1	2	4	-4	-2	-1

이것을 좌표평면 위에 나
타내면 6개의 점으로 나
타난다.

(2) x가 수 전체일 때 (1)의 6
개의 점을 포함한 곡선
으로 나타난다.

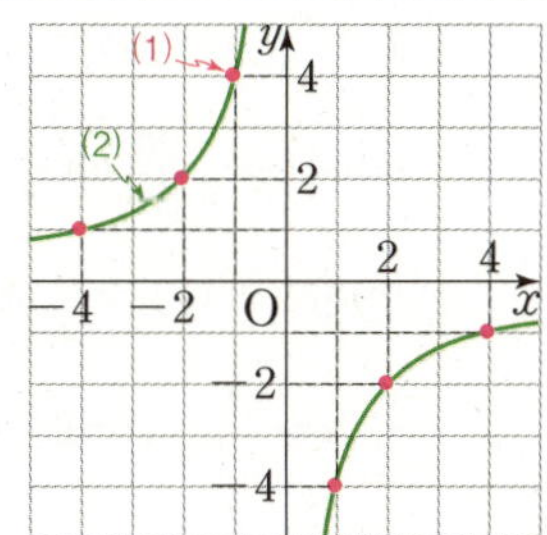

답 풀이 참조

9 (1) 그래프의 모양이 원점을 지나는 직선이므로
$y = ax$에 $(1, 3)$을 대입하면
$3 = a \times 1$, $a = 3$이다.
따라서 $y = 3x$이다.

(2) 그래프 모양이 원점을 지나는 직선이므로
$y = ax$에 $(-3, 2)$를 대입하면
$2 = a \times (-3)$, $a = -\dfrac{2}{3}$이다.

따라서 $y=-\dfrac{2}{3}x$이다.

답 (1) $y=3x$ (2) $y=-\dfrac{2}{3}x$

9-1 (1) 정비례 관계 $y=ax$에 $(-1,\ 2)$를 대입하면
$2=-a$, $a=-2$이다.
따라서 $y=-2x$이다.
(2) 정비례 관계 $y=ax$에 $(3,\ -5)$를 대입하면
$-5=3a$, $a=-\dfrac{5}{3}$이다.
따라서 $y=-\dfrac{5}{3}x$이다.

답 (1) $y=-2x$ (2) $y=-\dfrac{5}{3}x$

10 (1) 그래프의 모양이 원점에 대하여 대칭인 곡선이므로
$y=\dfrac{a}{x}$에 $(-4,\ -2)$를 대입하면
$-2=\dfrac{a}{-4}$, $a=8$이다.
따라서 $y=\dfrac{8}{x}$이다.
(2) 그래프 모양이 원점에 대하여 대칭인 곡선이므로
$y=\dfrac{a}{x}$에 $(2,\ -6)$을 대입하면
$-6=\dfrac{a}{2}$, $a=-12$이다.
따라서 $y=-\dfrac{12}{x}$이다.

답 (1) $y=\dfrac{8}{x}$ (2) $y=-\dfrac{12}{x}$

10-1 (1) 반비례 관계 $y=\dfrac{a}{x}$에 $(4,\ 5)$를 대입하면
$5=\dfrac{a}{4}$, $a=20$이다.
따라서 $y=\dfrac{20}{x}$이다.
(2) 반비례 관계 $y=\dfrac{a}{x}$에 $(-3,\ -2)$를 대입하면
$-2=\dfrac{a}{-3}$, $a=6$이다.
따라서 $y=\dfrac{6}{x}$이다.

답 (1) $y=\dfrac{20}{x}$ (2) $y=\dfrac{6}{x}$

11 $y=ax$에 $(2,\ 6)$을 대입하면 $6=a\times2$에서 $a=3$,
$y=\dfrac{b}{x}$에 $(2,\ 6)$을 대입하면 $6=\dfrac{b}{2}$에서 $b=12$이다.

답 $a=3$, $b=12$

실력 다지기   PP.103~105

01 (1) ㄷ, ㄹ   (2) ㄱ, ㄴ   (3) ㄷ, ㄹ   (4) ㄷ
02 ④   **03** ㄴ, ㄹ   **04** (1) ㄹ   (2) ㄷ   (3) ㄴ   (4) ㄱ
05 (1) ㄱ, ㄴ   (2) ㄷ, ㄹ   (3) ㄴ   **06** ③, ⑤   **07** 12
08 ④   **09** $a=2$, $b=-\dfrac{1}{2}$ **10** 풀이 참조
11 (1) $y=-\dfrac{7}{2}x$ (2) $y=\dfrac{21}{x}$ **12** ②
13 풀이 참조

01 (1) $y=ax$에서 a의 값이 양수인 것을 말하므로 ㄷ, ㄹ이다.
(2) $y=ax$에서 a의 값이 음수인 것을 말하므로 ㄱ, ㄴ이다.
(3) $y=ax$에서 a의 값이 양수인 것을 말하므로 ㄷ, ㄹ이다.
(4) $y=ax$에서 a의 절댓값이 가장 작은 것을 말하므로 ㄷ이다.

02 ④ $y=4x$에서 $4>0$이므로 x의 값이 증가할 때 y의 값도 증가한다.

03 정비례 관계 $y=ax$의 그래프는 a의 절댓값이 작을수록 x축에 가깝고, a의 절댓값이 클수록 y축에 가까우므로
x축에 가장 가까운 것은 ㄴ. $y=-\dfrac{1}{2}x$,
y축에 가장 가까운 것은 ㄹ. $y=-5x$이다.

04 (1) 원점과 점 $(1,\ 1)$을 지나는 그래프이므로 ㄹ이다.
(2) 원점과 점 $(1,\ 3)$을 지나는 그래프이므로 ㄷ이다.
(3) 원점과 점 $(1,\ -2)$를 지나는 그래프이므로 ㄴ이다.
(4) 원점과 점 $(2,\ -1)$을 지나는 그래프이므로 ㄱ이다.

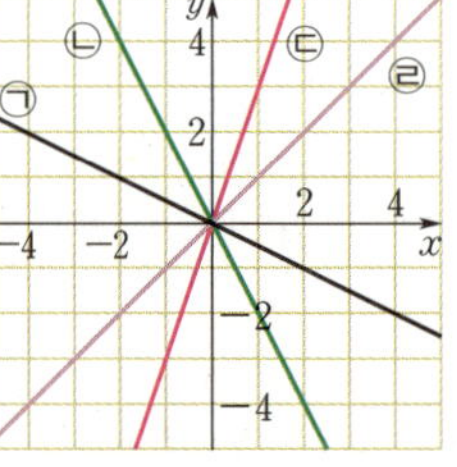

05 (1) $y=\dfrac{a}{x}$에서 a의 값이 음수인 것을 말하므로 ㄱ, ㄴ이다.
(2) $y=\dfrac{a}{x}$에서 a의 값이 양수인 것을 말하므로 ㄷ, ㄹ이다.
(3) $y=\dfrac{a}{x}$에 $x=3$, $y=-2$를 대입하여 참인 것은 ㄴ이다.

06 각 점의 좌표를 반비례 관계의 식에 대입하여 참이 되는 점을 찾는다.
③ $(5,\ -3)$을 대입하면 $-3=-\dfrac{15}{5}$ (참)
⑤ $\left(-10,\ \dfrac{3}{2}\right)$을 대입하면 $\dfrac{3}{2}=-\dfrac{15}{-10}$ (참)
따라서 그래프 위에 있는 점은 ③, ⑤이다.

07 반비례 관계 $y=\dfrac{a}{x}$의 그래프가 점 $(2,\ 6)$을 지나므로

$y=\dfrac{a}{x}$에 $x=2$, $y=6$을 대입하면

$6=\dfrac{a}{2}$, 즉 $a=12$이다.

08 정비례 관계 $y=ax$의 그래프가 점 $(-2,\ -6)$을 지나므로
$y=ax$에 $x=-2$, $y=-6$을 대입하면
$-6=a\times(-2)$, $a=3$이다.
따라서 $y=3x$이다.

09 정비례 관계 $y=ax$의 그래프가 점 $(1,\ 2)$를 지나므로
$y=ax$에 대입하면 $a=2$이다.
또 정비례 관계 $y=bx$의 그래프가 점 $(-2,\ 1)$을 지나므로
$y=bx$에 대입하면

$1=-2b$에서 $b=-\dfrac{1}{2}$이다.

10 $y=\dfrac{a}{x}$에 $(-3,\ -4)$를 대입하면

$-4=\dfrac{a}{-3}$, $a=12$이다. $\qquad\qquad$ ······ ❶

따라서 $y=\dfrac{12}{x}$에 $(6,\ k)$를 대입하면

$k=\dfrac{12}{6}=2$이다. $\qquad\qquad$ ······ ❷

단계	채점 기준	배점 비율
❶	a의 값을 구한다.	50 %
❷	k의 값을 구한다.	50 %

11 (1) 원점을 지나는 직선이므로

$y=ax$에 $(-2,\ 7)$을 대입하면

$7=a\times(-2)$, $a=-\dfrac{7}{2}$이다.

따라서 $y=-\dfrac{7}{2}x$이다.

(2) 한 쌍의 곡선이므로

$y=\dfrac{a}{x}$에 $(3,\ 7)$을 대입하면

$7=\dfrac{a}{3}$, $a=21$이다.

따라서 $y=\dfrac{21}{x}$이다.

12 원점에 대하여 대칭인 곡선이므로

$y=\dfrac{a}{x}$의 그래프를 지나는 $(6,\ 4)$를 대입하면

$4=\dfrac{a}{6}$에서 $a=24$이다.

$y=\dfrac{24}{x}$에 대입하여 참이 되지 않는 점은 이 그래프 위의
점이 아니다.

따라서 ② $4\neq\dfrac{24}{-6}$이므로 점 $(-6,\ 4)$는 이 그래프 위의
점이 아니다.

다른 풀이

주어진 그래프는 원점에 대하여 대칭인 곡선이므로 $y=\dfrac{a}{x}$,
즉 $xy=a$로 xy의 값이 일정하다.
주어진 그래프가 점 $(4,\ 6)$을 지나므로 $4\times6=a$, 즉 $a=24$
로 일정하다.
그런데 ② $(-6)\times4=-24\neq24$이므로 점 $(-6,\ 4)$는
이 그래프 위의 점이 아니다.

13 점 $(b,\ -3)$이 두 그래프를 지나므로 $x=b$, $y=-3$을
$y=-3x$에 대입하면

$-3=(-3)\times b$, $b=1$이다. $\qquad$ ······ ❶

$x=b=1$, $y=-3$을 $y=\dfrac{a}{x}$에 대입하면

$-3=\dfrac{a}{1}$에서 $a=-3$이다. $\qquad$ ······ ❷

단계	채점 기준	배점 비율
❶	b의 값을 구한다.	50 %
❷	a의 값을 구한다.	50 %

04 정비례 관계, 반비례 관계의 활용

P.106

1 (1) 자동차로 달리는 거리 y는 휘발유의 양 x에 정비례 관계
이므로 식을 $y=ax$로 놓고 $x=3$, $y=36$을 대입하면
$36=a\times3$, $a=12$, 즉 $y=12x$이다.

(2) $y=12x$에 $y=240$을 대입하면
$240=12x$, $x=20\,(\mathrm{L})$이다.

답 (1) $y=12x$ (2) $20\,\mathrm{L}$

1-1 (1) 자전거로 간 거리 y는 시간 x에 정비례 관계이므로 식
은 $y=16x$이다.

(2) $y=16x$에 $y=80$을 대입하면
$80=16x$, $x=5$(시간)이다.

답 (1) $y=16x$ (2) 5시간

2 (1) (삼각형의 넓이)$=\dfrac{1}{2}\times$(밑변의 길이)$\times$(높이)이므로

$y=\dfrac{1}{2}\times x\times12$, $y=6x$이다.

(2) $y=6x$에 $y=72$를 대입하면
$72=6x$, $x=12\,(\mathrm{cm})$이다.

답 (1) $y=6x$ (2) $12\,\mathrm{cm}$

2-1 (1) 자두의 값 y는 자두의 개수 x에 정비례 관계이므로 식을 $y=ax$로 놓을 수 있다.

$y=ax$에 $x=3$, $y=2000$을 대입하면

$2000=3a$, $a=\dfrac{2000}{3}$, 즉 $y=\dfrac{2000}{3}x$이다.

(2) $y=\dfrac{2000}{3}x$에 $y=8000$을 대입하면

$8000=\dfrac{2000}{3}x$에서 $x=8000\times\dfrac{3}{2000}=12$이다.

따라서 자두를 12개 살 수 있다.

답 (1) $y=\dfrac{2000}{3}x$ (2) 12개

P.107

3 (1) (사람 수)×(1명당 먹는 사탕 수)=(사탕 40개)이므로 $x\times y=40$이다.

따라서 구하는 식은 $y=\dfrac{40}{x}$이다.

(2) $y=\dfrac{40}{x}$에 $x=8$을 대입하면 $y=\dfrac{40}{8}=5$이다.

따라서 사탕 40개를 8명이 나누어 먹으면 1명당 5개씩 먹을 수 있다.

답 (1) $y=\dfrac{40}{x}$ (2) 5개

3-1 (1) 톱니가 32개인 큰 톱니바퀴가 한 번 회전할 때 톱니가 x개인 작은 톱니바퀴는 y번 회전하므로 $32\times1=x\times y$이다.

따라서 구하는 식은 $y=\dfrac{32}{x}$이다.

(2) $y=\dfrac{32}{x}$에 $x=8$을 대입하면 $y=\dfrac{32}{8}=4$(회)이다.

따라서 작은 톱니바퀴의 회전수는 4회이다.

답 (1) $y=\dfrac{32}{x}$ (2) 4회

4 (1) (시간)=$\dfrac{(거리)}{(속력)}$이므로 구하는 식은 $y=\dfrac{4000}{x}$이다.

(2) $y=\dfrac{4000}{x}$에 $x=250$을 대입하면 $y=\dfrac{4000}{250}=16$이다.

따라서 걸리는 시간은 16분이다.

답 (1) $y=\dfrac{4000}{x}$ (2) 16분

4-1 (1) 음파의 파장 y와 진동수 x는 반비례하므로 $y=\dfrac{a}{x}$로 놓을 수 있다.

주어진 그래프 위의 $(50,\ 6.80)$을 $y=\dfrac{a}{x}$에 대입하면

$6.80=\dfrac{a}{50}$에서 $a=340$, 즉 $y=\dfrac{340}{x}$이다.

$y=\dfrac{340}{x}$에 $x=170$을 대입하면

$y=\dfrac{340}{170}=2$이다.

따라서 음파의 파장은 2 m이다.

(2) $y=\dfrac{340}{x}$에 $x=20$과 $x=20000$을 각각 대입하면

$y=\dfrac{340}{20}=17$, $y=\dfrac{340}{2000}=0.017$이다.

따라서 사람이 들을 수 있는 음파의 파장의 범위는 $0.017\sim17$ m이다.

답 (1) 2 m (2) $0.017\sim17$ m

실력 다지기 PP.108~109

01 (1) $y=3x$ (2) 40분 **02** ②

03 (1) $y=\dfrac{1}{5}x$ (2) 120 g **04** ③

05 풀이 참조 **06** (1) $y=\dfrac{60}{x}$ (2) 6 cm

07 ⑤ **08** 3명 **09** 풀이 참조 **10** ③

---

01 (1) 물의 양 y는 시간 x에 정비례하므로 식은 $y=ax$로 놓을 수 있다.

$y=ax$에 $x=1$, $y=3$을 대입하면 $a=3$이므로 구하는 식은 $y=3x$이다.

(2) 정수기의 용량이 120 L이므로

$y=120$일 때, x의 값을 구하면

$120=3x$, $x=40$이다.

따라서 40분이 걸린다.

02 양초가 매분 0.2 cm씩 타므로 x분 후에는 $0.2x$ cm만큼 탄다.

따라서 x와 y 사이의 식은 $y=0.2x$이다.

03 (1) (소금물의 농도)=$\dfrac{60}{300}\times100=20\,(\%)$이고

(소금의 양)=$\dfrac{(농도)}{100}\times$(소금물의 양)이므로

$y=\dfrac{20}{100}\times x$에서 $y=\dfrac{1}{5}x$이다.

(2) $y=\dfrac{1}{5}x$에 $y=24$를 대입하면

$24=\dfrac{1}{5}x$이므로 $x=120$이다.

따라서 소금물의 양은 120 g이다.

04 (삼각형의 넓이)=$\dfrac{1}{2}\times$(밑변의 길이)$\times$(높이)이므로

$y=\dfrac{1}{2}\times x\times4$에서 $y=2x$이다.

$y=2x$에 $y=12$를 대입하면

$12=2x$이므로 $x=6$이다.
따라서 선분 BP의 길이는 6 cm이다.

05 (1) 찬호가 5 km 등산하고 있을 때는 출발한 지 1시간 후이다. ······ ❶
출발한 지 1시간 후에 혜교는 3 km를 등산하고 있다. ······ ❷
(2) 두 사람이 이동한 시간을 x, 거리를 y로 놓고 두 사람의 이동한 시간과 거리 사이의 식을 각각 구해 보면
찬호는 1시간에 5 km를 갔으므로 $y=5x$,
혜교는 1시간에 3 km를 갔으므로 $y=3x$이다. ······ ❸
두 사람의 거리의 차가 4 km이므로 다음과 같이 식을 세울 수 있다.
$5x-3x=4$, $2x=4$, $x=2$
따라서 두 사람의 거리의 차가 4 km가 되는 것은 출발한 지 2시간 후이다. ······ ❹

단계	채점 기준	배점 비율
❶	찬호가 5 km 등산하고 있을 때의 시간을 구한다.	20 %
❷	출발한 지 1시간 후의 혜교가 등산한 거리를 구한다.	20 %
❸	찬호와 혜교에 대한 시간과 거리 사이의 식을 세운다.	40 %
❹	시간을 구한다.	20 %

06 (1) (직사각형의 넓이)=(가로의 길이)×(세로의 길이)
이므로 $60=xy$이다.
따라서 구하는 식은 $y=\dfrac{60}{x}$이다.
(2) 가로의 길이가 10 cm이므로
$y=\dfrac{60}{x}$에 $x=10$을 대입하면
$y=\dfrac{60}{10}$, $y=6$이다.
따라서 세로의 길이는 6 cm이다.

07 $x\times y=72$이므로 $y=\dfrac{72}{x}$이다.

08 사람 수를 x, 일하는 날의 수를 y라고 하면
x와 y는 반비례하므로 $y=\dfrac{a}{x}$로 놓을 수 있다.
$y=\dfrac{a}{x}$에 $x=4$, $y=6$을 대입하면
$6=\dfrac{a}{4}$, $a=24$이므로 $y=\dfrac{24}{x}$이다.
이때 8일만에 일을 끝내야 하므로
$y=\dfrac{24}{x}$에 $y=8$을 대입하면
$8=\dfrac{24}{x}$, $x=3$이다.
따라서 3명이 필요하다.

다른 풀이
(4명이 6일간 하면 끝낼 수 있는 일)
$=(x$명이 8일간 하면 끝낼 수 있는 일)
이므로 $4\times6=x\times8$, $x=3$이다.
따라서 3명이 필요하다.

09 (1) 1분마다 8 L씩 물을 넣으면 50분만에 물통이 가득 차므로 물통의 용량은 $8\times50=400$ (L)이다. ······ ❶
또한 1분마다 x L씩 y분 동안 물을 넣으면 물통이 가득 차므로 $xy=400$에서 $y=\dfrac{400}{x}$이다. ······ ❷
(2) $y=\dfrac{400}{x}$에 $y=10$을 대입하면 $10=\dfrac{400}{x}$, $x=40$이다.
따라서 1분마다 40 L씩 물을 넣어야 한다. ······ ❸

단계	채점 기준	배점 비율
❶	물통의 용량을 구한다.	30 %
❷	x와 y 사이의 관계의 식을 구한다.	30 %
❸	1분마다 넣을 물의 양을 구한다.	40 %

10 기체의 부피 y는 압력 x에 반비례하므로 $y=\dfrac{a}{x}$이다.
$y=\dfrac{a}{x}$에 $y=24$, $x=5$를 대입하면
$24=\dfrac{a}{5}$에서 $a=120$이다.
$y=\dfrac{120}{x}$에 $x=12$를 대입하면 $y=\dfrac{120}{12}=10$이다.
따라서 이 기체의 부피는 10 cm³이다.

다른 풀이
(기체의 부피가 24 cm³일 때의 압력이 5기압)
=(기체의 부피가 x cm³일 때의 압력이 12기압)이므로
$24\times5=x\times12$, $x=10$이다.
따라서 이 기체의 부피는 10 cm³이다.

PP.110~115

01 ③　　**02** ③　　**03** ①　　**04** 4
05 제3사분면　　**06** (1) 4시부터 6시 사이
(2) 36.5 °C　　**07** (1) A 학생　 (2) 25분
(3) 중간에 한참을 멈추었다가 갔으므로 늦었다.
08 ②　　**09** ④　　**10** ③　　**11** (4, 6)　**12** ⑤
13 3　　**14** ②　　**15** ④　　**16** ①　　**17** ③
18 ②　　**19** (1) $y=50x$　 (2) 5 cm
20 (1) $y=3x$　 (2) 30　　**21** ②　　**22~31** 풀이 참조

01 ③ 점 $(-2, 0)$은 x축 위의 점으로 어느 사분면 위에도 있지 않다.

02 제2사분면 위의 점은 $x<0$, $y>0$이므로 ③ $(-2, 5)$이다.

03 점 (a, b)와 y축에 대하여 대칭인 점의 좌표는 $(-a, b)$이므로 점 $(5, -1)$과 y축에 대하여 대칭인 점의 좌표는 $(-5, -1)$이다.

04 삼각형 ABC를 좌표평면 위에 나타내면 오른쪽 그림과 같다. △ABC의 밑변은 선분 AB의 길이, 높이는 선분 CH의 길이이다.

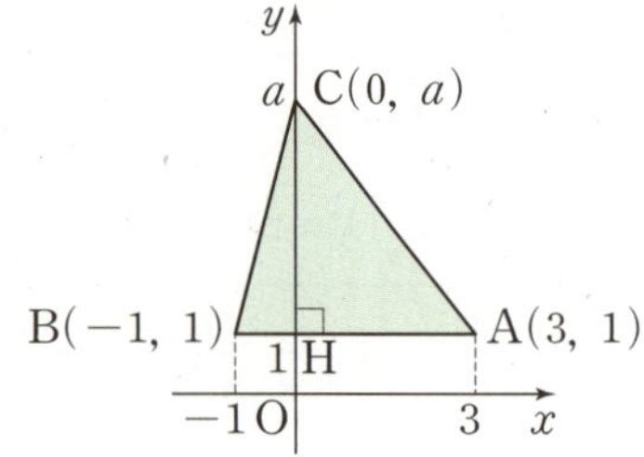

(선분 AB의 길이)$=3-(-1)=4$이므로
$$\frac{1}{2}\times 4\times (\text{선분 CH의 길이})=6$$
따라서 선분 CH의 길이가 3이므로
$a=1+3=4$이다.

05 점 $P(a, b)$가 제4사분면 위의 점이므로 $a>0$, $b<0$이다.
$b-a$의 부호는 $\underbrace{(-)-(+)=(-)}_{b-a<0}$,
$\dfrac{b}{a}$의 부호는 $\underbrace{\dfrac{(-)}{(+)}=(-)}_{\frac{b}{a}<0}$이다.
따라서 점 $Q\left(b-a, \dfrac{b}{a}\right)$는 제3사분면 위의 점이다.

06 (1) 희수의 체온이 가장 낮은 시간대는 4시부터 6시 사이이다.
(2) 2시일 때 희수의 체온은 $36.5\ ^\circ C$이다.

07 그래프에서 거리가 $8\ km$ 떨어진 야구장에 빨리 도착한 순서는 A 학생, B 학생, C 학생 순이다.
(1) A 학생이 가장 빨리 20분만에 도착했다.
(2) B 학생은 25분만에 도착했다.
(3) 중간에 한참을 멈추었다가 갔으므로 늦었다.

08 $y=ax$의 그래프는 a의 절댓값이 클수록 y축에 가깝다.
정비례 관계 $y=-3x$의 그래프는 제2, 4사분면을 지나고 ㉡보다 y축에 가까운 그래프이므로 ② b이다.

09 $y=ax$에 $(2, -7)$을 대입하면
$-7=a\times 2$, $a=-\dfrac{7}{2}$, 즉 $y=-\dfrac{7}{2}x$이다.
① $y=-\dfrac{7}{2}x$에 $(-2, 7)$을 대입하면
$$7=\left(-\frac{7}{2}\right)\times(-2)$$

② $y=-\dfrac{7}{2}x$에 $(0, 0)$을 대입하면
$$0=\left(-\frac{7}{2}\right)\times 0$$
③ $y=-\dfrac{7}{2}x$에 $(4, -14)$를 대입하면
$$-14=\left(-\frac{7}{2}\right)\times 4$$
④ $y=-\dfrac{7}{2}x$에 $(-7, 2)$를 대입하면
$$2\neq\underbrace{\left(-\frac{7}{2}\right)\times(-7)}_{\frac{49}{2}}$$
⑤ $y=-\dfrac{7}{2}x$에 $(6, -21)$을 대입하면
$$-21=\left(-\frac{7}{2}\right)\times 6$$
따라서 그래프 위에 있지 않은 것은 ④ $(-7, 2)$이다.

10 ③ 정비례 관계 $y=ax$의 그래프는 제1, 3사분면을 지나고, $y=x$의 그래프보다 x축에 가까우므로 $0<a<1$이다.

11 점 P의 x좌표를 a라고 하면
$y=\dfrac{3}{2}a$이므로
$P\left(a, \dfrac{3}{2}a\right)$이다.

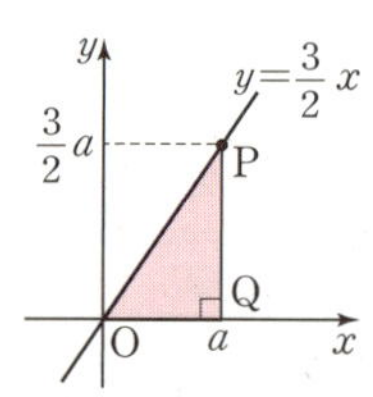

$\dfrac{1}{2}\times a\times\dfrac{3}{2}a=12$이므로
$a^2=16$이다.
그런데 $a>0$이고 $4^2=16$이므로 $a=4$이다.
따라서 점 P의 좌표는 $\left(4, \dfrac{3}{2}\times 4\right)$이므로 $(4, 6)$이다.

12 ⑤ 반비례 관계 $y=\dfrac{12}{x}$의 그래프는 원점을 지나지 않는다.

13 $y=\dfrac{4-a}{x}$에 $(1, a-2)$를 대입하면
$a-2=4-a$, $2a=6$, $a=3$이다.

14 $y=\dfrac{a}{x}$에 $P(-2, 3)$을 대입하면
$3=\dfrac{a}{-2}$, $a=-6$이다.
그러므로 $y=-\dfrac{6}{x}$에 $Q(b, -1)$을 대입하면
$-1=-\dfrac{6}{b}$, $b=6$이다.
따라서 $a+b=(-6)+6=0$이다.

[다른 풀이]
$y=\dfrac{a}{x}$에서 $xy=a$이므로
점 P에서 $(-2)\times 3=a$, $a=-6$이다.

점 Q에서 $b\times(-1)=a$, $-b=-6$, $b=6$이다.
따라서 $a+b=(-6)+6=0$이다.

15 $y=\dfrac{a}{x}$에 $(4,\ 2)$를 대입하면 $2=\dfrac{a}{4}$에서 $a=8$이다.

반비례 관계 $y=\dfrac{8}{x}$의 그래프 위의 점 중 x좌표와 y좌표가
모두 정수인 점의 개수는
$(-8,\ -1)$, $(-4,\ -2)$, $(-2,\ -4)$, $(-1,\ -8)$,
$(1,\ 8)$, $(2,\ 4)$, $(4,\ 2)$, $(8,\ 1)$의 8개이다.

— 8의 약수

16 두 톱니바퀴의 (톱니의 수)×(회전수)가 서로 같아야 하므로
$24\times x=30\times y$이다.

따라서 x와 y 사이의 관계의 식은 $y=\dfrac{4}{5}x$이다.

17 $y=\dfrac{x}{a}$에 $(-9,\ 3)$을 대입하면

$3=\dfrac{-9}{a}$에서 $a=-3$이다.

따라서 $y=-\dfrac{a}{x}=-\dfrac{-3}{x}$, 즉 $y=\dfrac{3}{x}$에 $x=1$을 대입하면

$y=\dfrac{3}{1}=3$이므로 $y=\dfrac{3}{x}$의 그래프는 점 $(1,\ 3)$을 지나는
원점에 대하여 대칭인 한 쌍의 곡선이다.

18 (평행사변형의 넓이)=(밑변의 길이)×(높이)이므로
$45=xy$에서 $y=\dfrac{45}{x}$이다.

이때 $x>0$이므로 알맞은 그래프는 제1사분면을 지나는
곡선이다.

19 (1) (열린 부분의 넓이)

$=$(열린 부분의 가로의 길이)×(창문의 세로의 길이)
이므로 $y=x\times 50$, 즉 $y=50x$이다.

(2) $y=50x$에 $y=250$을 대입하면
$250=50x$, $x=5$이다.
따라서 5 cm만큼 열었다.

20 (1) x의 값에 따른 y의 값의 변화를 표로 나타내면 다음과
같다.

x	1	2	3	$\cdots$
y	3	6	9	$\cdots$

따라서 x와 y 사이의 식은 $y=3x$이다.

(2) $y=3x$에 $x=10$을 대입하면
$y=3\times 10=30$이다.
따라서 10번째 삼각형의 바깥 부분의 둘레의 길이는 30
이다.

21 전체 일의 양을 1이라고 하면 태환이가 1시간 동안 하는 일
의 양은 전체의 $\dfrac{1}{5}$, 동선이가 1시간 동안 하는 일의 양은
전체의 $\dfrac{1}{4}$이다.

따라서 x시간 동안 두 사람이 일한 양은 각각 $\dfrac{x}{5}$, $\dfrac{x}{4}$이므로
$y=\dfrac{x}{5}+\dfrac{x}{4}$에서 $y=\dfrac{9}{20}x$이다.

22 (1) 네 점 A, B, C, D를 꼭짓점
으로 하는 사각형을 좌표평
면 위에 나타내면 오른쪽 그
림과 같다. …… ❶

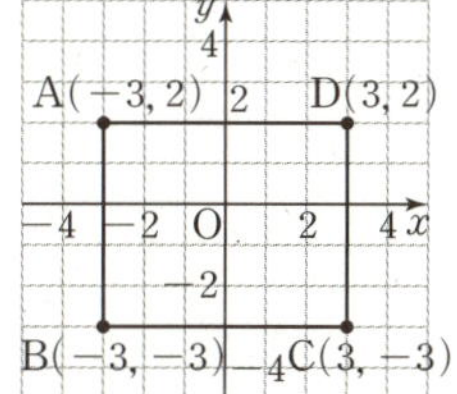

(2) 선분 AB의 길이는
$2-(-3)=5$,
선분 BC의 길이는
$3-(-3)=6$이므로
$\square ABCD=5\times 6=30$이다. …… ❷

단계	채점 기준	배점 비율
❶	(1) $\square ABCD$를 좌표평면 위에 나타낸다.	60 %
❷	(2) $\square ABCD$의 넓이를 구한다.	40 %

23 세 점 A, B, C를 꼭짓점으로 하
는 삼각형을 좌표평면 위에 나타
내면 오른쪽 그림과 같다.
…… ❶

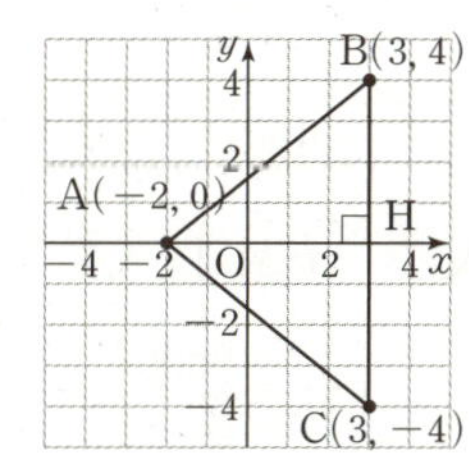

선분 BC를 $\triangle ABC$의 밑변이라
고 하면 밑변의 길이는
$4-(-4)=8$, 높이는 5이므로
$\triangle ABC=\dfrac{1}{2}\times 8\times 5=20$이다. …… ❷

단계	채점 기준	배점 비율
❶	세 점 A, B, C를 좌표평면 위에 나타낸다.	60 %
❷	$\triangle ABC$의 넓이를 구한다.	40 %

24 (1) 그릇의 단면이 점점 작아지다가 일정하게 유지가 되므
로 물의 높이는 조금씩 빠르게 높아지다가 일정하게 높
아진다. …… ❶

(2) 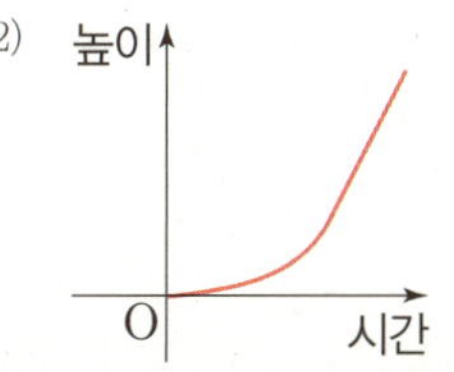

…… ❷

단계	채점 기준	배점 비율
❶	시간에 따른 물의 높이의 변화를 설명한다.	50 %
❷	시간에 따른 물 높이의 변화를 그래프로 나타낸다.	50 %

25 $y=ax$에 $(2,\ -8)$을 대입하면

$-8=a\times2$에서 $a=-4$이다. ······ ❶

또 $y=-\dfrac{a}{x}=-\dfrac{-4}{x}=\dfrac{4}{x}$에 $(4,\ b)$를 대입하면

$b=\dfrac{4}{4}=1$이다. ······ ❷

단계	채점 기준	배점 비율
❶	a의 값을 구한다.	50 %
❷	b의 값을 구한다.	50 %

26 $y=ax$에 $(2,\ 5)$를 대입하면

$5=a\times2,\ a=\dfrac{5}{2}$이다. ······ ❶

$y=bx$에 $(1,\ -2)$를 대입하면

$-2=b\times1,\ b=-2$이다. ······ ❷

단계	채점 기준	배점 비율
❶	a의 값을 구한다.	50 %
❷	b의 값을 구한다.	50 %

27 (1) 열차가 일정한 길이의 터널을 통과할 때 걸리는 시간과 열차의 속력은 반비례하므로

$y=\dfrac{a}{x}$에 $(20,\ 450)$을 대입하면

$450=\dfrac{a}{20},\ a=9000$이다.

따라서 $y=\dfrac{9000}{x}$이다. ······ ❶

(2) $y=\dfrac{9000}{x}$에 $y=300$을 대입하면

$300=\dfrac{9000}{x},\ x=30$이다.

따라서 기차의 속력은 초속 30 m이다. ······ ❷

단계	채점 기준	배점 비율
❶	(1) x와 y 사이의 관계의 식을 구한다.	70 %
❷	(2) 기차의 속력을 구한다.	30 %

28 (1) 점 P의 x좌표가 4이므로 $y=\dfrac{1}{2}x$에 $x=4$를 대입하면

$y=\dfrac{1}{2}\times4=2$이다. ······ ❶

따라서 점 P의 좌표는 $(4,\ 2)$이다. ······ ❷

(2) $y=\dfrac{a}{x}$에 $(4,\ 2)$를 대입하면

$2=\dfrac{a}{4},\ a=8$이다. ······ ❸

단계	채점 기준	배점 비율
❶	(1) $x=4$를 $y=\dfrac{1}{2}x$에 대입한다.	40 %
❷	(1) 점 P의 좌표를 구한다.	40 %
❸	(2) a의 값을 구한다.	20 %

29 $y=-\dfrac{27}{x}$에 $\mathrm{P}(b,\ 9)$를 대입하면

$9=-\dfrac{27}{b},\ b=-3$이다. ······ ❶

$y=ax$에 $(-3,\ 9)$를 대입하면

$9=a\times(-3),\ a=-3$이다. ······ ❷

단계	채점 기준	배점 비율
❶	b의 값을 구한다.	50 %
❷	a의 값을 구한다.	50 %

30 (1) 소모되는 열량 y kcal는 시간 x분에 정비례하므로 식을 $y=ax$로 놓고 $x=30,\ y=90$을 대입하면

$90=a\times30,\ a=3$이다.

따라서 $y=3x$이다. ······ ❶

(2) $y=3x$에 $y=75$를 대입하면

$75=3x,\ x=25$이다.

따라서 75 kcal를 소모하려면 25분을 걸어야 한다. ······ ❷

단계	채점 기준	배점 비율
❶	(1) x와 y 사이의 관계의 식을 구한다.	70 %
❷	(2) 걸리는 시간을 구한다.	30 %

31 어제 입장권을 나누어 준 분량과 오늘 입장권을 나누어 준 분량이 같으므로

$8\times15=x\times y$에서 $y=\dfrac{120}{x}$이다. ······ ❶

$y=\dfrac{120}{x}$에서 $x=5$를 대입하면

$y=\dfrac{120}{5}=24$이다.

따라서 5명이 입장권을 나누어 준다면 한 사람이 24장씩 나누어 주어야 한다. ······ ❷

단계	채점 기준	배점 비율
❶	x와 y 사이의 관계의 식을 구한다.	70 %
❷	나누어 주는 입장권 수를 구한다.	30 %

정답 및 해설

I 자연수의 성질

1. 소인수분해

01 소인수분해

① 소수와 합성수, 거듭제곱
P.2

01 ① 가장 작은 소수는 1이다. (거짓)
➡ 가장 작은 소수는 2이다.
④ 소수는 모두 홀수이다. (거짓)
➡ 소수 중 2는 짝수이다.

답 ①, ④

02 10 이하의 자연수 중에서 합성수는 1 이외의 소수가 아닌
수이므로 4, 6, 8, 9, 10의 5개이다.

답 5

03 $21=3\times7$, $27=3\times3\times3$, $51=3\times17$
$91=7\times13$이므로 소수는 31, 47, 79의 3개이다.

답 ②

04 (3) 20 이하의 소수는 2, 3, 5, 7, 11, 13, 17, 19이고 그
개수는 $\boxed{8}$이다.

답 (1) 2 (2) 2 (3) 8

05 $7\times7\times7\times7=7^4$이므로 밑은 $\boxed{7}$이고, 지수는 $\boxed{4}$이다.

답 (1) 7 (2) 4

06 (1) $2\times3\times3\times2\times7\times3=2^2\times3^3\times7$
(2) $\dfrac{1}{3}\times\dfrac{1}{3}\times\dfrac{1}{3}\times\dfrac{1}{3}=\left(\dfrac{1}{3}\right)^4$
(3) $2\times5\times5\times7\times7\times\dfrac{1}{3}\times\dfrac{1}{3}=2\times5^2\times7^2\times\left(\dfrac{1}{3}\right)^2$

답 (1) $2^2\times3^3\times7$ (2) $\left(\dfrac{1}{3}\right)^4$ (3) $2\times5^2\times7^2\times\left(\dfrac{1}{3}\right)^2$

07 2^5은 밑이 2, 지수가 5로서 2가 5번 곱해진 것이므로
$2^5=2\times2\times2\times2\times2$

답 ③

08 ① $5\times5\times5=5^3$ ② $2+2+2+2=2\times4$
③ $1000=10^3$ ④ $\dfrac{1}{3}\times\dfrac{1}{3}\times\dfrac{1}{3}=\left(\dfrac{1}{3}\right)^3$

답 ⑤

09 $2^a=16=2\times2\times2\times2=2^4$이므로 $a=4$
$3^4=3\times3\times3\times3=81=b$이므로 $b=81$
따라서 $a+b=85$이다.

답 ⑤

---

② 소인수분해
P.3

01 (1)
```
 2 ) 54
 3 ) 27
 3 )  9
      3
```
$54=2\times\boxed{3^3}$

(2)
```
       36
    2     18
        2    9
           3   3
```
$36=2^2\times\boxed{3^2}$

답 (1) 2, 3, 3, 9, 3^3 (2) 2, 2, 3, 3^2

02 (1) $70=2\times5\times7$이므로 소인수는 2, 5, 7이다.
(2) 소인수는 2, 3, 11이다.

답 (1) 2, 5, 7 (2) 2, 3, 11

03
```
 2) 420
 2) 210
 3) 105
 5)  35
      7
```
$420=2^2\times3\times5\times7$이므로 420의 소인수는 2, 3, 5, 7이다.

답 ⑤

04
```
 2) 84
 2) 42
 3) 21
     7
```
$84=2^2\times3\times7$이므로 84의 소인수는 2, 3, 7이다.
따라서 84의 모든 소인수의 합은
$2+3+7=12$이다.

답 ①

05 ① $16=2^4$ ② $18=2\times3^2$
③ $44=2^2\times11$ ⑤ $100=2^2\times5^2$

답 ④

06 (1)
```
 3) 63
 3) 21
     7
```
$63=3^2\times7$

(2)
```
 2) 210
 3) 105
 5)  35
      7
```
$210=2\times3\times5\times7$

답 (1) $3^2\times7$ (2) $2\times3\times5\times7$

07 $2^3\times5^2\times a$가 자연수의 제곱이 되려면 모든 소인수의 지수
가 짝수이어야 한다. 따라서 $a=2$이다.

답 ②

08 $80=2^4\times5$이고, 어떤 자연수의 제곱이 되게 하려면 모든
소인수의 지수가 짝수가 되어야 하므로 나눌 수 있는 수는
5, 5×2^2, 5×2^4의 3개이다.

답 ③

09 $30=2\times3\times5$이고 소인수 2, 3, 5의 지수가 각각 짝수가 되어야 하므로 $30\times a$에서 $a=2\times3\times5$, 즉 $a=30$이다.
$b^2=30\times2\times3\times5=2^2\times3^2\times5^2$이므로 $b=2\times3\times5$, 즉 $b=30$이다.
따라서 $a+b=60$이다.

답 ⑤

❸ 소인수분해를 이용한 약수의 개수 구하기 P.4

01 (1) 2^2의 약수는 $\boxed{1}$, $\boxed{2}$, $\boxed{2^2}$이다.
(2) p^4(p는 소수)의 약수는 $\boxed{1}$, $\boxed{p}$, $\boxed{p^2}$, $\boxed{p^3}$, $\boxed{p^4}$이다.

답 (1) 1, 2, 2^2 (2) 1, p, p^2, p^3, p^4

02 (1) 2^3의 약수는 $\boxed{4}$개, 3^2의 약수는 $\boxed{3}$개이므로
$2^3\times3^2$의 약수의 개수는 $\boxed{4}\times\boxed{3}=\boxed{12}$이다.
(2) $2^4\times5$의 약수의 개수는
$(\boxed{4}+1)\times(\boxed{1}+1)=\boxed{10}$이다.
(3) $2\times3^2\times5$의 약수의 개수는
$(\boxed{1}+1)\times(\boxed{2}+1)\times(\boxed{1}+1)=\boxed{12}$이다.

답 (1) 4, 3, 4, 3, 12 (2) 4, 1, 10 (3) 1, 2, 1, 12

03 $2^3\times5^2$의 소인수 중에는 3이 없으므로 ⑤ $2^3\times3$은 $2^3\times5^2$의 약수가 아니다.

답 ⑤

04 $540=2^2\times3^3\times5$이므로 주어진 수 중 540의 약수는 3×5, $2^2\times5$, $3^3\times5$, $2\times3\times5$의 4개이다.

답 ③

05 (1) $250=2\times5^3$이므로 250의 약수의 개수는
$(1+1)\times(3+1)=8$이다.
(2) $300=2^2\times3\times5^2$이므로 300의 약수의 개수는
$(2+1)\times(1+1)\times(2+1)=18$이다.

답 (1) 8 (2) 18

06 ① $30=2\times3\times5$이므로 30의 약수의 개수는
$(1+1)\times(1+1)\times(1+1)=8$이다.
② $128=2^7$이므로 128의 약수의 개수는
$7+1=8$이다.
③ $180=2^2\times3^2\times5$이므로 180의 약수의 개수는
$(2+1)\times(2+1)\times(1+1)=18$이다.
④ $2^2\times7^3$의 약수의 개수는
$(2+1)\times(3+1)=12$이다.
⑤ 11×5^2의 약수의 개수는
$(1+1)\times(2+1)=6$이다.

답 ③

07 $2^3\times5^a$의 약수의 개수가 12이므로
$(3+1)\times(a+1)=12$, $a+1=3$
따라서 $a=2$이다.

답 ②

08 $2^a\times3$과 3^3의 약수의 개수가 같으므로
$(a+1)\times(1+1)=4$이므로 $a+1=2$
따라서 $a=1$이다.

답 1

09 ① $2^3\times4=2^5$이므로 약수의 개수는
$5+1=6$이다.
② $2^3\times6=2^4\times3$이므로 약수의 개수는
$(4+1)\times(1+1)=10$이다.
③ $2^3\times9=2^3\times3^2$이므로 약수의 개수는
$(3+1)\times(2+1)=12$이다.
④ $2^3\times10=2^4\times5$이므로 약수의 개수는
$(4+1)\times(1+1)=10$이다.
⑤ $2^3\times12=2^5\times3$이므로 약수의 개수는
$(5+1)\times(1+1)=12$이다.

답 ③, ⑤

02 최대공약수와 최소공배수

❶ 공약수와 최대공약수 P.5

01 (1) 8과 12의 공약수는 $\boxed{1}$, $\boxed{2}$, $\boxed{4}$이고 최대공약수는 $\boxed{4}$이다.
(2) 3과 8의 최대공약수는 $\boxed{1}$이다. 이와 같이 최대공약수가 $\boxed{1}$인 두 수를 서로소라고 한다.

답 (1) 1, 2, 4, 4 (2) 1, 1

02 12와 20의 공약수는 최대공약수 4의 약수이므로 12와 20의 모든 공약수는 1, 2, 4이다.
따라서 모든 공약수의 합은 7이다.

답 ②

03 두 수의 공약수는 최대공약수 16의 약수이므로 1, 2, 4, 8, 16이다.
따라서 세 번째로 큰 공약수는 4이다.

답 4

04 두 수 A, B의 공약수는 최대공약수의 약수이다.
$24=2^3\times3$이므로 공약수의 개수는
$(3+1)\times(1+1)=8$이다.

답 ③

05 두 수의 공약수는 최대공약수 $2^2\times3$의 약수이다. 그런데
⑤ $2^2\times3^2$은 $2^2\times3$의 약수가 아니다.

답 ⑤

06 최대공약수가 1인 두 자연수는 서로소이다.
최대공약수가 각각 ① 3 ② 12 ③ 17 ④ 1 ⑤ 3
이므로 서로소인 두 자연수는 ④ 51, 91이다.

답 ④

07 3과 서로소인 수는 3을 약수로 가지지 않아야 하므로 3의
배수가 아닌 수의 개수를 구하면 된다.
이때 50 이하의 3의 배수인 수는 16개이므로
3과 서로소인 수는 $50-16=34$(개)이다.
$50\div3=16.66\times\times\times$

답 ③

② 최대공약수를 구하는 방법
P.6

01 세 수 14, 42, 28의 최대공약수는
바탕색이 칠해진 2와 7을 곱한
14이다.

$$\begin{array}{r|rrr} 2 & 14 & 42 & 28 \\ 7 & 7 & 21 & 14 \\ \hline & 1 & 3 & 2 \end{array}$$
(최대공약수)$=\boxed{14}$

답 2, 7, 14, 1, 3, 2, 14

02 각 수의 소인수의 지수가 1이 되도록 나열했을 때 겹치는
수를 곱한다.
$$2^2\times3\times5=2\times2\quad\times3\times5$$
$$2^3\quad\times5=2\times2\times2\quad\times5$$
(최대공약수)$=\boxed{2}\times\boxed{2}\qquad\times\boxed{5}=2^2\times5$

답 2, 2, 5, 2^2, 5

03
$$2^3\times3^2\times5$$
$$2^2\times3\times5$$
$$2^4\times3^3$$
(최대공약수)$=\boxed{2^2}\times\boxed{3}$

소인수의 지수가 다르면
작은 쪽을 선택하여 곱한다.

답 2^2, 3

04
$$105=\qquad3\times5\times7$$
$$120=2^3\times3\times5$$
$$165=\qquad3\times5\quad\times11$$
(최대공약수)$=\qquad3\times5\qquad=15$

따라서 세 수의 최대공약수는 15이므로 공약수는 1, 3, 5,
15의 4개이다.

답 ①

05 A와 B의 공약수는 최대공약수 36의 약수인 1, 2, 3, 4,
6, 9, 12, 18, 36이다.

답 ④

06 최대공약수가 $3^2\times5$이므로
$3^a=3^2$, $5^b=5$에서
$a=2$, $b=1$이다.
$$\begin{array}{r} 2^3\times3^a\times5^3 \\ 3^4\times5^b\times7 \\ \hline \text{(최대공약수)}=\quad3^2\times5 \end{array}$$
따라서 $2^a\times5^b=2^2\times5$의 약수의 개수는
$(2+1)\times(1+1)=6$(개)이다.

답 ②

07 최대공약수가
$x\times2=12$이므로
$x=6$이다.
$$\begin{array}{r} 10\times x=2\quad\times5\times x \\ 24\times x=2^3\times3\quad\times x \\ \hline \text{(최대공약수)}=2\quad\times x=12 \end{array}$$
따라서 두 자연수는 60, 144이므로 그 합은 204이다.

답 ④

[다른 풀이]
$$\begin{array}{r|rr} x & 10\times x & 24\times x \\ 2 & 10 & 24 \\ \hline & 5 & 12 \end{array}$$
최대공약수가 $x\times2=12$이므로 $x=6$이다.
따라서 두 자연수는 60, 144이므로 그 합은 204이다.

③ 공배수와 최소공배수
P.7

01 답 (1) 2, 4, 6, $\cdots$ (2) 3, 6, 9, $\cdots$ (3) 6, 12, 18, $\cdots$
(4) 6 (5) 배수

02 A, B의 최소공배수가 12이므로 A, B의 공배수는 12,
24, 36, $\cdots$이다.

답 12, 24, 36, $\cdots$

03 ㄱ. 두 수의 공배수는 최대공약수의 약수이다. (거짓)
$\Rightarrow$ 두 수의 공약수는 최대공약수의 약수이다.
ㄷ. 두 수가 서로소이면 최소공배수는 1이다. (거짓)
$\Rightarrow$ 두 수가 서로소이면 최소공배수는 두 수의 곱이다.

답 ㄴ, ㄹ

04 공배수는 최소공배수 $2^3 \times 3 = 24$의 배수이므로 250 이하의 자연수 중 24의 배수의 개수를 구하면 된다.
따라서 $250 \div 24 = \underline{10} \cdots \underline{10}$이므로 A와 B의 공배수의 개수는 10개이다.
몫　나머지

　　　　　　　　　　　　　　　　　　답 ④

05 두 자연수 a, b의 최소공배수가 28이므로 a, b의 공배수는 28의 배수이다.
따라서 구하는 수는 28, 56, 84이다.

　　　　　　　　　　　　　　　　답 28, 56, 84

06 $84 = 2^2 \times 3 \times 7$이므로 $2^2 \times 3 \times 7$의 공배수는 그 공배수를 소인수분해 했을 때 소인수 2, 3, 7의 각각의 지수가 2, 1, 1보다 크거나 같아야 한다.
따라서 ④ $2 \times 3^3 \times 7^2$은 $2^2 \times 3 \times 7$의 공배수가 아니다.

　　　　　　　　　　　　　　　　　　답 ④

07 A, B의 공배수는 최소공배수 72의 배수이고 72의 배수 중 500에 가장 가까운 수는 504이다.

　　　　　　　　　　　　　　　　　　답 504

❹ 최소공배수를 구하는 방법　　　　P.8

01 세 수 12, 14, 42의 최소공배수는 바탕색이 칠해진 2, 3, 7, 2, 1, 1을 모두 곱한다.

```
2 ) 12  14  42
3 )  6   7  21
7 )  2   7   7
     2   1   1
```

(최소공배수) $= 2 \times 3 \times 7 \times 2 = \boxed{84}$

　　　　　　　답 2, 3, 7, 7, 7, 1, 1, 84

02
$$30 = 2 \quad\quad \times 3 \times 5$$
$$84 = 2 \times 2 \times 3 \quad\quad \times 7$$
$$(\text{최소공배수}) = \boxed{2} \times \boxed{2} \times \boxed{3} \times \boxed{5} \times \boxed{7} = \boxed{420}$$

각 수의 소인수의 지수가 1이 되도록 나열하여 내렸을 때 모든 수를 곱한다.

　　　　　　　　답 2, 2, 3, 5, 7, 420

03
$$12 = 2^2 \times 3$$
$$20 = 2^2 \quad\quad \times 5$$
$$36 = 2^2 \times 3^2$$
$$(\text{최소공배수}) = \boxed{2^2} \times \boxed{3^2} \times \boxed{5} = \boxed{180}$$

지수가 같으면 그대로 / 지수가 다르면 큰 쪽 / 공통이 아닌 소인수

　　　　　　　　答 2^2, 3^2, 5, 180

04
(1)
$$28 = 2^2 \quad\quad \times 7$$
$$42 = 2 \times 3 \times 7$$
$$(\text{최소공배수}) = 2^2 \times 3 \times 7 = 84$$

(2)
$$12 = 2^2 \times 3$$
$$15 = \quad 3 \times 5$$
$$21 = \quad 3 \quad \times 7$$
$$(\text{최소공배수}) = 2^2 \times 3 \times 5 \times 7 = 420$$

　　　　　　　　答 (1) 84　(2) 420

05
$$2^3 \times 3$$
$$2^2 \times 3 \times 5$$
$$(\text{최소공배수}) = 2^3 \times 3 \times 5 = 120$$

두 수의 공배수는 최소공배수의 배수이므로 공배수 중 1000에 가장 가까운 수는 $120 \times 8 = 960$이다.

　　　　　　　　　　　　　　　　　답 960

06
$$2^4 \quad\quad \times 5$$
$$2^2 \quad\quad \times 5^2 \times 7$$
$$2^3 \times 3^2 \times 5$$
$$(\text{최소공배수}) = 2^4 \times 3^2 \times 5^2 \times 7$$

　　　　　　　　　　　　　　　　　답 ③

07
$$2^2 \times a$$
$$b \times 3^2 \times 5^2$$
$$(\text{최대공약수}) = 2^2 \times 3 \quad\quad \text{이므로 } a = 3\text{이다.}$$
$$(\text{최소공배수}) = 2^2 \times 3^2 \times 5^2 \quad \text{이므로 } b = 2^2 \text{이다.}$$

따라서 $a + b = 3 + 4 = 7$이다.

　　　　　　　　　　　　　　　　　답 7

08
$$2^2 \quad\quad \times x$$
$$2 \times 3 \times x$$
$$2^3 \quad\quad \times x$$
$$(\text{최소공배수}) = 2^3 \times 3 \times x = 240$$

$2^3 \times 3 \times x = 240$에서 $x = 10$이다.
따라서 세 자연수는
$4 \times 10 = 40$, $6 \times 10 = 60$, $8 \times 10 = 80$이므로
세 자연수의 합은 $40 + 60 + 80 = 180$이다.

　　　　　　　　　　　　　　　　　답 ⑤

| 다른 풀이 |

```
x ) 4×x  6×x  8×x
2 )  4    6    8      (최소공배수)
2 )  2    3    4      = x × 2 × 2 × 3 × 2
     1    3    2      = 240
```

$x = 10$이고 세 자연수의 합은 180이다.

03 최대공약수와 최소공배수의 활용

❶ 최대공약수의 활용
PP. 9~10

01 (1) ①

학생 수(명)	1	3	5	15	← $\boxed{15}$의 약수
1인당 갖는 우유의 개수(개)	15	5	3	1	

②

학생 수(명)	1	5	7	35	← $\boxed{35}$의 약수
1인당 갖는 빵의 개수(개)	35	7	5	1	

(2) 15와 35의 최대공약수를 구하면 5이므로 최대 학생 수는 5명이다.

$$15 = 3 \times 5$$
$$35 = 5 \times 7$$
$$\text{(최대공약수)} = 5$$

(3) 각 학생이 받을 수 있는 우유의 개수는 $15 \div 5 = 3$이고, 각 학생이 받을 수 있는 빵의 개수는 $35 \div 5 = 7$이다. 따라서 $a = 3$, $b = 7$이므로 $a + b = 10$이다.

🖪 (1) ① 15, 5, 3, 1, 15 ② 35, 7, 5, 1, 35 (2) 5명 (3) 10

02 구하는 자연수를 x로 놓으면

(1) 자연수 x는 16의 약수이므로 x는 1, 2, 4, 8, 16이다.

(2) 자연수 x는 20의 약수이므로 x는 1, 2, 4, 5, 10, 20이다.

(3) 자연수 x는 16과 20의 공약수 1, 2, 4이고, 그 중 가장 큰 수는 최대공약수이므로 4이다.

🖪 (1) 1, 2, 4, 8, 16 (2) 1, 2, 4, 5, 10, 20 (3) 4

03 분수 $\dfrac{40}{n}$을 자연수가 되게 하는 n의 값은 $\boxed{40}$의 약수이므로 $n = \boxed{1}, \boxed{2}, \boxed{4}, \boxed{5}, \boxed{8}, \boxed{10}, \boxed{20}, \boxed{40}$이다.

🖪 40, 1, 2, 4, 5, 8, 10, 20, 40

04 [방법 1]

$$28 = 2^2 \times 7$$
$$42 = 2 \times 3 \times 7$$
$$\text{(최대공약수)} = 2 \times 7 = 14$$

[방법 2]

```
2) 28  42
7) 14  21
   2   3
```

가능한 한 많은 사람들에게 똑같이 나누어 주려면 사람 수는 28과 42의 최대공약수인 14명이다.

🖪 ⑤

05 [방법 1]

$$72 = 2^3 \times 3^2$$
$$108 = 2^2 \times 3^3$$
$$\text{(최대공약수)} = 2^2 \times 3^2 = 36$$

[방법 2]

```
2) 72  108
2) 36   54
3) 18   27
3)  6    9
    2    3
```

학생 수는 72와 108의 최대공약수 36이므로 한 상자에 초콜릿은 $72 \div 36 = 2$(개), 사탕은 $108 \div 36 = 3$(개)씩 담으면 된다. 따라서 초콜릿과 사탕의 개수의 합은 $2 + 3 = 5$이다.

🖪 5

06 24와 40의 최대공약수가 8이므로 남학생 수는 $24 \div 8 = 3$(명), 여학생 수는 $40 \div 8 = 5$(명) 따라서 $a = 8$, $b = 3$, $c = 5$이므로 $a + b + c = 16$이다.

$$24 = 2^3 \times 3$$
$$40 = 2^3 \times 5$$
$$\text{(최대공약수)} = 2^3 = 8$$

🖪 ①

07 (1) 정사각형 모양의 타일의 한 변의 길이는 72, 126의 최대공약수인 18 cm이다.

$$72 = 2^3 \times 3^2$$
$$126 = 2 \times 3^2 \times 7$$
$$\text{(최대공약수)} = 2 \times 3^2 = 18$$

(2) 가로로는 $72 \div 18 = 4$이므로 4장, 세로로는 $126 \div 18 = 7$이므로 7장을 붙여야 한다. 따라서 타일은 총 $4 \times 7 = 28$(장)을 붙여야 한다.

🖪 (1) 18 cm (2) 28장

08 쿠키 상자의 한 모서리의 길이는 60, 72, 108의 최대공약수인 12 cm이다.

$$60 = 2^2 \times 3 \times 5$$
$$72 = 2^3 \times 3^2$$
$$108 = 2^2 \times 3^3$$
$$\text{(최대공약수)} = 2^2 \times 3 = 12$$

🖪 ②

09 네 모퉁이에 나무를 반드시 심으므로 나무 간격은 180, 96의 최대공약수인 12 m이고, 가로로 $180 \div 12 = 15$(그루), 세로에 $96 \div 12 = 8$(그루)이므로 나무는 최소한 $(15 + 8) \times 2 = 46$(그루)가 필요하다.

$$180 = 2^2 \times 3^2 \times 5$$
$$96 = 2^5 \times 3$$
$$\text{(최대공약수)} = 2^2 \times 3 = 12$$

🖪 ③

10 두 분수가 모두 자연수가 되려면 n은 두 분수의 분자인 96, 132의 공약수이므로 최대공약수인 12의 약수와 같다. 따라서 $12 = 2^2 \times 3$이므로 자연수 n의 값은 모두 $(2 + 1) \times (1 + 1) = 6$(개)이다.

$$96 = 2^5 \times 3$$
$$132 = 2^2 \times 3 \times 11$$
$$\text{(최대공약수)} = 2^2 \times 3 = 12$$

🖪 ②

11 어떤 수는 148−4, 182−2의 공약수이고, 이 중 가장 큰 수는 144, 180의 최대공약수인 36이다.

$$144=2^4\times3^2$$
$$180=2^2\times3^2\times5$$
$$(최대공약수)=2^2\times3^2\qquad=36$$

답 36

12 어떤 수는 100−1, 84−3, 74−2의 공약수이므로 99, 81, 72의 최대공약수인 9의 약수 1, 3, 9이다.
그런데 어떤 수는 84를 나눌 때의 나머지인 3보다 커야 하므로 9이다.

$$99=\qquad 3^2\times11$$
$$81=\qquad 3^4$$
$$72=2^3\times3^2$$
$$(최대공약수)=\qquad 3^2\qquad=9$$

답 9

② 최소공배수의 활용
PP.11~12

01 (1) [로봇 A]

회전 수(회)	1	2	3	4	…
걸리는 시간(초)	6	12	18	24	…

← 6 의 배수

[로봇 B]

회전 수(회)	1	2	3	4	…
걸리는 시간(초)	8	16	24	32	…

← 8 의 배수

(2)
$$6=2\times3$$
$$8=2^3$$
$$(최소공배수)=2^3\times3=24$$

따라서 두 로봇이 처음으로 다시 만나는 데 걸리는 시간은 24초이다.

(3) 최소공배수가 24이므로 두 번째, 세 번째로 다시 만나는 데 걸리는 시간은 각각 48초, 72초이다.

답 (1) A: 6, 12, 18, 24, 6, B: 8, 16, 24, 32, 8
(2) 24초 (3) 두 번째: 48초, 세 번째: 72초

02 구하는 자연수를 x로 놓으면
(1) $x-1$은 3의 배수와 0이므로 x는 1, 4, 7, 10, 13, 16, 19이다.
(2) $x-1$은 4의 배수와 0이므로 x는 1, 5, 9, 13, 17이다.
(3) $x-1$은 3과 4의 최소공배수인 12이므로 x는 13이다.

답 (1) 1, 4, 7, 10, 13, 16, 19   (2) 1, 5, 9, 13, 17   (3) 13

03 $\dfrac{3}{14}\times n$이 자연수일 때, n은 14 의 배수이므로 100보다 작은 자연수 n은 14 , 28 , 42 , 56 , 70 , 84 , 98 이다.

답 14, 14, 28, 42, 56, 70, 84, 98

04 같은 종류끼리 책을 각각 위로 쌓아서 처음으로 같아지는 높이는 8, 12의 최소공배수인 24 mm이므로 책 A의 권 수는 24÷8=3(권)이다.

$$8=2^3$$
$$12=2^2\times3$$
$$(최소공배수)=2^3\times3=24$$

답 3권

05
$$98=2\qquad\times7^2$$
$$105=\qquad3\times5\times7$$
$$(최소공배수)=2\times3\times5\times7^2=1470$$

두 톱니바퀴 A, B가 처음으로 다시 만나려면 98, 105의 최소공배수인 톱니바퀴 $2\times3\times5\times7^2=1470$(개)의 톱니가 움직여야 하므로 움직인 톱니바퀴 A의 톱니의 수는 1470개이다.
따라서 톱니바퀴 A는 1470÷98=15(바퀴) 움직여야 한다.

답 15바퀴

06 (1) 가장 작은 정사각형의 한 변의 길이는 6, 15의 최소공배수인 30 cm이다.

$$6=2\times3$$
$$15=\qquad3\times5$$
$$(최소공배수)=2\times3\times5=30$$

(2) 색종이는 가로 방향으로 30÷6=5(장), 세로 방향으로 30÷15=2(장)이 필요하므로 모두 5×2=10(장)이 필요하다.

답 (1) 30 cm   (2) 10

07 두 등대는 8+1=9, 10+2=12의 최소공배수인 36의 배수마다 동시에 불이 켜진다.
따라서 10분은 10×60=600(초)이므로 600÷36=16.666…
따라서 두 등대는 16번 동시에 불이 켜진다.

$$9=\qquad3^2$$
$$12=2^2\times3$$
$$(최소공배수)=2^2\times3^2=36$$

답 16번

08 A, B, C가 다시 처음으로 동시에 일을 시작하는 일수는 5+1=6, 7+2=9, 9+3=12의 최소공배수인 36일 후이다.
따라서 4월 1일인 오늘부터 36일 후인 5월 7일이다.

$$6=2\times3$$
$$9=\qquad3^2$$
$$12=2^2\times3$$
$$(최소공배수)=2^2\times3^2=36$$

답 ②

09 가장 작은 정육면체의 한 모서리의 길이는 15, 9, 6의 최소공배수인 90 cm이고, 가로, 세로, 높이의

$$15=\qquad3\times5$$
$$9=\qquad3^2$$
$$6=2\times3$$
$$(최소공배수)=2\times3^2\times5=90$$

방향으로 각각 $90 \div 15 = 6$(개), $90 \div 9 = 10$(개),
$90 \div 6 = 15$(개)의 블록이 필요하므로 블록은 모두
$6 \times 10 \times 15 = 900$(개)가 필요하다.

답 900개

10 구하는 수를 x라고 하면 $x+1$은 3, 4, 5로 나누면 나머지
가 0이므로 $x+1$은 3, 4, 5의 최소공배수인 60의 배수이
다. 따라서 가장 작은 세 자리의 자연수는 120이므로
$x+1 = 120$에서 x는 119이다.

답 119

11 어떤 수를 x라고 하면 4, 6,
9로 나누면 모두 1이 남으
므로 $x-1$은 0 또는 4, 6,
9의 최소공배수인 36의 배
수이다.
$x-1 = 0$, 36, 72에서 $x = 1$, 37, 73이다.
따라서 100 이하의 자연수는 1, 37, 73의 3개이다.

$$4 = 2^2$$
$$6 = 2 \times 3$$
$$9 = 3^2$$
$$\text{(최소공배수)} = 2^2 \times 3^2 = 36$$

답 3개

③ 최대공약수와 최소공배수의 관계　PP.12~13

01 두 분수 $\dfrac{35}{6}$, $\dfrac{25}{21}$ 중 어느 것에 곱해도 자연수가 되는 가장

작은 수를 $\dfrac{b}{a}$(단, a, b는 $\boxed{\text{서로소}}$)라고 하면

$$\dfrac{b}{a} = \dfrac{(6과 21의 \boxed{\text{최소공배수}})}{(35와 25의 \boxed{\text{최대공약수}})} = \dfrac{\boxed{42}}{\boxed{5}}$$

$$35 = 5 \times 7 \qquad\qquad 6 = 2 \times 3$$
$$25 = 5^2 \qquad\qquad 21 = 3 \times 7$$
$$\text{(최대공약수)} = 5 \qquad \text{(최소공배수)} = 2 \times 3 \times 7 = 42$$

답 서로소, 최소공배수, 최대공약수, 42, 5

02 두 분수의 분모인 12,
15의 최소공배수 60의
배수를 두 분수에 곱해
야 두 분수가 모두 자연수가 된다.
따라서 가장 작은 세 자리의 자연수는 120이다.

$$12 = 2^2 \times 3$$
$$15 = 3 \times 5$$
$$\text{(최소공배수)} = 2^2 \times 3 \times 5 = 60$$

답 120

03
$$15 = 3 \times 5 \qquad\qquad 4 = 2^2$$
$$9 = 3^2 \qquad\qquad 16 = 2^4$$
$$21 = 3 \times 7 \qquad 10 = 2 \times 5$$
$$\text{(최대공약수)} = 3 \qquad \text{(최소공배수)} = 2^4 \times 5 = 80$$

$\dfrac{b}{a}$가 가장 작은 분수가 되기 위해서는 a는 15, 9, 21의
최대공약수가 되어야 하므로 $a=3$이고, b는 4, 16, 10의

최소공배수가 되어야 하므로 $b=80$이다.
따라서 구하는 분수는 $\dfrac{80}{3}$이므로 $a+b=83$이다.

답 ④

04 (1) $12 = 2 \times 6$이므로 $A = a \times \boxed{G}$
　　 $18 = 3 \times 6$이므로 $B = b \times \boxed{G}$
(2) 최소공배수는 $\boxed{6} \times 2 \times 3$이므로 $L = \boxed{G} \times a \times b$
(3) $A \times B = (a \times \boxed{G}) \times (b \times \boxed{G})$
$$ = (a \times b \times \boxed{G}) \times \boxed{G}$$
$$ = \boxed{L} \times G$$

답 (1) G, G　(2) 6, G　(3) G, G, G, G, L

05 (1)
$$14 = 2 \times 7$$
$$21 = 3 \times 7$$
$$\text{(최대공약수)} = 7$$
$$\text{(최소공배수)} = 2 \times 3 \times 7 = 42$$

따라서 최대공약수 $\boxed{7}$, 최소공배수는 $\boxed{42}$이다.

(2) (두 수의 곱) $= 14 \times 21 = 294$,
　 (최대공약수) $\times$ (최소공배수) $= 7 \times 42 = 294$이므로
　 (두 수의 곱) $=$ (최대공약수) $\times$ (최소공배수)이다.

답 (1) 7, 42　(2) 풀이 참조

06 $A = 5 \times a$, $B = 5 \times b$
(a, b는 서로소)라고 하면
$5 \times a \times b = 50$이므로
$a \times b = 10$이다.
그런데 $A > B$이므로 $a > b$이다.
　(ⅰ) $a=10$, $b=1$일 때, $A=50$, $B=5$
　(ⅱ) $a=5$, $b=2$일 때, $A=25$, $B=10$
그런데 두 수의 합이 55이므로 $A=50$, $B=5$이다.
따라서 $A-B = 50-5 = 45$이다.

$$A = \boxed{5 \times a}$$
$$B = \boxed{5 \times b}$$
$$\text{(최대공약수)} = 5$$
$$\text{(최소공배수)} = 5 \times a \times b$$

답 ⑤

07 $A = 12 \times k$, $48 = 12 \times 4$
(k, 4는 서로소)라고 하면
최소공배수가 144이므로
$12 \times k \times 4 = 144$에서 $k=3$
이다.
따라서 $A = 12 \times 3 = 36$이다.

$$A = 12 \times k = 2^2 \times 3 \times k$$
$$B = 48 = 2^4 \times 3$$
$$\text{(최대공약수)} = 2^2 \times 3$$
$$\text{(최소공배수)} = 2^4 \times 3 \times k$$

답 36

$\boxed{\text{다른 풀이}}$
(두 자연수의 곱) $=$ (최대공약수) $\times$ (최소공배수)이므로
$A \times 48 = 12 \times 144$
따라서 $A = 36$이다.

08 두 자리의 자연수를 A라고 하면
$A=9\times a$, $72=9\times 8$ (a, 8은 서로소)이므로
A는 오른쪽에서 a와 8이 서로소이고 $A=9\times a$가 가장 큰
두 자리의 수이다.
따라서 $A=9\times 11=99$이다.

$$\begin{array}{r} 9\,)\,\underline{A\quad 72} \\ a\quad 8 \end{array}$$

답 99

09 최대공약수가 12이므
로 $A=12\times a$라 하
고 최소공배수가
$252=12\times 3\times 7$이
므로
$a=7$ 또는 $a=7\times 3$이다.
$a=7$일 때 $A=12\times 7=84$
$a=7\times 3$일 때 $A=12\times 7\times 3=252$
따라서 ①~⑤에서 A의 값이 될 수 있는 것은 ② 84이다.

$$\begin{aligned} 12&=\boxed{2^2\times 3} \\ 36&=\boxed{2^2\times 3^2} \\ A&=2^2\times 3\times \boxed{a} \\ \hline (최대공약수)&=\boxed{2^2\times 3}\qquad\ =12 \\ (최소공배수)&=\boxed{2^2\times 3^2\times a}=252 \end{aligned}$$

답 ②

[다른 풀이]

A를 12로 나눈 몫을 a라고 하면
$252=12\times 3\times 7$이므로
$a=7$ 또는 $a=7\times 3$이다.
$a=7$일 때, $A=12\times a=12\times 7=84$
$a=7\times 3$일 때, $A=12\times a=12\times 7\times 3=252$
따라서 ①~⑤에서 A의 값이 될 수 있는 것은 ② 84이다.

$$\begin{array}{r} 12\,)\,\underline{12\quad 36\quad A} \\ 1\quad\ 3\quad a \end{array}$$

10 최대공약수를 a라고 하면 세 자연수는 $2\times a$, $3\times a$, $5\times a$
이다. 최소공배수는 $2\times 3\times 5\times a=420$에서 $a=14$이다.
따라서 세 자연수는 28, 42, 70이므로 가장 큰 수는 70이다.

답 ⑤

11 최대공약수가 8이므로 두 자연수를 $A=8\times a$, $B=8\times b$
(a, b는 서로소, $a>b$)라고 하면 $8\times a+8\times b=80$에서
$a+b=10$이다.
　(i) $a=9$, $b=1$일 때, $A=72$, $B=8$
　(ii) $a=7$, $b=3$일 때, $A=56$, $B=24$
이 중 차가 32인 두 수는 $A=56$, $B=24$이다.

답 $A=56$, $B=24$

12 두 자연수를 A, B, 최소공배수를 L이라고 하면
$A\times B=3\times L$, $99=3\times L$, $L=33$이다.

답 33

13 두 자연수의 곱은 최대공약수와 최소공배수의 곱과 같으므
로 (두 자연수의 곱)$=15\times 45=675$이다.

답 675

14 두 자연수를 A, B, 최소공배수를 L이라고 하면
$A\times B=6\times L$, $540=6\times L$에서 $L=90$이다.

따라서 $A=6\times a$, $B=6\times b$ (a, b는 서로소, $a>b$)라고
하면 최소공배수는 $6\times a\times b=90$에서 $a\times b=15$
　(i) $a=15$, $b=1$일 때, $A=90$, $B=6$
　(ii) $a=5$, $b=3$일 때, $A=30$, $B=18$
그런데 두 자연수는 모두 6보다 크므로 두 수의 합은
$30+18=48$이다.

답 ②

중단원 실전 마무리　　　　　　PP.15~18

01 ⑤	**02** ③	**03** ④	**04** ③, ⑤	**05** ③
06 ②	**07** ①	**08** ④	**09** ②	**10** ⑤
11 ③	**12** ①	**13** 24	**14** 7명	**15** 119
16 ③	**17** 54	**18** ④	**19** 8회	**20** ③, ⑤
21 180초	**22~27** 풀이 참조			

01 ⑤ 4와 9는 서로소이지만 소수는 아니다.
따라서 옳지 않은 것은 ⑤이다.

02 $64=2^6$이므로 100 이하의 자연수 중 2의 배수가 아닌 수
는 64와 서로소이다. 100 이하의 자연수 중 2의 배수는 50
개이므로 구하는 자연수의 개수는 $100-50=50$이다.

03 N의 약수 중 가장 큰 수는 자기 자신이며, 두 번째로 큰
수는 N을 가장 작은 소인수 2로 나눈 수인 ④ 2×3^3이다.

04 ① $2^3\times\boxed{5}$이면 약수의 개수는
　$(3+1)\times(1+1)=8$이다.
② $2^3\times\boxed{7}$이면 약수의 개수는
　$(3+1)\times(1+1)=8$이다.
③ $2^3\times\boxed{9}=2^3\times 3^2$이므로 약수의 개수는
　$(3+1)\times(2+1)=12$이다.
④ $2^3\times\boxed{16}=2^7$이면 약수의 개수는
　$7+1=8$이다.
⑤ $2^3\times\boxed{21}=2^3\times 3\times 7$이면 약수의 개수는
　$(3+1)\times(1+1)\times(1+1)=16$이다.
따라서 약수의 개수가 8이 아닌 것은 ③, ⑤이다.

05 $N(15)=(15=3\times 5$의 약수의 개수$)=4$,
$N(150)=(150=2\times 3\times 5^2$의 약수의 개수$)=12$,
$N(15)\times N(a)=N(150)$에서
$4\times N(a)=12$이므로 $N(a)=3$
따라서 약수가 3개인 a는 (소수)^{2}이므로
a는 2^2, 3^2, 5^2, 7^2의 4개이다.

[참고]　$a=11^2=121$이므로 조건 (가)에 맞지 않는다.

06 $40 \times a = 2^3 \times 5 \times a$가 어떤 수의 제곱이 되려면 모든 소인수의 지수가 짝수이어야 하므로 가장 작은 수 a는
$a = 2 \times 5 = 10$이다.
$40 \times a = 40 \times 10 = 400$이므로 $b^2 = 400$, $b = 20$이다.
따라서 $a + b = 10 + 20 = 30$이다.

07 공약수는 최대공약수의 약수이므로 공약수의 개수는 최대공약수의 약수의 개수와 같다.

$$108 = 2^2 \times 3^3$$
$$240 = 2^4 \times 3 \times 5$$
$$\overline{\text{(최대공약수)} = 2^2 \times 3}$$

두 수의 최대공약수가 $2^2 \times 3$이므로 두 수의 공약수의 개수는 $(2+1) \times (1+1) = 6$이다.

08 $100 \div 4 = 25$이므로 100 이하의 4의 배수는 25개이다.
4의 배수이면서 6의 배수인 수는 12의 배수이므로 100 이하의 12의 배수는 $100 \div 12 = 8.333\cdots$, 즉 8개이다.
따라서 4의 배수이지만 6의 배수가 아닌 수의 개수는 $25 - 8 = 17$이다.

09
$$2^2 \times 3 \quad\quad \times 11^2$$
$$2^3 \quad\quad \times 5^2 \times 11$$
$$\overline{\text{(최대공약수)} = 2^2 \times \quad\quad 11}$$
$$\text{(최소공배수)} = 2^3 \times 3 \times 5^2 \times 11^2$$

10 세 수의 최대공약수는 $x \times 2 = 10$에서 $x = 5$이다.
따라서 최소공배수는
$2^3 \times 3 \times x = 24 \times 5 = 120$이다.

$$4 \times x = 2^2 \quad\quad \times x$$
$$6 \times x = 2 \times 3 \times x$$
$$8 \times x = 2^3 \quad\quad \times x$$
$$\overline{\text{(최대공약수)} = 2 \quad\quad \times x}$$
$$\text{(최소공배수)} = 2^3 \times 3 \times x$$

11 N을 15로 나눈 몫을 n이라고 하면

$$15)\ \underline{30 \quad N \quad 75}$$
$$\quad\ \ 2 \quad n \quad 5$$

$450 = 15 \times 2 \times 3 \times 5$이므로
n은 3 또는 3×2 또는 3×5 또는 $3 \times 2 \times 5$이다.
$N = 15 \times n$이므로 N의 값은
$15 \times 3 = 45$ 또는 $15 \times 3 \times 2 = 90$ 또는
$15 \times 3 \times 5 = 225$ 또는 $15 \times 3 \times 2 \times 5 = 450$이다.
따라서 N의 값이 될 수 없는 것은 ③ 150이다.

[다른 풀이]

$$30 = 2 \times 3 \times 5$$
$$N = \quad\ 3 \times 5 \times n$$
$$75 = \quad\quad 3 \times 5^2$$
$$\overline{\text{(최대공약수)} = \quad\ 3 \times 5 \quad\quad = 15}$$
$$\text{(최소공배수)} = 2 \times 3 \times 5^2 \times n = 450$$

이때 최소공배수가 $450 = 15 \times 2 \times 3 \times 5$가 되려면
n은 3 또는 3×2 또는 3×5 또는 $3 \times 2 \times 5$ 중 하나이다.

$N = 15 \times n$이므로 N의 값은
 (ⅰ) $n = 3$일 때, $N = 15 \times 3 = 45$
 (ⅱ) $n = 3 \times 2$일 때, $N = 15 \times 3 \times 2 = 90$
 (ⅲ) $n = 3 \times 5$일 때, $N = 15 \times 3 \times 5 = 225$
 (ⅳ) $n = 3 \times 2 \times 5$일 때, $N = 15 \times 3 \times 2 \times 5 = 450$
따라서 N의 값이 될 수 없는 것은 ③ 150이다.

12
$$35 = \quad\quad 5 \times 7 \quad\quad 6 = 2 \times 3$$
$$14 = 2 \quad\quad \times 7 \quad\quad 9 = \quad\quad 3^2$$
$$\overline{\text{(최대공약수)} = \quad\quad 7} \quad \overline{\text{(최소공배수)} = 2 \times 3^2 = 18}$$

분모 a는 35와 14의 최대공약수이므로 7이고,
분자 b는 6과 9의 최소공배수이므로 18이다.
따라서 $b - a = 18 - 7 = 11$이다.

13 $216 \times a = 2^3 \times 3^3 \times a$ (a는 자연수)가 어떤 자연수의 제곱이 되려면 소인수의 지수가 모두 짝수이어야 하므로
$a = 2 \times 3$, $(2 \times 3) \times 2^2$, $(2 \times 3) \times 3^2$, $\cdots$이다.
따라서 이 중 두 번째로 작은 수는 $(2 \times 3) \times 2^2 = 24$이다.

14 구하는 학생 수를 x명이라고 하면 x는 $36 - 1 = 35$, $44 - 2 = 42$의 최대공약수인 7명이다.

$$35 = \quad\quad 5 \times 7$$
$$42 = 2 \times 3 \quad\quad \times 7$$
$$\overline{\text{(최대공약수)} = \quad\quad 7}$$

15 구하는 가장 작은 수를 x라고 하면 $x + 1$은 4, 5, 6의 최소공배수이므로
$x + 1 = 60$, 120, $\cdots$에서 $x = 59$, 119, $\cdots$이다.

$$4 = 2^2$$
$$5 = \quad\quad 5$$
$$6 = 2 \times 3$$
$$\overline{\text{(최소공배수)} = 2^2 \times 3 \times 5 = 60}$$

이 중 가장 작은 세 자리의 자연수 x는 119이다.

16 6, 9, 10으로 나누면 모두 2가 남으므로 어떤 수를 x라고 하면 $x - 2$는 6, 9, 10의 공배수이다.

$$6 = 2 \times 3$$
$$9 = \quad\quad 3^2$$
$$10 = 2 \quad\quad \times 5$$
$$\overline{\text{(최소공배수)} = 2 \times 3^2 \times 5 = 90}$$

6, 9, 10의 최소공배수가 90이므로
$x - 2 = 90$, 180, $\cdots$에서 $x = 92$, 182, $\cdots$이다.
따라서 가장 작은 세 자리의 자연수는 182이다.

17 50보다 큰 두 자리의 자연수를 A라고 하면
$A = 18 \times a$, $72 = 18 \times 4$이므로 a와 4는 서로소이다.
a와 4가 서로소란 말은 a와 2가 서로소란 말이므로
a는 1, 3, 5, $\cdots$이고, A는 $18 \times 1 = 18$, $18 \times 3 = 54$, $18 \times 5 = 90$, $\cdots$이다.
따라서 이 중 50보다 크면서 가장 작은 수는 54이다.

18 A, B의 최대공약수가 8, 최소공배수가 64이므로
$A=8\times a$, $B=8\times b\,(a,\ b$는 서로소, $a>b)$라고 하면
$8\times a\times b=64$에서 $a\times b=8$이다.
　(i) $a=8$, $b=1$일 때, $A=64$, $B=8$이다.
　(ii) $a=4$, $b=2$일 때, $A=32$, $B=16$이다.
따라서 이 중 최대공약수가 8, 최소공배수가 64이고
a, b는 서로소 $a>b(A>B)$인 자연수 A와 B의 합은
$64+8=72$이다.

19 세 점 A, B, C가 원
주 위를 1바퀴 도는
데 걸리는 시간은 각
각 15초, 18초, 25초
이다.

$$15=\quad\ 3\ \times 5$$
$$18=2\times 3^2$$
$$25=\quad\quad\ \times 5^2$$
$$\overline{\text{(최소공배수)}=2\times 3^2\times 5^2=450}$$

└ 1분(=60초)에 4바퀴이므로 15초에 1바퀴,
　3분(=180초)에 10바퀴이므로 18초에 1바퀴 돈다.

따라서 점 P에서 처음으로 다시 만나는 데 걸리는 시간은
15, 18, 25의 최소공배수인 450초이므로 점 P를 동시에
통과하는 횟수는
$3600(초)\div 450=8(회)$이다.
└ (1시간)=(3600초)

20 감은 $56(=51+5)$개,
귤은 $98(=102-4)$개,
사과는 $70(=69+1)$개가
있으면 똑같이 나누어 줄 수
있으므로 가능한 학생 수는 56, 98, 70의 공약수, 즉 최대
공약수 14의 약수 1, 2, 7, 14이다.

$$56=2^3\quad\times 7$$
$$98=2\quad\times 7^2$$
$$70=2\times 5\times 7$$
$$\overline{\text{(최대공약수)}=2\quad\times 7}$$

그런데 귤이 4개 남으므로 4보다 큰 수인 7명, 14명이 가
능하다.

21 네온사인이 한 번 켜
진 후 다음 번 켜지는
데 걸리는 시간은
A가 $10+2=12(초)$,
B가 $12+3=15(초)$,
C가 $14+4=18(초)$이다.

$$12=2^2\times 3$$
$$15=\quad\ 3\ \times 5$$
$$18=2\ \times 3^2$$
$$\overline{\text{(최소공배수)}=2^2\times 3^2\times 5=180}$$

12, 15, 18의 최소공배수를 구하면 180이므로 세 네온사
인이 다음에 동시에 켜지는 데 걸리는 시간은 180초이다.

22 14와 □의 공약수가 1개이므로 14와 □는 서로소이다.
└ 최대공약수도 1개 …… ❶
　　└ $100\div 7=14.\times\times\times$
따라서 $14=2\times 7$이고, 100 이하의 자연수 중 2의 배수는
50개, 7의 배수는 14개, 2와 7의 공배수인 14의 배수는 7
　　　　└ $100\div 14=7.\times\times\times$
　　　　　　　　　　$100\div 2=50$
개이므로 □를 만족하는 자연수의 개수는 …… ❷
$100-(50+14-7)=100-57=43(개)$ …… ❸
└ 2와 7의 공배수인 14의 배수의 개수는
　중복되므로 빼준다.

단계	채점 기준	배점 비율
❶	14와 □가 서로소임을 안다.	50 %
❷	100 이하의 자연수 중 2의 배수, 7의 배수, 14의 배수의 개수를 각각 구한다.	30 %
❸	□를 만족하는 100 이하의 자연수의 개수를 구한다.	20 %

23 두 수 A, B의 최소공배수를 L이라고 하면
$A\times B=8\times L$, $960=8\times L$, $L=120$ …… ❶
$A=8\times a$, $B=8\times b\,(a,\ b$는 서로소)라고 하면
$8\times a\times b=120$이므로 $a\times b=15$이다.
　(i) $a=1$, $b=15$일 때, $A=8$, $B=120$
　(ii) $a=3$, $b=5$일 때, $A=24$, $B=40$ ┐A, B는
　(iii) $a=5$, $b=3$일 때, $A=40$, $B=24$ │두 자리의 자연수
　(iv) $a=15$, $b=1$일 때, $A=120$, $B=8$ …… ❷
따라서 두 자리의 자연수 A와 B의 합은
$24+40=40+24=64$이다. …… ❸

단계	채점 기준	배점 비율
❶	A, B의 최소공배수를 구한다.	30 %
❷	$a\times b=15$를 이용하여 A, B를 구한다.	60 %
❸	$A+B$의 값을 구한다.	10 %

24 공책이 26권인데 4권이 부족
하므로 30권이 있으면 똑같
이 나누어 줄 수 있고, 연필
이 52자루인데 4자루가 남으므로 48자루가 있으면 똑같이
나누어 줄 수 있으므로 어린이 수는 30, 48의 공약수가 되
어야 한다.

$$30=2\times 3\times 5$$
$$48=2^4\times 3$$
$$\overline{\text{(최대공약수)}=2\times 3=6}$$

…… ❶
따라서 30, 48의 최대공약수가 6이므로 6명의 어린이에게
나누어 줄 수 있다. 연필이 4자루 남으므로 어린이는 …… ❷
　　　　　　　　4명보다 많아야 한다.

단계	채점 기준	배점 비율
❶	구하는 어린이 수가 30, 48의 공약수임을 안다.	60 %
❷	30, 48의 최대공약수를 구하여 어린이 수를 구한다.	40 %

25 가능한 한 작은 정육면체
를 만들려면 정육면체의 한
모서리의 길이는 9, 4, 2의
최소공배수인 36 cm가 되
어야 한다.

$$9=\quad\ 3^2$$
$$4=2^2$$
$$2=2$$
$$\overline{\text{(최소공배수)}=2^2\times 3^2=36}$$

…… ❶
따라서 가로는 $36\div 9=4(개)$,
세로는 $36\div 4=9(개)$, …… ❷
높이는 $36\div 2=18(개)$의 블록이 필요하므로 모두
$4\times 9\times 18=648(개)$이다. …… ❸

단계	채점 기준	배점 비율
❶	정육면체의 한 모서리의 길이가 9, 4, 2의 최소공배수임을 안다.	50 %
❷	가로, 세로, 높이에 필요한 블록의 개수를 각각 구한다.	30 %
❸	전체 필요한 블록의 개수를 구한다.	20 %

26 구하는 분수를 $\dfrac{b}{a}$라고 하면

$$\frac{35}{12}\times\frac{b}{a}=(\text{자연수}),\quad \frac{42}{5}\times\frac{b}{a}=(\text{자연수})$$가 되어야 하므로

$$\frac{b}{a}=\frac{(12와\ 5의\ 최소공배수)}{(35와\ 42의\ 최대공약수)}\qquad\cdots\cdots\ ❶$$

이어야 한다.

$$
\begin{aligned}
35 &= \ 5\times 7\\
42 &= 2\times 3\ \times 7\\
\hline
(\text{최대공약수}) &= \ 7
\end{aligned}
$$

$$
\begin{aligned}
12 &= 2^2\times 3\\
5 &= \ 5\\
\hline
(\text{최소공배수}) &= 2^2\times 3\times 5=60 \qquad\cdots\cdots\ ❷
\end{aligned}
$$

따라서 구하는 가장 작은 분수는 $\dfrac{60}{7}$이다. $\qquad\cdots\cdots\ ❸$

단계	채점 기준	배점 비율
❶	분모, 분자가 어떤 수이어야 하는지 안다.	70 %
❷	분모, 분자를 구한다.	20 %
❸	가장 작은 분수를 구한다.	10 %

27 학생 수를 x명이라 하고 2, 3, 4, 6의 최소공배수를 구한다.

[방법 1]

$$
\begin{aligned}
2 &= 2\\
3 &= \ 3\\
4 &= 2^2\\
6 &= 2\ \times 3\\
\hline
(\text{최소공배수}) &= 2^2\times 3=12
\end{aligned}
$$

[방법 2]

$$
\begin{array}{r|cccc}
2) & 2 & 3 & 4 & 6\\
3) & 1 & 3 & 2 & 3\\
\hline
& 1 & 1 & 2 & 1
\end{array}
$$

$$(\text{최소공배수})=2\times 3\times 2=12$$

최소공배수는 12이다. $\qquad\cdots\cdots\ ❶$

12의 배수 중 30과 40 사이에 있는 수는 36이므로

$x+1=36$이다. $\qquad\cdots\cdots\ ❷$

따라서 학생 수는 35명이고, 이 학생을 5열로 세우면

$35\div 5=7\cdots 0$이므로 남는 학생이 없다. $\qquad\cdots\cdots\ ❸$

단계	채점 기준	배점 비율
❶	2, 3, 4, 6의 최소공배수를 구한다.	40 %
❷	구하는 학생 수에 1을 더하면 (2, 3, 4, 6의 최소공배수)임을 안다.	40 %
❸	조건에 맞는 학생 수를 구한다.	20 %

II 정수와 유리수

1. 정수와 유리수

01 정수와 유리수의 뜻

① 부호를 가진 수, 정수, 유리수   P.20

01 답 (1) $+40$분   (2) $-10\ \mathrm{km}$ (3) $+2$점   (4) -5점

02 ① $+300\ \mathrm{m}$

답 ①

03 ⑤ 정수는 무수히 많다.

답 ⑤

04 ① 가장 큰 수는 $+5$이다.

③ 음수 중에서 가장 큰 수는 $-\dfrac{4}{3}$이다.

④ 절댓값이 가장 큰 수는 $+5$이다.

⑤ 정수는 0, $+5$, -3이다.

답 ②

05 ㄷ. 정수 중 양의 정수가 아닌 수는 음의 정수와 0이다.

답 ㄱ, ㄴ, ㄹ

06 정수가 아닌 유리수는 $\dfrac{5}{4}$, 3.4, $\dfrac{18}{4}$의 3개이다.

답 ②

② 수직선, 절댓값, 절댓값의 성질   P.21

01 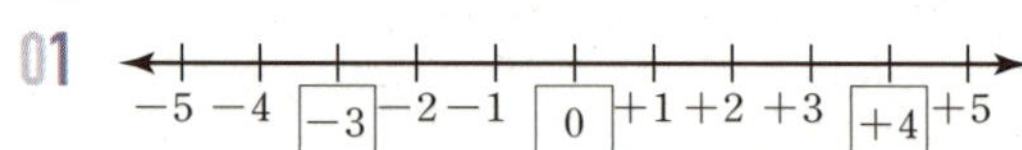

답 -3, 0, $+4$

02 ③ $\mathrm{C}\left(-\dfrac{3}{4}\right)$

답 ③

03 수직선에서 가장 왼쪽에 있는 수는 가장 작은 수이므로

① -3이다.

답 ①

04 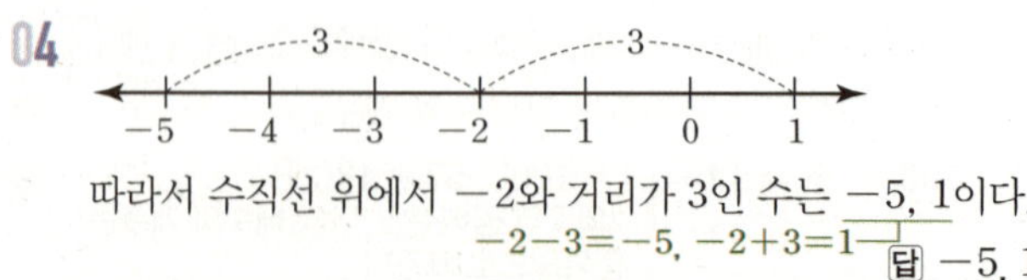

따라서 수직선 위에서 -2와 거리가 3인 수는 -5, 1이다.

$-2-3=-5,\ -2+3=1$

답 -5, 1

05 ① $|-3|=3$ （부호를 떼면） ② $|+2.1|=2.1$ （부호를 떼면）

③ $\left|\dfrac{1}{2}\right|=\dfrac{1}{2}$　④ $|-4.01|=4.01$ （부호를 떼면）

답 ④

06 ① $|-2|=2$　② $\left|\dfrac{7}{4}\right|=\dfrac{7}{4}$

③ $|1|=1$　④ $\left|-\dfrac{6}{5}\right|=\dfrac{6}{5}$

⑤ $|0|=0$

따라서 절댓값이 가장 큰 수는 ① -2이다.

답 ①

07 ① 절댓값이 0인 수는 0의 1개이다.
② 음수는 절댓값이 클수록 수직선에서 왼쪽에 있으므로 작다.
③ $|-6|=6$은 $|+4|=4$보다 크다.
④ 절댓값에 관계없이 양수가 음수보다 항상 크다.
⑤ 양수의 절댓값은 자기 자신과 같다.

답 ③

❸ 정수와 유리수의 대소 관계　　P.22

01 ① 0은 모든 정수 중 절댓값이 가장 작다.
④ 음의 유리수에서는 절댓값이 작은 수가 크다.
⑤ 수직선 위에서 오른쪽에 있는 수가 왼쪽에 있는 수보다 크다.

답 ②, ③

02 음수는 절댓값이 클수록 작은 수이고 양수는 절댓값이 클수록 큰 수이다.
따라서 주어진 수를 큰 수부터 차례로 나타내면

$4.5,\ 3,\ 0.2,\ \dfrac{1}{3},\ -5$

답 $4.5,\ 3,\ 0.2,\ -\dfrac{1}{3},\ -5$

03 ③ 0은 음수보다 크므로 $0>-2$이다

답 ③

04 ① $\dfrac{1}{2}>0$　② $-5>-6$ （음수끼리는 절댓값이 큰 수가 작다.）

③ $|-2.4|=2.4$이고 $\dfrac{3}{2}=1.5$이므로 $|-2.4|>\dfrac{3}{2}$

④ $\left|-\dfrac{3}{7}\right|=\dfrac{3}{7}=0.428\cdots$이고 $\left|\dfrac{2}{5}\right|=\dfrac{2}{5}=0.4$이므로

$\left|-\dfrac{3}{7}\right|>\left|\dfrac{2}{5}\right|$

⑤ $\left|-\dfrac{7}{4}\right|=\dfrac{7}{4}=1.75$이고 $|-2|=2$이므로

$\left|-\dfrac{7}{4}\right|<|-2|$

따라서 나머지 넷과 다른 하나는 ⑤이다.

답 ⑤

05 a는 -2 이상이고 5보다 크지 않다. $\Rightarrow -2\leq a\leq 5$
（크거나 같다.）（작거나 같다.）

답 ②

06 ① x는 3보다 작거나 같다. $\Rightarrow x\leq 3$
② x는 2 초과이고 7 이하이다. $\Rightarrow 2<x\leq 7$
④ x는 -2보다 크고 6보다 크지 않다. $\Rightarrow -2<x\leq 6$
⑤ x는 1 이상 3 미만이다. $\Rightarrow 1\leq x<3$

답 ③

07 (1) 정수 x는 $-3,\ -2,\ -1,\ 0,\ 1,\ 2$이므로 6개이다.
(2) 정수 x는 $-1,\ 0,\ 1,\ 2,\ 3,\ 4,\ 5,\ 6$이므로 8개이다.

답 (1) 6　(2) 8

02 정수와 유리수의 덧셈과 뺄셈

❶ 덧셈, 덧셈의 계산 법칙　　P.23

01 ③ $(+2)+(-5)=-3$

답 ③

02 ① $(+4)+(-7)=-(7-4)=-3$
② $(-9)+(-10)=-(9+10)=-19$
③ $(+2)+(+4)=+(2+4)=+6$
④ $(-3)+(+12)=+(12-3)=+9$
⑤ $(-4)+(+11)=+(11-4)=+7$

답 ④

03 $-\dfrac{9}{7}$보다 $\dfrac{1}{3}$만큼 큰 수는

$-\dfrac{9}{7}+\dfrac{1}{3}=-\dfrac{27}{21}+\dfrac{7}{21}=-\dfrac{20}{21}$ （통분한다.）

답 ③

04 출발점을 0, 동쪽으로 이동하는 것을 $+$, 서쪽으로 이동하는 것을 $-$라고 하면

$0+(+7)+(-9)+(+5)=+3$

따라서 재우가 서 있는 위치는 동쪽 3 km이다.

답 ②

05 ④ 덧셈의 교환법칙
⑤ 덧셈의 결합법칙

답 ④

06 답 교환법칙, 결합법칙

07 (1) $\left(-\dfrac{3}{4}\right)+(+3)+\left(-\dfrac{9}{4}\right)+(+1)$ ← 덧셈의 교환법칙

$=\left(-\dfrac{3}{4}\right)+\left(-\dfrac{9}{4}\right)+(+3)+(+1)$ ← 덧셈의 결합법칙

$=\left\{\left(-\dfrac{3}{4}\right)+\left(-\dfrac{9}{4}\right)\right\}+\{(+3)+(+1)\}$

$=(-3)+(+4)=+1$

(2) $\left(-\dfrac{1}{2}\right)+\left(+\dfrac{2}{3}\right)+\left(-\dfrac{3}{4}\right)+\left(+\dfrac{1}{2}\right)+\left(-\dfrac{2}{3}\right)+\left(+\dfrac{3}{4}\right)$ ← 덧셈의 교환법칙

$=\left(-\dfrac{1}{2}\right)+\left(+\dfrac{1}{2}\right)+\left(+\dfrac{2}{3}\right)+\left(-\dfrac{2}{3}\right)+\left(-\dfrac{3}{4}\right)+\left(+\dfrac{3}{4}\right)$ ← 덧셈의 결합법칙

$=\left\{\left(-\dfrac{1}{2}\right)+\left(+\dfrac{1}{2}\right)\right\}+\left\{\left(+\dfrac{2}{3}\right)+\left(-\dfrac{2}{3}\right)\right\}$

$\quad+\left\{\left(-\dfrac{3}{4}\right)+\left(+\dfrac{3}{4}\right)\right\}$

$=0+0+0=0$

답 (1) $+1$ (2) 0

② 뺄셈

뺄셈을 덧셈으로 P.24

01 $(+5)-(-2)=(+5)+(\boxed{+2})=\boxed{+7}$

답 ④

02 수직선에서 $-\dfrac{5}{4}$ 를 나타내는 점으로부터 왼쪽으로 $+\dfrac{2}{3}$ 만큼 떨어진 점이 나타내는 수는

$\left(-\dfrac{5}{4}\right)-\left(+\dfrac{2}{3}\right)=\left(-\dfrac{5}{4}\right)+\left(-\dfrac{2}{3}\right)=-\dfrac{23}{12}$

답 ①

03 ① $(+4)-(-1)=(+4)+(+1)=5$

② $\left(-\dfrac{5}{2}\right)-\left(+\dfrac{1}{2}\right)=\left(-\dfrac{5}{2}\right)+\left(-\dfrac{1}{2}\right)=-3$

③ $(+1)-\left(+\dfrac{2}{3}\right)=(+1)+\left(-\dfrac{2}{3}\right)=\dfrac{1}{3}$

⑤ $(-1.2)-(-6.5)=(-1.2)+(+6.5)=5.3$

답 ④

04 ① $(-1)-(+1)=(-1)+(-1)=-2$

② $(-4)-(-2)=(-4)+(+2)=-2$

③ $(-5)-(-7)=(-5)+(+7)=+2$

④ $0-(+2)=0+(-2)=-2$

⑤ $(-6)+(+4)=-2$

답 ③

05 ① $(-9)-(+2)=(-9)+(-2)=-11$

② $(-12)+(+4)=-8$

③ $(-4)-(-15)=(-4)+(+15)=+11$

④ $(+8)+(+7)=+15$

⑤ $(+5)-(+9)=(+5)+(-9)=-4$

수직선에서 가장 왼쪽에 있는 수가 가장 작은 수이므로 ① 이다.

답 ①

06 가장 큰 수에서 가장 작은 수를 빼면 두 수의 차가 가장 큰 값이 되므로 $\underbrace{\dfrac{7}{3}}_{\text{가장 큰 수}}-\underbrace{\left(-\dfrac{9}{2}\right)}_{\text{가장 작은 수}}=\left(+\dfrac{7}{3}\right)+\left(+\dfrac{9}{2}\right)=\dfrac{41}{6}$ 이다.

답 ②

07 각 도시의 일교차는 다음과 같다.

A시: $5.4-2.2=3.2\ (℃)$

B시: $2.8-(-3.1)=(+2.8)+(+3.1)=5.9\ (℃)$

C시: $1.3-(-3.2)=(+1.3)+(+3.2)=4.5\ (℃)$

D시: $2.5-(-2.7)=(+2.5)+(+2.7)=5.2\ (℃)$

E시: $-2.7-(-7.5)=(-2.7)+(+7.5)=4.8\ (℃)$

따라서 일교차가 가장 작은 도시는 A시이다.

답 A시

③ 덧셈과 뺄셈의 혼합 계산 P.25

01 (1) $6-8+4-3$

$=(+6)-(+8)+(+4)-(+3)$

$=(+6)+(-8)+(+4)+(-3)$

$=(+6)+(+4)+(-8)+(-3)$

$=\{(+6)+(+4)\}+\{(-8)+(-3)\}$

$=(+10)+(-11)=-1$

(2) $7-4-9$

$=(+7)-(+4)-(+9)$

$=(+7)+(-4)+(-9)$

$=(+7)+\{(-4)+(-9)\}$

$=(+7)+(-13)=-6$

(3) $-4-6+0+7$

$=(-4)-(+6)+0+(+7)$

$=(-4)+(-6)+0+(+7)$

$=\{(-4)+(-6)\}+0+(+7)$

$=(-10)+(+7)=-3$

(4) $15+7-3+6$

$=(+15)+(+7)-(+3)+(+6)$

$=(+15)+(+7)+(-3)+(+6)$

$=(+15)+(+7)+(+6)+(-3)$

$=\{(+15)+(+7)+(+6)\}+(-3)$

$=(+28)+(-3)=25$

(5) $-10+7.5-1.2-2.1$

$=(-10)+(+7.5)-(+1.2)-(+2.1)$

$=(-10)+(+7.5)+(-1.2)+(-2.1)$

$=\{(-10)+(+7.5)\}+\{(-1.2)+(-2.1)\}$

$=(-2.5)+(-3.3)=-5.8$

(6) $\dfrac{1}{2}-\dfrac{2}{3}+\dfrac{3}{4}=\dfrac{6}{12}-\dfrac{8}{12}+\dfrac{9}{12}=\dfrac{7}{12}$

(7) $-\dfrac{1}{5}+\dfrac{3}{4}-0.2-\dfrac{3}{5}$

$=\left(-\dfrac{1}{5}\right)+\left(+\dfrac{3}{4}\right)-\left(+\dfrac{1}{5}\right)-\left(+\dfrac{3}{5}\right)$

$=\left(-\dfrac{1}{5}\right)+\left(+\dfrac{3}{4}\right)+\left(-\dfrac{1}{5}\right)+\left(-\dfrac{3}{5}\right)$

$=\left(-\dfrac{1}{5}\right)+\left(-\dfrac{1}{5}\right)+\left(-\dfrac{3}{5}\right)+\left(+\dfrac{3}{4}\right)$

$=\left\{\left(-\dfrac{1}{5}\right)+\left(-\dfrac{1}{5}\right)+\left(-\dfrac{3}{5}\right)\right\}+\left(+\dfrac{3}{4}\right)$

$=(-1)+\left(+\dfrac{3}{4}\right)=-\dfrac{1}{4}$

(8) $(-3)-\left(-\dfrac{4}{5}\right)-6+\dfrac{1}{5}$

$=(-3)-\left(-\dfrac{4}{5}\right)-(+6)+\left(+\dfrac{1}{5}\right)$

$=(-3)+\left(+\dfrac{4}{5}\right)+(-6)+\left(+\dfrac{1}{5}\right)$

$=(-3)+(-6)+\left(+\dfrac{4}{5}\right)+\left(+\dfrac{1}{5}\right)$

$=\{(-3)+(-6)\}+\left\{\left(+\dfrac{4}{5}\right)+\left(+\dfrac{1}{5}\right)\right\}$

$=(-9)+(+1)=-8$

(9) $3-\dfrac{1}{4}-\dfrac{3}{8}+\dfrac{5}{2}$

$=(+3)-\left(+\dfrac{1}{4}\right)-\left(+\dfrac{3}{8}\right)+\left(+\dfrac{5}{2}\right)$

$=(+3)+\left(-\dfrac{1}{4}\right)+\left(-\dfrac{3}{8}\right)+\left(+\dfrac{5}{2}\right)$

$=(+3)+\left\{\left(-\dfrac{1}{4}\right)+\left(-\dfrac{3}{8}\right)+\left(+\dfrac{5}{2}\right)\right\}$

$=(+3)+\left(+\dfrac{15}{8}\right)=\dfrac{39}{8}$

답 (1) -1　(2) -6　(3) -3　(4) 25　(5) -5.8
(6) $\dfrac{7}{12}$　(7) $-\dfrac{1}{4}$　(8) -8　(9) $\dfrac{39}{8}$

02 ① $(+3.7)+(-1.8)=+(3.7-1.8)=1.9$

② $\dfrac{1}{12}-\dfrac{1}{3}+\dfrac{3}{4}$

$=\left(+\dfrac{1}{12}\right)-\left(+\dfrac{1}{3}\right)+\left(+\dfrac{3}{4}\right)$

$=\left(+\dfrac{1}{12}\right)+\left(-\dfrac{1}{3}\right)+\left(+\dfrac{3}{4}\right)$

$=\left(+\dfrac{1}{12}\right)+\left(+\dfrac{3}{4}\right)+\left(-\dfrac{1}{3}\right)$

$=\left\{\left(+\dfrac{1}{12}\right)+\left(+\dfrac{3}{4}\right)\right\}+\left(-\dfrac{1}{3}\right)$

$=\left(+\dfrac{5}{6}\right)+\left(-\dfrac{1}{3}\right)=\dfrac{1}{2}$

③ $(-12)+(+8)-(-4)$

$=(-12)+(+8)+(+4)$

$=(-12)+\{(+8)+(+4)\}$

$=(-12)+(+12)=0$

④ $(-8)+\left(-\dfrac{2}{5}\right)-\left(-\dfrac{3}{2}\right)$

$=(-8)+\left(-\dfrac{2}{5}\right)+\left(+\dfrac{3}{2}\right)$

$=(-8)+\left\{\left(-\dfrac{2}{5}\right)+\left(+\dfrac{3}{2}\right)\right\}$

$=(-8)+\left(+\dfrac{11}{10}\right)=-\dfrac{69}{10}$

⑤ $\left(-\dfrac{1}{3}\right)+\left(-\dfrac{2}{7}\right)-\left(-\dfrac{5}{3}\right)$

$=\left(-\dfrac{1}{3}\right)+\left(-\dfrac{2}{7}\right)+\left(+\dfrac{5}{3}\right)$

$=\left(-\dfrac{1}{3}\right)+\left(+\dfrac{5}{3}\right)+\left(-\dfrac{2}{7}\right)$

$=\left\{\left(-\dfrac{1}{3}\right)+\left(+\dfrac{5}{3}\right)\right\}+\left(-\dfrac{2}{7}\right)$

$=\left(+\dfrac{4}{3}\right)+\left(-\dfrac{2}{7}\right)=\dfrac{22}{21}$

답 ③

03 $\dfrac{1}{3}-\left(-\dfrac{3}{4}\right)-\left\{(+2)+\left(-\dfrac{3}{2}\right)\right\}$

$=\dfrac{1}{3}-\left(-\dfrac{3}{4}\right)-\left(+\dfrac{1}{2}\right)$

$=\left(+\dfrac{1}{3}\right)+\left(+\dfrac{3}{4}\right)+\left(-\dfrac{1}{2}\right)$

$=\left(+\dfrac{1}{3}\right)+\left\{\left(+\dfrac{3}{4}\right)+\left(-\dfrac{1}{2}\right)\right\}$

$-\left(+\dfrac{1}{3}\right)+\left(+\dfrac{1}{4}\right)=\dfrac{7}{12}$

답 ③

04 $3-\dfrac{7}{6}+\dfrac{2}{3}-5$

$=(+3)-\left(+\dfrac{7}{6}\right)+\left(+\dfrac{2}{3}\right)-(+5)$

$=(+3)+\left(-\dfrac{7}{6}\right)+\left(+\dfrac{2}{3}\right)+(-5)$

$=(+3)+(-5)+\left(-\dfrac{7}{6}\right)+\left(+\dfrac{2}{3}\right)$

$=\{(+3)+(-5)\}+\left\{\left(-\dfrac{7}{6}\right)+\left(+\dfrac{2}{3}\right)\right\}$

$=(-2)+\left(-\dfrac{1}{2}\right)=-\dfrac{5}{2}$

답 ①

05 $a=\left(+\dfrac{1}{5}\right)-\left(-\dfrac{2}{5}\right)$

$=\left(+\dfrac{1}{5}\right)+\left(+\dfrac{2}{5}\right)=\dfrac{3}{5}$

$b=\left(+\dfrac{3}{5}\right)-\left(-\dfrac{1}{3}\right)-\left(+\dfrac{5}{6}\right)$

$=\left(+\dfrac{3}{5}\right)+\left(+\dfrac{1}{3}\right)+\left(-\dfrac{5}{6}\right)$

$=\left(+\dfrac{3}{5}\right)+\left\{\left(+\dfrac{1}{3}\right)+\left(-\dfrac{5}{6}\right)\right\}$

$=\left(+\dfrac{3}{5}\right)+\left(-\dfrac{1}{2}\right)=\dfrac{1}{10}$

따라서 $a-b=\dfrac{3}{5}-\dfrac{1}{10}=\dfrac{1}{2}$이다.

답 $\dfrac{1}{2}$

06 $\left(+\dfrac{3}{4}\right)-\left(+\dfrac{4}{5}\right)-\left(-\dfrac{3}{10}\right)+(+2)$

$=\left(+\dfrac{3}{4}\right)+\left(-\dfrac{4}{5}\right)+\left(+\dfrac{3}{10}\right)+(+2)$

$=\left(+\dfrac{3}{4}\right)+\left\{\left(-\dfrac{4}{5}\right)+\left(+\dfrac{3}{10}\right)\right\}+(+2)$

$=\left(+\dfrac{3}{4}\right)+\left(-\dfrac{1}{2}\right)+(+2)$

$=\left\{\left(+\dfrac{3}{4}\right)+\left(-\dfrac{1}{2}\right)\right\}+(+2)$

$=\left(+\dfrac{1}{4}\right)+(+2)=\dfrac{9}{4}$

이므로 $a=9$, $b=4$이다.

따라서 $a-b=9-4=5$이다.

답 5

07 $a=-4-\dfrac{3}{2}=(-4)-\left(+\dfrac{3}{2}\right)$

$=(-4)+\left(-\dfrac{3}{2}\right)=-\dfrac{11}{2}$

$b=-3+7=(-3)+(+7)=4$

이므로 $b-a=4-\left(-\dfrac{11}{2}\right)=4+\dfrac{11}{2}=\dfrac{19}{2}$이다.

답 $\dfrac{19}{2}$

03 정수와 유리수의 곱셈과 나눗셈

① 곱셈

P.26

01 (1) $(-3)\times(+4)=-(3\times4)=-12$

(2) $(+12)\times(-7)=-(12\times7)=-84$

(3) $(-18)\times(+3)=-(18\times3)=-54$

(4) $(+32)\times(-4)=-(32\times4)=-128$

(5) $(-20)\times\left(-\dfrac{1}{5}\right)=+\left(20\times\dfrac{1}{5}\right)=+4$

(6) $\left(-\dfrac{2}{3}\right)\times\left(+\dfrac{9}{8}\right)=-\left(\dfrac{2}{3}\times\dfrac{9}{8}\right)=-\dfrac{3}{4}$

(7) $\left(+\dfrac{5}{6}\right)\times\left(-\dfrac{3}{8}\right)=-\left(\dfrac{5}{6}\times\dfrac{3}{8}\right)=-\dfrac{5}{16}$

(8) $(+14)\times\left(-\dfrac{2}{7}\right)=-\left(14\times\dfrac{2}{7}\right)=-4$

답 (1) -12 (2) -84 (3) -54 (4) -128

(5) $+4$ (6) $-\dfrac{3}{4}$ (7) $-\dfrac{5}{16}$ (8) -4

02 ⑤ $(-1)\times(-1)=+1$

답 ⑤

03 $(-3)\times(-4)=+12$이고

① $(+2)\times(+5)=+10$

② $(+4)\times(-3)=-12$

③ $(+6)\times(-2)=-12$

④ $(+6)\times(+2)=+12$

⑤ $(-6)\times(-3)=+18$

답 ④

04 ① 부호가 다른 두 수의 곱셈이므로 계산 결과가 음수이다.

②, ③, ④, ⑤는 계산 결과가 양수이다.

따라서 계산 결과 중 가장 작은 것은 ①이다.

답 ①

05 ① $(+2)\times(-6)=-12$

② $(+3)\times(-4)=-12$

③ $(+24)\times\left(-\dfrac{1}{2}\right)=-12$

④ $\left(-\dfrac{5}{2}\right)\times\left(+\dfrac{24}{5}\right)=-12$

⑤ $\left(-\dfrac{4}{3}\right)\times\left(+\dfrac{9}{2}\right)=-6$

답 ⑤

06 ③ 부호가 같은 두 수의 곱의 부호는 $+$이다.

답 ③

07 $a>b$이면서 $a\times b<0$이므로 $a>0$, $b<0$이다.

또 $b\times c>0$이므로 $c<0$이다.

따라서 $a>0$, $b<0$, $c<0$이다.

답 ④

② 곱셈의 계산 법칙

P.27~28

01 답 교환, 결합, $+20$, -3

02 답 ①

03 $13\times79+13\times21=13\times(79+21)=13\times100=1300$

13이 공통이므로 $a\times b+a\times c=a\times(b+c)$, 즉 분배 법칙을 이용하면 편리하다.

답 ⑤

04 $\dfrac{2018}{2009}\times\dfrac{8}{9}-\dfrac{9}{2009}\times\dfrac{8}{9}$

$=\left(\dfrac{2018}{2009}-\dfrac{9}{2009}\right)\times\boxed{\dfrac{8}{9}}$ ← 분배 법칙

$$=\frac{2009}{2009}\times\boxed{\frac{8}{9}}=\boxed{\frac{8}{9}}$$

$$\text{답 } \text{분배}, \frac{8}{9}, \frac{8}{9}, \frac{8}{9}$$

05 분배법칙에 의하여 $a\times b-a\times c=a\times(b-c)$이므로
$10-a\times c=15$
따라서 $a\times c=10-15=-5$이다.

$$\text{답 } -5$$

06 (1) $(-2)\times\left(-\frac{5}{6}\right)\times\frac{12}{5}\times\frac{1}{4}$

$$=+\left(2\times\frac{5}{6}\times\frac{12}{5}\times\frac{1}{4}\right)=1$$

(2) $\left(-\frac{1}{2}\right)\times\left(-\frac{2}{3}\right)\times\left(-\frac{3}{4}\right)\times\left(-\frac{4}{5}\right)$

$$=+\left(\frac{1}{2}\times\frac{2}{3}\times\frac{3}{4}\times\frac{4}{5}\right)=\frac{1}{5}$$

(3) $\left(-\frac{2}{3}\right)\times\left(-\frac{1}{6}\right)\times\left(-\frac{3}{7}\right)^2$

$$=\left(-\frac{2}{3}\right)\times\left(-\frac{1}{6}\right)\times\left(+\frac{9}{49}\right)$$

$$=+\left(\frac{2}{3}\times\frac{1}{6}\times\frac{9}{49}\right)=\frac{1}{49}$$

(4) $\left(-\frac{1}{3}\right)^3\times2.5\times\left(-\frac{1}{10}\right)$

$$=\left(-\frac{1}{27}\right)\times\frac{5}{2}\times\left(-\frac{1}{10}\right)$$

$$=+\left(\frac{1}{27}\times\frac{5}{2}\times\frac{1}{10}\right)=\frac{1}{108}$$

$$\text{답 } (1)\ 1\quad(2)\ \frac{1}{5}\quad(3)\ \frac{1}{49}\quad(4)\ \frac{1}{108}$$

07 $\left(-\frac{3}{4}\right)\times\left(+\frac{3}{5}\right)\times(-5)\times\frac{1}{6}\times\left(-\frac{8}{9}\right)$

$$=-\left(\frac{3}{4}\times\frac{3}{5}\times5\times\frac{1}{6}\times\frac{8}{9}\right)=-\frac{1}{3}$$

$$\text{답 } ②$$

08 음수가 50개

$$\left(-\frac{1}{3}\right)\times\left(-\frac{3}{5}\right)\times\left(-\frac{5}{7}\right)\times\cdots\times\left(-\frac{99}{101}\right)$$

$$=+\left(\frac{1}{3}\times\frac{3}{5}\times\frac{5}{7}\times\cdots\times\frac{99}{101}\right)=\frac{1}{101}$$

$$\text{답 } ③$$

09 주어진 수 중에서 가장 큰 수는 $\frac{15}{4}$이다.

절댓값이 가장 큰 수는 -4이다.
절댓값이 가장 작은 수는 0.5이다.
따라서 세 수를 모두 곱하면

$$\frac{15}{4}\times(-4)\times0.5=\frac{15}{4}\times(-4)\times\frac{1}{2}=-\frac{15}{2}$$

$$\text{답 } -\frac{15}{2}$$

10 세 수를 뽑아 곱한 수가 가장 큰 수가 되려면 3개의 음수 중 절댓값이 큰 2개의 수를 뽑고 양수 $\frac{1}{2}$을 뽑는다.

따라서 구하는 수는 $(-6)\times\left(-\frac{5}{2}\right)\times\frac{1}{2}=\frac{15}{2}$이다.

$$\text{답 } \frac{15}{2}$$

11 $-(-1)^{10}-(-1)^{11}+(-1)^{12}$

$$=-(+1)-(-1)+(+1)$$

$$=-1+1+1=1$$

$$\text{답 } ④$$

12 ④ $-\left(-\frac{1}{2}\right)^2=-\frac{1}{4}$

$$\text{답 } ④$$

13 ① $\left(-\frac{1}{2}\right)^2=\frac{1}{4}$

② $\left(-\frac{1}{2}\right)^3=-\frac{1}{8}$

③ $-\frac{1}{3^2}=-\frac{1}{9}$

④ $\left(-\frac{1}{3}\right)^2=\frac{1}{9}$

⑤ $\left(-\frac{2}{3}\right)^3=-\frac{8}{27}$

$$\text{답 } ⑤$$

14 ① $(-1)^{99}=-1$

② $-(-5)^2\times\frac{1}{5^2}=-(+25)\times\frac{1}{25}=-\left(25\times\frac{1}{25}\right)$
$$=-1$$

③ $(-2)^2\times\frac{1}{4}=4\times\frac{1}{4}=1$

④ $-\frac{1}{9}\times3^2=-\frac{1}{9}\times9=-1$

⑤ $(-1)^4\times2\times\left(-\frac{1}{2}\right)=1\times2\times\left(-\frac{1}{2}\right)=-1$

$$\text{답 } ③$$

❸ 나눗셈 P.29

01 (1) $(+8)\div(+2)=+(8\div2)=+4$

(2) $(-8)\div(-2)=+(8\div2)=+4$

(3) $(+16)\div(-2)=-(16\div2)=-8$

(4) $(-18)\div(+3)=-(18\div3)=-6$

(5) $(+49)\div(-7)=-(49\div7)=-7$

(6) $0\div(-3)=0$

$$\text{답 } (1)\ +4\quad(2)\ +4\quad(3)\ -8\quad(4)\ -6\quad(5)\ -7\quad(6)\ 0$$

02 ① $(+24)\div(-4)=-(24\div4)=-6$

② $(+24)\div(+4)=+(24\div4)=+6$
③ $(+36)\div(-9)=-(36\div9)=-4$
④ $(-36)\div(-9)=+(36\div9)=+4$
⑤ $(+25)\div(-5)=-(25\div5)=-5$

답 ②

03 ① $3\times(-3)=-9\neq1$이므로 두 수는 서로 역수가 아니다.

② $0.13\times\dfrac{13}{100}=\left(\dfrac{13}{100}\right)^2\neq1$이므로 두 수는 서로 역수가
아니다.

③ $0\times\dfrac{0}{3}=0\neq1$이므로 두 수는 서로 역수가 아니다.

④ $(-1.25)\times\left(-\dfrac{4}{5}\right)=\left(-\dfrac{5}{4}\right)\times\left(-\dfrac{4}{5}\right)=1$이므로 두
수는 서로 역수이다.

⑤ $\left(-\dfrac{1}{10}\right)\times10=-1\neq1$이므로 두 수는 서로 역수가 아
니다.

답 ④

04 -2와 $-\dfrac{1}{2}$은 서로 역수이므로 그 곱은 1이다.

즉, $\left(-\dfrac{1}{2}\right)\times(-2)=1$이다.

답 ④

05 (1) $\left(+\dfrac{5}{2}\right)\div(-5)=\left(+\dfrac{5}{2}\right)\times\left(-\dfrac{1}{5}\right)=-\dfrac{1}{2}$

(2) $(+3)\div\left(-\dfrac{9}{10}\right)=(+3)\times\left(-\dfrac{10}{9}\right)=-\dfrac{10}{3}$

(3) $\left(-\dfrac{5}{3}\right)\div\left(-\dfrac{1}{3}\right)=\left(-\dfrac{5}{3}\right)\times(-3)=5$

(4) $\dfrac{1}{4}\div(-3)\div5\div\dfrac{3}{10}$

$=\dfrac{1}{4}\times\left(-\dfrac{1}{3}\right)\times\dfrac{1}{5}\times\dfrac{10}{3}$

$=-\dfrac{1}{18}$

답 (1) $-\dfrac{1}{2}$　(2) $-\dfrac{10}{3}$　(3) 5　(4) $-\dfrac{1}{18}$

06 ① $(+36)\div(-6)=(+36)\times\left(-\dfrac{1}{6}\right)=-6$

② $\left(-\dfrac{1}{3}\right)\div0$은 계산할 수 없다.

③ $\left(-\dfrac{1}{2}\right)^2\div\dfrac{1}{8}=\left(+\dfrac{1}{4}\right)\times8=2$

④ $\left(-\dfrac{9}{10}\right)\div\left(-\dfrac{6}{20}\right)=\left(-\dfrac{9}{10}\right)\times\left(-\dfrac{20}{6}\right)$

$=+\left(\dfrac{9}{10}\times\dfrac{20}{6}\right)=3$

⑤ $\left(-\dfrac{8}{3}\right)\div\left(-\dfrac{5}{6}\right)=\left(-\dfrac{8}{3}\right)\times\left(-\dfrac{6}{5}\right)$

$=+\left(\dfrac{8}{3}\times\dfrac{6}{5}\right)=\dfrac{16}{5}$

답 ②

07 $\square=(-5)\div\left(-\dfrac{5}{3}\right)\div\left(-\dfrac{1}{4}\right)$

$=(-5)\times\left(-\dfrac{3}{5}\right)\times(-4)$

$=-\left(5\times\dfrac{3}{5}\times4\right)$

$=-12$

답 -12

④ 덧셈, 뺄셈, 곱셈, 나눗셈의 혼합 계산　P.30

01 주어진 식의 계산 순서는 ㉢ → ㉣ → ㉡ → ㉠이다.

답 ④

02 (1) $(-4)^2\div(-2)\times(-3)$

$=(+16)\div(-2)\times(-3)$

$=(-8)\times(-3)$

$=24$

(2) $-6+4\times(-2)\div2$

$=-6+(-8)\div2$

$=-6+(-4)$

$=-10$

(3) $(-4)\times6-35\div(-5)$

$=-24+7$

$=-17$

(4) $(-18)\div(-3)^2\times(-6)$

$=(-18)\div(+9)\times(-6)$

$=(-2)\times(-6)$

$=12$

(5) $(-3)^2\times4-15\div(-5)$

$=(+9)\times4-15\div(-5)$

$=36+3=39$

(6) $\dfrac{5}{3}\times\left(-\dfrac{1}{2}\right)\div10$

$=\dfrac{5}{3}\times\left(-\dfrac{1}{2}\right)\times\dfrac{1}{10}=-\dfrac{1}{12}$

(7) $(-6)\div\left(-\dfrac{2}{3}\right)+(-2)$

$=(-6)\times\left(-\dfrac{3}{2}\right)+(-2)$

$=9+(-2)=7$

(8) $-3-10\times\left(-\dfrac{4}{5}\right)^2\div\left(-\dfrac{2}{3}\right)^2$

$=-3-10\times\dfrac{16}{25}\div\dfrac{4}{9}$

$=-3-10\times\dfrac{16}{25}\times\dfrac{9}{4}$

$=-3-\dfrac{72}{5}=-\dfrac{15}{5}-\dfrac{72}{5}=-\dfrac{87}{5}$

(9) $\dfrac{1}{2}-\dfrac{2}{3}\div\left(-\dfrac{2}{7}\right)=\dfrac{1}{2}-\dfrac{2}{3}\times\left(-\dfrac{7}{2}\right)$

$\qquad\qquad\qquad\quad=\dfrac{1}{2}+\dfrac{7}{3}=\dfrac{3}{6}+\dfrac{14}{6}=\dfrac{17}{6}$

(10) $\left(-\dfrac{7}{4}\right)\times\left(-\dfrac{2}{3}\right)+\dfrac{5}{2}\times\left(-\dfrac{1}{10}\right)$

$\quad=\dfrac{7}{6}-\dfrac{1}{4}=\dfrac{14}{12}-\dfrac{3}{12}=\dfrac{11}{12}$

$\qquad$ 답 (1) 24　(2) -10　(3) -17　(4) 12　(5) 39

$\qquad\quad$ (6) $-\dfrac{1}{12}$　(7) 7　(8) $-\dfrac{87}{5}$　(9) $\dfrac{17}{6}$　(10) $\dfrac{11}{12}$

03 (1) $-7\times(-4)\div\{(-21)-(-7)\}$

$\qquad=-7\times(-4)\div\{(-21)+(+7)\}$

$\qquad=-7\times(-4)\div(-14)$

$\qquad=(+28)\div(-14)$

$\qquad=-(28\div14)=-2$

(2) $(-30)\div6-\{4-(-7)\}\times(-1)$

$\qquad=(-30)\div6-\{4+(+7)\}\times(-1)$

$\qquad=(-30)\div6-(+11)\times(-1)$

$\qquad=(-5)-(-11)$

$\qquad=(-5)+(+11)$

$\qquad=+(11-5)=6$

(3) $3-\{(-2)^3\times6-6\div2\}$

$\qquad=3-\{(-8)\times6-6\div2\}$

$\qquad=3-(-48-3)$

$\qquad=3-(-51)$

$\qquad=3+51=54$

(4) $2-(-2)^2\div\left\{3\div\left(\dfrac{3}{4}-\dfrac{1}{3}\right)\right\}$

$\qquad=2-4\div\left\{3\div\left(\dfrac{9}{12}-\dfrac{4}{12}\right)\right\}$

$\qquad=2-4\div\left(3\times\dfrac{12}{5}\right)$

$\qquad=2-4\div\dfrac{36}{5}=2-4\times\dfrac{5}{36}$

$\qquad=2-\dfrac{5}{9}=\dfrac{13}{9}$

(5) $\dfrac{1}{3}\times\left\{(-15)\times\left(-\dfrac{3}{5}\right)-2\right\}-2$

$\qquad=\dfrac{1}{3}\times(9-2)-2$

$\qquad=\dfrac{7}{3}-2=\dfrac{1}{3}$

(6) $1-\left\{(-1)+(-1)^2\div\dfrac{1}{2}-(-1)\times\left(\dfrac{1}{3}\right)^2\right\}$

$\qquad=1-\left\{(-1)+1\times2-(-1)\times\dfrac{1}{9}\right\}$

$\qquad=1-\left(-1+2+\dfrac{1}{9}\right)$

$\qquad=1-\dfrac{10}{9}=-\dfrac{1}{9}$

$\qquad$ 답 (1) -2　(2) 6　(3) 54　(4) $\dfrac{13}{9}$　(5) $\dfrac{1}{3}$　(6) $-\dfrac{1}{9}$

04 ① $10\div(-2)+(-4)^2$

$\qquad=10\div(-2)+(+16)$

$\qquad=(-5)+(+16)=11$

② $(-3)\times8-(-6)\div(-2)$

$\qquad=(-24)-3$

$\qquad=(-24)+(-3)=-27$

③ $(-2)\times(-6)-8\div4$

$\qquad=(+12)-2=(+12)+(-2)=10$

④ $1-\{(-2)^2\times3-(-1)\}$

$\qquad=1-\{(+4)\times3+(+1)\}$

$\qquad=1-\{(+12)+(+1)\}$

$\qquad=1-(+13)=-12$

⑤ $2-\{(-6)^2-5^2\}\times2$

$\qquad=2-(36-25)\times2$

$\qquad=2-11\times2$

$\qquad=2-22=-20$

$\qquad$ 답 ②

05 $\dfrac{3}{4}\div\left(-\dfrac{1}{2}\right)^2-(-2)\times\left\{\dfrac{5}{2}+(-1)^3\right\}$

$\quad=\dfrac{3}{4}\div\dfrac{1}{4}-(-2)\times\left\{\dfrac{5}{2}+(-1)\right\}$

$\quad=\dfrac{3}{4}\div\dfrac{1}{4}-(-2)\times\dfrac{3}{2}$

$\quad=\dfrac{3}{4}\times4-(-2)\times\dfrac{3}{2}$

$\quad=3-(-3)=6$

$\qquad$ 답 ③

06 ① $2\times(-3)-32\div(-16)$

$\qquad=(-6)-(-2)$

$\qquad=(-6)+(+2)=-4$

② $(-24)\div\{(-4)+16\}\times2$

$\qquad=(-24)\div12\times2$

$\qquad=(-2)\times2=-4$

③ $(-25)\times(-9)\times4+(-5)\times(+33)\times(-2)\times(-3)$

$\qquad=900+(-990)=-90$

④ $(-9)+(-1)^2-2^3-4\div\left(-\dfrac{1}{2}\right)$

$\qquad=(-9)+1-8-4\times(-2)$

$\qquad=(-9)+1-8+8=-8$

⑤ $(-1)^2+\left[\left\{1-\left(-\dfrac{5}{9}\right)\times\left(+\dfrac{3}{4}\right)\right\}\div\dfrac{7}{3}\right]$

$\qquad=1+\left\{1-\left(-\dfrac{5}{12}\right)\right\}\div\dfrac{7}{3}$

$\qquad=1+\dfrac{17}{12}\times\dfrac{3}{7}=1+\dfrac{17}{28}$

$\qquad=\dfrac{45}{28}$

$\qquad$ 답 ⑤

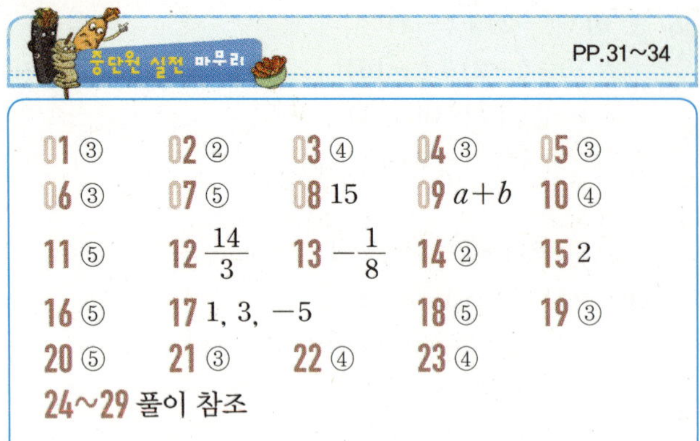

PP.31~34

01 ③	**02** ②	**03** ④	**04** ③	**05** ③
06 ③	**07** ⑤	**08** 15	**09** $a+b$	**10** ④
11 ⑤	**12** $\dfrac{14}{3}$	**13** $-\dfrac{1}{8}$	**14** ②	**15** 2
16 ⑤	**17** 1, 3, -5		**18** ⑤	**19** ③
20 ⑤	**21** ③	**22** ④	**23** ④	

24~29 풀이 참조

01 밑줄 친 부분을 각각 양의 부호 $+$ 또는 음의 부호 $-$를 사용하여 나타내면
① $+2000$원 ② $+2\,\mathrm{kg}$ ③ -5점
④ $+5$분 ⑤ $+100$원
따라서 부호가 다른 하나는 ③이다.

02 ① 정수는 양의 정수, 0, 음의 정수로 이루어져 있다.
③ 0은 유리수이다.
④ 가장 큰 음의 정수는 -1이다.
⑤ 수직선에서 음수끼리는 왼쪽에 있는 수일수록 절댓값이 크다.
따라서 옳은 것은 ②이다.

03 절댓값이 2보다 작은 수는 $+1$, $\dfrac{1}{3}$, 0.5, $-\dfrac{5}{6}$의 4개이다.

04 원점에서 가장 가까운 수는 절댓값이 가장 작은 수이다.
① $\left|-\dfrac{5}{3}\right|=\dfrac{5}{3}=1.666\cdots$
② $\left|-\dfrac{7}{2}\right|=\dfrac{7}{2}=3.5$
③ $|1|=1$
④ $|-2|=2$
⑤ $\left|\dfrac{12}{5}\right|=\dfrac{12}{5}=2.4$

05 x는 -3보다 크고 $\dfrac{4}{5}$보다 크지 않다.
$\Rightarrow\ -3<x\le\dfrac{4}{5}$

06 $-\dfrac{5}{2}=-2.5$이므로 $-2.5\le x<3.5$를 만족하는 정수 x는
-2, -1, 0, 1, 2, 3으로 6개이다.

07 ⑤ $\left(-\dfrac{2}{3}\right)^{2}=\dfrac{4}{9}$이고 양수는 음수보다 크므로
$-\dfrac{1}{2}<\left(-\dfrac{2}{3}\right)^{2}$
따라서 옳지 않은 것은 ⑤이다.

08 $\left|\dfrac{n}{4}\right|=2$일 경우를 생각하면
$\dfrac{n}{4}=2$ 또는 $\dfrac{n}{4}=-2$
$n=8$ 또는 $n=-8$
따라서 $\left|\dfrac{n}{4}\right|<2$이므로 n은 -7, -6, -5, -4, -3, -2, -1, 0, 1, 2, 3, 4, 5, 6, 7로 15개이다.

09 $a=-\dfrac{3}{2}$, $b=1$이라고 하면 $|a|=\dfrac{3}{2}$, $|b|=1$이므로
주어진 조건을 만족한다.
따라서 $a=-\dfrac{3}{2}$, $b=1$로 놓고 주어진 수를 모두 구해 보면
$-a=\dfrac{3}{2}$, $-b=-1$, $a+b=-\dfrac{3}{2}+1=-\dfrac{1}{2}$
$a-b=-\dfrac{3}{2}-1=\left(-\dfrac{3}{2}\right)+(-1)=-\dfrac{5}{2}$
따라서 $\dfrac{3}{2}>1>-\dfrac{1}{2}>-1>-\dfrac{3}{2}>-\dfrac{5}{2}$이므로
$-a>b>a+b>-b>a>a-b$
이때 큰 수부터 나열할 때 3번째에 오는 수는 $a+b$이다.

10 ④ $-\dfrac{4}{5}+\dfrac{5}{3}=\left(-\dfrac{4}{5}\right)+\left(+\dfrac{5}{3}\right)=\dfrac{13}{15}$
따라서 옳지 않은 것은 ④이다.

11 어떤 유리수를 □라고 하면 □ $+\dfrac{2}{3}=-\dfrac{4}{5}$에서
□ $=-\dfrac{4}{5}-\dfrac{2}{3}=-\dfrac{12}{15}-\dfrac{10}{15}=-\dfrac{22}{15}$
따라서 바르게 계산한 값은
$-\dfrac{22}{15}+\dfrac{1}{5}=-\dfrac{22}{15}+\dfrac{3}{15}=-\dfrac{19}{15}$

12 주어진 전개도를 정육면체로 만들면 $\dfrac{7}{3}$과 $-\dfrac{4}{3}$, -4와 ㉠, $\dfrac{2}{3}$와 ㉡이 서로 마주 보게 된다.
마주 보는 두 면의 합이 모두 같아야 하므로
$\dfrac{7}{3}+\left(-\dfrac{4}{3}\right)=1$
$(-4)+㉠=1$이므로 ㉠ $=5$이다. ($㉠=1-(-4)$)
$\dfrac{2}{3}+㉡=1$이므로 ㉡ $=\dfrac{1}{3}$이다. ($㉡=1-\dfrac{2}{3}$)
따라서 ㉠ $-㉡=5-\dfrac{1}{3}=\dfrac{15}{3}-\dfrac{1}{3}=\dfrac{14}{3}$이다.

13 a는 5의 역수이므로 $a=\dfrac{1}{5}$,
b는 $-\dfrac{8}{5}$의 역수이므로 $b=-\dfrac{5}{8}$이다.
따라서 $a\times b=\dfrac{1}{5}\times\left(-\dfrac{5}{8}\right)=-\dfrac{1}{8}$이다.

14 ① $-\dfrac{1}{4}$　　② $\dfrac{1}{8}$　　③ $-\dfrac{1}{8}$

　　④ $-\dfrac{1}{4}$　　⑤ $-\dfrac{1}{8}$

15 n이 짝수이면 $n+1$은 홀수이므로 $(-1)^n=1$,
$(-1)^{n+1}=-1$이다. 따라서
(주어진 식)$=1+(-1)\times1-\{(-1)-1\}$
$\qquad\qquad=1-1+2=2$

16 $a<0$, $b<0$이고 $|a|>|b|$에서 음수끼리는 절댓값이 작
은 수가 크므로 $a<b$이다.
① $a-b<0$　　　　　② $a+b<0$
③ $b\div a>0$　　　　④ $a\times b>0$
⑤ $(-a)-(-b)=(-a)+(+b)=b-a>0$
따라서 옳은 것은 ⑤이다.

17 세 정수의 곱이 -15인 수를 나열하면
-1, 3, 5 또는 1, -3, 5 또는 1, 3, -5
이때 합이 -1인 경우는 1, 3, -5이다.
따라서 구하는 세 정수는 1, 3, -5이다.

18 ① $-4+3-1=(-4)+(+3)+(-1)=-2$
② $\dfrac{2}{5}-\dfrac{3}{4}+\dfrac{1}{2}=\dfrac{2}{5}+\left(-\dfrac{3}{4}\right)+\dfrac{1}{2}$
$\qquad\qquad=\dfrac{2}{5}+\left\{\left(-\dfrac{3}{4}\right)+\dfrac{1}{2}\right\}$
$\qquad\qquad=\dfrac{2}{5}-\dfrac{1}{4}=\dfrac{3}{20}$
③ $5\times(-2)\div4=(-10)\times\dfrac{1}{4}=-\dfrac{5}{2}$
④ $\left(-\dfrac{3}{7}\right)\div\left(-\dfrac{9}{14}\right)\times\dfrac{1}{2}=\left(-\dfrac{3}{7}\right)\times\left(-\dfrac{14}{9}\right)\times\dfrac{1}{2}$
$\qquad\qquad=+\left(\dfrac{3}{7}\times\dfrac{14}{9}\times\dfrac{1}{2}\right)=\dfrac{1}{3}$
⑤ $(-3)^3\times\dfrac{3}{8}\div\left(-\dfrac{3}{2}\right)^2=(-27)\times\dfrac{3}{8}\div\dfrac{9}{4}$
$\qquad\qquad=(-27)\times\dfrac{3}{8}\times\dfrac{4}{9}$
$\qquad\qquad=-\left(27\times\dfrac{3}{8}\times\dfrac{4}{9}\right)=-\dfrac{9}{2}$
따라서 옳지 않은 것은 ⑤이다.

19 $\dfrac{1}{2}+\left(\dfrac{2}{3}-\square\right)\div\dfrac{5}{9}=\dfrac{5}{4}$에서
$\left(\dfrac{2}{3}-\square\right)\div\dfrac{5}{9}=\dfrac{5}{4}-\dfrac{1}{2}$
$\left(\dfrac{2}{3}-\square\right)\div\dfrac{5}{9}=\dfrac{3}{4}$에서
$\dfrac{2}{3}-\square=\dfrac{3}{4}\times\dfrac{5}{9}$
$\dfrac{2}{3}-\square=\dfrac{5}{12}$에서

$\square=\dfrac{2}{3}-\dfrac{5}{12}=\dfrac{1}{4}$

20 $4-10\div\left\{\left(\dfrac{9}{4}-6\right)\times\left(-\dfrac{8}{3}\right)\right\}$
$=4-10\div\left\{\left(-\dfrac{15}{4}\right)\times\left(-\dfrac{8}{3}\right)\right\}$
$=4-10\div10=4-1=3$
이때 계산 순서는 ㉢ → ㉣ → ㉡ → ㉠이다.

21 $1-\dfrac{1}{3}\times\left[5-\left\{-\dfrac{1}{2}\times(-2)+1\right\}\right]$
$=1-\dfrac{1}{3}\times\{5-(1+1)\}$
$=1-\dfrac{1}{3}\times3=1-1=0$

22 ① $\dfrac{5}{4}\div\dfrac{5}{3}=\dfrac{5}{4}\times\dfrac{3}{5}=\dfrac{3}{4}=0.75$
② $|-7+3|=|-4|=4$이고
　 $|-7|+|3|=7+3=10$이므로
　 $|-7+3|<|-7|+|3|$
③ $-\dfrac{3}{4}+\dfrac{6}{5}+\dfrac{5}{4}=-\dfrac{3}{4}+\dfrac{5}{4}+\dfrac{6}{5}$
$\qquad\qquad=\dfrac{1}{2}+\dfrac{6}{5}=\dfrac{17}{10}=1.7$
$-\dfrac{1}{2}\times\dfrac{3}{5}\times\left(-\dfrac{5}{6}\right)=+\left(\dfrac{1}{2}\times\dfrac{3}{5}\times\dfrac{5}{6}\right)=\dfrac{1}{4}=0.25$
이므로 $-\dfrac{3}{4}+\dfrac{6}{5}+\dfrac{5}{4}>-\dfrac{1}{2}\times\dfrac{3}{5}\times\left(-\dfrac{5}{6}\right)$이다.
④ $12\times0.075+12\times0.125=12\times(0.075+0.125)$
$\qquad\qquad\qquad\qquad=12\times0.2=2.4$
$-\left(\dfrac{3}{4}-\dfrac{5}{6}\right)\times12=-\left(-\dfrac{1}{12}\right)\times12=1$
이므로 $12\times0.075+12\times0.125>-\left(\dfrac{3}{4}-\dfrac{5}{6}\right)\times12$
⑤ $(-2)^2\div(-2^2)\times\left(-\dfrac{1}{4}\right)$
$=4\div(-4)\times\left(-\dfrac{1}{4}\right)=\dfrac{1}{4}$
$(-1)^{100}\times\left(-\dfrac{1}{2}\right)^2=1\times\dfrac{1}{4}=\dfrac{1}{4}$이므로
$(-2)^2\div(-2^2)\times\left(-\dfrac{1}{4}\right)=(-1)^{100}\times\left(-\dfrac{1}{2}\right)^2$
따라서 옳은 것은 ④이다.

23 위로 이동할 때를 부호 $+$를 사용하고 아래로 이동할 때를
부호 $-$를 사용하여 나타내면 지현이는 4번 이기고 5번 비
기고 1번 졌으므로 지현이의 위치는
$4\times(+3)+5\times(+1)+1\times(-2)=15$
즉, 지현이의 위치는 처음 시작했을 때보다 15칸 위에 있다.
또한 수현이는 1번 이기고 5번 비기고 4번 졌으므로
수현이의 위치는

$1\times(+3)+5\times(+1)+4\times(-2)=0$
즉, 수현이의 위치는 처음 시작한 그 위치에 있다.
따라서 지현이는 수현이보다 15칸 위에 있다.

24 $|x|=|y|$이고 $x>y$이므로 x, y는 절댓값이 같고 x는 양
수이고, y는 음수이다. …… ❶
이때 $\dfrac{16}{5}\div2=\dfrac{16}{5}\times\dfrac{1}{2}=\dfrac{8}{5}$이므로

x, y를 나타내는 점은 각각 원점으로부터의 거리가 $\dfrac{8}{5}$이다.
…… ❷

따라서 $x=\dfrac{8}{5}$, $y=-\dfrac{8}{5}$이다. …… ❸

단계	채점 기준	배점 비율
❶	x, y가 절댓값이 같고 x는 양수, y는 음수임을 안다.	40 %
❷	x, y가 나타내는 점과 원점으로부터의 거리가 각각 $\dfrac{8}{5}$임을 안다.	40 %
❸	x, y의 값을 구한다.	20 %

25 $9+1+(-7)=3$이므로 …… ❶
$-4+9+A=3$에서 $A=-2$이다. …… ❷
$-4+1+B=3$에서 $B=6$이다. …… ❸
따라서 $B\div A=6\div(-2)=6\times\left(-\dfrac{1}{2}\right)=-3$이다.
…… ❹

단계	채점 기준	배점 비율
❶	$9+1+(-7)$의 값을 구한다.	30 %
❷	A의 값을 구한다.	20 %
❸	B의 값을 구한다.	20 %
❹	$B\div A$의 값을 구한다.	30 %

26 A 컴퓨터: $\dfrac{3}{2}\times2-\dfrac{2}{3}=3-\dfrac{2}{3}=\dfrac{7}{3}$ …… ❶

B 컴퓨터: $\left(\dfrac{7}{3}-2\right)\times(-1)=\dfrac{1}{3}\times(-1)=-\dfrac{1}{3}$
…… ❷

C 컴퓨터: $\left(-\dfrac{1}{3}-\dfrac{1}{3}\right)\div(-3)=\left(-\dfrac{2}{3}\right)\times\left(-\dfrac{1}{3}\right)=\dfrac{2}{9}$
…… ❸

단계	채점 기준	배점 비율
❶	A 컴퓨터에서 출력되는 값을 구한다.	30 %
❷	B 컴퓨터에서 출력되는 값을 구한다.	30 %
❸	C 컴퓨터에서 출력되는 값을 구한다.	40 %

27 세 수를 뽑아 가장 큰 수를 만들려면 절댓값이 큰 양수를
만들어야 하므로
$a=\left(-\dfrac{3}{2}\right)\times(-2)\times\dfrac{1}{4}=\dfrac{3}{4}$
또 가장 작은 수는 음수를 만들어야 하므로

$b=\left(-\dfrac{2}{3}\right)\times\left(-\dfrac{3}{2}\right)\times(-2)=-2$ …… ❶
따라서 $a-b=\dfrac{3}{4}-(-2)=\dfrac{3}{4}+2=\dfrac{11}{4}$이다. …… ❷

단계	채점 기준	배점 비율
❶	a, b의 값을 구한다.	80 %
❷	$a-b$의 값을 구한다.	20 %

28 $A=(-2)-(-3)^2\times\left(-\dfrac{2}{3}\right)^2=(-2)-9\times\dfrac{4}{9}$
$\quad=(-2)-4=-6$ …… ❶
$B=\left(-\dfrac{8}{15}\right)+\left(-\dfrac{1}{3}\right)^2\times\dfrac{9}{5}=\left(-\dfrac{8}{15}\right)+\dfrac{1}{9}\times\dfrac{9}{5}$
$\quad=\left(-\dfrac{8}{15}\right)+\dfrac{1}{5}=-\dfrac{5}{15}=-\dfrac{1}{3}$ …… ❷
이므로 $A\div B=-6\div\left(-\dfrac{1}{3}\right)=-6\times(-3)=18$이다.
…… ❸

단계	채점 기준	배점 비율
❶	A의 값을 구한다.	30 %
❷	B의 값을 구한다.	30 %
❸	$A\div B$의 값을 구한다.	40 %

29 2는 소수이고 4, 6, 1은 소수가 아니므로
(재우의 점수)
$=2\times2+4\times(-2)+6\times(-2)+1\times(-2)$
$=4-8-12-2$
$=-18$(점) …… ❶
3, 5, 2는 소수이고 4는 소수가 아니므로
(지민이의 점수)
$=3\times2+5\times2+4\times(-2)+2\times2$
$=6+10-8+4$
$=12$(점) …… ❷
즉, 재우의 점수는 -18점이고, 지민이의 점수는 12점이
므로 지민이의 점수가 높다. …… ❸

단계	채점 기준	배점 비율
❶	재우의 점수를 구한다.	35 %
❷	지민이의 점수를 구한다.	35 %
❸	점수가 높은 사람을 말한다.	30 %

Ⅲ 문자와 식

1. 문자의 사용과 식의 계산

 **01 문자의 사용과 식의 값**

❶ 문자를 사용한 식　　　　　P.36

01 전교생이 100명인 중학교의 $x\,\%$가 남학생이므로 남학생 수는 $100\times\dfrac{x}{100}=x$(명), 여학생 수는 $(100-x)$명이다.

답 ③

02 ② 가로의 길이가 x cm, 세로의 길이가 y cm인 직사각형의 둘레의 길이 ⇨ $\{2\times(x+y)\}$ cm

답 ②

03 만들려는 상자의 밑면의 가로의 길이는 $(x-6)$ cm, 세로의 길이는 $(y-6)$cm, 높이는 3 cm이므로
(부피)=(가로의 길이)×(세로의 길이)×(높이)
$=(x-6)\times(y-6)\times3\ (\text{cm}^3)$

답 $\{(x-6)\times(y-6)\times3\}$ cm³

04 한 개에 1000원인 음료 a개의 가격은 $(1000\times a)$원이고, 한 줄에 1500원인 김밥 b줄의 가격은 $(1500\times b)$원이다. 따라서 가격의 합은 $(1000\times a+1500\times b)$원이다.

답 $(1000\times a+1500\times b)$원

05 (시간)$=\dfrac{(거리)}{(속력)}$이므로 10 km의 거리를 x km의 속력으로 갔을 때의 시간은 $\dfrac{10}{x}$시간이고, 도중에 30분$\left(=\dfrac{1}{2}\text{시간}\right)$ 쉬었으므로 A 지점에서 출발하여 B 지점에 도착할 때까지 걸린 시간은 $\left(\dfrac{10}{x}+\dfrac{1}{2}\right)$시간이다.

답 ②

06 (농도)$=\dfrac{(소금의 양)}{(소금물의 양)}\times100(\%)$이므로 $\left(\dfrac{x}{200}\times100\right)\%$이다.

답 $\left(\dfrac{x}{200}\times100\right)\%$

07 ① 밑변의 길이가 6 cm, 높이가 a cm인 삼각형의 넓이 ⇨ $\left(\dfrac{1}{2}\times6\times a\right)$ cm
② 백의 자리의 숫자가 a, 십의 자리의 숫자가 3, 일의 자리의 숫자가 c인 자연수 ⇨ $100\times a+30+c$
④ (시간)$=\dfrac{(거리)}{(속력)}$이므로 x km의 거리를 시속 60 km의

속력으로 달렸을 때 걸린 시간 ⇨ $\dfrac{x}{60}$(시간)
따라서 옳은 것은 ③, ⑤이다.

답 ③, ⑤

❷ 곱셈 기호와 나눗셈 기호의 생략　　P.37

01 답 (1) $-3a^2b^3$ 　(2) $-ab$ 　(3) $0.1x$
　　　 (4) $-3(a+b)$ 　(5) $2+5x$

02 답 (1) $\dfrac{a}{2b}$ 　(2) $\dfrac{a}{b}+5$ 　(3) $a+\dfrac{b}{7}$ 　(4) $\dfrac{a-b}{2}$ 　(5) $\dfrac{x}{3}+\dfrac{5}{y}$

03 $x\div(x+y)=\dfrac{x}{x+y}$이고 $x\times(-3)\div y=-\dfrac{3x}{y}$이므로
$x\div(x+y)+x\times(-3)\div y=\dfrac{x}{x+y}-\dfrac{3x}{y}$

답 ⑤

04 ① $y\times(-1)\times x=-xy$
② $10+2\times x\times x=10+2x^2$
③ $(x-y)\div2=\dfrac{x-y}{2}$
④ $a\div b\times c=\dfrac{a}{b}\times c=\dfrac{ac}{b}$

답 ⑤

05 ⑤ $x+y\times(-1)\div z=x-y\div z=x-\dfrac{y}{z}$
따라서 옳지 않은 것은 ⑤이다.

답 ⑤

06 ① $a\div b\times c=\dfrac{a}{b}\times c=\dfrac{ac}{b}$
② $a\times c\div b=ac\div b=\dfrac{ac}{b}$
③ $b\times c\times\dfrac{1}{a}=bc\times\dfrac{1}{a}=\dfrac{bc}{a}$
④ $a\times\dfrac{1}{b}\div c=\dfrac{a}{b}\times\dfrac{1}{c}=\dfrac{a}{bc}$
⑤ $a\div b\div\dfrac{1}{c}=a\times\dfrac{1}{b}\times c=\dfrac{ac}{b}$

답 ④

07 ① $a\times b\div c=ab\times\dfrac{1}{c}=\dfrac{ab}{c}$
　　 $a\div c\times b=\dfrac{a}{c}\times b=\dfrac{ab}{c}$
② $a\times b\div c=ab\times\dfrac{1}{c}=\dfrac{ab}{c}$
　　 $a\times(b\div c)=a\times\dfrac{b}{c}=\dfrac{ab}{c}$
③ $a\div b\div c=a\times\dfrac{1}{b}\times\dfrac{1}{c}=\dfrac{a}{bc}$
　　 $a\div c\div b=a\times\dfrac{1}{c}\times\dfrac{1}{b}=\dfrac{a}{bc}$

④ $a \div b \div c = a \times \dfrac{1}{b} \times \dfrac{1}{c} = \dfrac{a}{bc}$

$a \div (b \times c) = a \div bc = \dfrac{a}{bc}$

⑤ $a \div b \div c = a \times \dfrac{1}{b} \times \dfrac{1}{c} = \dfrac{a}{bc}$

$a \div (b \div c) = a \div \dfrac{b}{c} = a \times \dfrac{c}{b} = \dfrac{ac}{b}$

탭 ⑤

❸ 식의 값   P.38

01 주어진 식에 $a=-3$을 대입하면

$$4a+7-\dfrac{9}{a^2} = 4 \times (-3)+7-\dfrac{9}{(-3)^2}$$
$$= -12+7-\dfrac{9}{9} = -5-1$$
$$= -6$$

탭 ②

02 주어진 식에 $x=-3$을 대입하면

① $-x^2 = -(-3)^2 = -9$

② $2x-3 = 2 \times (-3)-3 = -6-3 = -9$

③ $-3x = -3 \times (-3) = 9$

④ $-x-12 = -(-3)-12 = 3-12 = -9$

⑤ $x^3+18 = (-3)^3+18 = -27+18 = -9$

따라서 식의 값이 ③만 9이고 나머지 넷은 -9이다.

탭 ③

03 주어진 식에 $a=-1$, $b=4$를 대입하면

$$-a^3+\dfrac{12}{b} = -(-1)^3+\dfrac{12}{4} = -(-1)+3$$
$$= 1+3 = 4$$

탭 ③

04 주어진 식에 $a=-2$, $b=1$을 대입하면

① $3a+b = 3 \times (-2)+1 = -6+1 = -5$

② $a+5b = (-2)+5 \times 1 = -2+5 = 3$

③ $2ab = 2 \times (-2) \times 1 = -4$

④ $a^2-2b^2 = (-2)^2-2 \times 1^2 = 4-2 = 2$

⑤ $-2a^2+3b = -2 \times (-2)^2+3 \times 1 = -2 \times 4+3$
$$= -8+3 = -5$$

탭 ②

05 주어진 식에 $x=\dfrac{1}{3}$, $y=-\dfrac{1}{2}$을 대입하면

$$\dfrac{2}{x}+\dfrac{1}{y} = 2 \div x+1 \div y = 2 \div \dfrac{1}{3}+1 \div \left(-\dfrac{1}{2}\right)$$
$$= 2 \times 3+1 \times (-2) = 6-2 = 4$$

탭 ④

06 주어진 식에 $a=-2$를 대입하면

$$|2a-3|+|a| = |2 \times (-2)-3|+|-2|$$
$$= |-4-3|+|-2|$$
$$= |-7|+|-2| = 7+2 = 9$$

탭 9

07 정가가 x원인 운동화를 20 % 할인하여 한 켤레를 살 때 내야하는 금액은 $x \times \dfrac{80}{100} = \dfrac{4}{5}x$(원)이다.

또, 운동화의 정가가 25000원일 때 내야 하는 금액은

$$\dfrac{4}{5} \times 25000 = 20000(원)이다.$$

탭 20000원

02 일차식의 계산

❶ 단항식과 다항식, 차수와 일차식   P.39

01 ① 항이 -1의 한 개이므로 단항식이다.

② 항이 $-x^2$, 3의 두 개이므로 다항식이다.

③ 문자가 분모에 있으므로 다항식도 단항식도 아니다.

④ 항이 ab, -2의 두 개이므로 다항식이다.

⑤ 항이 $\dfrac{x}{3}$의 한 개이므로 단항식이다.

탭 ①, ⑤

02 다항식 $-\dfrac{1}{2}x+5$에서 x의 계수가 $-\dfrac{1}{2}$이므로 $a=-\dfrac{1}{2}$, 상수항이 5이므로 $b=5$이다. 따라서

$$2a+b = 2 \times \left(-\dfrac{1}{2}\right)+5 = -1+5 = 4$$

탭 4

03 ② x^2의 계수는 $\dfrac{1}{3}$이다.

탭 ②

04 ① $2x-9$에서 상수항은 -9이다.

② $\dfrac{x}{2}+4$에서 x의 계수는 $\dfrac{1}{2}$이다.

③ x^2-3x+4의 항은 x^2, $-3x$, 4의 3개이다.

④ $\dfrac{5}{x}+1$은 문자가 분모에 있으므로 다항식이 아니다.

탭 ⑤

05 ① 항은 $-2x$, $5y$, -3의 3개이다.

③ 상수항은 -3이다.

⑤ 항이 3개이므로 다항식이다.

탭 ②, ④

06 ④ 분모에 문자 x가 있으므로 다항식이 아니다.
  따라서 일차식이 아니다.

답 ④

07 ㄱ. $6x+5$는 일차식이다.
  ㄴ. $6-y$는 일차식이다.
  ㄷ. $\dfrac{3}{x}+2$는 분모에 문자가 있으므로 일차식이 아니다.
  ㄹ. $3x^2+7x-1$은 차수가 2이므로 일차식이 아니다.
  ㅁ. -5는 상수항이므로 일차식이 아니다.
  ㅂ. $-\dfrac{x}{3}+1$은 일차식이다.
  따라서 일차식인 것은 ㄱ, ㄴ, ㅂ이다.

답 ③

② 일차식과 수의 곱셈과 나눗셈　　　P.40

01 ① $2a\times 3=(2\times 3)\times a=6a$
  ② $-\dfrac{1}{3}x\times 2=\left(-\dfrac{1}{3}\times 2\right)\times x=-\dfrac{2}{3}x$
  ③ $-\dfrac{2}{5}x\times\left(-\dfrac{10}{4}\right)=\left\{-\dfrac{2}{5}\times\left(-\dfrac{10}{4}\right)\right\}\times x=x$
  ④ $-(-x+3)=x-3$
  ⑤ $(6x-2)\times\dfrac{1}{3}=6x\times\dfrac{1}{3}-2\times\dfrac{1}{3}=2x-\dfrac{2}{3}$

답 ③

02 $(4x+10)\times\left(-\dfrac{3}{2}\right)=4x\times\left(-\dfrac{3}{2}\right)+10\times\left(-\dfrac{3}{2}\right)$
  $\qquad\qquad\qquad\qquad\quad=-6x-15=ax+b$
이므로 $a=-6$, $b=-15$이다.
따라서 $b-a=-15-(-6)=-9$이다.

답 ①

03 $-2(1-4x)=-2+8x=8x-2$
  ① $(4x-1)\times(-2)=-8x+2$
  ② $-4(2x-0.5)=-8x+2$
  ③ $-2(4x-1)=-8x+2$
  ④ $2(4x+1)=8x+2$
  ⑤ $(-8x+2)\times(-1)=8x-2$

답 ⑤

04 ① $(-8x)\div 4=(-8x)\times\dfrac{1}{4}=-2x$
  ② $(-24x)\div(-6)=(-24x)\times\left(-\dfrac{1}{6}\right)=4x$
  ③ $(4x-6)\div 2=(4x-6)\times\dfrac{1}{2}=2x-3$
  ④ $(-8x+2)\div(-2)=(-8x+2)\times\left(-\dfrac{1}{2}\right)=4x-1$
  ⑤ $\left(-\dfrac{4}{5}x+5\right)\div\left(-\dfrac{2}{5}\right)=\left(-\dfrac{4}{5}x+5\right)\times\left(-\dfrac{5}{2}\right)$
  $\qquad\qquad\qquad\qquad\qquad\quad=2x-\dfrac{25}{2}$

답 ④

05 $\left(2x-\dfrac{1}{3}\right)\div\left(-\dfrac{2}{3}\right)=\left(2x-\dfrac{1}{3}\right)\times\left(-\dfrac{3}{2}\right)$
  $\qquad\qquad\qquad\qquad\quad=2x\times\left(-\dfrac{3}{2}\right)-\dfrac{1}{3}\times\left(-\dfrac{3}{2}\right)$
  $\qquad\qquad\qquad\qquad\quad=-3x+\dfrac{1}{2}$
이므로 x의 계수는 -3, 상수항은 $\dfrac{1}{2}$이다.
따라서 구하는 합은 $-3+\dfrac{1}{2}=-\dfrac{5}{2}$이다.

답 ②

06 ① $3x\times(-4)=-12x$
  ② $2(5x-3)=10x-6$
  ③ $-(3x-7)=-3x+7$
  ④ $12x\div\left(-\dfrac{1}{4}\right)=12x\times(-4)=-48x$
  ⑤ $\left(x+\dfrac{1}{2}\right)\div\dfrac{1}{2}=\left(x+\dfrac{1}{2}\right)\times 2=2x+1$

답 ⑤

07 주어진 삼각형의 밑변의 길이가 $(x-4)$ cm이고 높이가
12 cm이므로 삼각형의 넓이는
$\dfrac{1}{2}\times(x-4)\times 12=6x-24$ (cm^2)

답 $(6x-24)$ cm^2

③ 동류항, 동류항의 덧셈과 뺄셈, 일차식의 덧셈과 뺄셈　　　P.41

01 ① 문자가 서로 다르다.
  ② 차수가 다르다.
  ④ 차수가 다르다.
  ⑤ 문자가 서로 다르다

답 ③

02 $-3a^2+4a-1-5a+2a^2-7$
  $=(-3a^2+2a^2)+(4a-5a)+(-1-7)$
  $=-a^2-a-8$
이므로 a^2의 계수는 -1, 상수항은 -8이다.
따라서 구하는 합은 $-1-8=-9$이다.

답 -9

03 $\dfrac{3}{2}x+\dfrac{1}{2}-x+3=\dfrac{1}{2}x+\dfrac{7}{2}$에서
$a=\dfrac{1}{2}$, $b=\dfrac{7}{2}$이므로
$|a-b|=\left|\dfrac{1}{2}-\dfrac{7}{2}\right|=|-3|=3$

답 ④

04 $3(2x-y)-\dfrac{1}{2}(6x-8y)$
$=6x-3y-3x+4y=3x+y$
따라서 x의 계수는 3, y의 계수는 1이므로 구하는 합은 4
이다.

답 ③

05 ① $-3x+1+4x+2=-3x+4x+1+2$
$\qquad\qquad\qquad\qquad\quad=x+3$
② $4(-x+3)+(2x-1)=-4x+12+2x-1$
$\qquad\qquad\qquad\qquad\qquad=-2x+11$
③ $-\dfrac{1}{3}(6x-9)+3x=-2x+3+3x=x+3$
④ $-(x+2)+2(5x+3)=-x-2+10x+6$
$\qquad\qquad\qquad\qquad\qquad=9x+4$
⑤ $\left(\dfrac{4}{3}x-5\right)+2\left(\dfrac{1}{3}x+2\right)=\dfrac{4}{3}x-5+\dfrac{2}{3}x+4$
$\qquad\qquad\qquad\qquad\qquad\qquad=2x-1$

답 ⑤

06 $\dfrac{1}{2}(4x-8)-4\left(x+\dfrac{1}{2}\right)=2x-4-4x-2=-2x-6$
이때 x의 계수는 -2이고 상수항은 -6이므로
구하는 합은 $-2-6=-8$이다.

답 ②

07 $\dfrac{x-2}{4}-\dfrac{2x-1}{3}=\dfrac{x}{4}-\dfrac{1}{2}-\dfrac{2}{3}x+\dfrac{1}{3}$
$\qquad\qquad\qquad=-\dfrac{5}{12}x-\dfrac{1}{6}=-\dfrac{5x+2}{12}$

답 ①

08 $3x+6-\{5x-7-(x+2)\}$
$=3x+6-(5x-7-x-2)$
$=3x+6-(4x-9)$
$=3x+6-4x+9$
$=-x+15$

답 ④

09 $-2(3x-2y-1)+3(-y-2)$
$=-6x+4y+2-3y-6$
$=-6x+y-4$
$=ax+by+c$
따라서 $a=-6$, $b=1$, $c=-4$이므로
$abc=(-6)\times1\times(-4)=24$

답 ⑤

10 $A=3x-1$, $B=-2x+5$에서
$A-3B=(3x-1)-3(-2x+5)$
$\qquad\quad=3x-1+6x-15$
$\qquad\quad=9x-16$
따라서 $a=9$, $b=-16$이므로 $a+b=-7$이다.

답 ③

11 x의 계수가 -3인 일차식을 $-3x+k$ (단, k는 상수)라고
하면
$x=2$일 때의 식의 값은
$-3x+k=-3\times2+k=k-6=a$
$x=-1$일 때의 식의 값은
$-3x+k=-3\times(-1)+k=k+3=b$
따라서 $b-a=(k+3)-(k-6)=k+3-k+6=9$

답 ⑤

12 $2x+5+(\boxed{})=-5x+3$에서
$\boxed{}=-5x+3-(2x+5)$
$\qquad\quad=-5x+3-2x-5$
$\qquad\quad=-7x-2$

답 $-7x-2$

13 $x+(-3x)=-2x$이므로 주어진 계산 방법은 위쪽에 이
웃한 두 식의 합을 아래쪽의 이웃한 칸에 써넣은 것이다.
$(-2x)+(-3x+8)$
$=-5x+8$
이므로 빈칸을 채우면 오른
쪽 그림과 같다.
따라서 $A=-5x+8$이다.

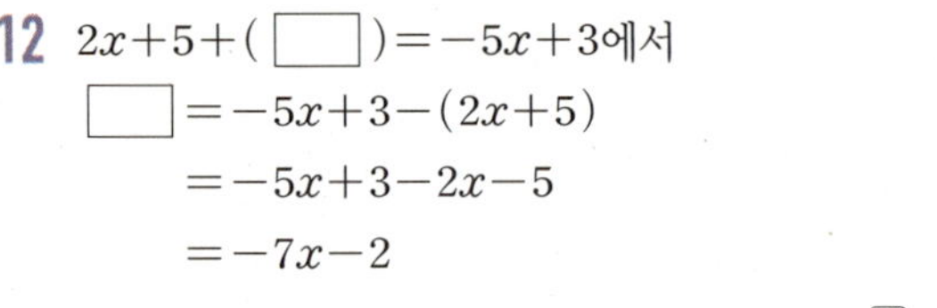

답 $-5x+8$

14 어떤 일차식을 $\boxed{}$로 놓으면
$\boxed{}+(3x-2)=5x+3$
$\boxed{}=5x+3-(3x-2)$
$\qquad\quad=5x+3-3x+2$
$\qquad\quad=2x+5$
따라서 바르게 계산한 식은
$(2x+5)-(3x-2)=2x+5-3x+2=-x+7$

답 $-x+7$

15 큰 정사각형의 넓이는 $10\times10=100$ (cm^2)
가운데 작은 정사각형의 넓이는
$(10-2\times2)\times(10-2\times x)$
$=6(10-2x)=60-12x$ (cm^2)
따라서 색칠한 부분의 넓이는
$100-(60-12x)=100-60+12x=12x+40$ (cm^2)

답 ⑤

	01 ⑤	02 ②	03 ②	04 $\dfrac{7x+1}{12}$ 시간
05 $\dfrac{a^2}{b}$	06 ③	07 ⑤	08 ④	09 -14

10 (1) $80-4x$ (2) 52   11 ①, ⑤

12 3, $-3a+2$ 13 ④, ⑤   14 ①   15 ⑤

16 ②   17 ⑤   18 $4x-1$ 19 $22x+6$

20 ①   21 26   22 ⑤   23 $7a+75$

24~29 풀이 참조

01

① $\dfrac{1}{4}\div x\times y=\dfrac{1}{4}\times\dfrac{1}{x}\times y=\dfrac{y}{4x}$

② $x\div 8\div y=x\times\dfrac{1}{8}\times\dfrac{1}{y}=\dfrac{x}{8y}$

③ $(x\times x)\div(y\times z)=x^2\times\dfrac{1}{yz}=\dfrac{x^2}{yz}$

④ $x+y\times z\div(-3)=x+yz\times\left(-\dfrac{1}{3}\right)=x-\dfrac{yz}{3}$

따라서 옳은 것은 ⑤이다.

02

ㄱ. a원짜리 연필 4자루의 값은 $4a$원이고 b원짜리 공책 7권의 값은 $7b$원이므로 $(4a+7b)$원이다. (참)

ㄴ. 16개에 x원 하는 토마토 한 개의 값은 $\dfrac{x}{16}$ 원이다. (거짓)

ㄷ. 정가가 a원인 물건을 10 % 할인한 금액은 $0.1a$원이다. 따라서 물건의 가격은 $a-0.1a=0.9a$(원)이다. (참)

ㄹ. (시간)$=\dfrac{(거리)}{(속력)}$이므로 시속 5 km의 속력으로 s km의 거리를 갈 때 걸린 시간은 $\dfrac{s}{5}$시간이다. (거짓)

ㅁ. 한 개에 x원 하는 아이스크림 6개의 가격은 $6x$원이므로 5000원을 냈을 때의 거스름돈은 $(5000-6x)$원이다. (거짓)

따라서 옳은 것은 ㄱ, ㄷ이다.

03 오른쪽 그림에서 색칠한 부분은 ab가 4개, b^2이 1개이므로 구하는 넓이는 $4ab+b^2$이다.

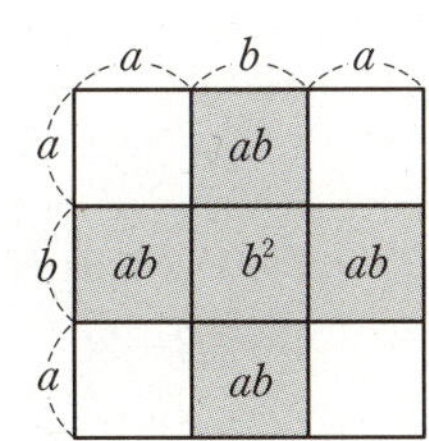

04 (시간)$=\dfrac{(거리)}{(속력)}$이므로 문제를 표로 나타내면 다음과 같다.

	거리	속력	시간
집에서 문구점까지	x km	시속 4 km	$\dfrac{x}{4}$시간
문구점			$\dfrac{1}{12}$시간
문구점에서 학교까지	$2x$ km	시속 6 km	$\dfrac{x}{3}$시간
합	$3x$ km		$\left(\dfrac{x}{4}+\dfrac{1}{12}+\dfrac{x}{3}\right)$시간

따라서 걸린 시간은

$\dfrac{x}{4}+\dfrac{1}{12}+\dfrac{x}{3}=\dfrac{3x+1+4x}{12}=\dfrac{7x+1}{12}$(시간)

05 $a\div b\div\boxed{}=\dfrac{a}{b}\times\dfrac{1}{\boxed{}}=\dfrac{1}{a}$

$\dfrac{1}{\boxed{}}=\dfrac{1}{a}\times\dfrac{b}{a}=\dfrac{b}{a^2}$

따라서 $\boxed{}=\dfrac{a^2}{b}$이다.

06 주어진 식에 $x=-\dfrac{1}{2}$을 대입하면

① $6x+3=6\times\left(-\dfrac{1}{2}\right)+3=-3+3=0$

② $-\dfrac{2}{3}x+4=-\dfrac{2}{3}\times\left(-\dfrac{1}{2}\right)+4=\dfrac{1}{3}+4=\dfrac{13}{3}$

③ $-12x^2=-12\times\left(-\dfrac{1}{2}\right)^2=-12\times\dfrac{1}{4}=-3$

④ $2x^2+3x-1=2\times\left(-\dfrac{1}{2}\right)^2+3\times\left(-\dfrac{1}{2}\right)-1$

$\qquad=\dfrac{1}{2}-\dfrac{3}{2}-1=-2$

⑤ $\dfrac{3}{x}+7=3\div x+7=3\div\left(-\dfrac{1}{2}\right)+7$

$\qquad=3\times(-2)+7=-6+7=1$

따라서 식의 값이 가장 작은 것은 ③이다.

07 주어진 식에 $x=-1$을 대입하면

$1-x+x^2-x^3+x^4-x^5+x^6$

$=1-(-1)+(-1)^2-(-1)^3+(-1)^4-(-1)^5+(-1)^6$

$=1+1+1+1+1+1+1=7$

08 $2x^2-6xy=2\times(-2)^2-6\times(-2)\times\dfrac{1}{3}$

$\qquad=8+4=12$

09 $a=\dfrac{1}{2},\ b=-\dfrac{2}{3},\ c=\dfrac{3}{5}$이므로

$\dfrac{1}{a^3}-\dfrac{2}{b}-\dfrac{9}{c^2}=1\div a^3-2\div b-9\div c^2$

$\qquad=1\div\left(\dfrac{1}{2}\right)^3-2\div\left(-\dfrac{2}{3}\right)-9\div\left(\dfrac{3}{5}\right)^2$

$$=1 \div \frac{1}{8} - 2 \div \left(-\frac{2}{3}\right) - 9 \div \frac{9}{25}$$
$$=1 \times 8 - 2 \times \left(-\frac{3}{2}\right) - 9 \times \frac{25}{9}$$
$$=8+3-25=-14$$

10 (1) 직사각형의 넓이는 $10 \times 8 = 80$이고 삼각형의 넓이는
$\dfrac{1}{2} \times x \times 8 = 4x$이다.
따라서 색칠한 부분의 넓이는 $80-4x$이다.
(2) $x=7$을 $80-4x$에 대입하면
$$80-4x = 80 - 4 \times 7 = 80 - 28 = 52$$
따라서 색칠한 부분의 넓이는 52이다.

11 ② x의 계수는 $\dfrac{1}{2}$이다.
③ 다항식의 차수는 1이다.
④ $-y$와 -4는 동류항이 아니다.
따라서 옳은 것은 ①, ⑤이다.

12 $-3a^2 + a - 3 + ka^2 - 4a + 5$
$$=(-3+k)a^2 - 3a + 2$$
이 다항식이 일차식이 되려면 a^2의 계수 $-3+k$가 0이어
야 한다.
즉, $-3+k=0$에서 $k=3$이다.
이때 주어진 다항식을 간단히 하면 $-3a+2$이다.

13 ① $4x+5$는 동류항이 아니라서 더 이상 간단히 할 수 없다.
② $x \times x = x^2$
③ $6a+a=7a$
따라서 옳은 것은 ④, ⑤이다.

14 $\boxed{} - (3-2a) = 3a-2$에서
$\boxed{} = 3a-2+(3-2a)$
$$=3a-2+3-2a$$
$$=a+1$$

15 $-2(x+2)+3(-2x+1)$
$$=-2x-4-6x+3$$
$$=-8x-1$$
⑤ x의 계수가 -8, 상수항은 -1이다.
따라서 옳지 않은 것은 ⑤이다.

16 $2(6x-5)-3(2x-4)=12x-10-6x+12$
$$=6x+2$$

17 $\dfrac{2x-4}{5} - \dfrac{-x+2}{3} = \dfrac{3(2x-4)-5(-x+2)}{15}$
$$=\dfrac{6x-12+5x-10}{15}$$
$$=\dfrac{11x-22}{15}$$

18 $7=3x-(3x-7)$, $3x-7=x-1-(-2x+6)$
이므로 $3x = \boxed{} - (x-1)$
따라서 $\boxed{} = 3x+(x-1) = 4x-1$이다.

19

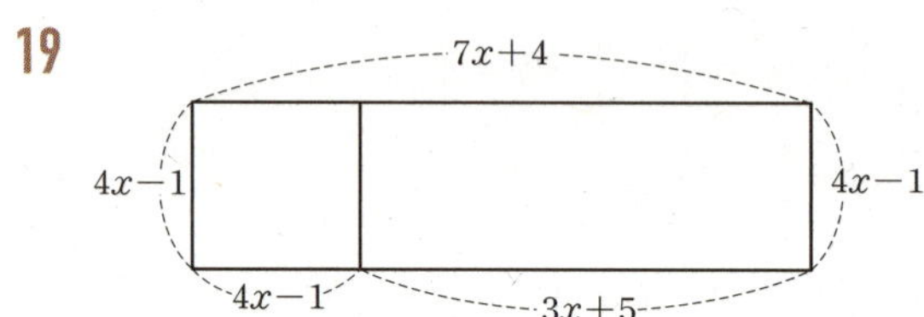

이어 붙인 직사각형의 가로의 길이는
$(4x-1)+(3x+5)=7x+4$,
세로의 길이는 $4x-1$이므로 둘레의 길이는
$2(7x+4+4x-1)=2(11x+3)=22x+6$

20 $10x-6-[3(x+3)-\{2x\underset{①}{\underline{-(5x-4)}}\}]$
$$=10x-6-\{3x+9\underset{②}{\underline{-(2x-5x+4)}}\}$$
$$=10x-6-\{3x+9\underset{③}{\underline{-(-3x+4)}}\}$$
$$=10x-6\underset{④}{\underline{-(3x+9+3x-4)}}$$
$$=10x-6\underset{⑤}{\underline{-(6x+5)}}$$
$$=\underset{⑥}{\underline{10x-6-6x-5}}$$
$$=4x-11$$

21 $-3(x-2)+\dfrac{5}{3}(12x-9) = -3x+6+20x-15$
$$=17x-9$$
따라서 $a=17$, $b=-9$이므로
$$|-a+b| = |-17+(-9)| = |-26| = 26$$

22 $A=-x+3$, $B=2-4x$, $C=-(x-1)$에서
$A-2B-3C$
$$=(-x+3)-2(2-4x)-3\{-(x-1)\}$$
$$=-x+3-4+8x+3x-3$$
$$=10x-4$$
따라서 $A-2B-3C$에서 x의 계수는 10이다.

23 오른쪽 그림과 같이 주어지지 않은 변의 길이를 나타내면 색칠한 사각형의 넓이는 (직사각형의 넓이)$-$(직각삼각형 4개의 넓이의 합)이므로

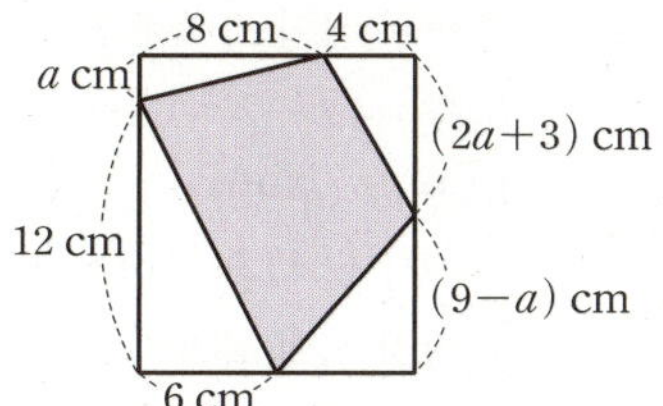

(색칠한 사각형의 넓이)
$$=12\{(2a+3)+(9-a)\}$$
$$\quad-\frac{1}{2}\{8a+4(2a+3)+6(9-a)+72\}$$
$$=12(a+12)-\frac{1}{2}(8a+8a+12+54-6a+72)$$
$$=12a+144-\frac{1}{2}(10a+138)$$
$$=12a+144-5a-69$$
$$=7a+75$$

24
$$a+b=\frac{1}{2}+\left(-\frac{1}{4}\right)=\frac{1}{4} \quad\cdots\cdots ❶$$
$$ab=\frac{1}{2}\times\left(-\frac{1}{4}\right)=-\frac{1}{8} \quad\cdots\cdots ❷$$
이므로
$$\frac{a+b}{ab}=(a+b)\div ab=\frac{1}{4}\div\left(-\frac{1}{8}\right)$$
$$\qquad=\frac{1}{4}\times(-8)=-2 \quad\cdots\cdots ❸$$

단계	채점 기준	배점 비율
❶	$a+b$의 값을 구한다.	30 %
❷	ab의 값을 구한다.	30 %
❸	$\dfrac{a+b}{ab}$의 값을 구한다.	40 %

[다른 풀이]

$$\frac{a+b}{ab}=\frac{a}{ab}+\frac{b}{ab}=\frac{1}{b}+\frac{1}{a} \quad\cdots\cdots ❶$$
$$\qquad=1\div b+1\div a$$
$$\qquad=1\div\left(-\frac{1}{4}\right)+1\div\frac{1}{2}$$
$$\qquad=1\times(-4)+1\times 2$$
$$\qquad=-4+2=-2 \quad\cdots\cdots ❷$$

단계	채점 기준	배점 비율
❶	$\dfrac{a+b}{ab}$를 변형한다.	40 %
❷	a, b를 대입하여 식의 값을 구한다.	60 %

25 $x=40$을 $2.4x+82$에 대입하면 $\quad\cdots\cdots ❶$
$$2.4x+82=2.4\times 40+82$$
$$\qquad\qquad=96+82=178$$
따라서 정강이뼈의 길이가 40 cm인 사람의 키는 178 cm 이다. $\quad\cdots\cdots ❷$

단계	채점 기준	배점 비율
❶	$x=40$을 주어진 식에 대입한다.	40 %
❷	사람의 키를 구한다.	60 %

26 변한 사다리꼴에 대하여

(윗변의 길이)$=2a\times\dfrac{90}{100}=\dfrac{9}{5}a$

(아랫변의 길이)$=(a+3)\times\dfrac{120}{100}=\dfrac{6}{5}(a+3) \quad\cdots\cdots ❶$

따라서
(변한 사다리꼴의 넓이)
$$=\frac{1}{2}\{(윗변의 길이)+(아랫변의 길이)\}\times(높이)$$
$$=\frac{1}{2}\left\{\frac{9}{5}a+\frac{6}{5}(a+3)\right\}\times 10 \quad\cdots\cdots ❷$$
$$=5\left(\frac{15}{5}a+\frac{18}{5}\right)$$
$$=15a+18 \quad\cdots\cdots ❸$$

단계	채점 기준	배점 비율
❶	변한 사다리꼴의 윗변의 길이와 아랫변의 길이를 a를 사용한 식으로 나타낸다.	40 %
❷	사다리꼴의 넓이 공식을 이용하여 식을 세운다.	40 %
❸	식을 간단히 하여 나타낸다.	20 %

27
$$\frac{5-2x}{3}-\frac{x+6}{4}+\frac{3x-5}{6}$$
$$=\frac{4(5-2x)-3(x+6)+2(3x-5)}{12}$$
$$=\frac{20-8x-3x-18+6x-10}{12}$$
$$=\frac{-5x-8}{12}=-\frac{5}{12}x-\frac{2}{3} \quad\cdots\cdots ❶$$

이때 x의 계수는 $-\dfrac{5}{12}$, 상수항은 $-\dfrac{2}{3}$이므로

$a=\dfrac{5}{12}$, $b=\dfrac{2}{3}$이다. $\quad\cdots\cdots ❷$

따라서 $\dfrac{a}{b}=a\div b=\left(-\dfrac{5}{12}\right)\div\left(-\dfrac{2}{3}\right)$
$$\qquad=\left(-\frac{5}{12}\right)\times\left(-\frac{3}{2}\right)=\frac{5}{8} \quad\cdots\cdots ❸$$

단계	채점 기준	배점 비율
❶	주어진 식을 간단히 한다.	40 %
❷	a, b의 값을 구한다.	30 %
❸	$\dfrac{a}{b}$의 값을 구한다.	30 %

28
$$7x-[5x-2\{3-\underset{①}{(6x-5)}\}]$$
$$=7x-\{5x-2\underset{②}{(3-6x+5)}\}$$
$$=7x-\{5x-\underset{③}{2(-6x+8)}\}$$
$$=7x-\underset{④}{(5x+12x-16)}$$

$$=7x-\underset{⑤}{(17x-16)}$$
$$=7x\underset{⑥}{-17x}+16$$
$$=-10x+16 \qquad \cdots\cdots \text{❶}$$

따라서 x의 계수는 -10, 상수항은 16이고,
두 수의 차는 큰 수에서 작은 수를 뺀 것이므로
$$16-(-10)=26 \qquad \cdots\cdots \text{❷}$$

단계	채점 기준	배점 비율
❶	주어진 식을 간단히 한다.	60 %
❷	x의 계수와 상수항의 차를 구한다.	40 %

29 어떤 다항식을 A라고 하면
$$A-\frac{1}{2}(-2x+4)=5x-6\text{에서}$$
$$A=5x-6+\frac{1}{2}(-2x+4)$$
$$=5x-6-x+2$$
$$=4x-4 \qquad \cdots\cdots \text{❶}$$
즉, 어떤 다항식은 $4x-4$이다.
따라서 바르게 계산한 식은
$$4x-4-2(-2x+4)=4x-4+4x-8$$
$$=8x-12 \qquad \cdots\cdots \text{❷}$$

단계	채점 기준	배점 비율
❶	어떤 다항식을 구한다.	50 %
❷	바르게 계산한 식을 구한다.	50 %

2. 일차방정식

 **01** 방정식과 그 해

❶ 등식, 방정식과 항등식 P.47

01 ①, ⑤ 부등호로 양변이 연결되었으므로 등식이 아니다.
②, ③ 등호가 없으므로 등식이 아니다.
답 ④

02 ① 좌변은 $\frac{x}{2}-4$이고 우변은 $2x+3$이다.
③ 우변의 상수항은 3이다.
④ 좌변의 x의 계수는 $\frac{1}{2}$이다.
답 ②, ⑤

03 ① $6x+4 \Rightarrow$ 다항식이다.
② $x>5 \Rightarrow$ 등식이 아니다.
③ $x+y=20 \Rightarrow$ 등식이다.
④ $3000-500x \Rightarrow$ 다항식이다.
⑤ $7x \Rightarrow$ 단항식이다.
답 ③

04 ① 주어진 식의 좌변에 $x=1$을 대입하면
(좌변)$=x-2=1-2=-1$, (우변)$=-3$이므로
(좌변)$\neq$(우변)
따라서 $x=1$은 주어진 방정식의 해가 아니다.
② 주어진 식의 좌변에 $x=2$를 대입하면
(좌변)$=3(x+2)=3(2+2)=12$, (우변)$=0$이므로
(좌변)$\neq$(우변)
따라서 $x=2$는 주어진 방정식의 해가 아니다.
③ 주어진 식의 좌변에 $x=-1$을 대입하면
(좌변)$=3-2x=3-2\times(-1)=5$, (우변)$=5$이므로
(좌변)$=$(우변)
따라서 $x=-1$은 주어진 방정식의 해이다.
④ 주어진 식의 좌변에 $x=0$을 대입하면
(좌변)$=\frac{1}{2}x-1=\frac{1}{2}\times0-1=-1$, (우변)$=1$이므로
(좌변)$\neq$(우변)
따라서 $x=0$은 주어진 방정식의 해가 아니다.
⑤ 주어진 식의 양변에 $x=3$을 대입하면
(좌변)$=2x-3=2\times3-3=3$,
(우변)$=6-x=6-3=3$이므로 (좌변)$=$(우변)
따라서 $x=3$은 주어진 방정식의 해이다.
답 ③, ⑤

05 $x=2$를 대입하여 참이 되는 방정식을 찾는다.
① $x=2$이면 $2+2\neq0$ (거짓)
② $x=2$이면 $3\times2-7\neq20$ (거짓)
③ $x=2$이면 $2\times2-1=3$ (참)
④ $x=2$이면 $6+4\times2\neq2$ (거짓)
⑤ $x=2$이면 $5\times2-3\times2\neq-10$ (거짓)
답 ③

06 ① $3x-1=7x$는 좌변과 우변이 다르므로 항등식이 아니다.
② $x+4\leq x-5$는 등식이 아니다.
③ $2(x-3)=6-2x$에서 $2x-6=6-2x$는 좌변과
우변이 다르므로 항등식이 아니다.
④ $x+(4x+1)=5x+1$에서 $5x+1=5x+1$은 좌변과
우변이 같으므로 항등식이다.
⑤ $-3(x+2)+5=-3x+1$에서 $-3x-1=-3x+1$
은 좌변과 우변이 다르므로 항등식이 아니다.
답 ④

07 x에 어떠한 값을 대입해도 항상 참인 등식은 항등식이다.
주어진 등식이 항등식이 되려면 좌변과 우변의 x의 계수와
상수항이 각각 같아야 하므로 $a=3$, $b=-4$이다.
따라서 $ab=-12$이다.
답 ①

01 ① $c\neq0$이라는 조건이 있어야 '$ac=bc$이면 $a=b$이다.'가
　　성립한다.
　　예를 들어 $a=2$, $b=3$이고 $c=0$이면 $ac=bc$이지만
　　$a\neq b$이다.

　　　　　　　　　　　　　　　　　　　답 ①

02 ㈎에 이용된 등식의 성질은 '등식의 양변에서 같은 수를 빼
　　어도 등식은 성립한다.'이므로 ㄴ이다.
　　㈏에 이용된 등식의 성질은 '등식의 양변을 같은 수로 나누
　　어도 등식은 성립한다.'이므로 ㄹ이다.

　　　　　　　　　　　　　　　　　답 ㄴ, ㄹ

03 ① $4a=b$의 양변을 4로 나누면 $a=\dfrac{b}{4}$이다.

　　② $4a=b$의 양변에서 1을 빼면 $4a-1=b-1$이다.

　　③ $4a=b$의 양변에 -1을 곱하면 $-4a=-b$이고 여기에
　　　1을 더하면 $-4a+1=-b+1$이다.
　　　즉, $-4a+1\neq-b+4$이다.

　　④ $4a=b$의 양변에 2를 곱하면 $8a=2b$이고 여기에서 7을
　　　빼면 $8a-7=b-7$이다.

　　⑤ $4a=b$의 양변을 4로 나누면 $a=\dfrac{b}{4}$이고 여기에서 2를

　　　빼면 $a-2=\dfrac{b}{4}-2$, 즉 $a-2=\dfrac{b-8}{4}$이다.

　　　　　　　　　　　　　　　　　　　답 ③

04 $\dfrac{1}{5}x-3=1$의 양변에 3을 더하면

　　$\dfrac{1}{5}x-3+3=1+3$, $\dfrac{1}{5}x=4$

　　$\dfrac{1}{5}x=4$의 양변에 5를 곱하면

　　$\dfrac{1}{5}x\times5=4\times5$, $x=20$

　　　　　　　　　　　　　　　　　　　답 ②

05 $3(x-1)=4x-5$에서 $3x-3=4x-5$
　　$3x-3-4x+3=4x-5-4x+3$이므로
　　$-x=-2$ 또는 $x=2$
　　이때 $|a|$, $|b|$는 서로소이므로
　　$a=-1$, $b=-2$ 또는 $a=1$, $b=2$이다.
　　따라서 $ab=2$이다.

　　　　　　　　　　　　　　　　　　　답 2

06 $\dfrac{-2x+5}{3}=3$의 양변에 ①$\boxed{3}$을 곱하면

　　$\dfrac{-2x+5}{3}\times3=3\times3$, $-2x+5=9$

$-2x+5-②\boxed{5}=9-②\boxed{5}$

$-2x=③\boxed{4}$

$-2x\div(④\boxed{-2})=③\boxed{4}\div(④\boxed{-2})$

따라서 $x=⑤\boxed{-2}$이다.

이때 옳지 않은 것은 ⑤이다.

　　　　　　　　　　　　　　　　　　　답 ⑤

02 일차방정식의 풀이

① 이항과 일차방정식   P.49

01 ③ $6x-1=4-x$에서 우변의 $-x$를 좌변으로 이항하면
　　$+x$이고, 좌변의 -1을 우변으로 이항하면 $+1$이므로
　　$6x-1=4-x \Rightarrow 6x+x=4+1$

　　　　　　　　　　　　　　　　　　　답 ③

02 밑줄 친 항을 이항하면 $6x=3-2$이고 이것은 등식
　　$6x+2=3$의 양변에 -2를 더하거나 $6x+2=3$의 양변에
　　서 2를 뺀 것이다.

　　　　　　　　　　　　　　　　　　　답 ②

03 $\dfrac{2}{3}x-5=1$의 양변에 5를 더하거나 좌변의 -5를 이항하면

　　$\dfrac{2}{3}x=6$이다.

　　$\dfrac{2}{3}x=6$의 양변에 $\dfrac{3}{2}$을 곱하면 $x=9$이다.

　　　　　　　　　　　　　　　　　답 ②, ④

04 $2x-5=-3x+1$에서 -5를 우변으로 이항하고 $-3x$를
　　좌변으로 이항하면 $2x+3x=1+5$이다.

　　　　　　　　　　　　　　　　　　　답 ④

05 ㄱ. 일차방정식　　　　　ㄴ. 항등식
　　ㄷ, ㄹ. 일차방정식이 아니다.
　　ㅁ. 일차방정식　　　　　ㅂ. 항등식
　　따라서 일차방정식은 ㄱ, ㅁ이다.

　　　　　　　　　　　　　　　　　　　답 ④

06 $ax+b=0$이 일차방정식이 되려면 $a\neq0$이어야 한다.
　　$2x-3=-k(3x+1)$에서 $2x-3=-3kx-k$
　　$2x+3kx-3+k=0$, $(2+3k)x-3+k=0$
　　$2+3k\neq0$이므로 $k\neq-\dfrac{2}{3}$이다.

　　　　　　　　　　　　　　　　　　　답 ③

07 ㄱ. $500x=2000$이므로 일차방정식이다.

ㄴ. $68=8x+4$이므로 일차방정식이다.

ㄷ. $x^2=24$이므로 일차방정식이 아니다.

따라서 일차방정식인 것은 ㄱ, ㄴ이다.

답 ㄱ, ㄴ

② 이항을 이용한 일차방정식의 풀이   P.50

01 $8x-9=-7x+6$에서 $8x+7x=6+9$, $15x=15$

따라서 $x=1$이다.

답 ④

02 ① $4x-1=11$에서 $4x=12$이므로 $x=3$이다.

② $1-3x=10$에서 $-3x=9$이므로 $x=-3$이다.

③ $2x-1=7$에서 $2x=8$이므로 $x=4$이다.

④ $3x-1=-x+7$에서 $4x=8$이므로 $x=2$이다.

⑤ $-4x+6=x-4$에서 $-5x=-10$이므로 $x=2$이다.

답 ③

03 방정식의 해가 $x=\dfrac{1}{2}$이므로 $x=\dfrac{1}{2}$을 주어진 방정식에 대입하면

$$4\times\dfrac{1}{2}-a=3\times\dfrac{1}{2}+5$$

$$2-a=\dfrac{3}{2}+5, \quad -a=\dfrac{9}{2}$$

따라서 $a=-\dfrac{9}{2}$이다.

답 $-\dfrac{9}{2}$

04 $5x-3=4-2x$에서 $5x+2x=4+3$, $7x=7$

따라서 $x=1$이므로 $a=1$이다.

$-4x+7=7x-15$에서 $-4x-7x=-15-7$

$-11x=-22$

따라서 $x=2$이므로 $b=2$이다.

따라서 $a-b=1-2=-1$

답 ⑤

05 $4x-1=9-x$에서 $4x+x=9+1$, $5x=10$, $x=2$

그런데 $x=2$가 방정식 $3x+a=ax$의 해이므로 $x=2$를 이 방정식에 대입하면

$6+a=2a$, $a-2a=-6$, $-a=-6$

따라서 $a=6$이다.

답 ④

06 $4x-15=7x-3a$에서 $4x-7x=-3a+15$

$-3x=-3a+15$이므로 $x=a-5$이다.

이때 해가 음의 정수이려면 자연수 a는 1, 2, 3, 4의 4개이다.

답 ③

07 $6x+5=-19$에서 $6x=-24$, $x=-4$ (조)

$1-4x=-11$에서 $-4x=-12$, $x=3$ (삼)

$x=16-x$에서 $2x=16$, $x=8$ (모)

$3x+1=-2x-9$에서 $5x=-10$, $x=-2$ (사)

따라서 해당하는 글자를 차례로 나열하면 조삼모사이다.

답 조삼모사

③ 괄호가 있는 일차방정식, 비례식의 일차방정식   P.51

01 $7x-4(x-1)=6x+1$에서

$7x-4x+4=6x+1$, $3x+4=6x+1$

$-3x=-3$

따라서 $x=1$이다.

답 ④

02 ① $2(x-3)=x-2$에서 $2x-6=x-2$

따라서 $x=4$이다.

② $-2(x+4)=-4x$에서 $-2x-8=-4x$, $2x=8$

따라서 $x=4$이다.

③ $3(x-2)=6$에서 $3x-6=6$, $3x=12$

따라서 $x=4$이다.

④ $7-5x=2(x-7)$에서 $7-5x=2x-14$

$-7x=-21$

따라서 $x=3$이다.

⑤ $-2x+1=-(x+3)$, $-2x+1=-x-3$

$-x=-4$

따라서 $x=4$이다.

답 ④

03 $2(x-3)=-x+4$에서 $2x-6=-x+4$

$3x=10$, $x=\dfrac{10}{3}$이다.

두 방정식의 해가 같으므로 $x=\dfrac{10}{3}$을 방정식 $-(x-4)=2x+a$에 대입하면

$$-\left(\dfrac{10}{3}-4\right)=2\times\dfrac{10}{3}+a, \quad \dfrac{2}{3}=\dfrac{20}{3}+a$$

따라서 $a=-6$이다.

답 -6

04 비례식은 내항과 외항의 곱이 같으므로

$1:(2x-3)=3:(3+2x)$에서

$3(2x-3)=3+2x$, $6x-9=3+2x$, $4x=12$

따라서 $x=3$이다.

답 ③

05 $3:(x+1)=6:(3x+2)$에서
$6(x+1)=3(3x+2),\ 6x+6=9x+6,\ -3x=0$
따라서 $x=0$이다.
① $-3x=-x+8$에서 $-2x=8$
  따라서 $x=-4$이다.
② $5x-10=2x-1$에서 $3x=9$
  따라서 $x=3$이다.
③ $2:3=(x+1):2x$에서
  $3(x+1)=2\times2x,\ 3x+3=4x,\ -x=-3$
  따라서 $x=3$이다.
④ $7(x+3)=1-4(x-5)$에서
  $7x+21=1-4x+20,\ 11x=0$
  따라서 $x=0$이다.
⑤ $4x-(x+21)=3(1-3x)$에서
  $4x-x-21=3-9x,\ 12x=24$
  따라서 $x=2$이다.
답 ④

06 어떤 수 x와 그 수보다 3만큼 큰 수의 비가 $3:4$이므로 비례식으로 나타내면 $x:(x+3)=3:4$이다.
$3(x+3)=4x,\ 3x+9=4x,\ -x=-9$
따라서 $x=9$이다.
답 9

07 $2:(3-x)=\boxed{3}:(1-2x)$ ①
$3(3-x)=2\times(\boxed{1-2x})$ ②
$9-3x=2+(\boxed{-4x})$ ③
$-3x+\boxed{4x}=2-9$ ④
$x=\boxed{-7}$ ⑤ $x\ne7$
답 ⑤

④ 계수가 소수, 분수인 일차방정식 P.52

01 주어진 일차방정식의 양변에 분모 2, 4, 3의 최소공배수인 12를 곱하면
$12\times\dfrac{1}{2}x+12\times\dfrac{1}{4}=12\times\dfrac{2}{3}x$
$6x+3=8x,\ -2x=-3$
따라서 $x=\dfrac{3}{2}$이다.
답 ③

02 $\dfrac{1}{4}x+5=\dfrac{3}{2}x$의 양변에 분모의 최소공배수 4를 곱하면
$4\times\dfrac{1}{4}x+4\times5=\dfrac{3}{2}x\times4$

$x+20=6x,\ -5x=-20$
따라서 $x=4$이다.
일차방정식 $\dfrac{1}{4}x+5=\dfrac{3}{2}x$의 해가 방정식
$3x-4a=-8$의 해의 $\dfrac{1}{2}$배이므로
$3x-4a=-8$의 해는 $x=8$이다.
$x=8$을 $3x-4a=-8$에 대입하면
$24-4a=-8,\ -4a=-32$
따라서 $a=8$이다.
답 ⑤

03 방정식 $\dfrac{2x-7}{3}+6=\dfrac{x+8}{4}$의 양변에 분모의 최소공배수 12를 곱하면 $4(2x-7)+6\times12=3(x+8)$
$8x-28+72=3x+24,\ 5x=-20$
따라서 $x=-4$이다.
답 ①

04 주어진 방정식의 양변에 10을 곱하면
$3(x-1)=5(x+3)-27,\ 3x-3=5x+15-27$
$-2x=-9$
따라서 $x=\dfrac{9}{2}$이다.
답 ⑤

05 ① $4x-3=x+6$에서 $3x=9,\ x=3$
② $2x+5=3(4-x)$에서 $2x+5=12-3x$
  $5x=7,\ x=\dfrac{7}{5}$
③ $\dfrac{2}{3}x-1=\dfrac{5x-2}{6}$에서 $4x-6=5x-2$
  $-x=4,\ x=-4$
④ $x-0.9=0.2x+1.5$에서 $10x-9=2x+15$
  $8x=24,\ x=3$
⑤ $0.5(x+2)+\dfrac{1}{4}=0.2x+\dfrac{3}{5}$에서
  $10(x+2)+5=4x+12,\ 10x+20+5=4x+12$
  $6x=-13,\ x=-\dfrac{13}{6}$
답 ③

06 $2(x-1)=5x+7$에서 $2x-2=5x+7$
$-3x=9,\ x=-3$이므로 $a=-3$
$1.5x-3=1.2x-0.3$에서 $15x-30=12x-3$
$3x=27,\ x=9$이므로 $b=9$
따라서 $a+b=-3+9=6$이다.
답 ①

07 $\dfrac{x}{5}-\dfrac{x-3}{2}=0.3$에서 $2x-5(x-3)=3$

$2x-5x+15=3$, $-3x=-12$, $x=4$

따라서 $x=4$가 방정식 $\dfrac{x}{2}-0.2(3a-1)=\dfrac{2}{5}$의 해이므로

$2-0.2(3a-1)=\dfrac{2}{5}$, $10-(3a-1)=2$

$10-3a+1=2$, $-3a=-9$

따라서 $a=3$이다.

답 ④

03 일차방정식의 활용

1 일차방정식의 활용 문제를 푸는 순서
P.53

01 십의 자리의 숫자가 x, 일의 자리의 숫자가 4인 자연수는
$10x+4$이다.

각 자리의 숫자의 합은 $x+4$이고 이 자연수는 각 자리의
숫자의 합의 4배와 같으므로 방정식을 세우면
$10x+4=4(x+4)$이다.

답 ④

02 어떤 수를 x라 하고 방정식을 세우면 $2x+8=3x-5$

$-x=-13$, $x=13$

따라서 어떤 수는 13이다.

답 ④

03 x개월 후에 누나의 예금액이 동생의 예금액의 2배가 된다면

	현재 예금액	x개월 후 예금액
누나	31000원	$(31000+3000x)$원
동생	13000원	$(13000+2000x)$원

(누나의 예금액)$=2\times$(동생의 예금액)이므로

$31000+3000x=2(13000+2000x)$

$31000+3000x=26000+4000x$

$-1000x=-5000$, $x=5$

따라서 5개월 후에 누나의 예금액이 동생의 예금액의 2배
가 된다.

답 ②

04 연속하는 두 자연수를 x, $x+1$이라고 하면

$x+(x+1)=25$, $2x=24$, $x=12$

따라서 두 자연수는 12, 13이므로 두 자연수의 곱은
$12\times13=156$

답 ②

05 오토바이가 x대 있다면 승용차는 $(15-x)$대 있고

(오토바이 바퀴 수)$+$(승용차 바퀴 수)$=48$이므로

$2x+4(15-x)=48$, $2x+60-4x=48$

$-2x=-12$, $x=6$

따라서 오토바이는 모두 6대 있다.

답 ②

06 아하를 x로 놓으면

$x+\dfrac{1}{7}x=16$, $7x+x=112$

$8x=112$, $x=\dfrac{112}{8}=14$

따라서 아하는 14이다.

답 14

07 가로의 길이를 x cm라고 하면 세로의 길이는 $\dfrac{2}{3}x$ cm이

고 (가로의 길이)$+$(세로의 길이)$=20$이므로

$x+\dfrac{2}{3}x=20$, $\dfrac{5}{3}x=20$에서 $x=12$

따라서 가로의 길이는 12 cm, 세로의 길이는 8 cm이다.
따라서 이 직사각형의 넓이는 $12\times8=96\,(\text{cm}^2)$이다.

답 96 cm^2

2 나이, 도형, 학생 수에 대한 문제
P.54

01 x년 후에 아버지의 나이가 아들의 나이의 3배가 된다면

	현재 나이	x년 후 나이
아버지	48세	$(48+x)$세
아들	14세	$(14+x)$세

(아버지의 나이)$=3\times$(아들의 나이)이므로

$48+x=3(14+x)$, $48+x=42+3x$

$-2x=-6$, $x=3$

따라서 아버지의 나이가 아들의 나이의 3배가 되는 것은
지금으로부터 3년 후이다.

답 ②

02 가로의 길이를 x cm라고 하면 세로의 길이는 $(x-4)$cm
이다.

$2\{$(가로의 길이)$+$(세로의 길이)$\}=$(둘레의 길이)이므로

$2\{x+(x-4)\}=60$, $4x-8=60$

$4x=68$, $x=17$

따라서 이 직사각형의 가로의 길이는 17 cm이다.

답 17 cm

03 늘인 길이를 x cm라고 하면

$$\left(\begin{matrix}\text{넓힌 사다리} \\ \text{꼴의 넓이}\end{matrix}\right)-\left(\begin{matrix}\text{처음 사다리} \\ \text{꼴의 넓이}\end{matrix}\right)=12$$

이므로

$$\frac{6}{2}\{5+(7+x)\}-\frac{6}{2}(5+7)=12$$

$36+3x-36=12,\ 3x=12,\ x=4$

따라서 늘인 길이는 4 cm이다.

답 4 cm

04 x초 후의 $\overline{BP}$의 길이는

$0.3x$ cm이므로

$$\triangle ABP=\frac{1}{2}\times 0.3x\times 4$$

$\dfrac{1}{2}\times 0.3x\times 4=8.4$에서

$3x\times 2=84,\ x=14$

따라서 삼각형 ABP의 넓이가 8.4 cm^{2}가 되는 것은 14초 후이다.

답 ③

05 이 학교의 여학생 수를 x명이라고 하면

남학생 수는 $(x+32)$명이고

(남학생 수)+(여학생 수)=480이므로

$(x+32)+x=480$

$2x=448,\ x=224$

따라서 여학생 수는 224명이다.

답 224명

06 푸른중학교의 작년 여학생 수를 x명이라고 하면

작년 남학생 수는 $(390-x)$명이고

$$-\left(\begin{matrix}\text{감소한} \\ \text{남학생 수}\end{matrix}\right)+\left(\begin{matrix}\text{증가한} \\ \text{여학생 수}\end{matrix}\right)=-6$$이므로

$$-\frac{5}{100}(390-x)+\frac{4}{100}x=-6$$

$-5(390-x)+4x=-600$

$-1950+5x+4x=-600$

$9x=1350,\ x=150$

따라서 작년 여학생 수가 150명이므로

$$\text{(올해 여학생 수)}=150+\frac{4}{100}\times 150=156\text{(명)}$$

답 ④

07 x분 후에 두 기계의 부품의 개수가 같아진다고 하면

	현재 생산량	x분 후 생산량
기계 A	100개	$(100+7x)$개
기계 B	35개	$(35+12x)$개

$100+7x=35+12x,\ -5x=-65,\ x=13$

따라서 두 기계의 생산량이 같아지는 것은 13분 후이다.

답 ④

08 $\text{(기와장이의 공전)}=\dfrac{2}{5}\text{(목수의 공전)}$

$\text{(잡부의 공전)}=\dfrac{1}{4}\text{(목수의 공전)}$

그런데 (기와장이의 공전)=(잡부의 공전)+(1냥 2전)이므로 목수의 공전을 x냥으로 놓으면

$\dfrac{2}{5}x=\dfrac{1}{4}x+1.2,\ 8x=5x+24,\ 3x=24,\ x=8$

따라서 목수의 공전이 8냥이므로

$$\text{(잡부의 공전)}=\frac{1}{4}\times 8=2\text{(냥)}$$

답 ①

③ 시간, 거리, 속력, 농도에 대한 문제   P.55

01 두 지점 A, B 사이의 거리를 x km라고 하면

	속력	거리	시간
갈 때	시속 15 km	x km	$\dfrac{x}{15}$시간
올 때	시속 12 km	x km	$\dfrac{x}{12}$시간

(가는 시간)+(오는 시간)=(3시간)이므로

$\dfrac{x}{15}+\dfrac{x}{12}=3,\ 4x+5x=180$

$9x=180,\ x=20$

따라서 두 지점 A, B 사이의 거리는 20 km이다.

답 ②

02 수진이가 내려올 때 걸은 거리를 x km라고 하면

	속력	거리	시간
올라갈 때	시속 4 km	$(x-4)$ km	$\dfrac{x-4}{4}$시간
내려올 때	시속 6 km	x km	$\dfrac{x}{6}$시간

(올라가는 시간)+(내려오는 시간)=(4시간)이므로

$\dfrac{x-4}{4}+\dfrac{x}{6}=4,\ 3(x-4)+2x=48$

$3x-12+2x=48,\ 5x=60,\ x=12$

따라서 내려올 때 걸은 거리는 12 km이다.

답 12 km

03 동생이 출발한 지 x분 후에 형을 만난다면

	속력	시간	거리
동생	분속 40 m	x분	$40x$ m
형	분속 160 m	$(x-9)$분	$\{160(x-9)\}$ m

(형의 이동 거리)=(동생의 이동 거리)이므로
$40x=160(x-9)$, $40x=160x-1440$
$-120x=-1440$, $x=12$
따라서 동생이 출발한 지 12분 후에 형이 동생을 만난다.

답 ④

04 농도$=\dfrac{(\text{소금의 양})}{(\text{소금물의 양})}\times100$이고

x g의 물을 넣어서 10 %의 소금물이 된다면
$\left(\begin{array}{c}15\ \%\ \text{소금물 속의}\\ \text{소금의 양}\end{array}\right)=\left(\begin{array}{c}10\ \%\ \text{소금물 속의}\\ \text{소금의 양}\end{array}\right)$이므로

$300\times\dfrac{15}{100}=(300+x)\times\dfrac{10}{100}$
$4500=3000+10x$, $-10x=-1500$, $x=150$
따라서 150 g의 물을 넣어야 한다.

답 ⑤

05 색상지 1장의 값을 x원이라고 하면
$\begin{cases}10\text{장을 살 때}: (10x-300)\text{원}\\ 8\text{장을 살 때}: (8x+500)\text{원}\end{cases}$
$10x-300=8x+500$, $2x=800$, $x=400$
따라서 색상지는 1장에 400원이고 준태가 가진 돈은
$10\times400-300=8\times400+500=3700(\text{원})$

답 ③

06 바나나 보트 한 대에 4명씩 타면 8명이 남으므로 바나나 보트의 개수를 x개라고 하면 학생 수는 $(4x+8)$명이다.
또 5명씩 타면 바나나 보트가 6대 남고, 마지막 바나나 보트에는 4명이 타므로 학생 수를 $\{5(x-7)+4\}$명으로 나타낼 수 있다.
_{5명이 탄 보트와 4명이 탄 보트를 빼고 6대가 남는다.}
따라서 $4x+8=5(x-7)+4$이므로
$4x+8=5x-31$, $-x=-39$, $x=39$
따라서 바나나 보트의 개수가 39대이므로 수학여행에 간 학생 수는 $4x+8=4\times39+8=164(\text{명})$

답 ②

07 빚어야 할 송편 전체의 양을 1이라고 하면 윤아는 1시간에 전체의 $\dfrac{1}{10}$을 빚고 수영이는 1시간에 전체의 $\dfrac{1}{15}$을 빚는다.
또한 둘이 함께 송편 빚은 시간을 x시간이라고 하면
$\left(\begin{array}{c}\text{윤아가 }x\text{시간}\\ \text{동안 빚은 양}\end{array}\right)+\left(\begin{array}{c}\text{수영이가 }x\text{시간}\\ \text{동안 빚은 양}\end{array}\right)$
$+\left(\begin{array}{c}\text{수영이가 5시간}\\ \text{동안 빚은 양}\end{array}\right)=(\text{전체 빚은 양})$
이므로 $\dfrac{1}{10}x+\dfrac{1}{15}x+\dfrac{1}{15}\times5=1$
양변에 30을 곱하면
$3x+2x+10=30$, $5x=20$, $x=4$
따라서 둘이 함께 송편 빚은 시간은 4시간이다.

답 4시간

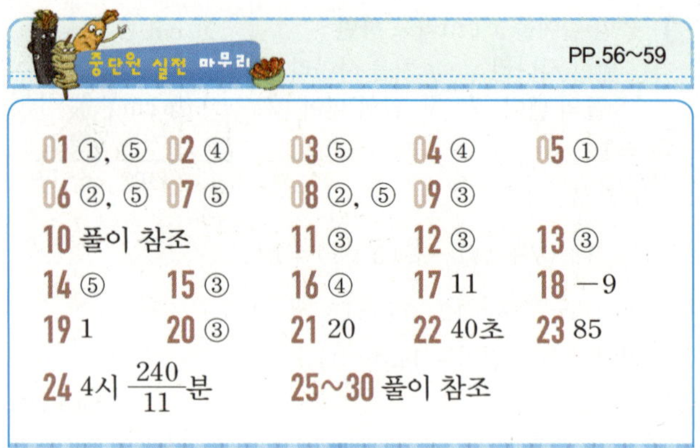

01 ①, ⑤	**02** ④	**03** ⑤	**04** ④	**05** ①
06 ②, ⑤	**07** ⑤	**08** ②, ⑤	**09** ③	
10 풀이 참조		**11** ③	**12** ③	**13** ③
14 ⑤	**15** ③	**16** ④	**17** 11	**18** -9
19 1	**20** ③	**21** 20	**22** 40초	**23** 85
24 4시 $\dfrac{240}{11}$분		**25~30** 풀이 참조		

01 ② 어떤 수 x의 3배는 x의 5배보다 1만큼 작다.
  ⇨ $3x=5x-1$
③ 사탕 x개 중 4개를 먹었더니 6개가 남았다.
  ⇨ $x-4=6$
④ 귤 100개를 7명에게 x개씩 나누어 주면 5개가 모자란다.
  ⇨ $100-7x=-5$
따라서 옳은 것은 ①, ⑤이다.

02 주어진 방정식에 $x=-3$을 대입하면
① (좌변)$=x+3=-3+3=0$이므로
  (좌변)=(우변)
  따라서 $x=-3$은 주어진 방정식의 해이다.
② (좌변)$=2x+5=-6+5=-1$이므로
  (좌변)=(우변)
  따라서 $x=-3$은 주어진 방정식의 해이다.
③ (좌변)$=0.2x+2=-0.6+2=1.4$이므로
  (좌변)=(우변)
  따라서 $x=-3$은 주어진 방정식의 해이다.
④ (좌변)$=\dfrac{4x-9}{3}=\dfrac{-12-9}{3}=-7$이므로
  (좌변)$\neq$(우변)
  따라서 $x=-3$은 주어진 방정식의 해가 아니다.
⑤ (좌변)$=-(x+4)+5=-1+5=4$이므로
  (좌변)=(우변)
  따라서 $x=-3$은 주어진 방정식의 해이다.
따라서 해가 아닌 것은 ④이다.

03 ① $x=4$이면 $4-4=0$ (해이다.)
② $x=-2$이면 $2\times(-2)+1=-3$ (해이다.)
③ $x=0$이면 $0+2=2-0$ (해이다.)
④ $x=2$이면 $-(2-5)=2\times2-1$ (해이다.)
⑤ $x=2$이면 $3(2+1)\neq2-1$ (해가 아니다.)
따라서 해가 아닌 것은 ⑤이다.

04 x의 값에 관계없이 항상 참이 되는 등식은 항등식이다.

ㄱ, ㄴ, ㄹ은 방정식이다.

ㄷ. (좌변)$=4x+3$

(우변)$=5x-(x-3)=5x-x+3=4x+3$

(좌변)$=$(우변)이므로 항등식이다.

ㅁ. (좌변)$=-2(x+3)=-2x-6$

(우변)$=-2x-6$

(좌변)$=$(우변)이므로 항등식이다.

따라서 항등식은 ㄷ, ㅁ이다.

05 $3(x-1)+a=bx-5$에서 $3x-3+a=bx-5$

$3=b$, $-3+a=-5$에서

$b=3$, $a=-2$

따라서 $a-b=-2-3=-5$이다.

06 ① $a=3b$의 양변에 1을 더하면

$a+1=3b+1\neq3(b+1)$

② $a+5=b+4$의 양변에서 2를 빼면 $a+3=b+2$

③ $a+b=1$의 양변에 a를 더하면

$2a+b=a+1\neq2$

④ $\dfrac{a}{2}=\dfrac{b}{3}$의 양변에 $\dfrac{1}{2}$을 더하면 $\dfrac{a}{2}+\dfrac{1}{2}=\dfrac{b}{3}+\dfrac{1}{2}$

즉, $\dfrac{a+1}{2}=\dfrac{2b+3}{6}\neq\dfrac{b+1}{3}$

⑤ $2a=-6b$의 양변을 2로 나누면 $a=-3b$

$a=-3b$의 양변에 1을 더하면 $a+1=-3b+1$

따라서 옳은 것은 ②, ⑤이다.

07 '등식의 양변에서 같은 수 3을 뺀다.' 또는

'등식의 양변에 같은 수 -3을 더한다.'이므로

□ 안에 들어갈 수는 3이다.

08 ① 일차방정식이 아니다.

② $2-x=2+x$에서 $-2x=0$이므로 일차방정식이다.

③, ④ x의 계수가 0이 되어서 일차식으로 나타낼 수 없으므로 일차방정식이 아니다.

⑤ $2x(x-4)=5+2x^2$에서 $2x^2-8x=5+2x^2$

$-8x-5=0$이므로 일차방정식이다.

따라서 일차방정식은 ②, ⑤이다.

09 ① $2x+5=3 \Rightarrow 2x=3-5$

② $x-3=-x \Rightarrow x+x=3$

④ $-4x+3=5x-1 \Rightarrow -4x-5x=-1-3$

⑤ $-x+5=-2x-1 \Rightarrow -x+2x=-1-5$

따라서 바르게 이항한 것은 ③이다.

10 한 변에 있는 항에 대하여 그 항의 부호를 바꾸어 양변에 더하면 원래의 변에서는 0이 되고 다른 변에서는 부호를 바꾸어 더한 것과 같게 된다. 따라서 이항하면 항의 부호가 바뀌게 된다.

11 ① $x-4=-1$에서 $x=3$

② $4+3x=x-6$에서 $2x=-10$, $x=-5$

③ $2(2x-3)=2x+1$에서 $4x-6=2x+1$

$2x=7$, $x=\dfrac{7}{2}$

④ $\dfrac{1}{2}-x=\dfrac{2x+4}{3}$에서 $3-6x=2(2x+4)$

$3-6x=4x+8$, $-10x=5$, $x=-\dfrac{1}{2}$

⑤ $0.5(x+3)=0.3x-0.2$에서 $5(x+3)=3x-2$

$5x+15=3x-2$, $2x=-17$, $x=-\dfrac{17}{2}$

따라서 해가 가장 큰 것은 ③이다.

12 $\dfrac{1}{4}(2x+1):(x-4)=5:4$에서

$5(x-4)=2x+1$, $5x-20=2x+1$, $3x=21$

따라서 $x=7$이다.

13 $1.5x+0.7=-\dfrac{1}{5}+0.6x$에서

$15x+7=-2+6x$, $9x=-9$

따라서 $x=-1$이다.

14 방정식 $\dfrac{-3x+k}{2}=-(x+2k)+5$의 해가 $x=2$이므로

방정식에 $x=2$를 대입하면

$\dfrac{-6+k}{2}=-(2+2k)+5$

$-6+k=-2(2+2k)+10$

$-6+k=-4-4k+10$, $5k=12$

따라서 $k=\dfrac{12}{5}$이다.

15 $x=a$를 방정식 $2x+a=x+b$에 대입하면

$2a+a=a+b$에서 $b=2a$

이때 $b=2a$를 $\dfrac{3a-b}{a+b}$에 대입하면

$\dfrac{3a-b}{a+b}=\dfrac{3a-2a}{a+2a}=\dfrac{a}{3a}=\dfrac{1}{3}$

16 $-\dfrac{1}{3}x+4=5$에서 $-\dfrac{1}{3}x=1$, $x=-3$

$x=-3$을 방정식 $4x+2=x-a$에 대입하면

$-12+2=-3-a$, $a=7$

한편, $(x-1):b=(x+2):4$에서
$b(x+2)=4(x-1)$이므로
$x=-3$을 방정식 $b(x+2)=4(x-1)$에 대입하면
$b(-3+2)=4(-3-1)$, $-b=-16$, $b=16$
따라서 $ax=b+3x$에 $a=7$, $b=16$을 대입하면
$7x=16+3x$, $4x=16$
따라서 $x=4$이다.

17 $2x-\dfrac{x-2a}{3}=7$에서 $6x-x+2a=21$

$5x=21-2a$, $x=\dfrac{21-2a}{5}$

이때 해가 자연수가 되려면 분자 $21-2a$는 분모 5의 배수이어야 한다.

a는 자연수이므로

(ⅰ) $21-2a=5$일 때 $a=8$

(ⅱ) $21-2a=15$일 때 $a=3$

(ⅰ), (ⅱ)에서 모든 a의 값의 합은 $8+3=11$이다.

참고
$21-2a=10$, $21-2a=20$일 때는 a의 값이 자연수가 아니다.
$21-2a=25$, …은 a의 값이 음수가 나온다.

18 $0.9x-1.8=0.7x+1$에서 $9x-18=7x+10$
$2x=28$, $x=14$

이때 방정식 $\dfrac{x}{3}-7=\dfrac{x}{2}+a$의 해가 방정식
$0.9x-1.8=0.7x+1$의 해보다 2만큼 작으므로
$\dfrac{x}{3}-7=\dfrac{x}{2}+a$의 해는 $x=12$이다.

$x=12$를 $\dfrac{x}{3}-7=\dfrac{x}{2}+a$에 대입하면 $4-7=6+a$

따라서 $a=-9$이다.

19 잘못 본 수를 k라고 하면 주어진 방정식은
$4(x-2)+k=5x+a$
이 방정식의 해가 $x=-3$이므로 $x=-3$을
$4(x-2)+k=5x+a$에 대입하면
$4(-3-2)+k=-15+a$
$-20+k=-15+a$
이때 $a=-4$이므로 $a=-4$를
$-20+k=-15+a$에 대입하면
$-20+k=-15-4$, $k=1$
따라서 3을 1로 잘못 보았다.

20 매일 22쪽씩 x일 동안 읽어서 책을 다 본다면
$55+22x=385$, $22x=330$, $x=15$
따라서 책을 모두 읽으려면 16일이 걸린다.

21 원가에 50 %의 이익을 붙여서 정가를 정했으므로 정가는
$8000+8000\times\dfrac{50}{100}=12000$(원)이다.

정가에 x %를 할인하여 판 가격은
$\left(12000-12000\times\dfrac{x}{100}\right)$원이다.

또한 1개를 팔 때마다 원가의 20 %의 이익을 얻었다면 판매가는 $8000+8000\times\dfrac{20}{100}=9600$(원)이다.

따라서 방정식을 세우면
$12000-12000\times\dfrac{x}{100}=9600$
$12000-120x=9600$, $-120x=-2400$
따라서 $x=20$이다.

22 A, B 두 사람이 만나는 시간을 x초 후라고 하면

	속력	시간	거리
A	초속 4 m	x초	$4x$ m
B	초속 6 m	x초	$6x$ m

(A가 달린 거리) $+$ (B가 달린 거리) $=400$ m이므로
$4x+6x=400$, $10x=400$, $x=40$
따라서 40초 후에 두 사람이 만난다.

23 학생 수를 x명으로 놓으면 사탕의 개수는
$(5x+10)$개 또는 $(6x-5)$개이므로
$5x+10=6x-5$에서 $x=15$
따라서 학생 수는 15명이고 사탕의 개수는
$5\times15+10=85$(개)

24 우선 4시 정각에 시침과 분침이 이루는 각은 $120°$이다.

1분에 시침은 $\dfrac{30°}{60}=0.5°$, 분침은 $\dfrac{360°}{60}=6°$씩 움직인다.

분침과 시침이 4시 x분에 겹친다고 하면
$120+0.5x=6x$, $240+x=12x$

$11x=240$, $x=\dfrac{240}{11}$

따라서 4시 $\dfrac{240}{11}$분에 분침과 시침이 완전히 겹친다.

25 주어진 방정식의 양변에 10을 곱하면
$2(x-1)-5=3(x-3)$ ······ ❶
$2x-2-5=3x-9$, $-x=-2$
따라서 $x=2$이다. ······ ❷

단계	채점 기준	배점 비율
❶	방정식의 양변에 10을 곱하여 계수를 정수로 고친다.	50 %
❷	방정식의 해를 구한다.	50 %

26 $0.5(x-2)-0.4(x+1)=-0.8$에서

$5(x-2)-4(x+1)=-8$, $5x-10-4x-4=-8$

따라서 $x=6$이다. $\qquad$ ❶

$0.1x-0.6=\dfrac{1}{3}\left(\dfrac{1}{2}x-2\right)$에서 양변에 30을 곱하면

$3x-18=10\left(\dfrac{1}{2}x-2\right)$, $3x-18=5x-20$, $-2x=-2$

따라서 $x=1$이다. $\qquad$ ❷

따라서 두 방정식의 해의 곱은 $6\times1=6$이다. $\qquad$ ❸

단계	채점 기준	배점 비율
❶	첫 번째 방정식의 해를 구한다.	45 %
❷	두 번째 방정식의 해를 구한다.	45 %
❸	두 방정식의 해의 곱을 구한다.	10 %

27 일의 자리의 숫자를 x라 하고 두 자리의 자연수를 x를 사용하여 나타내면 $80+x$이다.

이 자연수에서 십의 자리의 숫자와 일의 자리의 숫자를 바꾼 수는 $10x+8$이므로 방정식을 세우면

$10x+8=(80+x)-9$ $\qquad$ ❶

$10x+8=80+x-9$, $10x+8=71+x$

$9x=63$, $x=7$ $\qquad$ ❷

따라서 처음 자연수는 87이다. $\qquad$ ❸

단계	채점 기준	배점 비율
❶	방정식을 세운다.	50 %
❷	일의 자리의 수를 구한다.	30 %
❸	처음 자연수를 구한다.	20 %

28 최저 합격 점수를 x점이라고 하자.

지원자 100명의 평균 점수를 A점이라고 하면

$A-3=x$이므로 $A=x+3$ $\qquad$ ❶

합격자 60명의 평균 점수를 B점이라고 하면

$B-15=x$이므로 $B=x+15$ $\qquad$ ❷

불합격자 40명의 평균 점수를 C점이라고 하면

$2C-5=x$이므로 $C=\dfrac{x+5}{2}$ $\qquad$ ❸

이때 총점은 변함이 없으므로 $100A=60B+40C$이다.

$100(x+3)=60(x+15)+40\times\dfrac{x+5}{2}$ $\qquad$ ❹

$100x+300=60x+900+20x+100$, $x=35$

따라서 최저 합격 점수는 35점이다. $\qquad$ ❺

단계	채점 기준	배점 비율
❶	지원자 100명의 평균 점수를 A로 놓고 식을 세운다.	20 %
❷	합격자 60명의 평균 점수를 B로 놓고 식을 세운다.	20 %
❸	불합격자 40명의 평균 점수를 C로 놓고 식을 세운다.	20 %
❹	A, B, C를 이용하여 방정식을 세운다.	20 %
❺	최저 합격 점수를 구한다.	20 %

29 한 텐트에 6명씩 배정하면 4명이 남으므로 텐트의 개수를 x개라고 하면 학생 수는 $(6x+4)$명이다. 또 한 텐트에 7명씩 배정하면 6명씩 배정할 때보다 텐트가 1개 적고 5명이 남으므로 $\{7(x-1)+5\}$명이다.

이때 학생 수는 일정하므로

$6x+4=7(x-1)+5$ $\qquad$ ❶

$6x+4=7x-2$, $x=6$ $\qquad$ ❷

따라서 텐트의 개수가 6개이므로 수련회에 참여한 학생 수는

$6\times6+4=7(6-1)+5=40$(명) $\qquad$ ❸

단계	채점 기준	배점 비율
❶	x에 대한 방정식을 세운다.	40 %
❷	방정식을 푼다.	40 %
❸	학생 수를 구한다.	20 %

30 (1) (소금의 양)$=$(소금물의 양)$\times\dfrac{(\text{농도})}{100}$이므로

8 % 소금물 200 g에 들어 있는 소금의 양은

$200\times\dfrac{8}{100}=16$(g) $\qquad$ ❶

(2) 4 %의 소금물을 섞어서 6 %의 소금물 320 g을 만들었으므로 4 %의 소금물은 120 g이다.

(8 %의 소금물 200 g에 들어 있는 소금의 양)

$-$ (8 %의 소금물 x g에 들어 있는 소금의 양)

$+$ (4 %의 소금물 120 g에 들어 있는 소금의 양)

$=$ (6 %의 소금물 320 g에 들어 있는 소금의 양)

이므로 방정식을 세우면

$200\times\dfrac{8}{100}-x\times\dfrac{8}{100}+120\times\dfrac{4}{100}=320\times\dfrac{6}{100}$

$\qquad$ ❷

(3) $1600-8x+480=1920$, $x=20$ $\qquad$ ❸

따라서 퍼낸 소금물의 양은 20 g이다. $\qquad$ ❹

단계	채점 기준	배점 비율
❶	(1) 8 %의 소금물 200 g에 들어 있는 소금의 양을 구한다.	20 %
❷	(2) x에 대한 방정식을 세운다.	50 %
❸	(3) (2)의 방정식을 푼다.	20 %
❹	(3) 퍼낸 소금물의 양을 구한다.	10 %

Ⅳ 좌표평면과 그래프

1. 좌표평면과 그래프

01 좌표와 좌표평면

① 수직선 위의 점의 좌표, 좌표평면 위의 점의 좌표 P.62

01 $P(-4)$, $Q(0)$, $\dfrac{5+6}{2}=\dfrac{11}{2}$이므로 $R\left(\dfrac{11}{2}\right)$이다.

$$\text{답}\; P(-4),\; Q(0),\; R\left(\dfrac{11}{2}\right)$$

02 $A(-3.5)$, $B\left(-\dfrac{4}{3}\right)$, $C(2)$, $D(-5)$, $E(3.5)$
이므로 잘못 나타낸 것은 ④이다.

답 ④

03 (x의 값, y의 값)으로 하는 순서쌍을 모두 구하면
$(2,\ 5)$, $(2,\ 6)$, $(3,\ 5)$, $(3,\ 6)$이다.

답 $(2,\ 5)$, $(2,\ 6)$, $(3,\ 5)$, $(3,\ 6)$

04 x축 위의 점은 y좌표가 0, y축 위의 점은 x좌표가 0이다.

답 (1) $A(-2,\ 7)$ (2) $B(6,\ 0)$ (3) $C(0,\ -4)$

05 $A(3,\ 2)$, $B(-3,\ 3)$, $C(-2,\ -4)$, $D(1,\ -3)$,
$E(4,\ -1)$이므로 옳지 않은 것은 ②이다.

답 ②

06 ㄴ. y축 위의 점은 x좌표가 0이다.
ㄹ. 점 $(1,\ 4)$는 x좌표가 1, y좌표가 4, 점 $(4,\ 1)$은 x좌표가 4, y좌표가 1이므로 서로 다른 점이다.
따라서 옳은 것은 ㄱ, ㄷ, ㅁ이다.

답 ⑤

② 사분면, 대칭인 점의 좌표 PP.63~64

01

기호	사분면	x좌표	y좌표
㉠	제1사분면	+	+
㉡	제2사분면	−	+
㉢	제3사분면	−	−
㉣	제4사분면	+	−

답 풀이 참조

02 답 (1) 제2사분면 (2) 제4사분면
(3) 어느 사분면 위에도 있지 않다. (y축 위의 점)
(4) 제1사분면

---

03 ㄱ. 제2사분면 ㄷ. 제4사분면
따라서 바르게 연결된 것은 ㄴ, ㄹ, ㅁ이다.

답 ⑤

04 제4사분면 위의 점의 좌표의 부호는 $(+,\ -)$이므로
③ $(2,\ -2)$이다.

답 ③

05 ④ 점 $(0,\ 4)$는 x좌표가 0이므로 y축 위의 점이고, 어느 사분면 위에도 있지 않다.

답 ④

06 (1) $a<0$, $b<0$이므로 $-a>0$, $ab>0$
따라서 점 $(-a,\ ab)$는 제1사분면 위의 점이다.
(2) $a<0$, $b<0$이므로 $-b>0$, $a+b<0$
따라서 점 $(-b,\ a+b)$는 제4사분면 위의 점이다.

답 (1) 제1사분면 (2) 제4사분면

07 점 A가 x축 위에 있으므로 (y좌표)$=0$
$2a+3=0$, $a=-\dfrac{3}{2}$이다.
점 B가 y축 위에 있으므로 (x좌표)$=0$
$-2b+1=0$, $b=\dfrac{1}{2}$이다.
따라서 $a+b=-\dfrac{3}{2}+\dfrac{1}{2}=-1$이다.

답 ②

08 제2사분면 위의 점 P의 좌표의 부호는 $(-,\ +)$이므로 $a<0$, $b>0$이다.
따라서 $-a>0$, $b-a>0$이므로 점 $Q(-a,\ b-a)$는 제1사분면 위의 점이다.

답 ①

09 $\dfrac{b}{a}>0$이면 a, b의 부호는 같다.
$a(+),\ b(+)$ 또는 $a(-),\ b(-)$
그런데 $a+b<0$이므로 $a<0$, $b<0$이다.
따라서 점 $(a,\ b)$는 제3사분면 위의 점이다.

답 제3사분면

10 (1) x축에 대하여 대칭인 점은 x좌표는 그대로이고 y좌표만 부호가 바뀌므로 $B(-3,\ -2)$이다.
(2) y축에 대하여 대칭인 점은 y좌표는 그대로이고 x좌표만 부호가 바뀌므로 $C(3,\ 2)$이다.
(3) 원점에 대하여 대칭인 점은 x좌표, y좌표의 부호가 모두 바뀌므로 $D(3,\ -2)$이다.

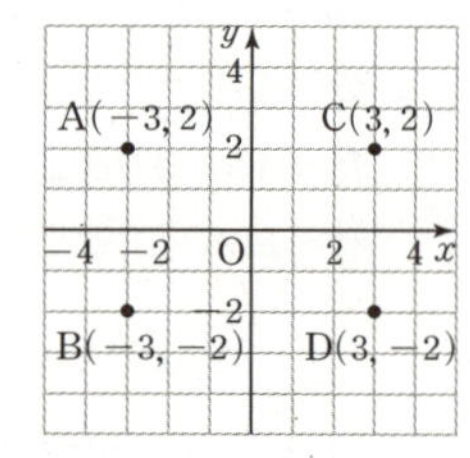

답 (1) $B(-3,\ -2)$ (2) $C(3,\ 2)$ (3) $D(3,\ -2)$

11 점 $P(-3, 1)$과 x축에 대하여 대칭인 점은
$Q(-3, -1)$이므로 $a=-3$, $b=-1$이다.
따라서 $a-b=-3-(-1)=-2$이다.

답 -2

12 점 $A(4, 1-a)$와 y축에 대하여 대칭인 점은
$B(-4, 1-a)$이므로 $-4=b-2$, $1-a=-3$이다.
따라서 $a=4$, $b=-2$이므로 $a+b=4+(-2)=2$이다.

답 ②

13 $P(a, b)$가 제4사분면 위의 점이므로 $a>0$, $b<0$이다.
이때 점 P와 y축에 대하여 대칭인 점 $Q(-a, b)$에서
$-a<0$, $b<0$이므로 점 Q는 제3사분면 위의 점이다.
$(-, -)$

답 ③

[다른 풀이]
a, b의 부호를 따질 필요 없이 제4사분면 위에 있는 점과 y
축에 대하여 대칭인 점은 제3사분면 위의 점이다.

14 x축 위의 점의 x좌표가 3이므로 $P(3, 0)$이고, 점 P와 y
축에 대하여 대칭인 점의 좌표는 x좌표의 부호만 다르므로
$Q(-3, 0)$이다.

답 $Q(-3, 0)$

① 그래프의 이해와 해석
P.65

01 그래프에서 물의 온도가 35 ℃가 되는 때는 시간이 120분
후이다.

답 120분

02 (1) 그래프가 150 m에 도달한 지점에서의 시간은 7분이다.
(2) 중간에 멈춘 시간은 2분에서 3분 사이와 5분에서 6분
사이에서 각각 1분씩 멈추었으므로 총 2분이다.

답 (1) 7분 (2) 2분

03 (1) 그래프에서 최고 기온이 가장 낮은 10 ℃일 때의 날짜는
6월 3일이다.
(2) 그래프에서 최고 기온이 가장 높은 25 ℃일 때의 날짜는
6월 10일이다.

답 (1) 6월 3일 (2) 6월 10일

04 (1) 그릇에 물을 채울 때 물의 높이가 일정하게 증가하는 그
래프 (ㄴ)이다.

---

(2) 그릇의 아래는 단면이 넓고 위로 올라갈수록 단면이 좁
아지므로 물의 높이가 천천히 증가하다가 점점 급속히
증가하는 그래프 (ㄱ)이다.
(3) 그릇의 아래는 단면이 좁고 위로 올라갈수록 단면이 넓
어지므로 물의 높이가 급속히 증가하다가 점점 천천히
증가하는 그래프 (ㄷ)이다.

답 (1)-(ㄴ) (2)-(ㄱ) (3)-(ㄷ)

① 정비례 관계 $y=ax(a\neq 0)$의 그래프
P.66

01 (1) 주어진 x의 값에 대하여 순서쌍을
구하면
$(-1, -1)$, $(0, 0)$, $(1, 1)$,
$(2, 2)$, $(3, 3)$이므로 오른쪽 그
림과 같이 좌표평면 위에 5개의 점
으로 나타낸다.
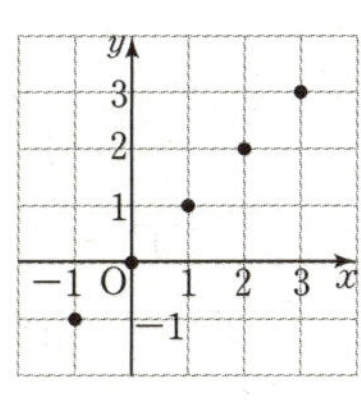
(2) 오른쪽 그림과 같이 (1)에서 구한
점을 지나는 직선을 그린다.
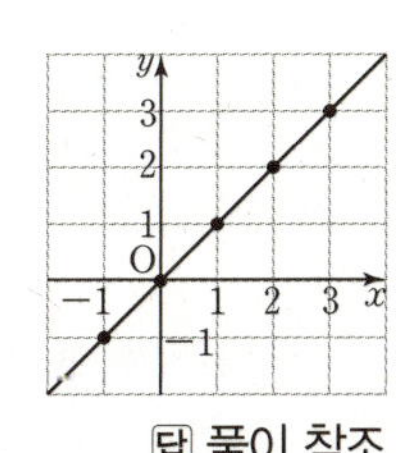

답 풀이 참조

02 (1) $(0, 0)$을 지나므로 원점을 지나는 직선이다.
(2) $a<0$이면 제2, 4사분면을 지난다.
(3) a의 절댓값이 클수록 y축에 가까워지므로 $y=3x$의 그
래프가 $y=x$의 그래프보다 y축에 가깝다.

답 (1) ○ (2) × (3) ○

03 ③ $y=-\dfrac{4}{5}x$에서 $-\dfrac{4}{5}<0$이므로 x의 값이 증가하면 y의
값은 감소한다.

답 ③

04 정비례 관계 $y=ax$의 그래프는 $|a|$가 클수록 y축에 가까
우므로 y축에 가장 가까운 것은 ④이다.

답 ④

05 $y=-\dfrac{5}{4}x$의 그래프가 점 $(a, -10)$을 지나므로
$y=-\dfrac{5}{4}x$에 $x=a$, $y=-10$을 대입하면
$-10=-\dfrac{5}{4}a$, $a=8$이다.

답 8

② 반비례 관계 $y=\dfrac{a}{x}\,(a\neq0)$의 그래프　　　　P.67

01 (1) 주어진 x의 값에 대하여 순서쌍을 구하면
$(-2,\ -1),\ (-1,\ -2),$
$(1,\ 2),\ (2,\ 1)$이므로 오른쪽 그림과 같이 좌표평면 위에 4개의 점으로 나타낸다.

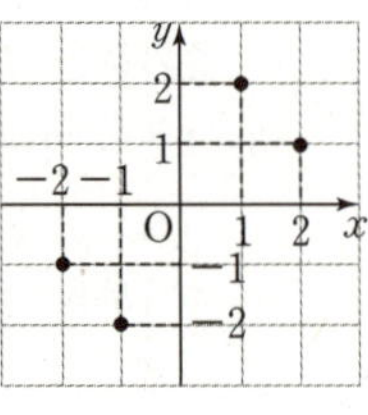

(2) 오른쪽 그림과 같이 $y=\dfrac{2}{x}$의 그래프는 (1)의 점들을 연결한 한 쌍의 곡선으로 나타낸다.

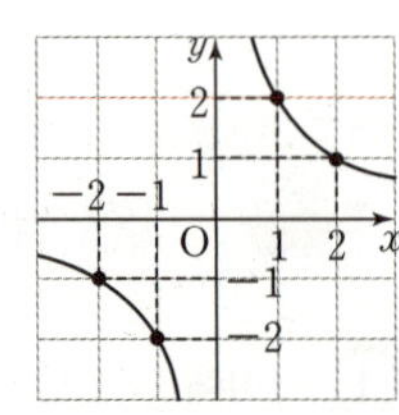

　　　　　　　　　　🔳 풀이 참조

02 (1) 원점에 대하여 대칭인 한 쌍의 곡선이다.

(2) $y=-\dfrac{3}{x}$에 $x=-1$을 대입하면

$y=-\dfrac{3}{(-1)}=3$이므로 점 $(-1,\ 3)$을 지난다.

(3) $x>0$에서 x의 값이 증가하면 y의 값도 증가한다.

　　　　🔳 (1) ×　(2) ○　(3) ○

03 ③ $a>0$이면 제1사분면과 제3사분면 위에 있다.

　　　　　　　　　　🔳 ③

04 y의 값이 정수가 되려면 $|x|$의 값이 8의 약수가 되어야 한다.
8의 약수는 1, 2, 4, 8이므로 정수인 점은 $(1,\ 8),\ (2,\ 4),$
$(4,\ 2),\ (8,\ 1),\ (-1,\ -8),\ (-2,\ -4),\ (-4,\ -2),$
$(-8,\ -1)$의 8개이다.

　　　　　　　　　　🔳 8개

05 반비례 관계 $y=\dfrac{a}{x}\,(a\neq0)$의 그래프에서 a의 절댓값이 클수록 원점에서 멀어진다.

$y=\dfrac{a}{x}$의 그래프가 $y=\dfrac{5}{x}$의 그래프보다 원점에서 더 멀리 있으므로 $|a|>|5|$이다.

그런데 $a>0$이므로 $a>5$이다.

　　　　　　　　　　🔳 ⑤

06 $y=\dfrac{12}{x}$에 $x=a,\ y=-3$을 대입하면

$-3=\dfrac{12}{a}$이므로 $a=-4$이다.

　　　　　　　　　　🔳 -4

③ 정비례 관계의 식 구하기　　　　P.68

01 원점을 지나는 직선이므로 $y=ax$ 꼴이다.

(1) $y=ax$에 $(3,\ -1)$을 대입하면

$-1=a\times3,\ a=-\dfrac{1}{3}$이므로 $y=-\dfrac{1}{3}x$이다.

(2) $y=ax$에 $(1,\ -2)$를 대입하면

$-2=a\times1,\ a=-2$이므로 $y=-2x$이다.

(3) $y=ax$에 $(1,\ 4)$를 대입하면

$4=a\times1,\ a=4$이므로 $y=4x$이다.

🔳 (1) $y=-\dfrac{1}{3}x$　(2) $y=-2x$　(3) $y=4x$

02 $y=ax$에 $(-3,\ 8)$을 대입하면

$8=a\times(-3)$이므로 $a=-\dfrac{8}{3}$이다.

　　　　　　　　　　🔳 $-\dfrac{8}{3}$

03 원점을 지나는 직선이므로 $y=ax$에 $(2,\ -6)$을 대입하면
$-6=a\times2,\ a=-3$이다.
따라서 $y=-3x$이다.

　　　　　　　　　　🔳 ④

04 원점을 지나는 직선이므로 $y=ax$에 $(-6,\ -3)$을 대입하면 $-3=a\times(-6),\ a=\dfrac{1}{2}$이다.

따라서 $y=\dfrac{1}{2}x$에 $(8,\ b)$를 대입하면

$b=\dfrac{1}{2}\times8=4$이다.

　　　　　　　　　　🔳 4

05 $y=ax$에 $(3,\ 2)$를 대입하면

$2=a\times3,\ a=\dfrac{2}{3}$이므로 $y=\dfrac{2}{3}x$이다.

① $y=\dfrac{2}{3}x$에 $x=-3$을 대입하면

$y=\dfrac{2}{3}\times(-3)=-2\neq4$

따라서 점 $(-3,\ 4)$는 $y=\dfrac{2}{3}x$의 그래프 위의 점이 아니다.

② $y=\dfrac{2}{3}x$에 $x=2$를 대입하면

$y=\dfrac{2}{3}\times2=\dfrac{4}{3}\neq3$

따라서 점 $(2,\ 3)$은 $y=\dfrac{2}{3}x$의 그래프 위의 점이 아니다.

③ $y=\dfrac{2}{3}x$에 $x=4$를 대입하면

$y=\dfrac{2}{3}\times4=\dfrac{8}{3}\neq\dfrac{9}{2}$

따라서 점 $\left(4,\ \dfrac{9}{2}\right)$는 $y=\dfrac{2}{3}x$의 그래프 위의 점이 아니다.

④ $y=\dfrac{2}{3}x$에 $x=\dfrac{3}{2}$을 대입하면

$$y=\dfrac{2}{3}\times\dfrac{3}{2}=1\neq3$$

따라서 점 $\left(\dfrac{3}{2},\ 3\right)$은 $y=\dfrac{2}{3}x$의 그래프 위의 점이 아니다.

⑤ $y=\dfrac{2}{3}x$에 $x=-2$를 대입하면

$$y=\dfrac{2}{3}\times(-2)=-\dfrac{4}{3}$$

따라서 점 $\left(-2,\ -\dfrac{4}{3}\right)$는 $y=\dfrac{2}{3}x$의 그래프 위의 점이다.

답 ⑤

06 $y=ax$에 $(3,\ -7)$을 대입하면

$$-7=a\times3,\ a=-\dfrac{7}{3}\text{이다.}$$

$y=-\dfrac{7}{3}x$에 $\left(b,\ -\dfrac{7}{9}\right)$을 대입하면

$$-\dfrac{7}{9}=-\dfrac{7}{3}b,\ b=\dfrac{1}{3}\text{이다.}$$

따라서 $a+b=-\dfrac{7}{3}+\dfrac{1}{3}=-2$이다.

답 ④

07 $y=-\dfrac{3}{2}x$에 $y=-6$을 대입하면

$$-6=-\dfrac{3}{2}x,\ x=4\text{이다.}$$

따라서 점 $(4,\ a)$는 $y=\dfrac{1}{2}x$의 그래프 위의 점이므로

$a=\dfrac{1}{2}\times4$, 즉 $a=2$이다.

답 2

④ 반비례 관계의 식 구하기　　　P.69

01 원점에 대하여 대칭인 한 쌍의 곡선이므로 $y=\dfrac{a}{x}$ 꼴이다.

(1) $y=\dfrac{a}{x}$에 $(1,\ 3)$을 대입하면

$$3=\dfrac{a}{1},\ a=3\text{이므로 } y=\dfrac{3}{x}\text{이다.}$$

(2) $y=\dfrac{a}{x}$에 $(-3,\ 4)$를 대입하면

$$4=\dfrac{a}{-3},\ a=-12\text{이므로 } y=-\dfrac{12}{x}\text{이다.}$$

답 (1) $y=\dfrac{3}{x}$　　(2) $y=-\dfrac{12}{x}$

02 $y=\dfrac{a}{x}$에 $\left(-2,\ \dfrac{1}{2}\right)$을 대입하면

$$\dfrac{1}{2}=\dfrac{a}{-2},\ a=-1\text{이다.}$$

답 -1

03 $y=\dfrac{a}{x}$에 $(4,\ 2)$를 대입하면

$$2=\dfrac{a}{4},\ a=8\text{이다.}$$

답 ⑤

04 그래프가 원점에 대하여 대칭인 한 쌍의 곡선이고, 점 $(5,\ -1)$을 지나므로

$y=\dfrac{a}{x}$에 $x=5,\ y=-1$을 대입하면

$$-1=\dfrac{a}{5},\ a=-5\text{이다.}$$

$y=-\dfrac{5}{x}$에 $y=\dfrac{5}{2}$를 대입하면

$$\dfrac{5}{2}=-\dfrac{5}{x},\ x=-2\text{이다.}$$

따라서 점 P의 좌표는 $\left(-2,\ \dfrac{5}{2}\right)$이다.

답 $\left(-2,\ \dfrac{5}{2}\right)$

05 $y=\dfrac{a}{x}$에 $(3,\ -1)$을 대입하면

$$-1=\dfrac{a}{3},\ a=-3\text{이다.}$$

$y=\dfrac{b}{x}$에 $(-3,\ -2)$를 대입하면

$$-2=\dfrac{b}{-3},\ b=6\text{이다.}$$

따라서 $a+b=-3+6=3$이다.

답 ①

06 $y=\dfrac{a}{x}$에 $(3,\ -3)$을 대입하면

$$-3=\dfrac{a}{3},\ a=-9\text{이다.}$$

$y=-\dfrac{9}{x}$에 $\left(k,\ -\dfrac{9}{4}\right)$를 대입하면

$$-\dfrac{9}{4}=-\dfrac{9}{k},\ k=4\text{이다.}$$

답 4

07 $y=\dfrac{2}{3}x$에 $x=3$을 대입하면 $y=\dfrac{2}{3}\times3=2$이다.

따라서 점 P의 좌표는 $(3,\ 2)$이다.

$y=\dfrac{a}{x}$에 $(3,\ 2)$를 대입하면

$$2=\dfrac{a}{3},\ a=6\text{이다.}$$

답 ①

08 $y=ax$에 $(4,\ -3)$을 대입하면

$$-3=a\times4,\ a=-\dfrac{3}{4}\text{이다.}$$

$y=\dfrac{b}{x}$에 $(4,\ -3)$을 대입하면

$$-3=\dfrac{b}{4},\ b=-12\text{이다.}$$

따라서 $ab=\left(-\dfrac{3}{4}\right)\times(-12)=9$이다.

답 9

04 정비례 관계, 반비례 관계의 활용

① 정비례 관계 $y=ax\,(a\neq0)$의 활용　　P.70

01 (1)

x (권)	1	2	3	4	$\cdots$	x
y (원)	900	1800	2700	3600	$\cdots$	$900x$

(2) 공책의 가격 y원은 공책의 권수 x권에 정비례하므로 관계의 식은 $y=ax$로 놓을 수 있다.
여기에 $x=1$, $y=900$을 대입하면
$900=a\times1$, $a=900$이므로 $y=900x$이다.
(3) $y=900x$에 $x=12$를 대입하면
$y=900\times12=10800$(원)이다.

답 (1) 풀이 참조　(2) $y=900x$　(3) 10800원

02 (1)

x (L)	1	2	3	4	$\cdots$	x
y (km)	5	10	15	20	$\cdots$	$5x$

(2) 3 L의 휘발유로 15 km를 달릴 수 있으므로 1 L의 휘발유로 5 km를 달릴 수 있다.
따라서 $y=5x$이다.
(3) $y=5x$에 $y=60$을 대입하면
$60=5x$, $x=12$ (L)이다.

답 (1) 풀이 참조　(2) $y=5x$　(3) 12 L

03 (1) 풍선이 매시간 15 cm³씩 부피가 줄어들어 x시간 후에는 $15x$ cm³만큼 줄어들게 되므로 $y=15x$이다.
(2) $y=15x$에 $x=4$를 대입하면 $y=15\times4=60$이다.
따라서 60 cm³는 처음 풍선의 부피의 절반이므로 처음 풍선의 부피는 $2\times60=120$ (cm³)

답 (1) $y=15x$　(2) 120 cm³

04 (거리)=(속력)×(시간)이므로
$y=80\times x$에서 $y=80x$이다.

답 ②

05 5 g짜리 추를 매달았을 때 용수철의 길이가 2 cm 늘어났으므로 저울추의 무게를 x g, 용수철의 늘어난 길이를 y cm라고 하면 $5:2=x:y$, 즉 $y=\dfrac{2}{5}x$이다.
$y=\dfrac{2}{5}x$에 $x=30$을 대입하면 $y=\dfrac{2}{5}\times30=12$이다.
따라서 용수철은 12 cm 늘어난다.

답 12 cm

06 (1) 달에서의 무게는 지구에서의 무게의 $\dfrac{1}{6}$이므로
$y=\dfrac{1}{6}x$이다.

(2) $y=\dfrac{1}{6}x$에 $y=60$을 대입하면 $60=\dfrac{1}{6}x$, $x=360$이다.
따라서 지구에서 360 kg이 된다.

답 (1) $y=\dfrac{1}{6}x$　(2) 360 kg

② 반비례 관계 $y=\dfrac{a}{x}\,(a\neq0)$의 활용　　P.71

01 (1)

x (cm)	1	2	3	4	$\cdots$	x
y (cm)	60	30	20	15	$\cdots$	$\dfrac{60}{x}$

(2) (삼각형의 넓이)$=\dfrac{1}{2}\times$(밑변의 길이)$\times$(높이)이므로
$30=\dfrac{1}{2}\times x\times y$, $y=\dfrac{60}{x}$이다.
(3) $y=\dfrac{60}{x}$에 $x=12$를 대입하면
$y=\dfrac{60}{12}=5$이다.
따라서 삼각형의 높이는 5 cm이다.

답 (1) 풀이 참조　(2) $y=\dfrac{60}{x}$　(3) 5 cm

02 (1) 매분 5 L씩 물을 넣으면 30분만에 욕조가 가득 차므로 욕조의 용량은 $5\times30=150$ (L)이다.
매분 x L씩 y분 동안 물을 넣어 욕조가 가득 찼다면
$xy=150$, $y=\dfrac{150}{x}$이다.
(2) $y=\dfrac{150}{x}$에 $x=6$을 대입하면 $y=\dfrac{150}{6}=25$이다.
따라서 25분이 걸린다.

답 (1) $y=\dfrac{150}{x}$　(2) 25분

03 (농도)$=\dfrac{(\text{소금의 양})}{(\text{소금물의 양})}\times100$이므로
$y=\dfrac{20}{x}\times100$, $y=\dfrac{2000}{x}$이다.

답 ④

04 (1) 두 톱니바퀴의 (톱니의 수)×(회전수)가 같아야 서로 맞물리므로
$30\times5=x\times y$, $y=\dfrac{150}{x}$이다.
(2) $y=\dfrac{150}{x}$에 $y=10$을 대입하면 $10=\dfrac{150}{x}$, $x=15$이다.
따라서 톱니바퀴 B의 톱니의 수는 15개이다.

답 (1) $\dfrac{150}{x}$　(2) 15개

05 분속 x m로 1200 m를 가는 데 y분이 걸렸다면

(속력)×(시간)=(거리)이므로

$x \times y = 1200$, $y = \dfrac{1200}{x}$ 이다.

$y = \dfrac{1200}{x}$ 에 $x = 80$을 대입하면 $y = \dfrac{1200}{80} = 15$ 이다.

따라서 15분이 걸린다.

답 15분

06 (1) 일의 양은 같으므로

$8 \times 14 = x \times y$, $y = \dfrac{112}{x}$ 이다.

(2) $y = \dfrac{112}{x}$ 에 $y = 16$을 대입하면 $16 = \dfrac{112}{x}$, $x = 7$ 이다.

따라서 필요한 기계는 7대이다.

답 (1) $y = \dfrac{112}{x}$ (2) 7대

중단원 실전 마무리　　PP.72~75

01 A$(-2,\ 5)$, B$(-4,\ 0)$, C$(-3,\ -4)$,
　　D$(3,\ -2)$　　**02** ④　　**03** ③　　**04** ⑤
05 ④　　**06** (1) 6시 (2) 15시, 25 ℃
07 (1) 30분 (2) 60분　**08** ③　　**09** ①　　**10** ④
11 ③　　**12** $a=2,\ b=-6$　　**13** $a=-3,\ b=2$
14 ④　　**15** ③　　**16** 6　　**17** ②　　**18** 16
19 $-3 \le a \le -\dfrac{1}{2}$　　**20~24** 풀이 참조

01 A$(-2,\ 5)$, B$(-4,\ 0)$, C$(-3,\ -4)$, D$(3,\ -2)$

02 ④ x축 위에 있는 점은 y좌표가 0이므로 x축 위에 있고 x좌표가 1인 점의 좌표는 $(1,\ 0)$이다.

03 사각형 ABCD는 오른쪽 그림과 같은 사다리꼴이므로

(사각형 ABCD의 넓이)

$= \dfrac{1}{2} \times (5+3) \times 5 = 20$

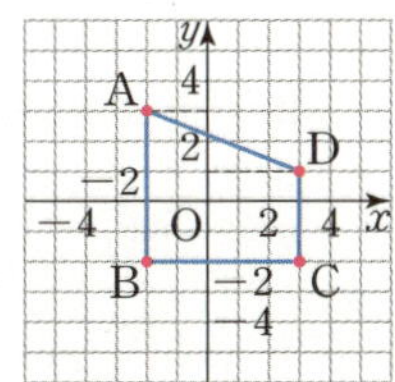

04 x축에 대하여 대칭인 점의 좌표는 x좌표는 같고, y좌표는 부호만 다르므로 $a+3=5$, $a=2$이고,

$-2 = -(b-3)$, $b=5$이다.

따라서 $a+b = 2+5 = 7$이다.

05 $a<0$, $b>0$이고 $|a| < |b|$이므로 a는 원점에서 떨어진 거리가 b보다 가까운 음수이다.

따라서 $a+b>0$, $ab<0$이므로 점 $(a+b,\ ab)$는 제4사분면 위에 있다.

06 (1) 그래프에서 기온이 가장 낮은 것은 15 ℃이고 그때의 시각은 6시이다.

(2) 그래프에서 기온이 가장 높은 것은 25 ℃이고 그때의 시각은 15시이다.

07 (1) 자전거를 이용한 사람 B는 30분 걸렸다.

(2) A는 10분, C는 70분이 걸렸으므로 구하는 시간은 $70-10 = 60$(분)이다.

08 그릇의 밑면이 점점 넓어지다가 갑자기 단면의 넓이가 좁아지므로 그래프에서 높이의 변화는 천천히 높아지다가 급격히 꺾이며 빠르게 높아진다. 따라서 ③번이다.

09 정비례 관계 $y = -\dfrac{x}{2}$의 그래프는 원점을 지나는 직선이고,

$x=4$일 때, $y = -\dfrac{4}{2} = -2$이므로 점 $(4,\ -2)$를 지난다.

따라서 구하는 그래프는 ①이다.

10 정비례 관계 $y = 5x$의 그래프는 $5>0$이므로 제1, 3사분면을 지난다. 또한 $|5| > |1|$이므로 정비례 관계 $y = 5x$의 그래프는 $y = x$의 그래프보다 y축에 가깝다.

따라서 구하는 그래프는 ④이다.

11 ③ $a>0$이면 $x>0$에서 x의 값이 증가할 때 y의 값은 감소한다.

12 $y = -\dfrac{6}{x}$에 $(a,\ -3)$을 대입하면

$-3 = -\dfrac{6}{a}$, $a=2$이다.

$y = -\dfrac{6}{x}$에 $(1,\ b)$를 대입하면

$b = -\dfrac{6}{1} = -6$이다.

따라서 $a=2$, $b=-6$이다.

13 $y = -\dfrac{12}{x}$에 $(b,\ -6)$을 대입하면

$-6 = -\dfrac{12}{b}$, $b=2$이다.

$y = ax$에 $(2,\ -6)$을 대입하면

$-6 = a \times 2$, $a=-3$이다.

14 (삼각형의 넓이)$=\dfrac{1}{2}\times$(밑변의 길이)$\times$(높이)이므로

$y=\dfrac{1}{2}\times 14\times x$, $y=7x$이다.

15 기체의 압력을 x기압, 부피를 $y\ \mathrm{cm}^3$라고 하면 $y=\dfrac{a}{x}$이다.

$y=\dfrac{a}{x}$에 $x=6$, $y=30$을 대입하면

$30=\dfrac{a}{6}$, $a=180$이다.

$y=\dfrac{180}{x}$에 $x=4$를 대입하면

$y=\dfrac{180}{4}=45$이다.

따라서 기체의 부피는 $45\ \mathrm{cm}^3$이다.

16 점 $\mathrm{A}(3,\ 1)$과 x축에 대하여 대칭인 점은 $\mathrm{B}(3,\ -1)$, 원점에 대하여 대칭인 점은 $\mathrm{C}(-3,\ -1)$이다.

따라서 $\triangle \mathrm{ABC}=\dfrac{1}{2}\times 6\times 2=6$이다.

17 오른쪽 그림과 같이 선분 AB와 직선 $y=ax$가 만나는 점을 $\mathrm{D}(m,\ n)$이라고 하면

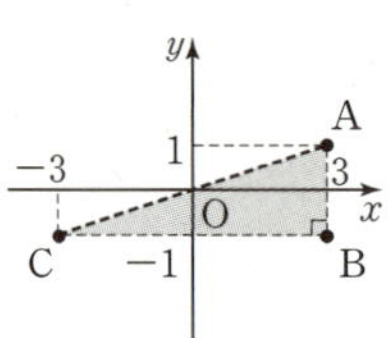

$\triangle \mathrm{OAB}=\dfrac{1}{2}\times 4\times 6=12$이므로

$\triangle \mathrm{OAD}=\triangle \mathrm{ODB}=\dfrac{1}{2}\times 12=6$

이때 $\triangle \mathrm{OAD}$의 높이는 n이므로

$\triangle \mathrm{OAD}=\dfrac{1}{2}\times 4\times n=6$에서 $n=3$

이때 $\triangle \mathrm{ODB}$의 높이는 m이므로

$\triangle \mathrm{ODB}=\dfrac{1}{2}\times 6\times m=6$에서 $m=2$

따라서 점 $\mathrm{D}(2,\ 3)$이고 직선 $y=ax$는 두 점 $\mathrm{O}(0,\ 0)$, $\mathrm{D}(2,\ 3)$을 지나므로 $y=ax$에 $x=2$, $y=3$을 대입하면

$3=a\times 2$, $a=\dfrac{3}{2}$이다.

[다른 풀이]

선분 AB의 중점 D의 좌표는 $\mathrm{D}\left(\dfrac{4+0}{2},\ \dfrac{0+6}{2}\right)$,

즉 $\mathrm{D}(2,\ 3)$이다.

이때 선분 AB가 $\triangle \mathrm{OAB}$의 밑변이라고 할 때, $\triangle \mathrm{OAD}$와 $\triangle \mathrm{ODB}$의 높이가 같으므로 $y=ax$의 그래프가 $\triangle \mathrm{OAB}$의 넓이를 이등분한다.

따라서 $y=ax$의 그래프는 점 D를 지나므로

$3=2a$에서 $a=\dfrac{3}{2}$이다.

18 점 A의 좌표를 $(m,\ n)$이라고 하면

$\square \mathrm{POQA}=mn$

$y=\dfrac{16}{x}$에 $(m,\ n)$을 대입하면

$n=\dfrac{16}{m}$이므로 $mn=16$이다.

따라서 $\square \mathrm{POQA}=mn=16$이다.

19 정비례 관계 $y=ax$의 그래프가 점 $\mathrm{A}(2,\ -6)$을 지날 때,

$-6=a\times 2$, $a=-3$,

점 $\mathrm{B}(6,\ -3)$을 지날 때,

$-3=a\times 6$, $a=-\dfrac{1}{2}$이다.

따라서 a의 값의 범위는

$-3\leq a\leq -\dfrac{1}{2}$이다.

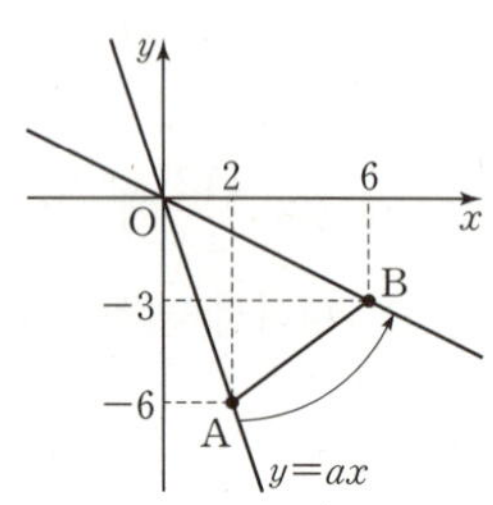

20 (1) 점 $\mathrm{P}(b-a,\ ab)$가 제3사분면 위의 점이므로

$b-a<0$, $ab<0$이다. $^{(-,\ -)}$ …… ❶

$ab<0$이므로 a, b의 부호는 서로 다르고,

$b-a<0$에서 $b<a$이므로 $a>0$, $b<0$이다. …… ❷

(2) $a>0$, $-b>0$이므로 점 $\mathrm{Q}(a,\ -b)$는 제1사분면 위의 점이다. $^{(+,\ +)}$ …… ❸

단계	채점 기준	배점 비율
❶	(1) $b-a$, ab의 부호를 구한다.	40 %
❷	(1) a, b의 부호를 구한다.	20 %
❸	(2) 점 Q가 있는 사분면을 구한다.	40 %

21 $y=\dfrac{x}{2}$에 $x=4$를 대입하면

$y=\dfrac{4}{2}=2$이므로 점 P의 좌표는 $(4,\ 2)$이다. …… ❶

$y=\dfrac{a}{x}$에 $(4,\ 2)$를 대입하면

$2=\dfrac{a}{4}$, $a=8$이다. …… ❷

$y=\dfrac{8}{x}$에 $y=-8$을 대입하면

$-8=\dfrac{8}{x}$, $x=-1$이다.

따라서 점 Q의 좌표는 $(-1,\ -8)$이다. …… ❸

단계	채점 기준	배점 비율
❶	점 P의 좌표를 구한다.	30 %
❷	a의 값을 구한다.	30 %
❸	점 Q의 좌표를 구한다.	40 %

22 (1) 1분에 5 L씩 채워지면 x분 후에는 $5x$ L씩 채워지므로
$y=5x$이다.   …… ❶

(2) $y=5x$에 $x=17$을 대입하면 $y=5\times17=85$이다.
따라서 17분 후의 물의 양은 85 L이다.   …… ❷

단계	채점 기준	배점 비율
❶	(1) x와 y 사이의 관계의 식을 구한다.	50 %
❷	(2) 17분 후의 물의 양을 구한다.	50 %

23 점 A는 $y=2x$의 그래프 위의 점이므로 점 A의 좌표를 $(a,\ 2a)$라고 하자.
정사각형 ABCD는 한 변의 길이가 2이므로
$B(a,\ 2a-2)$, $C(a+2,\ 2a-2)$, $D(a+2,\ 2a)$로 정할 수 있다.   …… ❶

이때 점 C는 $y=\dfrac{1}{2}x$의 그래프 위의 점이므로

$y=\dfrac{1}{2}x$에 $x=a+2$, $y=2a-2$를 대입하면

$2a-2=\dfrac{1}{2}(a+2)$, $4a-4=a+2$, $3a=6$이므로

$a=2$이다.   …… ❷
따라서 $A(2,\ 4)$, $B(2,\ 2)$, $C(4,\ 2)$, $D(4,\ 4)$이다.
      …… ❸

단계	채점 기준	배점 비율
❶	점 A, B, C, D의 좌표를 문자 a를 사용하여 나타낸다.	40 %
❷	a의 값을 구한다.	30 %
❸	점 A, B, C, D의 좌표를 구한다.	30 %

24 점 A의 좌표가 $(3,\ 4)$이므로 $y=\dfrac{a}{x}$에 $(3,\ 4)$를 대입하면

$4=\dfrac{a}{3}$, $a=12$이고,

반비례 관계의 식은 $y=\dfrac{12}{x}\ (x>0)$이다.   …… ❶
따라서 점 D의 y좌표는 2이므로

$2=\dfrac{12}{x}$, $x=6$이고,

$A(3,\ 4)$, $B(3,\ 0)$, $C(6,\ 0)$, $D(6,\ 2)$이다.   …… ❷
이때 사각형 ABCD는 사다리꼴이므로 사각형 ABCD의 넓이는

$\square ABCD=\dfrac{1}{2}\times(4+2)\times3=9$이다.   …… ❸

단계	채점 기준	배점 비율
❶	반비례 관계의 식 $y=\dfrac{a}{x}(x>0)$을 구한다.	30 %
❷	점 A, B, C, D의 좌표를 구한다.	40 %
❸	$\square ABCD$의 넓이를 구한다.	30 %

I 자연수의 성질

PP.77~80

01 ⑤	**02** ⑤	**03** ③	**04** ②	**05** ①
06 ③	**07** ①	**08** ④	**09** ①	**10** ④
11 ②	**12** ④	**13** ③	**14** ④	**15** ⑤
16 ④	**17** ④	**18** ③	**19** 2, 5, 7	
20 25	**21** 7	**22** 상품 꾸러미 8개, 공책 2권,		

지우개 3개, 연필 5자루　　**23~25** 풀이 참조

01 ⑤ $57=3\times19$로 합성수이므로 소수가 아니다.

02 ① $3^3=3\times3\times3=27$
② $1000=10\times10\times10=10^3$
③ $2+2+2=2\times3=6$이고 $2^3=2\times2\times2=8$이다.
④ $2\times2\times2\times2\times2=2^5$
따라서 옳은 것은 ⑤이다.

03 $108=2^2\times3^3$이므로 $a=2$, $b=3$이다.
따라서 $a+b=5$이다.

04 $2\times3\times4\times5\times6\times7$
$=2\times3\times(2\times2)\times5\times(2\times3)\times7$
$=2^4\times3^2\times5\times7$
이므로 $a=4$, $b=2$이다.
따라서 $a-b=2$이다.

05 ㄱ. 20 이하의 소수는 2, 3, 5, 7, 11, 13, 17, 19이므로
　　20 이하의 소수는 8개이다. (참)
ㄴ. 2와 5는 소수이고 그 합 7은 짝수가 아니다. (거짓)
ㄷ. $33=3\times11$은 합성수이므로 소수가 아니다. (거짓)
따라서 옳은 것은 ㄱ이다.

06 ① 2, 6의 최대공약수는 2이므로 서로소가 아니다.
② 8, 12의 최대공약수는 4이므로 서로소가 아니다.
③ 10, 19는 최대공약수가 1이므로 서로소이다.
④ 32, 72의 최대공약수는 8이므로 서로소가 아니다.
⑤ 110, 130의 최대공약수는 10이므로 서로소가 아니다.
따라서 서로소인 것은 ③이다.

07 ① 서로 다른 두 홀수 3과 9의 최대공약수는 3이므로 서로
　　소가 아니다.

08 $6=2\times3$이므로 6의 소인수는 2, 3이다.
10 이상 20 이하의 자연수 중에서 6과 서로소인 수는 2 또는 3을 소인수로 갖지 않아야 한다.
따라서 6과 서로소인 것은 11, 13, 17, 19로 4개이다.

09
$$2^2\times3\times5$$
$$2\ \times3\times5^2$$
$$\overline{}$$
$$2\ \times3\times5=30$$
따라서 두 수의 최대공약수는 $2\times3\times5=30$이다.

10 두 수의 공배수는 최소공배수의 배수인데
$$3^3\times5^2\times7$$
$$3^2\times5\ \times7^2\times11$$
$$\overline{}$$
(최소공배수)$=3^3\times5^2\times7^2\times11$
④ $3^2\times5^2\times7^2\times11\times13$은 $3^3\times5^2\times7^2\times11$의 배수가 아니므로 두 수의 공배수가 아니다.

11 $2\times3^2\times5^3$과 A의 최대공약수가 $2\times3\times5^2$이므로 자연수 k에 대하여 A가 될 수 있는 값은 $2\times3\times5^2\times k$이다.
따라서 $2\times3^2\times5^3$과 A의 최소공배수가 $2^2\times3^2\times5^3$이 될 수 있는 A의 값은 $k=2$일 때인 $2^2\times3\times5^2$이다.

[다른 풀이]
$$2\ \times3^2\times5^3$$
$$A=\square\times\square\times\square$$
$$\overline{}$$
(최대공약수)$=2\ \times3\ \times5^2$
(최소공배수)$=2^2\times3^2\times5^3$
최대공약수는 공통인 소인수 중 지수가 같거나 작은 것을 택하고, 최소공배수는 공통인 소인수 중 지수가 같거나 큰 것을 택하고 또 공통이 아닌 소인수의 거듭제곱도 곱한다.
따라서 $A=2^2\times3\times5^2$이다.

12 세 자연수 $2\times x$, $3\times x$, $4\times x$의 최소공배수가 60이므로
$$2\ \ \ \times x$$
$$3\times x$$
$$2^2\ \ \times x$$
$$\overline{}$$
(최소공배수)$=2^2\times3\times x=60$
$2^2\times3\times x=60$,
$12\times x=60$
따라서 $x=5$이다.

[다른 풀이]
$2\times x$, $3\times x$, $4\times x$의 최소공배수는

$x)$	$2\times x$	$3\times x$	$4\times x$
$2)$	2	3	4
	1	3	2

$x\times2\times3\times2=12\times x$이다.
이때 최소공배수가 60이므로
$12\times x=60$
따라서 x의 값은 5이다.

13 두 자리 자연수 A, B의 최대공약수가 11이므로
$A=11\times p$, $B=11\times q$(p, q는 서로소)로 나타낼 수 있다.
최소공배수 165를 소인수분해하면 $165=3\times5\times11$이므로 A, B가 될 수 있는 두 자리의 자연수는
11×3, 11×5, 즉 33과 55이다.
따라서 $A+B=33+55=88$이다.

14 $\dfrac{1}{2}$, $\dfrac{1}{3}$에 분모 2와 3의 공배수를 곱하면 자연수가 된다.
2와 3의 최소공배수는 6이고, 50 이하의 자연수 중에서 6의 배수는 6, 12, 18, $\cdots$, 48로 8개이다.

15 두 수의 공약수는 두 수의 최대공약수의 약수이므로 두 수의 공약수는 최대공약수 12의 약수 1, 2, 3, 4, 6, 12로 6개이다.

16 세 자연수의 비가 4 : 5 : 6이므로 세 자연수를 $4\times k$, $5\times k$, $6\times k$, 즉 $2^2\times k$, $5\times k$, $2\times3\times k$라고 하자.

$$
\begin{array}{r}
2^2\qquad\times k \\
5\times k \\
2\times3\qquad\times k \\
\hline
(\text{최소공배수})=2^2\times3\times5\times k
\end{array}
$$

세 수의 최소공배수가 $2^3\times3^2\times5$이므로
$2^2\times3\times5\times k=2^3\times3^2\times5$에서 $k=2\times3=6$이다.
따라서 세 자연수 중 가장 작은 수는 $4\times k$, 즉 $4\times6=24$이다.

[다른 풀이]
세 자연수의 비가 4 : 5 : 6이므로 세 자연수를 각각 $4\times k$, $5\times k$, $6\times k$라고 하자.

$$
\begin{array}{r|ccc}
k) & 4\times k & 5\times k & 6\times k \\
2) & 4 & 5 & 6 \\
\hline
 & 2 & 5 & 3
\end{array}
$$

세 자연수의 최소공배수는 $2^3\times3^2\times5$이므로
$2^2\times3\times5\times k=2^3\times3^2\times5$에서 $k=2\times3=6$이다.
따라서 세 자연수는 각각 24, 30, 36이고 이 중 가장 작은 수는 24이다.

17 되도록 많은 모둠을 만들어야 하므로 모둠의 수는 18과 24의 최대공약수이다.

$$
\begin{array}{r}
18=2\times3^2 \\
24=2^3\times3 \\
\hline
(\text{최대공약수})=2\times3=6
\end{array}
$$

이때 18과 24의 최대공약수는 6이므로 구하는 모둠의 개수는 6이다.

18 4명, 6명, 8명씩 짝 지어 남는 학생이 없을 때에는 4, 6, 8의 최소공배수인 24명, 48명, 70명, $\cdots$이다.

$$
\begin{array}{r}
2^2 \\
2\times3 \\
2^3 \\
\hline
(\text{최소공배수})=2^3\times3=24
\end{array}
$$

따라서 4명, 6명, 8명씩 짝 짓기할 때 항상 2명씩 남으면 학생 수는 26명, 50명, 72명, $\cdots$이고, 민지네 반 학생 수가 40명 이하이므로 체험 학습에 참가한 학생 수는 26명이다.

19 $140=2^2\times5\times7$이므로 140의 소인수는 2, 5, 7이다.

20 $144\times x$는 144와 100의 공배수이다. 이때 144와 100을 각각 소인수분해하면 $2^4\times3^2$, $2^2\times5^2$이다.

$$
\begin{array}{r}
144=2^4\times3^2 \\
100=2^2\times\ \ 5^2 \\
\hline
(\text{최소공배수})=2^4\times3^2\times5^2
\end{array}
$$

따라서 144와 100의 최소공배수는 $2^4\times3^2\times5^2$이므로 가장 작은 자연수 x의 값은 $2^4\times3^2\times x=2^4\times3^2\times5^2$에서 $5^2=25$이다.

21 어떤 수로 90을 나누면 6이 남으므로 어떤 수로 $90-6=84$를 나누면 나누어 떨어진다.
또한 어떤 수로 130을 나누면 4가 남으므로 어떤 수로 $130-4=126$을 나누면 나누어 떨어진다.
84와 126을 동시에 나누어 떨어지게 하는 어떤 수는 두 수의 공약수이다.
84와 126의 최대공약수는 42이므로 공약수는 1, 2, 3, 6, 7, 14, 21, 42이다.

$$
\begin{array}{r}
84=2^2\times3\times7 \\
126=2\times3^2\times7 \\
\hline
(\text{최대공약수})=2\times3\times7=42
\end{array}
$$

이때 나누는 수는 나머지 6보다 커야 하므로 어떤 수는 7, 14, 21, 42이고, 이 중 가장 작은 수는 7이다.

22 최대로 만들 수 있는 상품 꾸러미의 개수는 16, 24, 40의 최대공약수인 $2^3=8$이다.

$$
\begin{array}{r}
16=2^4 \\
24=2^3\times3 \\
40=2^3\times5 \\
\hline
(\text{최대공약수})=2^3\ \ =8
\end{array}
$$

따라서 상품 꾸러미에 들어갈 공책은 $16\div8=2$(권), 지우개는 $24\div8=3$(개), 연필은 $40\div8=5$(자루)이다.

23 $135=3^3\times5$이므로 $\qquad\qquad$ $\cdots\cdots$ ❶
$135\times x=3^3\times5\times x$가 어떤 자연수의 제곱이 되려면 소인수의 지수가 모두 짝수이어야 한다. $\qquad$ $\cdots\cdots$ ❷
따라서 가장 작은 자연수 $x=3\times5=15$이다. $\qquad$ $\cdots\cdots$ ❸

단계	채점 기준	배점
❶	135를 소인수분해한다.	2점
❷	어떤 자연수의 제곱이 되기 위한 조건을 안다.	2점
❸	가장 작은 자연수를 구한다.	1점

24 두 수 $\dfrac{35}{12}$, $\dfrac{55}{18}$의 어느 것에 곱하여도 자연수가 되게 하는
분수 중 가장 작은 수는 $\dfrac{(12,\ 18\text{의 최소공배수})}{(35,\ 55\text{의 최대공약수})}$이다. $\qquad$ $\cdots\cdots$ ❶

$$12=2^2\times 3$$
$$18=2\ \times 3^2$$
$$(\text{최소공배수})=2^2\times 3^2=36$$

$$35=5\times 7$$
$$55=5\ \ \ \times 11$$
$$(\text{최대공약수})=5$$

12, 18의 최소공배수는 36이고,

35, 55의 최대공약수는 5이다. $\qquad$ …… ❷

따라서 구하는 분수 중에서 가장 작은 수는 $\dfrac{36}{5}$이다.

$\qquad$ …… ❸

단계	채점 기준	배점
❶	가장 작은 분수가 되게 하는 조건을 안다.	2점
❷	12, 18의 최소공배수, 35, 55의 최대공약수를 구한다.	2점
❸	분수를 바르게 구한다.	1점

25 (1) 전등 A, B, C는 각

각 처음 켜진 후 4

분, 5분, 6분마다 다

시 켜지므로 처음으

로 동시에 켜지는 시간은 4, 5, 6의 최소공배수인 60분

후이다. $\qquad$ …… ❶

$$4=2^2$$
$$5=\ \ \ \ \ 5$$
$$6=2\ \times 3$$
$$(\text{최소공배수})=2^2\times 3\times 5=60$$

(2) 처음으로 동시에 켜질 때까지 걸린 시간이 60분이고, 전

등 C는 $60\div 6=10$(번) 켜져 있다가 꺼졌다.

이때 전등 C가 켜진 시간은 $4\times 10=40$(분)이다.

$\qquad$ …… ❷

단계	채점 기준	배점
❶	(1) 최소공배수를 이용하여 처음으로 동시에 꺼질 때까지 걸린 시간을 구한다.	3점
❷	(2) 전등 C가 켜져 있는 총 시간을 구한다.	2점

01 ③	**02** ③	**03** ⑤	**04** ③	**05** ③
06 ②	**07** ②	**08** ①	**09** ③	**10** ④
11 ②	**12** ①	**13** ④	**14** ④	**15** ①
16 ④	**17** ②	**18** ①	**19** $-\dfrac{1}{2}$	**20** -1
21 18	**22** $a=3,\ b=-3$		**23~25** 풀이 참조	

01 ① 유리수는 6개이다.

② 정수는 -4, 0, 3이다.

④ 양수는 $\dfrac{9}{2}$, 3으로 2개, 음수는 -4, -5.5, $-\dfrac{3}{4}$으로

3개이다.

⑤ 절댓값이 가장 큰 수는 -5.5이다.

따라서 옳은 것은 ③이다.

02 절댓값이 $\dfrac{11}{5}$인 두 수는 $-\dfrac{11}{5}$과 $+\dfrac{11}{5}$이므로 이 두 수

사이에 있는 정수는 -2, -1, 0, 1, 2이다.

따라서 구하는 정수의 개수는 5이다.

03 $|-2.7|=2.7$, $\left|-\dfrac{3}{4}\right|=\dfrac{3}{4}$, $|-1|=1$, $|+2|=2$,

$\left|+\dfrac{1}{5}\right|=\dfrac{1}{5}$이므로 가장 작은 수는 $\left|+\dfrac{1}{5}\right|$이다.

04 ㄱ. $|-3|=3$, $\left|\dfrac{1}{3}\right|=\dfrac{1}{3}$이므로 두 수의 절댓값은 같지

않다. (거짓)

ㄴ. $a=-2$, $b=1$일 때 $a<b$이지만 $|-2|>|1|$이다.

(거짓)

ㄷ. 절댓값의 가장 작은 수는 0이다. (참)

따라서 옳은 것은 ㄷ이다.

05 $\dfrac{3}{7}<\dfrac{2}{3}$, $0>-1$, $-\dfrac{7}{9}>-\dfrac{9}{7}$이므로 영희가 도착한 곳은

C이다.

06 (가), (나)에서 a는 -2보다 크고 절댓값은 -2의 절댓

값과 같으므로 $a=2$이다.

(가), (다)에서 c는 2보다 크고 b보다 -2에 가까우므로

$c<b$이다.

따라서 $a<c<b$이다.

07 $-\dfrac{8}{3}$에 가장 가까운 정수는 -3이고, $+\dfrac{7}{4}$에 가장 가까운

정수는 $+2$이다.

따라서 $a=-3$, $b=+2$이므로

$a+b=(-3)+(+2)=-1$이다.

08 어떤 수를 a라고 하면
2를 빼면 양수가 되고, $\Rightarrow a-2>0$, 즉 $a>2$
3을 빼면 음수가 된다. $\Rightarrow a-3<0$, 즉 $a<3$
따라서 a는 $2<a<3$이다.
이때 a의 값 중 분모가 3인 기약분수는 $\dfrac{7}{3}$, $\dfrac{8}{3}$이다.
따라서 구하는 수는 $\dfrac{7}{3}+\dfrac{8}{3}=5$이다.

09 ㉡ 덧셈의 교환법칙
㉢ 덧셈의 결합법칙

10 $a+b$의 값이 가장 작으려면 a, b는 모두 음수이어야 한다.
즉, $a=-5$, $b=-x$이어야 하므로
$(-5)+(-x)=-12$에서 $x=7$이다.

11 세 수를 뽑아 곱한 값 중 가장 큰 수는 양수이어야 하므로 음수 2개, 절댓값이 큰 양수 하나를 뽑아야 한다.
따라서 가장 큰 수는 $(-4)\times(-2)\times6=48$이다.
세 수를 뽑아 곱한 값 중 가장 작은 수는 음수이어야 하므로 양수 2개, 절댓값이 큰 음수 하나를 뽑아야 한다.
따라서 가장 작은 수는 $(-4)\times1\times6=-24$이다.
따라서 $a=48$, $b=-24$이므로 $a+b=24$이다.

12 n이 홀수이므로 $n+1$은 짝수이고 $n+2$는 홀수이다.
$(-1)^n-(-1)^{n+1}+(-1)^{n+2}$
$=(-1)-(+1)+(-1)=-3$

[다른 풀이]
n이 홀수이므로 $n=1$이라고 하면
$n+1=2$, $n+2=3$이다.
$(-1)^n-(-1)^{n+1}+(-1)^{n+2}$
$=(-1)-(-1)^2+(-1)^3$
$=(-1)-(+1)+(-1)=-3$

13 음수를 8번 곱하므로 부호는 $+$이다.
$\left(-\dfrac{2}{3}\right)\times\left(-\dfrac{3}{4}\right)\times\left(-\dfrac{4}{5}\right)\times\cdots\times\left(-\dfrac{9}{10}\right)$
$=+\left(\dfrac{2}{3}\times\dfrac{3}{4}\times\dfrac{4}{5}\times\cdots\times\dfrac{9}{10}\right)=+\dfrac{2}{10}=\dfrac{1}{5}$

14 ① $-2^2=-(2\times2)=-4$
② $(-2)^2=(-2)\times(-2)=4$
③ $-2\times(-2)^2=(-2)\times(-2)\times(-2)=-8$
④ $-(-2)^3=-(-2)\times(-2)\times(-2)=8$
⑤ $-2^2\times(-2)^2=-(2\times2)\times(-2)\times(-2)=-16$
따라서 가장 큰 수는 ④이다.

15 $-\dfrac{1}{5}$의 역수는 -5, $\dfrac{3}{2}$의 역수는 $\dfrac{2}{3}$, 2의 역수는 $\dfrac{1}{2}$이므로
보이지 않는 세 면에 있는 수는 -5, $\dfrac{2}{3}$, $\dfrac{1}{2}$이다.
따라서 세 수의 곱은
$(-5)\times\dfrac{2}{3}\times\dfrac{1}{2}=-\dfrac{5}{3}$이다.

16 $a\times b<0$에서 a, b는 부호가 서로 다르고
$a<b$이므로 $a<0$, $b>0$이다.
또한 $b>0$이고 $b\times c>0$이므로 $c>0$이다.
따라서 $a<0$, $b>0$, $c>0$이다.

17 1보다 -1만큼 작은 수는 $a=1-(-1)=2$,
2보다 $-\dfrac{1}{2}$만큼 큰 수 $b=2+\left(-\dfrac{1}{2}\right)=\dfrac{3}{2}$이므로
$a-b=2-\dfrac{3}{2}=\dfrac{1}{2}$이다.

18 1부터 9까지의 정수를 하나씩만 사용하여 가로, 세로, 대각선에 있는 세 수의 합이 모두 같아야 하므로 한 줄에 있는 세 수의 합은 $(1+2+3+\cdots+9)\div3=15$이다.
이때 $a+5+4=15$이므로 $a=6$,
$6+1+b=15$이므로 $b=8$이다.
따라서 $a-b=6-8=-2$이다.

19 주어진 수를 수직선 위에 나타내면 다음과 같다.

따라서 왼쪽에서 네 번째에 있는 수는 $-\dfrac{1}{2}$이다.

20 $(-2)^3\div4-\left\{6\times\left(-\dfrac{1}{2}\right)+2\right\}$
$=(-8)\div4-\{(-3)+2\}$
$=(-2)-(-1)$
$=-1$

21 수직선에서 0을 나타내는 점으로부터 7만큼 떨어진 두 점은 $0+7=7$, $0-7=-7$을 나타내는 점이다.
또한 5를 나타내는 점으로부터 6만큼 떨어진 두 점은 $5+6=11$, $5-6=-1$을 나타내는 점이다.
이때 가장 먼 두 점은 -7과 11을 나타내는 점이므로 구하는 두 점 사이의 거리는 $11-(-7)=18$이다.

22 a, b의 부호가 서로 다르고 절댓값은 같으므로 원점에서 떨어진 거리가 같다.
또한 b가 a보다 6만큼 작으므로 a와 b는 원점에서 각각 3만큼 떨어져 있다.

따라서 $a=3$, $b=-3$이다.

23 곱이 1인 두 수는 서로 역수이다. ...... ❶

이때 -2의 역수는 $-\dfrac{1}{2}$, $\dfrac{1}{3}$의 역수는 3이다. ...... ❷

앞면과 뒷면에 적혀 있는 네 수의 합은

$-2+\left(-\dfrac{1}{2}\right)+\dfrac{1}{3}+3=-\dfrac{5}{2}+\dfrac{10}{3}=\dfrac{5}{6}$ ...... ❸

단계	채점 기준	배점
❶	앞면과 뒷면에 적혀 있는 수의 관계를 안다.	2점
❷	뒷면에 적혀 있는 수를 구한다.	1점
❸	네 수의 합을 구한다.	2점

24 어떤 수를 □라고 하면 $□+\left(-\dfrac{1}{2}\right)=\dfrac{1}{3}$이므로 ...... ❶

$□=\dfrac{1}{3}-\left(-\dfrac{1}{2}\right)=\dfrac{5}{6}$ ...... ❷

따라서 바르게 계산한 답은

$\dfrac{5}{6}\div\left(-\dfrac{1}{2}\right)=\dfrac{5}{6}\times(-2)=-\dfrac{5}{3}$ ...... ❸

단계	채점 기준	배점
❶	어떤 수를 구하는 식을 세운다.	1점
❷	어떤 수를 구한다.	2점
❸	바르게 계산한 답을 구한다.	2점

25 은지가 4번 이기고 3번 졌으므로 은지의 위치는
$4\times(+2)+3\times(-1)=(+8)+(-3)=5$ ...... ❶
영수는 3번 이기고 4번 졌으므로 영수의 위치는
$3\times(+2)+4\times(-1)=(+6)+(-4)=2$ ...... ❷
따라서 $5-2=3$이므로 은지는 영수보다 3칸 더 위에 있다.
...... ❸

단계	채점 기준	배점
❶	은지의 위치를 구한다.	2점
❷	영수의 위치를 구한다.	2점
❸	은지는 영수보다 몇 칸 더 위에 있는지를 구한다.	1점

01 ③	**02** ②, ③	**03** ①	**04** ③	**05** ⑤
06 ④	**07** ②	**08** ③	**09** ④	**10** -5
11 ②	**12** ②	**13** ③	**14** ④	**15** 36
16 ⑤	**17** 1시간 12분		**18** 5 km	
19 (1) $7x-7$ (2) $9x-10$			**20** $x=6$	
21~25 풀이 참조				

01 ③ 농도가 10 %인 설탕물 x g에 들어 있는 설탕의 양은
$\left(x\times\dfrac{10}{100}\right)$ g, 즉 $\dfrac{x}{10}$ g이다.
따라서 옳지 않은 것은 ③이다.

02 ② $x\div y\times 2=\dfrac{2x}{y}$
③ $y\times(-1)\times x=-xy$
따라서 옳지 않은 것은 ②, ③이다.

03 $x=-2$이므로
① $-x+6=-(-2)+6=8$
② $x^2=(-2)^2=4$
③ $-2x^2+5=-2\times(-2)^2+5=-3$
④ $x^3+1=(-2)^3+1=-7$
⑤ $-x^4=-(-2)^4=-16$
따라서 식의 값이 가장 큰 것은 ①이다.

04 다항식 $\dfrac{x^2}{3}+\dfrac{x}{4}-\dfrac{1}{2}$의 최고차항은 $\dfrac{x^2}{3}$이므로 차수가 2이
며 일차항은 $\dfrac{x}{4}$이므로 일차항의 계수는 $\dfrac{1}{4}$이고 상수항은
$-\dfrac{1}{2}$이다.
따라서 $a=2$, $b=\dfrac{1}{4}$, $c=-\dfrac{1}{2}$이므로
$a+2b-c=2+2\times\dfrac{1}{4}-\left(-\dfrac{1}{2}\right)=3$

05 색칠한 부분의 넓이는 전체 넓이에서 색칠하지 않은 부분
의 넓이를 뺀 것과 같다.
전체 넓이는 $10\times5=50$이고 색칠하지 않은 부분의 넓이는
$(10-5)\times(5-2x)=25-10x$이다.
따라서 색칠한 부분의 넓이는
$50-(25-10x)=25+10x$이므로 $a=10$, $b=25$이다.
따라서 $a+b=35$이다.

06 ㄱ. 최고차항의 차수가 1이므로 일차식이다.
ㄴ. 다항식이 아니므로 일차식이 아니다.
ㄷ. 최고차항의 차수가 2이므로 일차식이 아니다.

ㄹ. 최고차항의 차수가 1이므로 일차식이다.

ㅁ. 최고차항의 차수가 1이므로 일차식이다.

ㅂ. 식을 정리하면 $x-1+3x-4x=-1$, 즉 상수항만 있으므로 일차식이 아니다.

따라서 일차식은 ㄱ, ㄹ, ㅁ이다.

07 $3x+[2-\{5x-(4-x)\}+4x]$
$=3x+\{2-(5x-4+x)+4x\}$
$=3x+\{2-(6x-4)+4x\}$
$=3x+(2-6x+4+4x)$
$=3x+(6-2x)$
$=x+6$

08 보기와 같은 규칙은 위의 두 식을 더하면 아래의 식이 되는 것이다.

$(2x-3)+A=4x+1$에서
$A=(4x+1)-(2x-3)=2x+4$
$A+(5-x)=B$, 즉 $(2x+4)+(5-x)=B$에서
$B=x+9$
$(4x+1)+B=C$, 즉 $(4x+1)+(x+9)=C$에서
$C=5x+10$

09 ① $x=-1$을 방정식 $2x+3=5$에 대입하면
(좌변)$=1$, (우변)$=5$, 즉 (좌변)$\neq$(우변)이므로
$x=-1$은 주어진 방정식의 해가 아니다.

② $x=-2$를 방정식 $-x+2=3x-6$에 대입하면
(좌변)$=4$, (우변)$=-12$, 즉 (좌변)$\neq$(우변)이므로
$x=-2$는 주어진 방정식의 해가 아니다.

③ $x=4$를 방정식 $2x+11=3x+8$에 대입하면
(좌변)$=19$, (우변)$=20$, 즉 (좌변)$\neq$(우변)이므로
$x=4$는 주어진 방정식의 해가 아니다.

④ $x=-2$를 방정식 $-x-1=2x+5$에 대입하면
(좌변)$=1$, (우변)$=1$, 즉 (좌변)$=$(우변)이므로
$x=-2$는 주어진 방정식의 해이다.

⑤ $x=3$을 방정식 $3x-1=5x+7$에 대입하면
(좌변)$=8$, (우변)$=22$, 즉 (좌변)$\neq$(우변)이므로
$x=3$은 주어진 방정식의 해가 아니다.

10 등식의 좌변 또는 우변을 간단히 정리하여 양변의 식이 같으면 항등식이다.
$\dfrac{ax+5}{3}=2(x-b)$에서 $\dfrac{a}{3}x+\dfrac{5}{3}=2x-2b$
따라서 $\dfrac{a}{3}=2$, $\dfrac{5}{3}=-2b$에서 $a=6$, $b=-\dfrac{5}{6}$이므로
$ab=6\times\left(-\dfrac{5}{6}\right)=-5$이다.

11 ② $a=-b$의 양변에서 2를 빼면 $a-2=-b-2$이다.
따라서 옳지 않은 것은 ②이다.

12 ① 방정식 $2x-4=x-3$을 풀면
$2x-x=-3+4$, $x=1$

② 방정식 $2x-3=5$를 풀면
$2x=5+3$, $2x=8$, $x=4$

③ 방정식 $3x-6=0$을 풀면
$3x=6$, $x=2$

④ 방정식 $5x-6=2x+3$을 풀면
$5x-2x=3+6$, $3x=9$, $x=3$

⑤ 방정식 $2(x+1)=4(x+1)$을 풀면
$2x+2=4x+4$, $2x-4x=4-2$
$-2x=2$, $x=-1$

따라서 해가 가장 큰 것은 ②이다.

13 $0.4(x+2)=\dfrac{3}{5}(1-x)+\dfrac{6}{5}$의 양변에 10을 곱하면
$4(x+2)=6(1-x)+12$
$4x+8=6-6x+12$, $10x=10$
따라서 $x=1$이다.

14 $<x-2,\ 5>◎<3-x,\ 3>=3$을 약속에 따라 정리하면
$3(x-2)+5(3-x)=3$이다.
$3x-6+15-5x=3$, $-2x=-6$
따라서 $x=3$이다.

15 십의 자리 숫자를 x라고 하면 처음 수는 $10x+6$이다. 십의 자리의 숫자와 일의 자리의 숫자를 바꾼 수는 $60+x$이며 이 수는 처음 수의 2배보다 9만큼 작다고 하므로
$60+x=2(10x+6)-9$, $60+x=20x+12-9$
$-19x=-57$, $x=3$
따라서 십의 자리의 숫자가 3이므로 처음 수는 36이다.

16 긴 의자의 개수를 x라고 할 때, 6명씩 의자에 앉게 하였더니 3명이 남은 학생 수와 의자를 하나 뺀 후 8명씩 앉게 하였더니 1명이 남은 학생 수가 같아야 하므로
$6x+3=8(x-1)+1$, $6x+3=8x-8+1$
$-2x=-10$, $x=5$
따라서 긴 의자는 5개이고 수영이네 반 학생 수는
$6\times5+3=33$(명)이다.

17 청소하는 일의 양을 1이라고 하면 은수는 1시간에 일의 $\dfrac{1}{2}$을 하고 진영이는 1시간에 일의 $\dfrac{1}{3}$을 한다.
둘이 함께 청소한 시간을 x시간이라고 하면
$\dfrac{1}{2}x+\dfrac{1}{3}x=1$, $3x+2x=6$, $5x=6$, $x=\dfrac{6}{5}$
따라서 둘이 함께 청소를 한다면 $\dfrac{6}{5}$시간, 즉 1시간 12분이 걸린다.

18 집과 학교 사이의 거리를 x km라고 하면

(자전거를 타고 갈 때의 시간)

＝(걸어갈 때의 시간)－(45분)

이므로 $\dfrac{x}{10}=\dfrac{x}{4}-\dfrac{45}{60}$, $\dfrac{x}{10}=\dfrac{x}{4}-\dfrac{3}{4}$

위의 식의 양변에 20을 곱하면

$2x=5x-15$, $-3x=-15$, $x=5$

따라서 집과 학교 사이의 거리는 5 km이다.

19 (1) 어떤 다항식을 ☐ 라고 하면

$\qquad$ ☐ $+(-2x+3)=5x-4$

$\qquad$ ☐ $=5x-4-(-2x+3)$

$\qquad\qquad =5x-4+2x-3$

$\qquad\qquad =7x-7$

(2) $7x-7-(-2x+3)=7x-7+2x-3$

$\qquad\qquad\qquad\qquad\quad =9x-10$

20 $2(-x+1)+ax=3x+4$에 $x=-2$를 대입하면

$2\times\{-(-2)+1\}+a\times(-2)=3\times(-2)+4$

$6-2a=-2$, $-2a=-8$, $a=4$

일차방정식 $0.4x+4=1.2x-0.8$의 양변에 10을 곱하면

$4x+40=12x-8$, $-8x=-48$, $x=6$

따라서 $x=6$이다.

21 $5x-9=2x+3$에서

$3x=12$, $x=4$ $\qquad\qquad$ ……❶

두 방정식의 해가 같으므로

$x=4$를 $ax-1=x+2a$에 대입하면

$4a-1=4+2a$ $\qquad\qquad$ ……❷

$2a=5$, $a=\dfrac{5}{2}$ $\qquad\qquad$ ……❸

단계	채점 기준	배점
❶	첫 번째 방정식을 풀어서 해를 구한다.	2점
❷	구한 해를 두 번째 방정식에 대입한다.	1점
❸	두 번째 방정식을 풀어서 a의 값을 구한다.	2점

22 방정식 $\dfrac{2(7-x)}{3}=k$를 풀면

$2(7-x)=3k$, $14-2x=3k$, $-2x=3k-14$

따라서 $x=\dfrac{14-3k}{2}$이다. $\qquad$ ……❶

이때 주어진 일차방정식의 해가 자연수이려면 $14-3k$가 2

의 배수가 되어야 하고 k는 자연수이므로 $\qquad$ ……❷

(ⅰ) $14-3k=2$에서 $-3k=-12$, $k=4$

(ⅱ) $14-3k=4$에서 $-3k=-10$, $k=\dfrac{10}{3}$

(ⅲ) $14-3k=6$에서 $-3k=-8$, $k=\dfrac{8}{3}$

(ⅳ) $14-3k=8$에서 $-3k=-6$, $k=2$

(ⅰ)~(ⅳ)에서 만족하는 자연수 k의 값은 2, 4이다. …❸

단계	채점 기준	배점
❶	문제의 조건에 맞게 식을 변형한다.	1점
❷	분자의 조건을 안다.	2점
❸	조건에 맞는 k의 값을 구한다.	2점

23 가운데 홀수를 x라고 하면 연속하는 세 홀수는

$x-2$, x, $x+2$이다. $\qquad\qquad$ ……❶

연속하는 세 홀수의 합이 51이므로

$(x-2)+x+(x+2)=51$ $\qquad\qquad$ ……❷

$3x=51$, $x=17$

따라서 연속하는 세 홀수는 15, 17, 19이며 가운데 홀수는

17이다. $\qquad\qquad$ ……❸

단계	채점 기준	배점
❶	연속하는 세 홀수를 x로 표현한다.	2점
❷	방정식을 세운다.	1점
❸	방정식을 풀어서 가운데 홀수를 구한다.	1점

24 더 넣은 소금의 양을 x g이라고 하면

(8 %의 소금물 450 g에 들어 있는 소금의 양)

$\quad$＋(더 넣은 소금의 양 x g)

＝(10 %의 소금물 $(450+x)$g에 들어 있는 소금의 양)

$\qquad\qquad\qquad\qquad\qquad\qquad$ ……❶

이고 (소금의 양)＝(소금물의 양)$\times\dfrac{(농도)}{100}$이므로

$450\times\dfrac{8}{100}+x=(450+x)\times\dfrac{10}{100}$ $\quad$ ……❷

등식의 양변에 100을 곱하면

$3600+100x=4500+10x$, $90x=900$, $x=10$

따라서 더 넣은 소금의 양은 10 g이다. $\qquad$ ……❸

단계	채점 기준	배점
❶	소금의 양이 서로 같음을 안다.	2점
❷	방정식을 세운다.	2점
❸	더 넣은 소금의 양을 구한다.	1점

25 물건의 원가를 x원이라고 하면 정가는 원가에 10 %의 이

익을 붙인 것이므로 정가는 $\left(x+\dfrac{10}{100}x\right)$원이다. …❶

정가에서 1000원을 할인하여 팔았더니 한 개당 2000원의

이익이 생겼으므로

$\left(x+\dfrac{10}{100}x\right)-1000=x+2000$ $\qquad$ ……❷

$100x+10x-100000=100x+200000$

$10x=300000$, $x=30000$ $\qquad\qquad$ ……❸

따라서 이 물건의 원가는 30000원이다. $\qquad$ ……❹

단계	채점 기준	배점
❶	정가를 구한다.	1점
❷	문제의 조건에 맞게 방정식을 세운다.	2점
❸	방정식을 푼다.	1점
❹	조건에 맞는 답을 구한다.	1점

Ⅳ 좌표평면과 그래프　PP.89~92

01 ④	**02** ③	**03** ⑤	**04** ①	**05** ⑤
06 ③	**07** ④	**08** ④	**09** ②	**10** ②
11 ⑤	**12** ④	**13** ④	**14** ②	**15** ③
16 ②	**17** ④	**18** ④	**19** $\frac{3}{2}$	

20 (1) $y=3x$　(2) 풀이 참조　**21** 12
22~25 풀이 참조

---

01 ④ 점 $(-2, 0)$은 x축 위의 점이므로 어느 사분면에도 속하지 않는다.
따라서 옳지 않은 것은 ④이다.

02 $a<0$, $b>0$이므로 $a-b<0$, $\dfrac{a}{b}<0$이다.
따라서 점 $\left(a-b,\ \dfrac{a}{b}\right)$는 제3사분면 위의 점이다.

03 오른쪽 그림에서 두 점 $(a, -2)$, $(3, b)$가 원점에 대하여 대칭이므로 $a=-3$, $b=2$이다.
따라서 $ab=(-3)\times2=-6$이다.

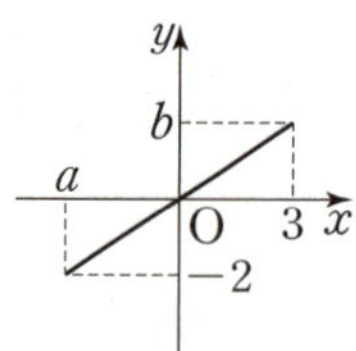

04 오른쪽 그림에서 사각형 ABCD가 정사각형이므로 $a=-2$, $b=3$이다.
따라서 $a+b=-2+3=1$이다.

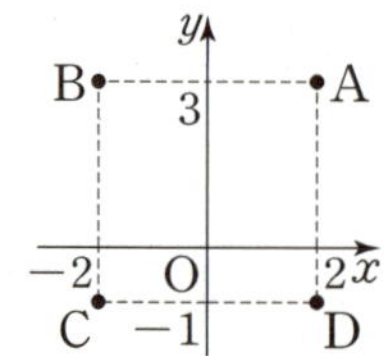

05 용기의 아랫부분이 좁기 때문에 수면의 높이가 일정하게 빠르게 상승하다가 폭이 넓은 윗부분에서는 상대적으로 수면의 높이가 일정하게 느리게 상승한다.

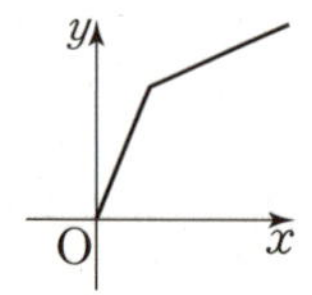

06 ① a시간에서 b시간까지 거리의 변화가 없으므로 이동 거리는 0이다.
② c시간일 때 x축에서 가장 멀리 떨어져 있으므로 집으로부터 가장 멀리 떨어져 있다.
③ 가다가 멈추었다가 다시 가다가 되돌아 왔으므로 계속 일정한 속력으로 움직인 것은 아니다.
④ c시간에서 d시간까지 거리가 계속 줄어들었으므로 한 번도 쉬지 않았다.
⑤ d시간일 때 다시 거리가 0이므로 다시 집에 돌아온 것은 d시간이다.
따라서 옳지 않은 것은 ③이다.

07 휘발유의 양과 그 휘발유로 갈 수 있는 거리는 정비례하므로 $y=ax$로 놓을 수 있다.
이때 2 L의 휘발유로 24 km를 갈 수 있으므로
$24=a\times2$, $a=12$이다.
따라서 $y=12x$이다.

08 $y=-\dfrac{3}{4}x$의 그래프는 원점을 지나고 오른쪽 아래로 향하는 직선이다.
$y=-\dfrac{3}{4}x$에 $x=4$를 대입하면 $y=-\dfrac{3}{4}\times4=-3$이므로
$y=-\dfrac{3}{4}x$의 그래프는 점 $(4, -3)$을 지난다.
따라서 $y=-\dfrac{3}{4}x$의 그래프는 ④이다.

09 ① $y=3x$에 $(0, 0)$을 대입하면 성립하므로 원점을 지난다.
③ 제1, 3사분면을 지난다.
④ $y=3x$에 $x=3$을 대입하면 $y=3\times3=9$이므로 주어진 그래프는 점 $(3, 9)$를 지난다.
⑤ x의 값이 증가하면 y의 값도 증가한다.
따라서 옳은 것은 ②이다.

10 $y=ax$의 그래프는 제2, 4사분면을 지나므로 $a<0$이다.
(ⅰ) $y=-2x$의 그래프가 $y=ax$의 그래프보다 y축에 가까우므로 $|-2|>|a|$이다. 이때 $a<0$이므로 $-2<a$이다.
(ⅱ) $y=ax$의 그래프가 $y=-\dfrac{1}{2}x$의 그래프보다 y축에 가까우므로 $|a|>\left|-\dfrac{1}{2}\right|$이다. 이때 $a<0$이므로 $a<-\dfrac{1}{2}$이다.
(ⅰ), (ⅱ)에서 $-2<a<-\dfrac{1}{2}$이므로 a의 값이 될 수 있는 것은 ② -1이다.

11 $(\text{농도})=\dfrac{(\text{소금의 양})}{(\text{소금물의 양})}\times100$이므로
$y=\dfrac{x}{500}\times100$에서 $y=\dfrac{1}{5}x$이다.
위의 식에 $y=15$를 대입하면 $15=\dfrac{1}{5}x$에서 $x=75$이다.
따라서 75 g의 소금이 들어 있다.

12 $y=ax$의 그래프가 점 $(-2, -4)$를 지나므로
$y=ax$에 $(-2, -4)$를 대입하면
$-4=a\times(-2)$, $a=2$이다.
$y=2x$의 그래프가 점 $(3, b)$를 지나므로
$y=2x$에 $(3, b)$를 대입하면
$b=2\times3=6$이다.
따라서 $a+b=2+6=8$이다.

13 ① 원점을 지나지 않고 직선도 아니다.

② y는 x에 반비례한다.

③ $y=-\dfrac{6}{x}$에 $x=2$를 대입하면 $y=-\dfrac{6}{2}=-3$이므로

주어진 그래프는 점 $(2,\,-3)$을 지난다.

⑤ 원점에 대하여 대칭인 곡선이다.

따라서 옳은 것은 ④이다.

14 $y=ax$의 그래프와 $y=\dfrac{a}{x}$의 그래프 모두 $a<0$이면

제2, 4사분면을 지난다.

따라서 제2, 4사분면을 지나는 것은 ㄱ, ㄴ, ㅁ이다.

15 $y=\dfrac{8}{x}$의 그래프가 두 점 $(a,\,4)$, $(-8,\,b)$를 지나므로

$y=\dfrac{8}{x}$에 $(a,\,4)$를 대입하면

$4=\dfrac{8}{a}$, $a=2$이다.

$y=\dfrac{8}{x}$에 $(-8,\,b)$를 대입하면

$b=\dfrac{8}{-8}=-1$이다.

따라서 $a+b=2+(-1)=1$이다.

16 $y=ax$의 그래프가 점 $(2,\,12)$를 지나

므로 $y=ax$에 $(2,\,12)$를 대입하면

$12=a\times2$, $a=6$이다.

이때 $y=\dfrac{6}{x}$의 그래프는 $xy=6$이므로

주어진 x좌표, y좌표의 곱이 6이어야 한다.

따라서 오른쪽 그림과 같다.

17 $y=-3x$의 그래프가 점 $\mathrm{P}(2,\,b)$를 지나므로

$y=-3x$에 $(2,\,b)$를 대입하면

$b=-3\times2=-6$이다.

또한 $y=\dfrac{a}{x}$의 그래프가 점 $\mathrm{P}(2,\,-6)$을 지나므로

$y=\dfrac{a}{x}$에 $(2,\,-6)$을 대입하면

$-6=\dfrac{a}{2}$, $a=-12$이다.

따라서 $a-b=-12-(-6)=-6$이다.

18 1분에 x L씩 나오는 수도로 y분 동안 채울 수 있는 물의 용량은 xy L이다.

따라서 $x\times y=500$이므로 $y=\dfrac{500}{x}$이다.

19 주어진 그래프는 반비례 관계인 식의 그래프이므로

$y=\dfrac{a}{x}$로 놓을 수 있다.

이 그래프가 점 $(-3,\,-4)$를 지나므로

$y=\dfrac{a}{x}$에 $(-3,\,-4)$를 대입하면

$-4=\dfrac{a}{-3}$, $a=12$이다.

이 그래프는 점 $(k,\,8)$도 지나므로

$y=\dfrac{12}{x}$에 $(k,\,8)$을 대입하면

$8=\dfrac{12}{k}$, $k=\dfrac{12}{8}=\dfrac{3}{2}$이다.

20 (1) (삼각형의 넓이)$=\dfrac{1}{2}\times$(밑변의 길이)$\times$(높이)이므로

$y=\dfrac{1}{2}\times x\times6$에서 $y=3x$이다.

(2) $y=3x$의 그래프는 원점과 점 $(1,\,3)$을 지나는 직선이므로 오른쪽과 같다.

21 $y=\dfrac{a}{x}$의 그래프가 $(-2,\,-6)$을 지나므로

$y=\dfrac{a}{x}$에 $(-2,\,-6)$을 대입하면

$-6=\dfrac{a}{-2}$, $a=12$이다.

그래프를 나타내는 식이 $y=\dfrac{12}{x}$이므로

점 B의 x좌표를 k라고 하면 점 A의 y좌표는 $\dfrac{12}{k}$이다.

따라서 $\square\mathrm{AOBC}=k\times\dfrac{12}{k}=12$이다.

[다른 풀이]

$y=\dfrac{a}{x}$의 그래프는 $xy=a$이므로 xy의 값이 일정하다.

또한 $\square\mathrm{AOBC}$의 넓이는

(점 C의 x좌표)$\times$(점 C의 y좌표)$=a$이다.

이때 $y=\dfrac{12}{x}$에서 $a=12$이므로

$\square\mathrm{AOBC}$의 넓이는 12이다.

22 점 A는 x축 위의 점이므로 y좌표가 0이다.　……　❶

따라서 $b+3=0$에서 $b=-3$이다.　……　❷

점 B는 y축 위의 점이므로 x좌표가 0이다.　……　❸

따라서 $5-a=0$에서 $a=5$이다.　……　❹

단계	채점 기준	배점
❶	x축 위의 점은 y좌표가 0임을 안다.	1점
❷	b의 값을 구한다.	1점
❸	y축 위의 점은 x좌표가 0임을 안다.	1점
❹	a의 값을 구한다.	1점

23 자전거를 타고 갈 때의 그래프의 식을 $y=ax$라고 하면
그래프가 점 $(2, 400)$을 지나므로
$y=ax$에 $(2, 400)$을 대입한다.
$400=a\times 2$, $a=200$
따라서 자전거를 타고 갈 때의 그래프의 식은
$y=200x$이고, 여기에 $y=2000$을 대입하면
$2000=200x$, $x=10$이다.
따라서 수정이가 집에서 학교까지 자전거를 타고 가면
10분이 걸린다. ······ ❶
도보로 갈 때의 그래프의 식을 $y=bx$라고 하면
그래프가 점 $(5, 400)$을 지나므로
$y=bx$에 $(5, 400)$을 대입한다.
$400=b\times 5$, $b=80$
따라서 도보로 갈 때의 그래프의 식은
$y=80x$이고, 여기에 $y=2000$을 대입하면
$2000=80x$, $x=25$이다.
따라서 수정이가 집에서 학교까지 도보로 가면
25분이 걸린다. ······ ❷
따라서 자전거를 타고 가는 것이 도보로 갈 때보다
$25-10=15$(분) 빠르다. ······ ❸

단계	채점 기준	배점
❶	자전거를 타고 갈 때 걸리는 시간을 구한다.	2점
❷	도보로 갈 때 걸리는 시간을 구한다.	2점
❸	시간의 차를 구한다.	1점

24 $y=\dfrac{3}{2}x$의 그래프가 점 $A(2, a)$를 지나므로
$a=\dfrac{3}{2}\times 2=3$, $A(2, 3)$이다. ······ ❶
$y=\dfrac{3}{2}x$의 그래프가 점 $B(b, 6)$을 지나므로
$6=\dfrac{3}{2}\times b$에서 $b=4$, $B(4, 6)$이다. ······ ❷

이때 $\triangle ABC$를 좌표평면 위에 나
타내면 오른쪽 그림과 같다.
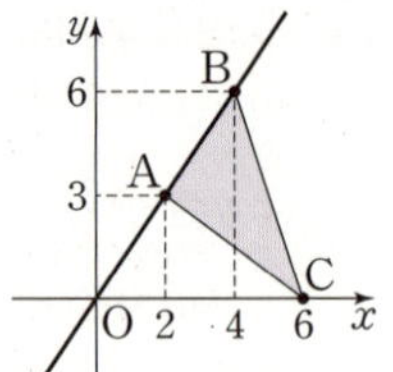
따라서 $\triangle ABC$의 넓이는 $\triangle OBC$
의 넓이에서 $\triangle OAC$의 넓이를 뺀
것이므로
$\dfrac{1}{2}\times 6\times 6-\dfrac{1}{2}\times 6\times 3=18-9=9$ ······ ❸

단계	채점 기준	배점
❶	점 A의 좌표를 구한다.	2점
❷	점 B의 좌표를 구한다.	2점
❸	$\triangle ABC$의 넓이를 구한다.	1점

25 톱니의 수가 20개인 톱니바퀴 A가 6번 회전할 때 맞물린
톱니의 수는 (6×20)개이다.
또한 톱니의 수가 x개인 톱니바퀴 B가 y번 회전할 때 맞물
린 톱니의 수는 $(x\times y)$개이다.
이때 톱니바퀴 A, B
가 서로 맞물려 돌아
가므로

톱니바퀴	A	B
톱니의 수	20개	x개
회전수	6번	y번

$20\times 6=x\times y$,
$xy=120$, 즉 $y=\dfrac{120}{x}$이다. ······ ❶
$y=\dfrac{120}{x}$에 $x=15$를 대입하면
$y=\dfrac{120}{15}=8$이다. ······ ❷
따라서 톱니바퀴 B의 회전수는 8번이다.

단계	채점 기준	배점
❶	x, y 사이의 관계의 식을 구한다.	3점
❷	회전수를 구한다.	2점

알기 쉬운 내용 정리와 **다양한** 문제 풀이로 완성하는

나만의 학습 노하우 나노!!

나노

중학 **수학** 1-1

정답 및 해설

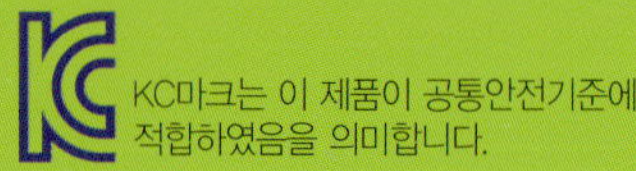